KB001304

제과기능장 필기 실기 이론 대비

MASTER 제과기능장

들어가는 글

안녕하십니까? 저자 김창석입니다.

저는 어느덧 제과제빵을 천직으로 생각하며 근무해온 지 30년이 넘었습니다. 시작은 단지 생계를 위한 직업으로 생각하면서 시작했지만, 이제는 하늘이 내게 내린 사명감으로 일하는 천직으로 생각하면서 근무하고 있습니다. 이 글을 읽는 많은 분들이 시작은 저와 많이 다르지 않을 거라 생각합니다. 그러나 기능장을 준비하고자 서점에서 여러 책을 펼쳐 보다 제가 쓴 이 책을 보며 "저자가 누구야?" 하는 생각으로 이 글을 읽는 분은 제가 지금 느끼고 있는 사명감이 가슴 속에 움트기 시작하고 있거나 만개하고 있을 거라 생각합니다. 그래서 감히 이 지면을 통해 우리의 사명감(使命感)에 대해 이야기하고자 합니다.

우리의 사명(使命), 즉 사회적 책임은 국민건강 향상과 제과제빵업계의 발전을 통한 국가경제에 이바지하는 것이라고 생각합니다.

국민건강의 향상에 도움이 되는 빵, 과자는 우리 모두가 인식하고 있듯이 발효와 숙성의 공정이 첨가된 빵, 과자입니다. 발효와 숙성은 우리의 전통음식인 한식에도 있지만 한식의 발효와 숙성의 한계는 지나친 염도와 반찬으로의 한정 그리고 단백질을 발효시킨 식품의 부족 등입니다. 그러나 빵, 과자는 이러한 문제점을 보완할 수 있습니다. 우리는 이를 잘 인식하고 있으나, 현재 소비자들에게 인기를 누리고 있는 빵, 과자는 발효와 숙성과는 거리가 먼 제품들이 많습니다. 왜냐하면 발효와 숙성이 잘된 빵, 과자는 기호성이 떨어지기 때문입니다. 비록 기호성이 떨어지더라도, 우리는 발효와 숙성이 잘된 빵, 과자를 알리기 위하여 조금씩 노력해야 합니다. 발효와 숙성이 잘된 빵, 과자는 슬로우 푸드이며 이는 성실과 인내를 요구합니다. 우리는 성실과 인내로 슬로우 푸드를 만들어 다시 한 번 더 강조하지만 우리 제과제빵인의 사회적 책임인 국민건강향상에 이바지해야 합니다.

다음으로 제과제빵업계의 발전을 통한 국가경제에 이바지하는 우리가 나아갈 방향에 대해 이야기하고자 합니다. 기능장은 어느 한 분야에서 적어도 8년 이상 근무하면서 축적된 행위적 에너지(암묵적 지식)를 검증받아야 하는 것이라고 생각합니다. 축적된 행위적 에너지를 검증받은 후 우리는 반드시 많은 선배들이 해오고 있듯이 행위를 문자와 언어(명시적 지식)로 표현하고자 노력해야 합니다. 이는 문자는 책으로 언어는 세미나로 승화되어 제과제빵업계의 후배들에게는 여러분들의 노하우가 전수되어 시행착오를 적게 하도록 하여야 하며, 동료와 선배들에게는 하나의 생산시스템을 만드는 데 필요한 근거 자료를 제시해야 합니다. 우리의 선배들이 노력해왔듯이 이런 식으로 제과제빵업계의 발전을 통하여 국가경제에 이바지해야 합니다.

저는 현장에서 10년, 강의 20년을 바탕으로, 이제 제과제빵업계에서 적어도 8년 이상 근무하시고 기능장을 준비하시는 여러분들에게 작은 도움을 드리고자 이 책을 집필하게 되었습니다. 저의 장점인 짜임새 있는 구성과 자세하고 쉬운 내용전달을 이 책에서도 표현되도록 노력했습니다. 아무쪼록 필기에 합격하시고 실기에서도 합격하시길 기원합니다.

끝으로 이 교재 출간을 위해 애써 주신 크라운출판사 이상원 회장님과 편집부 임직원, 그리고 이 책의 집필에 여러 가지 도움을 주신 모든 분들께 이 지면을 빌어 진심으로 감사의 말씀을 전합니다.

저자 김창석 드림

※ 문의사항 : 010-5223-6709

제과기능장 검정안내와 출제기준표

▣ NCS 제과기능장 직군 개요

제과 및 제빵에 관한 최상급 숙련기능을 가지고 산업현장에서 작업관리, 소속기능인력의 지도 및 감독, 현장훈련, 경영계층과 생산계층을 유기적으로 연계시켜주는 현장관리 등의 업무를 수행할 수 있는 능력을 가진 인력을 양성하고자 자격제도 제정

▣ NCS 제과기능장 수행직무 내용

고객이 원하고 요구하는 가치에 부합하는 고품질의 과자류와 빵류 제품을 제공하기 위해 개념설계, 배합설계, 공정설계를 한 후 시제품을 만들어 적절성을 확인한 다음 생산공정에 적용하여 제품을 만든다. 그리고 생산공정 제품 제조 시 작업관리, 소속기능인력의 지도 및 감독, 현장훈련, 현장관리 등의 업무를 수행

▣ 실시기관명

한국산업인력공단
http://www.q-net.co.kr

▣ NCS 제과기능장의 진로 및 전망

식빵류, 과자빵류를 제조하는 제빵 전문업체, 비스킷류, 케이크류 등을 제조하는 제과 전문생산업체, 빵 및 과자류를 제조하는 생산업체, 손작업을 위주로 빵과 과자를 생산 판매하는 소규모 빵집이나 제과점, 관광업을 하는 대기업의 제과, 제빵부서, 기업체 및 공공기관의 단체 급식소, 장기간 여행하는 해외 유람선이나 해외로 취업이 가능하다. 현재 제과기능장 자격증이 있다면 취직에 결정적인 요소로 작용하며 제과점에 따라 자격수당을 주며, 인사고과시 유리한 혜택을 받을 수 있다. 해당직종에 점차로 전문성을 요구하는 방향으로 나아가고 있어 제과제빵사를 직업으로 선택하려는 사람에게는 필요한 자격직종이다.

▣ 응시 자격

성별, 연령, 학력 등 응시자격에 제한은 없다. 제과 · 제빵에 대한 중급 이상의 숙련기능을 가지고 작업관리 및 이에 관련되는 업무를 수행할 수 있는 능력의 유무를 파악한다.

※ 제과기능장(다음 중 한 가지 사항에만 해당되면 됨)

1. 제과기능사 자격을 취득한 후 「근로자직업능력 개발법」에 따라 설립된 기능대학의 기능장 과정을 마친 이수자 또는 그 이수예정자

2. 기능사 자격을 취득한 후 동일 및 유사 직무분야에서 7년 이상 실무에 종사한 자
3. 동일 및 유사 직무분야에서 9년 이상 실무에 종사한 자(순수경력자)
4. 동일 및 유사 직무분야의 다른 종목의 기능장 등급의 자격을 취득한 자
5. 외국에서 동일한 종목에 해당하는 자격을 취득한 사람

▣ 필기시험 절차안내

※ 제과기능장 필기과목

제과 · 제빵이론, 재료과학, 식품위생학, 영양학 및 기타 제과제빵에 관한 사항

* 필기시험은 객관식(사지 택일형)으로, 60문제를 60분간 치르고 100점 만점에 60점 이상 되어야 합격이 된다. 실기시험 역시 100점 만점에 60점 이상이 합격선이다. 필기시험에 합격한 수검생은 필기시험 수험표와 접수비를 한국산업인력공단의 홈페이지에 접수하고, 별도로 시험일시와 장소를 선택하여 시험을 치른다(단, 필기시험에 합격한 후 1차 실기시험에 불합격한 자는 한국산업인력공단 (문의 : 1644-8000) 의 홈페이지에서 새로 수검원서를 작성하여 접수하고, 별도로 시험일시와 장소를 선택하여 시험을 치른다).

▣ 합격자 발표

- 수검원서를 접수한 한국산업인력공단 홈페이지에서 확인할 수 있다.
- 자동안내전화 : 1644-8000
- 홈페이지 : http://www.q-net.or.kr

▣ 자격증 등록안내

실기시험의 합격자는 합격 공고일로부터 60일 이내에 수검원서를 접수한 한국산업인력공단 각 지방사무소에 수검표, 증명사진 1매, 수수료, 신분증을 제출하고 기능사 자격증을 교부받는다.

▣ 시험 구분

필기시험	1. 제과이론 4. 식품위생학	2. 제빵이론 5. 영양학	3. 재료과학 6. 제과 · 제빵 현장실무
실기시험	제과제조 작업, 제빵제조 작업 작업형 실기검정(약 7시간 정도)		

▣ 필기 출제기준(한국산업인력공단 제시기준)

- 적용기간 : 2021.1.1.~2025.12.31.
- 직무내용 : 제과 · 제빵은 고객가치에 부합하는 고품질의 과자류 · 빵류 제품을 제공하기 위해 효율적이고 체계적인 기술과 생산계획을 수립하여 경영, 판매, 생산, 위생 및 관련 업무를 실행하는 직무
- 검정방법 : 객관식
- 문제수 : 60
- 시험시간 : 1시간

1. 제과이론

세부항목	세세항목
1. 재료혼합	① 배합표 작성과 배합률 조정 ② 반죽과 믹싱 ③ 반죽온도 및 비중
2. 반죽정형	① 성형 ② 패닝
3. 반죽익힘	① 굽기 ② 튀김 ③ 찜
4. 제품마무리	① 아이싱 및 토핑 ② 충전물 및 기타 ③ 장식 및 포장
5. 과자류제조 이론	① 반죽형 케이크 제조이론 ② 거품형 케이크 제조이론 ③ 시폰형 및 기타 과자류 제조이론 ④ cold/hot 디저트 ⑤ 화과자
6. 공예	① 초콜릿공예 ② 설탕공예
7. 제품의 특징	① 제품의 물리화학적인 특성 및 형태 ② 제품평가 및 관리
8. 기기 및 장비	① 제과기기 ② 도구, 장비

2. 제빵이론

세부항목	세세항목
1. 재료혼합	① 배합표 작성과 배합률 조정 ② 반죽과 믹싱 ③ 반죽온도 조절
2. 반죽발효	① 1차 발효 ② 2차 발효
3. 반죽정형	① 성형(분할, 둥글리기, 중간 발효, 휴지, 정형 등) ② 비용적 및 패닝
4. 반죽익힘	① 굽기 ② 튀김 ③ 찜
5. 마무리	① 냉각 및 포장
6. 빵류제조 이론	① 식빵류(곡물, 건포도 등) 제조이론 ② 과자빵류 제조이론 ③ 하스(Hearth) 브레드류 제조이론 ④ 건강빵 제조이론 ⑤ 기타 빵류 제조이론
7. 냉동반죽	① 냉동반죽
8. 제품의 특징	① 제품의 물리화학적인 특성 및 형태
9. 제품평가 및 관리	① 제품평가 및 관리
10. 제빵기기 및 도구, 장비	① 제빵기기 및 도구, 장비

3. 재료 과학

세부항목	세세항목
1. 제과 · 제빵 기초과학	① 탄수화물 ② 지방 ③ 단백질 ④ 효소
2. 밀가루 및 가루제품	① 밀가루 및 가루제품
3. 감미제	① 감미제
4. 유지, 유지제품 및 계면활성제	① 유지, 유지제품 및 계면활성제
5. 우유 및 유제품	① 우유 및 유제품

세부항목	세세항목
6. 달걀 및 달걀제품	① 달걀 및 달걀제품
7. 이스트	① 이스트
8. 팽창제	① 팽창제
9. 물	① 물
10. 코코아 및 초콜릿	① 코코아 및 초콜릿
11. 과실류 및 주류	① 과실류 및 주류
12. 향료 및 향신료	① 향료 및 향신료
13. 안정제	① 안정제
14. 물리화학적 시험	① 물리화학적 시험
15. 기타 재료	① 기타 재료

4. 식품위생학

세부항목	세세항목
1. 식중독	① 세균성 식중독 ② 자연독 식중독 ③ 화학적 식중독 ④ 곰팡이독소 ⑤ 알레르기 식중독
2. 감염병	① 경구 감염병 ② 인수공통 감염병 ③ 기생충병
3. 식품 첨가물	① 식품 첨가물의 특징 및 조건 ② 식품 첨가물의 사용기준
4. 식품위생관련법규	① 식품위생관련법규
5. 식품위생관리	① HACCP, 제조물책임법 등의 개념
6. 포장 및 용기위생	① 포장재별 특성과 위생 ② 용기별 특성과 위생
7. 소독과 살균	① 소독과 살균

5. 영양학

세부항목	세세항목
1. 탄수화물의 영양	① 탄수화물의 분류 ② 탄수화물의 기능 ③ 탄수화물의 소화, 흡수, 대사 ④ 탄수화물과 건강
2. 지방의 영양	① 지방의 분류 ② 지방의 기능 ③ 지방의 소화, 흡수, 대사 ④ 지방과 건강
3. 단백질의 영양	① 단백질의 분류 ② 단백질의 기능 ③ 단백질의 소화, 흡수, 대사 ④ 단백질과 건강
4. 비타민의 영양	① 비타민의 분류 ② 비타민의 기능 ③ 비타민의 대사 ④ 비타민과 건강
5. 무기질의 영양	① 무기질의 분류 ② 무기질의 기능 ③ 무기질의 대사 ④ 무기질과 건강
6. 특이식관리	① 특이식관리(식이요법 등)
7. 에너지대사	① 에너지대사
8. 영양소의 결핍증과 과잉증	① 영양소의 결핍증과 과잉증

6. 제과 · 제빵 현장실무

세부항목	세세항목
1. 작업계획서 작성	① 작업계획서 작성
2. 제품품질 및 공정관리	① 제품품질 및 공정관리
3. 베이커리 경영	① 구매 및 검수, 판매, 재고, 노무 등의 생산관리 ② 원가관리 ③ 신제품개발 ④ 제품구성하기 ⑤ 제품표현방식 고려하기 ⑥ 배합표 관리하기

목차

제1편 제빵이론

01 제빵법

02 제빵 순서

03 제품별 제빵법

제4편 영양학

01 영양소의 종류와 기능

02 소화 흡수

제5편 식품위생학

Part 01

제빵이론

제 1 장 제빵법

01 빵의 개요

1 빵의 정의

(1) 밀가루에 이스트, 소금, 물을 넣고 배합하여 만든 반죽을 발효시킨 뒤 오븐에서 구운 것을 말한다.

(2) 설탕, 유지, 달걀, 유제품 등은 개인적 혹은 민족적 취향에 따라 취사선택하여 사용한다.

(3) 밀가루, 이스트(발효 미생물), 소금, 물은 주재료 혹은 기본재료라고 한다.

2 빵 제품의 분류

(1) **식빵류 :** 한끼 식사용으로 먹는 빵을 가리킨다.

① **식빵 :** 밀가루를 주체로 한 것

㉠ 큰 식빵류 : 풀먼 브레드(사각 식빵), 원로프 브레드(산형 식빵), 바게트 이상되는 크기의 프랑스빵

㉡ 작은 식빵류 : 롤, 번스(예 햄버거 번스, 핫도그 번스), 하드롤(예 프렌치 롤, 비엔나 롤, 카이저 롤)

㉢ 틴 브레드(틀에 넣는 빵), 하스 브레드(구움대에 놓는 빵), 팬 브레드(평철판에 놓는 빵) 등으로 식빵을 구분할 수도 있다.

② **혼합형 식빵류 :** 밀가루와 호밀가루 섞은 가루를 주체로 한 것

③ **배합형 식빵류 :** 밀가루, 호밀가루 등을 주체로 하고 여기에 옥수수가루나 감자가루 등 곡물가루를 배합한 것

④ **합성형 식빵류 :** 밀가루 이외의 곡물가루, 즉 전분이나 대두가루 등을 주체로 한 것

⑤ ②, ③, ④ 등을 특수 빵류로 분류할 수 있다.

(2) **과자빵류 :** 간식용으로 먹는 빵을 가리킨다.

① **일본계 과자빵류 :** 단팥빵, 크림빵, 잼빵 등

② **스위트계(Sweet goods) 과자빵류 :** 미국계 과자빵류를 가리킨다.(예 스위트 롤, 커피 케이크 등 당이 많이 첨가된 제품)

③ **리치계(Rich goods) 과자빵류 :** 프랑스계 과자빵류를 가리킨다.(예 브리오슈, 크루아상, 데니시 페이스트리 등 설탕과 유지가 많이 첨가된 제품)

(3) 특수빵류 : 밀가루 이외의 곡류, 견과류, 채소, 서류(감자, 고구마), 근경류(마, 당근) 등을 넣었거나 혹은 튀기거나 찐 빵 등을 가리킨다.

① **오븐에서 구운 것**

㉠ 프루츠(Fruits) 빵류 : 건포도 식빵

㉡ 너트(Nuts) 빵류: 호두 바게트

㉢ 건빵류 : 버터 스틱, 솔트 스틱, 빼빼로, 그리시니

㉣ 각종 농수산물을 이용한 빵 : 시금치 빵, 부추 빵, 단호박 빵

② **스팀류** : 만주류

③ **튀김류** : 도넛

④ **두 번 구운 빵류** : 러스크, 토스트, 브라운 서브 롤(Prebaked roll 혹은 Parbake roll)

(4) 조리빵류 : 앞의 (1), (2), (3)의 빵에 여러 요리를 접목시켜 만든 빵류

02 제빵법

제빵법은 반죽 만드는 방법을 기준으로 스트레이트법, 스펀지법, 액체발효법이 있다. 그 외는 위의 세 가지 제빵법을 약간씩 변형시킨 것이다.

1 스트레이트법(Straight Dough Method)

모든 재료를 믹서에 한번에 넣고 배합을 하는 방법으로 직접법이라고도 한다.

(1) 제조공정

① **배합표 작성**

㉠ 제과 · 제빵에서는 일반적으로 Baker's%를 사용하는데 밀가루의 양을 100%로 보고 각 재료가 차지하는 양을 표시한 것을 말한다.

㉡ 전 재료의 퍼센트 합이 100%로 작성된 것은 True%라고 한다.

㉢ 스트레이트 반죽의 재료사용 – 일반 식빵의 배합표이다.

재료	비율(100%)	재료	비율(100%)
밀가루	100	소금	2
물	63	설탕	5
생이스트	2~3	유지	4
이스트 푸드	0.2	탈지분유	3

② 재료 계량 : 배합표대로 신속하게, 정확하게, 청결하게 계량한다.

③ 반죽 만들기

㉠ 유지를 제외한 모든 재료를 밀가루에 넣고 혼합하여 수화시켜 글루텐을 발전시킨다.

㉡ 글루텐이 형성되는 클린업 단계에서 유지를 넣는다.

㉢ 반죽온도는 27℃로 맞춘다.

㉣ 제품의 특성을 표현할 수 있는 적절한 단계까지 글루텐을 발전시킨다.

④ 1차 발효

㉠ 발효온도 : 27℃

㉡ 상대습도 : 75~80%

㉢ 발효시간 : 1~3시간

㉣ 1차 발효 완료점을 판단하는 방법

- 부피 : 3~3.5배 증가
- 직물구조(섬유질 상태) 생성을 확인
- 반죽을 눌렀을 때 조금 오므라드는 상태

⑤ 펀치

㉠ 발효하기 시작하여 반죽의 부피가 2~2.5배 되었을 때

㉡ 전체 발효시간의 60%가 지난 때 즉 발효시간의 2/3 시점에서 실시한다.

㉢ 반죽에 압력을 주어 가스를 뺀다.

㉣ 펀치를 하는 이유

- 반죽온도를 균일하게 해준다.
- 반죽에 이산화탄소 가스의 과도한 축적을 막는다.
- 반죽의 글루텐을 발전시킨다.
- 산소 공급으로 이스트의 활동에 활력을 준다.
- 산소 공급으로 반죽의 산화와 숙성을 촉진시켜준다.

⑥ 분할 : 발효가 진행되지 않도록 15~20분 이내에 원하는 양만큼 저울을 사용하여 반죽을 나눈다.

⑦ 둥글리기

㉠ 발효 중 생긴 큰 기포를 제거

㉡ 반죽 표면을 매끄럽게 함

⑧ 중간 발효

㉠ 발효온도 : 27~29℃

㉡ 상대습도 : 75%

㉢ 발효시간 : 15~20분

⑨ 정형 : 원하는 모양으로 만든다.

⑩ 패닝 : 팬에 정형한 반죽을 넣을 때 이음매를 밑으로 하여 반죽을 놓는다.

⑪ 2차 발효

㉠ 발효온도 : 35~43℃

㉡ 상대습도 : 85~90%

㉢ 발효시간 : 30분~1시간

⑫ 굽기 : 반죽의 크기, 배합 재료, 제품 종류에 따라 오븐의 온도를 조절한다.

⑬ 냉각 : 구워낸 빵을 35~40℃로 식힌다.

(2) 장 · 단점(스펀지법과 비교)

장점	단점
• 발효공정이 짧으며, 공정이 단순해 알기 쉽다. • 재료의 풍미가 살아 있다. • 빵의 조직이 힘이 있어 씹는 맛이 좋다. • 발효손실을 줄일 수 있다. • 제조장, 제조 장비가 간단하다. • 노동력과 시간이 절약된다.	• 잘못된 공정을 수정하기 어렵다. • 노화가 빠르다. • 발효 내구성이 약하다.

2 스펀지 도우법(Sponge Dough Method)

처음의 반죽을 스펀지(Sponge) 반죽, 나중의 반죽을 본(Dough) 반죽이라 하여 배합을 두 번 하므로 중종법이라고도 한다.

(1) 제조 공정

① 배합표 작성 : 스펀지 반죽의 재료 사용 – 일반 식빵의 Baker's% 배합표이다.

재료	스펀지 비율(100%)	80%	g	본 반죽 비율(100%)	20%	g
강력분	60~100	80	800	0~40	20	200
생이스트	전체 밀가루의 1~3	2	20	–	–	–
이스트 푸드	전체 밀가루의 0~0.75	0.5	5	–	–	–
물	스펀지 밀가루의 55~60	55	?	전체 밀가루의 60~66	63	?
소금	–			1.75~2.25	2	20
설탕	–			3~8	3	30
유지	–			2~7	2	20
탈지분유	–			2~4	2	20

* 배(倍) : g÷%=10, 스펀지의 물 : 80×0.55×10=440, 본 반죽의 물 : 630–440=190

- 스펀지 반죽 제조 시 분유와 소금을 넣지 않는 이유는 다음과 같다.
  - 분유의 단백질이 반죽의 pH가 떨어지는 것을 방해하는 완충작용으로 이스트의 발효를 억제하기 때문이다.
  - 소금의 나트륨이 반죽과 이스트에 함유된 수분의 농도차를 만들므로 삼투압이 발생하여 이스트의 발효를 억제하기 때문이다.

② 재료 계량 : 배합표대로 신속하게, 정확하게, 청결하게 계량한다.

③ 스펀지 만들기

㉠ 반죽시간 : 저속에서 4~6분

㉡ 반죽온도 : 22~26℃(통상 24℃)

㉢ 1단계(혼합 단계, Pick up Stage)까지 반죽을 만든다.

④ 스펀지 발효

㉠ 발효온도 : 27℃

㉡ 상대습도 : 75~80%

㉢ 발효시간 : 3~5시간

㉣ 스펀지 발효의 완료점

- 부피 : 4~5배 증가
- 반죽 중앙이 오목하게 들어가는 현상(드롭 : drop)이 생길 때
- pH가 4.8을 나타내며, 스펀지 내부의 온도는 28~30℃를 나타낼 때
- 반죽표면은 유백색(우유의 흰색)을 띠며 핀홀(바늘구멍, Pin Hole)이 생긴다.

- 스펀지 내부의 온도 상승이 5.6℃를 초과하지 않도록 한다.
- 스펀지는 발효 초기에 pH 5.5 정도이나, 발효가 끝나면 pH 4.8로 떨어진다.
- 스펀지 발효 시 발효가 진행됨에 따라 발생하는 현상
  - 반죽의 신장성은 증가하고 탄력성은 감소하면서 부피가 커진다.
  - 활발한 이스트의 증식으로 탄산가스가 증가하여 반죽이 팽창한다.
  - 밀가루에 있는 당이 분해되어 에틸알코올 및 각종 유기산이 형성된다.
  - 온도는 올라가고 pH는 떨어진다.
- 스펀지 온도가 낮아서 스펀지 발효가 부족한 상태일 때 도우(본 반죽) 믹싱 및 다음 공정을 위한 조치사항
  - 도우(본 반죽) 온도를 정상 시보다 높게 한다.
  - 배합수(반죽에 넣는 물)의 온도를 정상 시보다 높게 한다.
  - 플로어 타임(Floor Time)을 길게 한다.

⑤ 도우(본 반죽) 만들기

㉠ 스펀지 반죽과 본 반죽용 재료를 전부 넣고 섞는다.

㉡ 반죽시간 : 8~12분

㉢ 반죽온도 : 25~29℃(통상 27℃)

㉢ 반죽 완료점 : 반죽이 부드러우면서 잘 늘어나고 약간 처지는 상태가 되었을 때

⑥ 플로어 타임

㉠ Floor Time은 작업실 바닥에서 이루어지는 발효시간을 가리킨다.

㉡ 도우 반죽을 만든 후 플로어 타임을 주는 이유는 도우 반죽 후 파괴된 글루텐 층을 다시 재결합시키고 약간 지쳐 있는 반죽을 팽팽하게 만들어 반죽정형공정을 용이하게 하기 위함이다.

㉢ Floor Time의 발효시간은 10~40분 정도 진행한다.

- 플로어 타임이 길어지는 경우
  - 본 반죽 시간이 길다.
  - 본 반죽 온도가 낮다.
  - 스펀지에 사용한 밀가루의 양이 적다.
  - 사용하는 밀가루 단백질의 양과 질이 좋다.
  - 본 반죽 상태의 쳐지는 정도가 크다.

⑦ 분할 : 발효가 진행되지 않도록 15분에서 20분 이내에 원하는 양만큼 저울을 사용하여 반죽을 나눈다.

⑧ 둥글리기

㉠ 발효 중 생긴 큰 기포를 제거

㉡ 반죽표면을 매끄럽게 함

⑨ 중간 발효

㉠ 발효온도 : 27~29℃

㉡ 상대습도 : 75%

㉢ 발효시간 : 15~20분

⑩ 정형 : 원하는 모양으로 만든다.

⑪ 패닝 : 팬에 정형한 반죽을 넣을 때 이음매를 밑으로 하여 반죽을 놓는다.

⑫ 2차 발효

㉠ 발효온도 : 35~43℃

㉡ 상대습도 : 85~90%

㉢ 발효시간 : 60분

⑬ 굽기 : 반죽의 크기, 배합재료, 제품 종류에 따라 오븐의 온도를 조절하여 굽는다.

⑭ 냉각 : 구워낸 빵을 35~40℃로 식힌다.

(2) 장 · 단점(스트레이트법과 비교)

장점	단점
• 노화가 지연되어 제품의 저장성이 좋다. • 부피가 크고 속결이 부드럽다. • 발효 내구성이 강하다. • 분할기계에 대한 내구성이 증가한다. • 작업 공정에 대한 융통성이 있어 잘못된 공정을 수정할 기회가 있다.	• 시설, 노동력, 장소 등 경비가 증가한다. • 발효손실이 증가한다.

- 스펀지 반죽에 밀가루를 증가할 경우
  - 스펀지 발효시간은 길어지고 본 반죽의 발효시간은 짧아진다.
  - 본 반죽의 반죽시간이 짧아지고 플로어 타임과 2차 발효시간도 짧아진다.
  - 반죽의 신장성이 좋아져 성형공정이 개선된다.
  - 부피 증대, 얇은 기공막, 부드러운 조직으로 제품의 품질이 좋아진다.
  - 풍미가 강해진다.
- 스펀지 반죽에 분유를 첨가하는 경우
  - 저단백질 또는 약한 밀가루를 사용할 때
  - 밀가루가 믹싱 시 쉽게 처질 때
  - 아밀라아제 활성이 너무 지나칠 때
  - 스펀지 발효를 천천히 하고 싶을 때
- 스펀지 도우법의 단점인 노동력과 제조시간의 증가를 줄일 방법으로 마스터 스펀지법을 사용한다. 마스터 스펀지법은 하나의 스펀지 반죽으로 2~4개의 도우(Dough)를 제조하는 방법이다.
- 직접 반죽법의 배합을 스펀지법으로 변경하기
  - 2차 발효 시간과 오븐 스프링의 정도를 고려하여 이스트의 양을 0.5~1% 줄여준다.
  - 반죽의 취급을 용이하게 하기 위하여 물을 1~2% 줄여준다.
  - 겉껍질 색깔을 조절하기 위하여 설탕을 1~2% 줄여준다.

3 액체발효법(Brew Method)

이스트, 이스트 푸드, 물, 설탕, 분유 등을 섞어 2~3시간 발효시킨 액종을 만들어 사용하는 스펀지 도우법(스펀지 반죽법)의 변형이다. 스펀지 도우법의 스펀지 발효에서 생기는 결함(공장의 공간을 많이 필요로 함)을 없애기 위하여 만들어진 제조법으로 완충제로 분유를 사용하기 때문에 ADMI(아드미)법이라고도 한다.

(1) 제조 공정

① 배합표 작성 : 액종 반죽의 재료 사용 – 일반식빵의 배합표이다.

㉠ 액종

재료	사용범위(100%)	재료	사용범위(100%)
물	30	탈지분유	0~4
생이스트	2~3	설탕	3~4
이스트 푸드	0.1~0.3	–	–

㉡ 본 반죽

재료	사용범위(100%)	재료	사용범위(100%)
액종	35	설탕	2~5
밀가루	100	소금	1.5~2.5
물	32~34	유지	3~6

② 재료 계량 : 배합표대로 신속하게, 정확하게, 청결하게 계량한다.

③ 액종 만들기

㉠ 액종용 재료를 같이 넣고 섞는다.

㉡ 액종온도 : 30℃

㉢ 발효시간 : 2~3시간 발효

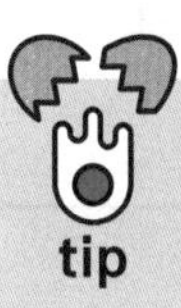

- 액종의 배합재료 중 분유, 탄산칼슘과 염화암모늄을 완충제로 넣는 이유, 발효하는 동안에 생성되는 유기산과 작용하여 산도를 조절하는 역할을 한다.
- 액종의 발효 완료점은 pH로 확인하며, pH 4.2~5.0이 최적인 상태이다.
- 액종이 발효하는 동안에 생성되는 기포를 제거할 목적으로 쇼트닝, 실리콘 화합물[즉, 실리콘(규소) 수지], 탄소수가 적은 지방산을 소포제로 사용한다.

④ 본 반죽 만들기

㉠ 믹서에 액종과 본 반죽용 재료를 넣고 반죽한다.

㉡ 반죽온도 : 28~32℃

⑤ 플로어 타임 : 15분 발효시킨다.

⑥ 분할 : 발효가 진행되지 않도록 15분에서 20분 이내에 원하는 양만큼 저울을 사용하여 반죽을 나눈다.

⑦ 둥글리기

㉠ 발효중 생긴큰 기포를 제거

㉡ 반죽표면을 매끄럽게 함

⑧ 중간 발효

㉠ 발효온도 : 27~29℃

㉡ 상대습도 : 75%

㉢ 발효시간 : 15~20분

⑨ 정형 : 원하는 모양으로 만든다.

⑩ 패닝 : 팬에 정형한 반죽을 이음매가 아래로 향하게 놓는다.

⑪ 2차 발효

㉠ 발효온도 : 35~43℃

㉡ 상대습도 : 85~95%

㉢ 발효시간 : 50~60분

⑫ 굽기 : 반죽의 크기, 배합 재료, 제품 종류에 따라 오븐의 온도를 조절하여 굽는다.

⑬ 냉각 : 구워낸 빵을 35~40℃로 식힌다.

(2) 장 · 단점

장점	단점
• 단백질 함량이 적어 발효내구력이 약한 밀가루로 빵을 생산하는 데도 사용할 수 있다. • 한번에 많은 양을 발효시킬 수 있다. • 발효손실에 따른 생산손실을 줄일 수 있다. • 펌프와 탱크설비가 이루어져 있어 공간, 설비가 감소된다. • 균일한 제품생산이 가능하다.	• 환원제, 연화제가 필요하다. • 산화제 사용량이 늘어난다.

4 연속식 제빵법(Continuous Dough Mixing System)

액체발효법이 더 발달된 방법으로 공정이 자동으로 진행되며 기계적인 설비를 사용하여 적은 인원으로 많은 빵을 만들 수 있는 방법이다. 밀폐된 발효 시스템으로 인한 산화제의 사용이 필수적이며, 1차 발효실, 분할기, 환목기, 중간 발효기, 성형기 등의 설비가 감소되어 공장 면적이 감소한다.

(1) 제조 공정

① 재료 계량 : 배합표대로 정확히 계량한다.

② 액체발효기 : 액종용 재료를 넣고 섞어 30℃로 조절한다.

③ 열교환기 : 발효된 액종을 통과시켜 온도를 30℃로 조절 후 예비 혼합기로 보낸다.

④ 산화제 용액기 : 브롬산칼륨, 인산칼륨, 이스트 푸드 등 산화제를 녹여 예비 혼합기로 보낸다.

⑤ 쇼트닝 온도 조절기 : 쇼트닝 플레이크(조각)를 녹여 예비 혼합기로 보낸다.

⑥ 밀가루 급송장치 : 액종에 사용하고 남은 밀가루를 예비 혼합기로 보낸다.

⑦ 예비 혼합기 : 각종 재료들을 고루 섞는다.

⑧ **디벨로퍼** : 3~4 기압하에서 30~60분간 반죽을 발전시켜 분할기로 직접 연결시킨다. 디벨로퍼에서 숙성시키는 동안 공기 중의 산소가 결핍되므로 기계적 교반과 산화제에 의하여 반죽을 형성시킨다. 그리고 직접 연결된 분할기로 즉시 보낸다.

⑨ **분할기**

⑩ **패닝** : 팬에 정형한 반죽을 놓는다.

⑪ **2차 발효** : 발효온도 35~43℃, 상대습도 85~90%, 발효시간 40~60분

⑫ **굽기** : 반죽의 크기, 배합재료, 제품 종류에 따라 오븐의 온도를 조절하여 굽는다.

⑬ **냉각** : 구워낸 빵을 35~40℃로 식힌다.

(2) 장 · 단점

장점	단점
• 발효손실 감소 • 설비 감소, 설비공간, 설비면적 감소 • 노동력을 1/3 감소	• 일시적 기계 구입 비용의 부담이 크다. • 산화제를 첨가하기 때문에 발효향이 감소한다.

5 재반죽법(Remixed Straight Dough Method)

스트레이트법의 변형으로 모든 재료를 넣고 물을 8% 정도 남겨 두었다가 발효 후 나머지 물을 넣고 반죽하는 방법이다. 그리고 스펀지법의 장점을 받아들이면서 스펀지법보다 짧은 시간에 공정을 마칠 수 있는 방법이다.

(1) 제조 공정

① **배합표 작성** : 재반죽의 재료 사용 – 일반 식빵의 배합표이다.

재료	비율(100%)	재료	비율(100%)
밀가루	100	설탕	5
물	58	쇼트닝	4
생이스트	2.2	탈지분유	2
이스트 푸드	0.5	재반죽용 물	8~10
소금	2	–	–

② **재료 계량** : 배합표대로 정확히 계량한다.

③ **믹싱**

㉠ 반죽시간 : 저속에서 4~6분

㉡ 반죽온도 : 25~26℃

④ 1차 발효
  ㉠ 발효시간 : 2~2.5시간
  ㉡ 발효온도 : 26~27℃
  ㉢ 상대습도 : 75~80%
⑤ 재반죽
  ㉠ 반죽시간 : 중속에서 8~12분
  ㉡ 반죽온도 : 28~29℃
⑥ 플로어 타임 : 15~30분
⑦ 분할 : 재료를 정확히 나눈다.
⑧ 둥글리기
  ㉠ 발효 중 생긴 기포를 제거
  ㉡ 반죽표면을 매끄럽게 함
⑨ 중간 발효
  ㉠ 발효온도 : 27~29℃
  ㉡ 상대습도 : 75%
  ㉢ 발효시간 : 15~20분
⑩ 정형 : 반죽을 틀에 넣거나 밀대로 밀어 편 뒤 접는다.
⑪ 패닝 : 팬에 정형한 반죽을 놓는다.
⑫ 2차 발효 : 발효온도 36~38℃, 시간 40~50분, 상대습도 85~95%
⑬ 굽기 : 반죽의 크기, 배합 재료, 제품 종류에 따라 오븐의 온도를 조절하여 굽는다.
⑭ 냉각 : 구워낸 빵을 35~40℃로 식힌다.

(2) 장점

① 반죽의 기계 내성이 양호
② 스펀지 도우법에 비해 공정시간 단축
③ 균일한 제품 생산
④ 식감과 색상 양호

6 노타임 반죽법(No Time Dough Method)

이스트 발효에 의한 밀가루 글루텐의 생화학적 숙성을 노타임 반죽법에서는 화학첨가제인 산화제를 사용하여 –SH(치올기) 결합을 –S–S–(이황화) 결합으로 산화시켜 글루텐을 강화하며 발효시간을 단축시키고, 환원제를 사용하여 밀가루 단백질 사이의 –S–S–(이황화) 결합을 –SH(치올기) 결합으로 환원시켜 글루텐을 약화하며 믹싱시간을 25% 정도 단축시킨다. 정반대의 화학작용을 하는 화학첨가제인 산화제와 환원제를 함께 사용하지만 반죽 속에서 두 물질의 화학반응시간을 조절하여 믹싱시간과 1차 발효시간을 단축시키는 방법으로, 장시간 발효과정을 거치지 않고 배합 후 정형공정을 거쳐 2차 발효를 하는 제빵법이다.

(1) 산화제와 환원제의 종류

산화제	환원제
요오드칼륨 : 속효성 작용	L-시스테인 : -S-S-결합을 절단
브롬산칼륨 : 지효성 작용	프로테아제 : 단백질을 분해하는 효소

(2) 장 · 단점

장점	단점
• 반죽이 부드러우며 흡수율이 좋다. • 반죽의 기계내성이 양호하다. • 빵의 속결이 치밀하고 고르다. • 제조시간이 절약된다.	• 제품에 광택이 없다. • 제품의 질이 고르지 않다. • 맛과 향이 좋지 않다. • 반죽의 발효내성이 떨어진다.

(3) 스트레이트법을 노타임 반죽법으로 변경할 때의 조치사항

① 환원제 사용으로 반죽시간이 짧아지기 때문에 물 사용량을 1~2% 정도 줄인다.

② 산화제 사용으로 발효시간이 단축되어 이스트가 설탕을 가수분해하지 못한 잔류당이 많아지므로 껍질색을 맞추기 위해 설탕 사용량을 1% 감소시킨다.

③ 가스 발생력을 증가시키기 위해 생이스트 사용량을 0.5~1% 증가시킨다.

④ 브롬산칼륨, 요오드칼륨, 아스코르빈산(비타민 C)을 산화제로 사용한다.

⑤ L-시스테인을 환원제로 사용한다.

⑥ 이스트의 활력을 증진시켜 가스 발생력을 증가시키기 위해 반죽온도를 30~32℃로 한다.

7 비상반죽법(Emergency Dough Method)

갑작스런 주문에 빠르게 대처할 때 표준스트레이트법 또는 스펀지법을 변형시킨 방법으로 공정 중 발효를 촉진시켜 전체 공정시간을 단축하는 방법이다.

(1) 비상반죽법의 필수조치와 선택조치

필수조치	선택조치
• 반죽시간 : 20~30% 증가 • 설탕 사용량 : 1% 감소 • 1차 발효시간 – 비상 스트레이트법은 15~30분 – 비상 스펀지법은 30분 이상 • 반죽온도 : 30℃ • 이스트 : 2배 증가 • 물 사용량 : 1% 증가	• 이스트 푸드 사용량 증가 • 식초 첨가 • 분유 감소 • 소금을 1.75%로 감소

물의 양을 1% 정도 증가시키면 반죽의 기계에 대한 적성이 향상되고, 이스트의 활성이 높아진다.

(2) 비상 스트레이트법으로 변경시키는 방법

재료	스트레이트법(100%)	비상 스트레이트법(100%)
강력분	100	100
물	63	64*
생이스트	2	4*
이스트 푸드	0.2	0.2
설탕	5	4*
탈지분유	4	4
소금	3	3
쇼트닝	4	4
반죽온도	27℃	30℃*
반죽시간	18분	22분*
1차 발효시간	1~3시간	15~30분*

*은 필수조치 항목입니다.

(3) 비상 스펀지법으로 변경시키는 방법

① 스펀지 배합비에서 변경해야 할 사항들

㉠ 스펀지의 밀가루 양을 80%로 증가시킨다.

㉡ 사용할 물의 양을 1% 증가시켜 전부 스펀지에 첨가한다.

㉢ 이스트의 양을 2배로 증가시킨다.

㉣ 설탕의 양을 1% 감소시킨다.

② 스펀지 및 본 반죽 공정에서 변경할 사항들

㉠ 스펀지 반죽의 온도를 29~30℃로 조절한다.

㉡ 스펀지의 혼합시간을 50% 증가시킨다.

㉢ 스펀지 반죽의 발효시간을 30분 이상으로 한다.

㉣ 본 반죽의 혼합시간을 20~25% 증가시킨다.

㉤ 본 반죽의 온도를 29~30℃로 조절한다.

㉥ 플로어 타임을 10분 이상 준다.

(4) 장 · 단점

장점	단점
• 비상 시 대처용이 • 제조시간이 짧아 노동력, 임금 절약	• 부피가 고르지 못할 수도 있다. • 이스트 냄새가 날 수도 있다. • 노화가 빠르다.

8 찰리우드법(Chorleywood Dough Method)

(1) 스트레이트법의 일종으로, 영국의 찰리우드 지방에서 고안된 기계적 숙성 반죽법으로 초고속 반죽기를 이용하여 반죽 하므로 초고속 반죽법이라고도 한다.

(2) 초고속 믹서로 반죽을 물리적으로 숙성시켜 이스트 발효에 따른 생화학적 숙성을 대신한다.

(3) 초고속 믹서로 반죽을 기계적으로 숙성시킴으로 플로어 타임 후 분할한다.

(4) 공정시간은 줄어드나 제품의 발효향이 떨어지는 단점이 있다.

9 냉동반죽법(Frozen Dough Method)

(1) 냉동반죽법의 특징

① 1차 발효 또는 성형을 끝낸 반죽을 −40℃로 급속 냉동시켜 −25~−18℃에 냉동 저장하여 이스트의 활동을 억제시켜둔 후 필요할 때마다 꺼내어 쓸 수 있도록 반죽하는 방법이다.

② 냉장고(5~10℃)에서 15~16시간을 해동시킨 후 온도 30~33℃, 상대습도 80%의 2차 발효실에 넣는데, 반드시 완만 해동, 냉장 해동을 준수한다.

③ 냉동 저장기간이 길수록 품질 저하가 일어나므로 선입선출을 준수한다.

④ 냉동할 반죽의 분할량이 크면 냉해를 입을 수 있어 좋지 않다.

⑤ 바게트, 식빵 같은 저율배합 제품은 냉동 시 노화의 진행이 빠르기 때문에 냉동처리에 더욱 주의해야 한다.

⑥ 고율배합 제품은 비교적 완만한 냉동에도 잘 견디기 때문에 크루아상, 단과자 등의 제품 제조에 많이 이용된다.

⑦ 냉동반죽은 반드시 비닐 포장하여 배송하고 운송된 냉동반죽은 즉시 냉동고에 보관한 후 냉동고의 개폐를 최소화 한다. 냉동고의 용량에 맞게 보관하며, 보관된 냉동 반죽은 가능한 단시간에 사용한다.

빵 완제품의 노화를 결정하는 성분은 전분이다. 전분은 -7~10℃ 범위의 노화대(Stale zone)에서 노화가 빠르게 진행된다. 그러나 노화대를 빠르게 통과하는 급속냉동 시에는 전분의 노화 속도가 지연되고 빵 반죽 속의 얼음결정이 작아져 반죽의 글루텐과 이스트의 냉해를 어느 정도 피할 수 있다.

(2) 재료 준비

① 밀가루 : 단백질 함량이 많은 밀가루를 선택한다.

② 물 : 물이 많아지면 이스트가 파괴되고 반죽이 퍼지므로 가능한 수분량을 줄인다.

③ 이스트 : 냉동 중 이스트가 죽어 가스 발생력이 떨어지므로 이스트의 사용량을 2배 정도 늘린다.

④ 소금, 이스트 푸드 : 반죽의 안정성을 도모하기 위해 약간 늘린다.

⑤ 설탕, 유지, 달걀 : 물의 사용량은 줄이는 대신에 설탕, 유지, 달걀은 늘린다.

⑥ 노화방지제(SSL) : 제품의 신선함을 오랫동안 유지시켜 주므로 약간 첨가한다.

⑦ 산화제(비타민 C, 브롬산칼륨) : 반죽의 글루텐을 단단하게 하므로 냉해에 의해 반죽이 퍼지는 현상을 막을 수 있어서 많이 사용한다.

⑧ 유화제 : 냉동반죽의 가스 보유력을 높이는 역할을 한다.

(3) 제조 공정

① 반죽(노타임 반죽법이나 혹은 비상 스트레이트법)

㉠ 반죽온도 : 20℃

㉡ 수분 : 63% → 58%(다른 제빵법보다 반죽은 조금 되게 한다.)

② 1차 발효 : 노타임 반죽법이나 비상 스트레이트법에 따라 발효시간, 온도를 정한다.

③ 분할 : 냉동할 반죽의 분할량이 크면 냉해를 입을 수 있어 좋지 않다.

④ 정형 : 원하는 모양으로 만든다.

⑤ 냉동저장 : -40℃로 급속 냉동하여 -25~-18℃에서 보관한다.

⑥ 해동

㉠ 완만한 해동은 최대 빙결정 생성대 통과 시간을 길게 설정한다.

㉡ 차선책으로 실온에서 자연해동 시 온도와 습도 조절에 유의하여야 한다.

㉢ 해동방법 중 소량의 반죽인 경우 전자레인지에 의한 방법은 해동이 빠르고 균일하다.

㉣ 냉장고(5~10℃)에서 15~16시간 완만하게 해동시킨다.

㉤ 도 컨디셔너(Dough Conditioner), 리타드(Retard)에서 해동시킨다.

⑦ **2차 발효** : 다른 제법과 달리 온도가 낮은 30~33℃, 습도도 낮은 80%로 설정한다.

⑧ **굽기**

㉠ 반죽의 크기, 배합 재료, 제품 종류에 따라 오븐의 온도를 조절한다.

㉡ 스트레이트법보다 어린 반죽으로 굽는다.

㉢ 스트레이트법보다 굽는 온도를 5~10℃ 감소시킨다.

(4) 장 · 단점

장점	단점
• 휴일작업에 미리 대처할 수 있다. • 다품종, 소량 생산이 가능하다. • 빵의 부피가 커지고 결과 향기가 좋다. • 운송, 배달이 용이하다. • 발효시간이 줄어 전체 제조시간이 짧다. • 계획생산이 가능하다. • 생산성 향상과 편리한 재고관리가 가능하다. • 고객에게 신선한 제품 제공이 가능하다.	• 반죽이 끈적거린다. • 반죽이 퍼지기 쉽다. • 가스 보유력이 떨어진다. • 이스트가 죽어 가스 발생력이 떨어진다. • 많은 양의 산화제를 사용해야 한다. • 제품의 발효향이 적다. • 제품의 노화가 빠르다.

(5) 냉동 반죽의 품질을 유지하기 위한 준수사항

① 운송된 냉동 반죽은 즉시 냉동 보관한다.

② 냉동 반죽의 선입선출을 준수한다.

③ 냉동고의 개폐를 최소화한다.

④ 냉동고 용량에 맞게 보관한다.

⑤ 운송된 냉동 반죽은 가능한 단기간에 사용한다.

- -40℃로 급속 냉동을 시키는 이유는 수분이 얼면서 팽창하여 이스트를 사멸시키거나 글루텐을 파괴하는 것을 막기 위함이다.
- 냉동저장 시 이스트가 죽음으로써 환원성 물질(글루타치온)이 나와 반죽이 퍼지는 것을 막기 위하여 반죽을 되게 한다.
- 냉해를 막기 위하여 수분을 줄이고 설탕, 유지, 달걀을 많이 넣는다.
- 냉동반죽법은 바게트와 같은 저율배합보다 단과자빵 같은 고율배합에 적합한 제법이다.
- 해동은 냉장온도에서 완만 해동을 시킨다. 그 이유는 반죽 전체의 균일한 발효상태를 유도하기 위함이다.
- 스트레이트법보다 2차 발효를 5~10% 감소시킨 어린 반죽상태로 굽기 때문에 굽는 온도를 5~10℃ 감소시킨다.

10 오버나이트 스펀지법(Over Night Sponge Dough Method)

(1) 밤새(12~24시간) 발효시킨 스펀지를 이용하는 방법으로 발효손실이 최고로 크다.

(2) 효소의 작용이 천천히 진행되어 글루텐이 강한 신장성을 갖기 때문에 반죽의 가스 보유력이 좋아진다.

(3) 발효시간이 길기 때문에 적은 이스트로 매우 천천히 발효시킨다.

(4) 제품은 풍부한 발효 향을 지니게 된다.

11 사워 종법(Sour Dough Method)

(1) 이스트를 사용하지 않고 호밀가루나 밀가루, 대기 중에 존재하는 이스트나 유산균을 물과 반죽하여 배양한 발효종을 이용하는 제빵법이다.

(2) 호밀가루로 발효종을 만들 때에는 반죽의 개량을 위주로 하여 본 반죽에 사워 종을 덧댄다.

(3) 밀가루로 발효종을 만들 때에는 풍미의 개량을 위주로 하여 본 반죽에 사워 종을 덧댄다.

(4) 사워 종의 장점은 풍미개량, 반죽의 개선, 노화억제, 보존성 향상 등이다.

(5) 사워(Sour)는 "신, 시큼한"이라는 뜻으로 젖산과 초산에 의해 만들어진다.

(6) 알코올 발효, 젖산(유산) 발효, 초산 발효 등 다중 발효를 이용한다.

(7) 대표적인 유산균에는 락토바실러스 샌프란시스코와 락토바실러스 브레비스 등이 있다.

제1장 미리보는 출제예상문제

01 스트레이트법으로 일반 식빵을 만들 때 사용하는 생이스트의 양으로 가장 적당한 것은?

① 2% ② 8%
③ 14% ④ 20%

02 표준 스트레이트법으로 식빵을 만들 때 반죽온도로 가장 적합한 것은?

① 12~14℃ ② 16~18℃
③ 26~27℃ ④ 33~34℃

03 일반적인 스펀지 도우법으로 식빵을 만들 때 도우 반죽(Dough mixing)의 가장 적당한 온도는?

① 17℃ 정도 ② 27℃ 정도
③ 37℃ 정도 ④ 47℃ 정도

04 1차 발효가 부족한 스펀지 반죽이 있다. 이것을 보완하기 위한 조치 중 부적합한 것은?

① 이스트 증가 ② 믹싱시간 증가
③ 소금 증가 ④ 플로어 타임 증가

05 스펀지/도법으로 빵을 만들 때 스펀지 반죽의 발효 시 반죽의 온도와 pH의 변화에 대한 설명으로 옳은 것은?

① 온도와 pH가 동시에 상승한다.
② 온도와 pH가 동시에 내려간다.
③ 온도는 하강하고 pH는 상승한다.
④ 온도는 상승하고 pH는 내려간다.

해설

01
- 스트레이트법에서의 생이스트의 양은 2.5% 전 · 후이다.
- 여러 제법에서 사용되는 이스트의 양은 발효시간과 상관관계가 있다.

02
스트레이트법에서 최종 반죽온도는 27℃가 최적이다.

03
표준 스펀지 도우법에서 스펀지 반죽 온도는 24℃, 도우 반죽온도는 27℃로 맞춘다.

04
소금을 감소시켜 삼투압을 낮추면 발효가 촉진된다.

05
발효가 진행되면 열량이 발생하여 반죽 온도가 올라가고 이산화탄소와 유기산이 생성되어 pH가 내려간다.

정답 | 01 ① 02 ③ 03 ② 04 ③ 05 ④

06 **스펀지법으로 제빵할 때 스펀지의 소맥분 변화를 시키는 경우에 설명이 부적당한 것은?**

① 부피, 향, 저장성 등 품질을 개선시키고자 할 때
② 발효시간을 변경할 필요가 있을 때
③ 기계 및 설비를 감소시킬 때
④ 소맥분의 품질이 변경되었을 때

07 **스펀지/도법에서 분유를 스펀지에 첨가하는 경우에 해당되지 않는 것은?**

① 밀가루가 믹싱 시 쉽게 처질 때
② 아밀라아제 활성이 너무 지나칠 때
③ 스펀지의 발효를 촉진시키고 싶을 때
④ 저단백질 또는 약한 밀가루를 사용할 때

08 **액체발효법으로 빵을 만들 때 액종의 발효점을 가장 정확하게 찾을 수 있는 방법은?**

① 발효로 생긴 신 냄새의 정도를 측정
② 액종의 발효시간 측정
③ 윗면의 표면에 생긴 거품 상태 측정
④ 정확한 pH의 측정

09 **액체발효법에서 액종 발효 시 완충제 역할을 하는 재료는?**

① 탈지분유　② 설탕
③ 소금　④ 쇼트닝

10 **스펀지 도우법 제빵에 있어서 한 배합의 스펀지 온도가 낮아서 발효가 부족한 상태였다. 이 스펀지의 도우(Dough) 믹싱 및 다음 공정을 위한 조치 중 틀린 것은?**

① 이스트 푸드 양을 추가한다.
② 플로어 타임(Floor time)을 길게 한다.
③ 배합수의 온도를 정상 시보다 높게 한다.
④ 도우(Dough) 온도를 정상 시보다 높게 한다.

해설

06
- 기계 및 설비를 감소시키고자 한다면 스트레이트법을 쓴다.
- 소맥분이란 밀가루를 의미한다.

07
분유의 단백질이 스펀지 반죽의 pH가 내려가는 것을 막아 발효를 늦춘다.

08
액종이 발효되면 발효산물인 이산화탄소와 에틸알코올이 생성되어 pH가 떨어진다.

09
완충제(탄산칼슘, 염화암모늄, 분유)는 발효하는 동안에 생기는 유기산과 작용하여 반죽의 산도를 조절하는 역할을 한다.

10
이스트 푸드는 물 조절제 기능을 우선으로 만들어진 식품 첨가물로 스펀지 도우법 제빵에 있어서 1차 반죽 스펀지에 넣지 2차 반죽 도우에는 넣지 않는다.

정답 | 06 ③ 07 ③ 08 ④ 09 ① 10 ①

11 **연속식 제빵법(Continuous dough mixing system)에는 여러 가지 장점이 있어 대량생산 방법으로 사용되는데 스트레이트법에 대비한 장점으로 볼 수 없는 사항은?**

① 공장면적의 감소 ② 인력의 감소
③ 발효손실의 감소 ④ 산화제 사용 감소

12 **장시간 발효과정을 거치지 않고 배합 후 정형하여 2차 발효를 하는 제빵법은?**

① 재반죽법 ② 스트레이트법
③ 노타임법 ④ 스펀지법

13 **산화제와 환원제를 함께 사용하여 믹싱시간과 발효시간을 감소하는 제빵법은?**

① 스트레이트법 ② 노타임법
③ 비상 스펀지법 ④ 비상 스트레이트법

14 **비상 스트레이트법 반죽의 가장 적당한 온도는?**

① 20℃ ② 25℃
③ 30℃ ④ 45℃

15 **표준 스트레이트법을 비상 스트레이트법으로 전환할 때 필수적인 조치사항 중 틀린 것은?**

① 물 사용량을 1% 증가
② 이스트 사용량을 2배 증가
③ 설탕 사용량을 1% 증가
④ 반죽시간 증가

16 **일반 스펀지법을 비상 스펀지법으로 전환 시 필수적 조치사항 중 틀린 것은?**

① 스펀지 발효시간을 30분 이상으로 한다.
② 생지 반죽시간을 정상보다 20~25% 더 짧게 한다.
③ 플로어 타임을 10분으로 한다.
④ 2차 발효시간(Proofing time)을 약간 단축한다.

해 설

11
반죽기(디벨로퍼)로 30~60분간 반죽하다 보면 공기가 부족해 숙성이 잘 되지 않아 산화제를 많이 사용한다.

12
산화제와 환원제를 넣고 긴 시간 고속으로 반죽한 뒤에 잠깐 휴지만 시키고 분할에 들어가므로 무발효 반죽법 혹은 노타임 반죽법이라고 한다.

13
노타임 반죽법은 장시간 발효과정을 거치지 않고 배합 후 정형하여 2차 발효하는 제조공정의 특징을 갖고 있다.

14
표준 스트레이트법 : 27℃,
비상 스트레이트법 : 30℃

15
비상 스트레이트법 필수조치
- 물 사용량을 1% 증가시킨다.
- 설탕 사용량을 1% 감소시킨다.
- 반죽시간을 20~30% 늘려서 글루텐의 기계적 발달을 최대로 한다.
- 이스트를 2배로 한다.
- 반죽온도를 30~31℃로 맞춘다.
- 1차 발효시간을 15~30분 한다.

16
비상 스펀지법 필수조치
- 물 사용량을 1% 증가시킨다.
- 설탕 사용량을 1% 감소시킨다.
- 반죽시간을 20~30% 늘려서 글루텐의 기계적 발달을 최대로 한다.
- 이스트를 2배로 한다.
- 반죽온도를 30~31℃로 맞춘다.
- 스펀지 반죽의 발효시간을 30분 이상으로 한다.

11 ④ 12 ③ 13 ② 14 ③ 15 ③ 16 ②

17 **연속식 제빵법(Continuous dough mixing system)의 특징이 아닌 것은?**

① 공장면적의 감소 ② 설비증가
③ 인력감소 ④ 발효손실의 감소

18 **냉동반죽법을 이용한 제빵공정 중 틀린 것은?**

① 스트레이트법보다 생이스트를 증가시켜 사용한다.
② 스트레이트법보다 2차 발효실의 온도를 5~10℃ 높인다.
③ 스트레이트법보다 굽는 온도를 5~10℃ 낮춘다.
④ 스트레이트법보다 어린 반죽으로 굽는다.

19 **이스트를 냉동시킬 때 냉동장해를 줄이기 위한 방법으로 잘못된 것은?**

① 냉동온도를 가능하면 낮춘다.
② 이스트를 활성화시켜 냉동시킨다.
③ 반죽온도를 낮춘다.
④ 설탕과 탈지분유의 사용량을 증가시킨다.

20 **냉동반죽의 장단점에 대한 설명으로 틀린 것은?**

① 제품의 노화가 느리다.
② 제품의 운반이 편리하다.
③ 제품의 발효향이 적다.
④ 다품종 소량생산이 가능하다.

21 **냉동반죽을 2차 발효시키는 방법 중 가장 올바른 것은?**

① 냉장고에서 15~16시간 냉장 해동시킨 후 30~33℃, 상대습도 80%의 2차 발효실에서 발효시킨다.
② 실온(25℃)에서 30~60분간 자연 해동시킨 후 38℃, 상대습도 85%의 2차 발효실에서 발효시킨다.
③ 냉동반죽을 30~33℃, 상대습도 80%의 2차 발효실에 넣어 해동시킨 후 발효시킨다.
④ 냉동반죽을 38~43℃, 상대습도 90%의 고온다습한 2차 발효실에 넣어 해동시킨 후 발효시킨다.

해 설

17
연속식 제빵법은 1차 발효실, 분할기, 환목기, 중간 발효기, 성형기 등의 설비가 감소된다.

18
스트레이트법보다 반죽의 온도가 낮으므로 2차 발효실의 온도를 낮추어 반죽의 내부와 외부의 발효속도를 동일하게 유도한다.

19
이스트의 활성을 억제시킨 후 반죽을 냉동시켜야 냉해를 줄일 수 있다.

20
제품의 노화가 빠르다.

21
냉동반죽은 1차 발효를 끝낸 반죽을 -25~-18℃에 냉동저장하여 필요할 때마다 꺼내어 쓸 수 있도록 반죽하는 방법이다.

정답 | 17 ② 18 ② 19 ② 20 ① 21 ①

22 **냉동반죽법의 단점이 아닌 것은?**

① 휴일작업에 미리 대처할 수 없다.
② 이스트가 죽어 가스 발생력이 떨어진다.
③ 가스 보유력이 떨어진다.
④ 반죽이 퍼지기 쉽다.

23 **사워도(Sour dough)와 관련성이 가장 적은 것은?**

① 에틸알코올 발효
② 젖산(유산) 발효
③ 락토바실러스 샌프란시스코
④ 바실러스 서브틸러스

해 설

22
냉동반죽법의 단점 : 이스트가 죽어 가스 발생력과 보유력이 떨어지며, 반죽이 퍼지기 쉽다.

23
바실러스 서브틸러스는 병원성균인 로프 균을 가리킨다.

22 ① 23 ④

제 2 장 제빵 순서

제빵 순서는 제빵법에 따라서 달라지며 여기서는 스트레이트법의 순서로 각 공정을 설명한다.
제빵법 결정 → 배합표 작성 → 재료 계량 → 원료의 전처리 → 반죽(믹싱) → 1차 발효 → 분할 → 둥글리기 → 중간 발효 → 정형 → 패닝 → 2차 발효 → 굽기 → 냉각 → 슬라이스 → 포장

01 제빵법 결정

빵 완제품의 크러스트(껍질)와 크림(속)에 부여하고자 하는 질감, 표현하고자 하는 빵의 맛과 향, 기계 설비, 노동력, 판매형태, 소비자의 기호 등을 고려하여 제빵법을 결정한다.

02 배합표 작성

빵을 만드는 데 필요한 재료의 종류, 비율과 무게를 숫자로 표시한 표를 말한다.

1 배합표의 종류

(1) Baker's% : 밀가루의 양을 100%로 보고 각 재료가 차지하는 양을 %로 표시한 것을 말한다.

(2) True% : 전 재료의 양을 100%로 보고 각 재료가 차지하는 양을 %로 표시한 것을 말한다.

2 주문 물량에 따른 Baker's% 배합량 조절공식

(1) 배합량 조절공식은 총 반죽 무게, 밀가루 무게, 각 재료의 무게 순으로 계산을 하여야 한다.

(2) 총 반죽무게(g)=완제품 중량÷{1−(굽기 및 냉각손실÷100)}÷{1−(발효손실÷100)}

(3) $\text{밀가루 무게(g)} = \dfrac{\text{밀가루 비율(\%)} \times \text{총 반죽무게(g)}}{\text{총 배합률(\%)}}$

(4) 각 재료의 무게(g) = 밀가루 무게(g)×각 재료의 비율(%)

※ 단, 중량은 무게 단위인 kg, g을 사용한다.

03 원료의 전처리

반죽을 만들기 전에 행하는 모든 작업을 전처리라고 한다.

(1) **가루 재료** : 뭉친 것이나 이물질을 제거하고 골고루 섞이게 하기 위하여 밀가루, 탈지분유, 설탕 등 가루 상태의 재료는 체로 쳐서 사용한다.

- 가루 재료를 체로 치는 이유는 다음과 같다.
  - 가루 속에 있을 수 있는 불순물을 제거한다.
  - 공기를 혼입시켜 이스트의 활성을 촉진한다.
  - 재료의 고른 분산에 도움을 준다.
  - 밀가루의 15%까지 부피를 증가시킬 수 있다.
  - 흡수율도 증가한다.
  - 공기를 혼입시켜 반죽의 산화를 촉진한다.

(2) **생이스트** : 잘게 부수어 사용하거나 생이스트 양 기준으로 4~5배가 되는 30℃ 정도의 물을 준비하여 용해시킨 후 사용한다.

(3) **이스트 푸드** : 가루 재료에 직접 혼합하여 사용한다.

(4) **우유** : 원유는 살균한 뒤 차게 해서 사용하고, 시유는 반죽의 희망온도를 고려하여 데워서 사용한다.

(5) **유지** : 반죽 속에 넣을 경우, 부드러운 상태로 만들어 사용한다.

(6) **물** : 반죽온도에 영향을 미치므로 물의 온도를 적절히 조절하여 사용한다.

(7) **탈지분유** : 반죽에 아주 작은 덩어리를 만드므로 설탕 또는 밀가루와 분산시켜 사용한다.

04 믹싱(Mixing)

반죽이란 밀가루, 이스트, 소금, 그 밖의 재료에 물을 혼합하여 모든 재료를 균질화시키고, 반죽 속의 단백질들을 결합시켜 글루텐을 생성 · 발전시키며, 반죽에 산소를 혼입시키는 것이다. 그리고 빵의 특성에 따라 반죽 속의 글루텐에 다양한 물리적 성질을 부여하는 것이다.

1 반죽을 만드는 목적

(1) 원재료를 균일하게 분산하고 혼합한다.

(2) 수용성 재료를 용해시켜 밀가루의 성분 중 수분을 흡수하는 전분과 단백질을 수화시킨다.

(3) 반죽에 산소를 혼입시켜 이스트의 활력과 반죽의 산화를 촉진한다.

(4) 글루텐을 생성시킨 후 숙성(발전)시켜 반죽에 가소성, 탄력성, 점성, 신장성, 흐름성 등의 물리적 성질을 부여한다.

2 반죽에 부여하고자 하는 물리적 성질

(1) **탄력성(탄성)** : 성형단계에서 외부의 힘에 의하여 변형을 받고 있는 물체가 원래의 상태로 되돌아가려는 성질

(2) **점탄성** : 점성과 탄력성을 동시에 가지고 있는 성질

(3) **신장성** : 반죽이 늘어나는 성질

(4) **흐름성** : 반죽이 팬 또는 용기의 모양이 되도록 흘러 모서리까지 차게 하는 성질

(5) **가소성** : 반죽이 성형과정에서 형성되는 모양을 유지시키려는 성질

3 반죽을 만드는 믹싱방법

(1) 반죽에 가하는 믹싱속도의 형태

① 저속 믹싱으로 재료의 균일한 분산과 혼합을 한다.

② 중속 혹은 고속으로 반죽에 가소성, 신장성, 탄력성, 흐름성, 점탄성 등을 부여한다.

(2) 반죽에 가하는 물리적 힘의 형태

① 혼합 : 수직형 믹서의 믹싱방법

② 이김 : 수평형 믹서의 믹싱방법

③ 두드림 : 암 믹서의 믹싱방법

- 반죽에 물리적 성질을 결정하는 글루텐에 적정량 사용으로 글루텐의 탄력성(탄성)을 강하게 부여하는 재료에는 "소금, 비타민 C(아스코르빈산), 미네랄(무기질)" 등이 있다.
- 글루텐을 숙성(발전)시키는 믹싱 속도는 굽기 시 반죽의 오븐 팽창과 완제품의 질감에 영향을 미친다.
  - 중속으로 믹싱하면 글루텐이 유연해져 오븐 팽창은 작고 완제품의 질감은 부드럽다.
  - 고속으로 믹싱하면 글루텐이 질겨져 오븐 팽창은 크고 완제품의 질감은 쫄깃하다.

4 반죽이 만들어지는 발전단계와 믹싱 단계별 제품류

(1) **픽업 단계(Pick up Stage)** : 데니시 페이스트리, 스펀지법의 스펀지 반죽

① 밀가루와 원재료에 물을 첨가하여 대충 혼합하는 단계이다.

② 조정수를 조금씩 투입하면서 반죽의 되기를 조절한다.

③ 반죽이 끈기가 없이 끈적거리는 상태이다.

④ 믹서는 저속으로 사용한다.

- 조정수 사용법과 기능
  - 조정수란 반죽을 만들 때 반죽의 되기를 조절할 목적으로 사용하는 물을 가리킨다.
  - 조정수는 배합 시 사용하는 물의 양을 기준으로 5%정도 빼서 사용한다.
  - 조정수는 반죽의 흡수율, 희망하는 반죽의 되기와 온도를 고려하여 조정수의 온도와 추가할 조정수의 양을 결정한다.
  - 조정수의 투입양은 반죽을 믹싱한 후 1~2분 안에 결정한다.
  - 조정수를 투입하는 시기가 늦어지면 반죽의 글루텐이 먼저 형성되어 조정수가 잘 섞이지 않는다.

(2) 클린업 단계(Clean up Stage) : 장시간 발효 하스 브레드, 냉장발효 빵

① 글루텐이 형성되기 시작하는 단계로 이 시기 이후에 유지를 넣으면 믹싱시간이 단축된다.

② 반죽이 한덩어리가 되고 믹싱볼이 깨끗해진다.

③ 글루텐의 결합은 적고 반죽을 펼쳐도 두꺼운 채로 끊어진다.

④ 클린업 단계는 끈기가 생기는 단계로 흡수율을 높이기 위하여 이 시기 이후에 소금을 넣는다.

(3) 발전 단계(Development Stage) : 하스 브레드

① 믹싱 중 생지 변화에 있어 탄력성이 최대로 증가하며 반죽이 강하고 단단해지는 단계이다.

② 믹서의 최대 에너지가 요구되는 단계로 일명 반죽형성 단계라고도 한다.

(4) 최종 단계(Final Stage) : 식빵, 단과자빵

① 글루텐이 결합하는 마지막 단계로 특별한 종류를 제외하고는 이 단계가 빵 반죽에서 최적의 상태로 일명 반죽형성 후기단계라고도 한다.

② 반죽을 펼치면 찢어지지 않고 얇게 늘어난다.

③ 탄력성과 신장성이 가장 좋으며, 반죽이 부드럽고 윤이 난다.

(5) 렛 다운 단계(Let down Stage) : 햄버거빵, 잉글리시 머핀

① 최종단계를 지나 생지가 탄력성을 잃으며 신장성이 커져 고무줄처럼 늘어지며 점성이 많아진다.

② 흐름성(퍼짐성)이 최대인 상태로 오버 믹싱, 과반죽이라고 한다.

③ 잉글리시 머핀 반죽은 모든 빵 반죽에서 가장 오래 믹싱한다.

(6) 파괴 단계(Break down Stage)

① 반죽이 푸석거리고 완전히 탄력을 잃어 빵을 만들 수 없는 단계를 말한다.

② 탄력성과 신장성이 상실되고 반죽에 생기가 없어지면서 글루텐 조직이 흩어진다.

③ 이 반죽을 구우면 팽창이 일어나지 않고 제품이 거칠게 나온다.

- 이론적으로는 물이 반죽에 균일하게 분산되는 시간은 보통 10분 정도가 소요된다.
- 반죽 부족은 어린 반죽이라고도 하며 반죽이 다 되지 않은 상태로 제품의 모서리가 예리하게 된다.
- 밀가루 단백질인 글루테닌과 글리아딘이 물의 첨가와 믹싱으로 글루텐을 만든다.
- 글루텐의 결합 형태는 –S–S–(이황화)결합, 이온 결합, 수소 결합, 물분자 사이의 수소 결합이 있다.
- 글루텐의 생성, 발전(숙성)의 정도를 확인하는 방법은 반죽의 일부를 떼어내어 양쪽을 잡아당겨 늘릴 때 반죽에서 일어나는 여러 물리적 성질 변화를 경험적 학습을 바탕으로 파악한다.

5 반죽의 흡수율(물의 배합률 조정)에 영향을 미치는 요소

(1) 단백질 1% 증가에 반죽의 물 흡수율(반죽에 넣는 물의 사용량)은 1.5~2% 증가된다.

(2) 손상 전분 1% 증가에 반죽의 물 흡수율은 2% 증가된다.

(3) 설탕 5% 증가 시 반죽의 물 흡수율은 1% 감소된다.

(4) 분유 1% 증가 시 반죽의 물 흡수율은 0.75~1% 증가한다.

(5) 연수를 사용하면 글루텐이 약해지며 반죽의 물 흡수량이 적고, 경수를 사용하면 글루텐이 강해지며 흡수량이 많다.

(6) 반죽의 온도가 ±5℃ 증감함에 따라 반죽의 물 흡수율은 반대로 ∓3% 감증한다.

(7) 소금을 픽업 단계에 넣으면 글루텐을 단단하게 하여 글루텐 흡수량의 약 8%를 감소시킨다.

(8) 소금을 클린업 단계 이후 넣으면 반죽의 물 흡수량이 많아진다.

(9) 반죽에 유화제의 사용량을 증가시키면 물의 사용량도 증가시킨다.

- 식빵 제조 시 반죽의 흡수율을 고려하지 못하여 급수량이 적어서 수화가 부족했을 때 일어나는 결과
  - 수율이 떨어져 반죽이 되다.
  - 1차, 중간, 2차 발효시간이 길어진다.
  - 분할 및 둥글리기가 불편하다.
  - 외형의 균형이 나빠지고 부피가 작다.
  - 완제품의 노화 속도가 빠르다.

6 반죽시간에 영향을 미치는 요소

(1) 반죽기의 회전 속도가 느리고 반죽량이 많으면 반죽시간이 길다.

(2) 소금을 클린업 단계 이후에 넣으면 반죽시간이 짧아진다.

(3) 설탕량이 많으면 반죽의 구조가 약해지므로 반죽시간이 길다.

(4) 분유, 우유양이 많으면 단백질의 구조를 강하게 하여 반죽시간이 길다.

(5) 유지를 클린업 단계 이후에 넣으면 반죽시간이 짧아진다.

(6) 물 사용량이 많아 반죽이 질면 반죽시간이 길다.

(7) 반죽온도가 높을수록 반죽시간이 짧아진다.

(8) pH 5.0 정도에서 글루텐이 가장 질기고 반죽시간이 길다.

(9) 밀가루 단백질의 양이 많고, 질이 좋고 숙성이 잘 되었을 수록 반죽시간이 길다.

- 반죽을 믹싱하면서 소금을 언제 넣느냐에 따라서, 반죽의 흡수율과 반죽시간, 그리고 빵 내부의 색과 조직에 영향을 미친다.
- 후염법 : 소금을 클린업 단계 직후에 투입한다. 장점은 다음과 같다.
  - 반죽시간 단축
  - 반죽의 흡수율 증가
  - 조직을 부드럽게 함
  - 속색을 갈색으로 만듦
  - 수화촉진
  - 반죽온도 감소

7 반죽온도 조절

(1) 반죽온도의 높고 낮음에 따라 반죽의 상태와 발효의 속도가 달라진다.

(2) 온도 조절이 가장 쉬운 물을 사용해 반죽온도를 조절한다.

- 실내 온도 : 작업실의 온도
- 수돗물 온도 : 반죽에 사용한 물의 온도
- 마찰계수 : 반죽이 이루어지는 반죽기 내에서 마찰력에 의해 상승한 온도
- 결과온도 : 반죽이 종료된 후의 반죽온도
- 희망온도 : 반죽 후의 원하는 결과온도

(3) 스트레이트법에서의 반죽온도 계산방법

① **마찰계수** = (결과온도×3) − (밀가루 온도 + 실내 온도 + 수돗물 온도)

② **사용할 물 온도** = (희망온도×3) − (밀가루 온도 + 실내 온도 + 마찰계수)

③ 얼음 사용량 = $\frac{\text{사용할 물량} \times (\text{수돗물 온도} - \text{사용할 물 온도})}{80 + \text{수돗물 온도}}$

④ 조절하여 사용할 수돗물량 = 사용할 물량 − 얼음 사용량

(4) 스펀지법에서의 반죽온도 계산방법

① 마찰계수 = (결과 온도×4)−(밀가루 온도+실내 온도+수돗물 온도+스펀지 반죽온도)

② 사용할 물 온도 = (희망온도×4)−(밀가루 온도+실내 온도+마찰계수+스펀지 반죽온도)

③ 얼음 사용량 = $\frac{\text{사용할 물량} \times (\text{수돗물 온도} - \text{사용할 물 온도})}{80 + \text{수돗물 온도}}$

④ 조절하여 사용할 수돗물량 = 사용할 물량 − 얼음 사용량

- 표준 스트레이트법의 반죽온도는 27℃가 적당하다.
- 표준 스펀지법의 스펀지 반죽온도는 24℃, 도우 반죽온도는 27℃가 적당하다.
- 비상 스트레이트법 반죽온도는 30℃가 적당하다.
- 비상 스펀지법의 스펀지 반죽온도는 30℃, 도우 반죽온도는 30℃가 적당하다.
- 액체발효법의 액종온도는 30℃가 적당하다.
- 냉동반죽법의 반죽온도는 20℃가 적당하다.

예제 70% 스펀지 도우법에서 아래와 같은 조건일 때 도우의 얼음 사용량은 약 얼마인가?

조건				
	실내온도 : 27℃	밀가루 온도 : 26℃	수돗물 온도 : 16℃	반죽결과 온도 : 32℃
	스펀지 온도 : 24℃	희망온도 : 27℃	물 사용량 : 1,320g	

㉮ 248g　㉯ 257g　㉰ 265g　㉱ 275g

풀이

① 마찰계수 = (32×4) − (26+27+16+24) = 35

② 사용할 물 온도 = (27×4) − (26+27+35+24) = −4

③ 얼음사용량 = $\frac{1320 \times \{16-(-4)\}}{80+16}$ = 275g

정답 : ㉱

8 밀가루 반죽 제빵적성 시험기계

(1) 믹소그래프(Mixograph) : 온도와 습도 조절 장치가 부착된 고속기록 장치가 있는 믹서로 반죽의 형성 및 글루텐 발달정도를 기록한다. 밀가루 단백질의 함량과 흡수와의 관계를 판단할 수 있으며, 믹싱시간, 믹싱내구성을 알 수 있다.

(2) 아밀로그래프(Amylograph)

① 온도 변화에 따라 전분의 점도에 미치는 밀가루 속의 알파-아밀라아제나 혹은 맥아의 액화효과를 측정하는 기계이다.

② 일정량의 밀가루와 물을 섞어 25℃에서 90℃까지 1분에 1.5℃씩 올렸을 때 변화하는 혼합물의 점성도를 자동 기록한다.

③ 양질의 빵 속을 만들기 위한 전분의 호화력을 그래프 곡선으로 나타내면 곡선의 높이는 400~600B.U.이다.

(3) 익스텐소그래프(Extensograph) : 일정한 굳기를 가진 반죽의 신장도(신장성) 및 신장 저항력을 측정하여 자동 기록함으로써 반죽의 점탄성을 파악하고, 밀가루 중의 효소나 산화제, 환원제의 영향을 자세히 알 수 있는 기계이다. 알베오그래프도 같은 기계이다.

(4) 레오그래프(Rheograph) : 반죽이 기계적 발달을 할 때 일어나는 변화를 측정하는 기계이다.

(5) 패리노그래프(Farinograph)

① 고속 믹서 내에서 일어나는 물리적 성질을 기록하여 글루텐의 흡수율, 글루텐의 질, 반죽의 내구성, 믹싱시간을 측정하는 기계이다.

② 그래프의 곡선이 500B.U.에 도달하는 시간, 떠나는 시간 등으로 밀가루의 특성을 알 수 있다.

③ 밀가루 반죽의 점탄성을 측정하는 데 사용하기도 한다.

(6) 믹사트론(Mixatron)

① 믹서 모터에 전력계를 연결하여 반죽의 상태를 전력으로 환산하여 곡선으로 표시하는 장치로, 표준곡선과 비교하여 새로운 밀가루의 정확한 반죽조건을 신속하게 점검할 수 있는 기기이다.

② 재료계량 및 혼합시간의 오판 등 사람의 잘못으로 일어나는 사항과 계량기의 부정확 또는 믹서의 작동 부실 등 기계의 잘못을 계속적으로 확인하는 기계이다.

- 밀가루를 전문적으로 시험하는 기기로도 사용되는 시험기계
  - 패리노그래프 : 반죽공정에서 일어나는 밀가루의 흡수율, 믹싱시간, 믹싱 내구성을 측정한다.
  - 아밀로그래프 : 굽기공정에서 일어나는 밀가루의 알파-아밀라아제의 효과를 측정한다.
  - 익스텐소그래프 : 발효공정에서 일어나는 밀가루 개량제의 효과를 측정한다.

05 1차 발효(Fermentation)

반죽이 완료된 후 정형과정에 들어가기 전까지의 발효기간을 말한다. 반죽을 발효시키면 고분자 유기화합물이 저분자 유기화합물로 분해되어 소화흡수율이 향상되고 빵 반죽만의 특징인 부피팽창을 시킬 수 있다. 일반적으로 1차 발효는 온도 27℃, 상대습도 75~80% 조건에서 1~3시간 발효하여야 한다. 발효의 완료점을 정할 때에는 시간보다 상태로 판단하는 것이 좋다.

1 발효를 시키는 목적

(1) **반죽의 팽창작용** : 이스트가 활동할 수 있는 최적의 조건을 만들어 주어 가스 발생력을 극대화시킨다. 그리고 반죽의 신장성을 향상시켜 가스 보유력을 증대시킨다.

(2) **반죽의 숙성작용** : 이스트의 효소가 작용하여 반죽을 유연하게 만든다. – 소화흡수율의 향상

(3) **빵의 풍미생성** : 발효에 의해 생성된 알코올류, 유기산류, 에스테르류, 알데히드류, 케톤류 등을 축적하여 독특한 맛과 향을 부여한다.

2 발효 중에 일어나는 생화학적 변화

(1) 단백질은 프로테아제에 의해 아미노산으로 변화한다.

(2) 반죽의 pH는 발효가 진행됨에 따라 pH 4.8로 떨어진다.

(3) 설탕과 소금의 양이 많으면 삼투압 작용으로 이스트의 활력을 방해하여 가스 발생력을 저하시킨다.

(4) 전분은 아밀라아제에 의해 맥아당으로 변환되고 맥아당은 말타아제에 의해 2개의 포도당으로 변환된다. 그리고 이로 인해 반죽 내 수분량이 증가한다.

(5) 포도당과 과당은 이스트의 찌마아제에 의해 $2CO_2$(이산화탄소) + $2C_2H_5OH$(에틸알코올) + 57Cal(kcal)(에너지) 등을 생성한다. 에너지의 생성은 반죽온도를 지속적으로 올라가게 한다.

(6) 설탕은 인베르타아제에 의해 포도당 + 과당으로 가수분해된다.

(7) 유당은 이스트의 먹이로 사용되지 않으므로 잔당으로 남아 캐러멜화 역할을 한다.

- 믹싱이 과도한 반죽은 1차 발효를 짧게, 믹싱이 부족한 반죽은 1차 발효를 길게 준다.

3 글루텐의 가스 보유력에 영향을 미치는 요인

요소	보유력이 커짐	보유력이 낮아짐
밀가루 단백질의 양	많을수록	적을수록
밀가루 단백질의 질	좋을수록	나쁠수록
발효성 탄수화물	설탕 2~3%	적정량 이상
유지의 양과 종류	쇼트닝 3~4%	쇼트닝 4% 이상
반죽의 되기	정상 반죽	진 반죽
이스트의 양	양이 많을수록	양이 적을수록
산도	pH 5.0~5.5	pH 5.0 이하
소금	–	첨가
달걀	첨가	–
유제품	첨가	–
산화제	알맞은 양	–
산화정도	낮을수록	높을수록

4 이스트의 가스 발생력에 영향을 미치는 요인(빵 발효에 영향을 주는 요인)

요소	발생력이 커짐	발생력이 작아짐
이스트의 질	제조 15일 이하	제조 15일 이상
이스트의 양	많을수록	적을수록
발효성 탄수화물	설탕 5%	설탕 6% 이상
반죽온도	10℃ → 35℃	36℃ → 60℃
반죽의 산도	pH 4.5~5.5	pH 4 이하, pH 6 이상
소금	–	1% 이상

- 이스트의 가스 발생력에 영향을 주는 요소 : 충분한 물, 적당한 온도, 산도, 무기물, 발효성 탄수화물(설탕, 맥아당, 포도당, 과당, 갈락토오스), 설탕과 소금의 삼투압 등이 영향을 미친다.
- 빵효모(이스트)의 발효에 가장 적당한 pH의 범위는 pH 4~6이다.
- 쇼트닝은 가스 발생력(빵 발효)에 영향을 미치지 않고 가스 보유력에만 영향을 미친다.

5 가스 발생력과 보유력에 관여하는 요인의 변화

(1) 이스트 사용량의 변화

① 이스트가 발효성 탄수화물을 소비하여 산도의 저하와 글루텐의 연화 등에 영향을 준다.

② 발효 중의 이스트는 어느 정도 성장하고 증식하지만 이스트의 사용량이 적을수록 발효

시간은 길어지고 이스트의 사용량이 많을수록 발효시간은 짧아진다.

$$\text{가감하고자 하는 이스트량} = \frac{\text{기존 이스트량} \times \text{기존의 발효시간}}{\text{조절하고자 하는 발효시간}}$$

- 이스트 사용량이 변화하는 경우
  - 사용량을 감소시키는 경우 : 발효시간을 지연시킬 때, 천연 효모와 병용할 때
  - 사용량을 다소 감소시키는 경우 : 수작업 공정이 많을 때, 실온이 높을 때, 작업량이 많을 때
  - 사용량을 다소 증가시키는 경우 : 미숙성 밀가루를 사용할 때, 물이 알칼리성일 때, 글루텐의 질이 좋은 밀가루를 사용할 때, 된 반죽일 때, 글루텐의 성질이 강할 때
  - 사용량을 증가시키는 경우 : 설탕, 소금, 우유, 분유 등의 사용량이 많을 때, 발효시간을 감소시킬 때

(2) 전분의 변화

맥아나 이스트 푸드에 들어 있는 α-아밀라아제가 전분을 분해하여 발효 촉진, 풍미와 구운 색이 좋아짐, 노화 방지 등을 시킨다.

(3) 단백질의 변화

① 글루테닌과 글리아딘은 물과 힘의 작용으로 글루텐으로 변한다.

② 글루텐은 발효할 때 이스트의 작용으로 만들어지는 가스를 최대한 보유할 수 있도록 반죽에 신장성, 탄력성을 준다.

③ 프로테아제의 작용으로 생성된 아미노산은 당과 메일라드 반응을 일으켜 껍질에 황금색을 부여하고 빵 특유의 향을 생성한다.

④ 프로테아제의 작용으로 생성된 아미노산은 이스트의 영양원으로도 이용된다.

(4) 반죽온도의 변화

① 5℃ 이하의 냉장온도에서는 이스트의 활동이 정지되어 빵 반죽의 발효가 멈추게 된다.

② 10~20℃ 정도에서는 저온발효가 진행되므로 냉장 발효나 오버나이트법 발효에 이용된다.

③ 일반적인 발효(즉 고온발효)는 27℃ 근처에서 시작되며 38℃에서 이스트의 활성이 최대가 된다.

④ 60℃가 되면 이스트가 사멸하기 시작하여 63℃가 되면 포자까지 모두 사멸한다.

⑤ 이스트가 활동할 수 있는 정상적인 온도범위 내에서는 반죽온도가 0.5℃ 상승하면 발효시간이 15분씩 단축이 된다.

(5) 반죽 pH의 변화

① 반죽에 존재하는 초산균과 유산균이 초산과 유산(젖산)을 생성하여 pH를 낮춘다.

② 이스트의 발효산물인 에틸알코올이 초산으로 전환하여 pH를 낮춘다.

③ 이스트에서 나온 이산화탄소가 물에 용해되어 탄산가스의 양이 증가되면 pH가 낮아진다.

④ 반죽을 구성하는 밀가루 단백질의 복합체인 글루텐의 등전점은 pH 4.9 근처이며 이때 가스 보유력이 최대가 된다.

⑤ 이스트의 가스 발생력은 pH 5.0 근처에서 최대가 되며 pH 4 이하가 되면 가스발생이 현저히 떨어진다. 반대로 반죽이 알칼리성일 때에는 가스발생이 정지된다.

⑥ 완제품 식빵의 pH와 반죽의 발효상태

완제품 식빵의 pH	반죽의 발효상태
pH 6.0	어린 반죽(발효 부족)으로 제조된 식빵
pH 5.7	정상 반죽으로 제조된 식빵
pH 5.0	지친 반죽(발효 과다)으로 제조된 식빵

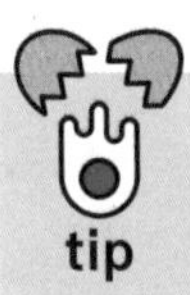

- 프로테아제는 단백질을 분해하여 반죽을 부드럽게 하고 신장성을 증대시킨다.
- 프로테아제는 이스트와 밀가루에 존재한다.
- 스트레이트법으로 제조한 반죽은 1차 발효 후 반죽에 탄력성과 신장성이 발달된다. 그러나 스펀지법으로 제조한 스펀지 반죽은 스펀지 발효를 진행하는 동안 반죽의 신장성은 발달되지만 탄력성은 발달되지 않는다. 왜냐하면 스펀지 반죽의 발효 완료점은 반죽 중앙이 오목하게 들어가는 현상(드롭 ; drop)이 생길 때까지 하기 때문이다.

6 발효관리

제법에 따라 발효관리 3대 요소인 온도, 습도, 시간을 적절히 관리하여 가스 발생력과 가스 보유력이 평행과 균형이 이루어지게 하는 것을 말하며, 발효관리가 잘되면 완제품의 기공, 조직, 껍 질색, 부피가 좋아진다.

(1) 제법에 따른 발효관리 조건의 비교와 장점

요소	스트레이트법	스펀지법
발효시간	1~3시간	3.5~4.5시간
발효실 조건	온도 27~28℃	온도 27℃
	상대습도 75~80%	상대습도 75~80%
발효 조건에 따른 제품에 미치는 영향	발효시간이 짧아 발효손실이 적다.	• 발효내구성이 강하다. • 부피가 크다. • 속결이 부드럽다. • 노화가 지연된다.

상대습도란 발효실에 설정한 온도에서 최대 포화수증기압에 대한 실제 수증기압의 비를 백분율로 나타낸 값이다.

(2) 발효점을 확인하는 방법

① 반죽에서 일어나는 물리적인 변화로 확인하는 방법

㉠ 부피가 증가한 상태 확인

㉡ 반죽 내부에 생긴 망상조직 상태 확인

㉢ 손가락으로 눌렀을 때의 탄력성 정도 확인

㉣ 반죽 표면의 색 변화, 핀홀(바늘구멍)의 확인

② 반죽에서 일어나는 생화학적인 변화로 확인하는 방법

㉠ 반죽의 온도 변화를 확인

㉡ 반죽의 pH 변화를 확인

(3) 제법에 따른 1차 발효 완료점의 비교

스트레이트법	스펀지법
• 부피 : 3~3.5배 증가 • 직물구조(섬유질 상태) 생성을 확인 • 반죽을 눌렀을 때 조금 오므라드는 상태	• 부피 : 4~5배 증가 • 반죽 중앙이 오목하게 들어가는 현상(드롭 ; Drop)이 생길 때 • pH 4.8을 나타내고, 반죽온도는 28~30℃를 나타낼 때 • 반죽 표면은 유백색을 띠며 핀홀이 생긴다.

7 발효손실

(1) 발효손실의 정의 : 발효 공정을 거친 후 반죽무게가 줄어드는 현상을 말한다.

(2) 발효손실을 일으키는 원인

① 반죽 속의 수분이 증발한다.

② 탄수화물이 탄산가스로 산화되어 휘발한다.

③ 탄수화물이 알코올로 산화되어 휘발한다.

(3) 1차 발효 손실율 : 통상 1~2%(총 반죽무게 기준)

(4) 발효손실에 영향을 미치는 요인

영향을 미치는 요인	발효손실이 작은 경우	발효손실이 큰 경우
배합률	소금과 설탕이 많을수록	소금과 설탕이 적을수록
발효시간	짧을수록	길수록
반죽온도	낮을수록	높을수록

영향을 미치는 요인	발효손실이 작은 경우	발효손실이 큰 경우
발효실의 온도	낮을수록	높을수록
발효실의 습도	높을수록	낮을수록

(5) 손실 계산의 예제

완제품의 무게 200g짜리 식빵, 100개를 만들려고 한다. 발효손실이 2%, 굽기 및 냉각손실이 12%, 전체 배합률이 181.8%로 가정해서 반죽의 무게와 밀가루의 무게를 구하면,

① 제품의 총 무게 = 200g × 100개 = 20kg

② 반죽의 총 무게 = 20kg ÷ {1−(12 ÷ 100)} ÷ {1−(2 ÷ 100)} = 23.19kg

③ 밀가루의 무게 = 23.19kg × 100% ÷ 181.8% = 12.75kg = 12.8kg이 된다.

예제 20kg짜리 강력분 5포대를 사용하는 믹서로 반죽을 믹싱하여 580g씩 분할하여 식빵을 300개 생산했다면, 총배합율이 180% 경우 분할 시까지 총재료에 대한 손실율은 얼마인가?

풀이

① 사용한 총 강력분의 무게 = 20kg × 5포대 × 1,000 = 100,000g
② 총 반중량 = 100,000g × 180 ÷ 100 = 180,000g
③ 총 분할중량 = 580g × 300개 = 174,000g
④ 분할 시까지 손실된 반죽량 = 180,000g − 174,000g = 6,000g
⑤ 손실율 = 6,000g ÷ 180,000g × 100 = 3.33%

정답 : 3.33%

06 분할(Dividing)

1 분할

(1) 1차 발효를 끝낸 반죽을 미리 정한 무게 만큼씩 나누는 것을 말한다.

(2) 분할하는 과정에도 발효가 진행되므로 제품의 종류에 따라 약간의 차이는 있지만 일반적으로 15~20분 이내에 분할해야 한다.

2 분할을 하는 방법

(1) 기계 분할

① 분할기를 사용하여 식빵은 15~20분, 당함량이 많은 과자빵류는 30분 이내에 분할한다. 왜냐하면 분할기가 포켓에 들어온 반죽을 부피에 의해 분할하기 때문에 시간이 지체되면 반죽이 발효되어 나중에 분할된 반죽은 무게가 가볍게 감소되기 때문이다.

② 분할속도는 통상 12~16회전/분으로 한다. 너무 속도가 빠르면 기계 마모가 증가하고, 느리면 반죽의 글루텐이 파괴된다.

③ 이 과정에서 반죽이 분할기에 달라붙지 않도록 광물유인 유동 파라핀 용액을 바른다.

(2) 손 분할

① 주로 소규모 빵집에서 적당하다.

② 기계 분할에 비하여 부드럽게 할 수 있으므로 약한 밀가루 반죽의 분할에 유리하다.

③ 기계 분할에 비하여 오븐 스프링이 좋아 부피가 양호한 제품을 만들 수 있다.

④ 덧가루는 완제품 속에 줄무늬를 만들고 맛을 변질시키므로 가능한 적게 사용해야 한다.

3 기계 분할 시 반죽의 손상을 줄이는 방법

(1) 직접 반죽법(스트레이트법)보다 중종 반죽법(스펀지법)이 내성이 강하다.

(2) 반죽의 결과온도는 비교적 낮은 것이 좋다.

(3) 밀가루의 단백질 함량이 높고 양질의 것이 좋다.

(4) 반죽은 흡수량 혹은 가수량이 최적이거나 약간 된 반죽이 좋다.

07 둥글리기(Rounding)

1 둥글리기

분할한 반죽을 손이나 전용 기계(라운더 ; Rounder)로 뭉쳐 둥글림으로써 반죽의 잘린 단면을 매끄럽게 마무리하고 가스를 균일하게 조절한다.

2 둥글리기를 하는 목적

(1) 가스를 균일하게 분산하여 반죽의 기공을 고르게 조절한다.

(2) 가스를 보유할 수 있는 반죽구조를 만들어 준다.

(3) 반죽의 절단면은 점착성을 가지므로 이것을 안으로 넣어 표면에 막을 만들어 점착성을 적게 한다.

(4) 분할로 흐트러진 글루텐의 구조와 방향을 정돈시킨다.

(5) 분할된 반죽을 성형하기 적절한 상태로 만든다.

3 둥글리기를 하는 요령

(1) 지나친 덧가루는 제품의 맛과 향을 떨어뜨린다.

(2) 성형의 모양에 따라 둥글게도 길게도 하여 성형작업을 편리하게 한다.

(3) 과발효 반죽은 느슨하게 둥글려서 벤치타임을 짧게 한다.

(4) 미발효의 반죽은 단단하게 하여 중간 발효를 길게 한다.

4 둥글리기를 하는 방법의 종류

(1) 자동 : 라운더를 사용하여 빠르게 둥글리기를 하나 반죽의 손상이 많다.

(2) 수동 : 분할된 반죽이 작은 경우에는 손에서 둥글리고 큰 경우에는 작업대에서 둥글리기 한다.

5 반죽의 끈적거림을 제거하는 방법(반죽이 라운더에 달라붙는 결점을 방지하는 조치)

(1) 최적의 발효상태를 유지한다.

(2) 덧가루를 적정량 사용하거나 디바이더유(분할기름)을 사용한다.

(3) 반죽에 유화제(계면활성제)를 사용한다.

(4) 반죽에 최적의 가수량을 넣는다(즉 반죽의 최적 흡수율을 조절한다).

(5) 디바이더유인 유동 파라핀 용액(반죽무게의 0.1~0.2%)을 작업대, 라운더에 바른다.

08 중간 발효(Intermediate Proofing)

둥글리기가 끝난 반죽을 정형하기 전에 잠시 발효시키는 것으로 벤치타임(Bench time)이라고도 한다. 소규모 제과점에서는 작업대 위에 반죽을 올리고 젖은 헝겊이나 비닐종이를 덮거나 혹은 겨울에는 캐비닛 발효실에 넣기도 한다. 대규모 공장에서는 오버헤드 프루퍼(Overhead proofer)를 이용하기도 한다.

1 중간 발효를 하는 목적

(1) 반죽의 신장성을 증가시켜 정형과정에서의 밀어 펴기를 쉽게 한다.

(2) 가스 발생으로 반죽의 유연성을 회복시킨다.

(3) 성형할 때 끈적거리지 않게 반죽표면에 얇은 막을 형성한다.

(4) 분할, 둥글리기 하는 과정에서 손상된 글루텐 구조를 재정돈한다.

2 중간 발효를 할 때 관리항목

(1) 온도 : 27~29℃

(2) 습도 : 75%

(3) 시간 : 10~20분

(4) 부피팽창 정도 : 1.7~2.0배

- 중간 발효는 반죽온도가 높으면 짧게, 반죽온도가 낮으면 길게 준다. 중간 발효가 진행됨에 따라 반죽은 초기에 부드럽고 유연하나 말기에는 건조하고 광택이나 윤기가 없어진다.

09 정형(Molding)

중간 발효가 끝난 생지를 밀대로 가스를 고르게 뺀 다음 만들고자 하는 제품의 형태로 만드는 공정이다. 정형을 다른 용어로 성형이라고도 많이 사용하여 시험문제에 출제한다. 분명히 정형과 성형은 다른 의미이나 제과제빵에는 별로 구분하지 않고 사용한다.

(1) 작업실 온도 : 27~29℃, 상대습도 75% 내외

(2) 좁은 의미의 정형공정(Molding)

① 밀기 : 중간 발효된 반죽을 밀대로 밀어 가스를 빼내고 기포를 균일하게 분산한다.

② 말기 : 얇게 민 반죽을 적당한 압력을 주면서 고르게 말거나 접는다.

③ 봉하기 : 2차 발효 과정이나 굽는 과정에서 터지지 않도록 단단히 봉한다.

(3) 넓은 의미의 정형공정(Make up)

① 분할 : 원하는 반죽의 중량으로 나눈다.

② 둥글리기 : 손상된 글루텐을 재정돈한다.

③ 중간 발효 : 긴장된 반죽을 이완시킨다.

④ 성형 : 원하는 모양으로 만든다.

⑤ 패닝 : 굽기 시 대류를 고려하며 반죽을 팬에 놓는다.

(4) 몰더(Moulder)로 정형하기

① 몰더(Moulder)로 밀어 펴기(sheeting) 작업공정

㉠ 손 작업에서는 밀대로 가스빼기 작업을 하나 기계에서는 롤러를 통과한다.

㉡ 롤러는 2~3개로 이루어졌으며 점차 간격이 절반으로 줄어들게 조절한다.

㉢ 롤러 주변속도는 롤의 원둘레(롤의 지름×π)×회전수로 표시된다.

㉣ 반죽이 몰더를 통과하여 얇게 되면서 가스빼기가 되고 균일한 내상이 된다.

㉤ 몰더 통과 시 가스빼기가 불충분하면 제품의 내상이 어둡고 균질한 기공 형성이 안 된다.

ⓑ 몰더 통과 시 반죽이 찢어지는 원인은 푸루퍼(중간 발효기) 통과시간이 짧거나 몰더 간격이 너무 좁기 때문이다.

② **몰더(Moulder)로 말기(moulding) 작업공정**

㉠ 기계에서는 사슬망을 통과하는 도중에 콘베어의 직진운동에 의해 말려진다.

㉡ 대형 반죽은 사슬망이 길고 무거워야 하고, 소형은 가볍고 짧아도 된다.

③ **몰더(Moulder)로 봉합(sealing) 작업공정**

㉠ 기계에서는 압착보드를 통과하면서 말린 반죽 사이의 공기가 빠져나간다.

㉡ 압착보드 높이가 들어오는 쪽보다 나가는 쪽 높이가 낮으므로 단단히 봉해진다.

- 미국식 식빵은 정형공정 시 덧가루를 가능한 적게 사용하고, 유럽식 식빵은 정형공정 시 덧가루를 충분히 사용한다.
- 십자형 몰더(Cross grain moulder)의 특징 : 반죽은 밀어 펴기 후 90°방향으로 전환되어 말아지는 과정을 거치므로 균일한 빵속(crumb)을 갖는 제품이 된다.

10 패닝(Paning)

정형이 완료된 반죽을 팬에 채우거나 나열하는 공정으로 팬 넣기라고도 하며, 패닝을 할 때 팬의 온도는 32℃가 적당하다. 왜냐하면 1차 발효와 성형을 거치는 동안 상승한 반죽온도보다 팬의 온도가 낮으면 반죽의 온도가 낮아져 2차 발효시간이 길어진다.

1 패닝을 할 때 주의사항

(1) 반죽의 무게와 상태를 정하여 비용적에 맞추어 적당한 반죽량을 넣는다.

(2) 반죽의 이음매는 팬의 바닥에 놓아 2차 발효나 굽기공정 중 이음매가 벌어지는 것을 막는다.

(3) 패닝 전의 팬의 온도를 적정하고 고르게 할 필요가 있다.

(4) **팬의 온도 :** 반죽온도와 같거나 1~2℃ 높은 32℃가 적당하다.

(5) 팬 기름을 많이 바르면 빵의 껍질이 구워지는 것이 아니라 튀겨지므로 적정량을 바른다.

(6) 틀의 용적(부피)에 알맞은 반죽량을 넣는다. 반죽량과 비교해서 너무 크거나 작은 틀에 넣고 구우면 만족스러운 빵이 나올 수 없다.

① **반죽의 적정 분할량** = 틀의 용적 ÷ 비용적

② **틀 용적의 결정**

㉠ 틀의 길이를 측정하여 용적을 계산하는 법

㉡ 유채씨를 가득 채워 그 용적을 실린더로 재는 법

㉢ 물을 가득 채워서 그 용적을 실린더로 재는 법

③ 비용적 : 반죽 1g을 발효시켜 구웠을 때 제품이 차지하는 부피를 말하며, 단위는 cm^3/g 이다.

예 산형 식빵 : 3.2~3.4cm^3/g, 풀먼형 식빵 : 3.3~4.0cm^3/g

예제

풀먼 식빵의 비용적이 4.0cm^3/g일 때 가로 7cm, 세로 15cm, 높이 8cm의 틀을 사용한다면 필요한 반죽의 중량은 약 얼마인가?

풀이

① 분할량 = 용적 ÷ 비용적 ② $(7\times15\times8)\div4=210g$

③ 그러므로 분할량(반죽의 중량)은 210g

(7) 틀의 바닥 면적을 기준으로 제시된 식빵 틀에 적정한 반죽량을 산출할 수도 있다.

① 반죽의 적정 분할량 = 제시된 식빵 틀의 바닥 면적 × 2.4g/cm^2

예제

식빵 팬의 바닥 면적 1cm^2당 2.4g의 식빵 반죽이 필요하다.
제시된 식빵 팬의 바닥면이 가로가 20cm, 세로가 9cm, 높이가 10cm 일 때 적정한 반죽량은?

풀이

$(20\times9)\times2.4=432g$

2 팬 굽기

(1) 팬 굽기를 하는 목적

① 열의 흡수를 좋게 한다.

② 제품의 구워진 색을 좋게 한다.

③ 팬의 수명을 길게 한다.

④ 이형성을 좋게 하여 분리가 쉽도록 한다.

(2) 팬을 굽는 방법

① 기름을 바르지 않고 철판을 280℃, 양철판은 220℃에서 1시간 굽는다.

② 팬을 마른 천으로 닦아 유분과 더러움을 제거한다.

③ 다시 냉각하여 기름을 바르고 보관한다.

④ 물로 씻으면 안 된다.

⑤ 60℃ 이하로 냉각 후 이형유를 얇게 바르고 다시 굽는다.

3 팬 기름(이형유)

(1) 팬 기름을 사용하는 목적

반죽을 구울 때 굽기 후 제품이 팬에서 달라붙지 않고 잘 떨어지게 하기 위함이다.

(2) 종류

유동 파라핀(백색광유), 정제라드(쇼트닝), 식물유(면실유, 땅콩기름, 대두유), 혼합유

(3) 팬 기름이 갖추어야 할 조건

① 이미, 이취를 갖고 있지 않은 것이 좋다.
② 무색, 무취를 띠는 것이 좋다.
③ 자동 산화에 의한 산패에 잘 견디는 안정성이 높은 것이 좋다.
④ 발연점이 210℃ 이상 높은 것이 좋다.
⑤ 반죽무게의 0.1~0.2% 정도 팬 기름을 사용한다.

4 틀에 반죽을 넣는 방법

(1) **교차 패닝법** : 풀먼 브레드 같이 뚜껑을 덮어 굽는 제품에는 반죽을 길게 늘려 U자, N자, M자형으로 넣는다.

(2) **스트레이트 패닝법** : 한 덩어리의 식빵같이 반죽이 정형기에서 나오는 그대로 틀에 담는다.

(3) **트위스트 패닝법** : 버라이어티 브레드 같은 제품을 만들 때 사용하며, 반죽을 2~3개 꼬아서 틀에 넣는 방법이다.

(4) **스파이럴 패닝법** : 스파이럴 몰더와 연결되어 있어 정형한 반죽이 자동으로 틀에 들어가게 된다.

11 2차 발효(Final Proofing)

성형과정을 거치는 동안 불완전한 상태의 반죽을 온도 32~40℃, 습도 85~95%의 발효실에 넣어 숙성시켜 좋은 외형과 식감의 제품을 얻기 위하여 제품부피의 70~80%까지 부풀리는 작업으로 발효의 최종 단계이다.

1 2차 발효를 하는 목적

(1) 원하는 크기와 식감을 만든다.

(2) 발효실의 온도와 습도를 적절히 조절한 후 패닝한 반죽을 넣으면 발효가 진행됨에 따라 반죽온도가 상승하여 이스트와 효소를 활성화시킨다.

(3) 성형에서 가스빼기가 된 반죽을 다시 그물구조로 부풀린다.

(4) 에틸알코올, 유기산 및 그 외의 방향성 물질을 생성시키고 반죽의 pH를 떨어뜨린다.

(5) 발효산물인 유기산과 에틸알코올이 글루텐에 작용한 결과 생기는 반죽의 신장성 증가와 탄력성 감소는 오븐 팽창이 잘 일어나도록 돕는다.

2 제품에 따른 2차 발효 온도, 습도의 비교

상태	조건	제품
고온고습 발효	평균 온도 35~38℃, 습도 85%	식빵, 단과자빵
건조 발효	온도 32℃, 습도 65~70%	도너츠
고온건조 발효	50~60℃	중화 만두
저온저습 발효	온도 27~32℃, 습도 75%	데니시 페이스트리, 크루아상, 브리오슈, 하스 브레드

- 햄버거빵, 잉글리시 머핀은 반죽의 흐름성을 유도하기 위해서 2차 발효실의 습도를 높게 설정하는 제품이다.
- 바게트, 하드롤은 구움대에 직접 놓고 굽는 빵으로 반죽에 탄력성이 많아야 하므로 2차 발효실의 습도가 낮게 설정되어야 한다.
- 빵도넛은 기름에 넣어 튀겨야 하므로 반죽에 탄력성을 유지하면서 튀김 시 반죽 표면에 수포가 생기지 않도록 2차 발효실의 습도가 낮게 설정되어야 한다.

3 2차 발효의 시간이 제품에 미치는 영향

(1) 빵의 종류, 이스트의 양, 제빵법, 반죽온도, 발효실의 온도, 습도, 반죽 숙성도, 단단함, 성형할 때 가스빼기의 정도 등을 고려하여 2차 발효의 시간을 결정한다.

(2) 2차 발효의 시간은 통상 60분이 최적이다.

2차 발효의 시간	제품에 나타나는 결과
지나치는 경우	• 부피가 너무 크다. • 껍질색이 여리다. • 기공이 거칠다. • 조직과 저장성이 나쁘다. • 과다한 산의 생성으로 향이 나빠진다.
덜 된 경우	• 부피가 작다. • 껍질색이 진한 적갈색이 된다. • 옆면이 터진다.

4 2차 발효의 온도, 습도와 반죽의 상태가 제품에 미치는 영향

2차 발효의 조건	제품에 나타나는 결과
저온일 때	• 발효시간이 길어진다. • 제품의 겉면이 거칠다. • 풍미의 생성이 충분하지 않다.
고온일 때	• 반죽막이 두껍고 오븐 팽창도 나쁘다. • 껍질이 질겨진다. • 속과 껍질이 분리되고 속결이 고르지 않다. • 발효속도가 빨라진다. • 반죽이 산성이 되어 세균의 번식이 쉽다.
습도가 낮을 때	• 반죽에 껍질형성이 빠르게 일어난다. • 오븐에 넣었을 때 팽창이 저해된다. • 껍질색이 불균일하게 되기 쉽다. • 얼룩이 생기기 쉬우며 광택이 부족하다. • 제품의 윗면이 터지거나 갈라진다.
습도가 높을 때	• 제품의 윗면이 납작해진다. • 껍질에 수포가 생긴다. • 반점이나 줄무늬가 생긴다. • 껍질이 질겨진다(거칠어진다).
어린 반죽 (발효가 부족할 때)	• 껍질의 색은 짙고 붉은 기가 약간 생긴다. • 속결은 조밀하고 조직은 가지런하지 않게 된다. • 글루텐의 신장성이 불충분하여 부피가 작다. • 껍질에 균열이 일어나기 쉽다.
지친 반죽 (발효가 지나칠 때)	• 부피가 너무 크다. • 껍질색이 여리다. • 껍질이 두껍다. • 기공이 거칠다. • 조직과 저장성이 나쁘다. • 과다한 산의 생성으로 향이 강하다.

12 굽기(Baking)

반죽에 가열하여 소화하기 쉽고 향이 있는 완성제품을 만들어 내는 것을 의미하며, 제빵과정에서 가장 중요한 공정이라 할 수 있다. 굽기에 의한 반죽의 착색 방식에는 복사, 전도, 대류 등이 있으며, 복사(방사)는 빵의 윗면에, 전도는 빵의 밑면에, 대류는 빵의 옆면에 착색을 유도한다.

1 굽기를 하는 목적

(1) 껍질에 구운 색을 내어 맛과 향을 향상시킨다.

(2) 이스트의 가스 발생력을 막으며 각종 효소의 작용도 불활성화시킨다.

(3) 전분을 α화하여 소화가 잘되는 빵을 만든다.

(4) 발효에 의해 생긴 탄산가스를 열 팽창시켜 빵의 부피를 갖추게 한다.

2 굽기 요령

(1) 저율배합과 발효 과다인 반죽은 고온단시간 굽기가 좋다.

(2) 고율배합과 발효 부족인 반죽은 저온장시간 굽기가 좋다.

(3) 반죽의 중량은 같지만, 설탕, 유지, 분유량이 적을 경우 높은 온도에서, 많을 경우 낮은 온도에서 굽는다.

(4) 과자빵은 식빵보다 설탕, 유지, 분유량이 많지만, 중량이 적으므로 높은 온도에서 굽는다.

(5) 분할량이 적은 반죽은 높은 온도에서 짧게, 분할량이 많은 반죽은 낮은 온도에서 길게 굽는다.

(6) 된 반죽은 굽는 시간이 정상 반죽과 같다면 낮은 온도로 굽는다.

(7) 과자빵과 식빵의 일반적인 오븐의 사용 온도는 180~220℃이다.

(8) 처음 굽기시간의 25~30%는 오븐 팽창 시간이다.

(9) 다음의 35~40%는 색을 띠기 시작하고 반죽을 고정한다.

(10) 마지막 30~40%는 껍질을 형성한다.

3 굽기를 할 때 일어나는 반죽의 변화

(1) 오븐 팽창(오븐 스프링 ; Oven Spring)

① 반죽온도가 49℃에 달하면 이산화탄소 가스의 용해도가 감소하기 시작하면서 반죽이 짧은 시간 동안 급격하게 부풀어 처음 크기의 약 1/3 정도 팽창하는 것을 말한다.

② 반죽표면의 물방울은 방사열(복사열)로 기화하기 시작하고 기화에 필요한 열을 반죽표면에서 빼앗아 반죽표면의 온도 상승이 억제되어 빵의 부피가 증가한다.
③ 가스 세포벽을 구성하는 글루텐의 연화와 전분의 호화로 인한 반죽의 가소성화가 가스 세포벽의 팽창을 돕는다.
④ 발효 미생물의 발효산물이 용해되어 비점이 낮아진 액체를 굽기 중 침투한 열이 반죽 내에서 기체로 변화시켜 가스압과 증기압을 증가시킨다.
⑤ 49℃부터 가스압 증가, 탄산가스가 기화하면서 오븐 스프링이 일어난다.
⑥ 79℃부터 용해 알코올이 증발하여 빵에 특유의 향이 발생한다.

(2) 오븐 라이즈(Oven Rise)

① 반죽의 내부 온도가 아직 60℃에 이르지 않은 상태에서 발생한다.
② 사멸 전까지 이스트가 활동하며 가스를 생성시켜 반죽의 부피를 조금씩 키우는 과정이다.
③ 오븐 라이즈와 오븐 스프링을 합쳐 오븐 팽창이라고도 지칭한다.

(3) 전분의 호화

① 굽기과정 중 전분입자는 54℃에서 팽윤하기 시작한다.
② 전분 입자는 70℃ 전 · 후에 이르면 유동성이 급격히 떨어지며 호화가 완료된다.
③ 빵 속(crumb)의 전분은 수분을 흡수하여 팽윤과 호화과정에서 전분입자는 반죽 중의 유리수와 단백질과 결합된 물을 흡수하여 결정성을 상실하며 점도가 상승한다.
④ 전분의 호화는 산도, 수분과 온도에 의해 영향을 받는다.
⑤ 빵 껍질(crust)의 전분은 좀 더 오랜 시간, 높은 온도에 노출되므로 내부의 전분보다 많이 호화되나, 열에 오래 노출되어 있는 만큼 수분증발이 일어나 더 이상 습호화를 할 수 없다.
⑥ 빵의 내부층은 습호화를, 외부층은 건호화를 한다.

(4) 단백질 변성

① 글루텐 막은 탄력성과 신장성이 있어서 탄산가스를 보유할 수 있다.
② 글루텐 막은 굽는 과정에서의 급격한 열팽창을 지탱하는 중요한 역할을 한다.
③ 오븐 온도가 74℃를 넘으면 단백질이 굳기 시작한다.
④ 74℃에서 단백질이 열변성을 일으키면 단백질의 물이 전분으로 이동하면서 전분의 호화를 돕는다.
⑤ 단백질은 호화된 전분과 함께 빵의 구조를 형성하게 된다.

(5) 효소작용

① 전분이 호화하기 시작하면서 효소가 활성을 하기 시작한다.

② 아밀라아제가 전분을 가수분해하여 반죽 전체를 부드럽게 한다.

③ 점성이 큰 전분이 가수분해되기 시작하면서 반죽의 팽창이 수월해진다.

④ 효모와 효소가 불활성되는 온도의 범위

㉠ 이스트 : 오븐 내에서 반죽온도가 60℃가 되면 사멸되기 시작한다.

㉡ 알파–아밀라아제 : 오븐 내에서 반죽온도가 65~95℃에서 불활성되기 시작한다.

㉢ 베타–아밀라아제 : 오븐 내에서 반죽온도가 52~72℃에서 불활성되기 시작한다.

(6) 향의 생성

① 향은 주로 껍질에서 생성되어 빵 속으로 침투되고 흡수되어 형성된다.

② 향의 원인

㉠ 사용 재료 ㉡ 이스트에 의한 발효 산물

㉢ 화학적 변화 ㉣ 열 반응 산물

③ 향에 관계하는 물질

㉠ 알코올류 ㉡ 유기산류

㉢ 에스테르류 ㉣ 케톤류

- 빵반죽이 팽창하는 원인
  - 사멸 전까지 이스트의 발효활동 생성물에 의한 팽창
  - 1, 2차 발효 시 반죽에 축적된 탄산가스, 에틸알코올, 수증기에 의한 팽창
  - 믹싱 시 형성된 글루텐의 공기포집에 의한 팽창
- 껍질의 갈색 변화 : 캐러멜화와 메일라드 반응에 의하여 껍질이 진하게 갈색으로 나타나는 현상
  - 캐러멜화 반응 : 설탕(자당) 성분이 높은 온도(150~200℃)에 의해 진한 갈색으로 변하는 반응
  - 메일라드 반응 : 당류에서 분해된 환원당과 단백질류에서 분해된 아미노산이 결합하여 껍질이 연한 갈색으로 변하는 반응으로, 낮은 온도(130℃)에서 진행되며 캐러멜화에서 생성되는 향보다 중요한 역할을 한다.
- 빵 속 최대 상승온도는 97~99℃이다(빵의 배합비에 따라 약간의 차이를 보임).
- 복사 : 오븐에서 굽기 중 원자나 분자에서의 '전자배치의 변화'로 인하여 '전자기파' 또는 '광자'의 형태로 물체로부터 방사되는 에너지가 구울 제품에 흡수되어 열로 바뀌는 열전달방식이다.

4 굽는 과정에 생기는 여러 반응들

(1) 물리적 반응

① 반죽표면에 얇은 막을 형성한다.

② 반죽 안의 물에 용해되어 있던 가스가 유리되어 기화한다.

③ 반죽 안에 포함된 알코올의 휘발과 탄산가스의 열팽창 및 수분의 증기압이 일어난다.

(2) 화학적 반응

① 전분의 1, 2, 3차 호화가 일어난다. 전분의 호화는 수분을 빼앗아 글루텐을 응고시킨다.
② 130℃가 넘으면 환원당과 아미노산이 멜라노이딘을 만들어 갈변하는 메일라드 반응을 일으킨다.
③ 160℃가 넘으면 설탕이 진한 갈색으로 변하는 캐러멜화 반응을 일으킨다.
④ 전분은 일부 덱스트린으로 변화한다.

(3) 생화학적 반응

① 60℃까지는 효소작용이 활발하고 휘발성도 증가하여 반죽이 유연하게 된다.
② 글루텐은 프로테아제에 의해 연화되고 전분은 아밀라아제에 의해 액화, 당화되어 오븐 팽창에 관여한다.
③ 반죽의 골격은 글루텐이 형성하며, 빵의 골격은 α화된 전분에 의해서 만들어진다.

(4) 물의 분포와 이동

① 적절한 굽기시간 내에서 빵 내부의 수분은 거의 균일하게 분포되어 있고 반죽 안의 수분량과 같다.
② 오븐에서 꺼내면서 수분의 급격한 이동이 일어나는데 표면에서의 계속적인 수분 증발은 빵의 냉각 촉진에는 도움이 되지만, 제품의 중량을 감소시킨다.

5 주어진 조건에 따라 제품에 나타나는 결과

원인	제품에 나타나는 결과
너무 높은 오븐 온도	• 언더 베이킹이 되기 쉽다. • 빵의 부피가 작다. • 굽기손실도 작다. • 껍질이 급격히 형성되며, 껍질색이 진하다. • 눅눅한 식감이 된다. • 과자빵은 반점이나 불규칙한 색이 나며 껍질이 분리되기도 한다.
너무 낮은 오븐 온도	• 빵의 부피가 크다. • 굽기손실 비율도 크다. • 구운 색이 엷고 광택이 부족하다. • 껍질이 두껍다. • 퍼석한 식감이 난다. • 풍미도 떨어진다(2차 발효가 지나친 것과 같은 현상들이 많다).
과량의 증기	• 오븐 팽창이 좋아 빵의 부피를 증가시킨다. • 껍질이 두껍고 질기다. • 표피에 수포가 생기기 쉽다.

원인	제품에 나타나는 결과
부족한 증기	• 껍질이 균열되기 쉽다. • 구운 색이 엷고 광택없는 빵이 된다. • 낮은 온도에서 구운 빵과 비슷하다.
부적절한 열의 분배	• 고르게 익지 않는다. • 자를 때 빵이 찌그러지기 쉽다. • 오븐 내의 위치에 따라 빵의 굽기상태가 달라진다.
팬의 간격이 가까울 때	• 열 흡수량이 적어진다. • 반죽의 중량이 450g인 경우 2cm의 간격을, 680g인 경우는 2.5cm를 유지한다.

6 굽기손실

(1) 반죽 상태에서 빵의 상태로 구워지는 동안 중량이 줄어드는 현상이다.

(2) 손실의 원인은 발효 시 생성된 이산화탄소, 알코올 등의 휘발성 물질 증발과 수분 증발을 들 수 있다.

(3) **굽기손실에 영향을 주는 요인 :** 배합률, 굽는 온도, 굽는 시간, 제품의 크기와 형태 등

(4) **굽기손실 계산법 :** DW(반죽무게), BW(빵무게)

① 굽기손실 무게 = DW − BW

② 굽기손실 비율(%) = $\frac{DW-BW}{DW} \times 100$

(5) **제품별 굽기손실 비율**

① 풀먼식빵 : 7~9%(8~10%), 기출문제에 따라 약간의 차이가 있다.

② 단과자빵 : 10~11%

③ 일반 식빵 : 11~13%

④ 하스 브레드 : 20~25%

13 냉각(Cooling)

1 냉각

(1) 갓 구워낸 빵은 빵 속의 온도가 97~99℃이고 수분 함량은 껍질에 12%, 빵 속에 45%를 유지하는데, 이를 식혀 빵 속의 온도는 35~40℃로 수분 함량은 껍질에 27%, 빵 속에 38%로 낮추는 것을 냉각이라고 한다.

(2) **냉각 온도 :** 35~40℃

(3) **수분 함유량 :** 갓 구워낸 빵 속의 수분 함량은 45%이고, 이를 식히면 빵 속 수분이 바깥쪽으로 옮겨가 수분 함량이 38%로 낮아진다.

(4) **냉각 손실율 :** 2%(총 반죽무게 기준)

(5) **냉각 손실이 발생하는 원인**

① 식히는 동안 수분 증발로 무게가 감소한다.

② 여름철보다 겨울철이 냉각 손실이 크다.

③ 냉각 장소의 공기의 습도(상대습도)가 낮으면 냉각 손실이 크다.

2 냉각 목적

(1) 곰팡이, 세균의 피해를 막는다.

(2) 빵의 절단 및 포장을 용이하게 한다.

3 냉각 방법

(1) **자연냉각 :** 상온에서 냉각하는 것으로 소요시간은 3~4시간이 걸린다.

(2) **터널식 냉각 :** 공기배출기를 이용한 냉각으로 소요시간은 2~2.5시간이 걸린다.

(3) **공기조절식 냉각(에어콘디션식 냉각) :** 온도 20~25℃, 습도 85%의 공기에 통과시켜 90분간 냉각하는 방법이다.

- 빵, 과자 제품을 너무 낮은 온도로 급격히 냉각시킨 후 포장하면 껍질이 너무 건조하게 되어 딱딱해지며, 노화가 빨라져 보존성이 나빠지며, 향미가 저하된다. – 냉각공정이 긴 경우에도 같은 결과가 발생함
- 빵, 과자 제품을 너무 높은 온도로 냉각시킨 후 포장하면 제품을 썰 때 문제가 생기며, 포장지에 수분이 응축되며, 빵 표면에 주름이 형성되며 곰팡이가 빨리 발생한다. – 냉각공정이 짧은 경우에도 같은 결과가 발생함

14 슬라이스(Slice)

실온으로 식힌 빵을 일정한 두께로 자르거나 칼집을 내는 것을 말한다.
빵이 유연할수록 잘 잘라진다.

15 포장(Packing)

1 포장

제품의 유통과정에서 제품의 가치 및 상태를 보호하기 위하여 적합한 재료나 용기를 사용하여 장식하거나 담는 것을 말한다.

2 포장온도 : 35~40℃

(1) 높은 온도에서의 포장

① 썰기가 어려워 형태가 변하기 쉽다.

② 포장지에 수분과다로 곰팡이가 발생하고 형태를 유지하기가 어렵다.

(2) 낮은 온도에서의 포장

① 노화가 가속된다.

② 껍질이 건조된다.

3 포장용기의 선택 시 고려사항

(1) 방수성이 있고 통기성과 통습성이 없어야 한다.

(2) 포장재의 가소제나 안정제 등의 유해물질이 용출되어 식품에 전이되어서는 안 된다.

(3) 단가가 낮고 포장에 의하여 제품이 변형되지 않아야 한다.

(4) 용기와 포장지에 유해물질이 없는 것을 선택해야 한다.

(5) 포장했을 때 상품의 가치를 높일 수 있어야 한다.

(6) 세균, 곰팡이가 발생하는 오염포장이 되어서는 안 된다.

16 빵의 노화(Retrogradation)

1 노화

빵의 껍질과 속에서 일어나는 물리 · 화학적 변화로 제품의 맛, 향기가 변화하며 딱딱해지는 현상을 말한다. 노화가 일어난 빵을 먹으면 체내의 소화흡수율이 떨어진다.

2 빵 껍질과 속의 노화 구분

(1) 껍질의 노화

① 빵 속 수분이 표면으로 이동하고, 공기 중의 수분이 껍질에 흡수된다.

② 표피는 눅눅해지고 질겨진다.

(2) 빵 속의 노화

① 빵 속 수분의 껍질로의 이동으로 인해 생긴다.

② 알파 전분의 퇴화(β화)가 주원인이다.

③ 빵 속이 건조해지고 탄력을 잃으며 향미가 떨어진다.

- 알파 전분의 퇴화(β화)로 인하여 빵 포장을 완벽하게 하더라도 빵 제품에 노화가 일어난다.

3 노화에 영향을 주는 조건들

(1) 저장 시간

① 오븐에서 꺼낸 직후부터 노화가 시작된다.

② 최초 1일간의 노화가 4일 동안에 일어나는 노화의 절반을 차지한다.

③ 신선할수록 노화가 빠르게 진행한다.

(2) 저장 온도

① 노화 정지온도 : −18℃(냉동온도)

② 노화 최적 온도 : −6.6~10℃(냉장온도)

③ 미생물에 의한 변질이 일어날 수 있는 최적 온도 : 43℃

(3) 배합률

① 계면활성제 : 빵 속을 부드럽게 하고 수분 보유량을 높이므로 노화를 지연한다.

② 펜토산 : 펜토산은 탄수화물의 일종으로 수분의 보유도가 높아 노화를 지연한다.

③ 단백질 : 밀가루 단백질의 양이 많고 질이 높을수록 노화가 지연된다.

④ 물 : 완제품의 수분 함량이 38% 이상 되면 노화가 지연된다.

⑤ 전분의 구조 : 아밀로오스의 함량보다 아밀로펙틴의 함량이 많아야 노화가 지연된다.

- 노화를 지연시키는 방법
  - 반죽에 알파-아밀라아제를 첨가한다.
  - 저장 온도를 -18℃ 이하 또는 35℃로 유지한다.
  - 모노-디글리세리드 계통의 유화제를 사용한다.
  - 물의 사용량을 높여 반죽의 수분함량을 증가시킨다. 즉 가수율을 늘려준다.
  - 탈지분유와 달걀에 의한 단백질을 증가시킨다.
  - 당류와 유지류를 많이 넣는다.
  - 방습포장 재료로 포장한다.
- 빵 전분의 노화 정도를 측정하는 데 사용하는 방법
  - 비스코그래프에 의한 측정
  - 빵 속살의 흡수력 측정
  - X-선 회절도에 의한 측정
  - 아밀로그래프에 의한 측정
  - 가용성 또는 불용성 전분 함유량의 측정
  - 빵의 불투명도 측정
  - 아밀라아제에 대한 전분의 감수성 측정

17 빵의 부패(Spoilage)

1 부패

제품에 곰팡이가 발생하여 썩어서 맛이나 향기가 변질되는 현상을 말한다.

2 곰팡이의 발생을 방지하는 방법

(1) 보존료를 사용한다.

(2) 곰팡이가 피지 않는 환경에서 보관한다.

(3) 곰팡이의 발생을 촉진하는 물질을 없앤다.

(4) 작업실, 작업도구, 작업자의 위생을 청결히 한다.

- 노화와 부패의 차이
  - 노화한 빵 : 수분이 이동 · 발산 → 껍질이 눅눅해지고 빵 속이 푸석해진다.
  - 부패한 빵 : 미생물 침입 → 단백질 성분의 파괴 → 악취

18 작업환경 관리

작업자는 조명, 채광, 먼지, 온도, 습도 및 작업공간의 크기에 따라 작업능률에 영향을 받는다.

(1) 제과 · 제빵 공정상의 조도기준

작업내용	표준조도(lux)	한계조도(lux)
장식(수작업), 마무리 작업	500	300~700
계량, 반죽, 조리, 정형	200	150~300
굽기, 포장, 장식(기계작업)	100	70~150
발효	50	30~70

(2) 창의 면적은 바닥면적을 기준하여 30% 정도가 좋다.

(3) 바닥은 미끄럽지 않고 배수가 잘 되어야 한다. 공장 배수관의 최소 내경은 10cm 정도가 좋다.

(4) 벽면은 타일 재질로 매끄럽고 청소하기 편리하여야 한다.

(5) 매장과 주방의 크기는 1:1이 이상적이다.

(6) 방충, 방서용 금속망은 30메쉬(mesh)가 적당하다.

(7) 가스를 사용하는 장소에는 환기닥트를 설치한다.

(8) 주방 내의 여유 공간을 될 수 있으면 많게 한다.

(9) 종업원의 출입구와 손님용 출입구는 별도로 하여 재료의 반입을 종업원 출입구로 한다.

(10) 주방의 환기는 소형의 환기장치를 여러 개 설치하여 주방의 공기오염 정도에 따라 가동율을 조정한다.

(11) 미생물의 감염을 감소시키기 위한 작업장 위생에 대한 조치

① 소독액으로 벽, 바닥, 천장을 세척한다.
② 깨끗하고 뚜껑이 있는 재료통을 사용한다.
② 적절한 환기시설 및 조명시설이 된 저장실에 재료를 보관한다.
④ 빵상자, 수송차량, 매장 진열대는 항상 온도가 높지 않도록 관리한다.

19 생산관리

1 생산관리의 개요

경영 기구에 있어서 사람(Man), 재료(Material), 자금(Money)의 3요소를 유효적절하게 사용하여 좋은 물건을 저렴한 비용으로 필요한 물량을 필요한 시기에 만들어 내기 위한 관리 또는 경영을 위한 수단과 방법을 말한다.

(1) **기업 활동의 5대 기능** : 전진기능의 제조, 판매와 지원기능의 재무, 자재, 인사 등의 기능이다.

(2) **생산 활동의 구성요소(5M)** : 사람(Man), 기계(Machine), 재료(Material), 방법(Method), 관리(Management)이다.

(3) **기업 활동의 구성요소(제과 생산관리의 구성요소에도 적용됨)**

① **제1차 관리** : Man(사람, 질과 양), Material(재료, 품질), Money(자금, 원가)

② **제2차 관리** : Method(방법), Minute(시간, 공정), Machine(기계, 시설), Market(시장)

2 생산계획의 개요

수요 예측에 따라 생산의 여러 활동을 계획하는 일을 생산계획이라 하며, 상품의 종류, 수량, 품질, 생산시기, 실행 예산 등을 구체적이고 과학적으로 계획을 수립하는 것을 말한다.

(1) **연간 생산계획의 요소**

① **연간 생산계획을 작성하는 데 필요한 기본적인 요소**

㉠ 과거의 생산 실적(월별, 품종별, 제품별 등)을 파악하고 분석하여 활용한다.

㉡ 경쟁 회사의 생산 동향을 파악하고 분석하여 활용한다.

㉢ 경영자의 생산 방침을 반영한다.

㉣ 제품의 수요 예측자료를 활용한다.

㉤ 과거 생산비용의 분석자료를 활용한다.

㉥ 생산능력과 과거 생산실적을 비교하고 분석하여 활용한다.

② **연간 생산계획을 작성하는 데 필요한 구체적인 요소**

㉠ 사용공수, 출근인원, 출근률, 잔업공수 등을 분석하여 유효노동량의 적정성을 판단한다.

㉡ 기계 가동률과 설비 기계의 내구도를 분석하여 기계별 능력표를 작성하고 조치를 취한다.

㉢ 불량개수(금액), 손실개수(금액), 불량률 등의 원인을 조사하여 조치를 취한다.

㉣ 노동생산성이 낮은 경우의 공정을 점검, 개선하여 생산성 향상을 위한 조치를 한다.

예제

롤 케이크 400개를 만드는 데 5명이 8시간 작업을 한다. 같은 제품 492개를 만들때 연장되는 작업시간은?(단, 연장 근로 시의 작업능률은 평상시의 80%로 본다. 즉 작업 여유율은 20%를 적용한다.)

풀이

① 1시간당 롤 케이크 생산량 = 400개÷8시간=50개
② 연장이 필요한 롤 케이크의 생산량 = 492개-400개=92개
③ 연장 근무 시 80%의 능률(즉, 20% 작업 여유율)에 따른 1시간당 롤 케이크 생산량 = 50개×0.8 = 40개
④ 연장 근무 시 92개의 롤 케이크를 생산하는 데 필요한 시간 = 92÷40=2.3시간
⑤ 그러므로 2.3은 2시간 18분이다. 여기서 2.0은 2시간이고 0.3은 60을 곱해서 18분이다.

(2) 원가의 구성요소 : 원가는 직접비(재료비, 노무비, 경비)에 제조 간접비를 가산한 제조원가, 그리고 그것에 판매, 일반 관리비를 가산한 총 원가로 구성된다.

① **직접비(직접원가)** = 직접 재료비 + 직접 노무비 + 직접 경비
② **제조원가** = 직접비 + 제조 간접비
③ **총 원가** = 제조원가 + 판매비 + 일반 관리비

- 개당 제품의 노무비 = 인(사람의 수) × 시간 × 시간당 노무비(인건비) ÷ 제품의 개수
- 직접 경비에는 전기비와 수도비가 대표적이다.

(3) 원가를 계산하는 목적

① 이익을 산출하기 위해서
② 가격을 결정하기 위해서
③ 원가 관리를 위해서
④ 이익을 계산하는 방법
㉠ 이익 = 가격 − 원가
㉡ 총 이익 = 매출액 − 총 원가
㉢ 순이익 = 총 이익 − (판매비 + 관리비)

예제

어느 제과점에서 월별재고조사를 실시하여 아래와 같은 결과가 나왔다. 제과점의 매출액에 대한 이익률(%)은?

보기 | • 매출액 : 132,521원 • 전월기말재고 : 24,322원 • 당월구매재고 : 68,756원 • 당월기말재고 : 29,759원 • 전체사용가능재고 : 93,078원

풀이

① 투입된 총 재료비=전체사용가능재고−당월기말재고=93,078−29,759=63,319
② 매출액에 대한 이익액=매출액−총 재료비=132,521−63,319=69,202
③ 이익률=이익액÷매출액×100%=69,202÷132,521×100=52.219 ∴52.22%

(4) 손익분기점(Break-Even Point)

① 매출액에 의한 손익분기점을 구하는 방법

손익분기점(매출액) = 고정비 ÷ {판매가격-(변동비 ÷ 매출액)}

② 판매수량에 의한 손익분기점을 구하는 방법

손익분기점(판매수량) = 고정비 ÷ {1-(변동비 ÷ 매출액(판매가격))}

> **예제** 공장도가 400원인 빵을 생산하는 공장의 1일 고정비가 500,000원이고, 빵 1개당 변동비가 200원이라면 하루에 몇 개를 만들어야 손익분기점 물량이 되겠는가?
>
> **풀이**
>
> ① 손익분기점(판매수량) = 1일 고정비를 충족하는 빵 개수 ÷ {1-(변동비 ÷ 빵 1개당 매출액(판매가격)}
>
> ② (500,000 ÷ 400) ÷ {1-(200 ÷ 400)} = 2,500개

(5) 실행 예산

① 예산 계획 : 제조원가를 계획하는 일

② 계획 목표 : 노동생산성, 가치생산성, 노동 분배율, 1인당 이익을 세우는 일

㉠ 노동생산성 = $\frac{\text{생산금액}}{\text{소요인원수}}$

㉡ 가치생산성 = $\frac{\text{생산가치(부가가치)}}{\text{인원}}$

㉢ 노동 분배율 = $\frac{\text{인건비}}{\text{생산가치(부가가치)}} \times 100$

㉣ 1인당 이익 = $\frac{\text{조이익}}{\text{연인원}}$

※ 조이익이란 매출 총 이익이라고 하며, 매출 총 이익 = 매출 − 직접원가이다.

• 원재료의 구매관리를 철저히 해야 원료비의 원가절감을 달성할 수 있다.

3 원가를 절감하는 방법

(1) 원료비의 원가절감

① 구매 관리는 철저히 하고 가격과 결제방법을 합리화시킨다.

② 원재료의 배합설계와 제조 공정 설계를 최적 상태로 하여 생산 수율(원료 사용량 대비 제품 생산량)을 향상시킨다.

③ 원료의 선입선출 관리로 불량품 감소 및 재료 손실을 최소화한다.

④ 공정별 품질관리를 철저히 하여 불량률(%)을 최소화한다.

예제

어느 제과점에서 앙금을 만들어 사용하는데 앙금제조기의 1회 용량이 60kg이고 앙금의 원재료비는 kg당 800원이다. 1회를 만드는 데 1인이 1.5시간 걸리며 1인의 1시간당 인건비는 8,000원이다(상여와 복리후생비 포함). 이것의 130%를 사내가공단가(광열비, 소모품, 기타 경비를 가산하여)로 할 때 얼마 이내의 가격이면 주문하여 사용해도 좋은가?

풀이

① 앙금 1kg당 소요된 공임=1인의 1시간당 인건비는 8,000원×1회를 만드는 데 1인이 1.5시간÷앙금제조기의 1회 용량이 60kg = 8,000×1.5÷60 = 200원

② 앙금의 원재료비는 kg당 800원

③ 주문 가능한 가격 = (앙금의 원재료비+앙금 1kg당 소요된 공임) 130%를 사내가공단가 = (200원+800원)×1.3 = 1,300원

예제

모카빵의 원재료비 구성이 [보기]와 같을 때 1개당 원재료비의 비율은?

보기 |
- 반죽 재료무게 = 3,000g
- 반죽 재료비 = 7,900원
- 반죽 수율 = 98%
- 반죽 분할무게 = 250g
- 토핑무게=10g
- 토핑물 단가 = 1,000원/kg
- 판매가격 = 2,500원

풀이

① 반죽의 수율을 적용한 반죽 재료의 무게 = 3,000g×0.98 = 2,940g

② 1g당 반죽 재료비 = 7,900원÷2,940g = 2.687원

③ 250g의 반죽 재료비 = 250g×2.687원 = 671.768원

④ 1g당 토핑물 재료비 = 1,000원÷1,000g = 1원

⑤ 10g의 토핑물 재료비 = 10g×1원 = 10원

⑥ 모카빵 1개당 원재료비 = 671.768원+10원 = 681.768원

⑦ 1개당 원재료비의 비율 = 681.768원÷2,500원×100 = 27.27%

(2) 작업관리를 개선하여 불량률을 감소시켜 원가절감

① **작업자 태도의 점검** : 작업 표준이나 작업 지시 등의 내용기준을 설정하여 수시로 점검한다.

② **기술 수준 향상과 숙련도 제고를 위한 조치** : 기술수준이 낮아 작업에 익숙하지 않은 경우 불량률이 높아지거나 생산성이 떨어질 수 있다. 그래서 생산부서의 인원에 대하여 다음과 같은 조치를 취해야 된다.

㉠ 전문가 초청 교육훈련

㉡ 현장에서 기술개선 지도

㉢ 제과제빵 전문교육기관에서 연수 기회 부여

㉣ 사내 연구회 등 참여로 자기계발 유도

㉤ 적정 기술 보유자를 채용하여 필요공정에 배치함

㉥ 작업의 표준화(노무비의 절감도 가져온다)

㉦ 검사기준을 설정하여 수시로 점검

③ **작업 여건의 개선 :** 작업 표준화를 실시하고 작업장의 정리, 정돈과 적정 조명을 설치한다.

④ **작업 표준화의 효과**

㉠ 품질의 안정　　㉡ 능률의 안정　　㉢ 교육의 균일화

(3) 노무비의 절감

① 표준화와 단순화를 계획한다.

② 생산의 소요시간, 공정시간을 단축한다.

③ 생산기술 측면에서 제조방법을 개선한다.

④ 설비관리를 철저히 하여 가동률을 높인다.

⑤ 교육, 훈련을 통한 직업윤리의 함양으로 생산 능률을 향상시킨다.

4 생산 시스템의 분석

(1) 생산 시스템의 정의

제과점에서 밀가루, 설탕, 유지, 달걀과 같은 원재료를 사용하는 것을 투입이라 하고, 과자를 생산하는 활동을 통해서 나온 제품을 산출이라 하는데, 투입에서 생산 활동과 산출까지 전 과정을 관리하는 것을 생산 시스템이라 한다.

(2) 생산가치(부가가치)의 정의

① 생산가치(生産價値)란 근로자 한 사람이 일정 기간(보통 1개월 또는 1일)에 산출한 부가가치 금액을 말한다.

② 생산에 사용한 것과 이에 의해 생산된 것과의 양적인 관계를 생산성이라 하는데, 사용한 노동과 제품의 비율을 보는 것을 노동생산성이라 한다.

③ 노동생산성을 측정하는 방법은 다음과 같다.

㉠ 생산된 물건의 양으로 측정하는 경우 이를 물량적 노동생산성이라고 한다.

㉡ 생산된 물건의 가격으로 측정하는 경우 이를 가치적 노동생산성이라고 한다.

④ 가격으로 측정하는 경우는 생산된 물건의 가격으로 하는 것과 생산 인건비, 감가상각비, 법인세공제 전 생산이익, 금융비용, 임차료, 조세공과금 등을 뺀 부가가치 금액으로 하는 경우가 있다.

⑤ 일반적으로 생산성이라 할 때는 노동생산성을 가리키며, 노동생산성 가운데서도 부가가치 생산성을 말하는 경우가 많다.

(3) 생산가치(부가가치)의 분석

① 노동생산성

㉠ 물량적 노동생산성 $= \dfrac{\text{생산금액(생산량)}}{\text{총 공수(인원}\times\text{시간)}}$

㉡ 가치적 노동생산성 $= \dfrac{\text{생산가치}\times\text{이익}\times\text{생산금액(생산량)}}{\text{인원}\times\text{시간}\times\text{임금}}$

② 노동 분배율 $= \dfrac{\text{인건비}}{\text{부가가치(생산가치)}} \times 100$

예제 어느 제빵회사 A라인의 지난 달 생산실적이 다음과 같을 때 노동분배율은 얼마가 되겠는가?

> 외부가치 = 7,000만원, 생산가치 = 3,000만원, 인건비 = 1,500만원, 감가상각비 =300만원, 제조이익 = 1,200만원, 생산액 = 1억원, 부서인원 = 50명

풀이

① 노동 분배율 = 인건비 ÷ 부가가치(생산가치) × 100
② 노동 분배율 = 1,500만원 ÷ 3,000만원 × 100 = 50%

③ 1인당 생산가치(부가가치) $= \dfrac{\text{부가가치(생산가치)}}{\text{인원}} \times 100$

④ 생산가치율 $= \dfrac{\text{부가가치(생산가치)}}{\text{생산금액}} \times 100$

- 제품의 시장성을 파악하는 여러 지표 중 제품회전율은 의미가 크다.
  제품회전율 = (매출액 / 평균재고액) × 100
- 제품 품질 관리의 목적
  - 위생적인 제품을 생산한다.
  - 신뢰성이 높은 제품을 생산한다.
  - 품질 보증이 될 수 있는 제품을 생산한다.
  - 소비자의 요구에 부응하는 제품을 생산한다.

제2장 미리보는 출제예상문제

01 빵 반죽 시 후염법을 사용하는 이유가 아닌 것은?

① 수화 촉진 ② 반죽부피 증가
③ 반죽온도 감소 ④ 반죽시간 감소

02 제빵에서 믹싱의 주된 기능은?

① 거품포집, 재료분산, 혼합
② 재료 분산, 온도상승, 글루텐 완화
③ 혼합, 이김, 두드림
④ 혼합, 거품포집, 온도상승

03 오버믹싱의 특징이 아닌 것은?

① 캐러멜화 속도가 느려 껍질색이 연하다.
② 반죽의 가스 보유력이 저하되어 부피가 작다.
③ 글루텐의 신장성이 나쁘고 가스 보유력이 약하여 터짐성이 없거나 거칠게 찢어진다.
④ 팬 흐름성이 좋아서 전반적으로 색이 고르고 옆면에 윤기가 있다.

04 렛다운 단계(Let down stage)까지 믹싱해도 좋은 제품은?

① 잉글리시 머핀 ② 데니시 페이스트리
③ 불란서빵 ④ 식빵

05 1차 발효 시 풍미의 발달과 관계없는 물질은?

① 유기산 ② 알코올
③ 알데히드 ④ 덱스트린

해설

01
후염법 : 소금을 클린업 단계 직후에 투입한다.
- 반죽시간 단축
- 반죽의 흡수율 증가
- 조직을 부드럽게 함
- 속색을 갈색으로 만듦
- 수화촉진
- 반죽온도 감소

02
제빵에서 믹서의 믹싱방법은 혼합, 이김, 두드림 등이 있다.
- 혼합 : 수직형 믹서의 믹싱방법
- 이김 : 수평형 믹서의 믹싱방법
- 두드림 : 암 믹서의 믹싱방법

03
글루텐의 신장성은 크나 가스 보유력이 약해 오븐팽창이 작아 터짐성이 없다.

04
반죽에 첨가하는 물의 양이 가장 많은 잉글리시 머핀의 믹싱 시간이 가장 길다.

05
덱스트린은 전분을 가수분해할 때 생성되는 중간산물이다.

정답 | 01 ② 02 ③ 03 ③ 04 ① 05 ④

06 **발효하는 동안 빵 반죽 속에서 이스트의 작용으로 생성되는 주요 물질은?**

① 이산화탄소와 에틸알코올
② 산소와 에틸알코올
③ 유기산과 질소
④ 이산화탄소와 수분

07 **수돗물 온도10℃, 실내 온도28℃, 밀가루 온도30℃, 마찰계수 23일때 반죽온도를 27℃로 하려면 몇 ℃의 물을 사용해야 하는가?**

① 0℃ ② 5℃
③ 12℃ ④ 17℃

08 **소맥분 속에 첨가한 맥아의 액화효과를 측정하는 기구는?**

① 점도계(Visco meter)
② 패리노그래프(Farinograph)
③ 익스텐시그래프(Extensigraph)
④ 아밀로그래프(Amylograph)

09 **밀가루의 반죽 성향을 측정하기 위해서 사용하는 기기 중 제빵에 큰 역할을 하는 α-아밀라아제 효소활성도를 측정할 수 있는 것은?**

① 믹소그래프(Mixograph)
② 패리노그래프(Farinograph)
③ 아밀로그래프(Amylograph)
④ 익스텐소그래프(Extensograph)

10 **반죽의 상태를 전력으로 환산하여 곡선으로 표시하는 장치로 표준곡선과 비교하여 새로운 밀가루의 정확한 반죽조건을 신속하게 점검할 수 있는 기기는?**

① 믹소그래프(Mixograph)
② 믹사트론(Mixatron)
③ 레-오-그래프(Rhe-o-graph)
④ 펄링넘버(Falling number)

해설

06
이스트는 포도당, 과당을 찌마아제로 산화시켜 이산화탄소와 에틸알코올을 생성시킨다.

07
사용할 물의 온도 = (희망 반죽 온도×3)−(실내 온도+밀가루 온도+마찰계수)=(27×3)−(28+30+23) = 0℃

08
아밀로그래프는 온도변화에 따른 밀가루의 α-아밀라아제의 효과를 측정하는 기계이다.

06 ① 07 ① 08 ④ 09 ③ 10 ②

11 반죽의 토크(torque)를 측정하는 반죽교반기로 밀가루 흡수율, 믹싱시간, 믹싱 내구성 등을 판단하는 기기는?

① 믹소그래프 ② 아밀로그래프
③ 믹사트론 ④ 패리노그래프

12 빵 발효에 영향을 주는 요소에 대한 설명으로 틀린 것은?

① 이스트의 양이 적으면 발효시간 증가
② 삼투압이 높으면 발효가 지연됨
③ 알칼리성 물은 발효가 잘 됨
④ 손상전분은 발효성 탄수화물 공급

13 2% 이스트로 4시간 발효했을 때 가장 좋은 결과를 얻는다고 가정할 때 발효시간을 3시간으로 감소시키려면 이스트의 양은 얼마로 결정하여야 하는가?

① 2.61% ② 2.66%
③ 3.16% ④ 3.66%

14 스트레이트법에서 1차 발효 완성점을 찾는 방법이 아닌 것은?

① 손가락으로 반죽을 눌러 본다.
② 부피의 증가상태를 확인한다.
③ 반죽내부의 섬유질 조직을 확인한다.
④ 반죽의 일부를 펼쳐서 피막을 확인한다.

15 식빵 제조 중 굽기 및 냉각손실이 10%이고, 완제품이 500g이라면 분할은 몇 g을 하여야 하는가?

① 556g ② 566g
③ 576g ④ 586g

16 분할기를 사용하여 빵 반죽을 분할할 때 분할량을 조정한 후 다음 작업시간이 지체될수록 단위 개체는 어떻게 되는가?

① 무게가 증가된다. ② 무게가 감소된다.
③ 부피가 커진다. ④ 부피가 작아진다.

해설

11
Torque(토크)는 물체에 작용하는 힘이 물체를 얼마나 많이 회전시키는지를 측정한 것이다.

12
약산성의 물(pH 5.2~5.6)이 발효가 잘 됨

13
가감하고자 하는 이스트량

$$= \frac{\text{기존이스트량} \times \text{기존의 발효시간}}{\text{조절하고자 하는 발효시간}}$$

$$x = \frac{2 \times 4}{3} = 2.66$$

14
반죽의 일부를 펼쳐서 피막을 확인하는 방법은 믹싱(배합)의 완성점을 찾을 때 쓴다.

15
분할무게 = 500÷{1 − (10 ÷ 100)}= 555.56g≒556g

16
분할기는 부피를 기준으로 분할하기 때문에 작업시간이 지체되도 부피에는 변화가 없다. 그러나 발효가 진행되어 반죽무게가 감소된다.

정답 | 11 ④ 12 ③ 13 ② 14 ④ 15 ① 16 ②

17 빵의 제조과정에서 빵반죽을 분할기에서 분할할 때나 구울 때 달라붙지 않게 하고 모양을 그대로 유지하기 위하여 사용되는 첨가물은?

① 카세인
② 유동 파라핀
③ 프로필렌글리콜
④ 대두인지질

18 반죽이 라운더(둥글리기 기계)에 달라붙는 결점을 방지하는 조치가 아닌 것은?

① 최적 발효상태 유지
② 반죽에 계면활성제 사용
③ 많은 덧가루 사용
④ 반죽의 최적 흡수율 조절

19 식빵 제조 시 아래와 같은 현상의 원인으로 나타나는 결점은?

- 반죽통에 과도한 기름칠
- 발효실에서 표피가 건조
- 성형 시 덧가루 과다 사용

① 껍질표면의 물집
② 빵 속의 줄무늬
③ 두꺼운 껍질
④ 옆면이 들어감

20 중간 발효의 목적이 아닌 것은?

① 분할 과정에서 손상된 글루텐의 구조를 재정돈한다.
② 반죽 신장성을 증가시켜 밀어 펴기를 쉽게 한다.
③ 가스 발생으로 반죽의 유연성을 회복시킨다.
④ 이산화탄소 가스를 보유할 수 있는 표피를 만들어 준다.

해설

17

① 카세인은 우유 분유 등에 함유된 단백질이다.
② 유동 파라핀은 석유에서 분류한 파라핀유 가운데 상온에서도 고체로 변화하지 않는 액체이다. 이형제로 사용한다.
③ 프로필렌 글리콜은 탄소 수가 세 개인 이가 알코올로 흡습성이 강한 무색의 액체로 녹이기 어려운 약물의 용매로 사용된다.
④ 대두 인지질은 대두에 함유된 인산 에스테르를 갖고 있는 복합지방으로 유화제로 사용된다.

18

덧가루를 많이 사용하면 완제품 속에 줄무늬가 생긴다.

19

3가지 원인을 모두 충족시키는 현상은 빵 속의 줄무늬이다.

20

이산화탄소 가스를 보유할 수 있는 표피를 만들어 주는 공정은 둥글리기이다.

17 ② 18 ③ 19 ② 20 ④

21 대량생산공장에서 빵 반죽을 기계로 성형할 때의 설명으로 잘못된 것은?

① 기계분할 시 분할기의 속도는 30~35회전/분이 알맞다.
② 기계에 의한 분할은 중량보다 부피에 의하며 분할시간은 15~20분이 알맞다.
③ 반죽이 환목기에 들러붙는 것을 방지하기 위하여 덧가루나 디바이더유를 사용한다.
④ 반죽이 모울더 통과 시 아령 모양으로 되는 것은 압력이 너무 강하기 때문이다.

22 다음 중 올바른 패닝 요령이 아닌 것은?

① 반죽의 이음매가 틀의 바닥으로 놓이게 한다.
② 철판의 온도를 60℃로 맞춘다.
③ 반죽은 적정 분할량을 넣는다.
④ 비용적의 단위는 cm^3/g이다.

23 다음 중 식빵 반죽을 길게 늘여 교차 패닝하는 방법이 아닌 것은?

① U자형 ② N자형
③ M자형 ④ O자형

24 2차 발효에 영향을 주는 요소가 아닌 것은?

① 밀가루의 질(강도)
② 배합률 및 유지의 양
③ 산화제와 반죽조절제
④ 향료의 종류와 특성

25 적당한 2차 발효점은 여러 여건에 따라 차이가 있다. 일반적으로 완제품의 몇 %까지 팽창시키는가?

① 30~40% ② 50~60%
③ 70~80% ④ 90~100%

해설

21
기계분할 시 분할기의 속도는 12~16회전/분이 알맞다.

22
• 60℃는 이스트의 사멸온도이다.
• 철판의 온도는 32℃ 전·후로 맞춘다.

24
향료는 빵의 완제품에 식욕을 불러일으키는 맛과 색을 부여한다.

25
2차 발효의 완료점은 완제품의 70~80% 부피로 부풀었을 때, 정형된 반죽의 3~4배 부피로 부풀었을 때이다.

정답 | 21 ① 22 ② 23 ④ 24 ④ 25 ③

26 **2차 발효에 대한 설명으로 틀린 것은?**

① 2차 발효실 온도는 33~45℃이다.
② 2차 발효실의 상대습도는 70~90%이다.
③ 2차 발효시간이 경과함에 따라 pH는 5.13에서 5.49로 상승한다.
④ 2차 발효실 온도가 너무 낮으면 발효시간은 길어지고 빵속의 조직이 거칠게 된다.

27 **식빵에서 2차 발효의 상대습도가 너무 높은 경우에 생기는 현상이 아닌 것은?**

① 표면에 반점이나 줄무늬가 나타난다.
② 거친 껍질이 형성된다.
③ 제품의 윗면이 납작해진다.
④ 제품의 윗면이 솟아오른다.

28 **빵의 내부에 줄무늬가 생기는 원인이 아닌 것은?**

① 과량의 분할유 사용　② 과량의 덧가루 사용
③ 건조한 중간 발효　④ 건조한 2차 발효

29 **2차 발효에 대한 설명 중 올바르지 않은 것은?**

① 이산화탄소를 생성시켜 최대한의 부피를 얻고 글루텐을 신장시키는 과정이다.
② 2차 발효실의 온도는 반죽의 온도보다 반드시 같거나 높아야 한다.
③ 2차 발효실의 습도는 평균 75~90% 정도이다.
④ 2차 발효실의 습도가 높을 경우 겉껍질이 형성되고 터짐 현상이 발생한다.

30 **굽기에 있어서 껍질색 형성이 어려운 조건은?**

① 과숙성 반죽
② 분유가 많은 반죽
③ 스펀지법의 반죽
④ 유화제가 들어 있는 반죽

해 설

26
발효가 진행되는 동안에는 pH는 떨어지고 온도는 올라간다.

27
2차 발효실의 상대습도가 너무 낮으면 식빵 윗면에 껍질이 형성되어 굽기 시 제품의 윗면이 솟아오른다.

28
건조한 2차 발효는 껍질색이 고르게 나지 않게 한다.

29
- 2차 발효는 성형과정을 거치는 동안 불완전한 상태의 반죽을 발효실에 넣어 숙성시켜 좋은 외형과 식감의 제품을 얻기 위하여 하는 작업으로 발효의 최종단계이다. 2차 발효 관리대상에는 발효온도, 발효습도, 발효시간이 있다.
- 겉껍질이 형성되고 터짐이 발생하는 경우는 습도가 낮은 경우이다.

30
- 과숙성 반죽은 잔당이 부족하므로 껍질색을 내기가 어렵다.
- 잔당이란 발효과정 중 이스트가 먹이로 사용하고 남은 당을 말한다.

26 ③　27 ④　28 ④　29 ④　30 ①

31 굽기 공정에 대한 설명 중 틀린 것은?

① 전분의 호화가 일어난다.
② 빵의 옆면에 슈레드가 형성되는 것을 억제한다.
③ 이스트는 사멸되기 전까지 부피 팽창에 기여한다.
④ 굽기 과정 중 당류의 캐러멜화가 일어난다.

32 오븐에서 빵이 갑자기 팽창하는 현상인 오븐 스프링이 발생하는 이유로 적당하지 않은 것은?

① 가스압의 증가　② 알코올의 증발
③ 탄산가스의 증발　④ 단백질의 변성

33 자당의 캐러멜(Caramel)화에 필요한 온도로 가장 적합한 것은?

① 약100℃　② 약110~140℃
③ 약150~200℃　④ 약250℃ 이상

34 굽기 공정 중 반죽이 오븐팽창 단계를 거치면서 일어나는 현상과 거리가 먼 것은?

① 전분의 호화　② 탄산가스 증발
③ 에틸알코올 증발　④ 가스 세포벽의 팽창

35 빵 굽기 중 반죽온도가 얼마 이상이 되면 이산화탄소의 용해도가 감소하는가?

① 49℃　② 55℃
③ 63℃　④ 69℃

36 굽기 손실에 영향을 주는 요인으로 관계가 적은 것은?

① 믹싱시간　② 배합률
③ 제품의 크기와 모양　④ 굽기온도

37 오븐에서 구워 나온 직후 빵 껍질의 수분함량으로 가장 적당한 것은?

① 12%　② 22%
③ 32%　④ 42%

해설

31
발효하는 동안 생성된 발효산물의 양에 따라 굽기 중 브레이크와 슈레드의 형성 정도가 결정된다.

32
오븐 팽창(오븐 스프링)의 원인
- 발효하는 동안 생겨난 수많은 가스 세포의 가스압 증가
- 반죽 속에 녹아 있던 탄산가스의 증발
- 끓는점이 낮은 액체(알코올) 등에 의해반죽온도가 49℃에 달하면 반죽이 짧은 시간 동안 급격히 팽창한다.

33
자당은 설탕을 가리킨다.

34
오븐 팽창이란 오븐에서 반죽이 갑작스럽게 부푸는 현상을 가리키며 전분의 호화와는 관계가 적다.

36
발효산물 중 휘발성 물질이 휘발하고 수분이 증발한 탓에 생긴다. 굽기 손실은 굽는 온도와 시간, 제품의 크기와 형태, 배합률 등이 영향을 미친다.

37
구워 나온 직후 빵 속의 수분함량은 45%이다.

정답 | 31 ② 32 ④ 33 ③ 34 ① 35 ① 36 ① 37 ①

38 빵의 냉각방법으로 가장 적합한 것은?

① 바람이 없는 실내
② 강한 송풍을 이용한 급냉
③ 냉동실에서 냉각
④ 수분분사 방식

39 빵 제품의 노화를 지연시키는 조치로 틀린 것은?

① −18℃ 이하, 21~35℃에서 보관한다.
② 알파−아밀라아제를 첨가한다.
③ 가수율을 줄여준다.
④ 모노, 디−글리세라이드 계통의 유화제를 사용한다.

40 빵의 노화속도에 대한 설명으로 틀린 것은?

① 상온보다는 냉장온도에서 노화가 촉진되고 냉동에서는 느리다.
② 제품의 수분 함량이 약 38% 이상이 되면 노화가 지연된다.
③ 펜토산 함량이 많은 밀가루를 사용하면 노화가 지연된다.
④ 오븐에서 꺼낸 제품은 속질온도가 35℃정도로 식은 후 노화가 시작된다.

41 품질 관리의 목적과 거리가 먼 것은?

① 위생적인 제품을 생산한다.
② 신뢰성이 높은 제품을 생산한다.
③ 품질 보증이 될 수 있는 제품을 생산한다.
④ 경영자의 요구에 부응하는 제품을 생산한다.

42 어느 생산부서가 계획적인 생산을 하기 위하여 당월의 인원을 배정할 때 기본적으로 고려해야 할 사항과 거리가 먼 것은?

① 생산물량　② 목표노동생산성
③ 당월 작업일수　④ 계절지수

해설

38
제빵 냉각법에는 바람이 없는 실내에서의 자연냉각, 터널식 냉각, 에어컨디션식 냉각 등이 있다.
- ②, ③ 방식은 제품의 노화를 촉진시키므로 냉각방법으로는 좋지 못하다.
- ④ 방식은 부패를 촉진시킨다.

39
반죽에 넣는 물의 양인 가수율을 늘여주면 빵 제품의 노화를 지연시킬 수 있다.

40
빵의 노화는 오븐에서 꺼낸 직후부터 시작된다.

41
소비자의 요구에 부응하는 제품을 생산한다.

42
숙련을 요구하는 기능인을 계절지수에 따라 당월에 탄력적으로 채용하기는 어려우므로 분기별로 계절지수를 고려하여 채용한다.

38 ①　39 ③　40 ④　41 ④　42 ④

43 파운드 케이크 30개의 주문을 받아 생산 A팀(최대 생산량 10개/시간)과 생산 2팀(최대 생산량 5개/시간)이 파운드 케이크를 생산하는 데 필요한 시간은?(단, 작업 여유율은 20%를 적용한다.)

44 제빵의 냉각공정과 관련된 설명으로 틀린 것은?

① 냉각공정이 짧아 제품 품온이 높을 때 포장한 경우 표면에 주름이 형성된다.
② 냉각공정이 과다하게 진행되면 껍질이 딱딱해지고 노화가 빨라진다.
③ 냉각공정이 짧은 경우 수분이 응축되어 곰팡이 발생 가능성이 높아진다.
④ 냉각공정이 짧은 경우 빵 내부에 짙은 색의 동심원무늬가 형성된다.

45 제과점에서 매출목표를 아래의 표와 같이 작성하고 있다. 빈칸의 수치를 계산하시오.

항목	매출	전월 기말재고	당월 구매재고	당월 기말재고	이익
금액	290,000	48,700	㉡	54,500	㉠
비율(%)	100.00%	㉣	㉢	㉤	52.00%

	㉠	㉡	㉢	㉣	㉤
①	150,000	140,000	50.00%	15.00%	20.00%
②	150,800	140,000	50.00%	16.79%	20.00%
③	150,800	145,000	50.00%	16.79%	18.79%
④	150,800	145,000	40.00%	16.79%	18.79%

46 600g짜리 완제품 식빵 1,000개를 주문받았다. 총 배합률은 180%이고 발효손실은 1.5%, 굽기손실은 12%가 되는 배합률과 공정으로 볼 때 20kg짜리 밀가루는 몇 포대를 준비해야 하는가?

해설

43
① 10개/시간+5개/시간 = 15개/시간
② (100–20)÷100 = 0.8
③ 15개/시간×0.8 = 12개/시간
④ 30개÷12개/시간 = 2.5
∴2시간 30분

44
빵 내부에 짙은 색의 동심원 무늬가 생기는 경우는 반죽 껍질이 마른 후 성형을 하면 발생한다.

45
㉠ 290,000×0.52 = 150,800
㉡ 150,800–(54,500–48,700) = 145,000
㉢ 145,000÷290,000×100 = 50.00%
㉣ 48,700÷290,000×100 = 16.79%
㉤ 54,500÷290,000×100 = 18.79%

46
① 제품의 총 무게=제품 1개의 중량 600g×식빵 1,000개÷1,000=600kg
② 총 분할무게=600kg÷1–(12÷100) =681.81kg
③ 반죽의 총 무게=681.81kg÷1–(1.5÷100)=692.19kg
④ 밀가루의 무게=(반죽의 총 무게×밀가루의 비율)÷총 배합률
⑤ 밀가루의 무게=(692.19kg×100%)÷180%=384.55kg
⑥ 필요한 밀가루 포대=384.55kg÷20kg=19.22포대
⑦ 그러므로 20포대가 필요하다 왜냐하면 올림으로 계산해야 하기 때문이다. 그리고 밀가루 1포대는 20kg이다.

정답 | 43 2시간 30분 44 ④ 45 ③ 46 20포대

47 어느 제과점의 당월 생산액 목표 360,000,000원, 노동생산성 목표=36,000원/시/인, 당월 작업일=25일, 1일 작업시간=8시간, 현재 배정인원 40명일 때 1일 몇 시간씩 연장근무해야 목표를 달성할 수 있는가? 다른 변수값은 고려하지 않는다.

48 제품의 시장성을 파악하고 제품생산 시스템을 관리하는 지표인 제품회전율을 구하는 공식은?

① 제품회전율$=\frac{\text{평균재고액}}{\text{매출액}}$

② 제품회전율$=\frac{\text{매출액}}{\text{평균재고액}}\times 100$

③ 제품회전율$=\frac{\text{평균재고액}}{\text{매출액}}$

④ 제품회전율$=\frac{\text{평균재고액}}{\text{매출액}}\times 100$

49 외부가치 7,100만 원, 생산가치 3,000만 원, 인건비 1,400만 원인 경우 노동분배율은 약 얼마인가?

① 27% ② 37%
③ 47% ④ 57%

50 어떤 제품의 가격이 600원일 때 제조원가는? (단, 손실률은 10%이고, 이익률(마진율)은 15% 가격은 부가가치세 10%를 포함한 가격이다.)

① 545원 ② 474원
③ 460원 ④ 431원

51 단위당 판매가격이 70원, 단위당 변동비가 50원, 고정비가 5,000원이라고 하면 손익분기점의 판매량은 얼마인가?

① 100개 ② 150개
③ 200개 ④ 250개

해설

47

① 당월 생산액 목표 달성을 위한 1일/근무시간=360,000,000÷36,000÷25÷40=10시간/일
② 1일 연장근무시간=10－8=2시간/일

49

- 노동분배율이란 생산가치에 대해 인건비가 차지하는 비율을 말하며, 문제에서 주어진 외부가치 금액은 허수이다.
- 노동분배율$=\frac{\text{인건비}}{\text{생산가치}}\times 100$

  $=\frac{1,400}{3,000}\times 100=47\%$

50

- 제조원가는 판매가격에서 부가가치세, 이익률, 손실률 등을 뺀 금액이 된다.
- 부가가치세 포함 전 가격=판매가격 600원÷(1+0.1)=545원
- 이익률 포함 전 가격=545원÷(1+0.15) = 474원
- 손실률 포함 전 가격=474원÷(1+0.1) = 431원

51

- 손익분기점이란 일정기간동안 매출액과 총비용(변동비+고정비)이 일치하여 이익도 손실도 발생하지 않는 지점을 말한다.
- 매출액=(단위당 판매가격 70원 － 단위당 변동비 50원)×판매량x = 20x(매출액을 계산할 때 변동비는 판매수량에 따라 비례하여 달라지는 비용이므로 판매가격에서 먼저 빼고 계산한다.)
- 손익분기점은 '매출액 － 비용=0'이다.
  20x–5,000원=0,20x=5,000원, x=5,000원÷20=250개

47 **2시간** 48 ② 49 ③ 50 ④ 51 ④

52 정규시간이 50분이고 여유시간이 10분일 때 여유율은?

① 10%　　② 15%
③ 20%　　④ 25%

53 햄버거번을 생산하는 라인의 분할기는 6포켓으로 1분에 18회를 작동한다. 이 분할기의 여유율이 5%인 경우 롤빵 10,000개를 분할하는데 소요되는 작업시간은 몇 분인가?(단, 1분 미만은 올려서 정수로 한다.)

54 데니시 페이스트리 1,000개를 성형하는데 3.2시간/인이 소요된다. 1,500개를 8명이 성형하는데 소요되는 작업시간은 몇 분인가?

55 데니시 페이스트리 1,000개를 성형하는데 4.0시간/인이 소요된다. 금일의 작업수량인 750개를 성형하는데 4명을 투입하면 소요되는 작업시간은?

해설

52

$$\text{여유율(\%)} = \frac{\text{여유시간}}{\text{정규시간}} \times = \frac{10}{50} \times 100 = 20\%$$

53

① 1분 분할할 수 있는 개수=6×1×18=108개
② 여유율을 제외한 개수=108×(1−0.05)=102.6개
③ 소요되는 작업시간=10,000÷102.6=97.46
∴ 98분(1시간 38분)

54

① 1명이 1시간에 생산할 수 있는 개수=1000÷3.2=312.5
② 8명이 1시간에 생산할 수 있는 개수=312.5×8=2,500
③ 8명이 1,500개를 생산하는데 소요되는 시간=1,500÷2,500=0.6
④ 분으로 환산=0.6×60=36분

55

① 1명이 4시간에 생산할 수 있는 개수 = 1,000개
② 4명이 4시간에 생산할 수 있는 개수 = 1,000 × 4 = 4,000개
③ 4명이 1시간에 생산할 수 있는 개수 = 4,000개 ÷ 4 = 1,000개
④ 4명이 750개를 생산하는데 소요되는 시간 = 750 ÷ 1,000 = 0.75
⑤ 분으로 환산 = 0.75 × 60 = 45분

정답 | 52 ③　53 98분(1시간 38분)　54 36분　55 45분

제3장 제품별 제빵법

01 프랑스빵(바게트) (French Bread)

일정한 모양의 틀을 쓰지 않고 바로 오븐 구움대 위에 얹어서 굽는 하스 브레드의 하나로, 설탕, 유지, 달걀을 거의 쓰지 않는 빵이다. 설탕, 유지, 달걀을 거의 쓰지 않는 빵이므로 겉껍질이 단단한 하드 브레드의 한 종류이다.

- 하스 브레드(Hearth Bread)의 특징
  - 구울 때에 구움대 위에 직접 굽는 빵을 말한다.
  - 하스(Hearth) 브레드는 틴(Tin) 브레드에 대응하는 명칭이다.
  - 틴 브레드(틀에 넣어 굽는 빵)보다 대량 생산하기에 적합하지 않다.
  - 프랑스빵(바게트, 뺑 드 깜파뉴, 뺑 오 르방), 호밀빵 등 서구식 식빵이 여기에 속한다.
  - 일반 식빵에 비하여 물사용량이 적어 반죽이 되다.
  - 제품의 표피는 건조하나 내부는 부드럽다.
  - 설탕 사용량 및 유지 사용량이 적은 저율배합이다.
  - 믹싱시간을 짧게 하여 탄력성이 큰 반죽이다.

1 제조공정

(1) 재료 계량

재료	사용범위(%)	재료	사용범위(%)
강력분	100	소금	2
물	61	제빵개량제	1.5
생이스트	2.5		

- 실기시험에는 강력분을 사용하지만, 프랑스 정통 바게트는 준강력분을 사용하여 바삭바삭한 껍질을 만든다.
- 실기시험에는 제빵개량제를 사용하지만, 프랑스 정통 바게트는 비타민 C와 맥아로 그 기능을 대신한다.
- 비타민 C는 산소가 없는 곳에서는 원래 환원제이지만 일반적인 빵 믹싱과정에서는 산화제로 작용하기 때문에 빵 제조에 사용한다.

- 바게트는 하스 브레드이므로 반죽의 탄력성을 최대로 만들어야 한다. 그래서 일반 식빵보다 수분 함량(가수율)을 줄인다.
- 바게트에서 비타민 C는 10~15ppm(part per million, 1/1,000,000) 정도를 사용한다. 밀가루 1000g 사용 시 10~15ppm(바게트에 사용한 비타민 C의 양)×1000g(밀가루 무게 / 1,000,000(ppm의 수 방식으로 계산하여 비타민 C의 양을 g(0.01~0.015g)으로 환산한다. 그리고 물 1000ml에 비타민 C 1g을 희석시켜 비타민 C물의 형태로 10~15g을 계량하여 비타민 C 10~15ppm을 반죽에 첨가한다.

(2) 믹싱

① 저속으로 전 재료를 균일하게 혼합한 후 중속으로 수화를 완료한다.
② 고속으로 발전 단계까지 믹싱한다.
③ 믹싱을 일반 빵에 비해서 적게 하는 이유는 팬에서의 흐름을 막고 모양을 좋게 하기 위해서이다.

(3) 1차 발효

① 발효 : 온도 27℃, 상대습도65~75%, 시간 70~80분 정도 발효시킨다.
② 반죽의 숙성이 잘되어 부피가 3~3.5배 정도 되도록 발효시킨다.

(4) 분할, 둥글리기

① 350g으로 분할한다.
② 타원이 되게 둥글리기 한다.

(5) 중간 발효, 정형

① 중간 발효를 Bench Time 형태로 진행하고자 한다면 중간 발효 온도와 습도는 24~26℃, 75%가 적당하다.
② 15~30분의 중간 발효 시간을 가진다.
③ 가스빼기를 잘한 후 길이 60~65cm 정도의 막대기형으로 모양을 만든다.

(6) 패닝 : 철판에 3개씩 약간 비스듬히 패닝을 한다.

(7) 2차 발효

① 온도 32~35℃, 상대습도 75~80%, 시간은 50~70분 정도 발효시킨다.
② 상대습도를 일반 빵보다 낮게 설정하는 이유는 반죽의 흐름성을 억제하면서 탄력성을 부여하고 껍질에 바삭힘을 나타내기 위함이다.

(8) 자르기

① 약간 건조해지면 반죽표면에 비스듬히 5번 쿠프(칼집)를준다.

② 어린 반죽과 이산화탄소 가스발생이 많은 반죽은 표면 자르기 할 때 깊게 자른다.

(9) 굽기

① 오븐의 온도는 220~240℃로 하여 35~40분굽는다.

② 오븐에 넣기 전 · 후로 스팀을 분사하여 오븐 스프링 타임을 충분히 준다.

③ 스팀을 많이 분사하는 경우 껍질이 질겨지므로 주의한다.

④ 꺼내기 전에 껍질이 바삭하게 되도록 증기구멍으로 증기를 빼주는 드라이 시간을 준다.

⑤ 굽기손실이 20~25%로 일반 빵보다 굽기손실이 크다.

⑥ 굽기 후 완제품의 내부에는 벌집처럼 큰 기공이 불규칙하게 있어야 한다.

- 굽기 전 스팀을 분사하는 이유
  - 껍질을 바삭하게 한다.
  - 껍질에 윤기가 나게 한다.
  - 껍질을 얇게 만든다.
  - 거칠고 불규칙하게 터지는 것을 방지한다.
- 제품별 굽기손실
  - 풀만식빵 : 7~9%
  - 단과자빵 : 10~11%
  - 일반 식빵 : 11~13%
  - 하스 브레드 : 20~25%

02 단과자빵(Sweet Bread)

식빵 반죽보다 설탕, 유지, 달걀을 더 많이 배합한 빵을 가리킨다.

1 제조공정

(1) 재료 계량

재료	사용범위(%)	재료	사용범위(%)
강력분	100	설탕	16
물	47	쇼트닝	12
생이스트	4	분유	2
제빵개량제	1	달걀	15
소금	2		

(2) 믹싱

① 유지를 제외한 전 재료를 넣는다.

② 저속으로 재료를 균일하게 혼합한 후 중속으로 수화를 완료한다.

③ 클린업 단계에서 유지를 넣고 최종 단계까지 믹싱을 한다.

(3) 1차 발효

① 발효 : 온도 27℃, 상대습도 75~80%, 시간은 90~120분 정도 발효시킨다.

② 반죽 내부에 섬유질 상태가 만들어지고 부피가 3.5배 부푼 정도로 측정한다.

(4) 분할, 둥글리기 : 46g씩 빠른 시간에 분할, 둥글리기를 완료한다.

(5) 중간 발효 : 분할한 반죽을 작업대에 놓고 헝겊이나 비닐을 덮어 10~15분 식힌다.

(6) 정형 : 제품의 종류에 따라 다음과 같이 모양을 만든다.

(7) 패닝

① 기름칠한 철판에 간격을 고르게 배열한다.

② 둥근 도구를 이용하여 바닥이 보일 정도로 가운데를 눌러준다.

③ 붓을 이용하여 달걀 물칠을 한다.

(8) 2차 발효

① 발효 : 온도 35~40℃, 상대습도 85% 전 · 후, 시간은 30~35분 정도 발효를 시킨다 .

② 가스 포집을 최대로 하되 반죽이 퍼지지 않도록 주의한다.

(9) 굽기 : 오븐의 윗불 온도를 190~200℃, 아랫불 온도를 150℃ 전 · 후로 12~15분 정도 구워 황금갈색이 나게 전체가 잘 익어야 한다.

- 단과자빵 반죽 배합표 작성 시 설탕 사용량은 일반적으로 밀가루를 기준으로 15% 전후를 많이 사용한다.
- 단과자빵 반죽의 2차 발효 시 온도 및 습도를 식빵 반죽보다 좀 더 높인다.
- 단과자빵 반죽의 굽기 시 온도 및 시간은 식빵 반죽보다 온도는 높고 시간은 짧다.
- 과자빵
  - 크림빵 : 일본식 단과자빵으로 크림을 싸서 끝부분에 4~5개의 칼집을 준다.
  - 단팥빵 : 일본식 단과자빵으로 소로 단팥을 싸서 만든 빵이다.
  - 스위트 롤 : 대표적인 미국식 단과자빵으로 반죽을 밀어 펴서 계피설탕을 뿌리고 말아서 막대형으로 만든 후 4~5cm 길이로 잘라 모양을 만든다.
  - 스위트 롤의 모양 : 말발굽형, 야자형, 트리플 리프형
  - 커피 케이크 : 미국식 단과자빵으로 커피와 함께 먹는 빵의 이름이며, 분할 중량은 240~360g이다.
- 팥앙금의 제조 공정에서 앙금즙을 거르는데 사용되는 회전식 거름체의 일반적인 눈의 굵기는 50X(mesh)이다. X : mesh라고 읽음

03 잉글리시 머핀(English Muffin)

머핀은 이스트로 부풀린 영국식 머핀과 베이킹파우더로 부풀린 미국식 머핀으로 크게 나누며, 이스트로 부풀린 영국식 머핀 빵은 내상이 벌집과 같다. 반죽에 물이 많이 들어가고 반죽에 흐름성을 부여하기 위하여 렛다운 단계까지 믹싱을 해야 한다. 그리고 반죽에 지속적으로 흐름성을 부여하기 위하여 2차 발효실 온도와 습도는 고온다습하게 설정한다.

- 잉글리시 머핀처럼 햄버거 빵 또한 반죽에 흐름성을 부여하기 위해 배합표상 물이 많이 들어가고 믹싱을 렛다운 단계까지 오래한다. 그리고 2차 발효 시 온도와 상대습도를 높게 설정한다.
- 햄버거번 전용팬에 의한 햄버거번 제조 시 특징
  - 식빵보다 단백질 함량이 많은 밀가루를 사용한다.
  - 잉글리시 머핀처럼 렛다운 단계까지 믹싱한다.
  - 약간 오버믹싱으로 신장성이 최대가 되어 팬 흐름성을 좋게 한다.
  - 2차 발효 시 온도 43~46℃, 습도 90~95%로한다.
  - 높은 온도에서 빠르게 구워 수분증발을 최소화한다.

04 호밀빵(Rye Bread)

호밀가루를 넣어 배합한 빵으로서, 호밀가루에 의해 완제품에 독특한 맛과 조직의 특성을 부여하고 색상을 진하게 향상한다. 그러나 호밀가루는 빵의 모양과 형태를 유지시키는 단백질이 부족하여 반죽과 완제품의 구조력을 약화시킨다.

1 제조공정

(1) 재료 계량

재료	사용범위(%)	재료	사용범위(%)
강력분	70	황설탕	3
호밀가루	30	쇼트닝	5
생이스트	2	분유	2
제빵개량제	1	당밀	2
물	60~63	캐러웨이씨	1
소금	2		

- 호밀빵은 일반 식빵보다 흡수율이 좋지만 글리아딘과 글루테닌이 적기 때문에 반죽이 되도록 배합표를 작성한다.
- 호밀빵 배합표에 사워종을 일부분 사용함으로써 나타나는 결과
  - 반죽시간이 감소된다.
  - 플로어 타임이 감소된다.
  - 발효시간이 감소된다.
  - 완제품의 부피가 감소된다.

(2) 믹싱

① 유지를 뺀 모든 재료를 넣는다.
② 저속으로 재료를 균일하게 혼합한 후 중속으로 수화를 완료한다.
③ 클린업 단계에서 유지를 투여하여 발전 단계까지 반죽한다.
④ 밀가루 식빵의 80%까지 반죽한다.
⑤ 밀가루 이외의 호밀가루, 옥수수가루, 보리가루 등이 많으면 많을수록 반죽시간을 짧게 한다.
⑥ 반죽온도는 25℃로 한다.

(3) 1차 발효

① 발효 : 온도 27℃, 상대습도 80%, 시간은 70~80분 정도 충분하게 발효시킨다.
② 호밀가루의 첨가로 밀가루의 단백질은 함량이 적어져서 식빵에 비해 어린 상태까지 발효시킨다.

(4) 분할, 둥글리기 : 호밀가루의 첨가로 분할중량을 10% 정도 증가시켜 200g씩 분할하여 표면을 매끄럽게 둥글리기 한다.

(5) 중간 발효, 정형

① 15~30분 정도 중간 발효시키며 표피가 마르지 않게 주의한다.
② 식빵의 형태와 원로프 형태로도 만들 수 있다.

(6) 패닝 : 구움대에 놓고 굽는 하스브레드 형태와 틀에 넣고 굽는 틴브레드 형태로 성형이 가능하다.

(7) 2차 발효

① 발효 : 온도 32~35℃, 상대습도 85%, 시간은 50~60분 정도 충분하게 발효시킨다.
② 오븐 팽창이 적으므로 팬 위로 2cm 정도 올라온 상태가 알맞다.

(8) 굽기 : 오븐 온도는 윗불은 180℃, 아랫불은 160℃로 하여 40~ 50분 굽는다.

- 호밀빵 제조 시 주의사항
  - 호밀은 글루텐을 형성하는 단백질 함량이 적어 밀가루에 비하여 1차 발효시간이 짧다. 그러나 밀가루 이외의 곡물이나 혹은 많은 충전물이 들어가는 경우 오븐 팽창이 적으므로 밀가루 식빵보다 2차 발효시간을 길게 한다.
  - 호밀분이 증가할수록 흡수율을 증가시키고 반죽온도를 낮춘다.
  - 발효 과다나 혹은 찬 오븐에서 구운 과발효 반죽에 의하여 굽기 중 호밀빵의 표면이 갈라지므로 2차 발효에 신경을 쓴다.
  - 하스 브레드 형태로 호밀빵을 제조하는 경우 하스 브레드는 일반적으로 저율배합이므로 언더 베이킹(높은 온도에서 굽기)을 한다.
  - 하스 브레드 형태로 호밀빵을 제조하고자 하는 경우 굽기 중 불규칙한 터짐을 방지하기 위하여 윗면에 커팅이 필요하다. 오븐 온도가 높을 때는 얇게 커팅하고 낮을 때는 깊게 커팅한다.

05 데니시 페이스트리(Danish Pastry)

과자용 반죽인 퍼프 페이스트리에 설탕, 달걀, 버터와 이스트를 넣어 반죽을 만들어서 냉장휴지를 시킨 후 롤인용 유지를 집어넣고 밀어 펴서 발효시킨 다음 구운 빵용 반죽이다. 제품의 종류에는 크루아상이 대표적이다.

1 제조공정

(1) 재료배합

재료	사용범위(%)	재료	사용범위(%)
강력분	80	설탕	15
박력분	20	마가린	10
물	45	분유	3
생이스트	5	달걀	15
소금	2	롤인용 유지	총 반죽의 30%

① 식빵과 비교하여 설탕 사용량을 16% 높이고 버터, 달걀 사용량도 같은 비율로 한다.
② 롤인용 유지는 반죽무게의 20~40%(미국 스타일), 반죽무게의 40~50%(덴마크 스타일) 등을 사용한다.
③ 융점이 높은 롤인용 유지는 가소성이 좋아 완제품에 층상구조(분명한 결의구조)를 만든다.
④ 유지의 가소성이란 상온에서 고체 모양을 유지하는 성질로, 지방의 고형질 계수가 가소성의 정도를 결정한다.

(2) 믹싱

① 피복용 유지와 반죽용 유지를 제외한 모든 재료를 넣는다.
② 저속으로 재료를 균일하게 혼합한 후 중속으로 수화를 완료한다.
③ 클린업 단계 이후 반죽용 유지를 투입한다.
④ 중속으로 발전 단계까지 믹싱한다.
⑤ 반죽온도 : 18~22℃

- 데니시 페이스트리의 믹싱 완료점은 반죽을 밀어 펴는 방법에 따라 달라진다. 예를 들어 파이 롤러를 사용하여 밀어 펴는 경우에는 믹싱 완료점을 픽업 단계로 정하고 손으로 밀어 펴는 경우에는 믹싱 완료점을 발전 단계로 정한다.
- 필기시험에서는 데니시 페이스트리의 믹싱 완료점을 픽업 단계로 정한다.
- 실기시험에서는 데니시 페이스트리의 믹싱 완료점을 발전 단계로 정한다.
- 데니시 페이스트리의 믹싱 완료점이 지나쳐 반죽의 글루텐 형성이 많으면 완제품의 결이 커져 부피가 지나치게 크거나 결이 부서진다

(3) 냉장휴지 : 반죽을 한 후 마르지 않게 비닐에 싸서 3~7℃의 냉장고에 30분 정도 휴지시킨다. 그러면 밀가루가 수화(水化)하여 글루텐을 안정시키고, 반죽과 유지의 되기를 같게 하여 층을 분명히 하고, 반죽을 연화 및 이완시켜 밀어 펴기를 쉽게 하고, 믹싱과 밀어 펴기로 손상된 글루텐을 재정돈시킨다.

(4) 밀어 펴기

① 반죽을 직사각형이 되도록 두께 1.2~1.6cm로 밀어 펴서 피복용 유지를 싼 후 밀어서 3겹 접기를 한다.
② 휴지 후 직사각형이 되도록 다시 밀어서 3겹 접기를 한다.
③ 휴지 후 다시 밀어 3겹 접기를 한다.
④ 총 3절×3회로 밀어 펴서 접기를 한 후 매번 냉장휴지를 30분씩 시킨다.

- 매번 밀어 펴서 접기를 한 후 휴지를 시킬 때, 냉동 휴지를 시키고 밀어 펴면 유지가 굳어서 갈라진다. 그래서 냉장 휴지를 시켜 반죽과 유지와의 경도를 같게 한다. 이렇게 해야만 자동밀대로 밀어펴거나 혹은 수작업으로 밀어 펴거나 할 때 반죽과 유지가 따로 따로 밀리지 않고 함께 밀어 펴진다.
- 데니시 페이스트리 반죽을 냉장 휴지를 시키면 반죽의 신장성이 좋아진다.
- 반죽과 유지의 층(반죽의 층은 페이스트리의 결이 된다)

접기횟수	반죽의 층	유지의 층	층의 합계
1	3	2	5
2	9	6	15
3	27	18	45
4	81	54	135
5	243	162	405

(5) 정형

① 두께 3mm 정도로 밀어서 모양을 내고 싶은 형에 맞추어서 재단한다.

② 달팽이 형, 초생달 형, 바람개비 형, 포켓 형 등으로 정형작업을 한다.

③ 파지가 많이 생기지 않도록 하고 날카로운 칼로 재단을 하여야 결이 살아난다.

(6) 패닝

① 같은 모양의 제품은 같은 팬에 놓아서 구워야 고르게 익힐 수 있다.

② 알맞게 기름칠을 하고 간격을 고르게 패닝을 한다.

(7) 2차 발효 : 온도 28~33℃, 상대습도 70~75%, 시간은 20~25분 정도 발효시킨다.

- 2차 발효실의 온도는 완제품의 결을 만드는 롤인용 유지의 융점보다 낮게 설정한다.
- 2차 발효시간은 롤인 유지에 의한 팽창을 고려하여 일반 빵 반죽 발효의 75~80% 정도만 발효시킨다.
- 데니시 페이스트리는 완제품의 껍질이 바삭하여야 하므로 상대습도를 70~75% 낮게 설정한다. 이외에 바게트, 하드롤, 빵 도넛 등도 2차 발효 시 상대습도를 낮게 설정한다.

(8) 굽기

① 오븐의 온도는 윗불 200℃, 아랫불 150℃에서 15~18분 구워준다.

② 오븐의 온도가 너무 낮으면 반죽의 부풀림이 크고 껍질이 더디게 만들어져 유지가 녹는다.

③ 오버 베이킹(저온 장시간 굽기)에 주의한다.

06 섬유소빵(Fiber Bread)

1 섬유소빵의 특징과 제조 시 주의사항

(1) 펄프의 알파섬유소를 섞어 만든 저칼로리 빵을 섬유소빵이라고도 한다.

(2) 영양학적으로 섬유음식을 섭취하는 것이 장암예방에 효과가 있다고 한다.

(3) 식이섬유소의 섭취는 심혈관계질환의 위험인자는 LDL-콜레스테롤을 감소시킨다.

(4) 섬유소는 체내에서 소화되지 않으나 변의 크기를 증대시키며, 장의 연동작용을 자극하여 배설작용을 촉진한다.

(5) 일반적으로 섬유소빵은 건강빵으로 칼로리를 낮게 하여야 하므로 유지사용량을 줄인다.

(6) 밀기울의 섬유는 미네랄과 비타민의 흡수를 방해하므로 빵에 어느 정도 섞어야 하는지가 중요하다.

(7) 섬유소를 많이 사용하면 글루텐 희석작용이 있어 글루텐을 사용하여야 한다.

(8) 밀가루에 비하여 흡수율이 높아 많은 양의 물이 요구된다.

(9) 스펀지/도우법에서 섬유소는 스펀지에 첨가하고 도우는 약간 오버 믹싱한다.

- 식이섬유소를 첨가한 식빵에서 식이섬유소의 소화적 기능 및 효능은 다음과 같다.
  - 인체 내에는 식이섬유소를 소화하는 효소인 셀룰라아제(Cellulase)가 없어서 소화되지 않는다.
  - 식이섬유소는 해조류, 채소류, 과일의 껍질, 통밀가루, 호밀가루, 보리 등에 존재한다.
  - 식이섬유소는 영양적 가치는 없으나 장의 운동을 촉진시켜 배변에 효과적이므로 변비를 예방한다.
  - 식이섬유가 풍부한 빵들은 포만감을 주므로 식사량을 계획하여 제공하는 식이 조절용 식단에 적합하다.
  - 식이섬유가 풍부한 빵에는 호밀빵, 통밀빵, 보리빵, 쑥빵 등이 있다.

07 건포도 식빵(Raisin Pan Bread)

일반 식빵에 밀가루 기준 50%의 건포도를 진처리하여 넣어 만든 빵을 가리킨다.

1 제조공정

재료	사용범위(%)	재료	사용범위(%)
강력분	100	설탕	5
물	60	마가린	6
생이스트	3	탈지분유	3
제빵개량제	1	달걀	5
소금	2	건포도	50

(1) 재료계량 후 건포도를 전처리한다(건포도 전처리 2가지 방법).

① 27℃의 물에 담갔다가 바로 체로 걸러 물기를 제거하고 뚜껑을 덮어 4시간 정도 정치한다.

② 건포도 무게의 12% 정도의 27℃가 되는 물에 버무려 4시간 정치하면서 중간에 한 번 섞어준다.

③ 물 대신에 술을 이용하여 전처리를 하기도 한다.

- 건포도 전처리의 정의와 효과
  - 건조되어 있는 건포도가 물을 흡수하도록 하는 조치를 말한다.
  - 제품 내에서 건포도 쪽으로 수분이 이동하는 것을 억제하여 빵 속이 건조하지 않도록 하기 위함이다.
  - 건포도를 씹는 촉감의 맛과 향이 살아나도록 한다.
  - 건포도가 빵과 결합이 잘 이루어지도록 한다.
  - 물을 흡수시키면 건포도를 10% 더 넣는 효과가 나타난다.

(2) 믹싱

① 유지와 건포도를 제외한 모든 재료를 볼에 넣고 믹싱을 한다.

② 저속으로 재료를 균일하게 혼합한 후 중속으로 수화를 완료한다.

③ 클린업 단계에서 유지를 넣고 최종 단계까지 반죽을 계속한다.

④ 최종 단계에서 전처리한 건포도를 넣고 으깨지지 않도록 고루 혼합한다.

(3) 1차 발효

① 발효 : 온도 27℃, 상대습도 80%, 시간은 70~80분 정도 발효시킨다.

② 글루텐의 숙성이 잘되어야 한다.

(4) 분할, 둥글리기 : 첨가된 건포도의 중량으로 인하여 오븐 스프링이 적을 것을 감안하여 분할중량을 20% 증가시켜 216g씩 분할하고 표면을 매끄럽게 둥글리기 한다.

(5) 중간 발효 : 작업대 위에 둥글리기 한 반죽을 가지런히 모아 비닐이나 헝겊으로 덮어 마르지 않게 10~20분 유지한다.

(6) 정형

① 둥글리기 한 반죽을 밀대나 혹은 롤러로 밀어 펴기 시 건포도가 으깨지지 않도록 주의하여 타원형으로 만들며 가스를 뺀다.

② 과도한 덧가루는 맛을 변질시키므로 털어준다.

(7) 패닝 : 배열 및 간격을 고르게 하고 이음매를 밑으로 가게 한다.

(8) 2차 발효

① 발효 : 온도 35~45℃, 상대습도 85% 전후, 시간은 50~70분 정도 발효시킨다.

② 건포도가 많이 들어가 오븐 팽창이 적으므로 팬 위로 1~2cm 정도 올라온 상태까지 발효한다.

(9) 굽기 : 오븐 윗불 온도를 180~190℃, 아랫불 온도를 160~170℃로 40~50분 정도로 건포도가 없는 일반적인 식빵보다 낮은 온도로 천천히 구워 황금갈색이 나게 전체가 잘 익어야 한다.

(10) 공정상 주의할 점

① 건포도는 최종 단계에 넣는다.

② 건포도 함량에 따라 다르지만 일반 식빵에 비해 분할중량을 20~25% 정도 늘린다.

③ 둥글리기할 때 내용물(건포도)이 반죽 내부에 고르게 분포하도록 처리한다.

④ 밀어 펴기를 할 때 건포도의 모양이 상하지 않도록 느슨하게 작업한다.

⑤ 당 함량이 높으므로 패닝을 할 때 팬 기름을 많이 칠한다.

⑥ 건포도에 의한 분할중량이 많으므로 굽기 온도를 낮추어 길게 구워 낸다.

- 건포도를 최종 단계(반죽형성 후기단계) 전에 넣을 경우
  - 반죽이 얼룩진다.
  - 반죽이 거칠어져 정형하기 어렵다.
  - 이스트의 활력이 떨어진다.
  - 빵의 껍질색이 어두워진다.
- 식빵 제조 시 이스트의 사용범위는 밀가루 기준 2~5% 정도이다.
- 식빵은 틴 브레드(틀에 넣어 굽는 빵)로, 불어로 빵 드 미(Pain de mie)라고 한다.

08 피자 파이(Pizza Pie)

피자는 1700년경 이탈리아에서 빵에 토마토를 조미하여 만들기 시작했으며 이탈리아를 대표하는 음식으로 발전한 것이다. 피자 바닥 껍질의 두께에 따라 얇은 나폴리 피자와 두꺼운 시실리 피자로 나뉜다.

1 제조공정

재료	사용범위(%)	재료	사용범위(%)
중력분	100	식용유	8
설탕	5	생이스트	5
소금	2	물	50

(1) 피자 크러스트(껍질반죽)의 재료 특성

① **밀가루** : 단백질 함량이 높아야 충전물의 소스가 스며들지 않는다.

② **물** : 반죽의 두께에 따라 사용량이 다르다.

③ **유지** : 식물성 기름이나 쇼트닝을 사용한다. 사용량이 부족하면 반죽이 끈적거리고 잘 퍼지지 않는다.

④ **향신료** : 피자를 대표하는 향신료로 오레가노를 사용한다.

⑤ **기타** : 치즈가루, 마늘가루, 양파가루, 소금, 이스트, 활성 글루텐, 프로테아제, 옥수수 가루 등을 사용한다.

(2) 충전물

① 피자를 대표하는 충전물에는 토마토 소스, 토마토 퓌레, 토마토 페이스트 등이 있다.

② 기본 재료에 어떤 특색 있는 재료를 얹느냐에 따라 제품의 명칭이 달라진다.

③ 피자를 대표하는 치즈는 모차렐라 치즈이다.

제 3 장 미리보는 출제예상문제

01 같은 밀가루로 식빵과 프랑스빵을 만들 경우, 식빵의 가수율이 63%였다면 프랑스빵의 가수율은 얼마로 하는 것이 가장 좋은가?

① 61%　② 63%
③ 65%　④ 67%

02 프랑스빵 제조 시 반죽을 일반 빵에 비해서 적게 하는 이유는?

① 질긴 껍질을 만들기 위해서
② 팬에서의 흐름을 막고 모양을 좋게 하기 위해서
③ 자르기 할 때 용이하게 하기 위해서
④ 제품을 오래 보관하기 위해서

03 하스(Hearth) 브레드가 아닌 것은?

① 빵 오 르방(Pain au levain)
② 빵 드 깜파뉴(Pain de campagne)
③ 바게트(Baguette)
④ 빵 드 미(Pain de mie)

04 프랑스빵에서 스팀을 사용하는 이유로 부적당한 것은?

① 거칠고 불규칙하게 터지는 것을 방지한다.
② 겉껍질에 광택을 내준다.
③ 얇고 바삭거리는 껍질이 형성되도록 한다.
④ 반죽의 흐름성을 크게 증가시킨다.

해 설

01
- 하스 브레드이므로 반죽에 탄력성을 최대로 만들어야 한다. 그러므로 식빵보다 수분함량(가수율)을 줄인다.
- 하스 브레드란 오븐의 구움대에 바로 놓고 굽는 빵을 의미한다.

02
프랑스빵은 하스 브레드 형태의 빵이기 때문에 최대의 탄력성을 반죽에 부여해야 한다.

03
하스 브레드란 오븐의 구움대에 반죽을 직접 올려놓고 굽는 빵이다. 빵 드 미는 프랑스 식빵으로 여기서 미(mie)는 빵의 속살을 가리킨다.

04
- 반죽의 흐름성을 크게 증가시키려면 반죽에 넣는 물의 양을 증가시키거나 2차 발효실의 습도를 높이면 된다.
- 제조공정 과정에서 반죽의 흐름성을 크게 증가시키고자 하는 대표적인 제품에는 잉글리시 머핀과 햄버거빵이 있다.

정답 | 01 ① 02 ② 03 ④ 04 ④

05 하스브레드(Hearth Bread)에 대한 설명 중 적합하지 못한 것은?

① 틴(Tin) 브레드는 하스브레드에 대응하는 명칭이다.
② 구울 때에 오븐바닥에 직접 반죽을 놓고 굽는 빵을 말한다.
③ 틴 브레드보다 대량 생산하기에 적합하다.
④ 프랑스빵, 호밀빵 등 서구식 식빵이 여기에 속한다.

06 다음 제품의 반죽 중에서 가장 오래 믹싱을 하는 것은?

① 데니시 페이스트리 ② 프랑스빵
③ 과자빵 ④ 햄버거빵

07 호밀빵 제조 시 일반 식빵과 비교하여 맞지 않는 것은?

① 일반 식빵보다 흡수율이 좋다.
② 반죽 농도는 호밀빵이 낮다.
③ 호밀빵의 발효는 짧게 한다.
④ 호밀빵의 배합시간은 길다.

08 식빵 제조 시 급수량이 적어서 반죽의 수화가 부족했을 때 일어나는 결과가 아닌 것은?

① 반죽의 수율이 떨어진다.
② 분할 및 둥글리기 공정 시 작업이 불편하다.
③ 완제품 외형의 균형이 나빠진다.
④ 완제품의 노화 속도가 지연된다.

09 호밀빵은 굽기 전 커팅(칼질)이 필요하다. 그 이유는 다음 중 어느 것인가?

① 반죽팽창을 줄이기 위하여
② 불규칙한 터짐 방지
③ 맛을 좋게 하기 위하여
④ 커팅을 안해도 제품의 상태는 변함이 없다.

해설

05 대량생산용 오븐인 터널 오븐에 적합한 패닝의 형태는 틴 브레드이다.

06 햄버거빵은 반죽에 흐름성을 부여하기 위해 믹싱을 오래한다. 그리고 2차 발효실의 습도를 높게 설정한다.

07 호밀은 글루텐을 구성하는 글리아딘과 글루테닌이 아주 적기 때문에 발효시간은 짧고, 반죽온도는 낮다. 믹싱은 일반빵에 비해 약 80% 정도로 한다.
- 반죽농도란 반죽의 되기를 의미한다.
- 호밀빵은 일반 식빵보다 흡수율은 좋지만 글리아딘과 글루테닌이 적기 때문에 반죽을 되게 만든다.

08 완제품의 노화 속도가 빨라진다.

09 호밀빵은 굽기 중 불규칙한 터짐을 방지하기 위하여 윗면에 커팅이 필요하다.

05 ③ 06 ④ 07 ④ 08 ④ 09 ②

10 파이, 크루아상, 데니시 페이스트리 등의 제품은 유지가 층상 구조를 이루는 제품들로 유지의 어떤 성질을 이용한 것인가?

① 쇼트닝성 ② 가소성
③ 안정성 ④ 크림성

11 데니시 페이스트리 제조 시 믹싱이 지나쳐 반죽의 글루텐 형성이 많을 경우에 나타나는 현상이 아닌 것은?

① 부피가 크다. ② 결이 크다.
③ 결이 잘 부서진다. ④ 결이 없다.

12 앙금의 제조 공정에서 앙금즙을 거르는데 사용되는 회전식 거름체의 일반적인 눈의 크기는?

① 50X ② 100X
③ 150X ④ 200X

13 페이스트리 성형 자동밀대(파이 롤러)에 대한 설명 중 맞는 것은?

① 기계를 사용하므로 밀어 펴기의 반죽과 유지와의 경도는 가급적 다른 것이 좋다.
② 기계에 반죽이 달라붙는 것을 막기 위해 덧가루를 많이 사용한다.
③ 기계를 사용하여 반죽과 유지는 따로 따로 밀어서 편 뒤 감싸서 밀어 펴기를 한다.
④ 냉동 휴지 후 밀어 펴면 유지가 굳어 갈라지므로 냉장 휴지를 하는 것이 좋다.

14 섬유소빵 제조공정으로 옳지 않는 것은?

① 단백질 함량이 높은 밀가루를 사용한다.
② 흡수율을 일반 빵에 비해 줄인다.
③ 믹싱 시간을 늘린다.
④ 2차 발효는 길게 한다.

해설

10
유지의 가소성은 밀어 펴기 작업 시 반죽층과 유지층이 균일하게 밀어 펴지도록 작용한다.

12
거름체의 눈 크기는 50메시이다.

13
냉장 휴지시켜 반죽과 유지와의 경도를 같게 한다. 이렇게 해야만 자동밀대로 밀어 펴기를 할 때 반죽과 유지가 따로따로 밀리지 않고 함께 밀어 펴진다.

14
단백질 함량이 높은 밀가루를 사용해야 하므로 일반 빵에 비해 흡수율을 늘린다.

정답 | 10 ② 11 ④ 12 ① 13 ④ 14 ②

15 밀가루 식빵에 비하여 옥수수 식빵을 제조할 때의 조치로 옳은 것은?

① 믹싱시간을 증가시킨다.
② 이스트 양을 증가시킨다.
③ 발효시간을 증가시킨다.
④ 활성 글루텐을 첨가한다.

16 호밀빵(Rye bread)에 사워(Sour)를 사용함으로써 나타나는 결과가 아닌 것은?

① 플로어 타임이 감소된다.
② 반죽시간이 감소된다.
③ 부피가 증가된다.
④ 발효시간이 감소된다.

17 식빵의 색을 짙게 하기 위해 설탕 대신에 사용할 수 있는 당류로 알맞은 것은?

① 유당 ② 물엿
③ 포도당 ④ 전화당

18 양금제품에 사용되는 감미료 중 장내 유익한 세균인 비피더스의 증식을 도와주는 것은?

① 설탕 ② 소르비톨
③ 프락토올리고당 ④ 만니톨

19 프랑스빵(French Bread)을 만들 때 비타민 C를 사용하는 주요 목적은?

① 산화제 역할 ② 발효속도 가속
③ 향의 개선 ④ 수분 보유

해 설

15
옥수수 분말에는 글루텐을 형성할 수 있는 단백질이 부족하므로 활성 글루텐을 첨가한다.

16
호밀빵에 신맛이 날 정도로 사워 반죽을 넣는다고 가정하면 완제품의 부피는 감소한다.

17
이당류인 설탕보다 단당류인 포도당이 모든 조건이 같을 때 식빵의 색을 짙게 한다.

18
올리고당은 장내 유산균을 증식시킨다.

19
비타민 C는 반죽에 탄력을 부여하는 산화제 기능을 한다.

15 ④ 16 ③ 17 ③ 18 ③ 19 ①

20 **통밀빵(Whole Wheat and Wheat Bread) 제조 시 용적이 같을 때 분할무게는 보통식빵보다 어떻게 조절하는 것이 좋은가?**

① 보통식빵보다 많게 한다.
② 보통식빵과 같게 한다.
③ 보통식빵보다 적게 한다.
④ 상관없다.

21 **건포도 식빵 제조 시 건포도를 반죽형성단계 전에 투입했을 때 일어나는 현상이 아닌 것은?**

① 건포도가 조각나서 반죽이 얼룩진다.
② 반죽이 거칠어 성형하기 어렵다.
③ 당이 추출되어 이스트의 활성이 늘어난다.
④ 빵의 껍질색이 어두워진다.

22 **옥수수 토르티야(Tortilla)의 제조에 관한 설명으로 틀린 것은?**

① 마사를 사용하여 만든다.
② 반죽성형은 프레스(press)를 이용하여 납작하게 성형한다.
③ 굽기 완료 후 1시간 동안 냉각하여 완전히 말린다.
④ 10~15장 정도 겹쳐서 포장하는 것이 바람직하다.

해설

20
통밀은 흰 밀가루보다 제빵적성이 떨어지는 단백질이 많으므로 반죽량을 많게 한다.

21
건포도의 껍질에 많은 주석산이 추출되어, 반죽의 pH를 떨어뜨려 이스트의 활성이 늘어난다.

22
- 토르티야는 굽기 후 여러 장을 겹쳐서 바로 포장하는 것이 특징이다.
- 마사는 스페인어로 옥수수 가루를 뜻한다.

정답 | 20 ① 21 ③ 22 ③

제 4 장 제품 평가

01 제품 평가

완성된 제품의 외관이나 내부를 평가하여 상품적인 가치를 평가하는 것을 말한다.

1 외부평가

평가 항목	세부사항
터짐성	옆면에 적당한 터짐(Break), 찢어짐(Shred)이 나타나는 것이 좋다.
외형의 균형	좌 · 우, 앞 · 뒤 대칭인 것이 좋다.
부피	분할 무게에 대한 완제품의 부피로 평가한다.
굽기의 균일화	전체가 균일하게 구워진 것이 좋다.
껍질색	식욕을 돋우는 황금갈색이 가장 좋다.
껍질 형성	두께가 일정하고 너무 질기거나 딱딱하지 않아야 하며, 윗면에 터짐과 찢어짐이 없어야 한다.

2 내부평가

평가 항목	세부사항
조직	탄력성이 있으면서 부드럽고 실크와 같은 느낌이 있어야 한다.
기공	균일한 작은 기공과 얇은 기공벽으로 이루어진 길쭉한 기공들로 이루어져야 한다.
속결 색상	크림색을 띤 흰색이 가장 이상적이다

3 식감평가

평가 항목	세부사항
냄새	이상적인 빵은 상쾌하고, 고소한 냄새가 난다.
맛	빵에 있어 가장 중요한 평가 항목이다. 제품 고유의 맛이 나면서 만족스러운 식감이있어야 바람직하다.

4 어린 반죽과 지친 반죽으로 만든 제품 비교

평가 항목	어린 반죽(발효, 반죽이 덜 된 것)	지친 반죽(발효, 반죽이 많이 된 것)
구운상태	위, 옆, 아랫면이 모두 검다.	연하다.
기공	거칠고 열린 두꺼운 세포	거칠고 열린 얇은 세포벽 → 두꺼운 세포벽
브레이크와 슈레드	찢어짐과 터짐이 아주 적다.	커진 뒤에 작아진다.
부피	작다.	크다. → 작다.
외형의 균형	예리한 모서리, 매끄럽고 유리같은 옆면	둥근 모서리, 움푹 들어간 옆면
껍질 특성	두껍고 질기고 기포가 있을 수 있다.	두껍고 단단해서 잘 부서지기 쉽다.
껍질색	어두운 적갈색(잔당이 많기 때문)	밝은 색깔(잔당이 적기 때문)
조직	거칠다.	거칠다.
속색	무겁고 어두운 속색, 숙성이 안 된 색	색이 희고 윤기가 부족하다.
맛	덜 발효된 맛	더욱 발효된 맛
향	생밀가루 냄새가 난다.	신 냄새가 난다(발효향이 강하다).

02 각 재료에 따른 제품의 결과

1 설탕

설탕은 이스트의 먹이로 식빵에서 스트레이트법의 최저 설탕량인 3% 정도 첨가한다. 설탕이 5% 이상이 되면 가스 발생력이 약해져 발효시간은 길어진다.

평가 항목	정량보다 많은 경우	정량보다 적은 경우
부피	삼투압의 증가로 이스트의 활성이 저하되어 부피가 작다.	작다.
껍질색	잔류당이 많아 갈변반응이 크게 촉진되어 껍질색이 어두운 적갈색을 띤다.	연한 색(잔당이 적기 때문)
외형의 균형	• 자유수 함량 증가로 팬의 흐름성이 크다. • 윗 부분이 완만하다. • 모서리가 각이 지고 찢어짐이 작다.	• 모서리가 둥글다. • 팬의 흐름이 작다.
껍질 특성	두껍고 질기다.	엷고 부드러워진다.
기공	발효가 제대로 되면 세포는 좋아지지만 그렇지 않은 경우에는 조밀한 기공으로 줄무늬가 생길 수 있으며 세포벽이 두껍다.	가스 생성 부족으로 세포가 파괴된다.
속색	발효만 잘 시키면 좋은 색이 난다.	회색 또는 황갈색을 띤다.
향	정상적으로 발효가 되면 향이 좋다.	향미가 적으며 맛이 적당하지 않다.
맛	달다.	발효에 의한 맛을 못 느낀다.

- 설탕은 반죽의 단백질들이 서로 엉기어 글루텐으로 생성, 발전되는 것을 방해하므로 빵반죽이 만들어지는 시간을 길어지게 한다.
- 식빵에서 설탕량을 3% 정도 사용하면 완제품의 부피가 커진다.

2 쇼트닝

① 쇼트닝은 가스 발생력에는 영향력이 없고 수분 보유력에는 있어 보존기간을 연장시킨다.
② 쇼트닝을 밀가루 기준 3~4% 첨가하면 반죽 팽창을 위한 윤활작용을 하므로 가스 보유력에는 좋은 효과가 생긴다.
③ 빵을 부드럽게 하고 풍미를 부여한다.

평가 항목	정량보다 많은 경우	정량보다 적은 경우
부피	작아진다.	작아진다.
껍질색	진한 어두운색, 약간 윤이 난다.	엷은 껍질색, 표면에 윤기가 없다.
외형의 균형	• 흐름성이 좋다. • 모서리가 각진다. • 브레이크와 슈레드가 작다.	• 모서리가 둥글다. • 브레이크와 슈레드가 크다.
껍질 특성	거칠고 두껍다.	얇고 건조해진다.
기공	세포가 거칠어진다.	세포가 파괴되어 기공이 열리고 거칠다.
속색	황갈색	엷은 황갈색
향	불쾌한 냄새	발효가 미숙한 냄새
맛	기름기가 느껴진다.	발효가 미숙한 맛이 난다.

3 소금

소금의 일반적인 사용량은 2%가 평균적이나 그 이상 사용하면 소금의 삼투압에 의하여 이스트의 발효력이 저하된다. 최저 사용량은 1.7%이고, 소금을 넣지 않으면 반죽이 끈적거리며 힘이 없어 처진다. 그리고 반죽의 발효가 빨리 구우면 완제품의 내상이 거칠다. 소금을 직접 이스트에 접촉시키면 삼투압에 의하여 이스트의 발효력이 저하된다.

평가 항목	정량보다 많은 경우	정량보다 적은 경우
부피	작다.	크다.
껍질색	검은 암적색	흰색(연하다)
외형의 균형	• 예리한 모서리 • 약간 터지고 윗면이 편편하다.	• 둥근 모서리 • 브레이크와 슈레드가 크다.
껍질 특성	거칠고 두껍다.	엷고 부드러워진다.
기공(내상)	두꺼운 세포벽, 거친 기공	엷은 세포벽, 기공이 열리고 거칠다.

평가 항목	정량보다 많은 경우	정량보다 적은 경우
속색	진한 암갈색	회색
향	향이 없다.	향이 많다.
맛	짠맛	부드러운 맛

4 우유

우유 단백질인 카세인과 락토알부민, 락토글로불린이 밀가루의 단백질을 강화시키며 우유의 양이 많으면 우유 단백질의 완충작용으로 발효시간이 길어진다. 우유의 동물성 탄수화물인 유당은 굽기 시 당의 열반응에 의해서 완제품의 껍질색을 진하게 한다.

평가 항목	정량보다 많은 경우	정량보다 적은 경우
부피	커진다.	발효가 빠르고 부피가 작아진다.
껍질색	진한 색	엷은 색
외형의 균형	• 어린 반죽 • 예리한 모서리 • 브레이크와 슈레드가 작다.	• 둥근 모서리 • 브레이크와 슈레드가 크다.
껍질 특성	거칠고 두껍다.	엷고 건조해진다.
기공	세포가 거칠어진다.	세포가 강하지 않아 기공이 점차적으로 열린다.
속색	황갈색	흰색
향	미숙한 발효 냄새와 껍질 탄 냄새	지나친 발효로 약한 쉰 냄새
맛	우유 맛이 나고 약간 달다.	단맛이 적고 약간 신맛이 난다.

우유를 건조시켜 만든 분유를 적량보다 많이 사용하면, 적량보다 많이 사용한 우유의 경우처럼 우유 단백질의 완충작용으로 발효를 지연시키고 밀가루 단백질을 강화시켜 양 옆면과 바닥이 튀어나오게 한다.

5 밀가루의 단백질 함량

밀가루 단백질 함량과 질은 밀가루의 강도를 나타내며 제빵 적정을 나타낸다. 밀가루 단백질의 질이 양보다 더 중요하다.

평가 항목	정량보다 많은 경우	정량보다 적은 경우
부피	커진다.	작아진다.
껍질색	진한 색	엷은 색
외형의 균형	• 둥근 모서리 • 비대칭성이다. • 브레이크와 슈레드가 크다.	• 예리한 모서리 • 브레이크와 슈레드가 작다.

평가 항목	정량보다 많은 경우	정량보다 적은 경우
껍질 특성	거칠고 두껍다.	엷고 건조해진다.
기공	• 세포의 크기가 좋아진다. • 세포의 크기는 불규칙하다.	세포가 파괴되고 엷은 껍질이 된다.
속색	희게 나타난다.	크림색 내지는 어둡게 나타난다.
향	향이 강하다.	향이 약하다.
맛	맛이 좋다.	맛이 좋지 않다.

03 제품의 결함과 원인

1 식빵류의 결함 원인

결 함	원 인
껍질이 질김	• 약한 밀가루 사용 또는 지나치게 강한 밀가루 사용 • 2차 발효 과다 • 성형 때 거칠게 다룸 • 저배합 비율 • 낮은 오븐 온도 • 지친 반죽 • 발효 부족 • 질 낮은 밀가루 사용 • 오븐 속 증기 과다 • 2차 발효실의 습도가 높음
부피가 작음	• 이스트 사용량이 부족 • 오래되거나 온도가 높은 이스트 사용 • 지나친 발효 • 소금, 설탕, 쇼트닝, 분유, 효소제 사용량 과다 • 오래된 밀가루 사용 • 약한 밀가루 사용 • 2차 발효 불충분 • 부족한 믹싱 • 이스트 푸드의 사용량 부족 • 오븐에서 거칠게 다룸 • 성형 시 주위의 낮은 온도 • 팬의 크기에 비해 부족한 반죽량 • 미성숙 밀가루 사용 • 알칼리성 물 사용 • 물 흡수량이 적을 때 • 반죽이 지나치거나 부족할 때 • 반죽 속도가 빠를 때

결 함	원 인
부피가 작음	• 너무 차가운 믹서, 틀의 온도 • 오븐의 온도가 초기에 높을 때 • 오븐의 증기가 많거나 적을 때
표피에 수포 발생	• 질은 반죽 • 발효 부족 • 2차 발효에서 과도한 습도 • 오븐의 윗불 온도가 높음 • 성형기의 취급 부주의
껍질의 반점 발생	• 배합 재료가 고루 섞이지 않음 • 녹지 않은 분유 • 덧가루 사용 과다 • 2차 발효실의 수분 응축 • 설탕의 용출
식빵의 바닥이 움푹 들어감	• 2차 발효가 초과될 때 • 팬의 밑면 및 양면에 구멍이 없을 때 • 믹서의 회전속도가 느릴 때 • 곧고 정확한 팬을 사용하지 않았을 때 • 식빵 틀이 뜨거울 때 • 식빵 틀에 기름을 칠하지 않았을 때 • 틀 바닥에 수분이 있을 때 • 2차 발효실의 습도가 높을 때 • 굽기의 초기 온도가 높을 때
윗면이 납작하고 모서리가 날카로움	• 미숙성한 밀가루 사용 • 소금 사용량이 정량보다 많은 경우 • 지나친 믹싱 • 진 반죽 • 발효실의 높은 습도
곰팡이 발생	• 제품 냉각 부족 • 작업도구 오염 • 먼지에 의한 오염 • 충분히 굽지 않음 • 부족한 굽기 • 취급자의 비위생 • 식품 용기의 비위생
두꺼운 껍질	• 쇼트닝, 소금, 설탕, 분유, 질 좋은 단백질이 들어 있는 밀가루 사용량이 정량보다 많은 경우 • 이스트 푸드, 효소제 사용과다 • 지친 반죽 • 과도한 굽기 • 오븐 스팀량 부족 • 너무 강한 밀가루 • 낮은 오븐 온도 • 2차 발효실 습도 부족과 온도 낮음

결 함	원 인
거친 기공과 좋지 않은 조직	• 발효 부족 • 부적당한 반죽 • 약한 밀가루 사용 • 이스트 푸드 사용량 부족 • 경수 사 용 • 낮은 오븐 온도 • 된 반죽 • 알칼리성 물 사용 • 오븐에서 거칠게 다룸 • 질은 반죽 • 틀, 철판의 높은 온도
껍질이 갈라짐	• 효소제 사용 부족 • 갓 구워낸 빵을 너무 빨리 식힘 • 너무 낮은 2차 발효실 습도 • 지치거나(발효 과다) 어린 반죽(발효 부족) • 오븐의 높은 윗 온도
껍질색이 엷음	• 부족한 설탕 사용 • 오븐에서 거칠게 다룸 • 2차 발효실의 습도가 낮음 • 부적당한 믹싱 • 효소제를 과다하게 사용 • 오래된 밀가루 사용 • 1차 발효시간의 초과(과숙성 반죽) • 굽기시간의 부족 • 오븐 속의 습도와 온도가 낮음 • 단물(연수) 사용
껍질색이 짙음	• 과다한 설탕 사용량 • 높은 오븐 온도 • 2차 발효실의 습도가 높았다. • 과도한 굽기 • 오븐의 윗 온도가 높다. • 지나친 믹싱 • 1차 발효시간 부족 • 과다한 분유 사용량 • 소금 사용량이 많음

결 함	원 인
부피가 너무 큼	• 과다한 1차 발효와 2차 발효 • 소금 사용 부족 • 약간 지나친 발효 • 낮은 오븐 온도 • 팬의 크기에 비해 많은 반죽 • 부적합한 성형 • 스펀지의 양이 많을 때 • 우유, 분유의 사용량이 정량보다 많은 경우 • 팬 기름을 너무 칠한 경우
브레이크와 슈레드부족 (터짐과 찢어짐)	• 발효 부족했거나 지나치게 과다한 경우 • 단물(연수) 사용 • 효소제의 사용량이 지나치게 과다한 경우 • 이스트 푸드 사용 부족 • 2차 발효 과다 • 너무 높은 오븐 온도 • 2차 발효실 온도가 높았거나 시간이 길었거나 습도가 낮을 경우 • 질은 반죽 • 오븐 증기 부족
식빵 속 색깔이 어두움	• 맥아 사용량 과다 • 질 낮은 밀가루 사용 • 과다한 표백제가 사용된 밀가루 사용 • 2차 발효 과다 • 낮은 오븐 온도 • 이스트 푸드 사용 과다 • 신장성이 부족한 반죽 • 틀, 철판의 높은 온도
식빵 속의 줄무늬 발생	• 과량의 덧가루 사용 • 밀가루의 체치는 작업 생략 • 반죽 개량제의 과다 사용 • 건조한 중간 발효 • 표면이 마른 스펀지 사용 • 믹싱 중 마른 재료가 고루 섞이지 않음 • 된 반죽 • 과량의 분할유(Divider oil) 사용 • 잘못된 성형기의 롤러 조절 • 반죽통에 과도한 기름칠을 함
식빵의 옆면이 찌그러진(쑥 들어간) 경우	• 지친 반죽 • 오븐열의 고르지 못함 • 팬 용적보다 넘치는 반죽량 • 지나친 2차 발효

2 과자빵류의 결함 원인

결 함	원 인	
껍질에 반점 발생	• 낮은 반죽온도 • 굽기 전 찬 공기를 오래 쐬었음	• 숙성 덜 된 반죽 사용 • 발효 중 반죽이 식었음
껍질색이 옅음	• 배합재료 부족 • 발효시간 과다 • 덧가루 사용 과다	• 지친 반죽 • 반죽의 수분 증발
껍질색이 짙음	• 질 낮은 밀가루 사용 • 식은 반죽 • 어린 반죽	• 낮은 반죽온도 • 높은 습도
풍미 부족	• 부적절한 재료 배합 • 낮은 반죽온도 • 과숙성 반죽 사용	• 저율 배합표 사용 • 낮은 오븐 온도 • 2차 발효실의 높은 온도
과자빵 바닥이 거칠음	• 과다한 이스트 사용 • 2차 발효실의 높은 온도	• 부족한 반죽 정도
과자빵 속이 건조함	• 설탕 사용 부족 • 된 반죽	• 과다한 스펀지 발효 시간 • 낮은 오븐 온도
노화가 빠름	• 박력 밀가루 사용 • 반죽 정도 부족 • 보관 중 바깥 공기와 접촉	• 설탕, 유지의 사용량 부족 • 가수율 부족
껍질이 두껍고 탄력이 적음	• 박력 밀가루 사용 • 된 반죽 • 낮은 오븐 온도	• 설탕 유지의 사용량 부족 • 덧가루 사용과다
옆면 허리가 낮은 이유	• 오븐의 아래 불 온도가 낮음 • 이스트의 사용량이 적음 • 2차 발효시간이 길음 • 발효(숙성)가 덜 된 반죽을 그대로 사용함	• 오븐의 온도가 낮음 • 반죽을 지나치게 믹싱함 • 성형할 때 지나치게 누름

제4장 미리보는 출제예상문제

01 **어린 반죽(발효 부족)으로 만든 빵 제품의 특징과 거리가 먼 것은?**

① 기공이 고르지 않고 내상의 색상이 검다.
② 세포벽이 두껍고 결이 서지 않는다.
③ 신 냄새가 난다.
④ 껍질의 색상이 진하다.

02 **식빵 제조 시 기준 설탕함량보다 설탕함량이 많은 경우 빵 제품에 미치는 외부적, 내부적 특성변화에 대한 설명으로 틀린 것은?**

① 잔류당이 많아 갈변반응이 크게 촉진된다.
② 자유수 함량 증가로 팬의 흐름성이 크다.
③ 조밀한 기공으로 줄무늬가 생길 수 있으며 세포벽이 두껍다.
④ 삼투압에 영향을 미쳐 이스트의 활성이 저하되어 부피가 크다.

03 **제빵 시 소금 사용량이 적량보다 많으면 나타나는 현상이 아닌 것은?**

① 부피가 작다.
② 세포벽이 얇다.
③ 껍질색이 검다.
④ 발효손실이 적다.

04 **단과자빵에 소금을 넣지 않고 반죽했을 때의 현상이 아닌 것은?**

① 껍질색이 약하다.
② 부피가 커진다.
③ 껍질이 얇아진다.
④ 발효시간이 길어진다.

해 설

01
- 신 냄새는 지친 반죽(발효 과다)으로 만든 빵 제품의 특징이다.
- 정상적인 알코올 발효가 지나치면 초산 발효가 일어나 완제품에서 신맛이 난다.
- 초산이란 식초를 의미한다고 생각하면 된다.

02
- 삼투압에 영향을 미쳐 이스트의 활성이 저하되어 부피가 작다.

03
- 소금 사용량이 과다하면 빵의 부피가 작아 세포벽이 두껍고 기공이 조밀하다.

04
- 발효시간이 짧아진다.

정답 | 01 ③ 02 ④ 03 ② 04 ④

05 **제빵에서 소금의 역할 중 틀린 것은?**

① 글루텐을 강화시킨다.
② 방부효과가 있다.
③ 빵의 내상을 희게 한다.
④ 맛을 조절한다.

06 **소금을 넣지 않고 식빵을 반죽하여 굽기를 했을 경우, 일어나는 현상이 아닌 것은?**

① 반죽에 탄력이 없다.
② 내상이 거칠고 발효가 빠르다.
③ 빵 껍질색이 진하다.
④ 기공이 열리고 거칠다.

07 **제빵 시 적량보다 많은 분유를 사용했을 때의 결과 중 잘못된 것은?**

① 양 옆면과 바닥이 움푹 들어가는 현상이 생긴다.
② 껍질색은 캐러멜화에 의하여 검어진다.
③ 모서리가 예리하고 터지거나 슈레드가 적다.
④ 세포벽이 두꺼우므로 황갈색을 나타낸다.

08 **제빵에서 쇼트닝을 사용하는 효과가 아닌 것은?**

① 수분 보유력을 향상
② 반죽팽창을 위한 윤활작용
③ 빵을 부드럽게 하고 풍미를 부여
④ 미생물의 증식을 억제

09 **다음 식빵 밑바닥이 움푹 패이는 결점(Cipping)에 대한 원인을 열거한 것 중 관계없는 것은?**

① 굽는 처음단계에서 오븐열이 너무 낮았을 경우
② 바닥 양면에 구멍이 없는 팬을 사용한 경우
③ 반죽기의 회전속도가 느리거나 덜 된 반죽일 경우
④ 2차 발효를 너무 초과했을 경우

해 설

05
소금은 빵의 내상을 회색으로 만든다.

06
- 빵의 표피색이 여리다.
- 내상은 기공을 가리킨다

07
- 분유에 들어 있는 단백질이 완충작용으로 발효를 지연시키고 밀가루 단백질을 강화시켜 양 옆면과 바닥이 튀어나오게 한다.
- 우유를 건조시켜 만든 분유에도 젖당(유당, 락토오스)이 들어 있어 캐러멜화 반응을 일으킨다.

08
쇼트닝은 미생물의 증식을 억제하지 못한다.

09
- 움푹 패이는 결점 : 지나친 2차 발효, 믹싱조절의 오류, 철판의 과도한 기름칠, 초기 굽기의 지나친 온도
- 굽는 처음단계에서 오븐열이 너무 높았을 경우, 반죽 내에서 강한 가스압이 생성되어 아직 겉껍질이 생성되지 않은 밑바닥을 들어올려 움푹 패이게 한다.

05 ③ 06 ③ 07 ① 08 ④ 09 ①

10 **빵의 제품평가에서 브레이크와 슈레드 부족현상의 이유가 아닌 것은?**

① 발효시간이 짧거나 길었다.
② 오븐의 온도가 높았다.
③ 2차 발효실의 습도가 낮았다.
④ 오븐의 증기가 너무 많았다.

11 **최종 제품의 부피가 정상보다 클 경우의 원인이 아닌 것은?**

① 2차 발효의 초과
② 소금 사용량 과다
③ 분할량 과다
④ 낮은 오븐온도

해 설

10

- 브레이크와 슈레드 부족 : 발효 부족, 발효 과다, 연수 사용, 이스트 푸드 사용 부족, 2차 발효 과다, 너무 높은 오븐 온도, 너무 높은 2차 발효실 온도, 오븐 증기 부족, 2차 발효 부족
- 브레이크는 터짐, 슈레드는 찢어짐을 의미한다.
- 오븐의 증기가 너무 많으면 반죽에 수막을 형성하여 오븐 라이즈를 많이 일으켜 브레이크와 슈레드를 크게 만든다.

11

빵 반죽에 소금 사용량이 과다하게 들어가면 삼투압에 의해서 이스트의 탄산가스 발생력이 떨어져 빵의 부피가 작다.

정답 | 10 ④ 11 ②

제1편 단원별 적중예상문제

01 적정량 사용으로 글루텐의 탄성을 강하게 하는 재료가 아닌 것은?

① 소금 ② 생우유
③ 아스코르빈산 ④ 미네랄

02 냉동과 해동에 대한 설명 중 틀린 것은?

① 전분은 −7~10℃ 범위에서 노화가 빠르게 진행된다.
② 노화대(Stale zone)를 빠르게 통과하면 노화 속도가 지연된다.
③ 식품을 완만히 냉동하면 작은 얼음결정이 형성된다.
④ 전분이 해동될 때는 동결 때보다 노화의 영향이 적다.

03 다른 조건은 동일하고 아래의 사항만이 변동될 때 같은 시간 내 빵을 생산하기 위해서 이스트를 증가시킬 필요가 없는 것은?

① 글루텐의 성질이 강할 때
② 된 반죽일 때
③ 반죽 온도가 낮을 때
④ 밀가루의 숙성이 충분히 되었을 때

04 아래와 같은 조건일 때 스펀지법에서 도우의 물 온도는 몇 도가 적당한가?

[조건]

실내온도 : 29℃	스펀지 온도 : 24℃
마찰계수 : 22	밀가루 온도 : 28℃
희망온도 : 30℃	수돗물 온도 : 20℃

① 13℃ ② 17℃
③ 25℃ ④ 0℃

해 설

01
우유 단백질이 빵 반죽에 단백질의 양을 증가시키는 작용을 하여 믹싱 내구력을 향상시킨다. 그러나 글루텐의 탄성을 강하게 하지는 않는다.

02
냉동 속도가 빠를수록 식품 속의 얼음 결정이 작아진다.

03
밀가루의 숙성이 부족하면 이스트의 사용량을 다소 증가시킨다.

04
사용할 물 온도 = (희망온도 × 4) − (밀가루 온도 + 실내 온도 + 마찰계수 +스펀지 온도) = (30 × 4) − (28 + 29 +22 + 24) = 120 − 103 = 17

정답 | 01 ② 02 ③ 03 ④ 04 ②

05 성형을 자동으로 실행하는 빵 몰더(Bread moulder)의 유형 중 십자형 몰더(Cross grain moulder)의 특징으로 옳은 것은?

① 반죽은 밀어 펴기 후 90° 방향으로 전환되어 말아지는 과정을 거치기 때문에 균일한 빵속(Crumb)을 갖는 제품을 얻게 된다.

② 밀어 펴는 밀대, 말아주는 체인, 압력판이 직선으로 구성되어 있으며 식빵의 경우 큰 기공의 제품을 얻게 된다.

③ 회전하는 통이 운반 벨트를 대신하여 좁은 공간에 배치하는 것이 용이하지만 자동 패닝에는 적합하지 않다.

④ 된 반죽에 적합하며 낮은 가스 보유력을 갖는 무거운 건강빵을 생산하는데 주로 사용되고 있다

06 식빵 제조 시 몰더(moulder)의 역할에 대한 설명 중 틀린 것은?

① 반죽이 몰더를 통과하여 얇게 되면서 가스빼기가 되고 균일한 내상이 된다.

② 몰더 통과 시 가스빼기가 불충분하면 제품의 내상이 어둡고 균질한 기공 형성이 안 된다.

③ 몰더 통과 시 반죽이 찢어지는 원인은 푸루퍼 통과시간이 짧거나 몰더 간격이 너무 좁을 때이다.

④ 몰더의 역할은 실제로 가스빼기보다는 정형을 쉽게 하도록 눌러주는 것이다.

07 반죽을 발효시키는 목적으로 가장 적합하지 않은 것은?

① 반죽의 온도를 상승시켜 감으로서 이스트의 활성을 활발하게 한다.

② 반죽 중에 발효생성물을 축적하여 최종 제품에 풍미를 준다.

③ 발효 중에 산화를 진전시켜 가스 보유력을 강화한다.

④ 반죽을 유연하게 늘리기 쉬운 것으로 변화시켜 기포 사이의 막을 얇게 한다.

해 설

06

- 몰더는 롤러로 이루어져 있기 때문에 반죽의 가스를 빼는 것이 주된 역할이다.
- 푸루퍼는 중간 발효실을 지칭한다.

07

발효의 목적

- 반죽의 팽창 작용
- 빵 특유의 풍미 생성
- 반죽의 숙성
- 반죽의 온도를 상승시키는 조작을 제빵사가 인위적으로 하는 것이 아니라, 이스트가 설정 온도에서 활발하게 활동하면서 활동의 결과물로 반죽의 온도를 상승시키는 것이다.

정답 | 05 ① 06 ④ 07 ①

08 **제빵의 냉각공정과 관련된 설명으로 틀린 것은?**

① 냉각공정이 짧아 제품 품온이 높을 때 포장한 경우 표면에 주름이 형성된다.
② 냉각공정이 과다하게 진행되면 껍질이 딱딱해지고 노화가 빨라진다.
③ 냉각공정이 짧은 경우 수분이 응축되어 곰팡이 발생가능성이 높아진다.
④ 냉각공정이 짧은 경우 빵 내부에 짙은 색의 동심원 무늬가 형성된다.

09 **완제품 중량이 400g인 빵 200개를 만들고자 한다. 발효 손실이 2%이고 굽기 및 냉각손실이 12%라고 할 때 밀가루 중량은 얼마인가?(총 배합률은 180%이며, g 이하는 반올림)**

① 51,536g ② 54,725g
③ 61,320g ④ 61,940g

10 **밀가루, 물, 소금 등의 계량착오까지 곡선(graph)으로 나타내어 믹싱의 초기 단계에 수정할 수 있도록 사람과 기계의 착오요인을 계속적으로 확인하는 기계는?**

① 익스텐소그래프(Extensograph)
② 믹서트론(Mixotron)
③ 아밀로그래프(Amylograph)
④ 패리노그래프(Farinograph)

11 **반죽의 상태를 전력으로 환산하여 곡선으로 표시하는 장치로, 표준곡선과 비교하여 새로운 밀가루의 정확한 흡수와 믹싱시간을 신속하게 점검할 수 있는 기기는?**

① 믹소그래프(Mixograph)
② 믹사트론(Mixatron)
③ 레-오-그래프(Rhe-o-graph)
④ 펄링 넘버(Falling number)

해 설

08
1차 혹은 중간 발효 때 반죽 표면이 건조해지면 빵 내부에 짙은 색의 동심원 무늬가 형성된다.

09
완제품 총 중량 = 단위 중량×개수 = 400×200 = 80,000g

- 분할 중량 = 완제품 총 중량(80,000) ÷{1-굽기손실(0.12)} = 80,000÷0.88=90,909g
- 반죽 총 무게 = 90,909÷(1-발효손실(0.02)) = 90,909÷0.98≒92,764g
- 밀가루의 무게 = 반죽 총 무게×밀가루의 비율÷총 배합률 = 92,764×100÷180≒ 51,536g

10
- 익스텐소그래프 : 반죽의 신장성 측정
- 아밀로그래프 : 효소에 의한 액화효과 측정
- 패리노그래프 : 반죽의 내구성 측정

11
Mixotron과 Mixatron은 같은 단어이며, 시험에 혼용되어 출제된다.

08 ④ 09 ① 10 ② 11 ②

12 빵이 팽창하는 원인이 아닌 것은?

① 이스트에 의한 발효 활동 생성물에 의한 팽창
② 이스트나 설탕, 달걀 등의 거품에 의한 팽창
③ 탄산가스, 알코올, 수증기에 의한 팽창
④ 글루텐의 공기포집에 의한 팽창

13 굽기 중의 오븐팽창에 대한 설명으로 틀린 것은?

① 열 침투로 반죽 내 가스의 압력이 증가한다.
② 비점이 낮은 액체는 열에 의해 기체로 변화되어 증발된다.
③ 대부분의 이스트는 60℃에서 사멸한다.
④ 오븐 스프링의 80% 이상은 이산화탄소 가스의 팽창으로 일어난다.

14 스펀지/도법에서 스펀지에 밀가루를 많이 사용하는 경우 나타나는 현상에 대한 설명으로 틀린 것은?

① 스펀지의 발효시간 증가
② 본반죽의 믹싱시간 단축
③ 본반죽의 발효시간 단축
④ 2차 발효시간의 증가

15 일반적으로 빵을 구울 때 껍질색이 옅은 원인이 아닌 것은?

① 1차 발효시간이 길었을 때
② 저율배합일 때
③ 2차 발효실 습도가 낮을 때
④ 믹싱을 많이 했을 때

16 건포도 식빵 제조 시 주의사항으로 틀린 것은?

① 건포도는 믹싱 마지막 단계에서 투입한다.
② 분할중량을 20% 증가시킨다.
③ 건포도 전처리는 27℃의 물에 담궈 물을 즉시 배수시키고 4시간 동안 정치시킨다.
④ 굽기 온도를 높여 빨리 구워낸다.

해설

12
- 빵의 팽창방법은 이스트를 이용한 생물학적 팽창방법을 사용한다.
- 설탕, 달걀 등의 거품에 의한 팽창은 거품형 케이크가 팽창하는 원인이다.

13
오븐 스프링은 이산화탄소 가스, 에틸알코올, 기타 가스 등이 작용하여 일으킨다.

14
플로어 타임과 2차 발효시간이 짧아진다.

15
믹싱을 적게 했을 때, 효소제를 과다하게 사용했을 때, 오래된 밀가루를 사용했을 때 등인 경우 껍질색이 옅은 원인이 된다.

16
건포도에 의한 분할중량이 많으므로 굽기 온도를 낮추어 길게 구워 낸다.

정답 | 12 ② 13 ④ 14 ④ 15 ④ 16 ④

17 반죽에 필요한 물 온도가 5℃이고 현재 20℃의 수돗물 800g을 사용할 때 반죽온도를 맞추기 위한 적절한 조치는?

① 20℃의 물 500g에 얼음 300g을 사용
② 20℃의 물 600g에 얼음 200g을 사용
③ 20℃의 물 650g에 얼음 150g을 사용
④ 20℃의 물 680g에 얼음 120g을 사용

해 설

17

얼음 사용량

$$= \frac{\text{사용할 물량} \times (\text{현재수돗물온도} - \text{필요한 물온도})}{80 + \text{현재수돗물 온도}}$$

$$= \frac{80 \times (20-5)}{80+20} = 120\text{g}$$

17 ④

Part 02 제과이론

01 과자의 개요

02 과자 반죽의 종류

03 제과 순서

04 제품별 제과법

제 1 장

과자의 개요

01 과자와 빵의 차이점

(1) 빵은 밀가루에 소금, 이스트, 물을 넣고 한 덩어리로 만든 후 부풀려서 굽는 제품이다.

(2) 과자는 제품의 종류에 따라 들어가는 기본재료가 다르나 각 재료를 한 덩어리로 만든 후 패닝하여 굽는다.

(3) 빵은 주식인데 비하여 과자는 기호식품이다.

(4) 과자와 빵의 구분은 다음을 기준으로 한다.

분류기준	빵	과자
팽창형태	생물학적	화학적, 물리적
설탕의 함량과 기능	적음, 이스트의 먹이	많음, 윤활작용
밀가루의 종류	강력분	박력분
반죽상태	글루텐의 생성, 발전	글루텐의 생성을 가능한 억제

02 과자 제품의 분류

과자의 다양한 제조법을 효율적으로 익히기 위해서는 적절한 분류기준을 세우는 것이 중요하다. 과자를 분류하는 여러 기준 중 주로 사용되는 분류기준에는 팽창형태, 반죽 특성, 가공형태 등이 있다.

1 팽창형태에 따른 분류

(1) 물리적 팽창방법으로 만드는 과자 제품류

① 팽창의 매개체가 공기

㉠ 달걀을 거품기로 휘핑하여 거품을 일으켜 반죽 속에 치밀한 공기를 형성시킨 후 굽기를 하여 제품을 팽창시키는 방법이다.

㉡ 달걀 반죽 속에 혼입된 공기로 팽창시키는 제품의 종류에는 스펀지 케이크, 엔젤 푸드 케이크, 카스테라, 롤 케이크, 시폰 케이크, 머랭, 거품형 반죽 쿠키 등이 있다.

② 팽창의 매개체가 유지

㉠ 밀가루 반죽에 유지를 넣고 굽는 동안 유지층 사이에서 발생하는 증기압에 의해 들떠 부풀도록 하는 방법이다.

㉡ 유지층의 증기압으로 팽창시키는 제품에는 퍼프 페이스트리 등이 있다.

③ 팽창의 매개체가 반죽 속의 수분

㉠ 아무런 팽창작용을 주지 않고 단지 반죽하는 과정에 들어간 물의 수증기압의 영향을 받아 조금 부풀도록 하는 방법으로 일명 무팽창이라고 한다.

㉡ 반죽 속의 수분의 증기압으로 팽창시키는 제품의 종류에는 아메리칸 파이(타르트의 깔개반죽), 쿠키(비스킷) 등이 있다.

(2) 화학적 팽창방법으로 만드는 과자 제품류

① 팽창의 매개체로 화학 팽창제를 사용한다.

② 베이킹파우더, 소다(중조, 탄산수소나트륨), 이스파타(암모늄 계열의 팽창제)와 같은 화학 팽창제를 사용하여 이산화탄소와 암모니아 가스를 발생시켜 반죽을 팽창시키는 방법이다.

③ 화학 팽창제를 사용하여 반죽을 팽창시키는 제품의 종류에는 레이어 케이크, 반죽형 케이크, 케이크 도넛, 비스킷, 반죽형 쿠키, 머핀 케이크, 와플, 팬 케이크, 핫 케이크, 파운드 케이크, 과일 케이크 등이 있다.

(3) 생물학적 팽창방법으로 만드는 빵 제품류

① 팽창의 매개체로 이스트를 사용한다.

② 이스트를 사용하여 발효공정을 거치는 동안 발생하는 이산화탄소 가스가 부피팽창을 주도하는 팽창방법이다.

③ 제품에는 커피 케이크, 데니시 페이스트리, 식빵류, 과자빵류, 프랑스빵류, 롤류, 하스브레드 등이 있다.

2 반죽 특성에 따른 분류

(1) 반죽형 반죽으로 만드는 과자 제품류

① 밀가루, 달걀, 설탕, 유지를 기본재료로 한다.

② 유지의 크림성, 유화성을 이용하여 반죽을 만든다.

③ 화학팽창제(베이킹파우더)를 사용하여 부풀린 제품이다.

④ 제품에는 각종 레이어 케이크류, 파운드 케이크, 과일 케이크, 마들렌, 바움쿠헨 등이 있다.

(2) 거품형 반죽으로 만드는 과자 제품류

① 밀가루, 달걀, 설탕, 소금을 기본재료로 한다.

② 달걀 단백질의 기포성과 열에 대한 응고성(열변성)을 이용하여 반죽을 만든다.

③ 물리적 팽창방법(공기)을 사용하여 부풀린 제품이다.

④ 제품에는 스펀지 케이크, 엔젤 푸드 케이크, 머랭 반죽, 카스테라, 롤 케이크 등이 있다.

(3) 시폰형 반죽으로 만드는 과자 제품류

① 시폰형 반죽은 비단같이 부드러운 식감의 제품을 의미한다.

② 흰자와 노른자를 나누어 사용하는 방법은 별립법과 같다.

③ 별립법처럼 흰자로 머랭을 만들지만, 노른자는 거품을 내지 않는다.

④ 거품낸 흰자와 화학팽창제로 부풀린 반죽을 말한다.

⑤ 제품의 종류에는 시폰 케이크가 있다.

3 가공형태에 따른 분류

(1) 양과자류 : 반죽형, 거품형, 시폰형의 제과법으로 만든 과자 등

(2) 생과자류 : 수분함량이 높은(30% 이상) 과자류

(3) 페이스트리류 : 퍼프 페이스트리, 쇼트 페이스트리, 슈 페이스트리

(4) 데커레이션 케이크 : 여러 가지 장식을 하여 맛과 시각적 효과를 높인 케이크

(5) 공예과자 : 시각효과를 살린 과자로 먹을 수 없는 재료의 사용도 가능

(6) 냉과자류 : 무스, 푸딩, 바바루아, 젤리, 블랑망제 등 차게 해서 먹는 제품

(7) 건과자류 : 수분함량이 낮은(5% 이하) 소형 과자류

(8) 찜과자류 : 수증기로 찌어 굽는 만쥬, 푸딩, 치즈 케이크 등의 제품

03 제과 시 물리·화학적 작용

(1) 팽창작용

① 제품에 볼륨과 부드러움을 주는 성질로 물리적인 방법과 화학적인 방법이 있다.

② 달걀, 반죽 속의 수분, 유지, 베이킹파우더, 중조(소다, 탄산수소나트륨), 이스파타(암모늄 계열의 팽창제) 등이 역할을 한다.

(2) 보 형성작용

① 반죽을 뭉치게 하여 제품의 모양을 만들어 주는 성질이다.

② 물이나 재료에 함유된 수분 등이 역할을 한다.

(3) 바삭한 식감 형성작용

① 입에서 잘 녹거나 바삭하게 씹히는 맛이다.
② 밀가루의 글루텐의 힘을 약화시켜야 얻을 수 있다.
③ 유지, 설탕, 팽창제 등이 역할을 한다.

(4) 풍미 형성작용

① 제품의 풍미를 향상시킨다.
② 유제품, 소금, 설탕, 달걀, 스파이스류, 양주 등이 역할을 한다.

(5) 구조 형성작용

① 제품의 모양과 형태를 유지시키는 역할에 관여한다.
② 재료에는 밀가루, 달걀, 우유, 분유가 있다.
③ 위의 재료들에 함유되어 있는 여러 단백질들이 반죽을 할 때 글루텐을 형성한다.

(6) 연화작용

① 제품의 식감을 부드럽게 하고 유연하게 하는 역할에 관여한다.
② 재료에는 설탕, 유지, 베이킹파우더, 노른자가 있다.
③ 단백질이 흡착하는 것을 방해하여 글루텐으로 변형되는 것을 억제한다.

04 제과에 사용되는 주요 재료와 그 기능

제과에 사용되는 주요 재료의 기능성을 통해 다양한 제과 배합에서 어떤 재료대신 다른 대체제를 사용하려할 때 선택할 수 있으며, 각각의 과자 완제품에 독특한 특성을 부여할 수도 있다.

1 밀가루(Wheat Flour)

(1) 기능 : 제품의 모양과 형태를 유지시키는 구조형성의 기능을 한다.

(2) 제품별 적합한 밀가루의 종류

① 일반적인 케이크는 단백질 함량이 7~9%, 회분 함량이 0.4% 이하, pH 5.2인 박력분을 사용한다.
② 좀 더 가볍고 부드러운 케이크를 만들고자 한다면 회분 함량이 0.35% 이하인 고급 박력분을 사용한다.
③ 유지 함량이 많은 쿠키를 만들고자 한다면 단백질이 9~10%, 회분이 0.4~0.46%인 중력분을 사용한다.
④ 좀 더 부드럽고 바삭한 쿠키를 만들고자 한다면 박력분을 사용한다.

⑤ 쇼트 페이스트리(애플파이)는 가격이 저렴한 비표백 중력분을 사용한다.

⑥ 퍼프 페이스트리(나비 파이)는 제조 시 반죽에 늘어나는 성질이 필요하므로 강력분을 사용한다.

⑦ 레이어 케이크와 같은 고율배합의 반죽형 케이크에는 염소 표백이 잘 된 박력분을 사용한다.

⑧ 파운드 케이크는 일반적으로 박력분을 사용하나 쫄깃한 식감을 나타내고자 하는 경우에는 중력분과 강력분을 혼합하여 사용하기도 한다.

(3) 제품 유형별 밀가루 선택 시 고려사항

① 제품에서 표현하고자 하는 식감의 특성을 파악한다.

② 제품의 질적인 저하를 가져오지 않는 범위에서 밀가루의 단가를 고려한다.

③ 반죽의 구조력과 연화력의 상관관계를 파악한다.

④ 반죽의 pH를 맞추기 위하여 밀가루의 pH를 파악한다.

⑤ 반죽의 되기를 맞추기 위하여 밀가루의 수분함량을 파악한다.

2 설탕(Sugar)

(1) **감미제** : 제품에 단맛을 내는 재료로 쓰인다.

(2) **향 생성** : 설탕 본래의 냄새와 열에 의한 갈변으로 생성되는 냄새로 제품에 향을 부여한다.

(3) **캐러멜화 작용** : 당이 열을 받아서 갈색으로 변하는 현상으로 껍질에 착색을 시킨다.

(4) **연화작용** : 반죽의 단백질들이 서로 엉기어 글루텐으로 생성, 발전되는 것을 방해하여 제품의 식감을 부드럽게 한다.

(5) **수분보유력** : 물을 빨아들여 잡아두기 때문에 제품의 노화를 지연시켜 신선도를 오랫동안 유지시킨다.

(6) **흐름작용** : 굽기 시 케이크 반죽에 흐르는 물리적 특성을 부여한다.

(7) **퍼짐률 조절** : 굽기 시 쿠키에 사용된 설탕에 의한 흐름성을 이용하여 퍼지는 비율을 조절할 수 있다.

(8) **절단성** : 쿠키에 딱딱 부러지며 잘리는 효과를 준다.

3 유지(Fat & Oil)

(1) **크림성** : 믹싱시 가소성 유지(고체 유지)가 공기를 혼입하여 크림이 되는 성질로 버터크림, 반죽형 케이크 중에서 크림법으로 제조하는 제품 등에 이용한다. 쇼트닝, 마가린, 버터, 라드, 액상유(면실유) 순으로 크림성이 좋다.

(2) 쇼트닝성(기능성) : 제품에 부드러움이나 바삭함을 주는 성질로 크래커, 쇼트 브레드 쿠키 등에 이용한다.

(3) 안정성 : 유지가 산소에 의하여 상하는 산패에 견디는 성질로 유통기간이 긴 건과자류나 튀김하는 제품 등에 이용한다.

(4) 신장성 : 유지를 반죽에 감싸 밀어 펴기를 할 때 반죽 사이에서 밀어 펴지는 성질로 퍼프, 쇼트 페이스트리 등에 이용한다.

(5) 가소성 : 고체 형태의 지방에 힘을 주면 움직이는 물체와 같은 성질을 띠고, 또 없애도 변형시킨 모양 그대로 남는 성질로 퍼프, 쇼트 페이스트리 등에 이용된다.

(6) 신선도 유지 : 수분보유력에 의해 제품의 수분이 증발하여 딱딱해지는 현상인 노화를 지연시켜 제품의 신선도를 오랫동안 유지시킨다.

(7) 연화작용 : 반죽의 단백질들이 서로 엉기어 글루텐으로 생성, 발전되는 것을 방해하여 제품의 식감을 부드럽게 하는 연화작용을 한다.

4 달걀(Egg)

(1) 구조형성 작용 : 밀가루와 함께 결합작용으로 과자제품의 모양과 형태를 형성하는 기본재료이다.

(2) 수분공급제 : 설탕과 유지가 갖고 있는 수분보유력의 기능은 없고, 달걀을 구성하는 고형분과 수분의 비율 중 75%가 물로 이루어져 있어 과자 반죽에 수분을 공급하는 기능을 하는 재료로 사용된다.

(3) 농후화제 : 커스터드 크림을 교질용액의 걸쭉한 상태로 만드는 재료로 사용된다.

(4) 팽창제 : 스펀지 케이크 제조 시 반죽을 만들 때 공기를 혼입하여 굽기 시 반죽을 부풀리는 물리적 팽창방법의 매개체로 사용된다.

(5) 유화제 : 노른자에 함유된 레시틴은 파운드 케이크를 만들 때 물과 기름과 같이 서로 다른 성질을 갖고 있는 재료들을 혼합시키는 물리적 기능을 하는 재료로 사용된다.

5 우유(Milk)

(1) 구조형성 작용 : 단백질을 함유하고 있어 제품의 모양과 형태를 유지시켜주는 작용을 하기는 하나 88%가 수분으로 이루어져 있어 구조력을 기대하기에는 어렵다.

(2) 캐러멜화 작용 : 우유에 함유된 유당은 과자의 껍질에 착색을 시킨다.

(3) 수분보유력 : 과자 반죽에 수분을 잡아두는 힘이 있어 완제품의 노화를 지연시키고 신선도를 연장시킨다.

6 물(Water)

(1) 반죽의 되기를 조절하여 제품의 식감을 결정한다.

(2) 제품별 특성에 맞게 반죽온도를 조절한다.

(3) 밀가루 단백질들과 결합하여 글루텐을 형성한다.

(4) 굽기 과정 중 반죽 내부에 증기압을 형성하여 팽창작용을 한다.

(5) 재료들을 녹여 고루 퍼지게 하여 반죽에 일관성을 부여한다.

(6) 반죽의 수분 양을 고려할 때는 순수하게 첨가하는 물 외에도 우유와 달걀 같은 액체 재료에 함유된 수분, 건조 재료 중의 수분이 모두 포함된다.

7 소금(Salt)

(1) 함께 사용한 재료들이 향미를 내게 한다.

(2) 많은 양의 설탕을 사용한 경우 단맛을 순화시킨다.

(3) 적은 양의 설탕을 사용한 경우 단맛을 증진시킨다.

(4) 잡균의 번식을 억제한다.

(5) 반죽의 물성을 좋게 한다.

8 향료, 향신료(Flavors & Spice)

독특한 향으로 인해 제품을 차별화시킨다.

9 베이킹파우더(Baking Powder, B.P)

(1) 반죽의 단백질을 용해시켜 제품의 식감을 부드럽게 만드는 연화작용을 한다.

(2) 화학적 팽창작용으로 완제품의 부피와 내부 기공의 크기를 조절한다.

(3) B.P에 함유된 산성 재료의 종류, 양, 개수로 인해 반죽의 pH가 변하여 완제품의 색과 맛에 영향을 미친다.

(4) 반죽 속에서 베이킹파우더가 반응을 일으키며 주로 발생시키는 가스의 종류는 탄산가스이다.

(5) 화학반응을 하는 온도의 범위에 따라 속효성, 지속성, 지효성 타입으로 나눈다.

(6) 반죽에 미치는 pH에 따라 산성, 중성, 알칼리성 타입의 베이킹파우더가 있다.

05 제과·제빵 기기와 도구

1 제과·제빵기기

(1) **믹서 :** 반죽을 빠르게 치대어 반죽을 반복적인 압축과 늘림으로서 밀가루 속에 있는 단백질로부터 글루텐을 발전시키거나, 또는 단순히 재료들을 균일하게 혼합하면서 공기를 포집시킬 때 사용하기 위해서 고안되었다(반죽을 치대는 방법에는 혼합, 이김, 두드림 등이 있음).

① **수직형 믹서(버티컬 믹서) :** 주로 소규모 제과점에서 케이크 반죽뿐만 아니라 빵 반죽을 만들 경우에도 사용한다. 반죽 상태를 수시로 점검할 수 있는 장점이 있다.

② **수평형 믹서 :** 많은 양의 빵 반죽을 만들 때 사용한다. 다른 종류의 믹서처럼 반죽의 양은 전체 반죽통 용적의 30~60%가 적당하다.

③ **스파이럴 믹서(나선형 믹서) :** 나선형 훅이 내장되어 있어 프랑스빵, 독일빵, 토스트 브레드 같이 된 반죽이나 글루텐 형성능력이 다소 떨어지는 밀가루로 빵을 만들 때 적합하다.

- 제빵 전용 믹서에는 스파이럴 믹서가 있다.
- 제과 전용 믹서에는 에어 믹서가 있다.
- 믹서 부속 기구
  - 믹싱 볼(Mixing bowl) : 반죽을 하기 위해 재료들을 섞는 원통형의 기구
  - 반죽날개: 믹싱볼에서여러 재료를 섞어 반죽을 만드는 역할을 하는 기구로 다음과 같은 것들이 있다.
    ① 휘퍼(Whipper) : 달걀이나 생크림을 거품 내는 기구
    ② 비터(Beater) : 반죽을 교반하거나 혼합하고 유연한 크림으로 만드는 기구
    ③ 훅(Hook) : 밀가루 단백질들을 글루텐으로 생성, 발전시키는 기구

(2) **파이 롤러 :** 롤러의 간격을 점차 좁게 조절하여 반죽의 두께를 조절하면서 반죽을 밀어 펼 수 있는 기계이다. 파이(페이스트리) 등을 만들 때 많이 사용하므로 냉장고 · 냉동고 옆에 위치하는 것이 가장 적합하다. 왜냐하면 파이류는 휴지와 성형을 할 때 냉장 · 냉동처리를 하기 때문이다.

- 파이 롤러를 사용하여 제조 가능한 제품들 : 스위트 롤, 퍼프 페이스트리, 데니시 페이스트리, 케이크 도넛, 쇼트 브레드 쿠키
- 파이 롤러는 자동으로 밀어 펴기 하는 자동밀대로 페이스트리 반죽을 성형할 때 가장 많이 사용한다.
- 파이 롤러를 사용하여 페이스트리를 제조할 때 주의사항
  - 기계를 사용하므로 밀어 펴기의 반죽과 유지와의 경도는 가급적 같은 것이 좋다.
  - 기계에 반죽이 달라붙는 것을 막기 위한 덧가루는 너무 많이 사용하지 않도록 주의한다.
  - 일반적으로 손밀대를 사용하여 반죽을 밀어 펴기 한 후 경도를 맞춘 유지를 넣고 감싸서 기계를 사용하여 밀어 펴기를 한다.
  - 반죽의 경도와 유지의 경도를 맞추기 위하여 냉동휴지보다 냉장휴지를 하는 것이 좋다.

(3) 오븐(Oven) : 공장 설비 중 제품의 생산능력을 나타내는 기준으로 오븐의 제품생산능력은 오븐 내 매입 철판 수로 계산한다.

① 데크 오븐(Deck oven)

㉠ 소규모 제과점(윈도우 베이커리)에서 많이 사용되는 기종이다.

㉡ '데크'는 일본식 영어 발음으로 많이 쓰이며 영어식 발음으로는 '덱'이며 '단 오븐'이란 뜻이다.

㉢ 구울 반죽을 넣는 입구와 구워진 제품을 꺼내는 출구가 같다.

㉣ 입구와 출구가 같은 단에 있고, 평면판으로 다른 단과 구분이 된다.

㉤ 일반적으로 평철판을 손으로 넣고 꺼내기가 편리하다.

[데크 오븐]

② 터널 오븐(Tunnel oven)

㉠ 대량 생산 공장에서 많이 사용하는 기종이다.

㉡ 구울 반죽을 넣는 입구와 구워진 제품을 꺼내는 출구가 서로 다르다.

㉢ 터널을 통과하는 동안 온도가 다른 몇 개의 구역을 지나면서 굽기가 끝난다.

㉣ 빵틀의 크기에 거의 제한받지 않고 한 번에 가장 많은 양의 반죽을 구울 수 있으며, 윗불과 아랫불의 조절이 쉽다.

㉤ 반면에 넓은 면적이 필요하고 열손실이 큰 결점이 있다.

[터널 오븐]

③ 컨벡션 오븐(Convection oven)

㉠ 오븐의 실내 속에서 뜨거워진 공기를 팬을 사용하여 강제로 순환시키는 데에서 그 명칭을 얻게 되었다.

㉡ 강제 순환된 공기의 흐름은 굽는 반죽 위에 차가운 공기층이 형성되는 것을 막기 때문에, 열은 빵이나 케이크에 좀 더 직접적이고도 효율적으로 도달하게 된다.

㉢ 컨백션 오븐(대류식 오븐)은 오븐 내에서 자연 순환에 의존하는 오븐보다 반죽을 낮은 온도(14~19℃)에서 좀 더 빠르게 구울 수 있다.

④ 회전식 오븐(Rotary oven)

㉠ 래크(Rack)가 시계방향으로 회전하기 때문에 열의 분배가 고르다.

㉡ 컨벡션 오븐처럼 대류가 열전달 방식이며 현대적인 바케트와 페이스트리를 굽기에 용이하다.

㉢ 주 열전달 방식이 대류인 오븐은 굽기 시 제품의 수분손실이 크다.

2 제과·제빵 도구

(1) 스크래퍼(Scraper) : 반죽을 분할하고 한데 모으며, 작업대에 들러붙은 반죽을 떼어낼 때 사용하는 도구. 단, 믹서, 믹싱볼에 들러붙은 반죽을 떼어낼 때는 반드시 플라스틱으로 된 스크래퍼를 사용해야 한다.

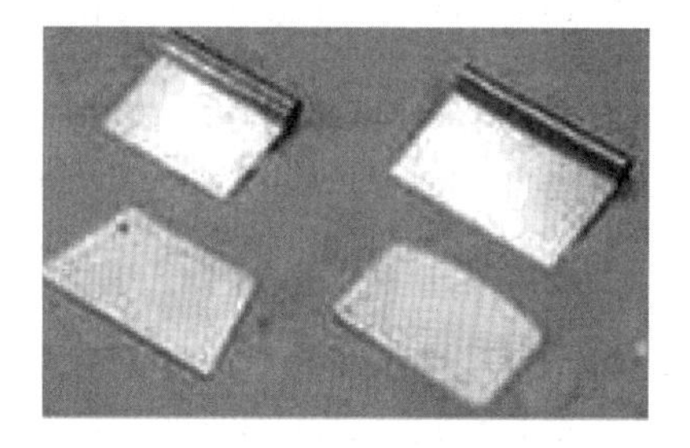

[스크래퍼]

(2) 디핑 포크(Dipping Forks) : 작은 초콜릿 셀을 코팅할 때 템퍼링한 초콜릿 용액에 담갔다 건질 때 사용하는 도구이다.

[디핑포크]

(3) 온도계(Thermometer) : 재료, 반죽 또는 제품의 온도를 측정하는 계측기로 온도계마다 측정 온도 범위가 있으므로 용도에 맞는 계기를 선택하여 사용한다.

(4) 전자 저울(Electronic scale) : 용기를 저울에 올려놓고 영점(零點)을 맞출 수 있기 때문에 실제 계량하고자 하는 재료의 무게만 알 수 있다.

(5) 부등비 저울(Weight scale) : 계량할 물건의 무게를 저울추와 저울대의 눈금으로 맞추고 접시에 달 재료를 저울대와 수평이 되도록 올려놓아 무게를 단다.

(6) 작업테이블(Work table)

① 계량, 분할, 둥글리기, 중간 발효, 성형, 패닝, 장식 등 많은 작업이 이루어지는 곳이다.

② 작업이 시작되는 곳이자 끝나는 곳이므로 주방의 중앙부에 설치한다.

③ 제빵작업이 이루어지는 작업테이블은 빵 반죽의 보온을 위해 윗면을 나무로 제작한다.

④ 제과작업이 이루어지는 작업테이블은 과자 반죽의 보냉을 위해 윗면을 대리석으로 제작한다.

(7) 데포지터(Depositer) : 크림이나 과자 반죽을 자동으로 모양짜기 하는 기계이다.

3 제빵 전용 기기

(1) 분할기(Divider) : 1차 발효가 끝난 반죽을 정해진 용량의 반죽 크기로 분할하는 기계이다.

(2) 라운더(Rounder) : 우산형 라운더로 분할된 반죽이 기계적으로 둥글려지면서 표피를 매끄럽게 만든다. 중형 제과점에서는 분할 라운더를 많이 사용한다.

(3) 중간 발효기(Overhead proofer) : 발효기는 1차 발효기, 중간 발효기, 2차 발효기가 있다. 중간 발효기는 일반적으로 다른 반죽공정 설비들의 위에 놓여있기 때문에 오버헤드 프루퍼(Overhead proofer)라고 부른다.

(4) 정형기(Moulder) : 중간 발효를 마친 반죽을 밀어펴서 가스를 빼고 다시 말아서 원하는 모양으로 만들거나 앙금 등 여러 가지 충전물을 반죽으로 싸는 기계이다.

(5) 발효기(Fermentation room) : 믹싱이 끝난 반죽을 발효시키거나 정형된 반죽을 최종 발효시키는 데 사용한다.

(6) 도우 컨디셔너(Dough conditioner) : 냉동, 냉장, 해동, 2차 발효를 프로그래밍에 의해 자동적으로 조절하는 기계이다.

제 1 장 미리보는 출제예상문제

01 다음 중 화학적 팽창 제품이 아닌 것은?

① 과일 케이크 ② 팬 케이크
③ 파운드 케이크 ④ 시폰 케이크

02 반죽형 케이크의 특성에 해당되지 않는 것은?

① 일반적으로 밀가루가 달걀보다 많이 사용된다.
② 많은 양의 유지를 사용한다.
③ 화학팽창제에 의해 부피를 형성한다.
④ 해면 같은 조직으로 입에서의 감촉이 좋다.

03 다음 중 거품형 케이크는?

① 파운드 케이크 ② 스펀지 케이크
③ 데블스 푸드 케이크 ④ 초콜릿 케이크

04 과자의 반죽방법 중 시폰형 반죽이란?

① 생물학 팽창제를 사용한다.
② 유지와 설탕을 믹싱한다.
③ 모든 재료를 한꺼번에 넣고 믹싱한다.
④ 달걀을 흰자와 노른자로 분리하여 믹싱한다.

05 쿠키에서 구조형성 역할을 하는 재료는?

① 밀가루 ② 설탕
③ 쇼트닝 ④ 중조

06 제과에서 설탕의 기능과 가장 거리가 먼 것은?

① 부피의 증가 ② 감미도 증가
③ 연화 작용 ④ 수분보유 작용

해 설

01
시폰 케이크는 물리적 팽창방법과 화학적 팽창방법을 함께 쓴다.

02
해면 같은 조직으로 입에서의 감촉이 좋은 특성을 갖는 것은 거품형 케이크이다.

03
거품형 케이크는 달걀 단백질의 신장성과 열변성을 이용하여 만드는 스펀지 케이크가 가장 대표적이다.

04
별립법처럼 달걀을 흰자와 노른자로 분리하여 노른자는 거품을 일으키지 않고 흰자로 만든 머랭과 화학팽창제로 부풀린다.

05
- 구조형성 역할을 하는 재료는 단백질이 함유된 달걀, 분유, 밀가루 등이 있다.
- 연화작용 역할을 하는 재료에는 쇼트닝, 설탕, 중조, 베이킹파우더 등이 있다.

06
제과에서 설탕의 기능
- 수분 보유력에 의해 제품의 신선도를 오랫동안 유지시킨다.
- 단백질 연화작용으로 제품을 부드럽게 한다.
- 제품의 단맛과 향을 내고 캐러멜화 작용으로 껍질색을 진하게 한다.

정답 | 01 ④ 02 ④ 03 ② 04 ④ 05 ① 06 ①

07 제과에서 유지의 기능이 아닌 것은?

① 연화기능 ② 공기포집기능
③ 안정기능 ④ 노화촉진기능

08 제품의 중앙부가 오목하게 생산되었다. 조치하여야 할 사항이 아닌 것은?

① 단백질 함량이 높은 밀가루를 사용한다.
② 수분의 양을 줄인다.
③ 오븐의 온도를 낮추어 굽는다.
④ 우유를 증가시킨다.

09 소금이 제과에 미치는 영향이 아닌 것은?

① 향을 좋게 한다.
② 잡균의 번식을 억제한다.
③ 반죽의 물성을 좋게 한다.
④ pH를 조절한다.

10 제과 · 제빵용 기기에 대한 용도의 설명이 틀린 것은?

① 오버헤드 프루퍼는 둥글리기를 한 반죽을 정형하기 전까지 발효시키는 기계이다.
② 자동 성형기는 앙금 등 여러 가지 충전물을 반죽으로 싸는 자동기계이다.
③ 도우 컨디셔너는 냉동, 냉장, 해동, 2차 발효를 프로그래밍에 의하여 자동적으로 조절하는 기계이다.
④ 데크 오븐, 로터리 오븐, 터널 오븐 중 데크 오븐이 한 번에 가장 많은 양의 제품을 구울 수 있다.

11 튀김기에서 열을 튀김 유지로 전달하는 데 사용하는 기기 중 비교적 사용하는 유지량이 적으며, 튀김 후 신속하게 유지를 교체할 수 있고 세척이 쉬운 튀김기는?

① 프리믹스 버너를 이용하는 튀김기
② 대기압 버너를 이용하는 튀김기
③ 바닥 히터를 이용하는 튀김기
④ 전기 관형 히터를 이용하는 튀김기

해 설

07

- 유지는 수분보유력에 의해 노화를 지연시키고 제품의 신선도를 오랫동안 유지시킨다.
- 노화란 제품의 수분이 증발하여 딱딱해지는 상태를 의미한다.

08

우유에 단백질이 있어 구조형성 작용을 하기는 하나 수분이 너무 많아 구조력을 기대하기는 어렵다.

09

pH를 조절할 목적으로 넣는 재료에는 주석산 크림, 중조(탄산수소나트륨) 등을 사용한다.

정답 | 07 ④ 08 ④ 09 ④ 10 ④ 11 ③

12 대량생산 공장에서 많이 사용되는 오븐으로 반죽이 들어가는 입구와 제품이 나오는 출구가 서로 다른 오븐은?

① 데크 오븐
② 터널 오븐
③ 로터리래크 오븐
④ 컨벡션 오븐

해설

12
데크 오븐(덱 오븐)은 반죽이 들어가는 입구와 제품이 나오는 출구가 같으며 소규모 제과점에서 많이 쓰인다.

12 ②

제 2 장 과자 반죽의 종류

01 반죽형 반죽(Batter Type Dough)

1 반죽형 반죽의 특징

(1) 크림성과 유화성을 갖고 있는 유지를 많은 양 사용하고 화학 팽창제를 이용해 부풀린 반죽이다.

(2) 밀가루, 유지, 설탕, 달걀을 기본으로 해 만든다.

(3) 일반적으로 밀가루가 달걀보다 많이 사용된다.

(4) 유지와 설탕의 사용량이 많아 완제품의 질감이 부드럽다.

(5) 달걀의 사용량이 적어 반죽의 비중이 높고 완제품의 식감이 무겁다.

(6) 배합비의 균형(Formula balance)은 제조할 완제품의 질감, 식감과 모양, 형태를 결정하는 중요한 재료들 간의 관계를 나타내는 것이다. 반죽형 반죽에서의 배합비의 균형(Formula balance)은 구조강화 원료(강화재료 즉, 단백질을 함유하고 있는 재료인 밀가루, 분유, 달걀 등을 가리킨다)와 구조약화 원료(연화재료 즉, 단백질의 결합에 의한 글루텐 형성을 방해하는 설탕, 유지, 베이킹파우더, 노른자 등을 가리킨다)들 사이의 관계를 나타내는 용어이다.

(7) 제품들에는 레이어 케이크류, 파운드 케이크, 머핀 케이크, 과일 케이크, 마들렌, 바움쿠엔 등이 있다.

2 반죽형 반죽을 만드는 제법의 종류

(1) 블렌딩법

① 유지에 밀가루를 넣어 파슬파슬하게 혼합한 뒤 건조재료와 액체재료를 넣는 방법
② 장점 : 제품의 조직을 부드럽고 유연하게 만든다.

(2) 크림법

① 유지에 설탕을 넣고 균일하게 혼합한 후 달걀을 나누어 넣으면서 부드러운 크림상태로 만든 다음 밀가루와 베이킹파우더를 체에 쳐서 가볍게 섞는다.
② 장점 : 제품의 부피가 큰 케이크를 만들 수 있다.
③ 단점 : 스크랩핑(믹서 볼의 옆면과 바닥을 긁어 주는 동작)을 자주 해야 한다.

(3) 1단계법

① 유지에 모든 재료를 한꺼번에 넣고 반죽하는 방법이다.

② **전제조건** : 유화제와 베이킹파우더를 첨가하고, 믹서의 성능이 좋아야 한다.

③ **장점** : 노동력과 제조시간이 절약된다.

(4) 설탕/물 반죽법

① 유지에 설탕물 시럽(비율은 설탕 2 : 물 1로 끓여 만든 액당)을 넣고 균일하게 혼합한 후 건조재료를 넣고 섞은 다음 달걀을 넣고 반죽한다.

② 유지에 설탕/물이 가장 먼저 투입되므로 유화제를 사용해야 한다.

③ 반죽의 유화성 개선과 공기 포집력이 좋아 베이킹파우더 사용량을 10% 줄일 수 있다.

④ 믹싱 중 스크래핑(Scraping)을 줄일 수 있어 작업공정이 간편하다.

⑤ 장점 및 단점

㉠ 양질의 제품생산, 운반의 편리성, 계량의 용이성 등이다.

㉡ 껍질색이 균일해지며 더 좋은 체적(부피)의 제품을 생산할 수 있다.

㉢ 계량장치, 액당 저장탱크, 보온장치, 이송시설 등 최초 시설비가 많이 든다.

02 거품형 반죽(Foam Type Dough)

1 거품형 반죽의 특징

(1) 달걀 단백질의 기포성과 열에 대한 응고성(변성)을 이용한 반죽이다.

(2) 전란(흰자+노른자)을 사용하는 스펀지 반죽, 흰자만 사용하는 머랭 반죽이 있다.

(3) 달걀의 사용량이 많아 완제품의 질감이 질기다.

(4) 달걀의 사용량이 많아 반죽의 비중이 낮고 완제품의 식감이 가볍다.

(5) 제품들에는 스펀지 케이크, 롤 케이크, 카스테라, 오믈렛, 엔젤 푸드 케이크가 있다.

2 거품형 반죽의 종류

(1) 머랭 반죽

① 흰자에 설탕을 넣고 휘핑하여 흰자 단백질의 변성으로 거품을 낸 반죽이다.

② 제법에 관계없이 설탕과 흰자의 비율은 2 : 1이다.

③ 머랭 반죽의 종류에는 냉제 머랭, 온제 머랭, 이탈리안 머랭, 스위스 머랭 등이 있다.

- 머랭 제조 시 주의사항
  - 믹싱용기에는 기름기가 없어야 한다.
  - 흰자에는 노른자가 들어가지 않도록 주의한다.
  - 중속을 위주로 휘핑하여 기포를 치밀하게 만든다.
  - 30초 이하의 고속 휘핑으로 흰자의 단백질을 단단하게 만들어 흰자 거품체를 탄력있게 한다.
  - 흰자의 이상적인 작업온도는 17~22℃이다.

(2) 스펀지 반죽

① 전란(흰자+노른자)에 설탕과 소금을 넣고 거품을 낸 후 밀가루와 섞은 반죽이다.

② 노른자가 흰자 단백질에 신장성과 부드러움을 부여하여 부피팽창과 연화작용을 향상시킨다.

③ 노른자에 함유된 레시틴 때문에 전란을 휘핑하여 거품을 일으킬 수 있다.

3 스펀지 반죽을 만드는 제법의 종류

(1) 공립법

① 흰자와 노른자를 함께 사용하여 거품을 내는 방법이다.

② 더운 믹싱법

㉠ 달걀과 설탕을 중탕으로 37~43℃까지 데운 후 거품을 내는 방법이다.

㉡ 고율배합에 사용하며 기포성이 양호하여 휘핑시간이 단축된다.

㉢ 설탕의 용해도가 좋아 껍질색이 균일하다.

㉣ 달걀의 비린내가 감소된다.

③ 찬 믹싱법

㉠ 중탕하지 않고 달걀에 설탕을 넣고 거품내는 방법이다.

㉡ 베이킹파우더를 사용할 수 있다.

㉢ 반죽온도는 22~24℃이다.

㉣ 저율배합에 사용하며, 포집성이 양호하다.

(2) 별립법

전란을 흰자와 노른자로 분리하여 각각에 설탕을 넣고 거품을 낸 후 다른 재료와 함께 흰자 반죽, 노른자 반죽을 섞어주는 방법이다.

(3) 단단계법(1단계법)

베이킹파우더, 유화제를 첨가한 후 전 재료를 동시에 넣고 반죽한다.

(4) 제노와즈법

① 스펀지 케이크 반죽에 유지를 넣어 만든다.

② 부드러운 제품을 만들 수 있다.

③ 유지는 40~60℃로 중탕하여 사용한다.

④ 중탕한 유지는 반죽 마지막 단계에 넣어 가볍게 섞는다.

- 달걀의 거품이 일어나는 성질인 기포성과 공기입자 주위의 접촉부분을 안정화시키는 성질인 포집성은 반죽온도와 상관관계를 갖는다. 그래서 달걀의 물리적 성질을 이용하는 거품형 반죽의 반죽온도는 20~50℃의 범위에서 설정한다. 반죽온도가 20℃에 가까워지면 포집성이 좋고, 50℃에 가까워지면 기포성이 좋다. 달걀의 기포성과 포집성이 모두 좋은 반죽온도는 30℃이다.
- 달걀 흰자의 기포성을 좋게 하는 재료 : 주석산 크림, 레몬즙, 식초, 과일즙 등의 산성재료와 소금
- 달걀 흰자의 포집성(안정성)을 좋게 하는 재료 : 설탕, 산성재료

03 시폰형 반죽(Chiffon Type Dough)

(1) 시폰형 반죽은 비단같이 가볍고 부드러운 식감과 질감의 제품을 의미한다.

(2) 흰자와 노른자를 나누어 사용하는 방법은 별립법과 같다.

(3) 별립법처럼 흰자로 머랭은 만들지만, 노른자를 거품 내지 않는 것은 별립법과는 다른 점이다.

(4) 거품 낸 흰자와 화학 팽창제로 반죽을 부풀린다. 제품에는 시폰 케이크가 있다.

(5) 시폰형 반죽은 거품형 반죽인 엔젤 푸드 케이크의 가벼운 식감과 우아함, 반죽형 반죽 케이크의 감칠맛과 부드러운 질감이 조합된 케이크로 별립법으로도 제조한다.

(6) 그러나 시폰형 반죽은 거품형 반죽의 머랭법과 반죽형 반죽의 블렌딩법을 함께 사용하는 시폰법을 더 많이 사용한다.

(7) 시폰법 제조공정–블렌딩법과 머랭법을 함께 사용하는 제법

① 식용유와 노른자를 섞은 다음, 입상형 설탕(A), 소금과 건조 재료를 함께 체에 쳐서 넣고 균일하게 섞는다.

② ①에 물을 붓고 설탕을 용해시키면서 매끄러운 반죽상태를 만든다. – 블렌딩법

③ 따로 흰자에 주석산 크림을 넣고 60%정도 휘핑 후 입상형 설탕(B)를 조금씩 나누어 넣으면서 비중이 0.18~0.25인 머랭(혹은 85%정도의 머랭)을 만든다. – 머랭법

④ ②에 ③을 3번에 나누어 넣으면서 가볍게 섞어 반죽비중을 0.4~0.5로 맞춘다.

⑤ 기름기가 없는 팬에 분무를 하거나 물칠을 하고 팬 부피의 60% 정도 패닝한다.
⑥ 굽기 후 오븐에서 꺼내어 즉시 시폰 팬을 뒤집어 냉각시킨다.
⑦ 완제품의 부피, 가벼움, 내상은 달걀흰자의 믹싱 시 온도에 의해 좌우되므로 주의한다.
⑧ 머랭을 만들기 위해서는 분말형의 분당보다 입자형의 설탕을 사용하는 것이 좋다. 왜냐하면 입자형의 설탕이 흰자에 틈을 만들고 그 틈사이로 공기혼입이 원활하게 이루어지기 때문이다.
⑨ 연화제로 작용하는 유지는 버터나 경화유인 쇼트닝, 마가린 보다는 액상유(일반 식용유)를 사용하는 것이 완제품의 질감에 부드러움을 부여한다.

● 과자 반죽의 종류에 따른 식감과 질감의 상대적 차이

과자 반죽의 종류	식감	질감
거품형 반죽	가볍다	질기다
반죽형 반죽	무겁다	부드럽다
시폰형 반죽	가볍다	부드럽다

제2장 미리보는 출제예상문제

01 **반죽형 케이크 반죽 제조법 중 설탕/물법에 대한 설명으로 틀린 것은?**

① 믹싱 중 스크래핑(Scraping)을 줄일 수 있어 작업공정이 간편하다.
② 양질의 제품생산, 운반의 편리성, 계량의 용이성 등의 장점이 있다.
③ 공기 포집력이 좋아 베이킹파우더 사용량을 10% 줄일 수 있다.
④ 유화제 사용이 따로 필요없는 반죽 제조법이다.

02 **반죽의 유화성이 크게 개선되며, 혼합하는 동안 공기 포집량이 많기 때문에 베이킹파우더의 사용량을 줄일 수 있는 혼합 방법으로, 껍질색이 균일해지며 더 좋은 체적의 제품을 만들 수 있는 방법은?**

① 설탕/물법　② 단단계법
③ 블렌딩법　④ 2단계법

03 **밀가루와 유지를 믹싱한 후 다른 건조재료와 액체재료 일부를 투입하여 믹싱하는 것으로 유연감을 우선으로 하는 제품에 많이 사용하는 믹싱법은?**

① 크림법　② 블렌딩법
③ 설탕/물법　④ 1단계법

04 **반죽형(Batter type) 케이크의 반죽 제조에 대한 설명으로 틀린 것은?**

① 달걀의 흰자와 노른자를 분리한 뒤 반죽을 혼합하는 방법이다.
② 먼저 밀가루와 쇼트닝을 혼합하는 방법이다.
③ 먼저 설탕과 쇼트닝을 혼합하여 공기를 혼입시키는 방법이다.
④ 모든 재료는 동시에 넣어 혼합하는 방법이다.

해설

01
설탕/물법은 반죽 제조 시 유화제를 첨가해야 한다.

02
설탕/물 반죽법은 유지에 설탕물 시럽을 넣고 균일하게 혼합한 후 건조재료를 넣어 섞은 다음 달걀을 넣고 반죽한다.

03
블렌딩법(Blending method)
- 제품의 조직을 부드럽게 하고자 할 때 사용한다.
- 밀가루와 유지를 섞어 밀가루가 유지에 쌓이게 하고 건조재료와 액체재료인 달걀, 물을 넣어 섞는 방법이다.

04
① 거품형 케이크의 반죽 제조법이다.

정답 | 01 ④　02 ①　03 ②　04 ①

05 **과자 반죽 믹싱법 중에서 크림법은 어떤 재료를 먼저 믹싱하는 방법인가?**

① 설탕과 쇼트닝　　② 밀가루와 설탕
③ 달걀과 설탕　　④ 달걀과 쇼트닝

06 **단백질의 열변성에 영향을 미치는 인자와 거리가 먼 것은?**

① pH　　② 표면장력
③ 수분　　④ 전해질

07 **다음 제품 중 거품형 제품이 아닌 것은?**

① 과일 케이크　　② 시폰 케이크
③ 스펀지 케이크　　④ 엔젤 푸드 케이크

08 **머랭 제조에 대한 설명으로 옳은 것은?**

① 믹싱용기에는 기름기가 없어야 한다.
② 기포가 클수록 좋은 머랭이 된다.
③ 믹싱은 고속을 위주로 작동한다.
④ 전란을 사용해도 무방하다.

09 **거품형 제품 제조 시 가온법의 장점이 아닌 것은?**

① 껍질색이 균일하다.
② 기포시간이 단축된다.
③ 기공이 조밀하다.
④ 달걀의 비린내가 감소된다.

10 **버터 스펀지 케이크 제조 시 버터의 중탕온도, 버터의 투입시기, 버터를 반죽에 넣는 이유로 맞는 것은?**

① 30~40℃, 달걀 거품 1/2 형성 후, 거품 제거 방지
② 30~40℃, 믹싱 마지막 단계, 거품 제거 방지
③ 40~60℃, 달걀 거품 1/2 형성 후, 부드러움 제공
④ 40~60℃, 믹싱 마지막 단계, 부드러움 제공

해설

05
- 유지(쇼트닝)+설탕 → 크림법
- 유지(쇼트닝)+밀가루 → 블렌딩법
- 유지(쇼트닝)+모든 재료 → 1단계법
- 유지(쇼트닝)+설탕/물 → 설탕/물 반죽법

06
이질적인 두 물질의 경계면에 발생하는 장력을 표면장력이라 하며 유화성에 영향을 미치는 인자이다.

07
거품형 반죽제품 : 달걀 단백질의 기포성과 유화성, 그리고 열에 대한 응고성(변성)을 이용한 과자. 스펀지 케이크, 엔젤 푸드 케이크, 시폰 케이크가 있다.

08
머랭
- 믹싱은 중속을 위주로 작동하고 고속은 머랭을 빨리 휘핑하면서 흰자의 단백질을 단단하게 하므로 30초 이하로 믹싱한다.
- 중속을 위주로 믹싱하므로 기포가 치밀하다.
- 달걀의 흰자만 사용한다.

09
- 가온법이란 달걀과 설탕을 넣고 중탕으로 가열하여 37~43℃까지 데운 뒤 거품내는 방법이다. 주로 고율배합에 사용한다. 공기포집이 잘 되고, 설탕이 잘 용해되어 껍질색이 균일하다.
- 가온법 = 중탕법 = 더운 믹싱법

10
버터 스펀지 케이크는 제노와즈법으로 제조한다.

정답 | 05 ① 06 ② 07 ① 08 ① 09 ③ 10 ④

11 일반적인 시폰 케이크에 대한 설명으로 틀린 것은?

① 분당보다는 입상형 설탕이 바람직하다.

② 달걀 노른자를 중심으로 만든 반죽과 흰자를 중심으로 만든 머랭 반죽을 함께 섞는다.

③ 식물성유보다 버터나 경화유가 알맞다.

④ 패닝 시 시폰팬에 물을 분무하여 뒤집어 놓고 반죽을 넣는다.

해 설

11
시폰 케이크의 질감을 부드럽게 하는 데는 식물성유가 적합하다.

11 ③

제 3 장 제과순서

제과 기본 제조 공정

반죽법 결정 → 배합표 작성 → 재료 계량 → 반죽 만들기 → 정형 · 패닝 → 굽기 또는 튀기기 → 장식하기 → 포장

01 반죽법 결정

과자 완제품에 부여하고자 하는 식감, 질감과 팽창방법, 판매형태, 소비자의 기호, 과자의 생산량이나 가지고 있는 기계 설비, 노동력 등을 고려하여 가장 합리적인 반죽법을 선택한다.

02 배합표 작성

배합표란 재료의 종류, 비율과 무게를 표시한 것으로 레시피라고도 한다. 각각의 과자 완제품에 독특한 특성을 부여하려면 재료의 구성과 비율의 황금비를 찾아야 한다. 황금비를 찾을 때 고려해야 하는 중요한 과자 반죽이 만들어지는 작동원리는 구조력 · 연화력, 고형물질과 수분의 평행 · 균형이다. 황금비는 소비자의 기호를 충족시키기 위하여 선택한 재료들이 과자 반죽의 매카니즘에 미치는 영향을 이해하고 구조력 · 연화력, 고형물질과 수분의 평행 · 균형의 좌표를 정하는 것이다.

- 배합표 작성법에는 다음과 같은 2가지 방법이 있다.
  ① Baker's% – 밀가루의 양을 100%로 보고 각 재료가 차지하는 양을 %로 표시한 것을 말한다.
  - 소규모 제과점, 실험실, 개발실, 교육기관에서 사용한다. 왜냐하면 연상된 맛을 수치화하기가 쉽기 때문이다.

  ② True% – 전 재료의 합을 100%로 보고 각 재료가 차지하는 양을 %로 표시한 것을 말한다.
  - 대량 생산공장에서 많이 사용한다. 왜냐하면 주문량을 생산하는 데 필요한 재료량을 정확히 산출할 수 있기 때문이다.

1 주문물량에 따른 Baker's% 배합량 조절공식

배합량 조절공식은 총 반죽무게, 밀가루 무게, 각 재료의 무게 순으로 계산을 하여야 한다.

(1) **총 반죽무게(g)** = 완제품중량 ÷ {1-(굽기 및 냉각손실 ÷ 100)}

(2) **밀가루 무게(g)** = $\frac{\text{밀가루 비율(\%)} \times \text{총 반죽무게(g)}}{\text{총 배합률(\%)}}$

(3) **각 재료의 무게(g)** = 밀가루 무게(g)×각 재료의 비율(%)

03 고율배합과 저율배합

설탕 사용량이 밀가루 사용량보다 많고, 전체 액체가 설탕량보다 많으면 고율배합이라고 말한다. 고율배합으로 만든 제품은 신선도가 높고 부드러움이 지속되어 저장성이 좋은 특징이 있다. 고율배합과 저율배합의 개념은 반죽형 반죽에만 적용되는 개념이다.

1 배합률에 따른 반죽상태의 비교

현상	고율배합	저율배합
믹싱 중 공기혼입 정도	많다	적다
반죽의 비중	낮다	높다
화학팽창제 사용량	줄인다	늘인다
굽기온도	낮다	높다

2 배합률 조절공식의 비교

고율배합	저율배합
설탕 ≧ 밀가루	설탕 ≦ 밀가루
전체 액체(달걀+우유) 〉 밀가루	전체 액체(달걀+우유) ≦ 밀가루
전체 액체 〉 설탕	전체 액체 = 설탕
달걀 ≧ 쇼트닝	달걀 ≧ 쇼트닝

3 배합률에 따른 굽기의 비교

(1) 고율배합은 저온장시간 굽는 오버 베이킹을(Over baking) 한다.

(2) 저율배합은 고온단시간 굽는 언더 베이킹을(Under baking) 한다.

04 재료 계량

(1) 재료 계량은 작성된 배합표에 따라 재료를 신속하게, 정확하게, 청결하게 측정하여 준비한다.

(2) 재료를 계량하는 데는 무게를 재는 방법과 부피를 측정하는 방법이 있다.

05 반죽 만들기

제과 시 반죽이란, 제품의 특성에 따라 기본 재료는 다르지만 모든 재료를 균질하게 혼합하고, 공기를 효율적으로 혼입시켜 고르게 분산시키며, 건조 재료를 균일하게 혼합하고 수화시키는 것이다. 또한 과자 제품에 본래의 특성을 제대로 반영하고, 제품을 항상 균일성 있게 생산하고, 제품의 품질을 소비자의 기호에 맞게 조절하는 데 사용하는 중요한 요소인 반죽의 온도, 비중, pH, 되기를 일정하게 맞추는 것이다. 빵 반죽제조공정과 가장 큰 차이점은 밀가루 단백질을 엉기게 하여 반죽이 글루텐으로 생성 · 발전되는 것을 억제하는 것이다.

1 반죽온도

(1) 반죽온도가 미치는 영향

① 반죽온도는 반죽의 기포력과 포집력에 영향을 미친다.

② 반죽온도는 반죽의 비중에 영향을 미친다.

③ 반죽온도는 반죽을 굽는 시간에 영향을 미친다.

④ 반죽온도는 완제품의 내부적, 외부적 특성인 기공, 조직, 부피 등에 영향을 미친다.

⑤ 반죽온도는 완제품의 노화속도에 영향을 미친다.

(2) 과자 반죽의 형태에 따라 일어나는 반죽온도의 영향

1) 반죽온도가 거품형 반죽에 미치는 영향

① 반죽온도가 낮으면 달걀의 기포력이 떨어져 반죽 속에 혼입되는 공기의 양이 적어진다. 그래서 완제품의 기공이 작아져 조직은 조밀해지고 부피는 작다. 식감이 나쁘고, 반죽을 굽는 시간이 더 늘어난다.

② 반죽온도가 높으면 달걀의 기포력이 올라가 반죽 속에 혼입되는 공기의 양이 많아진다. 그래서 완제품의 기공이 열리고 큰 공기구멍이 생겨 조직은 거칠어지고 부피는 크다. 노화가 빨리 일어난다.

2) 반죽온도가 반죽형 반죽에 미치는 영향

① 반죽온도가 낮으면 유지가 응고되어 반죽 속에 혼입되는 공기의 양이 적어져 비중이 높아진다. 그래서 완제품의 기공이 작아져 조직은 조밀해지고 부피는 작다. 그리고 식감은 나쁘다. 반죽의 온도가 낮으면 설탕의 용해도가 낮아져 완제품의 겉껍질 색상이 어둡고 반죽을 굽는 시간은 더 늘어난다.

② 반죽온도가 높으면 유지가 용해되어 반죽 속에 혼입되는 공기의 양이 적어져 비중이 높아진다. 그래서 완제품의 기공이 작아져 조직은 조밀해지고 부피는 작다. 그리고 식감은 나쁘다. 반죽의 온도가 높으면 설탕의 용해도가 높아져 완제품의 겉껍질 색상이 밝다.

- 과자 반죽의 희망 결과온도가 가장 낮은 제품은 퍼프 페이스트리이다.
- 과자 반죽의 희망 결과온도가 가장 높은 제품은 슈이다.

(3) 반죽온도 조절 계산법

용어설명

- 실내 온도 : 작업실의 온도
- 수돗물 온도 : 반죽에 사용한 물의 온도
- 마찰계수 : 반죽을 만드는 동안 발생하는 마찰열에 의해 상승하는 온도
- 결과온도 : 반죽을 만든 후의 반죽온도
- 희망온도 : 만들고자 하는 반죽의 원하는 결과온도

① 마찰계수 = (결과 반죽온도×6)−(실내 온도+밀가루 온도+설탕 온도+쇼트닝 온도+달걀 온도+수돗물 온도)

② 사용할 물 온도 = (희망 반죽온도×6)−(밀가루 온도+실내 온도+설탕 온도+쇼트닝 온도+달걀 온도+마찰계수)

③ 얼음 사용량 = $\frac{\text{사용할 물량}\times(\text{수돗물 온도} - \text{사용할 물 온도})}{(80+\text{수돗물 온도})}$

④ 조절하여 사용할 수돗물량 = 사용할 물량 − 얼음 사용량

예제

어떤 반죽의 결과온도가 25℃이고, 밀가루 온도 24℃, 실내 온도 24℃, 수돗물 온도 18℃, 설탕 온도 24℃, 달걀 온도 20℃, 쇼트닝 온도 20℃일 때 물 사용량은 1,000g, 반죽 희망온도를 23℃로 하려고 한다. 이때 마찰계수, 사용할 물 온도, 얼음 사용량, 조절하여 사용할 수돗물의 양 등을 산출하시오.

풀이

- 마찰계수 = (25×6)−(24+24+18+24+20+20) = 20℃
- 사용할 물 온도 = (23×6)−(24+24+24+20+20+20) = 6℃
- 얼음 사용량 = 1,000g×(18−6)÷(80+18) = 122.4g

※ 전체 사용할 물 1,000g 중에서 수돗물 877.6g , 얼음 122.4g 사용

- 물 1g의 온도를 1℃ 높이는 데 필요한 비열(比熱)의 열량은 1cal이다.
- 얼음량 계산공식 중 '80'은 80cal를 뜻하며, 얼음 1g이 녹아 물 1g이 되는 데 흡수하는 열량인 융해열(흡수열량)을 나타낸 것이다.
- 수온을 구하는 공식은 경우에 따라 (희망온도×6)일 경우도 있고 (희망온도×3)일 경우도 있는데 이 경우에는 실내 온도+밀가루 온도+설탕 온도+쇼트닝 온도+달걀 온도+마찰계수가 제시되면 '6'으로 하고 실내 온도+밀가루 온도+마찰계수가 제시되면 '3'으로 한다.

2 비중

(1) 비중의 정의

① 과자 반죽에 혼입된 공기의 양을 물에 대한 비례값으로 나타낸 상대적인 수치이다.

② 같은 용적의 물의 무게에 대한 반죽의 무게를 소수로 나타낸 값이다.

③ 즉, 0에서 1까지의 소수 값으로 나타낸다.

④ 수치가 적을수록 비중이 낮고, 비중이 낮을수록 반죽 속에 공기가 많다.

⑤ 수치가 많을수록 비중이 높고, 비중이 높을수록 반죽 속에 공기가 적다.

(2) 비중이 완제품의 외부와 내부에 미치는 영향

① 케이크 제품의 부피, 기공, 조직에 결정적인 영향을 끼친다.

② 같은 무게의 반죽을 구울 때 비중이 높으면 제품의 부피가 작아진다.

③ 같은 무게의 반죽을 구울 때 비중이 낮으면 제품의 부피가 커진다.

④ 같은 무게의 반죽을 구울 때 비중이 높으면 기공이 작아 조직이 조밀하다.

⑤ 같은 무게의 반죽을 구울 때 비중이 낮으면 기공이 열려 조직이 거칠다.

(3) 비중 측정법

① 반죽과 물은 같은 비중컵에 차례로 담아 무게를 측정한 뒤 비중컵의 무게를 빼고 반죽의 무게를 물의 무게로 나누면 된다.

② 비중 = $\frac{\text{같은 부피의 반죽무게}}{\text{같은 부피의 물무게}}$ (전자저울 사용시)

③ 비중 = $\frac{(\text{반죽무게} - \text{컵무게})}{(\text{물무게} - \text{컵무게})}$ (추저울–부등비 접시저울 사용시)

예제 **비중컵의 무게 40g, 비중컵+물 = 240g, 비중컵+반죽 = 200g일 때 반죽의 비중은?**

풀이

• 반죽무게/물무게 = $\frac{(200-40)}{(240-40)}$ = 0.8

예제

비중이 0.8인 반죽 600g으로 1440cm³의 부피를 얻었다.
비중이 0.9인 반죽으로 같은 부피를 얻으려할 때 적정한 반죽무게는?

풀이

- $0.8=\frac{600}{\chi}$,
- $\chi=600\div0.8$ ∴ $\chi=750g$
- $0.9=\frac{\chi}{750}$
- $\chi=750\times0.9$ ∴ $\chi=675g$

- 제품별 비중 : 비중이 낮은 반죽은 g당 팬을 차지하는 부피가 커진다.
  - 파운드 케이크 : 0.75 전 · 후
  - 레이어 케이크 : 0.85 전 · 후
  - 스펀지 케이크 : 0.55 전 · 후
  - 롤 케이크 : 0.4~0.45

3 반죽의 pH

(1) pH의 의미

① 용액의 수소이온 농도를 나타내며 범위는 pH 1~pH 14로 표시한다.

② pH 7을 중성으로 하여 수치가 pH 1에 가까워지면 산도가 커진다.

③ pH 14에 가까워지면 알칼리도가 커진다.

④ 'pH 1의 차이는 수소이온 농도가 10배 차이가 난다'는 뜻이다. 그러므로 pH의 수치가 1 상승할 때마다 10배가 희석이 된다.

(2) 제품의 적정 pH

① 제품마다 최상의 제품을 만들기 위한 적정 pH가 있다.

② 제품의 적정 pH는 옐로 레이어 케이크 7.2~7.6, 화이트 레이어 케이크 7.4~7.8, 데블스 푸드 케이크 8.5~9.2, 초콜릿 케이크 7.8~8.8, 스펀지 케이크 7.3~7.6, 엔젤 푸드 케이크 5.2~6.0

- 산도가 가장 높은, 혹은 pH가 가장 낮은 제품은 엔젤 푸드 케이크(pH 5.2~6.0)와 과일 케이크(pH 4.4~5.0)
- 알칼리도가 가장 높은, 혹은 pH가 가장 높은 제품은 데블스 푸드 케이크(pH 8.8~9.0), 초콜릿 케이크(pH 8.8~9.0)
- pH가 5인 물을 pH가 7인 증류수로 10배 희석하면, pH가 5인 물은 pH 6인 물로 희석된다.

③ 산도가 제품에 미치는 영향

산이 강한 경우	알칼리가 강한 경우
너무 고운 기공	거친 기공
여린 껍질색	어두운 껍질색과 속색
연한 향	강한 향
톡쏘는 신맛	소다맛
빈약한 제품의 부피	정상보다 제품의 부피가 크다

- 산은 글루텐을 응고시켜 부피팽창을 방해하기 때문에 기공은 작고 조직은 조밀하다. 당의 열반응도 방해하기 때문에 껍질색을 여리게 만든다.
- 알칼리는 글루텐을 용해시켜 부피팽창을 유도하기 때문에 기공이 열리고 조직이 거칠다. 당의 열반응도 촉진시켜 껍질색을 진하게 만든다.

(3) pH 조절

① pH를 낮추고자 할 때는 주석산 크림을, 높이고자 할 때는 중조를 넣는다.

② 완제품의 향과 색을 진하게 하려면 알칼리성 재료인 중조로 조절한다.

③ 완제품의 향과 색을 연하게 하려면 산성 재료인 주석산 크림으로 조절한다.

- 팽창제의 화학반응 후 잔유물에 따른 반죽의 pH 변화
  - 중조는 화학반응 후 탄산나트륨을 만들어 반죽의 pH를 높인다.
  - 이스파타는 화학반응 후 염화나트륨을 만들어 반죽의 pH를 낮춘다.
- 가장 많이 쓰는 재료의 pH
  - 박력분 : pH 5.2
  - 중조(소다) : pH 8.4~8.8
  - 증류수 : pH 7
  - 흰자 : pH 8.8~9
  - 우유 : pH 6.6
  - 베이킹파우더 : pH 6.5~7.5
- 반죽의 상태가 완제품의 기공을 열리게 하고 조직을 거칠게 하는 원인에는 다음과 같은 것들이 있다.
  - 반죽의 온도가 높으면 많은 공기가 혼입되고 큰 공기 방울이 반죽에 남아 있다.
  - 크림화가 지나치면 많은 공기가 혼입되고 큰 공기 방울이 반죽에 남아 있다.
  - 과도한 팽창제를 사용하면 많은 이산화탄소와 암모니아 가스를 발생하여 반죽에 남아 있다.
  - 낮은 온도의 오븐에서 구우면 가스가 천천히 발생하여 반죽에 남아 있다.
  - 반죽이 알칼리성이 강한 경우에도 기공이 열리고 조직이 거칠다.
  - 반죽에 남아 있는 공기, 이산화탄소, 암모니아 가스 등은 제품의 기공을 열리게 하고 제품의 조직을 거칠게 한다.
  - 제품의 기공이 과도하게 열리면 탄력성이 감소되어 거칠고 부스러지는 조직이 된다.

06 성형·패닝

과자의 모양과 형태를 만드는 방법은 여러 가지가 있는데, 그 중에서 반죽의 특성에 맞는 성형 방법을 선택하여 사용한다.

1 다양한 성형방법

(1) **짜내기 :** 짤주머니에 모양깍지를 끼우고 철판에 짜 놓는 방법이다.

(2) **찍어내기 :** 반죽을 일정한 두께로 밀어 펴기를 한 후 원하는 모양의 틀을 사용하여 찍어내어 평철판에 패닝을 한다.

(3) **접어밀기 :** 유지를 밀가루 반죽으로 감싼 뒤 밀어펴고 접는 일을 되풀이하는 방법으로 퍼프 페이스트리 반죽 등의 모양내기에 사용한다.

2 패닝

(1) **패닝 :** 반죽을 성형하는 하나의 방법으로 갖은 모양을 갖춘 틀에 적당량의 반죽을 채워 넣고 구워서 제품을 만든다. 적정량의 반죽은 사용하고자 하는 틀의 부피를 비용적으로 나누어 산출한다.

① 반죽무게 구하는 공식은 다음과 같다.

$$반죽무게 = \frac{틀\ 부피}{비용적}$$

② 비용적 구하는 공식은 다음과 같다.

$$비용적 = \frac{틀\ 부피}{반죽무게}$$

③ 비용적(반죽 1g당 굽는 데 필요한 팬의 부피)을 알고 팬의 부피를 계산한 후 패닝을 하여야 알맞은 제품을 얻을 수 있다.

④ 각 제품은 비중, 화학팽창제의 사용량, 단백질의 신장성 등에 따라 비용적이 달라지므로 분할중량을 다르게 한다.

패닝 시 주의사항

- 케이크 반죽의 분할량이 증가하여 팬에 반죽량이 많으면 완제품에 증가되는 특성
  - 부피가 커진다.
  - 윗면이 터지거나 흘러 넘친다.
  - 풍미가 강해진다.
  - 겉껍질 두께가 두꺼워진다.
  - 겉겁질 색상이 진해진다.
- 팬에 반죽량이 적으면 모양이 좋지 않다.

(2) 틀 부피 계산법

① 곧은 옆면을 가진 원형팬 : 팬의 부피 = 밑넓이×높이 = 반지름×반지름×3.14×높이

② 옆면이 경사진 원형팬 : 팬의 부피 = 윗면과 밑면의 평균 반지름×윗면과 밑면의 평균 반지름×3.14×높이

③ 옆면이 경사지고 중앙에 경사진 관이 있는 원형팬 : 팬의 부피 = 전체 둥근 틀 부피−관이 차지한 부피

④ 경사면을 가진 사각팬 : 팬의 부피 = 윗면과 밑면의 평균 가로×윗면과 밑면의 평균 세로×높이

⑤ 정확한 치수를 측정하기 어려운 팬 : 유채씨나 물을 담은 후 메스실린더로 부피를 구한다.

예제

옆면이 경사지고 중앙에 경사진 관이 있는 엔젤 푸드 케이크의 용적을 구하려 한다. 전체 둥근 틀은 안치수로 윗면 지름 22cm, 아래면 지름 18cm, 높이 10cm, 내부 관은 바깥치수로 윗면 지름 4cm, 아래면 지름 8cm라면 이 팬의 부피(용적)은?

풀이

- 전체 둥근 틀 부피 = 10×10×3.14×10 = 3,140cm³
- 내부 관 부피 = 3×3×3.14×10 = 282.6cm³
- 이 팬의 부피 = 3,140 − 282.6 = 2,857.4cm³

(3) 각 제품의 비용적은 반죽 1g당 차지하는 부피를 의미한다. (단위 ㎤/g, cc/g)

① 파운드 케이크 : 2.40㎤/g

② 레이어 케이크 : 2.96㎤/g

③ 엔젤 푸드 케이크 : 4.70㎤/g

④ 스펀지 케이크 : 5.08㎤/g

예제

규정 파운드 팬의 부피(용적) 1cm³당 2.4g의 파운드 반죽이 필요하다. 팬의 바닥면 기준 가로가 20cm, 세로가 9cm, 깊이가 10cm인 주어진 파운드 팬에 필요한 분할중량은?

풀이

- 20 × 9 × 10 ÷ 2.4 = 750g

같은 크기의 용기에 위 반죽들을 동량 넣었을 때 가장 많이 부풀어 오르는 것은 스펀지 케이크이고, 가장 적게 부풀어 오르는 것은 파운드 케이크이다(㎤/g의 "/" = per, "당"으로 읽는다).

07 굽기

반죽에 복사, 전도와 대류의 방식으로 열을 가하여 익혀주고 색을 내는 것을 굽기라고 한다. 과자의 윗면은 복사, 밑면은 전도, 옆면은 대류 등의 방식으로 반죽에 열이 가해진다.

(1) 고율배합 반죽과 다량의 반죽일수록 낮은 온도에서 장시간 구워야 한다.

(2) 저율배합 반죽과 소량의 반죽일수록 높은 온도에서 단시간 구워야 한다.

(3) **온도의 부적당으로 발생하는 현상**

① 오버 베이킹(Over baking) : 너무 낮은 온도에서 오래 구워서 윗면이 평평하고 조직이 부드러우나 수분의 손실이 크다. 그래서 굽기 후 완제품의 노화가 빨리 진행된다.

② 언더 베이킹(Under baking) : 너무 높은 온도에서 구워 설익고 중심부분이 부풀어 오르면서 갈라지고 조직이 거칠며 주저앉기 쉽다.

(4) **굽기 손실률 :** 오븐에 넣기 직전의 중량을 A라 하고 오븐에서 나온 직후 중량을 B라 하면,

굽기 손실률 = $\frac{A-B}{A} \times 100$으로 표시된다.

(5) **손실 계산의 예제 :** 완제품의 무게 400g짜리 케이크 10개를 만들려고 한다. 굽기 및 냉각 손실이 20%라면 총 분할반죽의 무게는?

① 제품의 총 무게 = 400g×10개 = 4,000g

② 분할반죽의 총 무게 = 4,000g÷{1−(20÷100)} = 5,000g

- 찌기
  - 찜은 수증기가 갖고 있는 잠열(1g당 539kcal)을 이용하여 식품을 가열하는 조리법이다.
  - 찜은 수증기가 움직이면서 열이 전달되는 현상인 대류를 이용한다.
  - 찐빵을 찔 때 너무 압력이 가해지지 않도록 적당한 시간을 쪄내야 한다.
  - 가압하지 않은 찜기의 내부온도는 97℃ 정도이다.

08 튀기기

기름을 열 전도의 매개체로 사용하여 반죽을 익혀주고 색을 내는 것을 튀기기라고 한다.

(1) 튀김기름의 표준온도는 185~195℃이다.

(2) 튀김기름의 온도가 낮으면 너무 많이 부풀어 껍질이 거칠고 기름이 많이 흡수된다.

(3) 튀김 후 튀김물의 상태변화

수분이 껍질 쪽으로 옮아가면 껍질의 바삭거림이 없어지고 표면에 뿌린 설탕이 녹는다.

(4) 튀김기름을 산화시키는 요인 : 온도(열), 수분(물), 공기(산소), 이물질, 금속(구리(동), 철), 이중결합수 등이 튀김기름의 가수분해나 산화를 가속시켜 산패를 가져온다.

(5) 튀김기름이 갖추어야 할 요건

① 부드러운 맛과 엷은 색을 띤다.
② 가열 시 푸른 연기가 나는 발연점이 높아야 한다.
③ 제품이 냉각되는 동안 충분히 응결되어야 한다.
④ 열을 잘 전달해야 한다.
⑤ 형태와 포장 면에서 사용이 쉬운 기름이 좋다.
⑥ 이상한 맛이나 냄새가 나지 않아야 한다.
⑦ 튀김기름에는 수분이 없고 저장성이 높아야 한다.

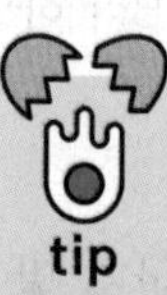

- 발한은 튀긴 완제품 내부의 수분이 밖으로 배어 나오는 현상이다.
- 발한의 대책
  - 도넛 위에 뿌리는 설탕 사용량을 늘린다.
  - 도넛을 40℃ 전 · 후로 식히고 나서 설탕 아이싱을 한다.
  - 튀김시간을 늘려 도넛의 수분함량을 줄인다.
  - 설탕 접착력이 좋은 튀김기름을 사용한다.
  - 도넛의 수분함량을 21~25%로 만든다.
- 유리지방산 : 도넛을 튀길 때, 기름을 반복 사용할수록 함량이 높아져 도넛의 품질을 떨어뜨리는 영향을 미친다.
- 도넛에 과도한 흡유가 발생했을 때의 현상과 대책을 적으시오.
  - 반죽에 수분이 많다. 그러면 반죽의 수분을 조절해준다.
  - 반죽에 설탕이 과다했다. 그러면 설탕을 감소시킨다.
  - 반죽에 팽창제가 과도했다. 그러면 팽창제를 감소시킨다.
  - 반죽의 믹싱이 짧았다. 그러면 믹싱을 연장해준다.
  - 반죽의 글루텐 형성이 부족했다. 그러면 믹싱을 연장하여 글루텐 형성을 높여 준다.
  - 완성된 반죽온도가 낮았다. 그러면 반죽온도를 높여 준다.
  - 분할한 반죽의 중량이 적었다. 그러면 분할무게의 중량을 크게 하여 표면적을 감소시킨다.
  - 반죽을 튀기는 튀김시간이 길었다. 그러면 튀김시간을 줄여 준다.

09 마무리(충전 및 장식)

제품의 맛과 시각적 멋을 돋우고 나아가 제품에 윤기를 주며 보관 중 표면이 마르지 않도록 하는 재료를 말하며 충전 또는 장식물이라고도 한다.

1 아이싱(Icing) : 장식 재료를 가리키는 명칭임과 동시에, 설탕을 위주로 한 재료를 빵·과자 제품에 덮거나 한 겹 씌우는 일을 말한다.

(1) 아이싱의 종류

① **단순 아이싱** : 분설탕(분당), 물, 물엿과 향료를 섞고 43℃로 데워 만든 되직한 설탕 페이스트(Sugar paste) 형태의 것으로 경우에 따라 소량의 유지를 첨가하는 것도 있다. 아이싱의 끈적거림을 방지하는 조치로 젤라틴, 식물성 검 같은 안정제를 사용한다.

㉠ 아이싱은 기본적으로 설탕–물의 시스템으로 구성된다.

㉡ 물엿은 보습제의 기능을 한다.

㉢ 젤라틴, 식물성 검 같은 안정제는 아이싱의 끈적거림을 방지하는 기능을 한다.

㉣ 향료는 풍미향상의 역할을 한다.

② **크림 아이싱** : 크림상태로 만든 아이싱으로 다음과 같은 종류가 있다.

㉠ 퍼지 아이싱 : 설탕, 버터, 초콜릿, 우유를 주재료로 크림화시켜 만든다.

㉡ 퐁당 아이싱 : 설탕 시럽을 기포하여 만든다.

㉢ 마시멜로 아이싱 : 거품을 올린 흰자에 뜨거운 시럽을 첨가하면서 고속으로 믹싱하여 만든다.

(2) 굳은 아이싱을 풀어주는 조치

① 아이싱에 최소의 액체를 사용하여 중탕으로 가온한다.

② 중탕으로 가열하여 35~43℃로 데워 쓴다.

③ 굳은 아이싱이 데우는 정도로 안 되면 시럽을 푼다.

(3) 아이싱의 끈적거림을 방지하는 조치

① 젤라틴, 한천, 로커스트 빈검, 카라야 검 같은 안정제를 사용한다.

② 전분, 밀가루 같은 흡수제를 사용한다.

2 글레이즈(Glaze) : 과자류 표면에 광택을 내는 일 또는 표면이 마르지 않도록 젤라틴, 젤리, 시럽, 퐁당, 초콜릿 등을 바르는 일과 이런 모든 재료를 총칭한다.

- 도넛과 케이크의 글레이즈는 45~50℃가 적당하고 도넛에 설탕으로 아이싱하면 40℃ 전 · 후가 좋고 퐁당은 38~44℃가 좋다.
- 도넛 글레이즈를 만들 때 80% 분당에 1% 한천을 넣는 것이 가장 적절하다.
- 지나치게 농후화된 글레이즈는 시럽을 사용하여 묽게 만든다.
- 아이싱과 글레이즈에서 설탕을 가수분해시키므로 첨가하는 물의 형태는 '경수, 연수, pH가 높은 물' 등이 양호하다.

3 머랭(Meringue) : 흰자에 설탕을 넣고 거품내어 만든 제품으로 공예과자나 아이싱 크림으로 이용된다.

(1) 머랭의 종류

① 냉제 머랭(Cold meringue) : 흰자를 거품내다가 설탕을 조금씩 넣으며 튼튼한 거품체를 만든다. 이때 흰자 100, 설탕 200을 넣으며, 거품 안정을 위해 소금 0.5%와 주석산 0.5%를 넣기도 한다.

② 온제 머랭(Hot meringue) : 흰자와 설탕을 섞어 43℃로 데운 뒤 거품을 내다가 안정되면 분설탕을 섞는다. 이때 흰자 100, 설탕 200, 분설탕 20을 넣는다. 공예과자, 세공품을 만들 때 사용한다.

③ 스위스 머랭(Swiss meringue) : 흰자(1/3)와 설탕(2/3)을 섞어 43℃로 데우고 거품내면서 레몬즙을 첨가한 후, 나머지 흰자와 설탕을 섞어 거품을 낸 냉제 머랭을 섞는다. 이때 흰자 100, 설탕 180을 넣는다. 구웠을 때 표면에 광택이 나고 하루쯤 두었다가 사용해도 무방하다.

④ 이탈리안 머랭(Italian meringue) : 볼에 흰자와 설탕(흰자량의 20%)을 넣고 거품내면서 뜨겁게 조린 시럽(나머지 설탕 100에 물 30을 넣고 114~118℃ 끓임)을 부어 만든 머랭으로 무스나 냉과를 만들 때 사용하거나 또는 케이크 위에 장식으로 얹고 토치를 사용하여 강한 불에 구워 착색하는 제품을 만들 때 사용한다.

4 퐁당(Fondant) : 설탕 100에 대하여 물 30을 넣고 114~118℃로 끓인 뒤 다시 희부연 상태로 재 결정화시킨 것으로 38~44℃에서 사용한다. 물엿, 적당한 시럽을 첨가하면, 수분 보유력을 높여 부드러운 식감을 만들 수 있다. 만약 보관 중에 굳으면 일반 시럽(설탕 : 물 = 2 : 1)을 소량 넣어 데워 되기를 맞추어 사용한다.

5 휘핑 크림(Whipping Cream) : 식물성 지방이 40% 이상인 크림으로 취급과 사용에 관한 주의사항은 다음과 같다.

① 휘핑 크림의 유통과정 및 보관에서 항상 5℃를 넘지 않도록 해야 한다.
② 냉각된 휘핑 크림을 운송하는 도중 강한 진탕에 의해 기계적 충격을 주게 되면 휘핑성이 저하된다.
③ 휘핑 크림은 적절하게 교반하여 크림의 체적을 4배 이하로 유지시킨다. 4배 이상으로 증가시키면 상품성이 저하된다.
④ 높은 온도에서 보관하거나 취급하게 되면 포말이 이루어지더라도 조직이 연약하고 유청 분리가 심하게 나타날 염려가 있다.
⑤ 4~6℃가 거품이 잘 일어나며 교반 후 크림(생크림, 아이스크림)의 체적(공기포집 정도)이 증가한 상태를 나타내는 수치로 오버런(Over-run)을 사용한다.

6 커스터드 크림(Custard Cream) : 우유, 달걀, 설탕을 한데 섞고, 안정제로 옥수수 전분이나 박력분을 넣어 끓인 크림이다. 여기서 달걀은 크림을 걸쭉하게 하는 농후화제, 크림에 점성을 부여하는 결합제의 역할을 한다.

- 농후화제란?
  교질용액 상태로 만드는 재료를 의미하며, 종류에는 달걀, 전분, 박력분 등이 있다.
- 전형적인 커스터드 크림을 엉기게 하는 가장 중요한 증점 재료는 전분이다.

7 디플로메트 크림(Diplomate Cream) : 커스터드 크림과 무가당 생크림을 1:1의 비율로 혼합하는 조합형 크림이다.

8 가나슈 크림(Ganache Cream) : 초콜릿 크림의 하나로 끓인 생크림에 초콜릿을 섞어 만든다. 기본배합은 1:1이지만 6:4 정도의 부드러운 가나슈도 많이 사용된다.

9 생크림(Fresh Cream) : 우유의 지방함량이 35~40% 정도의 진한 생크림을 휘핑하여 사용하고 생크림의 보관이나 작업 시 제품온도는 3~7℃가 좋다. 단, 장기간 보관할 때는 냉동을 시키고 사용할 때는 냉장온도인 3~7℃로 맞추어 사용한다. 휘핑 시 크림 100에 대하여 10~15%의 분설탕을 사용하여 단맛을 내면서 크림의 안정성을 증가시킨다. 휘핑시간이 적정시간보다 짧으면 기포가 너무 크게 되어 안정성이 약해지므로 휘핑 완료점을 잘 파악한다.

생크림의 숙성이란 불안정한 유지방의 배열을 안정화하기 위하여 생크림에는 제조의 최종 단계에서 반드시 에이징(숙성)이라고 하는 조작이 행해진다. 이것은 생크림을 3~5℃에서 8시간 정도 보존해서 유지방에 들어있는 유지의 배열을 가장 안정한 형태로 변하게 하는 공정이다.

10 버터크림(Butter Cream) : 유지를 크림 상태로 만든 뒤 설탕(100), 물(25~30), 물엿, 주석산 크림(주석산, 주석영) 등을 114~118℃로 끓여서 식힌 시럽을 조금씩 넣으면서 계속 젓는다. 마지막에 연유, 술, 향료를 넣고 고르게 섞는다. 버터크림에 사용하는 향료의 형태는 에센스 타입이 알맞다. 겨울철에 버터크림이 굳어버리면 식용유로 농도를 조절하여 부드럽게 유지되도록 만든다.

- 주석산은 포도의 껍질에 있는 신맛을 내는 성분을 추출하여 만든 것으로 제과에 많이 사용되는 재료이며 없으면 레몬즙, 식초, 구연산, 타타르 크림으로 사용한다.
- 설탕의 재결정화를 방지할 목적으로 주석산을 사용하는 경우
  - 이탈리안 머랭을 제조하기 위하여 시럽을 만들 때
  - 버터 크림을 제조하기 위하여 시럽을 만들 때
  - 설탕공예용 당액(시럽)을 만들 때
- 흰자의 거품체를 튼튼하게 만들 목적으로 주석산을 사용하는 경우
  - 냉제 머랭을 만들 때
  - 화이트 레이어 케이크를 만들 때
  - 엔젤 푸드 케이크를 만들 때
- 제품별 제조 시 사용하는 당액(시럽)의 적정한 온도와 설탕 : 물의 비율
  - 이탈리안 머랭의 시럽, 버터 크림의 시럽, 퐁당의 시럽 : 114~118℃
  - 설탕공예용의 시럽 : 155℃
  - 설탕(100%) : 물(30%)의 비율로 당액(시럽)을 만든다.
- 당액(시럽) 제조 시 설탕의 재결정을 방지할 목적으로 사용하는 재료에는 주석산(주석산 크림), 물엿, 포도당 등이 있다.

10 완제품의 평가와 포장

1 평가 : 완제품이 소비자의 욕구를 충족시킬 수 있는 상품으로서의 가치와 상태가 양호한지를 판단하는 것을 말한다.

⊙ 완제품의 가치 및 상태를 판단하는 기준은 다음과 같다.

① 외부평가 기준 : 외형의 균형, 부피, 굽기의 균일화, 껍질색, 껍질 형성, 터짐성

② 내부평가 기준 : 조직, 기공, 속결 색상

③ 식감평가 기준 : 냄새, 맛(맛은 제품 평가 시 가장 중요하게 여기는 평가항목이다)

2 포장 : 제품의 유통과정에서 제품의 가치를 증진시키고 상품으로서의 상태를 보호하기 위하여 담는 것을 말한다.

⊙ **포장용기의 선택 시 고려사항**

① 용기와 포장지에 유해물질이 없는 것을 선택해야 한다.
② 포장재의 가소제나 안정제 등의 유해물질이 용출되어 식품에 전이 되어서는 안 된다.
③ 세균, 곰팡이가 발생하는 오염포장이 되어서는 안 된다.
④ 방수성이 있고 통기성이 없어야 한다.
⑤ 포장했을 때 상품의 가치를 높일 수 있어야 한다.
⑥ 단가가 낮고 포장에 의하여 제품이 변형되지 않아야 한다.
⑦ 공기의 자외선 투과율, 내약품성, 내산성, 내열성, 투명성, 신축성 등을 고려하여 포장한다.

- 포장 전에 제품의 가치 및 상태를 외부평가, 내부평가, 식감평가로 판단한다.
- 곰팡이의 생성을 방지하기 위해 포장에 질소와 탄산가스를 사용하여 포장재 내부의 환경을 비활성에 가깝도록 조성하는 포장을 한다.
- 포장의 재질로 많이 쓰는 합성수지는 폴리에틸렌, 폴리프로필렌, 폴리스틸렌, 오리엔티드 폴리프로필렌
- 포장 재료로 가장 좋은 포화폴리에스터(PET) 재료의 특징
  - PET는 Poly Ethylene Terephthalate의 줄임말로 Poltester라고도 한다.
  - 투명하고 내열성 및 내수성이 대단히 좋다.
  - 형태의 안정성 및 반영구적인 유연성이 우수하다.
  - 기름 및 약품에 대한 내성이 우수하다.
  - 피부자극 및 호흡기 장애 등의 위험이 없다.
  - 보향성이 좋으며 연소 시 유독가스가 발생하지 않는다.
  - 기계적성이 좋아 취급 및 가공이 간편하다.
  - 100% Recycling(재활용)이 가능하다.

제 3 장 미리보는 출제예상문제

01 **고율배합 제품과 저율배합 제품의 비중을 비교해 본 결과 일반적으로 맞는 것은?**

① 고율배합 제품의 비중이 높다.
② 저율배합 제품의 비중이 높다.
③ 비중의 차이는 없다.
④ 제품의 크기에 따라 비중은 차이가 있다.

02 **다음 설명 중 저율배합에 대한 고율배합의 상대적 비교로 틀린 것은?**

① 고율배합은 믹싱 중 공기혼입이 적은 편이다.
② 고율배합의 비중은 낮아진다.
③ 고율배합에는 화학팽창제의 사용량을 감소한다.
④ 고율배합의 제품은 상대적으로 낮은 온도에서 오래 굽는다.

03 **고율배합의 제품을 굽는 방법으로 맞는 것은?**

① 저온 단시간 ② 고온 단시간
③ 저온 장시간 ④ 고온 장시간

04 **케이크 반죽을 언더믹싱(Undermixing)할 때 일어나는 현상으로 틀린 것은?**

① 반죽의 비중이 지나치게 무거워진다.
② 오븐에서 너무 팽창하여 무너진다.
③ 혼합하는 동안 반죽에 혼입되는 공기 양이 적다.
④ 케이크의 체적이 정상보다 작으며 표면에 설탕입자가 남는다.

해 설

01
고율배합에는 설탕, 유지, 달걀이 많이 들어가므로 공기포집이 잘 되어 비중이 낮다.

02

현상	고율배합	저율배합
믹싱 중 공기혼입 정도	많다	적다
반죽의 비중	낮다	높다
화학팽창제 사용량	줄인다	늘린다
굽기온도	낮다	높다

03
- 설탕 사용량이 밀가루 사용량보다 많은 고율배합의 제품은 중량이 많은 제품, 부피가 큰 제품의 굽기와 같은 오버 베이킹(Over baking)한다.
- 오버 베이킹은 저온 장시간이라는 뜻이다.

04
오븐에서 팽창이 너무 작다.

정답 | 01 ② 02 ① 03 ③ 04 ②

05 어떤 케이크를 제조하기 위하여 조건을 조사한 결과가 달걀 온도 25℃, 밀가루 온도 25℃, 설탕 온도 25℃, 쇼트닝 온도 25℃, 실내 온도 25℃, 사용수 온도 20℃, 결과 온도가 28℃였다. 이때 마찰계수는?

① 13 ② 18
③ 23 ④ 28

06 팬 크기가 아래 그림과 같고 비용적을 4.5㎤/g으로 할 때 반죽의 분할 중량은 약 얼마인가?(단, 반죽을 100% 다 채우는 것으로 가정한다.)

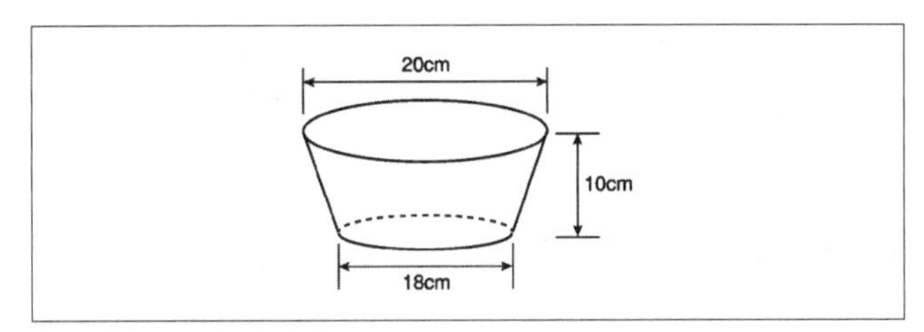

① 약 604g ② 약 630g
③ 약 624g ④ 약 590g

07 케이크 반죽을 패닝할 때 고려되어야 할 사항으로 관계가 가장 적은 것은?

① 틀의 부피 ② 반죽의 비중
③ 제품의 비용적 ④ 반죽의 온도

08 다음 조건의 경사 직육면체 팬의 용적비는?

> 윗면가로 20cm, 윗면세로 8cm, 밑면가로 19cm, 밑면세로 7cm, 높이 8cm

① 1,250cm³ ② 1,270cm³
③ 1,150cm³ ④ 1,170cm³

해설

05
- 마찰계수 = (결과온도×6)−(밀가루 온도+달걀 온도+수돗물 온도+실내 온도+설탕 온도+쇼트닝 온도) = (28×6)−(25+25+20+25+25+25) = 23
- 사용수 = 수돗물

06
① 분할중량 = 용적÷비용적
② 용적 = 윗면과 밑면의 평균 반지름×윗면과 밑면의 평균 반지름×3.14×높이
③ (9.5×9.5×3.14×10)÷4.5 = 629.7g

07
패닝의 방법에는 분할중량을 산출하여 패닝하는 방법과 팬의 부피를 기준으로 패닝하는 방법이 있다.

08
① 윗면과 밑면의 평균 가로×윗면과 밑면의 평균 세로×높이
② $(\frac{20+19}{2})\times(\frac{8+7}{2})\times8 = 1{,}170cm^3$

05 ③ 06 ② 07 ④ 08 ④

09 다음 제품 중 반죽의 비중이 가장 낮은 것은?

① 파운드 케이크 ② 옐로우 레이어 케이크
③ 초콜릿 케이크 ④ 버터 스펀지 케이크

10 비중 0.75인 과자 반죽의 물 1ℓ에 대한 무게는?

① 75g ② 750g
③ 375g ④ 1,750g

11 다음 중 반죽의 pH가 가장 낮아야 좋은 제품은?

① 화이트 레이어 케이크 ② 스펀지 케이크
③ 엔젤 푸드 케이크 ④ 파운드 케이크

12 레몬즙이나 식초를 첨가한 반죽을 구웠을 때 나타나는 현상은?

① 조직이 치밀하다. ② 껍질색이 진하다.
③ 향이 짙어진다. ④ 부피가 증가한다.

13 과자반죽 제조 시 pH 5.0의 산성 반죽과 비교하여 pH 8.0의 알칼리성 반죽의 특성으로 옳은 것은?

① 부피가 작다.
② 풍미가 약하다.
③ 겉껍질 색상이 진하다.
④ 기공이 닫혀 부피가 작다.

14 어느 반죽의 비용적이 2.5(cc/g)라면, 즉 반죽 1g당 2.5cm³의 부피를 갖는다면, 가로가 15cm, 세로가 2cm, 높이가 4cm인 팬에는 몇 g의 반죽을 넣어야 하는가?

① 24g ② 48g
③ 84g ④ 12g

해설

09
- 파운드 케이크 : 0.75
- 옐로우 레이어 케이크 : 0.8~0.9
- 초콜릿 케이크 : 0.8~0.9
- 버터 스펀지 케이크 : 0.5~0.6

등의 비중을 갖는다

10

$$비중 = \frac{반죽무게}{물무게}$$

$$0.75 = \frac{x}{1,000}$$

$$0.75 \times 1,000 = x$$

$$\therefore x = 750g$$

11
엔젤 푸드 케이크는 속색을 하얗게 만들어야 하므로 반죽의 pH를 낮추어 당의 캐러멜화 반응 온도를 높인다.

12
반죽에 레몬즙이나 식초를 첨가하면 반죽이 강산성으로 치우쳐 제품의 조직이 치밀해진다.

13
알칼리성 반죽의 특성
- 부피가 크다.
- 풍미가 강하다.
- 기공이 열려 거칠다.

14
- (15cm × 2cm × 4cm) ÷ 2.5cc/g = 48g
- 패닝량 = 용적 ÷ 비용적

정답 | 09 ④ 10 ② 11 ③ 12 ① 13 ③ 14 ②

15 케이크 반죽의 패닝에 대한 설명으로 틀린 것은?

① 비중이 낮은 반죽은 g당 팬을 차지하는 부피가 커진다.
② 각 제품은 비중에 따라 비용적이 달라지므로 분할중량을 다르게 한다.
③ 분할중량은 유채씨를 이용하여 팬의 부피를 구한 다음 비중으로 나눈다.
④ 엔젤 푸드 케이크, 시폰 케이크는 팬에 물을 고르게 칠한 후 패닝한다.

16 언더 베이킹(Under baking)에 대한 설명 중 틀린 것은?

① 낮은 온도에서 오래 굽는 것이다.
② 중앙부분이 익지 않는 경우가 많다.
③ 윗면이 갈라지기 쉽다.
④ 속이 거칠어지기 쉽다.

17 가압하지 않은 찜기의 내부온도로 가장 적당한 것은?

① 65℃ ② 97℃
③ 150℃ ④ 200℃

18 굽기에 대한 설명 중 틀린 것은?

① 분할중량이 많은 것은 낮은 온도에서 오래 굽는다.
② 파운드 케이크의 반죽에 설탕 입자가 남으면 윗면 터짐이 발생한다.
③ 스펀지 케이크는 오븐에서 꺼낸 후 팬에서 바로 빼낸다.
④ 퍼프 페이스트리는 성형, 패닝 후 바로 굽는다.

19 완제품 440g인 스펀지 케이크 500개를 주문 받았다. 굽기손실이 12%라면 전체 반죽은 얼마나 준비하여야 하는가?

① 125kg ② 250kg
③ 300kg ④ 600kg

해 설

15
분할중량은 유채씨를 이용하여 팬의 부피를 구한 다음 비용적으로 나눈다.

16
언더 베이킹은 높은 온도에서 단시간 구운 상태로 제품에 수분이 많고 설익어 가라앉기 쉽다.

17
- 수증기는 100℃를 넘지 않는다.
- 가압 : 압력을 높이다.

18
퍼프 페이스트리는 성형, 패닝 후 충분히 휴지시켜 굽는다.

19
전체 반죽량 = 완제품의 중량×개수÷(1−굽기 손실률)
= 440g×500÷0.88 = 250kg

15 ③ 16 ① 17 ② 18 ④ 19 ②

20 튀김기름을 나쁘게 하는 4가지 중요 요소는?

① 열, 수분, 탄소, 이물질　② 열, 수분, 공기, 이물질
③ 열, 공기, 수소, 탄소　④ 열, 수분, 산소, 수소

21 도넛 제품이 과도하게 흡유를 하는 문제가 발생되었다. 원인을 점검하는 항목으로 틀린 것은?

① 튀김기름의 온도가 낮지 않은가
② 튀김 반죽의 믹싱 시간이 짧지 않은가
③ 튀김 반죽에 수분이 적지 않은가
④ 도넛 반죽에 설탕량이 많지 않은가

22 튀김용 기름으로 바람직한 특징이 아닌 것은?

① 부드러운 맛과 짙은 색깔
② 산패에 저항성이 있는 기름
③ 거품이나 검(Gum)형성에 대한 저항성이 있는 기름
④ 형태와 포장면에서 사용이 쉬운 기름

23 도넛 설탕이 물에 녹는 현상을 방지하는 설명으로 틀린 항목은?

① 도넛에 묻는 설탕량을 증가시킨다.
② 튀김시간을 증가시킨다.
③ 포장용 도넛의 수분을 38% 전 · 후로 한다.
④ 냉각 중 환기를 더 많이 시키면서 충분히 냉각한다.

24 데커레이션의 기본 아이싱에 포함되지 않는 것은?

① 버터 크림 아이싱　② 퐁당
③ 로얄 아이싱　④ 초콜릿 퍼지 아이싱

25 퐁당 아이싱의 끈적거림을 배제하는 방법으로 잘못된 것은?

① 아이싱에 최소의 액체를 사용한다.
② 안정제(한천 등)를 사용한다.
③ 흡수제(전분 등)를 사용한다.
④ 케이크 온도가 높을 때 사용한다.

해설

20
튀김기름의 4대 적 : 온도(열), 물(수분), 공기(산소), 이물질로써 튀김기름의 가수분해나 산화를 가속한다.

21
튀김 반죽에 수분이 많은지를 점검해야 한다.

22
튀김용 기름은 엷은 색을 띠며 발연점이 높은 것이 좋다.

23
발한은 반죽 내부 수분이 밖으로 배어 나오는 현상으로 튀김시간을 줄이면 수분이 더 많아진다. 도넛의 수분함량은 21~25%로 만든다.

24
초콜릿 퍼지 아이싱은 단순히 토핑과 필링을 하기 위한 아이싱으로 사용된다.

25
퐁당 아이싱의 끈적거림을 배제하기 위해서는 케이크 온도가 낮을 때 사용한다.

정답 | 20 ② 21 ③ 22 ① 23 ③ 24 ④ 25 ④

26 아이싱과 글레이즈에서 설탕을 가수분해시키므로 피해야 되는 물의 형태는?

① pH가 높은 물　　② pH가 낮은 물
③ 경수　　④ 연수

27 무스 크림을 만들 때 가장 많이 이용되는 머랭의 종류는?

① 이탈리안 머랭　　② 스위스 머랭
③ 온제 머랭　　④ 냉제 머랭

28 이탈리안 머랭에 대한 설명 중 틀린 것은?

① 설탕량이 많으면 설탕의 일부를 제외하고 남은 설탕에 물을 넣어 끓인다.
② 흰자와 설탕 일부로 50% 정도의 머랭을 만든다.
③ 뜨거운 시럽에 머랭을 넣으면서 거품을 올린다.
④ 강한 불에 구워 착색하는 제품을 만드는 데 알맞다.

29 아이싱에 이용되는 퐁당(Fondant)은 설탕의 어떤 성질을 이용하는가?

① 설탕의 보습성
② 설탕의 재결정성
③ 설탕의 용해성
④ 설탕이 전화당으로 변하는 성질

30 케이크 도넛을 튀긴 후 포장하는 동안 당의나 제품이 깨지지 않는 냉각 온도로 가장 알맞은 것은?

① 25~28℃　　② 32~35℃
③ 38~43℃　　④ 49~52℃

31 생크림 제품을 만들기 위해 생크림을 준비하고자 한다. 그 처리 방법이 옳은 것은?

① 일단 거품을 올린 휘핑크림은 실온에 두어도 된다.
② 거품을 낼 때 크림의 온도는 따뜻해야 한다.
③ 크림은 최대한으로 거품을 올려야 분리현상이 없다.
④ 냉동된 크림은 냉장온도로 맞추어 사용한다.

해 설

26
설탕을 가수분해할 때 pH가 낮아 산성이 되면 분해가 지연된다.

27
이탈리안 머랭 : 흰자를 거품내면서 뜨겁게 조린 시럽을 부어 만든 머랭으로 무스나 냉과를 만들 때 사용한다.

28
흰자와 설탕 일부로 50% 정도의 머랭을 만든 후 머랭에 뜨거운 시럽을 넣으면서 다시 거품을 올린다. 일반적으로 무스나 냉과를 만들 때 쓰지만 케이크 위에 장식으로 얹고 토치를 사용하여 강한 불에 구워 착색하기도 한다.

29
퐁당(Fondant) : 제과에 아이싱으로 사용되며 설탕 100에 대하여 물 30을 넣고 114~118℃로 끓인 것을 말한다.

31
생크림은 융점이 낮은 우유의 지방으로 만들므로 사용할 때 냉장온도로 맞추어 사용한다.

26 ②　27 ①　28 ③　29 ②　30 ②　31 ④

32 **데커레이션 케이크 재료인 생크림에 대한 설명이다. 적당치 않은 것은?**

① 크림 100에 대하여 1.0~1.5%의 분설탕을 사용하여 단맛을 낸다.
② 유지방 함량 35~45% 정도의 진한 생크림을 휘핑하여 사용한다.
③ 휘핑시간이 적정시간보다 짧으면 기포가 너무 크게 되어 안정성이 약해진다.
④ 생크림의 보관이나 작업 시 제품온도는 3~7℃가 좋다.

33 **과자제품의 평가 시 내부적 평가 요인으로 알맞지 않은 것은?**

① 맛 ② 방향
③ 기공 ④ 부피

34 **곰팡이의 생성을 방지하기 위해 포장 시 충전하는 가스로 알맞은 것은?**

① 질소와 탄산가스 ② 산소와 탄산가스
③ 질소와 염소가스 ④ 산소와 염소가스

35 **제과 · 제빵 제품의 노화지연을 위한 방법으로 틀린 것은?**

① 설탕을 많이 넣었다.
② 유화제를 사용했다.
③ 제품의 수분함량을 70% 이상으로 높게 했다.
④ 냉장고에 장시간 보관했다.

36 **포화폴리에스터(PET) 재료의 특징이 아닌 것은?**

① 보향성이 매우 좋다.
② 기계적성이 매우 나쁘다.
③ 투명하고 내열, 내수성이 대단히 좋다.
④ 질기며 기름, 약품에 대한 내성이 우수하다.

해설

32
크림 100에 대하여 10~15% 범위 내에서 단맛을 낸다.

33
내부평가로는 기공, 조직, 속색, 입안의 감촉, 향, 맛이 있다.

35
냉장고에 제품을 장시간 보관하면 제품의 수분손실이 많아져 노화가 촉진된다.

36
기계적성이 매우 좋다.

정답 | 32 ① 33 ④ 34 ① 35 ④ 36 ②

제 4 장 제품별 제과법

01 파운드 케이크(Pound Cake)

반죽형 반죽 과자의 대표적인 제품 중 저율배합 제품이다. 파운드 케이크란 이름은 기본 재료인 밀가루, 설탕, 달걀, 버터 4가지를 각각 1파운드씩 같은 양을 넣어 만든 것에서 유래되었다고 한다.

1 기본 배합률

재료명	비율(%)	재료명	비율(%)
밀가루	100	유지	100
설탕	100	달걀	100

2 사용재료의 특성

(1) 부드러운 제품을 만들고자 할 경우에는 박력분을, 쫄깃한 제품을 만들고자 할 경우는 중력분이나 강력분을 혼합해 사용한다.

(2) 맛의 변화를 위해 옥수수가루나 보리가루를 섞을 수 있으나 찰옥수수가루는 제품의 내상을 차지게 하기에 사용하지 않는다.

(3) 크림성과 유화성이 좋은 유지를 사용해야 한다.

(4) 유지의 종류에는 쇼트닝, 마가린, 버터, 라드 순으로 사용하기가 좋다.

(5) 케이크 제조에서 유지는 팽창기능, 유화기능, 윤활기능(흐름성) 등 3가지 기능을 한다.

(6) **재료의 상호관계 :** 유지 사용량의 증가(팽창력 증가, 연화력 증가) → 달걀 사용량의 증가(팽창력 증가, 구조력 증가) → 우유 사용량의 감소(수분 함유량의 균형) → 베이킹파우더 사용량의 감소(팽창의 균형) → 소금 사용량의 증가(맛의 증진)

(7) 파운드 케이크를 만드는 데 밀가루와 설탕 사용량을 고정하고 달걀 혹은 쇼트닝을 증가시킬 때 다른 재료의 변화 관계는 다음과 같다.
① 달걀 증가 → 소금 증가(맛의 증진)
② 달걀 증가 → 유지 증가(팽창력 증가, 연화력 증가)
③ 달걀 증가 → 베이킹파우더 감소(팽창력 균형)

④ 달걀 증가 → 우유 감소(수분 함유량의 균형)
⑤ 쇼트닝 증가 → 소금 증가(맛 증진)
⑥ 쇼트닝 증가 → 달걀 증가(구조력 증가, 팽창력 증가)
⑦ 쇼트닝 증가 → 베이킹파우더 감소(팽창력 균형)
⑧ 쇼트닝 증가 → 우유 감소(수분 함유량의 균형)

3 제조 공정

(1) 믹싱

① 파운드는 반죽형 반죽을 만들 수 있는 제법을 모두 이용할 수 있으나 크림법이 가장 일반적이다.
② 파운드를 크림법으로 만드는 방법
㉠ 유지(버터, 마가린, 쇼트닝)의 품온인 18~25℃에 소금과 설탕을 넣으면서 크림을 만든다.
㉡ 달걀을 서서히 넣으면서 부드러운 크림을 만든다.
㉢ 밀가루와 나머지 액체재료도 넣고 균일한 반죽을 만든다.
㉣ 밀가루를 혼합할 때 가볍게 하여 글루텐 발전을 최소화해야 부드러운 조직이 된다.
㉤ 반죽의 온도는 20~24℃가 적당하며 비중은 0.75~0.85가 일반적이다.

(2) 패닝

① 파운드 틀을 사용하여 안쪽에 종이를 깔고 틀 높이의 70% 정도만 채운다.
② 파운드 케이크는 반죽 1g당 2.4cm^3를 차지한다.

(3) 굽기

① 2중팬을 사용하여 굽는다.
② 반죽량이 많은 제품은 170~180℃에서, 적은 제품은 180~190℃에서 굽는다.
③ 흔히 보기 좋도록 굽기 도중 윗면에 칼집을 내어 균일한 터짐을 유도한다.
④ 요즘은 윗면에 칼집을 내어 터짐을 유도하기보다 자연스럽게 터트려 굽는다.
⑤ 포장용으로 만드는 소형 파운드 케이크는 윗면이 터지지 않아야 좋기 때문에 터지지 않게 다음과 같은 조치를 취한다.
㉠ 터지는 원인을 미리 없애거나 굽기 전에 증기를 불어 넣는다.
㉡ 뚜껑을 처음부터 덮어 굽는다.

- 2중팬을 사용하면 오븐에서의 열전도 효율은 낮아지지만 설탕, 달걀, 유지 등이 많이 들어간 고율배합의 반죽을 균일하게 익힐 수 있다.
- 굽기 시 2중팬을 사용하는 목적은 다음과 같다.
  - 제품 바닥의 두꺼운 껍질형성을 방지하기 위하여
  - 제품 옆면의 두꺼운 껍질형성을 방지하기 위하여
  - 제품의 조직과 맛을 좋게 하기 위하여
- 구울 때 윗면이 자연적으로 터지는 원인
  - 설탕이 다 녹지 않음
  - 반죽의 수분 부족
  - 높은 온도에서 구워 껍질이 빨리 생김
  - 패닝 후 바로 굽지 않아 반죽의 거죽이 마름
- 구운 직후 노른자에 설탕을 넣고 칠하는 목적은 다음과 같다.
  - 광택제 효과
  - 보존기간 개선
  - 착색 효과
  - 맛의 개선
- 반죽형 케이크를 구울 때 증기를 분사하는 목적은 다음과 같다.
  - 향의 손실을 막는다.
  - 표면의 캐러멜화 반응을 연장한다.
  - 수분의 손실을 막는다.
  - 윗면의 터짐을 방지한다.
  - 껍질을 얇게 만든다.

4 파운드 케이크를 응용한 제품

(1) 마블 케이크 : 보통의 파운드 케이크 반죽에 초콜릿과 코코아를 첨가해 전체 반죽의 $\frac{1}{4}$을 코코아 반죽으로 만든 후 나머지 흰 반죽과 섞어 대리석 무늬를 만든 케이크이다.

(2) 과일 파운드 케이크

① 파운드 케이크 반죽에 각종 과일을 넣어 만든 케이크로 첨가하는 과일 양은 전체 반죽의 25~50%이다.

② 과일은 건조 과일을 쓰거나 시럽에 담근 과일을 사용한다. 시럽에 담근 과일은 사용 전에 물을 충분히 뺀 뒤 사용한다.

③ 과일은 밀가루에 묻혀 사용하면 과일이 밑바닥에 가라앉는 것을 방지할 수 있다.

④ 과일류는 믹싱 최종 단계에 넣는다.

(3) 모카 파운드 케이크 : 보통의 파운드 케이크 반죽에 커피를 넣어 만든 제품으로, 커피가 들어가는 모든 제품에는 커피의 생산지역으로 유명한 가나의 모카라는 지명을 붙인다.

- 반죽형 케이크의 부피가 작아지는 원인
  - 강력분을 사용한 경우
  - 오븐 온도가 지나치게 낮거나 혹은 높은 경우
  - 팽창제를 과량으로 사용한 경우
  - 우유, 물이 많거나 팽창제가 부족한 경우
  - 달걀양이 부족하거나 품질이 낮은 경우
  - 유지의 유화성과 크림성이 나쁜 경우
- 반죽형 케이크를 굽는 도중에 수축하는 경우의 원인
  - 베이킹파우더의 사용이 과다한 경우
  - 오븐의 온도가 너무 낮거나 너무 높은 경우
  - 설탕과 액체재료의 사용량이 많은 경우
  - 반죽에 과도한 공기혼입이 된 경우
  - 재료들이 고루 섞이지 않은 경우
  - 밀가루 사용량이 부족한 경우
  - 염소 표백하지 않은 박력분을 쓴 경우(단, 설탕이 밀가루보다 많은 경우)
- 반죽형 케이크 제조 시 분리현상이 일어나는 원인
  - 반죽온도가 낮다.
  - 유지의 품온이 낮다.
  - 달걀, 우유, 물 등의 액체재료의 온도가 낮다.
  - 품질이 낮은 달걀을 사용했다.
  - 일시에 투입하는 달걀의 양이 많다.
  - 유화성이 없는 유지를 썼다.
  - 유지가 설탕이나 밀가루와 고르게 혼합되지 않았다.
- 반죽형 케이크를 구운 후 가볍고 부서지는 현상의 원인
  - 반죽에 밀가루 사용량이 부족했다.
  - 화학 팽창제 사용량이 많았다.
  - 반죽의 크림화가 지나쳤다.
  - 유지 사용량이 많았다.
- 케이크 반죽을 언더믹싱(Undermixing 즉, 믹싱이나 휘핑이 부족한 경우)할 때 일어나는 현상
  - 혼합하는 동안 반죽에 혼입되는 공기의 양이 감소된다.
  - 반죽의 비중 값이 커진다.
  - 굽기 시 오븐팽창이 작다.
  - 완제품의 체적이 정상보다 작으며 표면에 설탕입자가 남는다.

02 레이어 케이크(Layer Cake)

반죽형 반죽 과자의 대표적인 제품 중 설탕 사용량이 밀가루 사용량보다 많은 고율배합 제품이다.

1 재료 사용 범위

재료	화이트 레이어 케이크	옐로우 레이어 케이크	데블스 푸드 케이크	초콜릿 케이크
	사용범위(%)	사용범위(%)	사용범위(%)	사용범위(%)
밀가루(박력분)	100	100	100	100
설탕	110~160	110~140	110~180	110~180
쇼트닝	30~70	30~70	30~70	30~70
달걀 흰자	흰자=쇼트닝×1.43	흰자=쇼트닝×1.1	흰자=쇼트닝×1.1	흰자=쇼트닝×1.1
탈지분유	변화	변화	변화	변화
물	변화	변화	변화	변화
베이킹파우더	2~6	2~3	2~6	2~6
소금	1~3	1~3	2~3	2~3
주석산 크림	0.5	–	–	–
향료	0.5~1.0	0.5~1.0	0.5~1.0	0.5~1.0
유화제	6~8	6~8	2~6	2~6
• 설탕 및 쇼트닝 사용량을 결정한다. • 배합률을 조정한다. • 배합률을 조정하는 순서 ① 달걀의 양을 산출한다. ② 우유의 양을 산출한다. ③ 분유의 양을 산출한다. ④ 물의 양을 산출한다. ⑤ 달걀과 우유를 합한 양은 반죽의 전체 수분함유량을 의미한다.	• 흰자=쇼트닝×1.43 • 우유=설탕+30–흰자 • 분유=우유×0.1 • 물=우유×0.9 • 주석산 크림=0.5% • 설탕 : 110~160%	• 달걀=쇼트닝×1.1 • 우유=설탕+25–달걀 • 분유=우유×0.1 • 물=우유×0.9 • 설탕 : 110~140%	• 달걀=쇼트닝×1.1 • 우유=설탕+30+(코코아×1.5)–달걀 • 분유=우유×0.1 • 물=우유×0.9 • 설탕 : 110~180% • 중조=천연 코코아×7% • 조절하고자 하는 베이킹파우더의 양=원래 사용하던 베이킹파우더의 양–(중조×3)	• 달걀=쇼트닝×1.1 • 우유=설탕+30+(코코아×1.5)–달걀 • 분유=우유×0.1 • 물=우유×0.9 • 설탕 : 110~180% • 초콜릿=코코아+카카오 버터 • 코코아=초콜릿 양×62.5% (=5/8) • 카카오 버터=초콜릿 양×37.5% (=3/8) • 조절한 유화 쇼트닝=원래 유화 쇼트닝–(카카오 버터×1/2)

- 케이크 배합에서 설탕 함량을 밀가루를 기준으로 100% 이상 증가시킬 때 나타나는 현상
  - 케이크 반죽의 점도가 높아진다.
  - 케이크 조직의 응고가 지연된다.
  - 밀가루 전분의 호화온도가 높아진다.
  - 케이크의 부드러움이 증가된다.
- 반죽형 케이크인 레이어 케이크를 제조할 때 쇼트닝의 역할
  - 많은 양의 수분을 흡수한다.
  - 반죽을 크림화하며 공기를 포집한다.
  - 단백질과 전분의 연속성을 절단하는 윤활역할을 한다.
  - 제품의 질감을 부드럽게 한다.
  - 제품의 구조와 형태를 약화시킨다.

2 제조 공정

(1) 재료 계량

(2) 믹싱

① 반죽형 반죽으로 만들 수 있는 제법 모두를 이용할 수 있으나 크림법이 가장 일반적이다. 단, 데블스 푸드 케이크는 블렌딩법으로 제조한다.

② 반죽상태 : 전 재료가 균일하게 혼합되도록 하며 밀가루를 넣은 후 오버 믹싱이 되지 않게 주의한다.

③ 반죽온도 : 24℃

④ 반죽비중 : 0.85~0.9

(3) 패닝 : 팬의 55~60% 정도 반죽을 채운다.

(4) 굽기

① 온도 : 180℃에서 25~35분간 굽는다.

② 구운 상태 : 속이 완전히 익고, 껍질색이 황금 갈색이 되도록 한다.

- 옐로우 레이어 케이크는 많은 종류의 레이어 케이크가 유래한 기본이 되는 제품이다.
- 유화제 처리가 안 된 쇼트닝을 쓸 경우 쇼트닝의 6~8%에 해당하는 유화제를 첨가한다.
- 설탕의 사용범위는 110~180%까지인데, 설탕 사용량이 많을수록 수분 사용량이 늘어나 노화가 지연된다.
- 화이트 레이어 케이크는 흰자를 사용해 반죽한 케이크로 설탕 사용범위가 110~160%까지로 넓다.
- 주석산 크림은 흰자의 구조와 내구성을 강화시키고, 흰자의 산도를 높여 케이크의 속색을 희게 한다.

- 데블스 푸드 케이크는 15~30%의 코코아를 넣고 반죽한 케이크로, 블렌딩법으로 제조한다.
- 데블스 푸드 케이크 제조 시 약산성의 천연코코아를 사용할 경우 이를 중화시키기 위해 코코아의 7%에 해당하는 중조(탄산수소나트륨)를 사용한다(천연코코아 pH 5.3~6.0, 중조 pH 8.4~8.8).
- 더취(가공) 코코아를 사용할 경우에는 중조보다 베이킹파우더를 사용하는게 좋다.
- 중조의 이산화탄소 발생력은 베이킹파우더의 탄산가스 발생력보다 3배가 크다.
- 초콜릿 케이크는 기본인 옐로우 레이어 케이크 반죽에 24~48% 정도의 초콜릿을 넣어 맛과 향을 보강한 제품이다.
- 초콜릿의 종류는 비터 초콜릿(Bitter Chocolate)으로 코코아 62.5%(5/8), 카카오 버터 37.5%(3/8)로 구성된 쓴 맛이 나는 초콜릿이다.

03 스펀지 케이크(Sponge Cake)

거품형 반죽 과자의 대표적인 제품으로 전란을 사용하여 만드는 스펀지 반죽으로 만든 제품이다.

1 기본 배합률

재료명	비율(%)	재료명	비율(%)
밀가루	100	달걀	166
설탕	166	소금	2

2 사용재료의 특성

(1) 부드러운 제품을 만들고자 할 경우에는 박력분을 사용한다.

(2) 중력분을 사용할 때 전분(12% 이하)을 섞어 사용할 수 있다.

(3) 달걀과 밀가루는 부피를 결정하고 제품의 구조를 형성한다.

(4) 달걀은 수분을 공급해 주며 내상에 색을 낸다.

(5) 소금은 맛을 내는데 중요한 역할을 한다.

(6) 설탕은 기포력을 저하시키나 기포의 안정성은 증가시키고, 제품의 질감을 부드럽게 한다. 만약 설탕이 최저 사용량(밀가루 기준 100%) 이하로 반죽에 들어가면 제품의 껍질이 갈라진다.

(7) 유화제를 사용하는 스펀지 케이크를 만들고자 할 때 조치사항이다.

① 사용하고자 하는 유화제의 양을 결정한다.

② 유화제의 양에 대하여 4배에 해당하는 물을 계산한다.

③ 원래 배합에서 사용한 달걀의 양을 조절한다.

④ 원래 사용한 달걀의 양−(유화제의 4배에 해당하는 물의 양+유화제의 양) = 조절한 달걀의 양

예제 **스펀지 케이크 제조 시 달걀을 600g 사용하는 원래 배합을 변경하여 유화제를 24g 사용하고자 한다. 이 때 필요한 달걀의 양은?**

풀이

① 유화제의 4배에 해당하는 물의 양 = 24×4 = 96g
② 유화제의 양 = 24g
③ 조절한 달걀의 양 = 원래 사용한 달걀의 양−(유화제의 4배에 해당하는 물의 양+유화제의 양)
④ 조절한 달걀의 양 = 600−(96+24) = 480g

- 달걀 사용량을 1% 감소시킬 때의 조치사항
  - 밀가루 사용량을 0.25% 추가한다.
  - 베이킹파우더를 0.03% 사용한다.
  - 물 사용량을 0.75% 추가한다.
  - 유화제를 0.03% 사용한다.
- 위와 같은 조치를 취하는 이유는 스펀지 케이크 제조 시 달걀의 기능 때문이다. 달걀의 기능은 다음과 같다.
  - 결합작용으로 구조력을 강화한다.
  - 공기를 포집하여 팽창작용을 한다.
  - 달걀의 수분이 반죽에 수분을 공급한다.
  - 노른자의 레시틴이 천연유화작용을 한다.

3 제조 공정

(1) 스펀지 케이크 제조에 사용되는 믹싱법은 공립법, 별립법 중에서 선택한다.

(2) **패닝** : 철판, 원형틀에 50~60% 정도 반죽을 채운 후 기포를 안정되게 하기 위해 오븐에 들어가기 직전 충격을 가한다.

(3) 스펀지는 달걀을 많이 사용하는 제품이므로 굽기가 끝나면 즉시 팬에서 꺼내야 냉각 중 과도한 수축을 막을 수 있다.

(4) 스펀지 케이크를 굽는 공정 중에 공기의 팽창, 전분의 호화, 단백질의 응고 등의 물리적 현상들이 일어난다.

- 일반 스펀지 케이크(Sponge cake)의 적당한 pH는 pH 7.3~7.6의 중성이다.
- 케이크 팬에 까는 팬 종이의 높이는 팬 높이와 같거나 0.5cm 정도 높게 한다. 만약에 팬 종이의 높이가 지나치게 높으면 완제품의 가장자리에 그림자 현상이 생겨 다른 부위보다 색이 여리게 된다.

4 스펀지 케이크를 응용한 제품

(1) 스펀지 케이크에 반죽 제조 시 지나친 점성을 일으키지 않는 메옥수수 분말을 넣어 구수한 풍미를 갖는 옥수수 스펀지 케이크를 만들 수 있다.

(2) 스펀지 케이크에 지방이 50%로 구성된 아몬드 분말을 넣어 노화를 지연시키고 풍미를 증진시킬 수 있는 아몬드 스펀지 케이크를 만들 수 있다.

(3) 카스테라

① 굽기 시 반죽의 건조를 방지하고 완제품의 높이를 높게 만들기 위하여 나무틀을 사용하여 굽기를 하는 스펀지 케이크의 응용 제품이다.

② 굽기 온도는 180~190℃가 가장 적합하다.

③ 카스텔라 제조 시 굽기 과정에서 휘젓기를 하는 이유

㉠ 반죽의 온도를 일정하게 한다.

㉡ 완제품의 내상을 균일하게 한다.

㉢ 제품의 표면을 고르게 한다.

㉣ 제품의 수평을 고르게 한다.

㉤ 굽기 시간을 단축한다.

04 롤 케이크(Roll Cake)

기본 배합인 스펀지 케이크보다 수분이 많아야 말(Rolling) 때 표피가 터지지 않게 된다. 그러므로 노른자 사용량이 적어지고 달걀 사용량이 많아진다. 달걀 사용량이 많을수록 공기를 끌어들여 함유하는 능력이 커지므로 비중이 낮아 롤 케이크의 완제품이 가벼워진다. 그래서 스펀지 케이크보다 롤 케이크의 완제품이 가볍다.

1 제조 공정

(1) 거품형 반죽에서 전란을 사용하여 만드는 스펀지 반죽으로 만든다.

(2) 스펀지 반죽을 만드는 제법인 공립법, 별립법, 1단계법에서 선택한다.

(3) 롤 케이크는 스펀지 케이크를 변형시킨 제품이다.

(4) 굽기

① 양이 많아 두껍게 편 반죽은 낮은 온도에서 오래 굽는다.

② 양이 적어 얇게 편 반죽은 높은 온도에서 짧게 굽는다.

③ 굽기 후 열기가 좀 빠지면 완제품에 압력을 가해 수평을 맞춘다.

④ 롤 케이크는 구운 후 즉시 팬에서 꺼낸다. 그래야만 완제품이 찐득거리는 것, 수축하는 것, 말기 시 표면이 터지는 것 등을 방지할 수 있다.

2 롤 케이크 말기를 할 때 표면의 터짐을 방지하는 방법

롤 케이크를 말 때 터지는 이유는 표피의 수분이 많이 증발하여 신전성(伸展性)이 부족하거나 과도한 팽창에 의하여 점착성이 약해져서 곡면으로 휘어지는 능력이 없어지기 때문이다.

(1) 설탕의 일부는 물엿과 시럽으로 대치한다.

(2) 배합에 덱스트린을 사용하여 점착성을 증가시키면 터짐이 방지된다.

(3) 팽창이 과도한 경우 팽창제 사용을 감소하거나 믹싱상태를 조절한다.

(4) 노른자의 비율이 높은 경우에도 부서지기 쉬우므로 노른자를 줄이고 전란을 증가시킨다.

(5) 굽기 중 너무 건조시키면 말기를 할 때 부러지기 때문에 오버 베이킹을 하지 않는다.

(6) 밑불이 너무 강하지 않도록 하여 굽는다.

(7) 반죽의 비중이 너무 높지 않게 믹싱을 한다.

(8) 반죽온도가 낮으면 굽는 시간이 길어지므로 온도가 너무 낮지 않도록 한다.

(9) 배합에 글리세린을 첨가해 제품에 유연성을 부여한다.

- 충전물 또는 젤리가 롤 케이크에 축축하게 스며드는 것을 막기 위한 조치사항
  - 굽는 온도를 낮추고 시간을 늘린다.
  - 가루재료를 넣고 좀 더 섞는다.
  - 수분의 비율을 줄인다.
  - 밀가루 사용량을 증가시킨다.
- 케이크류의 굽기 온도가 너무 높았을 때 나타나는 일반적인 현상
  - 내부에 수분이 많다.
  - 부피가 감소된다.
  - 껍질 색상이 너무 진하다.
  - 기공이 작고 조직은 조밀하다.

05 엔젤 푸드 케이크(Angel Food Cake)

엔젤 푸드 케이크는 달걀의 거품을 이용한다는 측면에서 스펀지 케이크와 유사한 거품형 제품이나 전란 대신에 흰자를 사용하는 것이 다르다. 엔젤 푸드 케이크(pH 5.2~6.0)는 케이크류에서 반죽 비중이 제일 낮다.

1 기본 배합률(True%)

재료명	비율(%)	재료명	비율(%)
밀가루	15~18	주석산 크림	0.5~0.625
흰자	40~50	소금	0.375~0.5
설탕	30~42	–	–

- 엔젤 푸드 케이크 제품만 True%로 배합표를 작성하는 이유는
  - 밀가루와 흰자의 사용량을 교차선택하여야 하기 때문이다.
  - 주석산 크림과 소금의 사용량도 교차선택하여야 하기 때문이다.

2 배합률 조절공식

(1) 고수분 케이크 만들기를 희망하는 경우에 흰자 사용량을 증가시킨다.

(2) 밀가루 15% 선택 시 흰자 50%를, 밀가루 18% 선택 시 흰자 40%를 교차선택한다.

(3) 주석산 크림 사용량을 결정할 때 흰자가 많으면 주석산 크림 사용량도 증가시킨다.

(4) 주석산 크림과 소금의 합이 1%가 되게 선택한다.

(5) 설탕의 사용범위 내에서 설탕 사용량을 결정한다.
설탕 = 100−(흰자+밀가루+주석산 크림+소금의 양)

(6) 전체 설탕 중 2/3는 입상형 설탕을, 나머지 1/3은 분당을 사용한다.

3 사용재료의 특성

(1) 표백이 잘된 특급 박력분을 사용한다.

(2) 흰자는 밀가루와 함께 엔젤 푸드 케이크의 모양과 형태를 유지시키는 구조형성기능을 한다.

(3) 주석산 크림(일명 주석산칼륨)은 흰자의 알칼리성을 중화시켜 튼튼한 거품을 만든다.

(4) 머랭과 함께 주석산 크림을 섞는 산 전처리법은 튼튼하고 탄력있는 제품을 만들 때 사용한다.

⊙ **산 전처리법의 제조공정**

① 흰자에 주석산 크림과 소금을 넣고 젖은 피크의 머랭 상태를 만든다.

② 전체 설탕의 2/3는 입상형 설탕으로 2~3회 나누어 넣으면서 휘핑하여 85% 정도(미디엄 피크)의 머랭 상태를 만든다.

③ 분당(슈거 파우더, 분설탕)과 밀가루를 체에 쳐서 넣고 가볍게 섞는다.

(5) 밀가루와 함께 주석산 크림을 섞는 산 후처리법은 부드러운 기공과 조직을 가진 제품을 만들 때 사용한다.

⊙ **산 후처리법의 제조공정**

① 흰자를 휘핑하여 젖은 피크의 머랭 상태를 만든 후 전체 설탕의 2/3는 입상형 설탕(정백당)으로 2~3회 나누어 넣으면서 휘핑하여 85%정도(미디엄 피크)의 머랭 상태를 만든다.

② 주석산 크림과 소금을 분당(슈거 파우더, 분설탕), 밀가루와 함께 체에 쳐서 넣고 가볍게 섞는다.

(6) 설탕은 감미제와 연화제의 작용을 하는데, 사용하는 전체 설탕량에서 머랭을 만들 때에는 2/3를 흰자의 공기혼입이 용이하도록 정백당의 형태로 넣고, 밀가루와 함께 넣을 때는 1/3을 밀가루와 머랭 반죽의 점착을 향상시키는 분설탕의 형태로 넣는다.

4 제조 공정

(1) 머랭 반죽 만들기의 제조법으로 제조가 가능하며 주석산 크림을 넣는 시기에 따라 산 전처리법, 산 후처리법이라고 한다.

(2) 패닝 : 틀에 이형제로 물을 분무한 후 반죽을 60~70% 채운다.

(3) 오버 베이킹(Over baking) 시 제품의 수분손실량이 많다.

- 이형제란 반죽을 구울 때 달라붙지 않게 하고 모양을 그대로 유지하기 위하여 사용하는 재료를 가리킨다.
- 이형제를 선택하여 사용하는 요령
  - 거품형 반죽으로 만드는 제품은 이형제로 물을 사용한다.
  - 반죽형 반죽으로 만드는 제품은 이형제로 유지+밀가루를 사용한다.
- 시폰 케이크와 엔젤 푸드 케이크는 이형제로 물을 사용한다.

06 퍼프 페이스트리(Puff Pastry)

유지층 반죽 과자의 대표적인 제품으로 프렌치 파이라고도 한다.

1 기본 배합률

재료명	비율(%)	재료명	비율(%)
밀가루	100	물	50
유지	100	소금	1~3

2 사용재료의 특성

(1) 이스트를 사용하지 않는 제품이지만 양질의 강력분을 사용한다.

(2) 강력분을 사용하는 이유는 많은 양의 유지를 지탱하고 여러 차례에 걸친 접기와 밀기 공정에도 반죽과 유지의 층을 분명하게 형성해야 하기 때문이다.

(3) 박력분을 사용하면 글루텐 강도가 약해서 반죽이 잘 찢어지고 균일한 유지층을 만들기 어렵다.

(4) 유지는 본 반죽에 넣는 것과 충전용으로 나누는데 충전용이 많을수록 결이 분명해지고 부피도 커진다. 그러나 밀어 펴기가 어려워진다.

(5) 같은 충전용(롤인 유지) 함량에서는 접기 횟수가 증가할수록 부피가 증가하다 최고점을 지나면 서서히 감소한다.

(6) 본 반죽에 넣는 유지를 증가시킬수록 밀어 펴기는 쉽고 제품의 식감은 부드럽게 되지만 결이 나빠지고 부피가 줄게 되므로 50% 미만으로 사용한다.

(7) 충전용 유지의 물리적 기능으로 가소성 범위가 넓어야 완제품에 분명한 층상구조를 만든다.

(8) 팽창유형은 유지에 함유된 수분이 증기로 변하여 증기압을 일으켜 팽창시키는 증기압 팽창이다.

(9) 수분이 많은 과일 내용물들은 페이스트리 제품에 사용하면 구운 후 빠르게 바삭거리는 성질을 잃어버린다. 그래서 보통 수분이 있는 과일류는 충전물로 사용하지 않고 제품 윗면에 장식용으로 사용한다.

3 제조 공정

(1) 반죽 만들기

① 반죽형(스코틀랜드식) : 유지를 깍두기 모양으로 잘라 물, 밀가루와 섞어 반죽한다. 작업이 편리한 대신 덧가루가 많이 들고, 제품이 단단하다.

② 접기형(프랑스식) : 밀가루, 유지, 물로 반죽을 만든 후 여기에 유지를 싸서 밀어편다. 결이 균일하고 부피가 커진다.

③ 믹싱 : 발전단계 후기, 반죽온도 20℃로 맞춘다.

④ 냉장휴지 : 반죽이 건조하지 않게 주의하면서 20분간 휴지시킨다.

(2) 정형 시 주의사항

① 전체적으로 똑같은 두께로 밀어 펴되, 과도한 밀어 펴기를 하지 않도록 주의한다.

② 잘 드는 칼을 이용해 원하는 모양으로 자른다.

③ 정형 후(굽기 전) 반죽이 건조하지 않게 주의하면서 30~60분간 충분히 휴지시킨다.

④ 달걀물칠을 너무 많이 하지 않는다.

⑤ 파치를 너무 많이 사용하지 않는다.

⑥ 성형한 반죽을 장기간 보관하려면 냉동하는 것이 좋다.

- 퍼프 페이스트리 반죽을 냉장고에서 휴지시키는 목적
  - 밀가루가 수화를 완전히 하여 글루텐을 안정시킨다.
  - 반죽을 연화 및 이완시켜 밀어 펴기를 용이하게 한다.
  - 믹싱과 밀어 펴기로 손상된 글루텐을 재정돈 시킨다.
  - 반죽과 유지의 되기를 같게 하여 층을 분명히 한다.
  - 정형을 하기 위해 반죽을 절단 시 수축을 방지한다.
- 퍼프 페이스트리 반죽의 휴지가 종료되었을 때 손으로 살짝 누르게 되면 누른 자국이 남아있다.
- 적층공정(Lamination)은 보통 3겹 접기를 한 후 20~30분 휴지시킨 다음 다시 늘리기를 한다.
- 파치(Scrap pieces 혹은 parch)는 다른 반죽 속에 넣어 새로 밀어 펴거나 '나폴레옹'과 '뿔(Horn)' 제품과 같이 얇게 미는 제품에 사용한다. 지나치게 작업한 파치를 다른 반죽 위에 놓아서 밀면 전체가 단단해지고 바람직하지 못한 결이 생기고 부피도 작아진다.

(3) 굽기

① 구울 때 색이 날 때까지 오븐 문을 열지 않는다. 색이 나기 전에 열면 주저앉기 쉽다.

② 굽는 온도가 낮으면 퍼프 페이스트리 반죽의 글루텐이 말라 신장성이 줄고 증기압이 잘 발생되지 않아 부피가 작고 묵직해진다.

③굽는 온도가 높으면 퍼프 페이스트리 반죽의 껍질이 먼저 생겨 글루텐의 신장성이 작은 상태에서 팽창이 일어나 제품이 갈라진다.

④ 기본 배합에 설탕이 들어가지 않으므로 일반적인 제과류보다 굽는 온도를 높게 설정한다.

- 굽는 동안 유지가 흘러나왔다.
  - 밀어 펴기를 잘못했다.
  - 오븐의 온도가 지나치게 높거나 낮았다.
  - 박력분을 썼다.
  - 오래된 반죽을 사용했다.
- 불규칙하거나 부족한 팽창이 발생하였다.
  - 덧가루를 과량으로 사용하였다.
  - 달걀물을 많이 칠했다.
  - 수분이 없는 경화쇼트닝을 썼다.
  - 강력분으로 되직한 반죽을 만들었다.
  - 밀어 펴기가 부적절하였다.
  - 예리하지 못한 칼을 사용하였다.
  - 밀어 펴기 사이에 휴지기간이 불충분하였다.
  - 박력분을 썼다.
  - 오븐의 온도가 너무 높았다.
- 정형 시 반죽이 수축하였다.
  - 과도한 밀어 펴기
  - 불충분한(짧은) 휴지
  - 된 반죽
  - 반죽 중 유지 사용량이 적은 경우

07 애플 파이(Apple Pie)

미국을 대표하는 음식으로 일명 '아메리칸 파이'라고도 하고 쇼트(바삭한) 페이스트리라고도 한다.

1 사용재료의 특성

(1) 밀가루는 비표백 중력분을 쓰거나 박력분 60%와 강력분 40%를 섞어 쓰기도 한다.

(2) 밀가루는 파이 껍질의 구성재료를 형성하고 유지와 층을 만들어 결을 만든다.

(3) 유지는 가소성이 높은 쇼트닝 또는 파이용 마가린을 쓴다. 유지의 사용량은 밀가루를 기준으로 40~80% 사용한다.

(4) 착색제로는 설탕, 포도당, 물엿, 분유, 버터, 달걀칠 등을 사용할 수 있는데 그 중 가장 적은 양으로 착색효과를 낼 수 있는 재료는 탄산수소나트륨(중조, 소다)이다.

(5) 파이를 만들 때 소금을 사용하면 다른 재료의 맛과 향을 살릴 수 있다.

(6) 과일 충전물용 농후화제의 사용목적

① 과일 충전물의 농후화제로는 옥수수 전분, 타피오카 전분을 많이 사용한다.

② 충전물을 조릴 때 호화를 빠르게 하고 진하게 한다.

③ 충전물에 좋은 광택 제공, 과일에 들어있는 산의 작용을 상쇄한다.

④ 과일의 색을 선명하게 하고 향을 조절한다.
⑤ 과일 충전물이 냉각되었을 때 적정 농도를 유지한다.
⑥ 전분은 시럽에 쓰는 설탕 사용량을 기준으로 28.5%를 쓴다. 물 사용량을 기준으로 8~11%, 설탕을 함유한 시럽을 기준으로 6~10%를 쓴다.

2 제조 공정

(1) 반죽 만들기

① 밀가루와 유지를 섞어 유지의 입자가 콩알만한 크기가 될 때까지 다진다(유지의 입자 크기에 따라 파이의 결이 결정된다).
② 소금, 설탕, 분유 등을 찬물에 녹여 ①에 넣고 물기가 없어질 때까지 반죽한다.
③ 반죽온도가 18℃ 정도로 낮아야 끈적거림도 막고 휴지 공정으로 연결하기 쉽다.
④ 냉장고에서 껍질반죽이 마르지 않도록 조치하여 4~24시간 휴지시킨다.

- 파이를 냉장고에서 휴지시키는 이유
  - 전 재료의 수화 기회를 준다.
  - 유지와 반죽의 굳은 정도를 같게 한다.
  - 반죽을 연화 및 이완시킨다.
  - 끈적거림을 방지하여 작업성을 좋게 한다.

(2) 필링 준비(과일 충전물 준비)

① 사과는 껍질, 씨, 속을 제거하고 알맞게 잘라 설탕물에 담가 둔다.
② 버터를 제외한 전재료를 가열하여 풀 상태가 되게 전분을 호화시킨다.
③ 적절한 되기가 되면 버터를 넣어 혼합한다.
④ 잘라둔 사과를 버무린다.
⑤ 파이 껍질에 담을 때까지 20℃ 이하로 식힌다.

- 과일 충전물의 농후화제인 전분의 적절한 사용량
  - 시럽에 쓰는 설탕 100%에 대하여 전분을 28.5% 정도 사용한다.
  - 시럽에 쓰는 물 100%에 대하여 전분을 8~11% 정도 사용한다.
  - 설탕을 함유한 시럽 100%에 대하여 전분을 6~10% 정도 사용한다.
  - 옥수수 전분과 타피오카 전분을 3 : 1의 비율로 혼합하면 더 좋은 결과를 얻는다.

(3) 성형

① 냉장휴지된 반죽을 가볍게 치댄 후 적당량 떼어 덧가루를 뿌린 면포 위에 놓고 밀어 편 뒤 제시된 틀의 크기에 맞게 반죽을 자른다.
② 바닥용은 0.3cm, 덮개는 0.2cm로 밀어 편 후 제시된 팬 크기에 맞게 재단하여 성형한다.

③ 완제품에 기포나 수포가 생기는 것을 막기 위해 바닥용으로 성형한 파이 반죽에 포크를 이용하여 구멍을 내주기도 한다.
④ 껍질 가상사리에 물칠을 한 뒤 20℃ 이하로 식힌 충전물을 얹고 평평하게 고르며 팬에 담는다.
⑤ 덮개용 껍질을 얹고 위 · 아래의 껍질을 잘 붙인 뒤 남은 반죽을 잘라낸다.
⑥ 윗면에 달걀 노른자를 풀어서 발라 껍질색을 좋게 한다.

(4) 굽기

① 윗불 220℃, 아랫불 180℃
② 굽기시간 : 25~30분

- 충전물이 끓어 넘쳤다.
  - 껍질에 수분이 많았다.
  - 위 · 아래 껍질을 잘 붙이지 않았다.
  - 오븐의 온도가 낮다.
  - 바닥 껍질이 얇다.
  - 껍질에 구멍을 뚫지 않았다.
  - 충전물의 온도가 높다.
  - 천연산이 많이 든 과일을 썼다.
  - 과일 충전물에 설탕이 너무 적었다.
- 파이 껍질이 질기고 단단하다.
  - 강력분을 사용하였다.
  - 반죽시간이 길었다.
  - 반죽을 강하게 치대 글루텐이 지나치게 형성되었다.
  - 자투리 반죽을 많이 썼다.
  - 정형 시 과도하게 밀어 펴기를 했다.
  - 많은 파치를 혼합하여 사용했다.
  - 너무 된 반죽을 사용했다.
- 바닥 크러스트(껍질)가 축축하다.
  - 반죽에 유지 함량이 많다.
  - 바닥열이 낮다.
  - 낮은 오븐 온도
  - 너무 얇은 바닥 반죽
  - 파이 바닥 반죽이 고율배합

08 케이크 도넛(Cake Doughnut)

케이크 도넛은 화학팽창제를 사용하여 팽창시키며 도넛의 껍질 안쪽 부분이 보통의 케이크와 조직이 비슷하여 붙여진 이름이다.

1 사용재료의 특성

(1) 밀가루는 중력분을 쓰고, 달걀 노른자의 레시틴은 유화제 역할을 한다.

(2) 달걀은 구조형성 재료로 도넛을 튼튼하게 하며 수분을 공급한다.

(3) 밀가루에 팽창제, 설탕, 분유를 섞은 것으로 별도의 크림화 과정을 거치지 않고 물만 부어 반죽할 수 있도록 만든 제과용 프리믹스를 쓰기도 한다. 이러한 크리밍 과정을 대체하고 보완하기 위하여 '모노글리세라이드, 숙신산모노글리세라이드, 폴리쏠베이트' 등의 계면활성제를 사용한다.

(4) 설탕의 일부를 포도당으로 대치하면 케이크 도넛의 껍질색을 진하게 낼 수 있다.

(5) 대두분(콩가루)을 혼합해 사용하는 목적은 다음과 같다.

① 밀가루에 부족한 각종 아미노산을 함유하고 있어서 밀가루의 영양소 보강을 위해 사용한다.

② 대두에 많이 함유되어 있는 단백질은 케이크 도넛의 껍질 구조를 강화시킨다.

③ 메일라드 반응에 참여하는 단백질 함량이 많아지므로 껍질색을 강화시킨다.

④ 대두 단백질은 밀 단백질에 비해 신장성이 결여되어 있으므로 좀 더 바삭한 식감을 만들 수 있다.

⑤ 대두 단백질의 보습성은 케이크 도넛의 신선함을 오래 유지시킨다.

- 도넛 제조 시 수분이 적었다.
  - 팽창 부족
  - 형태 불균일
  - 표면의 요철(울퉁불퉁)
  - 강한 점도
  - 표면이 갈라짐
  - 딱딱한 내부
  - 톱니모양의 외피
- 도넛 제조 시 수분이 많았다.
  - 과도한 팽창
  - 형태 불균일
  - "혹" 모양 돌출
  - 딱딱한 내부
  - 외부 "링"모양 과대
  - 흡유 과다

2 제조 공정

(1) 공립법이나 혹은 크림법으로 제조한다.

(2) 반죽온도는 22~24℃이다.

- 케이크 도넛의 반죽온도가 낮은 경우 제품에 나타나는 현상
  - 팽창 부족
  - 흡유 과다
  - 표면의 요철
  - 표면이 갈라짐
  - 강한 점도
  - "혹" 모양 도출
  - 딱딱한 내부
  - 외부 "링" 과대
  - 톱니모양의 외피

- 케이크 도넛의 반죽온도가 높은 경우 제품에 나타나는 현상
  - 과도한 팽창
  - 흡유 과다
  - 표면이 갈라짐
  - "혹" 모양 돌출
  - 표면의 요철
  - 강한 점도

(3) 휴지 후 정형을 하고 정형을 한 후 약간의 휴지를 또 한다. 휴지 효과는 다음과 같다.
① 이산화탄소가 발생하여 반죽이 부푼다.
② 각 재료에 수분이 흡수된다.
③ 표피가 쉽게 마르지 않는다.
④ 밀어 펴기가 쉬워진다.
⑤ 반죽의 글루텐을 연화시켜 적당한 부피팽창으로 제품의 모양을 균형있게 만든다.
⑥ 케이크 도넛의 조직을 균질화시켜 과도한 지방흡수를 막는다.

(4) 작업대 위에 덧가루를 얇게 뿌리고 반죽을 밀어 편 후 정형기로 반죽손실이 적도록 찍는다.

(5) 케이크 도넛을 발연점이 높은 면실유에 185~195℃로 튀긴 후 그물망에 올려놓고 여분의 기름을 배출시킨다.

(6) 튀김기에 붓는 적정 기름의 깊이는 12~15cm 정도이다. 기름이 적으면 도넛을 뒤집기 어렵고, 과열되기 쉽다. 반대로 튀김 기름의 수위가 너무 깊거나 혹은 많으면 도넛이 떠오르면서 뒤집어지기 어렵게 모양이 부풀게 된다.

(7) 마무리로는 충전과 아이싱을 한다.
① 도넛이 식기 전에 도넛 글레이즈를 49℃ 전 · 후로 데워 토핑을 한다.
② 초콜릿이나 퐁당을 아이싱한 후 굳기 전에 코코넛, 호두가루, 땅콩, 오색 당의정을 묻히거나 뿌리기도 한다.
③ 도넛 설탕이나 계피 설탕은 도넛의 점착력이 큰 온도인 40℃ 전 · 후에 뿌린다.
④ 커스터드 크림은 냉각 후 충전하고 냉장고에 보관한다.
⑤ 초콜릿은 중탕으로 녹인 후에 퐁당(Fondant)은 40℃ 전·후 정도로 가온하여 아이싱한다.

(8) 포장 냉각온도는 32~35℃로 이보다 낮으면 당의(Sugar Coating)가 깨지기 쉽다.

3 도넛의 주요 문제점

(1) **발한의 정의와 원인** : 도넛에 묻힌 설탕이나 글레이즈가 수분에 녹아 시럽처럼 변하는 현상으로 도넛 내부의 수분이 껍질쪽으로 이동하거나, 도넛의 수분 함량이 많거나, 도넛의 온도가 높거나 상승하면 발생한다.

(2) 대책

① 도넛에 묻히는 설탕 사용량을 늘리거나 도넛의 튀김시간을 늘린다.
② 도넛을 충분히 식히고 나서 아이싱 한다.
③ 도넛을 튀길 때 설탕 점착력이 높은 스테아린(Stearin)을 첨가한 튀김기름을 사용한다.
④ 도넛의 수분함량을 21~25%로 한다.

(3) **튀김 후 도넛에 묻힌 설탕의 색깔이 변하는 현상 :** 튀김기름이 신선하면 설탕이 노랗게 변하는 황화가 발생하고, 오래 쓴 기름이면 설탕이 어두운 회색으로 변하는 회화가 발생한다. 이런 경우, 튀김 기름에 스테아린을 전체 기름의 3~6% 정도 첨가한다. 이렇게 경화제(Hardener)로 스테아린을 사용하면 설탕에 지방이 침투하는 것을 막지만, 너무 많이 사용하면 경화기능이 강해져 도넛에 묻는 설탕량을 줄이게 된다.

- 도넛에 기름이 많다(케이크 도넛의 흡유율이 높다).
  - 믹싱시간이 짧다.
  - 튀김온도가 낮았다.
  - 베이킹파우더 사용량이 많았다.
  - 수분이 많은 부드러운 반죽(묽은 반죽)이다.
  - 고율배합(설탕, 유지의 사용량이 많은)이다.
  - 반죽온도가 부적절하다.
  - 튀김시간이 길었다.
  - 지친반죽이나 어린반죽을 썼다.
- 도넛의 부피가 작다.
  - 반죽온도가 낮았다.
  - 성형중량이 미달됐다.
  - 반죽 후 튀김시간 전까지의 과도한 시간이 경과했다.
  - 튀김시간이 짧았다.
  - 강력분을 썼다.

09 쿠키(Cookie)

케이크 반죽에 밀가루의 양을 증가시켜 만든 수분이 적고(5% 이하) 크기가 작은 건과자와 케이크 반죽을 그대로 사용하여 만든 수분이 많고(30% 이상) 크기가 작은 생과자 등이 있다. 여기서는 건과자의 반죽 특성과 제조 특성을 설명한다.

1 쿠키의 적정한 온도와 퍼짐율

쿠키의 반죽온도는 18~24℃, 포장, 보관온도는 10℃ 정도이다. 쿠키에 있어 퍼짐율은 제품의 균일성과 포장에 중요한 의미를 갖는다.

- 쿠키의 퍼짐을 좋게 하기 위한 조치
  - 팽창제를 사용한다.
  - 알칼리 재료의 사용량을 늘린다.
  - 입자가 큰 설탕을 사용한다.
  - 오븐 온도를 낮게 한다.
- 쿠키의 퍼짐이 심한 이유
  - 묽은 반죽
  - 유지가 너무 많았다.
  - 과다한 팽창제 사용
  - 설탕입자가 크다.
  - 알칼리성 반죽
  - 설탕을 많이 사용
  - 굽기 온도가 낮았다.
- 쿠키의 퍼짐이 작은 이유
  - 너무 된반죽으로 반죽 수축성의 증가
  - 유지가 너무 적었다.
  - 산성반죽으로 글루텐의 탄력성을 증가시킴
  - 믹싱시간을 늘려 설탕입자를 작게 함
  - 굽기온도가 높아 굽기 초기에 껍질 형성
  - 설탕을 적게 사용했다.
- 반죽형 쿠키 제조 시 표피가 갈라지는 현상이 일어나는 원인은 쿠기 반죽에서 수분보유제의 기능을 하는 재료가 부족하기 때문이다.
- 굽기 과정 중 쿠키의 퍼짐성에 영향을 미치는 설탕과 쇼트닝의 물리적 기능
  - 쇼트닝이 쿠키의 퍼짐성에 영향을 주는 물리적 기능은 첫째 설탕을 피복(Coating)하여 반죽 개조 시 설탕입자를 유지하고, 둘째 반죽의 구조력을 약화시킨다.
  - 설탕이 쿠키의 퍼짐성에 영향을 주는 물리적 기능은 첫째 굽기 시 설탕의 빠른 용해성과 둘째 반죽의 구조력 약화이다.

2 반죽의 특성에 따른 분류

(1) 반죽형 반죽 쿠키

① 드롭(소프트) 쿠키

㉠ 달걀의 사용량이 많아 반죽형 쿠키 중에서만 수분이 가장 많은 부드러운 쿠키이다.

㉡ 종류에는 버터 스카치 쿠키, 오렌지 쿠키 등이 있다.

㉢ 짤주머니로 짜서 성형한다.

② 스냅(슈거) 쿠키

㉠ 설탕이 많이 들어가 슈거 쿠키라고도 한다.

㉡ 달걀 사용량이 적으며, 낮은 온도에서 오래 굽는다.

㉢ 밀어펴서 성형기로 찍어 제조한다.

㉣ 식감은 찐득찐득하다.

③ 쇼트 브레드 쿠키

㉠ 스냅 쿠키와 배합이 비슷하다.

㉡ 유지를 많이 사용하는 쿠키 반죽이므로 냉장휴지 후 밀어펴서 성형기로 찍어 제조한다.

㉢ 식감은 유지를 많이 사용하여 "쇼트"하므로 부드럽고 바삭바삭하다.

(2) 거품형 반죽 쿠키

① 스펀지 쿠키

㉠ 달걀의 전란을 사용하며 모든 쿠키 중에서 수분이 가장 많은 쿠키이다.

㉡ 짤주머니로 짜서 성형한다.

㉢ 종류에는 성형 시 평철판에 종이를 깔고 직경 1cm의 원형깍지를 끼운 짤주머니에 반죽을 담아 직경 5~6cm 정도의 길이로 짠 후 윗면에 고르게 설탕을 뿌려서 굽는 핑거쿠키가 있다.

② 머랭 쿠키

㉠ 흰자와 설탕을 믹싱한 머랭으로 만든 쿠키로 낮은 온도(100℃ 이하)에서 건조시키는 정도로 굽는다.

㉡ 아몬드 분말과 코코넛을 넣으면 마카롱이 된다. 마카롱은 밀가루를 사용하지 않는다.

㉢ 성형은 짤주머니로 짜서 성형한다.

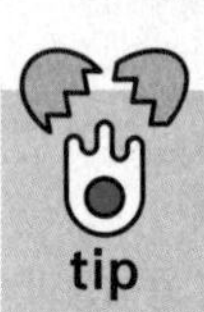

- 쿠키에 화학 팽창제를 사용하는 목적은 다음과 같다.
  - 제품의 부피를 증가시키기 위해
  - 퍼짐과 크기를 조절하기 위해
  - 부드러운 제품을 만들기 위해
  - 중조는 pH를 높여 제품의 색을 진하게 하기 위해

3 제조 특성에 따른 분류(과자 반죽의 모양을 만드는 방법에 따른 분류)

(1) 밀어 펴서 정형하는 쿠키

스냅과 쇼트 브레드 쿠키와 같이 가소성을 가진 반죽을 밀어 펴서 정형하는 쿠키로 반죽 완료 후 충분한 휴지를 주고 두께를 균일하게 밀어펴야 한다.

(2) 짜는 형태의 쿠키

드롭 쿠키와 거품형 쿠키 반죽을 짤주머니 또는 주입기를 이용하여 짜서 굽는 쿠키로 크기와 모양을 균일하게 하며, 굽기 중 퍼지는 정도를 감안하여 간격을 일정하게 유지해야 한다.

(3) 냉동 쿠키

밀어 펴는 형태의 반죽을 냉동고에 넣어 얼리는 공정을 거치는 쿠키로 유지가 많은 배합의 제품에 많이 응용된다.

(4) 손작업 쿠키

밀어 펴서 정형하는 쿠키 반죽을 손으로 정형하여 만드는 쿠키로 기계를 사용하여 만들기 어려운 모양이나 특성을 손으로 만들어 낸다.

(5) 판에 등사하는 쿠키

여기에 사용하는 반죽은 아주 묽은 상태로 철판에 올려 놓는 틀에 흘려 넣어 굽는다. 틀에 그림이나 글자가 있어 찍히게 되며 제품은 얇으며 바삭바삭한 것이 특징이다.

(6) 마카롱 쿠키

흰자와 설탕으로 거품을 올려 만드는 거품형의 일종인 머랭 쿠키로 아몬드와 코코넛을 사용하는 것이 대표적이다.

10 슈(Choux)

모양이 양배추 같다고 해서 슈라고 부르며, 텅빈 내부에 크림을 넣으므로 슈크림이라고 한다. 다른 반죽과 달리 밀가루를 먼저 익힌 뒤 굽는 것이 특징이다. 물, 유지, 밀가루, 달걀을 기본재료로 해서 만들고 기본재료에는 설탕이 들어가지 않는다.

1 기본 배합률

재료명	비율(%)	재료명	비율(%)
중력분	100	물	125
버터	100	소금	1
달걀	200	–	–

- 슈에 설탕이 들어가면
  - 상부가 둥글게 된다.
  - 내부에 구멍 형성이 좋지 않다.
  - 표면에 균열이 생기지 않는다.
- 슈의 응용제품
  - 에클레어
  - 파리브레스트
  - 스웨덴슈
  - 츄러스(슈 반죽을 튀긴 제품)

2 제조 공정

(1) 반죽 만들기

① 물에 소금과 유지를 넣고 센 불에서 끓인다.

② 밀가루를 넣고 완전히 호화가 될 때까지 젓는다.

③ 60~65℃로 냉각시킨 다음, 달걀을 소량씩 넣으면서 매끈한 반죽을 만든 후 베이킹파우더 혹은 탄산수소암모늄을 넣고 균일하게 혼합한다. 반죽은 25~30℃에서 보관하며 사용한다.

④ 평철판 위에 짠 후, 굽기 중에 껍질이 너무 빨리 형성되는 것을 막기 위해 분무 · 침지시킨다.

⑤ 슈는 굽기 중 팽창이 매우 크므로 다른 제과류보다 패닝 시 충분한 간격을 유지하며 짠다.

- 슈 껍질을 굽기 전에 물을 뿌리거나(분무), 물에 담그는(침지) 이유는 슈 껍질에 수막을 형성시켜 팽창하기 전에 껍질의 형성과 착색이 일어나는 것을 막기 위함이다.
- 슈에 분무와 침지를 하면 완제품에 다음과 같은 특징을 부여할 수 있다.
  - 슈 껍질을 얇게 할 수 있다.
  - 슈의 팽창을 크게 할 수 있다.
  - 양배추 모양의 균일한 슈를 얻을 수 있다.
- 슈 반죽은 굽기 이외에도 튀기기, 찌기도 하여 완제품을 만들 수 있다.
- 패닝 시 사용하는 평철판에 코팅이 벗겨진 경우 기름(식용유)을 칠한다. 만약에 기름칠을 많이 하면 슈 껍질 밑 부분이 접시 모양으로 올라오거나 위, 아래가 바뀐 모양이 된다.
- 반죽에 설탕을 첨가하면 반죽 속에 있는 수분의 비점이 높아져 강한 증기압을 발생시키지 못하기 때문에 팽창이 증가하지 않는다.

(2) 굽기

① 초기에는 아랫불을 높여 굽다가 표피가 거북이 등처럼 되고 밝은 색깔이 나면 아랫불을 줄이고 윗불을 높여 굽는다.

② 찬 공기가 들어가면 슈가 주저앉게 되므로 팽창과정 중에 오븐 문을 자주 여닫지 않도록 한다.

- 완제품 슈 바닥 껍질 가운데가 위로 올라갔다.
  - 오븐 바닥온도가 너무 강하다.
  - 굽기 초기에 수분을 많이 잃었다.
  - 팬에 기름칠을 너무 많이 했다.
  - 슈 반죽을 짤 때 반죽의 밑부분에 공기가 들어갔다.
- 구운 후 완제품 슈의 껍질이 수축하였다.
  - 낮은 온도에서 구웠다.
  - 화학팽창제를 과다 사용했다.
  - 굽는 시간이 짧았다.
  - 반죽이 묽거나 달걀 함량이 적었다.

11 냉과(Entremets Froids)

1 바바루아(Bavarois)

우유, 설탕, 달걀, 생크림, 젤라틴을 기본 재료로 해서 만든 제품으로, 과실 퓌레를 사용하여 맛을 보강한다. 독일 바바리아 지방의 음료를 19세기 초에 현재와 같은 모양으로 만들었다.

2 무스(Mousse)

(1) 프랑스어로 거품이란 뜻으로 커스터드 또는 초콜릿, 과일 퓌레에 생크림, 젤라틴 등을 넣고 굳혀 만든 제품이다.

(2) 바바루아가 발전된 것이 무스이고 바바루아와 무스에 공통적으로 사용하는 안정제는 젤라틴이다.

(3) 흔히 무스를 가리켜 미루아르(miroir ; 거울)이라고도 하는데 그 이유는 무스 표면에 바른 젤리의 광택이 얼굴을 비출 정도이기 때문이다.

(4) 무스에 주로 사용하는 증류주는 잘 익은 체리의 과즙을 발효, 증류시킨 브랜디인 키어시바서(kirschwasser)이다.

- 바바루아나 무스에 사용되는 비스퀴에 시럽을 바를 때 시럽의 당도는 일정하게 제조해야 한다.

$$당도(Brix\ \%) = \frac{용질}{용매 + 용질} \times 100$$

3 푸딩(Pudding)

(1) 우유와 설탕을 끓기 직전인 80~90℃까지 데운 후, 달걀을 풀어준 볼에 혼합하여 중탕으로 구운 제품으로 육류, 과일, 야채, 빵을 섞어 만들기도 한다.

(2) 달걀의 열변성에 의한 농후화 작용을 이용한 제품이다. 일명 커스터드 푸딩이라고도 한다.

(3) 푸딩을 만들 때 설탕과 달걀의 비는 1:2의 비로 우유와 소금의 혼합 비율은 100:1의 비율로 배합표를 작성한다.

(4) 패닝은 푸딩컵의 윗부분에서 0.2cm 이하의 깊이인 95%로 한다. 왜냐하면 구울 때 거의 팽창하지 않기 때문이다.

(5) 굽기 온도는 160~170℃의 오븐에서 중탕으로 굽기를 하며 너무 온도가 높으면 푸딩 표면에 기포가 생긴다.

- 함께 암기해야 할 제품의 패닝량
  - 파운드 케이크 : 70%
  - 초콜릿 케이크 : 55~60%
  - 스펀지 케이크 : 50~60%
  - 푸딩: 95%

4 젤리(Jelly)

과즙, 와인 같은 액체에 펙틴, 젤라틴, 한천, 알긴산 등의 안정제를 넣어 굳힌 제품이다.

5 블라망제(Blancmanger)

흰(Blanc) 음식(Manger)을 뜻하는 용어로서 아몬드를 넣은 희고 부드러운 냉과를 가리킨다.

제 4 장 미리보는 출제예상문제

01 파운드 케이크를 만들 때 윗면이 터지는 원인을 잘못 설명한 것은?

① 반죽 내에 수분이 충분한 경우
② 반죽 내의 설탕입자가 용해되지 않은 경우
③ 팬에 넣은 후 굽기까지 장시간을 방치한 경우
④ 오븐 내에서 껍질 형성이 너무 빠른 경우

02 파운드 케이크를 제조하려 할 때 유지의 품온으로 가장 알맞은 것은?

① −5~0℃　　② 5~10℃
③ 18~25℃　　④ 30~37℃

03 반죽형 케이크 배합에서 설탕 사용량을 밀가루 기준 100% 이상 증가시킬 때 나타나는 현상이 아닌 것은?

① 완제품의 부드러움이 증가된다.
② 전분의 호화온도가 낮아진다.
③ 케이크 반죽의 점도가 증가한다.
④ 굽기 시 반죽 조직의 응고가 지연된다.

04 과일 케이크 제조 시 과일이 가라앉는 것을 방지하는 방법으로 알맞지 않은 것은?

① 밀가루 투입 후 충분히 혼합한다.
② 팽창제 사용량을 증가한다.
③ 과일에 일부 밀가루를 버무려 사용한다.
④ 단백질 함량이 높은 밀가루를 사용한다.

해 설

01
반죽 내에 수분이 불충분하면 설탕 입자가 용해되지 않아 윗면이 터진다.

02
파운드 케이크의 특성을 제대로 반영할 수 있는 반죽을 만들려면 반죽의 온도를 일정하게 맞추어 유지의 크림성과 유화성이 가장 좋은 유지의 품온을 유지한다.

03
설탕은 밀가루 전분의 호화온도를 높인다.

04
과일 케이크에서 과일을 제품에 고루 분산시키려면 글루텐을 생성, 발전시키는 조치를 취하여야 하는데 팽창제 사용량 증가는 글루텐을 연화시켜 과일을 제품 중간에 잡아 둘 수가 없다.

정답 | 01 ① 02 ③ 03 ② 04 ②

05 **반죽형 케이크의 평가 중 결점과 원인을 잘못 짝지은 것은?**

① 고율배합 케이크의 부피가 작다. – 설탕과 액체재료의 사용량이 적었다.
② 굽는 동안 부풀어 올랐다가 가라앉는다. – 설탕과 팽창제 사용량이 많았다.
③ 케이크 껍질에 반점이 생겼다. – 입자가 굵고 크기가 서로 다른 설탕을 사용했다.
④ 케이크가 단단하고 질기다. – 고율배합 케이크에 맞지 않은 밀가루를 사용했다.

06 **반죽형 케이크를 구웠더니 너무 가볍고 부서지는 현상이 나타났다. 그 원인이 아닌 것은?**

① 반죽에 밀가루 양이 많았다.
② 반죽의 크림화가 지나쳤다.
③ 팽창제 사용량이 많았다.
④ 쇼트닝 사용량이 많았다.

07 **동일한 배합표의 레이어 케이크에서 반죽의 분할중량이 증가할수록 완제품의 특성 중 증가되는 특성이 아닌 것은?**

① 완제품의 부피가 커진다.
② 완제품의 산도가 올라간다.
③ 완제품의 풍미가 강해진다.
④ 완제품의 껍질 색상이 진해진다.

08 **옐로우 레이어 케이크에서 설탕 120%, 유화 쇼트닝 50%를 사용한 경우 우유 사용량은?**

① 60%　　② 70%
③ 80%　　④ 90%

09 **다음 중 달걀의 흰자를 사용하여 만드는 케이크는?**

① 데블스 푸드 케이크　　② 옐로우 레이어 케이크
③ 엔젤 푸드 케이크　　④ 초콜릿 케이크

해설

05

케이크의 부피가 작은 원인
- 재료들이 고루 섞이지 않았다.
- 반죽이 응유현상을 나타냈다.
- 설탕과 액체재료의 사용량이 많았다.
- 팽창제의 사용량이 많았다.
- 오븐의 온도가 높았다.
- 구워낸 제품을 급속도로 식혔다.

06

밀가루는 제품의 모양과 형태를 유지시키는 구조형성 기능을 하므로, 반죽에 밀가루 양이 많아지면 제품이 잘 부서지지 않는다.

07

완제품의 산도는 반죽에 사용된 재료의 pH와 재료의 신선도에 의해 결정된다.

08

달걀 = 쇼트닝×1.1 = 50×1.1 = 55
우유 = 설탕+25–달걀 = 120+25–55 = 90%

09

엔젤 푸드 케이크는 달걀의 흰자만을 사용하여 만든 케이크다.

정답 | 05 ① 06 ① 07 ② 08 ④ 09 ③

10 흰자를 사용하는 제품에 주석산 크림이나 식초를 첨가하는 이유로 부적당한 것은?

① 알칼리성의 흰자를 중화한다.
② pH를 낮춤으로 흰자를 강력하게 한다.
③ 풍미를 좋게 한다.
④ 색깔을 희게 한다.

11 데블스 푸드 케이크(Devil's food cake) 배합이 "설탕 120%, 쇼트닝 50%, 코코아 15%"일 때 분유사용 %는?

① 11.75% ② 12.75%
③ 13.75% ④ 14.75%

12 유화 쇼트닝을 60% 사용한 옐로우 레이어 케이크 배합에 32%의 초콜릿을 넣어 초콜릿 케이크를 만들 때 원래의 쇼트닝 60%는 얼마로 조절해야 하는가?

① 48% ② 54%
③ 60% ④ 72%

13 밀가루 100%, 달걀 166%, 설탕 166%, 소금 2%인 배합률은 어떤 케이크 제조에 적당한가?

① 파운드 케이크 ② 옐로우 레이어 케이크
③ 스펀지 케이크 ④ 엔젤 푸드 케이크

14 스펀지 케이크에서 달걀 사용량을 감소시킬 때의 조치사항이 잘못된 것은?

① 베이킹파우더를 사용하기도 한다.
② 물 사용량을 추가한다.
③ 쇼트닝을 첨가한다.
④ 양질의 유화제를 병용한다.

15 다음 중 일반 스펀지 케이크에 적당한 pH는?

① 5.2~5.5 ② 6.0~6.3
③ 7.3~7.6 ④ 8.0~8.3

해설

10
주석산 크림은 달걀 흰자의 단백질을 강화시키고, 알칼리성인 흰자의 pH를 낮춰서 중화하여 색을 희게 하고자 첨가한다.

11
① 달걀 = 쇼트닝×1.1
② 우유=설탕+30+(코코아+1.5)-달걀
③ 분유 = 우유×0.1
④ 50×1.1 = 55
⑤ 120+30+(15×1.5)-55 = 117.5
⑥ 117.5×0.1 = 11.75%

12
① 카카오 버터 = 초콜릿×0.375 = 32%×0.375 = 12%
② 초콜릿의 쇼트닝 = 카카오 버터×1/2 = 12%×1/2 = 6%
③ 조절한 쇼트닝 = 원래의 쇼트닝-초콜릿의 쇼트닝 = 60%-6% = 54%

13
자주 출제되는 제품의 기본 재료와 기본 배합비
- 파운드 케이크 : 밀가루 100%, 설탕 100%, 유지 100%, 달걀 100%
- 퍼프 페이스트리 : 밀가루 100%, 유지 100%, 물 50%, 소금 2%
- 스펀지 케이크 : 밀가루 100%, 설탕 166%, 달걀 166%, 소금 2%

14
밀가루 사용량을 추가한다.

10 ③ 11 ① 12 ② 13 ③ 14 ③ 15 ③

16 **롤 케이크를 말 때 표면이 터지는 결점에 대한 조치사항 설명으로 틀린 항목은?**

① 설탕의 일부를 물엿으로 대치하여 사용한다.
② 배합에 덱스트린을 사용하여 점착성을 증가시킨다.
③ 팽창제나 믹싱을 줄여 과도한 팽창을 방지한다.
④ 낮은 온도의 오븐에서 서서히 굽는다.

17 **엔젤 푸드 케이크를 산 사전처리법으로 만드는 공정 중 틀린 것은?**

① 흰자에 소금과 주석산 크림을 넣어 젖은 피크(Wet peak)까지 거품을 올린다.
② 사용할 설탕의 약 2/3를 투입하고 중간 피크(Medium peak)까지 거품을 올린다.
③ 약 1/3의 나머지 설탕과 체질한 밀가루를 넣고 가볍게 혼합한다.
④ 기름칠을 균일하게 한 팬에 짜는 주머니를 사용하여 분할한다.

18 **다음 중 페이스트리의 부피를 가장 크게 증가시킬 수 있는 제조 방법은?**

① 롤인 유지를 100% 사용하고 3겹 접기를 5회 실시한다.
② 롤인 유지를 75% 사용하고 3겹 접기를 5회 실시한다.
③ 롤인 유지를 50% 사용하고 3겹 접기를 5회 실시한다.
④ 롤인 유지를 50% 사용하고 3겹 접기를 7회 실시한다.

19 **퍼프 페이스트리 제조 시 굽기과정에서 부풀어 오르지 않는 이유로 틀린 것은?**

① 밀가루의 사용량이 증가되었다.
② 오븐이 너무 차다.
③ 반죽이 너무 차다.
④ 품질이 나쁜 달걀이 사용되었다.

해설

16
표면의 터짐을 방지하는 방법
- 설탕의 일부는 물엿으로 대치한다.
- 배합에 덱스트린(Dextrin)을 사용하여 점착성을 증가시키면 터짐이 방지된다.
- 팽창이 과도한 경우 팽창제 사용을 감소하거나 믹싱상태를 조절한다.
- 노른자의 비율이 높은 경우에도 부서지기 쉬우므로 노른자를 줄이고 전란을 증가시킨다.
- 반죽온도가 낮으면 제품의 수분손실이 많아지므로 온도가 너무 낮지 않도록 한다.

17
엔젤 푸드 케이크 팬에 사용하는 이형제는 물이다.

18
먼저 롤인 유지의 함량이 많을수록, 그러고 난 후 접는 횟수가 많을수록 제품의 부피가 커진다.

19
지나치게 밀가루의 사용량이 증가하지 않는 이상에는 팽창에 별 문제가 없다.

정답 | 16 ④ 17 ④ 18 ① 19 ①

20 파이 충전물 제조 시 농후화제의 사용 목적이 아닌 것은?

① 과일의 향을 조절하고 색을 연하게 한다.
② 충전물을 조릴 때 호화가 빠르게 된다.
③ 충전물에 좋은 광택을 제공한다.
④ 충전물 냉각 시 적정 농도를 유지한다.

21 체리 파이에서 체리 충전물이 굽는 동안 끓어넘치는 원인에 대한 설명으로 틀린 것은?

① 충전물의 온도가 높으면 같은 굽기 조건에서 충전물이 빨리 끓는다.
② 껍질 반죽에 수분이 적으면 굽는 동안 열전달이 많아 충전물이 끓어 넘친다.
③ 충전물에 설탕이 너무 적으면 끓는 온도가 낮아져서 정상적인 온도에서도 끓어 넘친다.
④ 바닥 껍질과 윗 껍질이 잘 봉해지지 않으면 벌어진 틈으로 충전물이 새어 나온다.

22 과일 충전물의 농후화제인 전분의 사용량에 대한 설명 중 틀린 것은?

① 설탕을 함유한 시럽에 대하여 전분을 6~10% 정도 사용한다.
② 시럽 중의 물 100에 대하여 전분을 8~11% 정도 사용한다.
③ 시럽 중의 설탕 100에 대하여 전분을 28.5% 정도 사용한다.
④ 농후화제로 옥수수 전분 : 타피오카를 1:1의 비율로 혼합한다.

23 도넛 제조 시 신선한 기름으로 튀기면 노란색으로, 오래 쓴 기름으로 튀기면 어두운 회색으로 설탕이 적셔지게 되는 이 두 현상을 무엇이라고 하는가?

① 치핑(chipping)과 발한
② 발한과 황화
③ 발한과 회화
④ 황화와 회화

해설

20
과일의 향을 조절하고 색을 선명하게 한다.

21
껍질 반죽에 수분이 많았다.

22
농후화제로 쓰이는 전분은 일반적으로 옥수수 전분을 많이 사용한다.

23
황화(黃化), 회화(灰化)

20 ① 21 ② 22 ④ 23 ④

24 **도넛 제품이 과도하게 흡유를 하는 문제가 발생되었다. 원인을 점검하는 항목으로 틀린 것은?**

① 튀김 온도가 낮지 않은가
② 도넛 반죽에 수분이 많지 않은가
③ 믹싱 시간이 길지 않은가
④ 튀김 시간이 길지 않은가

25 **케이크 도넛을 튀길 때 튀김 기름의 수위가 너무 깊어 발생하는 현상으로 옳은 것은?**

① 유지 흡수가 억제된다.
② 도넛의 부피가 커진다.
③ 도넛의 흐름성이 증가된다.
④ 도넛이 떠오르면서 뒤집어지기 어렵게 된다.

26 **도넛의 흡유량이 높았다면 그 이유는?**

① 고율배합 제품이다.
② 튀김시간이 짧다.
③ 튀김온도가 높다.
④ 휴지시간이 짧다.

27 **다음 중 도넛 프리믹스의 일반적인 장점이 아닌 것은?**

① 보관이 용이하다.
② 계량시간이 단축된다.
③ 노동력이 감소된다.
④ 프리믹스는 밀가루보다 저장성이 좋다.

28 **쿠키에 있어 퍼짐율은 제품의 균일성과 포장에 중요한 의미를 가진다. 다음 설명 중 퍼짐이 작아지는 원인으로 틀린 것은?**

① 반죽에 아주 미세한 입자의 설탕을 사용한다.
② 믹싱을 많이 하여 글루텐 발달을 많이 시킨다.
③ 오븐 온도를 낮게 하여 굽는다.
④ 반죽은 유지함량이 적고 산성이다.

해설

24
믹싱 시간이 짧지 않은가를 체크해야 한다.

25
도넛이 떠오르기 전에 완제품이 둥글게 되므로 뒤집어지기 어렵게 된다.

26
설탕, 유지를 많이 사용하면 기공이 열리고 구멍이 생겨 기름이 많이 흡수된다.

27
프리믹스에는 유통기간이 짧은 다양한 부재료가 많이 함유되어 있으므로 저장기간에 주의해야 한다.

28
쿠키의 퍼짐이 작아지는 현상은 오븐 온도가 높을 때 일어난다.

정답 | 24 ③ 25 ④ 26 ① 27 ④ 28 ③

29 쿠키의 퍼짐성을 작게 하는 원인에 대한 설명으로 틀린 것은?

① 너무 된반죽을 사용하여 반죽의 수축성이 증가했다.
② 반죽이 산성이 되어 글루텐의 탄력성을 증가시켰다.
③ 굽기 온도를 지나치게 높여 굽기 초기에 껍질이 형성되었다.
④ 믹싱시간이 짧아 설탕입자가 굵었다.

30 아래와 같은 항목을 점검했다면 반죽형 쿠키의 어떤 문제점을 찾아내기 위한 것인가?

a. 오븐 온도가 높지 않은가
b. 반죽이 너무 산성인가
c. 믹싱이 지나친가
d. 너무 고운 입자의 설탕을 사용했는가

① 쿠키가 팬에 늘어 붙었다.
② 쿠키의 퍼짐이 과도하다.
③ 쿠키의 표피가 갈라졌다.
④ 쿠키의 퍼짐이 너무 작다.

31 굽기 과정 중 쿠키의 퍼짐성에 대한 설명으로 틀린 것은?

① 설탕의 함량이 쇼트닝보다 많으면 설탕은 빠르게 용해되어 쿠키의 퍼짐성을 증가시킨다.
② 설탕의 함량이 쇼트닝보다 적으면 쇼트닝에 의한 과도한 피복이 일어나 쿠키의 퍼짐성이 증가된다.
③ 굽기 과정 중 쿠키의 퍼짐성에 영향을 미치는 원료는 설탕과 쇼트닝이다.
④ 쇼트닝이 쿠키의 퍼짐성에 영향을 주는 이유는 쇼트닝이 설탕을 피복(coating)하기 때문이다.

32 푸딩을 제조할 때 경도의 조절은 어떤 재료에 의하여 결정되는가?

① 우유 ② 설탕
③ 달걀 ④ 소금

해 설

29
쿠키 반죽 속에 설탕량이 많거나 설탕 입자가 굵으면 쿠키의 퍼짐성이 커진다.

31
설탕의 함량이 쇼트닝보다 많으면 쇼트닝에 의한 설탕의 피복이 적은 양 일어나므로 쿠키의 퍼짐성을 상대적으로 감소시킨다.

32
단백질이 많이 함유된 달걀의 투입량을 늘리면 구조력이 강해지므로 푸딩을 제조할 때 경도의 조절이 가능하다.

29 ④ 30 ④ 31 ① 32 ③

33 도넛 글레이즈를 만들 때 80% 분당에 한천을 몇 % 넣는 것이 가장 적절한가?

① 1% ② 3%
③ 3.5% ④ 4%

34 밤과자를 성형한 후 물을 뿌려주는 이유가 아닌 것은?

① 덧가루의 제거
② 굽기 후 철판에서의 분리 용이
③ 껍질색의 균일화
④ 껍질의 터짐 방지

해 설

34 밤과자를 성형한 후 물을 지나치게 많이 뿌리면 굽기 후 철판에서 밤과자가 잘 분리되지 않는다.

정답 | 33 ① 34 ②

제 2 편 단원별 적중예상문제

01 케이크 제조에 있어 달걀의 기능으로 부적당한 것은?

① 결합작용 ② 팽창작용
③ 유화작용 ④ 수분보유작용

02 다음 설명 중 맛과 향이 떨어지는 원인이 아닌 것은?

① 설탕을 넣지 않은 제품은 맛과 향이 제대로 나지 않는다.
② 저장 중 산패된 유지, 오래된 달걀으로 인한 냄새를 흡수한 재료는 품질이 떨어진다.
③ 탈향의 원인이 되는 불결한 팬의 사용과 탄화된 물질이 제품에 붙으면 맛과 외양을 악화시킨다.
④ 굽기 상태가 부적절하면 생재료 맛이나 탄 맛이 남는다.

03 스펀지 케이크 제조 시 제품의 건조 방지를 위해서 밀가루를 기준으로 하여 전화당 같은 보습제의 사용범위로 가장 알맞은 것은?

① 5~10% ② 15~25%
③ 30~50% ④ 55~100%

04 반죽형 케이크 제조에서 쇼트닝의 역할에 대한 설명으로 옳지 않은 것은?

① 많은 양의 수분을 흡수하는 역할
② 반죽을 크림화하며 공기를 포집하는 역할
③ 단백질과 전분의 연속성을 절단하는 윤활역할
④ 제품의 구조와 형태를 단단하게 지탱해주는 역할

해설

01
수분보유작용은 설탕, 쇼트닝의 기능이고 달걀은 수분공급제 역할을 한다.

02
소금을 넣지 않은 제품은 맛과 향이 제대로 나지 않는다.

04
쇼트닝은 제품의 구조와 형태를 약화시키고 질감을 부드럽게 한다.

정답 | 01 ④ 02 ① 03 ② 04 ④

05 레이어 케이크 반죽의 온도를 조절하려 할 때, 실내 온도 = 25℃, 밀가루 온도 = 25℃, 설탕 온도 = 25℃, 수돗물 온도 = 25℃, 유화 쇼트닝 온도 = 20℃, 달걀 온도= 20℃, 마찰계수 = 28, 희망온도 = 23℃라면 사용할 물의 온도로 적당한 것은?

① 3℃ ② 23℃
③ −5℃ ④ 12℃

06 반죽온도가 정상보다 낮을 때 나타나는 제품의 결과 중 틀린 것은?

① 부피가 작다.
② 큰 기포가 형성된다.
③ 기공이 조밀하다.
④ 오븐통과 시간이 약간 길다.

07 케이크 반죽의 패닝에 대한 설명으로 틀린 것은?

① 엔젤 푸드 케이크, 시퐁 케이크는 팬에 물을 고르게 칠한 후 패닝한다.
② 분할중량은 유채씨를 이용하여 팬의 부피를 구한 다음 비중으로 나눈다.
③ 각 제품은 비중에 따라 비용적이 달라지므로 분할중량을 다르게 한다.
④ 비중이 낮은 반죽은 g당 팬을 차지하는 부피가 커진다.

08 엔젤 푸드 케이크에서 설탕의 작용으로 옳은 것은?

① 보존제 및 강화제 ② 연화제 및 유화제
③ 강화제 및 유화제 ④ 감미제 및 연화제

09 스펀지 케이크에서 달걀 사용량을 15% 감소시킬 때, 밀가루와 물의 사용량은?

① 밀가루 3.75% 증가, 물 11.25% 감소
② 물 3.75% 감소, 밀가루 3.75% 증가
③ 밀가루 3.75% 감소, 물 11.25% 감소
④ 밀가루 3.75% 증가, 물 11.25% 증가

해설

05
사용할 물의 온도 = (희망 반죽온도×6)−(실내 온도+밀가루 온도+설탕 온도+달걀 온도+유화 쇼트닝 온도+마찰계수)
(23×6)−(25+25+25+20+20+28) =−5

06
반죽온도가 높으면
- 기공이 열린다.
- 큰 공기구멍이 생긴다.
- 조직이 거칠다.
- 노화가 빠르다

반죽온도가 낮으면
- 기공이 조밀하다.
- 부피가 작다.
- 제품의 식감이 나쁘다.

07
분할중량 = 용적÷비용적

08
설탕은 케이크에 단맛과 부드러움을 부여한다.

09
달걀에는 수분이 75%, 고형분이 25% 있다.
15%×0.75 = 11.25
15%×0.25 = 3.75

정답 | 05 ③ 06 ② 07 ② 08 ④ 09 ④

10 생크림 제조 시 최종단계에서 숙성시키는 주 목적은?

① 유기산 생성으로 보존성이 향상된다.
② 유지방을 분해하여 크림성을 개선한다.
③ 숙성동안 유해균을 사멸시킨다.
④ 유지의 배열을 변형하여 안정화시킨다.

11 마카롱에 대한 설명으로 틀린 것은?

① 아몬드 페이스트를 사용하면 분당을 증가시킨다.
② 밀가루는 사용하지 않는다.
③ 반죽이 굳으면 따뜻하게 하여 짠다.
④ 분할하여 30~40분간 말려 굽는다.

12 반죽형 쿠키 제조 시 표피가 갈라지는 현상이 일어나는 원인은?

① 액당 사용량 과다시
② 달걀 사용량 과다시
③ 너무 묽은 반죽으로 제조 시
④ 반죽의 수분보유제 부족 시

13 다음은 도넛의 어떤 결점을 점검하기 위하여 조사한 것이다. 주된 결점은?

항목	튀김시간	믹싱시간	반죽 중 수분	설탕 사용량
장단(다소)	길다	짧다	많다	많다

① 도넛의 흡유가 과도한 결점
② 도넛의 표피가 터지는 결점
③ 도넛의 팽창이 과도한 결점
④ 도넛의 형태가 균일하지 않는 결점

14 케이크의 굽기 온도가 너무 높았을 때 나타나는 일반적인 현상이 아닌 것은?

① 기공이 크고 거칠다.
② 내부에 수분이 많다.
③ 껍질 색상이 너무 진하다.
④ 부피가 감소된다.

해 설

10
생크림을 3~5℃에서 8시간 정도 보존하면서 숙성을 시킨다.

11
아몬드 페이스트에 설탕이 함유되어 있으므로 분당을 증가시키지 않는다.

12
반죽에 수분보유제나 혹은 수분공급제가 부족하면 반죽형 쿠키 제조 시 표피가 갈라지는 현상이 일어난다.

14
굽기 온도가 너무 높으면 부피가 감소되어 기공이 작고 조직이 치밀하다.

10 ④ 11 ① 12 ④ 13 ① 14 ①

15 **언더 베이킹(Under Baking)에 대한 설명으로 옳은 것은?**

① 낮은 온도의 오븐에서 굽는 것이다.

② 구운 제품의 윗부분이 평평해지는 경향이 있다.

③ 제품에 남는 수분이 적다.

④ 속이 불안정하여 주저앉기 쉽다.

해설

15

언더 베이킹(Under baking)의 특징

- 높은 온도에서 짧게 굽는 것이다.
- 중앙부분이 익지 않는 경우가 많다.
- 윗면이 갈라지기 쉽다.
- 속이 거칠고 불안정하여 주저앉기 쉽다.
- 제품에 남는 수분이 많다.

정답 | 15 ④

Part
03
재료과학

제 1 장 기초과학

01 탄수화물(당질)

탄소(C), 수소(H), 산소(O) 3원소로 구성된 유기화합물로, 일반식은 CmH_2nOn 또는 $Cm(H_2O)n$이다. 분자 내에 1개 이상의 수산기(-OH)와 카르복실기(-COOH)를 가지고 있는 것이 특징이다. 일명 당질이라고 부른다.

1 탄수화물의 분류

(1) 단당류

① 포도당(Glucose ; 글루코오스)
② 과당(Fructose ; 프락토오스)
③ 갈락토오스(Galactose)

(2) 이당류

① 자당(설탕, Sucrose ; 수크로오스)
② 맥아당(엿당, Maltose ; 말토오스)
③ 유당(젖당, Lactose ; 락토오스)

(3) 다당류

① 덱스트린(Dextrin)
② 전분(녹말, Starch ; 스타치)

2 탄수화물의 상대적 감미도 순

과당(175) > 전화당(130) > 자당(100) > 포도당(75) > 맥아당(32), 갈락토오스(32) > 유당(16)

← 크다　　　감미도, 용해도, 흡습 조해성, 삼투압　　　작다 →

3 탄수화물의 특성

(1) 단당류 : 더 이상 가수분해되지 않는 가장 단순한 탄수화물이다.

① **포도당** : 포도, 과일즙 등에 많이 함유되어 있으며 혈액 중에 0.1% 포함되어 있다.
② **과당** : 모든 당류 중에서 단맛이 가장 강하며 꿀과 과일에 다량 함유되어 있다.
③ **갈락토오스** : 젖당의 구성 성분으로 단맛이 덜하고 물에 잘 안 녹는다.
그리고 뇌신경 조직의 성분이 된다.

(2) 이당류 : 단당류 2분자가 결합된 당류로 모든 이당류의 분자식은 $C_{12}H_{22}O_{11}$이다.

① 자당

㉠ 포도당보다 잠열(Latent Heat)이 낮다.

㉡ 자당 한 분자는 과당 한 분자와 포도당 한 분자 중 물 한 분자가 제거되어 결합된 것이다.

㉢ 빵 제조 시 이스트의 효소 인베르타아제에 의하여 과당과 포도당으로 가수분해된다.

㉣ 비환원당이며, 감미도의 기준이 되는 상대적 감미도가 100이다.

② 맥아당 : 효소 말타아제에 의하여 포도당+포도당으로 가수분해 되며, 발아한 보리(엿기름) 중에 다량 함유되어 있다.

③ 유당 : 효소 락타아제에 의하여 포도당+갈락토오스로 가수분해 되며, 장내에서 번식을 하는 잡균을 막아 장을 깨끗이 하는 정장 작용을 한다.

- 환원당이란 당의 분자상에 알데히드기와 케톤기가 유리되어 있거나 헤미아세탈형으로 존재하는 것을 가르킨다. 이때 탄소수가 적은 알데히드는 물과 잘 섞이며, 환원성을 갖는다. 알데히드의 환원성은 은거울 반응이나 펠링 용액 반응을 통하여 알 수 있다. 은거울 반응에서 알데히드는 은 이온 Ag^{+}을 금속의 은으로 환원시키며, 펠링 용액 반응에서는 구리 이온 Cu^{2+}을 동으로 환원시킨다. 환원당의 종류에는 포도당, 과당, 갈락토오스, 맥아당, 유당 등이 있다.
- 잠열(Latent heat)이란 물질의 상태가 기체와 액체, 또는 액체와 고체 사이에서 변화할 때 흡수 또는 방출하는 열이다. 예를 들면 얼음이 녹아 물이 될 때는 둘레에서 열을 흡수하고, 거꾸로 물이 얼어 얼음이 될 때는 같은 양의 열을 방출한다.
- 전화당의 특성
  - 설탕(자당)을 가수분해하여 만들 수 있다.
  - 포도당과 과당이 50%씩 구성되어 있는 당이다.
  - 수분이 함유되어 있는 시럽형태로 존재한다.

(3) 다당류 : 여러 개의 단당류가 결합된 고분자 화합물이다.

① 전분 : 곡류, 고구마와 감자 등에서 존재하는 식물의 에너지원으로 이용되어지는 저장 탄수화물로, 많으면 수천 개의 포도당이 결합되어 한 개의 전분립을 구성한다.

② 섬유소(셀룰로오스) : 해조류와 채소류에 많으며, 식물을 구성하는 데 이용되는 구성 탄수화물로 초식동물만 에너지원으로 사용한다.

③ 펙틴 : 과일류의 껍질에 많이 존재하며 젤리나 잼을 만드는 데 점성을 갖게 한다.

④ 글리코겐 : 동물의 에너지원으로 이용되는 동물성 전분으로 간이나 근육에서 합성, 저장되어 있다.

⑤ 덱스트린(호정) : 전분이 가수분해 되는 과정에서 생기는 중간생성물이다.

⑥ 이눌린 : 과당의 결합체로, 돼지감자에 다량 함유되어 있다.

⑦ 한천 : 홍조류의 한 종류인 우뭇가사리에서 추출하며 펙틴과 같은 안정제로 사용된다.

4 전분(녹말)

전분은 다당류로 옥수수, 보리 등의 곡류와 감자, 고구마, 타피오카 등의 뿌리에 존재하고 있으며, 식물의 저장성 탄수화물로 에너지원으로 이용된다. 전분은 아밀로오스와 아밀로펙틴의 두 가지 구조형태로 이루어진 중합체인데, 각각의 비율은 전분의 종류에 따라 다르다.

(1) 아밀로오스와 아밀로펙틴의 비교

항목	아밀로오스	아밀로펙틴
분자량	적다.	많다.
포도당 결합형태	α-1, 4(직쇄상 구조)	α-1, 4(직쇄상 구조) α-1, 6(측쇄상 구조 혹은 곁사슬 구조)
요오드 용액 반응	청색 반응	적자색 반응
호화	빠르다.	느리다.
노화	빠르다.	느리다.

① **찹쌀과 찰옥수수** : 대부분 아밀로펙틴으로 구성

② **밀가루** : 아밀로펙틴 72~83%, 아밀로오스 17~28%

③ 대부분의 천연전분은 아밀로펙틴 구성비가 높다.

(2) 전분의 호화

① **호화(덱스트린화, 젤라틴화, α화라고도 함)**

생전분에 물을 넣고 가열하면 수분을 흡수하면서 팽윤되며 점성이 커지는데, 투명도도 증가하여 반투명의 α-전분 상태(콜로이드 상태)가 된다. 이러한 α-전분 상태를 호화전분이라고 한다. 밥, 떡, 과자, 빵 등이 전분의 호화로 이루어진 대표적인 식품이다. 호화된 전분으로 이루어진 식품은 소화가 잘 된다.

② **전분의 호화에 영향을 주는 요인과 특징**

㉠ 전분의 종류에 따라 호화 특성이 달라지는데 전분입자가 작을수록 호화온도가 높다.

㉡ 수분이 많을수록 호화가 촉진된다.

㉢ pH가 높을수록(알칼리성일 때) 호화가 촉진된다.

㉣ 가열 온도가 높을수록 호화시간이 단축된다.

㉤ 대부분의 염류는 호화를 촉진한다.

㉥ 염류를 구성하는 음이온이 전분의 팽윤제로 작용이 강하며 황산염은 호화를 억제한다.

㉦ 전분을 물에 푼 현탁액에 적당량의 수산화나트륨(NaOH, 가성소다)을 가하면 가열하지 않아도 호화될 수 있다.

- 전분의 호화 현상의 특징
  - 호화된 α-전분은 점도가 증가하여 콜로이드 용액이 되고 맛도 좋고 소화도 잘 된다.
  - 전분 입자가 팽창하여 윤기가 나는 팽윤은 40℃에서 시작한다.
  - 빵 반죽 온도가 54℃일 때부터 밀가루 전분이 호화되기 시작한다.
  - 전분 입자는 70℃ 전 · 후에 이르면 유동성이 급격히 떨어지며 호화가 완료된다.
  - 전분의 팽윤과 호화과정에서 전분입자는 반죽 중의 유리수와 단백질과 결합된 물을 흡수한다.

(3) 전분의 가수분해

전분에 묽은 산을 넣고 가열하면 쉽게 가수분해되어 당화된다. 또한 전분에 효소(Amylase)를 넣고 호화 온도(55~60℃)를 유지시켜도 쉽게 가수분해되어 당화된다.

- 전분을 가수분해하는 과정에서 생성된 최종산물로 만드는 식품과 당류
  - 식혜 : 쌀의 전분을 가수분해하여 부분적으로 당화시킨 것으로 맥아당이 많은 양을 구성한다.
  - 엿 : 쌀의 전분을 가수분해하여 완전히 당화시켜 농축한 후, 조청을 만든 다음 조청을 구성하는 포도당을 결정화시킨 것이다. 그러나 엿을 구성하는 주된 당류는 맥아당이다.
  - 물엿 : 옥수수 전분을 가수분해하여 부분적으로 당화시켜 만든 것으로, 물엿 특유의 물리적 성질인 점성이 나타나는 이유는 덱스트린 성분 때문이다.
  - 포도당 : 전분을 가수분해하여 얻은 최종 산물로, 설탕을 사용하는 배합에 설탕의 일부분을 포도당으로 대체하면, 재료비도 절약하고 황금색으로 착색되어 껍질색도 좋아진다.
  - 이성화당 : 전분당 분자의 분자식은 변화시키지 않으면서 분자 구조를 바꾼 당을 가리킨다. 예를 들면 포도당을 과당으로 바꿔 만든 액상과당이 대표적인 당류 제품이다.

(4) 전분의 노화

빵의 노화는 빵 껍질의 변화, 빵의 풍미저하, 내부조직의 수분보유 상태를 변화시키는 것으로 α-전분(익힌 전분)이 β-전분(생 전분)으로 변화하는데, 이것을 노화(老化)라고 한다.

① 전분의 노화에 영향을 주는 요인과 특징

㉠ 저장시간 : 빵과 과자는 오븐에서 꺼내면서부터 노화가 시작되며 저장시간이 길수록 노화는 많이 일어난다.

㉡ 온도 : 10℃ 이하의 냉장온도에서 노화가 빨라진다. -18℃ 이하의 냉동온도에서 보관 및 저장을 하면 노화가 지연된다.

㉢ 계면활성제 : 계면활성제는 빵과 과자 완제품에 수분 보유량을 높여 노화를 지연시킨다.

㉣ 단백질 : 밀가루에 구성하는 단백질의 양이 많고 질이 좋을수록 노화를 지연시킨다.

㉤ 수분함량 : 반죽에 넣는 물의 양을 늘려 완제품의 수분이 38% 이상이 되면 노화를 지연시킨다.

ⓑ 당류 : 당류를 첨가하면 완제품의 수분 보유력이 높아져 노화를 지연시킨다.

ⓢ 양질의 재료를 사용하고 제과제빵 시 적정한 공정관리를 하면 완제품의 노화를 지연시킨다.

ⓞ 포장 : 방습이 되는 포장 재료로 포장을 하면 완제품의 노화를 지연시킨다.

② 노화방지법

㉠ −18℃ 이하로 급냉하거나, 수분함량을 10% 이하로 조절한다.

㉡ 아밀로오스보다 아밀로펙틴이 노화가 잘 안 된다.

㉢ 계면활성제는 표면장력을 변화시켜 빵, 과자의 부피와 조직을 개선하고 노화를 지연시킨다.

㉣ 레시틴은 유화작용과 노화를 지연한다.

㉤ 설탕, 유지의 사용량을 증가시키면 빵의 노화를 억제할 수 있다.

㉥ 모노−디−글리세리드는 식품을 유화, 분산시키고 노화를 지연시킨다.

③ 노화 최적 상태

전분의 노화가 빠르게 진행되는 전분의 노화대(Stale zone)를 가리킨다.

㉠ 수분함량 : 30~60%

㉡ 저장온도 : −7~10℃

④ 노화가 일어나는 이유

α−전분을 실온에 방치하면 전분 분자끼리의 결합이 전분과 물분자의 결합보다 크기 때문에 침전이 생기며 결정이 규칙성을 나타내게 된다.

02 지방(지질)

탄소(C), 수소(H), 산소(O)로 구성된 유기화합물로 3분자의 지방산과 1분자의 글리세린(글리세롤, 3가의 알코올)이 결합되어 만들어진 에스테르, 즉 트리글리세리드이다. 이를 가수분해하면 2분자의 지방산과 1분자의 글리세린인 디글리세리드, 1분자의 지방산과 1분자의 글리세린인 모노글리세리드를 거쳐 지방산과 글리세린으로 나누어진다.

1 지질의 분류

(1) **단순지방** : 지방산과 알코올의 에스테르 화합물

① **중성지방** : 상온에서 고체(지) 또는 액체(유)를 결정하는 성분인 포화지방산과, 불포화지방산이 있다. 3분자의 지방산과 1분자의 글리세린으로 결합된 것이다.

② **납(왁스)** : 고급 지방산과 고급 알코올이 결합한 고체 형태의 단순지방이다.

(2) **복합지방** : 지방산과 알코올 이외에 다른 분자군을 함유한 지방

① **인지질** : 난황, 콩, 간 등에 많이 함유돼 있으며 유화제로 쓰이고 노른자의 레시틴이 대표적이다.

② **당지질** : 중성지방과 당류가 결합된 형태로 뇌, 신경 조직에 존재한다.

(3) **유도지방** : 중성지방, 복합지방을 가수분해할 때 유도되는 지방

① **지방산** : 글리세린과 결합하여 지방을 구성한다.

② **콜레스테롤** : 동물성 스테롤로 뇌, 골수, 신경계, 담즙, 혈액 등에 많으며 자외선에 의해 비타민 D_3가 된다. 식물성 기름과 함께 섭취하는 것이 좋다.

③ **글리세린** : 지방산과 함께 지방을 구성하고 있는 성분으로 흡습성, 안전성, 용매, 유화제로 작용한다. 일명 글리세롤이라고도 한다.

④ **에르고스테롤** : 식물성 스테롤로 버섯, 효모, 간유 등에 함유되어 있으며 자외선에 의해 비타민 D_2가 되어 비타민 D의 전구체 역할을 한다.

2 지방의 구조

(1) 지방산

① **포화지방산**

㉠ 탄소와 탄소의 결합이 전자가 한개인 단일결합으로 이루어져 있다.

㉡ 산화되기가 어렵고 융점이 높아 상온에선 고체이다.

㉢ 동물성 유지에 다량 함유되어 있다.

㉣ 종류에는 뷰티르산, 카프르산, 미리스트산, 스테아르산, 팔미트산 등이 있다.

- 포화지방산의 탄소 수가 적을수록 유지의 녹는점인 융점이 낮아진다.
- 뷰티르산의 특징
  - 일명 낙산이라고도 한다.
  - 천연의 지방을 구성하는 산 중에서 탄소 수가 4개로 가장 적다.
  - 버터에 함유된 지방산이다.
  - 버터를 특징짓는 지방산이다.

② **불포화지방산**

㉠ 탄소와 탄소의 결합에 이중결합이 1개 이상 있는 지방산이다.

㉡ 산화되기 쉽고 융점이 낮아 상온에서 액체이다.

㉢ 불포화지방산의 탄소수가 포화지방산의 탄소수와 같을 때 불포화지방산의 융점이 포화지방산보다 낮다.

㉣ 식물성 유지에 다량 함유되어 있다.

㉤ 종류에는 올레산, 리놀레산, 리놀렌산, 아라키돈산 등이 있다.

㉥ 필수지방산 : 리놀레산, 리놀렌산, 아라키돈산 등이 있으며 체내에서 합성되지 않아 음식물에서 섭취해야 하는 지방산이다.

(2) 글리세린

① 3개의 수산기(-OH)를 가지고 있어서 3가의 알코올이기 때문에 글리세롤이라고도 한다.
② 무색, 무취, 감미를 가진 시럽형태의 액체이다.
③ 물보다 비중이 크므로 글리세린이 물에 가라앉는다.
④ 지방을 가수분해하여 얻을 수 있다.
⑤ 수분보유력이 커서 식품의 보습제로 이용된다.
⑥ 물-기름 유탄액에 대한 안정기능이 있어 크림을 만들 때 물과 지방의 분리를 억제한다.
⑦ 향미제의 용매로 이용된다.

03 단백질

탄소(C), 수소(H), 질소(N), 산소(O), 유황(S) 등의 원소로 구성된 유기화합물로 질소가 단백질의 특성을 규정짓는다. 단백질을 구성하는 기본 단위는 염기성의 아미노 그룹($-NH_2$)과 산성의 카르복실기(-COOH) 그룹을 함유하는 유기산으로 이뤄진 아미노산으로 20여 가지가 있다. 아미노산은 물에 녹아 음이온과 양이온의 양전하를 갖는다. 단백질 조직은 수많은 L-형 아미노산의 펩티드(Peptide) 결합으로 이루어진다.

- 식품 단백질을 구성하는 20여 가지의 아미노산 중 암기가 필요한 아미노산
  - 함황아미노산(황을 포함하고 있는 아미노산) : 시스테인, 시스틴, 메티오닌
  - 필수아미노산(체내에서 합성하지 못하므로 음식물을 통해 섭취하여야 함) :
    ① 리신, ② 트립토판, ③ 페닐알라닌, ④ 류신, ⑤ 이소류신, ⑥ 트레오닌, ⑦ 메티오닌, ⑧ 발린
- 빵 반죽의 탄력(경화)과 신장(연화)에 영향을 미치는 아미노산
  - 시스틴 : 밀가루 단백질을 구성하는 아미노산으로 이황화 결합(-S-S-)을 갖고 있으므로 빵 반죽의 구조를 강하게 하고 가스 포집력을 증가시키며, 반죽을 다루기 좋게 한다.
  - 시스테인 : 밀가루 단백질을 구성하는 아미노산으로 치올기(-SH)를 갖고 있으므로 빵 반죽의 구조를 부드럽게 하여 글루텐의 신장성을 증가시키고 반죽시간과 발효시간을 단축시키며, 노화를 방지한다.

1 단백질의 분류

(1) 단순단백질 : 가수분해에 의해 아미노산만이 생성되는 단백질이다.

① **알부민** : 물이나 묽은 염류에 녹고, 열과 강한 알코올에 응고된다.

② **글로불린** : 물에는 녹지 않으나, 묽은 염류 용액에는 녹는다.

③ **글루텔린** : 물과 중성 용매에는 녹지 않으나 묽은 산, 알칼리에는 녹는다. 밀의 글루테닌이 해당된다.

④ **프롤라민** : 물과 중성용매에는 녹지 않으나 70~80%의 알코올, 묽은 산, 알칼리에 용해되는 특징이 있으며, 밀의 글리아딘, 옥수수의 제인, 보리의 호르데인이 해당된다.

⑤ **알부미노이드** : 모든 중성 용매에 불용성이다. 동물의 결체 조직인 인대, 발굽에 존재하는 콜라겐과 손톱, 뿔에 존재하는 케라틴과 모발에 존재하는 엘라스틴 등이 있다.

(2) 복합단백질 : 단순단백질에 다른 물질이 결합되어 있는 단백질이다.

① **핵단백질** : 세포의 활동을 지배하는 세포핵을 구성하는 단백질이다.

② **당단백질** : 복잡한 탄수화합물과 단백질이 결합한 화합물로 일명 글루코프로테인이라고도 한다.

③ **인단백질** : 단백질이 유기인과 결합한 화합물이다.

④ **색소단백질** : 발색단을 가지고 있는 단백질 화합물로 일명 크로모단백질이라고 한다.

⑤ **금속단백질** : 철, 구리, 아연, 망간 등과 결합한 단백질로 호르몬의 구성성분이 된다.

(3) 유도단백질

효소나 산, 알칼리, 열 등 적절한 작용제에 의한 분해로 얻어지는 단백질의 제1차, 제2차 분해산물이다. 종류에는 메타단백질(메타프로테인), 프로테오스, 펩톤(Peptone), 폴리펩티드, 펩티드(Peptide)가 있다.

펩티드 혹은 펩타이드(Peptide) : 아미노산과 아미노산 간의 결합으로 이루어진 단백질의 2차 구조이다.

04 효소

단백질이 주성분이며 비단백질 부분으로도 구성된 효소는 생물체로부터 만들어져 생물체 속에서 일어나는 유기화학 반응의 촉매 역할을 한다. 유기화학 반응 시 효소는 용액 속에서만 작용하고 대체로 자신의 분자량은 감소하지 않고 유기물을 분해한다. 효소는 유기화합물인 단백질로 구성되었기 때문에 온도, pH, 수분 등의 영향을 받으나 효모처럼 당(설탕), 소금, 산소의 영향은 받지 않는다.

1 효소의 분류 : 효소의 어느 특정한 기질에만 반응하는 선택성과 특이성에 따라 분류한다.

(1) 탄수화물 분해효소

① 이당류 분해효소

㉠ 인베르타아제 : 설탕을 포도당과 과당으로 분해하며, 이스트에 존재한다.

㉡ 말타아제 : 장에서 분비, 맥아당을 포도당 2분자로 분해하며, 이스트에 존재한다.

㉢ 락타아제 : 소장에서 분비하며, 동물성 당인 유당을 포도당과 갈락토오스로 분해한다. 단세포 생물인 이스트에는 락타아제가 없다.

② 다당류 분해효소

㉠ 아밀라아제 : 전분을 분해하는 효소로 디아스타아제라고도 한다. 전분을 덱스트린 단위로 잘라 액화시키는 알파– 아밀라아제(액화효소, 내부아밀라아제), 잘려진 전분을 맥아당 단위로 자르는 베타–아밀라아제(당화효소, 외부아밀라아제), 그리고 전분을 포도당 단위로 자르는 글루코아밀라아제 등 세 가지 종류로 나뉜다.

㉡ 셀룰라아제 : 섬유소를 포도당으로 분해

㉢ 이눌라아제 : 이눌린을 과당으로 분해

③ 산화효소

㉠ 치마아제 : 이송가인트가 가진 많은 효소가 모인 효소군으로 포도당, 과당, 갈락토오스와 같은 단당류를 산화시켜 탄산가스(물에 용해된 이산화탄소)와 에틸알코올을 만든다.

㉡ 퍼옥시다아제 : 카로틴계의 황색 색소를 무색으로 산화

(2) 지방 분해효소

① 리파아제 : 지방을 지방산과 글리세린으로 분해

② 스테압신 : 췌장에 존재하며 지방을 지방산과 글리세린으로 분해, 이자라고도 한다.

(3) 단백질 분해효소

① 프로테아제 : 단백질을 펩톤, 폴리펩티드, 펩티드, 아미노산으로 분해

② 펩신 : 위액 속에 존재하는 단백질 분해효소

③ 레닌 : 위액에 존재하는 단백질 응고효소

④ 트립신 : 췌액에 존재하는 단백질 분해효소

⑤ 펩티다아제 : 췌장에 존재하는 단백질 분해효소

⑥ 에렙신 : 장액에 존재하는 단백질 분해효소

- 효소의 특성
  - 단백질이 주성분이며 비단백질 부분도 있다.
  - 특정한 기질(유기화합물)에만 반응하는 선택성과 특이성이 있다.
  - 유기화학 반응의 촉매역할을 한다.
  - 유기화학 반응 시 자신의 분자량은 감소하지 않고 기질을 분해한다.
  - 효소반응은 온도, pH, 수분, 기질농도 등에 영향을 받는다.
- 단백질인 효소가 손상되지 않는 온도 범위 내에서 매 10℃ 상승마다 효소의 활성은 약 2배가 된다.
- 제빵용 아밀라아제는 pH 4.6~4.8에서 맥아당 생성량이 가장 많으나 pH와 온도는 동시에 일어나는 사항이므로 적정 온도와 적정 pH가 되어야 최대의 효과를 기대할 수 있다.
- 자주 출제되는 효소의 학명
  리파아제 : Lipase, 프로테아제 : Protease, 인베르타아제 : Invertase, 치마아제 : Zymase, 아밀라아제 : Amylase, 락타아제 : Lactase

제 1 장 미리보는 출제예상문제

01 **전화당에 대한 설명 중 틀린 것은?**

① 포도당과 과당이 50%씩 구성되어 있는 당이다.
② 포도당과 과당으로 분해된 다당류이다.
③ 수분이 함유된 것을 전화당 시럽이라 한다.
④ 설탕(자당)을 가수분해하여 만들 수 있다.

02 **전분의 노화에 대한 설명 중 틀린 것은?**

① 노화는 −18℃에서 잘 일어나지 않는다.
② 노화된 전분은 소화가 잘 된다.
③ 노화란 α−전분이 β−전분으로 되는 것을 말한다.
④ 노화는 전분 분자끼리의 결합이 전분과 물분자의 결합보다 크기 때문에 일어난다.

03 **다음 중 감미제에 대한 설명으로 틀린 것은?**

① 감미제는 단맛을 제공하여 영양소, 안정제, 발효조절제의 역할을 한다.
② 전화당은 자당을 산이나 효소로 가수분해하여 같은 양의 포도당과 맥아당을 생성한다.
③ 유당은 우유 중의 이당류로 제빵용 효모에 의해 발효되지 않는다.
④ 물엿은 설탕에 비해 감미도는 낮지만 점성과 보습성이 뛰어나다.

04 **과당의 특징에 대한 설명으로 틀린 것은?**

① 자당, 맥아당, 유당 등과 비교하여 단맛이 더 강하다.
② 용해도가 커서 과포화되기 쉽다.
③ 가열 시 감미가 저하된다.
④ 다른 당류에 비해 흡습 조해성이 매우 약하다.

해 설

01
전화당은 포도당과 과당으로 분해된 단당류의 혼합물이다.

02
호화된 전분은 소화가 잘 된다.

04
과당은 다른 당류에 비해 흡습 조해성이 매우 강하다.

정답 | 01 ② 02 ② 03 ② 04 ④

05 **자연계에 널리 분포되어 있는 다음의 지방산 중 융점이 가장 낮은 것은?**

① 뷰티르산 ② 카프르산
③ 팔미트산 ④ 스테아르산

06 **지방산에 대한 설명으로 옳은 것은?**

① 라우르산(Lauric acid)은 1개의 불포화기를 갖는다.
② 리놀렌산(Linolenic acid)은 필수지방산이다.
③ 스테아르산의 탄소 수는 17개이다.
④ 리놀레산(Linoleic acid)에는 3개의 이중결합이 존재한다.

07 **다음 중 유지의 일반적 성질에 대한 설명으로 틀린 것은?**

① 비중은 15℃에서 0.92~0.94이나 저급지방산이 많으면 커진다.
② 불포화지방산의 2중 결합이 많으면 융점은 낮아지고 소화흡수가 느려진다.
③ 소수성 용매에 잘 녹고 탄소수가 적고 불포화도가 커질수록 용해도는 증가한다.
④ 발연점은 유리지방산과 이물질 함량이 많을수록 낮아진다.

08 **효소에 대한 설명으로 틀린 것은?**

① 효소는 기질에 대한 특이성을 갖는다.
② 단백질이 주성분이며 비단백질 부분도 있다.
③ 효소반응은 온도, pH, 기질농도 등에 영향을 받는다.
④ 자신의 분자량이 서서히 감소하며 화학반응을 빠르게 한다.

09 **탄수화물 분해효소가 아닌 것은?**

① 셀룰라아제 ② 이눌라아제
③ 아밀라아제 ④ 프로테아제

해 설

05
뷰티르산은 낙산이라고도 하며, 천연의 지방을 구성하는 산 중에서 탄소수가 가장 적은 유기산으로 부패성의 악취가 나는 무색의 유상 액체이다.
- 버터에 함유된 지방산이다.
- 버터를 특징짓는 지방산이다.

06
필수지방산에는 리놀레산, 리놀렌산, 아라키돈산 등이 있다.

07
불포화지방산의 2중결합이 많으면 소화 흡수가 빨라진다.

08
화학반응 시 효소 자신의 분자량은 변화가 없다.

09
- 프로테아제는 글루텐을 연화시켜 믹싱을 단축하고, 내성도 약하게 한다.
- 프로테아제는 단백질 분해효소이다.

05 ① 06 ② 07 ② 08 ④ 09 ④

10 **지질에 대한 설명으로 틀린 것은?**

① 지질은 단순지질, 복합지질, 유도지질 등으로 분류한다.
② 레시틴은 인지질에 속하며 제과에서 유화제로 사용한다.
③ 유지는 지방산과 알코올이 펩타이드 결합한 것이다.
④ 글리세린에 결합된 지방산에 따라 모노, 디, 트리글리세라이드로 분류한다.

해설

10
유지는 3분자의 지방산과 1분자의 글리세린이 에스테르 결합한 것이다.

정답 | 10 ③

제 2 장 재료과학

01 밀가루(Wheat Flour)

1 밀의 구조

(1) 배아

밀의 2~3%를 차지하며 지방이 많이 있어서 밀가루의 저장성을 나쁘게 하므로 제분 시 분리하여 식용, 사료용, 약용으로 사용한다.

(2) 껍질

밀의 14%를 차지하고 제분과정에서 분리되며, 비타민 B_1(티아민), B_2(리보플라빈), 소화가 되지 않는 셀룰로오스(섬유소), 회분(무기질)과 빵 만들기에 적합하지 않은 메소닌, 알부민과 글로불린 등 제빵적성의 질이 낮은 단백질을 다량 함유하고 있다.

(3) 배유

밀의 83%를 차지하며 내배유와 외배유로 구분한다. 내배유 부위를 분말화한 것이 밀가루이다. 빵 만들기에 적합한 70%의 알코올에 용해되는 글리아딘과 산-알칼리에 용해되는 글루테닌이 거의 같은 양으로 들어 있다.

2 제분과 제분수율

(1) 제분

제분이란 곡류를 가루로 만드는 것으로 밀은 배유부가 치밀하거나 단단하지 못하여 도정할 경우 싸라기가 많이 나오기 때문에 처음부터 분말화하여 사용했다. 밀의 분말화는 밀의 내배유로부터 껍질, 배아 부위를 분리하고, 내배유 부위를 부드럽게 만들어 전분이 손상되지 않게 고운 가루로 만드는 것이고 이를 밀의 제분이라고 한다. 이러한 공정이 이루어지는 제분공정은 템퍼링(조질)이다.

(2) 제분수율 : 밀을 제분하여 밀가루를 만들 때 밀에 대한 밀가루의 양을 %로 나타낸 것이다.

① 제분수율이 낮을수록 껍질 부위가 적으며 고급분이 되지만 영양가는 떨어진다.

② 제분수율이 증가하면 일반적으로 소화율은 감소한다.

③ 제분수율이 증가하면 일반적으로 비타민 B_1, B_2 함량과 무기질 함량이 증가한다.

④ 밀가루의 사용 목적에 따라 제분수율이 조정되기도 한다.

⑤ 제분수율이 증가하면 일반적으로 섬유소와 단백질 함량이 증가한다.

⑥ 제분수율이 낮을수록 밀가루 내에 전분 함량이 증가한다.

- 템퍼링 방법과 이유
  - 제분하고자 하는 밀에 첨가하는 물의 양, 물의 온도, 처리시간 등의 변화를 주어 파괴된 밀이 잘 분리되도록 한다.
  - 밀기울을 강인하게 하여 밀가루에 섞이는 것을 방지하기 위하여
  - 배유와 밀기울의 분리를 용이하게 해주기 위하여
  - 배유가 잘 분쇄되게 해주기 위하여
- 리듀싱 롤(Reducing roll) : 밀 제분공정 중 정선기에 온 밀가루를 다시 마쇄하여 작은 입자로 만드는 공정이다.

3 밀가루의 분류

(1) 제품별 분류 – 분류 기준은 단백질 함량

제품유형	단백질 함량(%)	용도	제분한 밀의 종류
강력분	11.5~13.0	빵용	경질춘맥, 초자질
중력분	9.1~10.0	우동, 면류	연질동맥, 중자질
박력분	7~9	과자용	연질동맥, 분상질
듀럼분	11.0~12.5	스파게티, 마카로니	듀럼분, 초자질

(2) 등급별 분류 – 분류 기준은 회분 함량

등급회분	함량(%)	효소 활성도
특등급	0.3~0.4	아주 낮다.
1등급	0.4~0.45	낮다.
2등급	0.46~0.60	보통
최하 등급	1.2~2.0	아주 높다.

4 밀가루의 성분

(1) 단백질

밀가루로 빵을 만들 때 품질을 좌우하는 가장 중요한 지표로, 여러 단백질들 중에서 글리아딘과 글루테닌이 물과 결합하여 글루텐을 만든다. 밀의 단백질 함량이 높으면 글루텐을 많이 만들어 이산화탄소 가스 포집능력이 좋아진다.

⊙ **글루텐 형성 단백질의 특성**

① 글리아딘 : 물에는 불용성으로 70% 알코올에 용해되며, 약 36%를 차지한다.

② 글리아딘은 반죽을 신장성과 점성(응집성) 있게 하는 물질이다.

③ 글루테닌 : 물에는 불용성으로 묽은 산, 알칼리에 용해되며, 약 20%를 차지한다.

④ 글루테닌은 반죽을 질기고 탄력성 있게 하는 물질이다.

⑤ 메소닌 : 물이나 묽은 초산에 용해되며, 약 17%를 차지한다.

⑥ 알부민과 글로불린 : 물이나 묽은 염류용액에 녹고 열에 의해 응고되며, 약 7%를 차지한다.

- 글루텐 형성 시 단백질의 함량은 80%이고 나머지는 탄수화물, 수분, 회분 등이다.
- 반죽을 구성하는 수용성 단백질에는 알부민, 글로불린, 메소닌, 프로테오스 등이 있다.

(2) 탄수화물

밀가루 함량의 70%를 차지하며 대부분은 전분이고 나머지는 덱스트린, 셀룰로오스, 당류, 펜토산이 있다.

- 건전한 전분이 손상전분으로 대치되면 약 2배 흡수율이 증가하며, 밀가루에 함유되어야 할 손상전분의 적당한 함량은 4.5~8%이다.
- 손상전분이 많을수록 흡수량이 증가하고 설탕이 없을 때 발효성 탄수화물로 이용된다.
- 밀가루의 구성성분 중에서 수분을 흡수하는 성분과 그 성분들의 흡수율은 다음과 같다.
  - 전분 : 자기 중량의 0.5배의 흡수율을 갖는다.
  - 단백질 : 자기 중량의 1.5~2배의 흡수율을 갖는다.
  - 펜토산 : 자기 중량의 15배의 흡수율을 갖는다.
  - 손상된 전분 : 자기 중량의 2배의 흡수율을 갖는다.
  - 글루텐 : 자기 중량의 2.8배의 흡수율을 갖는다.

(3) 지방 : 밀가루에는 1~2%가 포함되어 있다.

(4) 회분 : 회분을 구성하는 성분은 무기질이다. 주로 껍질(밀기울)에 많으며 함유량에 따라 정제 정도를 알 수 있다. 껍질 부위(밀기울)가 적을수록 밀가루의 회분함량이 낮아진다.

① 박력분은 연질소맥으로 단백질 함량이 7~9%, 회분은 0.4% 정도이다.

② 부드러운 제품을 만들고자 할 경우에는 가장 낮은 회분(0.33~0.38%)이 함유된 것을 사용한다.

③ 밀의 제분율이 낮을수록(껍질 부위가 적을수록) 회분함량이 낮아지고 고급분이 되나, 영양가가 높아지는 것은 아니다.

④ 회분은 밀기울(껍질)의 양을 판단하는 기준으로 밀가루의 정제도를 표시한다.

⑤ 회분이란 의미는 식물의 타고 남은 재의 색인 회색분말을 줄인 것이다.
⑥ 같은 제분율일 때 연질소맥은 경질소맥에 비해 회분함량이 낮다.
⑦ 회분함량이 많으면 밀가루의 색이 회색이 된다.

(5) 수분

① 밀가루에 함유되어 있는 수분함량은 10~14% 정도의 것으로 선택하여 곰팡이의 활동 및 산패 가능성을 낮춘다.
② 밀가루의 수분함량은 밀가루의 실질적인 중량을 결정하는 아주 중요한 요소이므로, 밀가루 구입할 때 반드시 확인하여야 할 항목이다.
③ 밀가루의 수분함량이 1% 감소 시 반죽의 흡수율은 1.3~1.6% 증가한다.

(6) 효소

밀가루에는 다양한 효소가 함유되어 있으나, 제빵에 중요한 영향을 미치는 효소는 전분을 분해하는 아밀라아제와 단백질을 분해하는 프로테아제가 있다.

- 제빵에서 적정량을 사용할 때 프로테아제의 효과
  - 빵 반죽을 구성하는 글루텐을 연화시켜 반죽이 신장성을 갖게 하여 믹싱타임을 줄인다.
  - 반죽 다루기와 기계적성을 좋게 한다.
  - 빵 반죽을 숙성시켜 기공과 조직을 개선시킨다.
  - 햄버거 번스, 잉글리시 머핀 반죽에 흐름성을 부여하고자 할 때에 사용한다.
  - 너무 많이 사용하면 활성도가 지나쳐서 글루텐 조직이 끊어져 끈기가 없어진다.
- 아밀라아제의 효과
  - 반죽이 발효하는 동안 아밀라아제가 전분을 가수분해하여 발효성 탄수화물을 생성한다.
  - 발효성 탄수화물은 발효 시 적절한 가스 생산을 지탱해 줄 이스트의 먹이로 사용된다.
  - 그리고 반죽의 흡수율을 증가시키고 빵의 수분 보유력을 높여 노화를 지연시킨다.
  - 발효성 탄수화물인 맥아당은 완제품에 특유의 향을 가지게 하고 껍질색을 개선한다.
  - 굽기 과정 중에 아밀라아제는 적정한 수준의 덱스트린을 형성한다.
  - 덱스트린은 빵 질감의 기호성을 향상시키고 껍질을 윤기나게 한다.
  - 만약에 밀가루에 아밀라아제가 결핍되면 ① 연한 겉껍질 색상 ② 작은 부피 ③ 거친 기공 및 조직 ④ 어두운 내부색상 ⑤ 건조하고 단단한 내부조질 등 빵의 내 · 외관적 품질을 저하시킨다.

5 밀가루 보관 시 주의사항

(1) 밀가루는 반드시 오래된 것부터 먼저 사용해야 한다.

(2) 환기가 잘되어야 한다.

(3) **습도** : 55~65%

(4) **온도** : 18~24℃

(5) **이상한 냄새에 주의** : 휘발유, 석유, 암모니아 등

(6) 쥐 등이 많은 곳에 저장하지 말 것

6 밀가루 개량제

(1) 밀가루 개량제의 정의

밀가루 개량제는 빵 만들기에 적합한 밀가루 상태를 만들기 위하여 표백과 숙성을 시켜 밀가루의 제빵 적성을 향상시키는 재료이다.

(2) 표백제

갓 빻은 밀가루는 내배유 속의 카로티노이드계 색소로 인해 크림색을 띠는데, 이것을 탈색하는 재료에는 과산화벤조일, 산소, 과산화질소, 이산화염소, 염소가스가 있다.

(3) 영양 강화제

비타민, 무기질 등 밀가루에 부족한 영양소를 보강해 주는 물질이다.

(4) 밀가루 숙성제

숙성이란, 산화제를 사용하여 두 개의 -SH(치올기)기가 -S-S-(이황화) 결합으로 바뀌게 하여 반죽의 장력을 증가시키고, 부피 증대, 기공과 조직, 속색을 개선하는 것이다. 브롬산칼륨, ADA(아조디카본아미드), 비타민 C와 같이 표백작용 없이 숙성제로만 작용한다.

- 밀가루의 색을 지배하는 요소
  - 밀가루 입자의 크기 : 입자가 작을수록 밝은 색 밀가루가 된다.
  - 밀가루 껍질 입자의 함량 : 껍질 입자가 많을수록 어두운 색 밀가루가 된다. 껍질에 들어 있는 색소물질은 표백제로 표백하기가 어렵다.
  - 밀가루 내배유에 함유되어 있는 카로틴(카로티노이드) 색소 : 내배유에 천연 상태로 존재하는 황색 색소물질로 표백제에 의해 탈색된다.
- 밀가루 색상을 판별하는 방법
  - 페카 시험법 : 껍질의 혼입 정도와 표백 정도를 알 수 있는 시험법이다.
  - 분광 분석기 이용방법 : 분광 분석기로 측정하여 밀가루 색을 판정하는 방법이다.
  - 여과지 이용방법 : 광학기구를 이용하여 밀가루의 색을 실험하는 방법이다.
- 밀가루 개량제인 표백제와 숙성제의 기능
  - 밀가루의 표백, 숙성기간을 단축한다.
  - 반죽의 기계적 적성을 좋게 한다.
  - 제빵 적성을 개선한다.
  - 산화제는 숙성제의 기능을 한다.
  - 숙성기간은 온도와 습도 등에 영향을 받는다.

- 밀가루를 표백하므로 향상되는 제빵 적성
  - 제품의 색상을 개량함
  - 밀가루의 수화를 좋게 함
  - 밀가루, 설탕, 유지의 결합을 좋게 함
- –S–S–(이황화) 결합은 반죽에서 글루텐 조직을 강하게 연결해 줌으로써 글루텐의 탄력성을 증가시킨다.

7 밀가루의 선택기준

(1) **품질이 안정되어 있을 것 :** 제빵공정과 빵의 완제품에 영향을 미친다.

(2) **2차 가공 내성이 좋을 것 :** 즉 제빵적성이 좋다는 말이다.

(3) **흡수력이 많을 것 :** 빵의 부드러움에 영향을 미친다.

(4) **단백질 양이 많고, 질이 좋은 것 :** 빵의 부피에 영향을 미친다.

(5) **제품 특성을 잘 파악하고 맞는 밀가루의 등급을 선택할 것 :** 빵의 가격에 영향을 미친다.

- 밀가루 선택 시 고려사항
  - 단백질의 양과 질 : 빵의 부피 결정
  - 흡수력 : 빵의 부드러움 결정
  - 회분량 : 밀가루의 등급 결정
  - 밀가루의 색과 균일성

02 기타 가루(Miscellaneous Flour)

1 호밀가루

(1) 단백질이 밀가루와 양적인 차이는 없으나 질적인 차이가 있다.

(2) 글리아딘과 글루테닌이 밀은 전체 단백질의 90%이고, 호밀은 전체 단백질의 25%이다. 그래서 탄력성과 신장성이 나쁘기 때문에 밀가루와 섞어 사용한다.

(3) 호밀가루의 특징

① 글루텐 형성 단백질이 밀가루보다 적다.

② 펜토산 함량이 높아 반죽을 끈적거리게 하고 글루텐의 탄력성을 약화시킨다.

③ 칼슘과 인이 풍부하고 영양가도 높다.

④ 호밀빵을 만들 땐 산화된 발효종이나 사워종을 사용하면 좋다.

⑤ 제분율에 따라 백색, 중간색, 흑색 호밀가루로 분류하는데, 흑색 호밀가루에 회분과 단백질이 가장 많이 함유되어 있다.

⑥ 호밀분에 지방 함량이 높으면 저장성이 나빠진다.

2 활성 밀 글루텐

(1) 밀가루에서 단백질을 추출하여 만든 미세한 분말로 연한 황갈색이며, 부재료로 인해 밀가루가 상당히 희석이 될 때 사용한다.

(2) 젖은 글루텐 반죽과 밀가루의 글루텐 양(건조 글루텐 양을 의미한다)

밀가루와 물을 2:1로 섞어 반죽한 후 물로 전분을 씻어 낸 글루텐 덩어리를 젖은 글루텐 반죽이라고 한다. 이 젖은 글루텐 반죽의 중량을 알면 밀가루의 글루텐 양을 알 수 있다.

① **젖은 글루텐(%)** = (젖은 글루텐 반죽의 중량÷밀가루 중량)×100

② **건조 글루텐(%)** = 젖은 글루텐(%)÷3

(3) 제빵에서 활성글루텐의 역할

① 빵 반죽의 믹싱 내구성을 증가시킨다.

② 빵 반죽의 수분 흡수율을 증가시킨다.

③ 빵 반죽의 발효 중 안정성을 향상시킨다.

④ 제빵 완제품의 기공을 개선시킨다.

3 옥수수가루

옥수수 단백질인 제인은 트립토판이 결핍된 불완전 단백질이지만, 일반 곡류에 부족한 트레오닌과 함황아미노산인 메티오닌이 많기 때문에 다른 곡류와 섞어 사용하면 좋다.

4 감자가루

감자를 갈아서 만든 가루로 주로 노화지연제, 이스트의 영양제, 향료제로 사용된다.

5 땅콩가루

땅콩을 갈아서 만든 가루로 다른 재료들보다 단위무게 당 전체 단백질의 함량이 높고, 필수아미노산의 함량이 높아 영양 강화식품으로 이용된다.

6 면실분

목화씨를 갈아 만든 가루로 단백질이 높은 생물가를 가지고 있으며, 광물질과 비타민이 풍부하다.

7 보리가루

밀가루보다 비타민과 무기질, 섬유질이 많아 잡곡 바게트 등의 건강빵을 만들 때 이용되며, 제분할 때 보리껍질을 다 벗기지 않아서 빵 맛은 거칠고, 색은 어두운 편이다.

8 대두분

콩을 갈아 만든 가루로 필수아미노산인 리신이 많아 밀가루 영양의 보강제로 쓰인다.

제과에 쓰이는 이유는 영양을 높이고 제품의 구조력을 강화시키는 물리적 특성에 영향을 주기 때문이다.

03 이스트(Yeast)

제빵 천연팽창제인 이스트는 효모라고 불리며 체조직은 단백질로 구성되어 있고 출아증식(Budding)을 하는 단세포 생물이다. 반죽 내에서 당 발효에 의한 탄산가스(이산화탄소)와 에틸알코올, 유기산, 열을 생성하여 반죽을 물성변화, 숙성과 팽창 등을 시키고 빵의 향미성분을 부여한다. 그리고 곡류 단백질의 체내 생물가를 개선한다. 제빵용 효모의 학명은 Saccharomyces cerevisiae(사카로미세스 세리비시에)이다.

1 이스트의 구성 성분과 형태

(1) **수분** : 68~83%

(2) **단백질** : 11.6~14.5%

(3) **회분** : 1.7~2.0%

(4) **인산** : 0.6~0.7%

(5) **pH** : 5.4~7.5

(6) **형태** : 길이는 1~10㎛, 폭은 1~8㎛으로 원형 또는 타원형이며, 1개의 세포가 하나의 생명체를 이루고 있다.

2 이스트의 종류

(1) 생이스트(Fresh Yeast, Compressed Yeast)

① 압착효모라고도 하며, 고형분 30~35%와 70~75%의 수분을 함유하고 있다.

② 30℃ 정도의 생이스트 양 기준으로 4~5배의 물을 준비하여 용해시켜 사용한다.

(2) 활성 건조효모(Active Dry Yeast)

① 활성 건조효모는 70% 이상인 생이스트의 수분을 7.5~9% 정도로 건조시킨 것이다.

② 생이스트를 대체하여 활성 건조효모를 사용할 경우 생이스트의 40~50%를 사용한다.

③ 수화방법 : 40~45℃의 물을 이스트 양 기준으로 4~5배 준비하여 용해시킨 후 5~10분간 수화시킨다. 이러한 불편을 없애고 밀가루에 직접 사용할 수 있는 인스턴트 이스트를 많이 쓴다.

④ 수화를 시켜 사용할 때 설탕 5% 미만으로 넣어 수화시키면 발효력이 증가

⑤ 장점 : 균일성, 편리성, 정확성, 경제성, 저장성

3 이스트가 가지고 있는 효소

말타아제	맥아당을 2분자의 포도당으로 분해시켜 지속적인 발효가 진행되게 한다.
인베르타아제	자당을 포도당과 과당으로 분해시킨다.
치마아제	포도당과 과당을 분해시켜 탄산가스와 알코올을 만든다.
프로테아제	단백질을 분해시켜 펩티드, 아미노산을 생성한다.
리파아제	세포액에 존재하며, 지방을 지방산과 글리세린으로 분해한다.

4 이스트의 번식(증식) 조건

(1) 먹이 : 발효성 탄수화물, 질소, 인산과 칼륨

(2) 산소 : 호기성균으로 산소의 유무에 따라 증식과 발효가 달라진다.

① 호기적 조건으로 배양하면 당을 완전히 분해하는 호흡작용을 하여 생성된 많은 양의 에너지를 자신의 증식작용에만 이용하게 되어 증균 속도가 빠르다. 그리고 신진대사산물로 이산화탄소와 물만을 생성한다.

② 혐기적 조건으로 배양하면 이스트는 산화환원 반응인 발효작용을 하여 당을 에틸알코올과 이산화탄소로 분해한다. 그래서 발효작용으로 인해 생성되는 에너지의 양이 적어 증균 속도가 느리다.

(3) 증식의 최적온도 : 25~35℃(38℃)가 이스트의 왕성한 활동으로 가스발생력이 최고이다.

(4) 증식의 최적 pH : pH 4.0~6.0 (4.5~5.5)

5 취급과 저장 시 주의할 점

(1) 48℃에서 파괴되기 시작하므로 너무 높은 온도의 물과 직접 닿지 않도록 주의한다.

(2) 반죽온도를 감안해 온도를 설정한 물에 풀어서 사용하면 고루 분산시킬 수 있다.

(3) 소금, 설탕과 직접 닿지 않도록 한다.

(4) 이스트를 −18, −6.7, −1, 7, 13, 22℃에서 3개월간 저장한 후 제빵실험을 한 결과 −1℃에 저장한 이스트가 이스트도 얼지 않으면서 정상적인 일관성도 잃지 않는 가장 적합한 온도인 것으로 나타났다. −1℃ 이외의 온도에서는 같은 기간을 저장한 경우, 이스트 본래의 특성을 유지하기가 어렵거나 제빵적성이 감소되는 경향이 있다. 그럼에도 불구하고 이스트 전용냉장고를 구비할 수 없는 업계의 현실을 고려하여 다른 제빵 재료와 함께 보관할 수 있는 냉장고 온도(0~5℃)가 현실적인 생이스트 보관온도이다.

- 글루타치온 : 효모에 함유된 성분으로 특히 오래된 효모에 많고 환원제로 작용하며 반죽을 악화시키고 빵의 맛과 품질을 떨어뜨린다.
- 효모는 당을 분해하여 이산화탄소(탄산가스)와 에틸알코올을 생성한다.

04 달걀(Egg)

1 달걀의 구성

(1) 구성비율

껍질 : 노른자 : 흰자 = 10% : 30% : 60%

(2) 부위별 고형분과 수분의 비율

부위명	전란	노른자	흰자
고형분	25%	50%	12%
수분	75%	50%	88%

(3) 성분

① **흰자** : 콘알부민(철과 결합능력이 강해서 미생물이 이용하지 못하는 항세균 물질이다)

② **노른자** : 레시틴(유화제), 트리글리세리드, 인지질, 콜레스테롤, 카로틴, 지용성 비타민

③ **껍질** : 대부분 탄산칼슘으로 구성되어 있고, 세균 침입을 막는 큐티클(Cuticle)로 싸여 있다.

2 제품 제조 시 달걀의 기능

(1) **농후화제** : 달걀이 가열되면 열에 의하여 응고되어 제품을 걸쭉하게 한다.

예 커스터드 크림, 푸딩

(2) **결합제** : 점성과 달걀 단백질의 응고성이 있다.

예 커스터드 크림, 크로켓(빵가루 무침의 이용) 결착, 밀가루 반죽을 익힐 때 조직의 응고성을 증가

(3) **유화제** : 노른자에 들어있는 인지질인 레시틴은 기름과 수용액을 혼합시킬 때 유화제 역할을 한다.

예 마요네즈

(4) **팽창제** : 흰자의 단백질은 표면활성으로 기포를 형성케 한다.

예 스펀지 케이크, 엔젤 푸드 케이크 등을 만들 수 있다.

3 달걀의 신선도 측정

(1) 껍질은 까슬까슬하다.

(2) 난각(달걀껍질) 표면에 광택이 없고(윤기가 없고) 선명하다.

(3) 햇빛을 통해 볼 때 속이 맑게 보인다.

(4) 소금물에 넣었을 때 달걀이 바닥에 옆으로 누워있으면 신선하다.

(5) 흔들어 보았을 때 소리가 없다.

(6) 깨었을 때 노른자는 바로 깨지지 않아야 하며, 흰자는 잘 흐르지 않아야 한다.

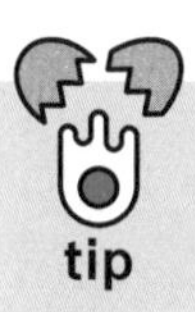

- 난백계수 : 흰자의 높이÷흰자의 지름 = 0.3~0.4 혹은 0.3~0.4×1,000 = 300~400
  난백계수가 0.4 혹은 400일 때가 가장 신선하다.
- 달걀의 신선도 측정 시 소금물의 비율은 물 100% : 소금 6~10%
- 달걀은 5~10℃로 냉장 저장하여야 품질을 보장할 수 있다.
- 오브알부민 : 흰자의 조성 중 가장 많은 함량(54%)을 차지하는 주단백질로, 필수아미노산을 고루 함유하고 있다. 기타 단백질은 주로 오브글로블린이다.
- 달걀 단백질의 열변성은 달걀이 가열되면서 열에 의하여 응고되어 제품을 걸쭉하게 하는 기능을 하는데, 열변성 시 수분, pH, 전해질 등이 반응속도에 영향을 미치는 중요한 인자이다.
- 달걀을 높은 온도에서 긴 시간 동안 가열하면 황화철이 생성되어 삶은 달걀의 노른자 부위에 푸른색이 나타난다.

05 물(Water)

1 물의 기능

(1) 원료를 분산하고 글루텐을 형성시키며 반죽의 되기를 조절한다.

(2) 효모와 효소의 활성을 제공한다.

(3) 제품별 특성에 맞게 반죽온도를 조절한다.

2 경도에 따른 물의 분류

경도는 물에 녹아 있는 칼슘염과 마그네슘염을 이것에 상응하는 탄산칼슘의 양으로 환산해 ppm으로 표시한다. 왜냐하면 칼슘은 빵을 만들 때 반죽의 개량효과를 가지고 있고, 마그네슘은 반죽의 글루텐을 견고하게 하기 때문이다.

(1) 경수(180ppm 이상)

① 센물이라고도 하며, 광천수, 바닷물, 온천수가 해당한다.

② 경수를 반죽에 사용했을 때 나타나는 현상

㉠ 반죽이 되어지므로 반죽에 넣는 물의 양(가수량)이 증가한다.

㉡ 반죽의 글루텐을 경화시켜 질기게 한다.

㉢ 믹싱, 발효시간이 길어진다.

㉣ 반죽을 잡아당기면 늘어나지 않으려는 탄력성이 증가한다.

㉤ 경수는 효모의 발육을 억제한다.

③ 경수 사용 시 조치사항

㉠ 이스트 사용량을 증가시키거나 발효시간을 연장시킨다.

㉡ 맥아를 첨가, 효소공급으로 발효를 촉진시킨다.

㉢ 이스트 푸드, 소금과 무기질(광물질)을 감소시킨다.

㉣ 반죽에 넣는 물의 양을 증가시켜 흡수율을 높인다.

④ 경수의 종류

㉠ 일시적 경수 : 탄산칼슘의 형태로 들어 있는 경수로 끓이면 불용성 탄산염으로 분해되고 가라앉아 연수가 된다.

㉡ 영구적 경수 : 황산이온(SO_4^{2-})이 칼슘염, 마그네슘염과 결합된 형태인 황산칼슘($CaSO_3$), 황산마그네슘($MgSO_3$)이 들어 있는 경수로 끓여도 불변된다.

(2) 연수(60ppm 이하)

① 단물이라고 하며 빗물, 증류수가 해당된다.

② **연수를 반죽에 사용했을 때 나타나는 현상**

㉠ 반죽이 질어지므로 반죽에 넣는 물의 양(가수량)이 감소한다.

㉡ 반죽의 글루텐을 연화시켜 부드럽게 한다.

㉢ 굽기 시 반죽의 오븐 스프링이 나쁘다.

㉣ 반죽이 끈적거리는 점착성이 증가한다.

㉤ 연수는 효모의 발육을 촉진시킨다.

③ **연수 사용 시 조치사항**

㉠ 연수의 작용으로 반죽이 부드럽고 끈적거리므로 반죽에 넣는 물의 양을 감소시켜 2%정도의 흡수율을 낮춘다.

㉡ 가스 보유력이 적으므로 이스트 푸드와 소금을 증가시킨다.

㉢ 연수의 작용으로 반죽이 질어져 가스 보유력이 떨어지므로 발효시간을 단축시킨다.

(3) 아연수(61~120ppm 미만)

(4) 아경수(120~180ppm 미만) : 제빵에 가장 좋다.

3 pH에 따른 물의 분류

(1) pH는 반죽의 효소작용과 글루텐의 물리성에 영향을 준다.

(2) 약산성의 물(pH 5.2~ 5.6) : 제빵용 물로는 가장 양호하다.

(3) 알칼리성이 강한 물

① 반죽의 탄력성이 떨어지고 이스트의 발효를 방해해 발효속도를 지연시킨다.

② 부피가 작고 색이 노란 빵을 만든다.

③ **알칼리성이 강한 물 사용 시 조치사항** : 황산칼슘을 함유한 산성 이스트 푸드의 양을 증가시킨다.

(4) 산성이 강한 물

① 발효를 촉진시킨다.

② 빵 반죽의 글루텐을 용해시켜 반죽이 찢어지기 쉽다.

③ **산성이 강한 물 사용 시 조치사항** : 이온교환수지를 이용해 물을 중화시킨다.

4 제빵 시 영향을 미치는 물의 중요성

(1) 빵 반죽의 온도와 농도(되기)를 조절한다.

(2) 밀가루 단백질을 수화시켜 빵 반죽에 글루텐이 생성될 수 있도록 한다.

(3) 물은 용매로서 당류, 식염, 밀가루, 수용성 재료 등을 분산 및 용해시켜 이스트 발효와 효소의 활성에 도움을 준다.

(4) 굽기 과정 중 내부온도가 98℃로 올라가면서 증기압을 형성하여 주위의 공기를 팽창시켜 반죽을 부풀린다.

- 나라마다 물의 경도를 나누는 탄산칼슘의 양에 차이가 있다.
- 빵 반죽 만들기에 가장 적합한 물은 약산성에 아경수이다.
- 물의 성질이 파악되어야 이스트 푸드의 종류와 사용량을 결정할 수 있다.
- 연수의 물과 알칼리성이 강한 물에는 이스트 푸드를 첨가한다.
- 물에 함유되어 있는 미네랄의 양을 낮추어 물을 연화시키는 방법에는 양이온 교환법, 음이온 교환법, 증류법, 석회 · 소다법 등이 있다.
- 지하수를 사용할 경우 주의할 점
  - 지하수는 Ca, Mg염이 180ppm 이상 녹아있는 경수이다.
  - 지하수에 함유된 많은 무기질은 반죽의 글루텐을 강화시킨다.
  - 강화된 반죽의 글루텐에 의해 반죽이 단단해지고 발효시간이 길어진다.
  - 지하수의 성분에 따라 산성물인지 알칼리성물인지를 파악해서 pH와 염류 성분에 따라 적절한 조치를 취해야 한다.
  - 지하수는 지역에 따라 분변오염의 우려가 있고, 대장균을 비롯한 식중독의 우려가 있으므로 끓여서 사용해야 식품위생상 안전하다.

06 소금(Salt)

나트륨과 염소의 화합물로, 염화나트륨(NaCl)이라 하며 빵 반죽에는 점탄성 증가, 식품 건조 시 건조속도 빠름, 식품 보관 시 방부 효과가 있다. 제빵용 식염으로는 염화나트륨에 탄산칼슘과 탄산마그네슘의 혼합물이 1%정도 함유된 것이 좋다. 만약에 식염(소금)을 넣지 않으면 완제품의 맛과 향이 제대로 나지 않는다.

1 제빵에서 소금의 역할

(1) 점착성을 방지하고 강한 저항성(탄력성)과 신장성 등의 물리적 특성을 빵 반죽에 부여한다.

(2) 잡균의 번식을 억제하는 방부효과가 있다.

(3) 빵 내부를 누렇게 만든다.

(4) 껍질색을 조절하여 빵의 외피색이 갈색이 되는 것을 돕는다.

(5) 설탕의 감미와 작용하여 풍미를 증가시키고 맛을 조절한다.

(6) 글루텐 막을 얇게 하여 빵 내부의 기공을 좋게 하고 빵의 외피를 바삭하게 한다.

(7) 글루텐을 강화시켜 반죽은 견고해지고 제품은 탄력을 갖게 된다.

(8) 삼투압에 의하여 이스트의 활력에 영향을 미치므로 소금의 양은 빵반죽의 발효진행 속도와 밀접한 상관관계를 갖는다.

(9) 반죽의 물 흡수율을 감소시키므로 믹싱 시 클린업 단계 이후 넣으면 반죽의 물 흡수율을 증가시켜 제품의 저장성을 높인다.

07 감미제(Sweetening Agents)

제과 · 제빵에서 빼놓을 수 없는 기본 재료로 주로 단맛을 제공하며 영양소, 안정제, 발효조절제의 역할을 한다.

1 설탕(자당 ; Sucrose)

사탕수수나 사탕무의 즙액을 농축하고 결정화시켜 원심분리하면 원당과 제1당밀이 되는데 원당으로 만드는 당류를 설탕이라 한다.

(1) **정제당** : 불순물과 당밀을 제거하여 만든 설탕들을 가리킨다.

① **액당** : 자당 또는 전화당이 물에 녹아있는 시럽

② **전화당** : 자당을 산이나 효소로 가수분해하면 같은 양의 포도당과 과당이 생성되는데, 이 혼합물을 가리킨다. 쿠키의 광택과 촉감을 위해 사용하고 흡습성이 강해서 제품의 보존기간을 지속시킬 수 있다.

③ **황설탕** : 약과, 약식, 캐러멜 색소원료로 사용한다.

④ **분당** : 설탕을 마쇄한 분말로 3%의 옥수수 전분을 혼합하여 덩어리가 생기는 것을 방지한다.

⑤ **입상형 당** : 설탕이 알갱이 형태를 이룬 것으로, 사용하는 용도에 따라 알갱이의 형태를 다르게 만든다.

(2) **함밀당** : 불순물만 제거하고 당밀이 함유되어 있는 설탕으로, 흑설탕을 가리킨다.

- 전화당의 특징
  - ㉠ 설탕을 산이나 효소로 처리하여 제조할 수 있다.
  - ㉡ 설탕을 가수분해시켜 생긴 포도당과 과당의 혼합물이다.
  - ㉢ 단당류의 단순한 혼합물이므로 갈색화반응이 빠르다.
  - ㉣ 설탕의 1.3배의 감미를 갖는다.
  - ㉤ 전화당은 시럽의 형태로 존재하기 때문에 고체당으로 만들기 어렵다.
  - ㉥ 설탕에 소량의 전화당을 혼합하면 설탕의 용해도를 높일 수 있다.
  - ㉦ 10~15%의 전화당 사용 시 제과의 설탕 결정석출이 방지된다.
  - ㉧ 제과제빵 재료에서는 전화당을 트리몰린(Trimolin)이라도 한다.
  - ㉨ 15~25%의 전화당 사용 시 스펀지 케이크 완제품의 건조 방지를 하는 보습제 역할을 한다.

2 포도당(Dextrose)과 물엿(Corn Syrup)

(1) 포도당

① 전분을 가수분해하여 만든 전분당으로 무수포도당과 함수포도당이 있다.

② 당류 고유의 열반응 속도를 이용하여 식빵의 껍질색을 짙게 하기 위해 설탕 대신 포도당을 쓰고자 하면, 설탕 100g당 결정형 무수포도당 105.26g으로 대치해야 한다.

③ 포도당에 효소를 작용시켜 일부를 이성질체인 과당으로 변화시킨 이성화당을 만드는 데 사용하기도 한다.

④ 입 안에서 용해될 때 시원한 느낌을 준다.

⑤ 효모의 영양원으로 발효를 촉진시킨다.

- 제과에서 설탕(자당)대신 포도당을 쓰고자 한다면 무수포도당(결정형 포도당, Dextrose)과 함수포도당(시럽형태의 포도당, Glucose) 형태로 대치 가능하다.

  예 자당(Sucrose) 100g을 발효성 탄수화물을 기준으로 무수포도당과 함수포도당으로 대체하는 계산공식

  ① 자당 100g에 이당류인 자당의 분자수를 맞추기 위하여 물 5.26g을 넣고 가수분해하면 105.26g의 무수포도당이 생성된다. 그러므로 자당 100g은 무수포도당 105.26g으로 대치된다.

  ② 함수포도당은 고형질 91%에 물 9%로 구성되어 있으므로 무수포도당 105.26g을 고형질의 비율로 놓고 여기에 물 9%를 더하면 함수포도당 115.67g(=105.26÷0.91)이 된다. 그러므로 자당 100g은 함수포도당 115g으로 대치된다.

(2) 물엿

① 전분을 산 분해법, 효소 전환법, 산 · 효소법의 3가지 방법으로 만든 전분당이다.

② 포도당, 맥아당, 그 밖의 이당류, 덱스트린이 혼합된 반유동성 감미물질이다.

③ 점성, 보습성이 뛰어나 제품의 조직을 부드럽게 할 목적으로 많이 사용한다.

④ 전분을 가수분해하면 물엿이 생성되고, 물엿을 가수분해하여 완전히 전환시키면 포도당이 생성된다. 설탕에 비해 감미도는 낮지만 점성과 보습성이 뛰어나다.

3 당밀(Molasses)

(1) 제과 · 제빵에 당밀을 넣는 이유

① 당밀 특유의 단맛을 얻을 수 있다.

② 제품의 노화를 지연시킬 수 있다.

③ 향료와의 조화를 위하여 사용한다.

④ 당밀의 독특한 풍미를 얻을 수 있다.

(2) 럼주 : 사탕수수를 압착하여 원액을 추출하고 원액을 원심 분리하여 원당을 분리하고, 정제하는 과정에서 얻어지는 부산물인 당밀을 발효시킨 후 증류해서 만든 술로 제과에서 많이 사용한다.

(3) 당밀을 사용하는 제과 · 제빵 품목

① 제빵에는 호밀빵이 있다.

② 제과에는 엔젤 푸드 케이크가 있다.

(4) 당밀의 종류

① 당함량, 회분함량, 색상을 기준으로 등급을 나눈다.

② 고급당밀에는 오픈케틀이 있다.

③ 저급당밀(폐당밀)은 식용하지 않고 가축 사료, 이스트 생산 등 제조용 원료로 사용된다.

④ 당밀이 다른 설탕들과 구분되는 구성 성분은 회분(무기질)이다.

⑤ 당밀에는 다양한 종류가 있으며 종류에 따라 당 함량이 달라진다. 그러나 보통 당밀의 당 함량은 60% 전 · 후 이다. 그래서 설탕의 일부를 당밀로 대체하고자 할 때에는 당 함량을 고려하여 원래 사용한 설탕의 양을 조절한다.

4 맥아(Malt)와 맥아시럽(Malt Syrup)

(1) 맥아

① 발아시킨 보리(엿기름)의 낱알이다.

② 탄수화물 분해효소(아밀라아제), 단백질 분해효소(프로테아제) 등이 들어 있다.

③ 탄수화물 분해효소인 아밀라아제가 전분을 맥아당으로 분해한다.
④ 분해산물인 맥아당은 이스트 먹이로 이용되는 발효성 탄수화물이다.
⑤ 발효성 탄수화물의 증가로 발효가 촉진된다.

(2) 맥아시럽

① 맥아분(엿기름)에 물을 넣고 70℃ 이하의 열을 가하여 만든다.
② 탄수화물 분해효소(아밀라아제), 단백질 분해효소(프로테아제), 맥아당, 가용성 단백질, 광물질, 기타 맥아 물질을 추출한 액체로 구성된다.
③ 캐러멜, 캔디, 젤리 등을 만들 때 넣어 설탕의 재결정화를 방지한다.
④ 물엿에 비하여 흡습성이 적다.
⑤ 맥아시럽의 효소 활성도를 나타내는 단위를 린트너(Lintner)라 하며, 린트너가 30° 이하면 저활성, 30~60°는 중활성, 70° 이상은 고활성 시럽으로 구분한다.

5 유당(젖당 ; Lactose)

유당은 동물성 당류로 단세포 생물인 이스트에 의해 발효되지 않고, 잔류당으로 남아 갈변 반응을 일으켜 껍질색을 진하게 한다. 그러나 유당은 젖산균(유산균)이나 대장균에 의해 발효가 된다.

6 빵, 과자에 영향을 미치는 감미제의 기능

(1) 빵에서의 감미제 기능

① 빵 속에 수분을 보유하는 보습제 기능이 있다.
② 보습제 기능은 빵의 노화를 지연시켜 저장기간을 증가시킨다.
③ 속결과 기공을 부드럽게 만든다.
④ 캐러멜화와 메일라드 반응을 통하여 빵의 껍질색이 나고, 향이 향상된다.
⑤ 발효가 진행되는 동안 이스트에 발효성 탄수화물을 공급한다.

(2) 과자에서의 감미제 기능

① 글루텐을 부드럽게 만들어 제품의 기공, 조직 속을 부드럽게 한다.
② 캐러멜화와 메일라드 반응을 통하여 껍질색이 난다.
③ 수분 보유력이 있어 제품의 노화를 지연시키고 신선도를 지속시킨다.
④ 감미제 특유의 향이 제품에 밴다.
⑤ 윤활작용으로 흐름성, 퍼짐성, 절단성 등을 조절한다.

- 과일에 설탕, 펙틴을 넣고 졸여 잼을 만들 때 설탕의 주된 기능은
  - 미생물에 대한 생육을 억제한다.
  - 잼에 선명한 색과 광택을 부여한다.
  - 잼에 적당한 촉감을 주고 굳기를 형성한다.

08 유지류(Fat & Oil)

3분자의 지방산과 1분자의 글리세린(글리세롤)으로 결합된 유기화합물로 단순지질에 속한다. 포화지방산인지 혹은 불포화지방산인지에 따라 실온에서 액체인 기름(Oil)과 고체인 지방(Fat)으로 나뉘는데, 이를 총칭해 유지라 한다.

1 유지의 종류

(1) 버터(Butter)

① 우유의 유지방으로 제조하며 수분함량은 16% 내외이다.

② 유지에 물이 분산되어 있는 유중수적형의 구성형태를 갖는다.

③ 우유지방 : 80~85%, 수분 : 14~17%, 소금 : 1~3%, 카세인, 단백질, 유당, 광물질을 합쳐 1%

④ 포화지방산 중 탄소의 수가 가장 적은 뷰티르산으로 구성된 버터는 비교적 융점이 낮고 가소성(Plasticity) 범위가 좁다.

(2) 마가린(Margarine)

① 버터 대용품으로 개발된 마가린은 주로 대두유, 면실유 등 식물성 유지로부터 만든다.

② 지방 : 80%, 우유 : 16.5%, 소금 : 3%, 유화제 : 0.5%, 향료 · 색소 : 약간

(3) 라드(Lard)

① 돼지의 지방조직을 분리해서 정제한 지방으로 품질이 불일정하고 보존성이 떨어진다.

② 쇼트닝가(부드럽고, 바삭한 식감)를 높이기 위해 빵, 파이, 쿠키, 크래커에 사용된다.

(4) 쇼트닝(Shortening)

① 라드의 대용품으로 동 · 식물성 유지에 수소를 첨가하여 경화유로 제조하며, 수분함량 0%로 무색, 무미, 무취하다.

② 통상 고체 및 유동성(액상) 형태로 쇼트닝을 사용한다.

③ 케이크 반죽의 유동성, 기공과 조직, 부피, 저장성을 개선한다.

④ 유화제 사용으로 공기혼합 능력이 크고 유연성과 노화지연이 크다.

(5) 튀김기름(Flying fat)

① 튀김온도 185~195℃, 유리지방산이 0.1% 이상이 되면 발연현상이 일어난다.

② 도넛 튀김용 유지는 발연점이 높은 면실유(목화씨 기름)가 적당하다.

③ 튀김기름은 100%의 지방으로 이루어져 있어 수분이 0%이다.

④ 유지를 고온으로 계속 가열하면 유리지방산이 많아져 발연점이 낮아진다.

(6) 샐러드유(Salad oil)

① 주로 식물성 기름이 사용된다.

② 무색, 무취하며 저장 중 산패가 없어야 한다.

③ 불포화지방산의 비율이 높아 액상을 띤 액체유지이다.

④ 저온에서 굳거나 탁하지 않아야 한다.

- 튀김기름이 발연점 이상이 되면 눈을 쏘고 악취를 내게 하며 튀김제품에 스며들어 이상한 맛과 냄새가 배도록 하는 물질은 글리세린이 탈수되어 만들어진 아크롤레인 및 저급지방산이다.
- 튀김기름의 4대적 : 공기(산소), 이물질, 온도(반복 가열), 수분
- 튀김기름이 갖추어야 할 요건
  - 발연점(Smoking point)이 높아야 한다.
  - 산패에 대한 안정성(저항성)이 있어야 한다.
  - 산가(Acid value)가 낮아야 한다. 즉 유리지방산의 함량이 낮아야 한다.
  - 여름철에는 융점이 높고, 겨울철에는 융점이 낮아야 한다.
  - 거품이나 검(점성) 형성에 대한 저항성이 있어야 한다.
- 버터와 마가린의 차이점 : 구성하는 지방의 종류가 다르며 지방은 지방산의 종류에 의해 달라진다. 버터의 우유지방은 "뷰티르산"으로 마가린의 지방은 "스테아르산"이라는 지방산으로 이루어져 있다.
- 버터, 마가린, 쇼트닝의 공통점은 실온(20℃)에서 포화지방산의 비율이 높아 가소성을 띤 고체유지이고 이와 달리 튀김기름(식용유), 샐러드유는 불포화지방산의 비율이 높아 액상을 띤 액체유지이다.
- 버터크림용으로 사용되는 유지는 실온에서 고체유지로 공기 포집력이 높은 버터, 마가린, 쇼트닝 등을 사용한다.

2 유지의 화학적 반응

(1) **가수분해** : 3분자의 지방산과 1분자의 글리세린이 결합된 상태인 유지는 효소인 리파아제, 스테압신 등의 가수분해 과정을 통해 모노글리세리드, 디글리세리드와 같은 중간산물을 만들고, 결국 유리 지방산과 글리세린이 된다.

(2) **산패** : 유지를 공기 중에 오래 두었을 때 산화되어 불쾌한 냄새가 나고 맛이 떨어지며 색이 변하는 현상이다.

- 유지의 산화를 가속하는 4가지 요인
  - 이중결합(불포화도)이 많을 때 산화가 빠르다.
  - 산소(공기)와 접촉할 수 있는 면이 많으면 산화가 빠르다.
  - 높은 온도(열과 자외선)에서 유지를 반복해서 사용할 경우 산화가 빠르다.
  - 금속(구리와 철)과 접촉되는 면이 넓거나 수분이 많으면 산화가 촉진된다.

(3) **건성**

① 유지(지방)가 공기 중에서 산소를 흡수하여 산화, 중합, 축합을 일으킴으로써 차차 점성이 증가하여 마침내 고체로 되는 성질이다.

② 지방의 불포화도를 측정하는 요오드값이 100 이하는 불건성유, 100~130은 반건성유, 130 이상이면 건성유이다.

- 지방(유지)의 가수분해나 혹은 산화에 의한 산패는 온도, 이중결합, 효소, 산소, 자외선, 금속(구리, 철) 등의 변수에 의해 반응속도가 영향을 받는다.
- 불건성유 : 산소와 화합하기 어려워 공기 속에 방치하여도 고체가 되지 않는 기름으로 동백기름, 올리브유, 파마자유 등이 있다.
- 버터, 마가린, 쇼트닝의 산화를 방지하기 위하여 질소를 충전시킨다.

3 유지의 안정화

(1) **항산화제(산화방지제)**

산화적 연쇄반응을 방해함으로써 유지의 안정효과를 갖게 하는 물질이다. 식품 첨가용 항산화제에는 비타민 E(토코페롤), PG(프로필갈레이트), BHA, NDGA, BHT, 구아검 등이 있다.

- 항산화제 보완제 : 비타민 C, 구연산, 주석산, 인산 등은 자신만으로는 별 효과가 없지만 항산화제와 같이 사용하면 항산화 효과를 높여준다.
- 유지를 보관하는 가장 바람직한 방법은 밀폐 용기에 담아 냉장고에 보관하는 것이다.

(2) **수소 첨가(유지의 경화)**

불포화지방산의 이중결합에 니켈을 촉매로 수소를 첨가시켜 지방의 불포화도를 감소시킨다. 이러한 유지의 수소 첨가를 경화라 한다. 액체상태의 기름(유)을 고체상태의 기름(지)

으로 경화시키는 과정에서 생성되는 지방산은 트랜스지방산이고, 이렇게 만든 유지의 종류에는 쇼트닝, 마가린 등이 있다.

- 트랜스지방
  - 경화된 유지(기름, 지방)를 트랜스지방이라고 한다.
  - 부분 경화유 생산 시 많으면 트랜스지방이 40% 정도가 생산된다.
  - 섭취 시 인체 내 콜레스테롤의 일종인 저밀도지단백질(LDL)이 많아진다.
  - 엑스트라 버진 올리브유나 참기름과 같이 압착하는 유지에는 트랜스지방이 없다.
  - 버터는 천연적으로 트랜스지방이 5% 정도 들어 있다.

4 유지의 물리적 특성과 제과·제빵 품목

(1) **가소성** : 유지가 상온에서 고체 모양을 유지하는 성질(가소성이 뛰어난, 즉 유지에 고체지 비율이 높은 것을 사용하는 제품에는 퍼프 페이스트리, 데니시 페이스트리, 파이 등이 있다)

(2) **안정성** : 지방의 산화와 산패를 장기간 억제하는 성질(튀김기름, 팬기름, 유지가 많이 들어가는 건과자)

(3) **크림성** : 가소성 유지가 믹싱 조작 중 공기를 포집하는 성질(버터 크림, 파운드 케이크)

(4) **유화성** : 유지가 물을 흡수하여 보유하는 성질(레이어 케이크류, 파운드 케이크)

(5) **쇼트닝성** : 빵 제품에는 부드러움을 주고 과자 제품에는 바삭함을 주는 성질(식빵, 크래커)

5 빵, 과자에 영향을 미치는 유지의 기능

(1) 유지는 빵의 껍질을 얇고 부드럽게 만든다.

(2) 유지는 과자의 껍질을 바삭하게 만든다.

(3) 유지는 밀가루 단백질에 대하여 연화작용을 하므로 빵 반죽을 부드럽게 만든다.

(4) 유지에 의해 빵 반죽이 부드러워지면 반죽의 신장성이 향상된다.

(5) 반죽의 신장성 향상은 반죽의 가스 보유력을 증대시킨다.

(6) 반죽의 가스 보유력이 증대되면 빵 완제품의 부피가 커진다.

(7) 유지는 빵과 과자의 영양가를 높인다.

(8) 유지는 빵, 과자 완제품에 유지 특유의 맛과 향을 준다.

(9) 유지는 완제품의 수분 증발을 방지하고 노화를 지연시킨다.

- 가소성 유지(쇼트닝)의 물리적 특성을 파악하는 지표가 되는 것은 고형지방질계수(고체지 지수, SFI)이다.
- 유지의 가소성은 지방의 종류인 고체지와 액상유의 비율에 따라 결정된다.
- 가소성 유지는 고체지 지수 15~25%에서 점토와 같이 손가락으로 정형할 수 있는 유연성을 갖는다.
- 지방을 일명 트리글리세라이드라고도 한다.
- 유지에 가소성을 주는 자연계에 존재하는 여러 지방 결정체의 형태와 융점
  - 감마(γ)형 : 17℃
  - 알파(α)형 : 21~24℃
  - 베타프라임(β ′)형 : 27~29℃
  - 베타(β)형 : 34℃
- 가소성 유지란 고체 유지를 뜻한다.

09 유제품(Milk Products)

1 우유의 물리적 성질과 구성 성분

(1) **비중** : 평균 1.030 전후, pH(수소이온농도) : pH 6.6, 산도의 평균 : 0.15~0.16%

(2) 수분 87.5%, 고형물 12.5%로 이루어져 있다.

(3) 단백질 3.4%, 유지방 3.65%, 유당 4.75%, 회분(무기질) 0.7%, 소량의 비타민이 들어 있다.

(4) 유단백질 중 가장 많은 단백질은 카세인으로서 산(젖산, 초산, 레몬즙)과 레닌 효소에 의해서 응고된다.

(5) 약 80% 정도의 카세인(혹은 “카제인”이라고도 발음함)을 뺀 나머지 단백질의 약 20% 정도를 차지하는 락토알부민과 락토글로불린은 열에 응고되기 쉽다.

(6) 유당은 이스트에 의해서 발효되지 않고 젖산균(유산균)이나 대장균에 의해 발효가 된다.

(7) 우유의 구성 성분인 유당은 포도당과 갈락토오스로 구성되어 있으며 비타민 A, 비타민 B_2, 비타민 D, 비타민 E의 좋은 공급원이다.

- 우유의 살균법(가열법)
  - 저온장시간 : 60~65℃, 30분간 가열
  - 고온단시간 : 71.7℃, 15초간 가열
  - 초고온순간 : 130~150℃, 3초 가열
  - 오염된 우유를 먹었을 때 발생할 수 있는 인축공통감염병에는 파상열(브루셀라증), 결핵, Q열 등이 있다.
- 저온살균법[pasteurization] : 우유의 저온살균은 병원성미생물 중에서 열에 대한 저항성이 가장 강한 결핵균의 사멸을 목적으로 실시하며 63℃~65℃에서 30분 이상 살균하는 것으로 규정하고 있다. 이 방법은 루이 파스퇴르가 포도주의 부패를 방지하기 위해서 개발한 가열살균법이다.
- 유지방에는 카로틴, 크산토필 같은 색소 물질과 레시틴, 세파린, 콜레스테롤, 지용성 비타민 A · D · E 등이 함유되어 있다.
- 우유의 미생물 오염에 대한 변화
  - 대장균군의 오염이 있으면 거품을 일으키며 이상응고를 나타낸다.
  - 단백질 분해균 중 일부는 우유를 점질화시키거나 쓴맛을 주는 것도 있다.
  - 생유 중의 산생성균은 산도상승의 원인이 되어 선도를 저하시키기도 한다.
  - 냉장 중에도 우유에 변패를 일으키는 미생물이 증식한다.
- 우유 단백질인 카세인은 정상적인 우유의 pH인 6.6에서 pH 4.6으로 내려가면 칼슘(Ca^{2+})과의 화합물 형태로 응고한다.

2 유제품의 종류와 특징

(1) **시유** : 음용하기 위해 가공된 액상우유로 시장에서 파는 Market milk를 가리킨다.

(2) **농축우유** : 우유의 수분함량을 감소시켜 고형질 함량을 높인 것으로 연유나 생크림도 농축우유의 일종으로 본다.

① **크림** : 우유를 교반시키면 비중의 차이로 지방입자가 뭉쳐지는데, 이것을 농축시켜 만든 것이다.

㉠ 커피용, 조리용 생크림은 유지방 함량이 16% 전후

㉡ 휘핑용 생크림은 유지방 함량이 35% 이상

㉢ 버터용 생크림은 유지방 함량이 80% 이상

② **연유**

㉠ 가당연유 : 우유를 약 1/3 정도로 농축하고 설탕을 40~50% 용해시켜서 미생물이 증식할 수 없도록 만든 연유로서, 고농도의 설탕에 의한 방부성으로 실온에서 장기간 보존할 수 있고 개봉 후에도 비교적 오래 저장할 수 있다.

㉡ 무당연유 : 보존성이 없으므로 깡통에 채워 밀봉한 후 가열 살균한 것이다. 원료우유는 내열성이 특히 강한 것을 사용한다. 표준화를 행한 원료우유는 100℃에 가까운

온도에서 가열하는데, 이 온도는 연유의 응고방지에 효과가 있다. 가열이 끝난 것은 감압 솥에 넣어 60℃ 이하에서 비중 1.05~1.07(50℃)이 될 때까지 농축한다. 농축 후 균질화를 행한다. 이 조작은 우유의 지방입자를 1μm 이하로 만들어 지방질의 분리를 막기 위한 것이다.

(3) **분유** : 우유의 수분을 제거해서 분말상태로 만든 것이다.
① **전지분유** : 우유의 수분만 제거해서 분말상태로 만든 것
② **탈지분유** : 우유의 수분과 유지방을 제거해서 분말상태로 만든 것으로 유당이 50% 함유되어 있다.
③ **가당분유** : 원유에 당류를 가하여 분말화한 것
④ **혼합분유** : 분유에 곡류 가공품을 가하여 분말화한 것

(4) **유장** : 우유에서 유지방, 카세인을 분리하고 남은 제품으로, 유당이 주성분이며 건조시키면 유장분말이 된다.

(5) **요구르트** : 우유나 그 밖의 유즙에 젖산균을 넣어 카세인을 응고시킨 후, 발효, 숙성시켜 만든다.

(6) **치즈** : 우유나 그 밖의 유즙에 레닌을 넣어 카세인을 응고시킨 후, 발효, 숙성시켜 만든다.

(7) **버터** : 크림을 세게 휘저어 엉기게 한 뒤 이를 굳힌 것으로, 발효버터와 스위트버터 등이 있다.

3 빵, 과자에 영향을 미치는 유제품의 기능

(1) 우유 단백질과 칼슘이 글루텐을 강화시켜 믹싱내구력을 향상시킨다.

(2) 발효 시 유단백질의 완충작용으로 반죽의 pH가 떨어지는 것을 막아, 이스트의 발효를 억제한다.

(3) 굽기 공정 중 유당의 갈변반응은 겉껍질 색깔을 강하게 한다.

(4) 제빵 시 반죽의 흡수율을 증가시키고 보수력이 있어서 노화를 지연시킨다.

(5) 영양을 강화시킨다(밀가루에 부족한 필수아미노산인 리신(라이신)과 칼슘을 보충).

(6) 이스트에 의해 생성된 향을 착향시킨다.

(7) 맛을 향상시킨다.

4 빵을 만들 때 4~6%의 분유 사용이 제품에 미치는 영향

(1) 제품의 기공과 결(내상)이 좋아진다.

(2) 제품의 부피를 증가시킨다.

(3) 분유 속의 유당이 껍질색을 개선시킨다.

(4) pH의 완충작용으로 반죽의 믹싱내구성과 발효내구성을 높인다.

(5) 빵 반죽의 흡수율을 증가시킨다.

(6) 빵의 영양가치를 높이고 맛을 좋아지게 한다.

- 스펀지법에서 분유를 스펀지에 첨가하는 경우
  - 아밀라아제 활성이 과도할 때
  - 밀가루가 쉽게 지칠 때
  - 장시간에 걸쳐 스펀지 발효를 한 후 본 발효시간을 짧게 하고자 할 때
  - 단백질 함량이 적거나, 약한 밀가루를 사용할 때
- 빵을 만들 때 빵 반죽의 흡수율을 증가시키는 분유의 사용범위는 4~6%이다. 일반적으로 반죽 시 탈지분유 1% 증가에 물 0.75~1%를 추가하는 경향이 있다.
- 제빵에서 밀가루 대비 4~6%의 탈지분유를 사용하면 유단백의 완충작용으로 발효 내구성이 증가한다.
- 완충제의 정의
  - 완충제로 사용하는 재료에는 염화암모늄, 분유, 탄산칼슘 등이 있다.
  - 완충제는 완충작용으로 발효하는 동안에 생성되는 유기산에 작용하여 산도를 조절하는 역할을 한다.
  - 배합과 발효가 지나쳐서 반죽의 pH가 낮아져도 이를 회복시키는 작용을 한다.
  - 완충작용으로 글루텐을 강화하여 반죽 내구성과 발효 내구성을 증가시킨다.

10 이스트 푸드(Yeast Food)

제빵용 물 조절제로 개발, 사용되어 오다가 현재는 이스트 조절제, 반죽 조절제로 그 기능이 향상되어 사용되고 있다. 사용량은 밀가루 중량대비 0.1~0.2%를 사용한다. 그러나 요즘은 이스트 푸드를 대신하여 반죽 개량제를 밀가루 중량대비 1~2% 사용하며, 빵의 품질과 기계성을 증가시킬 목적으로 첨가한다. 반죽 개량제에는 산화제, 환원제, 반죽 강화제, 노화 지연제, 효소 등이 있다.

1 이스트 푸드의 역할과 구성 성분

(1) 반죽의 pH 조절

① 반죽은 pH 4~6 정도가 가스 발생력(발효력)과 가스 보유력이 좋다.

② 효소제, 산성인산칼슘

(2) 이스트의 영양소인 질소 공급

① 암모늄염은 이스트에 부족한 질소를 제공하여 발효(가스 발생력)을 좋게 한다.

② 염화암모늄, 황산암모늄, 인산암모늄

(3) 물 조절제

① 칼슘염은 연수와 아연수를 아경수로 물의 경도를 높여 제빵성을 향상시킨다.

② 황산칼슘, 인산칼슘, 과산화칼슘

(4) 반죽 조절제 : 반죽의 물리적 성질을 좋게 하기 위해 효소제와 산화제를 사용한다.

① 효소제

㉠ 반죽의 신장성을 강화

㉡ 프로테아제, 아밀라아제

② 산화제

㉠ 반죽의 구조(글루텐 단백질)를 강화시켜 제품의 부피를 증가시킨다.

㉡ 아스코르브산(비타민 C), 브롬산칼륨, 아조디카본아미드(ADA)

③ 환원제

㉠ 반죽의 구조(글루텐)를 연화시켜 반죽시간을 단축시킨다.

㉡ 글루티치온, 시스테인

- 이스트 푸드에 밀가루나 혹은 전분을 사용하는 이유는, 계량의 간편화, 구성 성분의 분산제이자 충전제, 흡습에 의한 화학변화 방지의 완충제 등의 목적으로 사용한다.
- 글루텐의 기능을 보강하는 활성글루텐은 이스트 푸드의 구성성분이 아니다.

11 계면활성제(Surfactants)

계면활성제는 두 액체가 혼합될 때 두 액체가 동일 종류가 아닌 경우에는 계면(Surface)을 형성하게 되며 또한 장력(Tension)이 형성된다. 이와 같이 계면(界面)에 작용하게 되는 계면 자유에너지 또는 계면 장력을 급격하게 감소시켜줌으로써 혼합액체체계를 안정화시켜 주는 물질이다. 친유기와 친수기를 갖고 있어 기름과 물에 용해되어 분산, 기포, 유화, 세척, 삼투 등의 작용을 한다.

1 계면활성제의 역할

(1) 물과 유지를 균일하게 분산시켜 반죽의 기계 내성을 향상시킨다.

(2) 빵, 과자의 조직과 부피를 개선시키고 노화를 지연시킨다.

2 계면활성제의 종류

(1) 모노-디 글리세리드

① 가장 많이 사용하는 계면활성제로 식품을 유화시킨다.

② 지방의 가수분해로 추출하여 사용한다.

③ 유지에 녹으면서 물에도 분산되고 유화식품을 안정시킨다.

(2) 레시틴

① 쇼트닝과 마가린의 유화제로 쓰인다.

② 옥수수와 대두유로부터 추출하여 사용한다.

③ 빵 반죽에 넣으면 유동성이 커진다.

④ 친유성기 2분자의 지방산과 친수성기 1분자인 인산콜린을 함유하므로 유화작용을 한다.

- 모노-디 글리세리드는 지방의 가수분해로 생기며, 식품을 유화, 분산시키고 유화식품을 안정시키는 식품 첨가물이다. 그 외에 아실락테이트, SSL(스테아릴 젖산나트륨 ; Sodium Stearoyl Lactylate)이 있다.
- 계면활성제는 유화제(乳化劑)의 기능을 한다.

3 화학적 구조

친유성단에 대한 친수성단의 크기와 강도의 비를 'HLB'로 표시하는데, HLB의 값이 9 이하이면 친유성으로 기름에 용해되고, HLB의 수치가 11 이상이면 친수성으로 물에 용해된다.

12 팽창제(Leavening Agents)

팽창제는 가스를 발생시켜 빵 · 과자 제품을 부풀려 부피를 크게 하고 부드러움을 주기 위해 첨가하는 것으로, 제품의 종류에 따라 팽창제의 종류와 양을 다르게 사용한다.

1 팽창제의 종류

(1) 천연품(생물적) : 이스트(효모)

① 주로 빵에 사용되며 가스 발생이 많다.

② 부피 팽창, 연화작용, 향 개선 등의 기능을 한다.

③ 사용에 많은 주의가 필요하다.

(2) 합성품(화학적) : 베이킹파우더, 탄산수소나트륨(중조), 암모늄계 팽창제(이스파타)

① 생물적 팽창제와의 상대적 비교

㉠ 사용하기는 간편하나, 팽창력이 약하다.

㉡ 갈변 및 뒷맛을 좋지 않게 하는 결점이 있다.

㉢ 계량 오차가 제품에 큰 영향을 미친다.

㉣ 주로 과자에 사용되며 부피 팽창, 연화작용은 하나 향은 좋아지지 않는다.

② 화학팽창제를 많이 사용한 제품의 결과

㉠ 밀도가 낮고 부피가 크다.

㉡ 속결이 거칠다.

㉢ 속색이 어둡다.

㉣ 오븐 스프링이 커서 찌그러들기 쉽다.

2 베이킹파우더(Baking Powder)의 특징

(1) 탄산수소나트륨(중조, 소다)이 기본이 되고 여기에 산성제(酸)을 첨가하여 중화가를 맞추며, 완충제로 전분을 첨가한 팽창제이다.

예제

베이킹파우더 10g 중량에 10% 전분을 포함하고 있으며 중화가(中和價)가 80일 때 탄산수소나트륨의 양은?(중화가란 산성제(산염제, 산작용제) 100을 중화시키는 데 필요한 중조의 양이다)

풀이

① 전분의 양을 구한다. 10g×0.1 = 1g

② 탄산수소나트륨의 양과 산성제의 양의 합을 구한다.
10g−1g = 9g

③ 산염제의 양을 구한다.
9g = 산염제 100 : 중조 80의 비율이다. 그러므로 9 = x+0.8x, 9÷1.8 = 5g

④ 탄산수소나트륨(중조)의 양을 구한다.
9−5 = 4g

(2) 베이킹파우더의 팽창력은 이산화탄소 가스에 의한 것이며, 베이킹파우더 무게의 12% 이상의 유효 이산화탄소 가스가 발생되어야 한다.

(3) 과량의 산을 첨가해 만든 베이킹파우더는 반죽의 pH를 낮게 만들며, 과량의 탄산수소나트륨를 첨가해 만든 베이킹파우더는 반죽의 pH를 높게 만든다.

(4) 베이킹파우더의 종류에는 산성 베이킹파우더, 중성 베이킹파우더, 알칼리성 베이킹파우더 등이 있다.

(5) 일반적으로 제과 제품인 케이크나 쿠키를 제조할 때 조직을 부드럽게 하고 부피를 팽창시킬 목적으로 사용하는 첨가물이다.

3 이스트 파우더(일명 이스파타, Espata)

(1) 암모니아계의 합성팽창제이다.

(2) 일반적으로 탄산수소나트륨에 염화암모늄을 1:0.2~1:0.3의 비율로 혼합하고 산성제와 전분을 적절히 배합하여 만든다.

(3) 가스발생이 이루어지는 화학식은 $NH_4Cl + NaHCO_3 \rightarrow NH_3\uparrow + CO_2\uparrow + NaCl + H_2O$이다.

(4) 이스트 파우더의 화학반응으로 이산화탄소(CO_2)와 암모니아가스(NH_3)를 발생시킨다.

(5) 반죽 속에서 화학반응이 서서히 진행하여 100℃에 달할 때까지 지속된다.

(6) 이스트 파우더는 볶는 음식보다 찌는 음식에 적합하다.

(7) 흡습성이 강하고 흡습한 것은 팽창력이 현저히 저하되기 때문에 보관에 주의한다.

4 중조(소다, 탄산수소나트륨)

(1) 중탄산소다, 산성탄산나트륨이라고도 한다.

(2) 팽창제, 인조 탄산수, 발포 분말주스의 원료로 사용한다.

(3) 단미(單味)로 사용할 때는 열에 의해 분해되어 알칼리성이 강하게 된다.

(4) 빵 등에 사용하면 황색을 띠고 밀가루 중의 비타민류가 파괴되는 등의 결점이 있다.

(5) 50℃에서 열분해가 시작되어 이산화탄소(팽창가스)가 발생하며 팽창제의 역할을 한다. 100℃에서 열분해가 완료되어 알칼리성 물질인 탄산나트륨(Na_2CO_3)이 된다.

(6) 가스발생이 이루어지는 화학식은 $2NaHCO_3 \rightarrow Na_2CO_3 + CO_2 + H_2O$이다.

- 만두, 만주, 찐빵 등의 속색을 하얗게 만들 때는 암모늄계 팽창제인 이스파타를 사용한다.
- 이스파타(이스트 파우더, 암모니아계 합성 팽창제)의 특징
  - 다른 팽창제에 비해 팽창력이 강하다.
  - 완제품의 색을 희게 한다.
  - 많이 사용하면 암모니아 냄새가 날 수 있다.
- 만두, 만주, 찐빵 등의 속색을 누렇게 만들 때는 탄산수소나트륨(중조, 소다)를 사용한다.
- 화학팽창제들은 계량 오차가 제품에 큰 영향을 준다.
- 팽창제들은 암모니아와 이산화탄소 가스를 발생시키는 물질로 만든다.
- 찜을 이용한 제품에 사용되는 팽창제는 화학반응이 빠른 속효성의 특성을 가져야 좋다.
- 베이킹파우더의 구성성분과 기능
  - 탄산수소나트륨은 이산화탄소 가스를 발생시킨다.
  - 산성제는 이산화탄소 가스의 발생속도를 조절한다.
  - 밀가루, 전분은 탄산수소나트륨과 산성제를 격리, 수분을 흡수, 취급과 계량을 용이하게 한다.
- 베이킹파우더의 구성성분인 산작용제(산성제) 중 가장 높은 온도에서 반응하므로 가스 발생속도가 가장 느린 것은 황산알루미늄나트륨이다.
- 주석산칼륨을 포함하는 베이킹파우더는 속효성의 특성을 지닌 화학팽창제이므로 반죽시간 및 휴지시간을 짧게 해야 한다. 주석산칼륨(중주석산칼륨)은 산작용제 중 가장 낮은 온도에서 반응하므로 가스 발생속도가 가장 빠르다.

13 안정제(Stabilizer)

물과 기름, 기포 등의 불완전한 상태를 안정된 구조로 바꾸어 주는 역할을 한다.

1 빵, 과자에 안정제를 사용하는 목적

(1) 흡수제로 노화 지연 효과

(2) 아이싱이 부서지는 것과 끈적거리는 것을 방지

(3) 크림 토핑인 머랭과 휘핑용 크림의 수분 배출을 억제하여 거품을 안정시킴

2 안정제의 종류와 추출 대상

(1) **한천** : 우뭇가사리

(2) **젤라틴** : 동물의 껍질과 연골 속에 있는 콜라겐에서 추출하는 동물성 단백질이다.

(3) **펙틴** : 과일의 껍질과 식물의 조직 속에 존재하는 일종의 다당류이다.

(4) 씨엠씨 : 식물의 뿌리에 있는 셀룰로오스

(5) 알긴산 : 다시마, 대황, 미역 등의 갈조류의 세포막 구성 성분

3 빵, 과자에 사용되는 안정제의 특징

(1) 젤라틴의 특징

① 유도 단백질에 속한다.
② 물과 함께 가열하면 대략 30℃ 이상에서 녹아 친수성 콜로이드를 형성한다.
③ 품질이 나쁜 젤라틴은 아교로서 접착제로 사용한다.
④ 젤라틴의 콜로이드 용액의 젤 형성과정은 가역적 과정이다.
⑤ 무스나 바바루아의 안정제로 쓰여진다.
⑥ 산 용액 중에서 가열하면 화학분해가 일어난다.
⑦ 중탕하여 용해시킨다.
⑧ 용액 중의 설탕은 젤 조직을 유연하게 한다.

(2) 펙틴의 특징

① 과일의 껍질에서 채취하는 식물성 겔화제로 찬물에 잘 녹는다.
② 메톡실기 7% 이상의 고메톡실기 펙틴에 당과 산이 가해져야 젤리나 잼이 만들어진다.
③ 당분 60~65%, 펙틴 1.0~1.5%, pH 3.2의 산이 되면 젤리가 형성된다. 즉 겔화가 일어난다.
④ 물에 용해되는 가용성이며 친수성인 식이섬유로 이루어진 탄수화물이다.
⑤ 고메톡실기 펙틴은 겔화 시 미네랄로 칼슘이나 마그네슘을 요구하지는 않는다.

(3) 씨엠씨와 트래거캔스는 냉수에 쉽게 팽윤된다.

(4) 검류의 특징

① 종류에는 구아검, 로커스트 빈검, 카라야검, 아라비아검 등이 있다.
② 유화제, 안정제, 점착제 등으로 사용한다.
③ 냉수에 용해되는 가용성이며 친수성 물질이다.
④ 낮은 온도에서도 높은 점성을 나타낸다.
⑤ 식이섬유인 탄수화물로 구성되어 있다.

(5) 카라기난의 특징

① 홍조류의 Irish Moss로부터 열수추출로 얻어지는 다당류 형태의 검류이다.
② 기본구조는 Galactose Polymer로, 종류에는 카파형(κ-carrageenan), 람다형(λ-carrageenan), 이오다형(ι-carrageenan) 등 3가지 성분으로 대별된다.

③ 3가지 성분 모두 Galactose 잔기로 이루어지고 있지만, 황산기의 결합상태 및 결합수가 다르고 그 구조는 같다.

④ 젤리화제, 약품이나 화장품의 안정제, 분산제로 사용되고 있다.

14 향료와 향신료(Flavors & Spice)

1 향료의 분류

(1) 성분에 따른 분류

① **천연향** : 천연의 식물에서 추출한 것(꿀, 당밀, 코코아, 초콜릿, 분말과일, 감귤류, 바닐라 등)

② **합성향** : 천연향에 들어 있는 향물질을 합성시킨 것(버터의 디아세틸, 바닐라빈의 바닐린, 계피의 시나몬, 알데히드)

③ **인조향** : 화학성분을 조작하여 천연향과 같은 맛이 나게 한 것

(2) 제조방법에 따른 분류

① **비알코올성(유성) 향료** : 굽기과정에 휘발하지 않으며 오일(천연정유), 글리세린, 식물성유에 향물질을 용해시켜 만든다(캐러멜, 캔디, 비스킷에 이용).

② **알코올성 향료** : 굽기 중 휘발성이 큰 것으로 에틸알코올에 녹는 향을 용해시켜 만든다(아이싱과 충전물 제조에 적당하다).

③ **유화 향료** : 유화제에 유성향료를 분산시켜 만든 것으로, 물 속에 분산이 잘 되고 굽기 중 휘발이 적다(알코올성, 비알코올성 향료 대신 사용할 수 있다).

④ **분말 향료** : 진한 수지액과 물의 혼합물에 향물질을 넣고 용해시킨 후 분무 건조하여 만든다(가루식품, 아이스크림, 제과, 츄잉껌에 사용한다).

⑤ **수용성 향료** : 물에 녹지 않는 유상의 방향성분을 알코올, 글리세린, 물 등의 혼합용액에 녹여 만든다. 단점은 내열성이 약하고, 고농도의 제품을 만들기 어렵다(청량음료, 빙과에 이용).

2 향신료(Spice)의 종류와 특징

직접 향을 내기보다는 주재료에서 나는 불쾌한 냄새(비린내)를 막아주고, 다시 그 재료와 어울려 풍미를 향상시킨다. 부패균의 증식을 억제하여 제품의 보존성을 높여주는 기능을 한다. 그리고 제품에 식욕을 불러일으키는 맛과 색을 부여한다.

(1) 넛메그(Nutmeg) : 육두구과 교목의 열매를 일광건조시킨 것으로 두 개의 향신료, 즉 넛메그와 메이스를 얻는다. 넛메그는 단맛의 향기가 있는 향신료이다. 기름진 케이크 도넛에 많이 첨가하여 느끼함을 잡는 데 사용한다.

(2) 계피(Cinnamon) : 녹나무과의 상록수인 육계와 인도산 계수나무의 껍질로 만든다.

(3) 오레가노(Oregano) : 꿀풀과에 속하는 다년생 식물의 잎을 건조시킨 것이며, 피자소스에 필수적으로 들어가는 것으로 톡 쏘는 향기가 특징이다.

(4) 박하(Peppermint) : 박하잎을 말린 것으로 산뜻하고 시원한 향이 난다.

(5) 카다몬(Cardamon) : 생강과의 다년초 열매깍지 속의 작은 씨를 말린 것으로 푸딩, 케이크, 페이스트리에 사용된다.

(6) 올스파이스(Allspice) : 올스파이스나무의 열매를 익기 전에 말린 것으로 프루츠 케이크, 카레, 파이, 비스킷에 사용한다. 일명 자메이카 후추라고도 한다.

(7) 정향(Clove) : 정향나무의 열매를 말린 것으로 단맛이 강한 크림소스에 사용한다.

(8) 생강 : 열대성 다년초의 다육질 뿌리로, 매운맛과 특유의 방향을 가지고 있다.

(9) 겨자 : 겨자즙의 주성분인 겨자는 갓의 종자이다. 겨자의 매운맛과 방향은 씨 안에 들어있는 이소티오시아네이트(Isothiocyanate)란 성분에 기인한다. 이 성분은 겨자씨 안에 들어있는 시니그린과 시날빈과 같은 유황 배당체에 미로시나아제라는 효소가 작용해서 만들어지는 것이다.

- 핵과류의 정의와 종류 : 과일의 속 정가운데에 1개의 씨앗이 있는 것으로 복숭아, 살구, 버찌 등이 있다.
- 견과류의 정의와 종류 : 견과는 단단하고 굳은 껍질과 깍정이에 1개의 종자만이 싸여 있는 나무 열매의 총칭으로 종류에는 아몬드, 마카다미아, 피스타치오, 캐슈넛, 헤즐넛, 코코넛, 피칸넛, 잣, 호두, 땅콩 등이 있다.
- 제품을 만들 때 향신료를 사용하는 목적
  - 식재료의 구성분인 지질의 산화 방지를 통하여 불쾌한 냄새를 막는다.
  - 요리의 주재료와 어울려 풍미를 향상시킨다.
  - 병원균, 부패균과 곰팡이의 발생 및 증식 억제로 제품의 보존성을 높여준다.
  - 제품에 식욕을 불러일으키는 맛과 색을 부여하여 시각적인 효과를 증진시킨다.
  - 인체 내 지질의 산화방지 및 소화효소의 작용을 활성화하여 건강에 도움을 준다.
- 마지팬 : 설탕과 아몬드를 갈아 만든 페이스트로 점토와 같이 부드럽고 색을 들이기도 쉽기 때문에 꽃, 동물 등의 조형에 이용된다. 일반적인 구성성분은 아몬드 분말, 설탕, 물로 구성되어 있다.

3 술의 종류와 특징

제과 · 제빵에서 술을 사용하는 이유는 바람직하지 못한 냄새를 없애거나, 풍미를 내거나 향을 내기 위함이다.

(1) **양조주** : 곡물이나 과일을 원료로 하여 효모로 발효시킨 것으로 대부분 알코올 농도가 낮다.

(2) **증류주** : 발효시킨 양조주를 증류한 것으로 대부분 알코올 농도가 높다. 예 브랜디

(3) **혼성주** : 증류주를 기본으로 하여 정제당을 넣고 과일 등의 추출물로 향미를 낸 것으로 대부분 알코올 농도가 높다.

(4) **혼성주(리큐르)의 종류**

① **오렌지 리큐르** : 그랑마니에르(Grand Marnier), 쿠앵트로(Cointreau), 큐라소(Curacao), 트리플 섹(Triple Sec)

② **체리 리큐르** : 마라스키노(Maraschino)

③ **커피 리큐르** : 칼루아(Kahula)

④ **아몬드 / 살구씨 리큐르** : 아마레또(Amaretto)

⑤ **야생 자두 리큐르** : 슬로우 진(Sloe Gin)

15 초콜릿(Chocolate)

껍질부위, 배유, 배아 등으로 구성된 **카카오 빈**(cacao bean)을 발효시킨 후 볶아 마쇄하여 외피와 배아를 제거한 배유의 파편인 **카카오 닙스**(cacao nibs)를 미립화하여 페이스트상의 **카카오 매스**(cacao mass, cacao paste, cacao liquor)를 만든 다음, 압착(press)하여 기름을 채취한 것이 **카카오 버터**(cacao butter)이고 나머지는 **카카오 박**(cacao cake)으로 분리된다. 카카오 박을 분말로 만든 것이 **코코아 분말**(cacao powder)이다. 여기서 말하는 초콜릿은 카카오 매스를 가리킨다.

1 초콜릿을 구성하는 성분과 비율

(1) **코코아** : 62.5%, 5/8

(2) **카카오 버터** : 37.5%, 3/8

(3) **유화제** : 0.2~0.8%

- 여기에서 말하는 초콜릿은 카카오 매스(비터 초콜릿)이다.
- 카카오 버터의 특징
  - 단순지방으로 글리세린 1개에 지방산 3개가 결합된 구조이다.
  - 실온에서는 단단한 상태이지만, 입안에 넣는 순간 녹게 만든다.
  - 고체로부터 액체로 변하는 온도 범위(가소성)가 겨우 2~3℃로 매우 좁다.
  - 초콜릿의 풍미, 구용성, 감촉, 맛 등을 결정한다.
- 비터 초콜릿의 비터(Bitter)란 '맛이 쓰다'라고 하는 뜻이다.
- 콘칭(Conching) : 콘칭은 콘체라는 기계를 사용하여 이취를 제거하고, 잔류수분을 감소시키고 초콜릿의 풍미를 향상시키는 공정이다. 이때 유화작용과 균질화도 이루어지며 점도가 감소한다.

2 초콜릿의 종류 - 배합 조성에 따른 분류

(1) **카카오 매스** : 카카오 빈의 배유 부분으로 만든 것으로 다른 성분이 포함되어 있지 않아 카카오빈 특유의 쓴 맛이 그대로 살아 있다. 그래서 일명 카카오 페이스트 또는 비터 초콜릿이라고도 한다.

(2) **다크 초콜릿** : 순수한 쓴 맛의 카카오 매스에 설탕과 카카오 버터, 레시틴, 바닐라 향 등을 섞어 만들었다.

(3) **밀크 초콜릿** : 다크 초콜릿 구성 성분에 분유를 더한 것으로, 가장 부드러운 맛이 난다.

(4) **화이트 초콜릿** : 코코아(카카오) 고형분과 카카오 버터 중 다갈색의 코코아(카카오) 고형분을 빼고, 카카오 버터에 설탕, 분유, 레시틴, 바닐라 향을 넣어 만들었다.

(5) **컬러 초콜릿** : 화이트 초콜릿에 유성색소를 넣어 색을 낸 것이다.

(6) **파타글라세(코팅용 초콜릿)** : 카카오 매스에서 카카오 버터를 제거한 다음, 식물성 유지와 설탕을 넣어 만든 것으로 템퍼링 작업을 하지 않아도 된다. 융점은 겨울에는 낮고, 여름에는 높은 것이 좋다.

(7) **가나슈용 초콜릿** : 다크 초콜릿과 생크림을 섞어 만든 것으로 커버추어처럼 코팅용 초콜릿으로 사용하기도 한다.

(8) **코코아** : 카카오 매스를 압착하여 카카오 버터와 카카오 박(Press Cake)으로 분리한다. 카카오 박을 200mesh 정도의 고운 분말로 만든 것이 코코아이다.

3 커버추어의 특징과 사용법

(1) 커버추어는 대형 판초콜릿으로 카카오매스(비터 초콜릿)를 베이스로 융점이 34~36℃인 카카오 버터를 35~40% 함유하고 있어 일정 온도에서 유동성과 점성을 갖는 제품이다. 그 외에 설탕, 분유, 유화제, 향 등이 함유되어 있다.

(2) 사용 전 반드시 템퍼링을 거쳐 카카오 버터를 가장 안정된 β형(베타형)의 미세한 결정으로 만들어 매끈한 광택의 초콜릿을 만든다. 그러면 초콜릿의 구용성(입안에서의 용해성)이 좋아진다.

(3) 38~40℃로 처음 용해한 후 27~29℃로 냉각시켰다가 30~32℃로 두 번째 용해시켜 사용한다.

① **템퍼링 스타일** : 초콜릿의 종류에 따라 템퍼링 온도는 다르다.

② 초콜릿 작업장의 이상적인 온도 20℃에서 양질의 작은 초콜릿(봉봉 오 쇼콜라) 제품을 만들기 위한 커버추어의 작업온도는 32℃ 정도로 속감(가나슈)의 작업온도는 20℃ 정도로 약 12~13℃의 커버추어와 속감의 온도차를 유지하면서 작업을 하는 것이 가장 이상적이다.

(4) 초콜릿에 발생하는 결함의 종류와 특징

① 제조방법의 결함 중에서 템퍼링이 잘못되면 카카오 버터에 의한 지방 블룸(Fat Bloom)이 발생한다.

② 완성된 초콜릿을 지나치게 온도가 낮은 곳에서 보관하다가 실온에 방치했거나, 높은 온도에서 보관하거나 또는 혹은 지나치게 습도가 높은 곳에서 보관하면 설탕에 의한 설탕 블룸(Sugar Bloom)이 생긴다.

(5) 초콜릿 적정 보관 온도와 습도

① **온도** : 15~18℃

② **습도** : 40~50%(다른 제과제품과 달리 낮은 보관습도 설정이 중요하다.)

③ 초콜릿의 보관온도가 25℃로 상승하면 초콜릿의 결정구조가 불안정해져 표면에 지방질의 흰 반점이 생긴다. 습도가 높아지면 초콜릿에 함유되어 있는 설탕이 표면으로 용출되어 흰 반점이 생긴다. 이러한 흰 반점을 Bloom(꽃이 피다의 의미)이라고 한다.

제 2 장 미리보는 출제예상문제

01 밀가루의 색에 영향을 미치는 요소와 거리가 먼 것은?

① 밀가루 입자의 크기
② 밀가루 껍질 입자의 함량
③ 카로틴 색소물질
④ 비타민 K 첨가

02 밀가루 선택 시 중요한 성질과 거리가 먼 것은?

① 분산성　② 색
③ 흡수력　④ 균일성

03 밀가루의 단백질 중 물에 불용성이나 70% 알코올에 녹고 신장성이 높은 성질을 가진 것은?

① 글루테닌(Glutenin)
② 글로불린(Globulin)
③ 알부민(Albumin)
④ 글리아딘(Gliadin)

04 밀가루 반죽의 글루텐에 대한 설명으로 틀린 것은?

① 밀가루 속에 있는 단백질이다.
② 글루텐에는 글루테닌이 있다.
③ 글루텐에는 글리아딘이 있다.
④ 글루텐은 복합단백질이다.

05 밀가루에 함유된 회분이 의미하는 것이 아닌 것은?

① 무기질은 껍질에 많다.
② 정제 정도를 알 수 있다.
③ 제분율이 같은 경우 강력분은 박력분보다 회분함량이 높다.
④ 제빵 특성을 대변한다.

해 설

01
밀가루에 비타민을 첨가하는 것은 영양 강화의 목적이다.

02
분산성은 여러 재료를 섞어 만드는 빵, 과자 재료에서 중요한 성질이다.

04
글루텐은 밀가루 속에 있는 글리아딘과 글루테닌이 물과 힘을 만나 생성된 반죽 속에 있는 단백질 복합체이다.

05
제빵 특성을 대변하는 밀가루 성분은 단백질이다.

정답 | 01 ④ 02 ① 03 ④ 04 ① 05 ④

06 밀가루 반죽의 신장성을 측정하는 방법은?

① 익스텐소그래프 ② 패리노그래프
③ 아밀로그래프 ④ 믹소그래프

07 밀가루의 탄성과 관계가 깊은 것은?

① 글리아딘(Gliadin) ② 엘라스틴(Elastin)
③ 글로불린(Globulin) ④ 글루테닌(Glutenin)

08 반죽에서 글루텐을 연결시켜 글루텐의 탄성을 증가시키는 결합으로 작용하는 것은?

① L-시스테인의 산화
② 이황화(-S-S-) 결합
③ 치올 그룹(-SH)의 산화
④ 폴리펩타이드 결합

09 밀가루의 표백과 숙성을 위해 사용되는 첨가물의 기능과 가장 거리가 먼 것은?

① 표백기간 단축
② 숙성기간 단축
③ 밀가루의 산화방지
④ 제빵적성 개선

10 밀가루의 숙성에 대한 설명으로 틀린 것은?

① 반죽의 기계적 적성을 좋게 한다.
② 제빵적성을 양호하게 한다.
③ 산화제 사용은 숙성기간을 증가시킨다.
④ 숙성기간은 온도와 습도 등 조건에 따라 다르다.

11 활성글루텐의 기능이 아닌 것은?

① 기공 개선 ② 흡수율 감소
③ 믹싱 내구성 증가 ④ 발효 중 안정성 향상

해 설

06
익스텐소그래프는 일정한 굳기를 가진 반죽의 신장성 및 신장 저항력을 측정한다.

07
- 글리아딘은 반죽에 신장성과 점성을 부여한다.
- 글루테닌은 반죽에 탄력성을 부여한다.

08
밀가루 산화제를 사용하여 두 개의 -SH가 -S-S-결합으로 바뀌게 하여 글루텐의 탄성을 증가시킨다.

09
- 밀가루의 표백과 숙성을 위해 사용되는 첨가물의 기능은 표백기간과 숙성기간을 단축하고, 제빵적성을 개선하는 기능을 한다.
- 밀가루의 표백과 숙성은 밀가루가 산화되므로 이루어진다.

10
밀가루 숙성 시 산화제를 사용하면 숙성기간을 단축시킨다.

11
활성글루텐은 반죽의 흡수율을 증가시킨다.

06 ① 07 ④ 08 ② 09 ③ 10 ③ 11 ②

12 커스터드 크림에 사용되는 달걀의 주요 기능은?

① 결합제 역할
② 노화방지제의 역할
③ 팽창제의 역할
④ 저장성 증대의 역할

13 제빵 반죽에서 이스트의 역할은?

① 부피를 개선하여 노화를 지연시킨다.
② 반죽을 굳게 한다.
③ 제품을 부드럽게 한다.
④ 글루텐의 숙성 및 향을 생성한다.

14 제과제빵에 대두분(Soy flour)의 사용에 관한 설명으로 틀린 것은?

① 일반적으로 제빵에는 탈지 대두분으로 3%까지 사용한다.
② 빵 반죽이 균일하게 팽창하는 효과가 있어 내상이 좋아진다.
③ 케이크에 사용 시 베이킹 파우더와 소금 사용량을 약간 증가시킨다.
④ 대두분 사용은 빵이나 과자 제품의 노화가 빨라지고 저장성이 나빠진다.

15 달걀의 성질 중 유화성을 이용한 가공품은?

① 버터 ② 식용유
③ 마요네즈 ④ 마가린

16 물을 연화시키는 방법이 아닌 것은?

① 여과법 ② 석회 · 소다법
③ 음이온 교환법 ④ 증류법

해 설

12
커스터드 크림을 만들 때 작용하는 기능은 농후화제와 결합제 역할이다.

13
이스트는 빵 반죽을 숙성과 팽창시키고 빵에 향미성분을 부여한다.

14
대두분은 빵이나 과자 제품의 노화를 지연시키고 저장성을 향상시킨다.

15
달걀의 노른자에 함유된 레시틴의 유화성을 이용하여 마요네즈를 만든다.

16
물을 연화시키는 것은 물의 미네랄 함량을 낮추는 방법이며 여과법은 단순히 물속의 이물질을 제거하는 방법이다.

정답 | 12 ① 13 ④ 14 ④ 15 ③ 16 ①

17 신선도가 저하된 달걀에 해당하는 설명은?

① 소금물에서 달걀이 옆으로 누우며 가라앉는다.
② 광선에 비추어 보면 밝게 보인다.
③ 깨었을 때 노른자가 옆으로 평평하게 퍼진다.
④ 깨었을 때 달걀흰자가 잘 흐르지 않는다.

18 빵 제조 시 연수를 사용할 때의 적절한 조치는?

① 끓여서 여과
② 이스트량 증가
③ 미네랄 이스트 푸드 사용 증가
④ 소금량 감소

19 제빵 시 경수를 사용할 때 반죽에 나타나는 결과로 옳은 것은?

① 글루텐을 연하게 하고, 발효를 저해한다.
② 글루텐을 질기게 하고, 발효를 촉진한다.
③ 글루텐을 연하게 하고, 발효를 촉진한다.
④ 글루텐을 질기게 하고, 발효를 저해한다.

20 제빵 시 경수를 사용할 때 조치사항이 아닌 것은?

① 이스트 사용량 증가 ② 맥아 첨가
③ 이스트 푸드량 감소 ④ 급수량 감소

21 흰자의 조성 중 가장 많은 함량(%)을 차지하는 것은?

① 콘알부민 ② 라이소자임
③ 오브알부민 ④ 아비딘

22 흰자의 구성성분에 대한 설명으로 틀린 것은?

① 오보뮤신은 점성과 관련이 있다.
② 콘 알부민은 항미생물 능력이 있다.
③ 오보뮤코이드는 리보플라빈을 함유한다.
④ 기타 단백질은 주로 글로불린이다.

해 설

17
깨었을 때 노른자가 옆으로 평평하게 퍼지면 난황계수가 0.1로 신선도가 떨어진다.

18
연수에 따른 처리 방법
- 흡수율을 1~2% 줄인다.
- 이스트 사용량을 줄인다.
- 이스트 푸드와 소금량을 증가시킨다.

19
경수는 미네랄 함량이 180ppm 이상의 물을 가리킨다.

20
경수 사용 시 급수량을 1~2% 증가시킨다.

21
오브알부민은 흰자의 54%를 차지하는 주단백질, 필수아미노산을 고루 함유하고 있다.

22
수용성 비타민 B_2(리보플라빈)는 오브알부민에 함유되어 있다.

정답 17 ③ 18 ③ 19 ④ 20 ④ 21 ③ 22 ③

23 우유에 관한 설명 중 틀린 것은?

① 우유는 비타민 A_1, B_2의 좋은 공급원이다.
② 우유의 비중은 1.025~1.035 정도이다.
③ 우유를 구성하고 있는 단백질 중 가장 많은 것은 카제인이다.
④ 우유 구성 성분인 유당은 두 분자의 포도당으로 되어 있다.

24 제품과 설탕의 가공 특성이 바르게 연결된 것은?

① 각설탕 – 방부성
② 머랭 – 결정성
③ 잼 – 흡습성
④ 캐러멜 – 캐러멜화

25 버터 크림용의 유지 중 공기 포집력이 적어 크림성이 가장 낮은 유지의 종류는 어느 것인가?

① 쇼트닝 ② 마가린
③ 버터 ④ 면실유

26 물 600g에 설탕 1250g을 용해하여 시럽을 만들려고 한다. 이 시럽의 당도는 약 몇 %가 되는가?

27 설탕 150g, 물 90g의 시럽을 만들려고 하는데 설탕이 90g 밖에 없어 부족한 나머지는 설탕이 75%인 이성화당 시럽으로 대체하려고 한다. 같은 당도의 시럽을 만들려면 이성화당과 물은 각각 몇 g을 사용해야 하는가?

28 케이크 배합에서 건조 포도당 24kg을 42% 이성화당으로 대체하여 사용하려고 한다. 고형분을 기준으로 42% 이성화당의 사용량은 약 얼마인가?(단, 건조 포도당의 고형분은 92%, 42% 이성화당의 고형분은 71%로 한다)

해 설

23
유당은 포도당과 갈락토오스로 구성되어 있다.

24
① 각설탕 – 결정성
② 머랭 – 흡습성
③ 잼 – 방부성
④ 캐러멜 – 캐러멜화

25
액체 형태의 유지는 공기포집력이 매우 작다.

26
$$당도 = \frac{용질}{용질 + 용매} \times 100$$
$$\frac{1,250}{1,250 + 600} \times 100 = 67.567$$

27
① 부족한 설탕량 = 150g−90g = 60g
② 필요한 이성화당의 양
= 60g×100%÷75% = 80g
③ 당도를 고려한 물의 양
= 90g−(80g−60g) = 70g

28
① 건조 포도당의 고형분 함량
= 24kg×0.92 = 22.08kg
② 42% 이성화당의 고형분 함량
= 22.08kg×100÷71 = 31.09kg

정답 | 23 ④ 24 ④ 25 ④ 26 67.567 27 이성화당 80g, 물 70g 28 42% 이성화당의 사용량 31.09kg

29 **발효성 탄수화물을 기준으로 할 때 고형질 91%인 일반 포도당 100g은 설탕(자당) 얼마와 같은가?**

① 약 86g ② 약 91g
③ 약 105g ④ 약 115g

30 **우유를 사용하기 전에 우유의 신선도를 검사했을 때 아래와 같은 결과가 나왔다. 다음 결과 중 신선하지 못한 것은?**

① 알코올 검사 시 응고되는 부분이 있다.
② 비중이 15℃에서 1.032 정도이다.
③ pH는 6.5~6.6 정도이다.
④ 산도가 평균 0.15~0.16%이다.

31 **일반적인 제빵용 이스트에 대한 설명 중 틀린 것은?**

① 이스트 자체의 주성분은 지방이고 평균 사용량은 2~5%이다.
② 이스트의 성장 조건으로 온도, 습도, pH가 있다.
③ 이스트에는 인버타아제, 말타아제, 찌마아제가 존재한다.
④ 이스트는 발효과정 중 알코올, 산, 열 등의 부산물을 생성한다.

32 **생이스트를 사용하는 방법으로 옳은 것은?**

① 이스트를 60℃ 물에 10~15분간 두었다 사용한다.
② 동결된 이스트는 해동시키지 않고 사용한다.
③ 이스트는 설탕, 이스트 푸드 등과 함께 용해하여 사용하는 것이 좋다.
④ 이스트를 잘게 부수어 물에 넣어 균일하게 용해하여 사용한다.

33 **이스트 푸드의 구성성분과 기능에 대한 설명으로 틀린 것은?**

① 칼슘염은 물을 경수상태로 만든다.
② 비타민 C는 단백질을 강화시킨다.
③ 암모늄염은 이스트에 질소를 공급한다.
④ 활성글루텐은 글루텐의 기능을 보강한다.

해 설

29
① 일반 포도당의 고형질=100g×(91÷100) = 91g
② 설탕을 가수분해할 때 필요한 가수량 = 91g×(5.26÷100) = 4.7866
③ 무수포도당에 대한 설탕량 = 91g−4.7866 = 86.21g

30
우유 알코올 테스트 시험은 우유의 열에 대한 안정성을 간접적으로, 그리고 알코올에 의한 탈수에 대한 카제인의 안정성에 의해서 신선도를 판정하는 방법이다.

31
이스트 자체의 주성분은 단백질이다.

32
- 생 이스트는 30℃ 물에, 건이스트는 40℃에 풀어 사용한다.
- 동결된 이스트는 해동시켜 사용한다.
- 이스트는 소금, 설탕, 이스트 푸드 등과 함께 용해시키면 삼투압과 pH의 영향으로 발효력이 떨어진다.

33
이스트 푸드에 활성글루텐이 없다.

29 ① 30 ① 31 ① 32 ④ 33 ④

34 도넛 설탕이 기름에 젖어 누렇게 변하는 것을 방지하기 위하여 튀김 기름에 첨가하는 스테아린(Stearin)에 대한 설명으로 틀린 것은?

① 경화제(Hardener)로 사용
② 융점을 높이는 데 사용
③ 기름 대비 사용량 범위는 3~6% 사용
④ 설탕이 도넛에 붙는 점착력을 높이는 데 사용

35 가용성 식이섬유로만 묶인 것은?

① 리그닌, 펙틴, 헤미셀룰로오스(전체)
② 셀룰로오스, 헤미셀룰로오스(일부), 리그닌
③ 펙틴, 구아검, 아라비아검
④ 아라비아검, 셀룰로오스, 펙틴

36 펙틴에 대한 설명으로 틀린 것은?

① 고메톡실기 펙틴은 겔화 시 미네랄로 칼슘이나 마그네슘을 요구하지 않는다.
② 과일에서 채취하는 식물성 겔화제로 찬물에 잘 녹는다.
③ 저메톡실기 펙틴은 다량의 설탕과 강산성 조건에 유리하다.
④ 펙틴이 함유하고 있는 메톡실기(OCH_3)에 따라 용도가 다르다.

37 샐러드유(Salad oil)의 조건으로 적합하지 않은 것은?

① 저온에서 굳거나 탁하지 않아야 한다.
② 무색, 무취이어야 한다.
③ 주로 동물성 기름이 사용된다.
④ 저장 중 산패가 없어야 한다.

38 다음 중 유화제(乳化劑)의 사용 목적이 아닌 것은?

① 유화 및 분산성의 개량
② 기포성(起泡性)의 개량
③ 제품색상의 개량
④ 제품의 용적증가

해설

34
스테아린 첨가는 설탕이 도넛에 붙는 점착력을 높이는 역할도 하지만, 황화와 회화를 방지할 때는 점착력 향상이 목적은 아니다.

36
고메톡실기 펙틴은 다량의 설탕과 강산성 조건에서 잼을 만든다.

37
주로 식물성 기름이 사용된다.

38
유화제는 부피와 조직을 개선하고 노화를 지연시켜주고, 감미제의 기능은 껍질색 개선, 단백질 연화, 수분보유 등이다.

정답 | 34 ④ 35 ③ 36 ③ 37 ③ 38 ③

39 유지가 디-글리세라이드, 모노-글리세라이드를 거쳐 글리세린이 되는 동안 유리 지방산을 생성시키는 반응을 무엇이라고 하는가?

① 유지의 호화　② 유지의 산화
③ 가수분해　④ 유지의 검화

40 안정제의 사용 목적은?

① 아이싱의 끈적거림 방지
② 흡수제로 호화 지연 효과
③ 파이 충전물의 유화제
④ 머랭의 수분 배출 촉진

41 케이크 또는 아이싱에 사용되는 검류(친수성 콜로이드)의 설명으로 틀린 것은?

① 검류는 물과 결합하는 성질 때문에 사용하며 저장성을 향상시킨다.
② 검에는 단백질계인 젤라틴과 당질계인 한천, 카라기난 등이 있다.
③ 케이크 배합에는 밀가루를 기준으로 0.25~0.375% 범위로 첨가된다.
④ 모든 검류는 찬물에 용해된다.

42 산성피로인산나트륨(중화가 72) 40%와 제일인산칼슘(중화가 80) 10%로 구성된 베이킹파우더를 만들려고 할 때 필요한 중조 및 전분의 비율은?

43 도넛의 광택제(Glaze) 코팅이 부스러지는 것을 방지하기 위하여 사용하는 안정제와 거리가 먼 것은?

① 스테아린　② 한천
③ 펙틴　④ 젤라틴

해설

39
가수분해란 효소가 지질을 분해할 때 수분이 필요한 분해를 가리킨다.

40
- 흡수제로 노화 지연 효과
- 머랭의 수분 보유 유지
- 파이 충전물의 농후화제

41
문제에서의 검류란 친수성 콜로이드를 총칭하므로 젤라틴도 해당되며 젤라틴은 따뜻한 물에 용해된다.

42
① 산성피로인산나트륨을 중화시키는 데 필요한 중조의 비율 : 40%×0.72 = 28.8%
② 제일인산칼슘을 중화시키는 데 필요한 중조의 비율 : 10×0.8 = 8%
③ 중조의 비율 : 28.8+8 = 36.8%
④ 산성제의 비율 : 40+10 = 50%
⑤ 전분의 비율 : 100-50-36.8 = 13.2%

43
안정제란 물과 기름, 콜로이드의 분산과 같이 상태가 불안정한 화합물에 첨가해 상태를 안정시키는 물질로서 한천, 젤라틴, 펙틴, 씨엠씨 등이 있다. 스테아린은 포화지방산의 한 종류이다.

39 ③　40 ①　41 ④　42 중조의 비율 : 36.8%, 전분의 비율 : 13.2%　43 ①

44 **육두구과의 나무열매를 건조시킨 것으로 케이크 도넛에 많이 사용되는 향신료는?**

① 오레가노(Oregano)
② 넛메그(Nutmeg)
③ 바닐라(Vanilla)
④ 캐러웨이(Caraway)

45 **초콜릿 안에 들어 있는 카카오 버터의 가장 안정된 결정 형태와 융점 및 피복 후 저장 온도가 맞게 짝지어진 것은?**

① 베타(β)형, 34~36℃, 15~18℃
② 베타프라임(β')형, 27~29℃, 15~18℃
③ 알파(α)형, 21~24℃, 20~25℃
④ 감마(γ)형, 16~18℃, 20~25℃

46 **다음 중 초콜릿의 종류에 대한 설명으로 틀린 것은?**

① 코팅용 초콜릿은 카카오 매스에서 카카오 버터를 제거하고 식물성 유지와 설탕을 넣어 만든 것이다.
② 컬러 초콜릿은 화이트 초콜릿에 유성 색소를 넣어 색을 낸 것이다.
③ 가나슈용 초콜릿은 카카오 매스에 카카오 버터와 설탕을 넣어 만든 것으로 커버츄어처럼 코팅용으로 적합하다.
④ 다크 초콜릿은 카카오 매스에 설탕, 카카오 버터, 레시틴, 바닐라 등을 첨가하여 만든 것이다.

47 **향신료의 사용 효과와 거리가 먼 것은?**

① 곰팡이 발생 억제
② 향기 부여
③ 부패균의 증식 억제
④ 효모의 기능 강화

해설

45
초콜릿(비터 초콜릿)은 코코아 5/8, 카카오 버터(코코아 버터) 3/8이 함유되어 있다.

46
가나슈용 초콜릿은 카카오 매스에 생크림을 넣어 만든 것으로 커버츄어처럼 코팅용으로 적합하다.

47
향신료는 모든 미생물의 발육을 억제하므로 효모의 기능을 저하시킨다.

정답 | 44 ② 45 ① 46 ③ 47 ④

제 3 편 단원별 적중예상문제

01 필수아미노산에 대한 설명으로 틀린 것은?

① 성인의 경우는 총 10종의 필수아미노산이 있다.
② 충분한 양의 필수아미노산이 공급되지 않으면 체내에서 단백질 합성이 잘 이루어지지 않는다.
③ 동물의 종류나 성장시기에 따라 다르다.
④ 체내에서 합성되지 않거나 합성되더라도 그 양이 매우 적어 생리기능을 달성하기에 불충분하여 반드시 음식으로부터 공급해야 하는 아미노산이다.

02 다음의 효소 중 일반적인 제빵용 이스트에는 없기 때문에 관계되는 당은 발효되지 않고 잔류당으로 빵 제품 내에 남게 하는 것은?

① 말타아제(Maltase) ② 인버타아제(Invertase)
③ 락타아제(Lactase) ④ 찌마아제(Zymase)

03 과당이나 포도당을 분해하여 CO_2가스와 알코올을 만드는 효소는?

① 말타아제 ② 인버타아제
③ 프로테아제 ④ 찌마아제

04 다음 중 식품 향료에 대한 설명으로 틀린 것은?

① 수용성 향료는 정유나 합성 향료를 알코올, 글리세린, 프로필렌글리콜 등에 녹여 만든 것이다.
② 유성 향료는 오일 타입으로 내열성이 강하여 가열 처리하거나 수분이 많은 식품에 사용한다.
③ 유화 향료는 정유를 유화시켜 만든 것으로 수용성이나 유성 향료를 사용할 수 없을 때 사용한다.
④ 분말 향료는 결정성 고체 형태와 분말 형태로 나누며, 다른 향료에 비하여 내열성, 내산화성이 우수하다.

해설

01
필수아미노산 : 체내에서 생성할 수 없으며 반드시 식품으로부터 공급받아야만 되는 아미노산 8가지에는 리이신, 트립토판, 발린, 트레오닌, 메티오닌, 이소 루신, 루신, 페닐알라닌 등이 있다.

02
유당을 가수분해하는 효소는 락타아제이다.

03
찌마아제 : 포도당, 과당과 같은 단당류를 알코올과 이산화탄소로 분해시키는 효소로 제빵용 이스트에 있다.

04
유성 향료는 수분이 적은 식품에 사용한다.

정답 | 01 ① 02 ③ 03 ④ 04 ②

05 케이크 제품에서 달걀의 기능이 아닌 것은?

① 수분 증발 감소
② 유화작용 저해
③ 영양증대 및 향, 속질, 풍미개선
④ 결합제 역할

06 베이킹파우더의 구성 성분인 산작용제 중 높은 온도에서 작용하여 가스 발생 속도가 가장 느린 것은?

① 주석산칼륨　② 인산알루미늄나트륨
③ 황산알루미늄나트륨　④ 산성인산칼슘

07 다음 중 찐빵의 색을 하얗게 만들기 위하여 첨가하는 재료는?

① 효소 활성 대두분　② 활성 맥아분말
③ 유청분말　④ 비활성 맥아 시럽

08 다음 설명 중 옳은 것은?

① 모노글리세라이드는 글리세롤의 −OH기 3개 중 하나에만 지방산이 결합된 것이다.
② 기름의 가수분해는 온도와 별 상관이 없다.
③ 기름의 비누화는 가성소다에 의해 낮은 온도에서 진행속도가 빠르다.
④ 기름의 산패는 기름 자체의 이중결합과 무관하다.

09 과실의 종류 중 핵과류가 아닌 것은?

① 복숭아　② 살구
③ 사과　④ 버찌

10 다음 과자 반죽 중 반죽시간 및 휴지시간을 짧게 해야 하는 것은?

① 이중작용 베이킹파우더를 사용한 반죽
② 피로인산을 포함하는 베이킹파우더를 사용한 반죽
③ 지효성 베이킹파우더를 사용한 반죽
④ 주석산칼륨을 포함하는 베이킹파우더를 사용한 반죽

해설

05
달걀 노른자에 있는 레시틴(인지질, 복합지방)이 강한 유화작용을 일으킨다.

06
낮은 온도에서 작용하여 가스 발생속도가 가장 빠른 것은 주석산칼륨이다. 즉 주석산이 함유된 화합물이 가장 낮은 온도에서 작용한다.

07
식품의 갈변 반응에는 효소, 기질, 산소, pH 등이 작용한다.

08
지방의 가수분해(산패)는 온도, 이중결합, 효소, 산소, 자외선, 금속 등에 의하여 진행 속도가 영향을 받는다.

09
핵과류는 과일의 속 정가운데에 1개의 씨앗이 있는 것이다.

10
산염제 중에서도 주석산칼륨이 중조의 화학반응을 가장 빠르게 촉진시키므로 과자 반죽 중 반죽시간 및 휴지시간을 짧게 해야 한다.

정답 | 05 ② 06 ③ 07 ① 08 ① 09 ③ 10 ④

11 양질의 초콜릿 제품을 위한 커버추어와 속감의 적절한 온도차는?(단, 속감의 온도는 20℃이고, 실온은 20℃이다.)

① 5~8℃ ② 12~13℃
③ 15~18℃ ④ 22~23℃

12 계수나무의 껍질로 만드는 향신료는?

① 시나몬 ② 헤이즐넛
③ 코코넛 ④ 피스타치오

13 제과 · 제빵에서 사용하는 주류 중 만드는 원료가 다른 하나는?

① 쿠엥트로(Cointreau)
② 럼(Rum)
③ 트리플 섹(Triple Sec)
④ 그랑 마니에르(Grand marnier)

14 초콜릿의 브룸(Bloom) 현상이 발생하는 원인과 거리가 먼 것은?

① 제조방법의 결함으로 인해 발생한다.
② 저장 유통과정 중 부적절한 습도 관리로 발생한다.
③ 높은 온도에서 보관할 때 발생한다.
④ 가공 중 영양 강화에 의해 발생한다.

15 제과 · 제빵에서 우유의 기능에 대한 설명이 틀린 것은?

① 제빵에서 반죽의 흡수율을 증가시킨다.
② 굽기 공정 중 유당의 갈변반응은 껍질의 갈색화에 관여한다.
③ 유단백질의 완충작용으로 이스트의 발효를 억제한다.
④ 우유 중에 함유된 유단백질과 칼슘이 글루텐을 약화시킨다.

16 제과 · 제빵에서 유지의 기능 및 특성에 대한 설명이 틀린 것은?

① 수분 보유를 막아 노화를 방지한다.
② 반죽팽창을 위한 윤활작용을 한다.
③ 공기혼입을 위하여 가소성 유지를 사용한다.
④ 제품을 부드럽게 하여 식감과 맛을 좋게 한다.

해설

11
커버추어의 템퍼링 후 사용온도가 32℃ 전후이므로 커버추어와 속감의 온도차는 12~13℃이다.

12
헤이즐넛, 코코넛, 피스타치오 등은 견과일이다.

13
럼은 당밀을 발효시켜 만든 술이다. 나머지 오렌지 리큐르이다.

14
브룸은 가공과 보관 중 잘못으로 발생한다.

15
유단백질과 칼슘은 글루텐을 강화시킨다.

16
수분을 보유하여 노화를 방지한다.

11 ② 12 ① 13 ② 14 ④ 15 ④ 16 ①

17 향신료의 사용 효과와 가장 거리가 먼 것은?

① 향기 부여
② 부패균의 증식 억제
③ 효모의 기능 강화
④ 풍미 부여

18 밀가루의 색에 영향을 미치는 요소와 거리가 먼 것은?

① 입자 크기 ② 껍질 입자의 양
③ 카로틴 색소물질 ④ 비타민 K 첨가

19 과당의 특징으로 틀린 것은?

① 자당, 맥아당, 유당 등과 비교하여 단맛이 더 강하다.
② 용해도가 커서 과포화되기 쉽다.
③ 가열 시 감미가 저하된다.
④ 다른 당류에 비해 흡습 조해성이 매우 약하다.

20 도넛을 튀길 때, 기름을 반복 사용할수록 함량이 높아져 도넛의 품질에 영향을 미치는 성분은?

① 콜레스테롤 ② 필수지방산
③ 유리지방산 ④ 불포화지방산

21 효소와 그 기능에 대한 설명이 틀린 것은?

① Lipase : 지방산을 분해하여 지방과 글리세린을 생성한다.
② Protease : 아미노산을 생성하며 밀가루, 곡류, 곰팡이 등에 존재한다.
③ Invertase : 자당을 분해하여 포도당과 과당을 만든다.
④ Zymase : 포도당과 과당을 분해하여 알코올과 탄산가스를 생성한다.

해 설

17
향신료에 따라서는 항균작용을 한다.

19
과당은 감미도, 흡습성, 조해성이 매우 강하다.

20
유리지방산이란 글리세린에서 떨어져 나 온 지방산을 가리킨다.

21
리파아제는 지방을 가수분해하여 지방산과 글리세린을 생성한다.

정답 | 17 ③ 18 ④ 19 ④ 20 ③ 21 ①

Part 04

영양학

제 1 장 영양소의 종류와 기능

01 영양소

영양소란 식품에 함유되어 있는 여러 성분 중 체내에 흡수되어 생활 유지를 위한 생리적 기능에 이용되는 것을 말한다. 체내 기능에 따라 열량영양소, 구성영양소, 조절영양소로 나눈다.

(1) 열량영양소 : 에너지원으로 이용되는 영양소로써 탄수화물, 지방, 단백질이 있다.

(2) 구성영양소 : 근육, 골격, 효소, 호르몬 등 신체 구성의 성분이 되는 영양소로써 단백질, 무기질, 물이 있다.

(3) 조절영양소 : 체내 생리작용을 조절하고 대사를 원활하게 하는 영양소로써 무기질, 비타민, 물이 있다.

02 탄수화물(당질)

1 탄수화물의 종류와 영양학적 특성

(1) 포도당

① 정상상태 시 사람의 혈당(혈액 중에 있는 당)으로 0.1% 가량 포함되어 있다.
② 호르몬의 작용으로 혈액 내에서 일정량이 유지되어야 하는 대표적인 당질이다.
③ 각 조직에 보내져 에너지원이 된다.
④ 사용하고 남은 포도당은 간장(135g), 근육(460g)에 글루코겐 형태로 저장된다.
⑤ 과잉 포도당은 지방으로 전환된다.
⑥ 두뇌와 신경, 적혈구의 열량소로 이용되며 체내 당대사의 중심물질이다.

(2) 과당

① 당류 중 가장 빨리 소화 · 흡수된다.
② 포도당을 섭취해서는 안 되는 당뇨병 환자에게 감미료로서 사용한다.

(3) 갈락토오스 : 지방과 결합하여 뇌, 신경 조직의 성분이 되므로 유아에게 특히 필요하다.

(4) 자당(설탕) : 당류의 단맛을 비교할 때 기준이 된다.

(5) 전화당 : 자당이 가수분해될 때 생기는 중간산물로, 포도당과 과당이 1:1로 혼합된 당이다.

(6) 맥아당(엿당) : 쉽게 발효하지 않아 위 점막을 자극하지 않으므로 어린이나 소화기 계통의 환자에게 좋다. 식혜, 감주, 조청, 엿에 많이 함유되어 있다.

(7) 유당(젖당)

① 장내에서 잡균의 번식을 막아 정장작용(장을 깨끗이 하는 작용)을 한다.

② 칼슘의 흡수를 돕는다.

- 유당불내증 : 체내에 우유 중에 있는 유당을 소화하는 소화효소(락타아제)가 결여되어서 유당을 소화하지 못하기 때문에 생기는 증상이다.

(8) 전분(녹말)

① 쌀과 밀을 통하여 섭취하는 대표적인 탄수화물의 형태이다.

② 단맛이 없고, 물에 용해되지는 않으나 찬물에는 잘 풀어진다.

(9) 덱스트린(호정) : 전분보다 분자량이 적고 물에 약간 용해되며 점성이 있다.

(10) 글리코겐

① 동물이 사용하고 남은 에너지를 간장이나 근육에 저장해 두는 탄수화물이다.

② 쉽게 포도당으로 변해 에너지원으로 쓰이므로 동물성 전분이다.

③ 호화나 노화현상은 일으키지 않는다.

④ 글리코겐(Glycogen)을 구성하는 포도당은 α-1,4 결합과 α-1,6 결합으로 배열되어 있다.

⑤ 아밀로펙틴(Amylopectin)과 구조가 유사하나 가지가 많고 사슬의 길이가 짧다.

(11) 셀룰로오스(섬유소) : 체내에서 소화되지 않으나 변의 크기를 증대시키며, 장의 연동작용을 자극하여 배설작용을 촉진한다. 반면 초식동물은 가수분해하여 포도당을 섭취한다.

(12) 펙틴

① 펙틴산은 반섬유소라 하여 소화 · 흡수는 되지 않지만 장내세균 및 유독물질을 흡착, 배설하는 성질이 있다.

② 펙틴은 다당류에 유리산, 암모늄, 칼륨, 나트륨염 등이 결합된 복합다당류이다.

(13) 올리고당

① 청량감은 있으나 감미도가 설탕의 20~30%로 낮다.

② 설탕에 비해 항충치성이 있다.

③ 단당류 2~10개로 구성된 당으로, 장내 유익한 세균인 비피더스균을 무럭무럭 자라게 한다.
④ 대표적인 종류에는 앙금 제품에 사용되는 프락토올리고당이 있다.

2 탄수화물의 기능

(1) 1g당 4kcal의 에너지 공급원이다(알코올 1g당 7kcal의 열량을 낸다).

(2) 탄수화물이 먼저 열량소의 기능을 하면 단백질은 열량소의 기능을 하지 않게 되므로 단백질 절약작용을 한다.

(3) 간에서 지방합성과 지방대사를 조절한다.

(4) 간장 보호와 해독작용을 하고 피로 회복에 매우 효과적이다.

(5) 두뇌세포와 적혈구는 정상상태에서 포도당을 에너지원으로 이용한다.

(6) 중추신경 유지, 혈당량 유지, 변비방지, 감미료 등으로도 이용된다.

(7) 기호성을 증진시킨다(식품의 좋아하는 정도를 증진시킨다).

(8) 19세 이상 성인의 한국인 영양섭취기준에 의한 에너지 적정비율을 기준으로 했을 때 1일 총 열량의 55~70%를 탄수화물로 섭취해야 한다.

3 탄수화물의 대사

(1) 단당류는 그대로 흡수되나, 이당류와 다당류는 소화관 내에서 포도당으로 분해되어 소장에서 흡수된다. 신체가 생리적 기능을 수행하는데 우선적으로 요구하는 에너지원이다.

(2) 체내에 흡수된 포도당 1분자는 혈액에 섞여 각 조직 내 세포에서 피루브산 2분자로 분해되고 운반되어 TCA 회로를 거친 후 완전히 산화되어 이산화탄소와 물로 분해된다.

(3) 에너지로 쓰이고 남은 여분의 포도당은 호르몬 인슐린에 의해 간과 근육에 글리코겐 형태로 저장된다.

(4) 완전히 산화할 때 조효소는 비타민 B군이 작용하고 인(P), 마그네슘(Mg) 등의 무기질이 필요하다.

(5) 당질의 섭취가 충분하지 못하는 신체는 단백질에서 포도당신합성이라는 과정을 통하여 포도당을 생성한다.

4 과잉섭취 시 유발되기 쉬운 질병

비만, 당뇨병, 동맥경화증

03 지방(지질)

1 지방의 종류와 영양학적 특성

(1) 중성지방

① 3분자의 지방산과 1분자의 글리세린의 에스테르(Ester) 결합으로 되어 있다.

② 지방산의 종류에 따라 상온에서 고체인 지방과 액체인 기름으로 나눈다.

③ 불포화지방산의 비율이 높으면 액체인 기름이 된다.

④ 포화지방산의 비율이 높으면 고체인 지방이 된다.

⑤ 일명 유지라고도 부른다.

(2) 납(왁스)

① 식물의 줄기, 잎, 종자, 동물의 체조직의 표피 부분, 뇌, 뼈 등에 분포되어 있다.

② 영양학적 가치는 없다.

(3) 인지질

① 중성지방에 인산이 결합된 상태이다.

② **레시틴** : 인체의 뇌, 신경, 간장에 존재하며 항산화제, 유화제로 쓰이고, 지방대사에도 관여하는 인지질이다.

③ **세팔린** : 뇌, 혈액에 들어 있고, 혈액 응고에 관여하는 인지질이다.

(4) 당지질

중성지방에 당이 결합된 상태이며 뇌, 신경조직 등의 구성 성분이다.

(5) 단백지질(혹은 지단백질)

중성지방과 단백질이 결합된 상태이다.

(6) 콜레스테롤

① 신경조직과 뇌조직을 구성한다.

② 담즙산, 성호르몬, 부신피질 호르몬 등의 주성분으로 지방의 대사를 조절한다.

③ 자외선에 의해 비타민 D_3로 전환된다.

④ 동물성 식품에 많이 들어있는 동물성 스테롤이다.

⑤ 과잉 섭취하면 고혈압, 동맥경화를 야기한다.

⑥ 지방의 화학적 분류상 유도지질이다.

⑦ 고리형 구조를 이루고 유리형 또는 결합형(에스테르형)으로 존재한다.

⑧ 간, 장벽과 부신 등 체내에서도 합성된다.

⑨ 식사를 통한 평균 흡수율은 50% 정도이다.
⑩ 글루카곤(Glucagon), 당류코르티코이드(Glucocorticoids) 등의 호르몬은 콜레스테롤의 합성을 저지한다.

(7) 에르고스테롤

① 효모, 버섯 등과 같은 식물성 식품에 많은 식물성 스테롤이다.
② 자외선에 의해 비타민 D_2로 전환되므로 프로비타민 D라고도 한다.

(8) 필수지방산(비타민 F)

① 체내에서 합성되지 않아 음식물에서 섭취해야 하는 지방산이다.
② 성장을 촉진하고 피부건강을 유지시키며 혈액 내의 콜레스테롤 양을 저하시킨다.
③ 세포막의 구조적 성분이며 뇌와 신경조직, 시각기능을 유지시킨다.
④ 노인의 경우 필수지방산의 흡수를 위하여 콩기름을 섭취하는 것이 좋다.
⑤ 결핍되면 피부염, 시각기능 장애, 생식장애, 성장지연이 발생할 수 있다.
⑥ 종류에는 리놀레산, 리놀렌산, 아라키돈산이 있다.

(9) 포화지방산

① 포화지방산을 구성하는 탄소 수에 따라 종류를 나눈다.
② 유지에 포화지방산의 비율이 높을수록 융점이 상승한다.
③ 포화지방산을 구성하는 탄소의 개수가 많을수록 융점이 높다.
④ 종류에는 뷰티르산, 팔미틴산, 스테아르산 등이 있다.

(10) 불포화지방산

① 탄소와 탄소 사이에 전자가 두 개인 이중결합을 갖는다.
② 니켈을 촉매로 수소를 첨가하면 포화지방산이 된다.
③ 불포화지방산이 포화지방산으로 바뀌는 것을 전이지방산이라고 한다.
④ 유지에 불포화지방산의 비율이 높을수록 융점이 낮아진다.
⑤ 종류에는 올레산, 리놀레산, 리놀렌산, 아라키돈산이 있다.

- 불포화지방산이 함유하고 있는 이중결합의 개수
  - 올레산 : 이중결합 1개
  - 리놀레산 : 이중결합 2개
  - 리놀렌산 : 이중결합 3개
  - 아라키돈산 : 이중결합 4개
- 혈청 내에 존재하면서 혈액의 지질(지방) 운반에 관계하는 지단백질(단백지질)에는 키로마이크론(Chylomicrons), VLDL(Very low density lipoprotein), LDL(Low density lipoprotein), HDL(High density lipoprotein) 등이 있다. 이 중에서 조직에서 간으로 콜레스테롤을 운반하는 항동맥경화성 지단백질은 HDL이다.

(11) 글리세린

① 설탕 시럽과 같은 무색, 무취, 감미를 가진 액체이다.
② 인체의 정상적인 구성물질로 존재한다.
③ 식품첨가제로 안전하게 사용되는 생리적으로 무해한 물질로 알려져 있다.
④ 식품의 수분을 잡아들여 보유하는 흡습성이 있다.
⑤ 물-기름 유탁액에 대한 안전기능이 있다.
⑥ 향미제의 용매로 식품의 색택을 좋게 하는 독성이 없는 극소수 용매 중의 하나이다.
⑦ 식품의 색상과 광택을 좋게 하는 독성이 없는 극소수 용매 중의 하나이다.
⑧ 보습성이 뛰어나 빵류, 케이크류, 소프트 쿠키류의 저장성을 연장시킨다.
⑨ 감미도는 자당(100)보다 작은 60이다.

2 지질의 기능

(1) 지질 1g당 9kcal의 에너지를 발생한다.

(2) 외부의 충격으로부터 인체의 내장기관을 보호한다.

(3) 지용성 비타민의 흡수를 촉진한다.

(4) 피하지방은 체온의 발산을 막아 체온을 조절한다.

(5) 장내에서 윤활제 역할을 해 변비를 막아준다.

(6) 19세 이상 성인의 한국인 영양섭취기준에 의한 에너지 적정비율을 기준으로 했을 때 1일 총 열량의 20% 정도를 지질(지방)로 섭취해야 한다.

(7) 필수지방산은 2%의 섭취가 권장된다.

3 지방의 대사

(1) 지방산은 산화과정을 거쳐 1g당 9kcal의 에너지를 방출하고 이산화탄소와 물이 된다.

(2) 글리세린은 탄수화물 대사과정에 이용된다.

(3) 비타민 A와 비타민 D가 지방의 대사에 관여한다.

(4) 남은 지방은 피하, 복강, 근육 사이에 저장된다.

(5) 지방산과 글리세린으로 분해 흡수된 후 혈액에 의해 세포로 이동한다.

(6) 지방의 연소와 합성은 간에서 이루어진다.

4 과잉섭취 시 유발되기 쉬운 질병

비만, 동맥경화, 유방암, 대장암

04 단백질

1 단백질의 질소계수

질소는 단백질만 가지고 있는 원소로서, 단백질에 평균 16%가 들어 있다. 따라서 식품의 질소 함유량을 알면 질소계수인 6.25를 곱하여 그 식품의 단백질 함량을 산출할 수 있다.

(1) **질소의 양** = 단백질 양×16/100

(2) **단백질 양** = 질소의 양×100/16 (즉, 질소계수 6.25)

(3) 단, 밀가루는 단백질 중 질소의 구성이 17.5%이기 때문에 질소계수가 5.7이다.
따라서 밀가루의 질소함유량을 알면 질소계수인 5.7를 곱하여 그 밀가루의 단백질 함량을 산출할 수 있다.

2 필수아미노산의 영양학적 가치

(1) 체내 합성이 안 되거나 합성되더라도 그 양이 매우 적어 생리기능을 달성하기에 불충분하여 반드시 음식물에서 섭취해야 한다.

(2) 필수아미노산을 이용하여 체내에서 단백질을 합성하므로 체조직의 구성과 성장 발육에 반드시 필요하다.

(3) 동물성 단백질에 많이 함유되어 있다.

(4) 성인에게는 이소류신, 류신, 리신, 메티오닌, 페닐알라닌, 트레오닌, 트립토판, 발린 등 8종류가 필요하다.

(5) 어린이와 회복기 환자에게는 8종류 외에 히스티딘을 합한 9종류가 필요하다.

(6) 인간과 동물의 종류나 성장시기에 따라 필요한 필수아미노산이 다르다.

- 메티오닌은 필수아미노산이며 분자구조에 황(S)을 함유하고 있다.
- 아미노산은 물에 녹아 양이온과 음이온의 양전하를 가지므로 용매의 pH에 따라서도 용해도가 달라진다. 용해도가 적어지면 단백질 결정이 석출되는데 이러한 성질을 이용하여 단백질 식품을 제조한다.

3 단백질의 영양학적 분류

분류 기준은 단백질에 함유된 아미노산의 종류와 양에 따라 나눈다.

(1) 완전 단백질

① 생명 유지, 성장 발육, 생식에 필요한 필수아미노산을 고루 갖춘 단백질이다.

② 종류에는 카세인과 락토알부민(우유), 오브알부민과 오보비텔린(달걀), 미오신(육류), 미오겐(생선), 글리시닌(콩) 등이 있다.

(2) 부분적 완전 단백질

① 생명 유지는 시켜도 성장 발육은 못 시키는 단백질이다.

② 종류에는 글리아딘(밀), 호르데인(보리), 오리제닌(쌀) 등이 있다.

(3) 불완전 단백질

① 생명 유지나 성장 모두에 관계없는 단백질이다.

② 종류에는 제인(옥수수), 젤라틴(육류) 등이 있다.

4 단백질의 영양가 평가방법

(1) 생물가(%)

① 생물가(Biological Value ; B.V)는 실험동물이 체내에 흡수된 질소량과 체내에 유지된 질소량의 비율을 말한다.

② 생물가(Biological Value ; B.V) = 체내에 보유된 질소량÷체내에 흡수된 질소량×100

③ 체내에 흡수된 질소량 = 섭취된 질소량−단백질 식품을 섭취할 때 대변 중의 질소량

④ 체내에 보유된 질소량 = 흡수된 질소량−단백질 식품을 섭취할 때 소변 중의 질소량

⑤ 체내의 단백질 이용률을 나타낸 것으로 생물가가 높을수록 체내 이용률이 높다.

예 우유(90), 달걀(87), 돼지고기(79), 소고기(76), 생선(75), 대두(75), 밀가루(52)

예제

어느 단백질 식품을 섭취한 결과, 음식물 중의 질소량이13g, 대변 중의 질소량이 0.7g, 소변 중의 질소량이 4g으로 나타났을 때 이 식품의 생물가(B.V)는 약 얼마인가?

풀이

① 체내에 흡수된 질소량 = 13−0.7 = 12.3

② 체내에 보유된 질소량 = 12.3−4 = 8.3

③ 생물가(%) = 8.3(보유된 질소량)÷12.3(흡수된 질소량)×100 = 67%

(2) 단백가(%)

① 필수아미노산 비율이 이상적인 표준 단백질을 가정하여 이를 100으로 잡고 다른 단백질의 필수아미노산 함량을 비교하는 방법이다.

② $\frac{\text{식품 중 필수아미노산 함량}}{\text{표준 단백질 필수아미노산 함량}} \times 100 = \text{단백가}(\%)$

③ 단백가(일명 아미노산가, 필수아미노산가라고 한다)가 클수록 영양가가 크다.

예 달걀(100), 소고기(83), 우유(78), 대두(73), 쌀(72), 밀가루(47), 옥수수(42)

(3) 제한아미노산

① 식품에 함유되어 있는 필수아미노산 중 이상형보다 적은 아미노산을 제한아미노산이라고 한다.

② 제한아미노산이 2종 이상일 때는 가장 적은 아미노산을 제1 제한아미노산이라고 한다.

(4) 단백질의 상호 보조

① 단백가가 낮은 식품이라도 부족한 필수아미노산(제한아미노산)을 보충할 수 있는 식품과 함께 섭취하면 체내 이용률이 높아진다.

② 쌀-콩, 빵-우유, 옥수수-우유 등이 상호 보조효과가 좋다.

(5) 등전점(Isoelectric Point)

① 용질인 단백질, 아미노산과 같이 음이온(−)과 양이온(+)을 동시에 함유하는 양쪽성 전해질에 경우 용매의 pH값에 따라 용질의 분자 전하가 변한다.

② 용매의 수소이온[H^+]과 수산화이온[OH^-] 양전하량이 같아져서 아미노산이 중성이 되면 용해도가 적어져 결정이 석출된다.

③ 적정(Titration)을 통해 용매의 pH값이 등전점에 도달하면 전하량은 중성상태 즉, 0이 된다.

④ 이런 용매의 pH값을 등전점이라고 하며, 아미노산은 종류에 따라 등전점이 다르다.

⑤ 단백질은 등전점 근처에서 용해되지 않고 침전되어, 강한 구조를 형성한다. 이러한 원리를 이용하여 단백질을 분리한다.

⑥ 두부를 만들 때 등전점을 활용하여 단백질을 분리하는 등전점 침전법을 사용한다.

- 머랭 제조 시 흰자에 주석산 크림을 넣는 이유를 등전점의 측면에서 설명하면 다음과 같다.
  - 등전점이란 아미노산과 같이 적당한 수소이온[H^+]과 수산화이온[OH^-]을 함유한 용매의 농도에서는 용질을 구성하는 분자 속의 양전하와 음전하가 완전히 중화되어 전기적으로 중성이 될 수 있으며 이때의 용매의 pH값을 등전점이라고 한다.
  - 단백질은 등전점 근처에서 용해되지 않고 침전되어, 강한 구조를 형성한다.
  - 이러한 원리를 이용하여 단백질을 분리하는 방법을 등전점 침전법이라고 한다.
  - 흰자에 함유된 단백질을 포함한 대부분의 단백질은 등전점이 산성에 있다.
  - 주석산 크림(주석산칼륨)은 흰자의 알칼리성을 낮추어 산성으로 만드는 산 작용제(산염제)이다.
  - 등전점에 가까울 때 흰자는 탄력성이 커지며, 흰자가 만드는 머랭도 튼튼해져서 사그라지지 않는다.
  - pH가 낮아지면(산성화되면) 당의 캐러멜화 반응이 늦어져 머랭의 색이 흰색으로 밝아진다.
  - 주석산 크림을 대신하여 식초, 레몬즙, 과일즙 등을 사용할 수도 있다.

5 단백질의 기능

(1) 체조직과 혈액 단백질, 효소, 호르몬, 항체 등을 구성한다. 그러나 단백질 고유의 필수적인 기능을 수행하지 못하면 단백질이 있는 체조직과 장기가 약해질 수 있다.

(2) 1g당 4kcal의 에너지를 발생시킨다.

(3) 체내 삼투압 조절로 체내 수분함량을 조절하고 체액의 pH를 유지한다.

(4) γ-글로블린은 병에 저항하는 면역체 역할을 한다.

(5) 19세 이상 성인의 한국인 영양섭취기준에 의한 에너지 적정비율을 기준으로 했을 때 1일 총열량의 7~20% 정도를 단백질로 섭취해야 한다.

(6) 1일 단백질 총열량의 $\frac{1}{3}$ 은 필수아미노산이 많은 동물성 단백질로 섭취한다.

(7) 일반적으로 체중 1kg당 단백질의 생리적 필요량은 1g이다.

6 단백질 대사

(1) 아미노산으로 분해되어 소장에서 흡수된다.

(2) 흡수된 아미노산은 각 조직에 운반되어 조직 단백질을 구성한다.

(3) 남은 아미노산은 간으로 운반되어 저장했다가 필요에 따라 분해한다.

(4) 단백질 대사의 최종 분해산물인 요소와 요산, 그 밖의 질소 화합물들은 소변으로 배출된다.

7 단백질 장시간 결핍과 과잉섭취 시 유발되기 쉬운 질병

(1) 단백질 섭취가 장시간 결핍되면 발육 장애, 부종, 피부염, 머리카락 변색, 간질환, 저항력 감퇴 등의 증세를 수반하는 콰시오카 혹은 마라스무스 같은 질병이 나타난다.

(2) 단백질을 과잉 섭취하였을 경우 발열효과인 특이동적 작용이 강하고 체온과 혈압이 증가하며 피로가 쉽게 온다.

05 무기질

1 무기질의 영양학적 특성

(1) 인체의 4~5%가 무기질로 구성되어 있다.

(2) 체내에서는 합성되지 않으므로 반드시 음식물로부터 공급되어야 한다.

(3) Ca(칼슘), P(인), Mg(마그네슘), S(황), Zn(아연), I(요오드), Na(나트륨), Cl(염소), K(칼륨), Fe(철), Cu(구리), Co(코발트) 등이 있다.

(4) 무기질은 다른 영양소보다 요리할 때 손실이 크다.

(5) 산성을 띠는 무기질에는 S, P, Cl 등이 있다.

(6) 알칼리성을 띠는 무기질에는 Ca, Na, K, Mg, Fe 등이 있다.

2 무기질의 기능

(1) 구성영양소 역할

① 경조직 구성(뼈, 치아) : Ca, P

② 연조직 구성(근육, 신경) : S, P

③ 체내 기능물질 구성

㉠ 티록신 호르몬(갑상선 호르몬) : I

㉡ 비타민 B_{12} : Co

㉢ 인슐린 호르몬 : Zn

㉣ 비타민 B_1 : S

㉤ 헤모글로빈 : Fe

(2) 조절영양소 역할

① 삼투압 조절 : Na, Cl, K

② 체액 중성 유지 : Ca, Na, K, Mg

③ 심장의 규칙적 고동 : Ca, K

④ 혈액 응고 : Ca

⑤ 신경 안정 : Na, K, Mg

⑥ 샘조직 분비(효소의 기능촉진) : 위액(Cl), 장액(Na)

- 칼슘의 기능
  - 효소의 활성화, 혈액응고에 필수적, 근육수축, 신경흥분전도, 심장박동
  - 뮤코다당, 뮤코단백질의 주요 구성성분
  - 세포막을 통한 활성물질의 반출
- 칼슘의 흡수에 관계하는 호르몬은 갑상선 옆에 있는 상피소체에서 만들어지는 부갑상선 호르몬이다.
- 칼슘 흡수를 방해하는 인자는 시금치에 함유된 옥살산(수산)이다.
- 칼슘의 흡수를 돕는 비타민은 비타민 D이다.
- 철의 흡수를 저해하는 인자에는 인산, 탄산, 탄닌산, 수산(옥살산), 피틴산 등이 있다.
- 철의 흡수를 촉진시키는 인자에는 산성용액, 비타민C, 유기산(Citrate, Lactate, Pyruvate, Succinate) 등이 있다.
- 아기는 생후 4~6개월 이후부터는 철분을 외부로부터 섭취해야하는데 철분의 보충은 곡류보다는 육류를 통해 흡수하는 것이 좋으며, 식사 때마다 고기, 생선, 두부 중 한 가지 이상을 충분히 섭취해야 한다. 또한 사과, 감, 귤, 감자를 많이 먹어야 한다.
- 과량의 아연 섭취는 구리의 흡수를 감소시킨다.

3 무기질의 결핍증 및 과잉증과 급원식품

종류	과잉증	결핍증	급원식품
인(P)	–	결핍증이 거의 없다.	우유, 치즈, 육류, 콩류, 어패류
칼슘(Ca)	–	구루병(안짱다리, 밭장다리, 새가슴), 골연화증, 골다공증	우유 및 유제품, 달걀, 뼈째 먹는 생선 ※시금치의 수산은 흡수방해
요오드(I)	바세도우씨병	갑상선종, 부종, 성장부진, 지능미숙, 피로	해조류(다시다, 미역, 김), 어패류
구리(Cu)	–	악성 빈혈	동물의 내장, 해산물, 견과류, 콩류
철(Fe)	–	빈혈	동물의 간, 난황, 살코기, 녹색채소
나트륨(Na)	동맥경화증	–	소금, 육류, 우유
염소(Cl)	–	소화 불량, 식욕 부진	소금, 우유, 달걀, 육류
칼륨(K)	–	결핍증은 거의 없다.	밀가루, 밀의 배아, 현미, 참깨
마그네슘(Mg)	–	결핍증은 거의 없다.	곡류, 채소, 견과류, 콩류
코발트(Co)	–	결핍증은 거의 없다.	간, 이자, 콩, 해조류

06 비타민

1 비타민의 영양학적 특성

(1) 탄수화물, 지방, 단백질의 대사에 조효소 역할을 한다.

(2) 호르몬은 체내에서 합성되나 무기질과 비타민의 대부분은 합성되지 않으므로 반드시 음식물에서 섭취해야만 한다.

(3) 에너지를 발생하거나 체조직을 구성하는 물질이 되지는 않는다.

(4) 비타민은 호르몬과 같은 유기물질이며, 호르몬의 원료로도 이용된다.

(5) 호르몬과 무기질처럼 소량으로 체내에서 생리조절작용을 하는 조절영양소이다.

2 비타민의 종류와 생체에서의 부족 시 결핍증에 대항하는 주요 기능

(1) 수용성 비타민

① 비타민 B_1(Thiamine) : 항각기병 비타민, 당질대사의 조효소 비타민
② 비타민 B_2(Riboflavin) : 성장 촉진 비타민, 항구각성 비타민
③ 비타민 B_3(Niacin) : 항펠라그라 비타민
④ 비타민 B_6(Pyridoxine) : 항피부염 비타민
⑤ 비타민 B_{12}(Cyanocobalamin) : 항빈혈 비타민, 적혈구의 생성
⑥ 비타민 C(Ascorbic acid) : 항괴혈병 비타민
⑦ 비타민 P(Bioflavonoids) : 혈관 강화 작용 비타민

(2) 지용성 비타민

① 비타민 A(Retinol) : 항야맹증 비타민, 전구체로는 식물계의 황색 색소인 β-카로틴
② 비타민 D(Calciferol) : 항구루병 비타민, 전구체로는 에르고스테롤, 콜레스테롤
③ 비타민 E(Tocopherol) : 항산화성 비타민
④ 비타민 K(Phylloguinone) : 혈액 응고 비타민
⑤ 비타민 F(Linolic acid) : 필수지방산을 지칭함

- 비타민 D의 특징
  - 비타민 D는 전구체로서 에르고스테롤과 7-디하이드로 콜레스테롤이 있다.
  - 자외선에 의하여 에르고스테롤은 비타민 D_2로, 7-디하이드로 콜레스테롤은 비타민 D_3로 변한다.
  - 피부에 자외선을 쪼이면 비타민 D가 만들어지는데 햇빛을 잘 못 받는 광부들은 비타민 D 결핍증에 걸리기 쉽다.
  - 비타민 D가 결핍이 되면 뼈의 주성분이 되는 칼슘과 인의 화합물인 인산칼슘이 정상적으로 침착되지 않는다.
  - 비타민 D의 결핍증은 어린이에게는 구루병을 어른에게는 골다공증 또는 골연화증을 일으킨다.
  - 비타민 D는 칼슘과 인의 흡수력을 증강시키므로 항구루병 비타민이라고도 한다.
- 티아민분해효소(Thiaminase)인 마늘의 알리신은 효소의 기능을 저하시킨다.
- α, β, γ-carotene과 cryptoxanthin이 전구체인 비타민은 비타민 A(Retinol)이다.
- 비타민 C의 성질
  - 수용액 상태에서 열에 불안정하다.
  - 수용액 상태에서 산에는 안정하나 알칼리에는 불안정하다.
  - 산화형은 환원형의 절반 정도 효력이다.
  - 수용액 상태에서 광선에 의해 분해된다.
- 비타민 K의 종류와 특성
  - 비타민 K_1(phylloquinone 필로퀴논) : 지용성 엽록소에 존재
  - 비타민 K_2(menaquinone 메나퀴논) : 장내 박테리아에 의해 생성
  - 비타민 K_3(menadione 메나디온) : 체내 합성 화합물

3 지용성 비타민과 수용성 비타민의 비교

구분	지용성 비타민	수용성 비타민
용매	기름과 유기용매	물에 용해
섭취량이 필요량 이상	체내에 저장	소변으로 배출
결핍증세	서서히 나타난다.	신속하게 나타난다.
공급	매일 공급할 필요 없다.	매일 공급해야 한다.

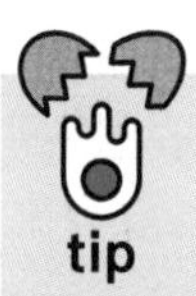

- 지용성 비타민의 특징
  - 지질과 함께 소화, 흡수되어 이용된다.
  - 간장에 운반되어 저장된다.
  - 섭취과잉으로 인한 독성을 유발시킬 수 있다.
  - 림프관(가슴관)으로 흡수된다.

- 수용성 비타민의 특징
  - 포도당, 아미노산, 글리세린 등과 함께 소화, 흡수되어 이용된다.
  - 체내에 저장되지 않는다.
  - 과잉섭취하면 체외로 배출된다.
  - 모세혈관으로 흡수된다.

4 비타민의 결핍증

(1) 수용성 비타민

종류	결핍증	급원식품
비타민 B_1(티아민)	각기병, 식욕부진, 피로, 권태감, 신경통	쌀겨, 대두, 땅콩, 돼지고기, 난황, 간, 배아
비타민 B_2 (리보플라빈)	구순구각염, 설염, 피부염, 발육 장애	우유, 치즈, 간, 달걀, 살코기, 녹색 채소
비타민 B_3(니아신)	펠라그라병, 피부염	간, 육류, 콩, 효모, 생선
비타민 B_6(피리독신)	피부염, 신경염, 성장 정지, 충치, 저혈색소성 빈혈	육류, 간, 배아, 곡류, 난황
비타민 B_{12}(시아노코발라민)	악성 빈혈, 간 질환, 성장 정지	간, 내장, 난황, 살코기
엽산	빈혈, 장염, 설사	간, 두부, 치즈, 밀, 효모, 난황
판토텐산	피부염, 신경계의 변성	효모, 치즈, 콩
비타민 C (아스코르브산)	괴혈병, 저항력 감소	신선한 채소(시금치, 무청), 과일류(딸기, 감귤류)

- 비타민 B_{12}는 급원식품이 간, 내장, 난황, 살코기 등이므로 극단적 채식주의자들에게 결핍현상이 발생 한다.

(2) 지용성비타민

종류	결핍증	급원식품
비타민 A (레티놀)	야맹증, 건조성 안염, 각막 연화증, 발육지연, 상피세포의 각질화	간유, 버터, 김, 난황, 녹황색 채소(시금치, 당근)
비타민 D (칼시페롤)	구루병, 골연화증, 골다공증	청어, 연어, 간유, 난황, 버터
비타민 E (토코페롤)	쥐의 불임증, 근육 위축증	해바라기씨유, 곡류의 배아유, 면실유, 난황, 버터, 우유
비타민 K (필로퀴논)	혈액 응고 지연	녹색 채소(양배추, 시금치), 간유, 난황

07 물

1 물의 기능

(1) 영양소의 용매로서 체내 화학반응의 촉매 역할을 한다.

(2) 삼투압을 조절하여 체액을 정상으로 유지시킨다.

(3) 영양소와 노폐물을 운반한다.

(4) 체온을 조절한다.

(5) 체내 분비액의 주요 성분이다.

(6) 외부의 자극으로부터 내장 기관을 보호한다.

2 체액(물)의 손실로 인한 증상

(1) 심한 경우 혼수에 이른다.

(2) 전해질의 균형이 깨진다.

(3) 혈압이 낮아진다.

(4) 허약, 무감각, 근육부종 등이 일어난다.

(5) 손발이 차고 호흡이 잦고 짧아진다.

(6) 맥박이 빠르고 약해진다.

(7) 창백하고 식은땀이 난다.

제 1 장 미리보는 출제예상문제

01 콜레스테롤(Cholesterol)에 대한 설명 중 옳은 것은?

① 지방의 대사 조절 ② 성장촉진 인자
③ 항피부염 인자 ④ 당의 대사 조절

02 생체계의 가장 기본적인 에너지 급원이며 사람의 혈액에도 소량 존재하는 단당류는?

① 갈락토오스 ② 자당
③ 과당 ④ 포도당

03 유지는 지방산과 ( )의 에스테르(Ester) 결합이다. ( ) 안에 맞는 말은?

① 메틸알코올(Methyl alcohol)
② 에틸알코올(Ethyl alcohol)
③ 글리세린(Glycerine)
④ 글루텐(Gluten)

04 불포화지방산에 대한 설명으로 틀린 것은?

① 일반적으로 상온에서 액체이다.
② 올레산, 리놀레산, 리놀렌산, 아라키돈산 등이 해당된다.
③ 탄소수가 같을 때 융점이 포화지방산보다 낮다.
④ 분자 내에 이중결합이 없다.

05 심혈관계질환의 위험인자인 LDL-콜레스테롤을 감소시키기 위한 방법은?

① 포화지방산의 섭취를 늘린다.
② 식이섬유소의 섭취를 늘린다.
③ 알코올의 섭취를 늘린다.
④ 열량 섭취를 늘린다.

해설

01
콜레스테롤의 기능
- 신경조직과 뇌조직을 구성한다.
- 담즙산, 성호르몬, 부신피질 호르몬 등의 주성분으로 지방의 대사를 조절한다.

02
포도당(Glucose)
- 영양상 · 생리상 가장 중요한 당
- 탄수화물 최종 분해산물이다.
- 인체의 혈액에 0.1%(혈당치) 정도 존재하여 각 조직에 보내져 에너지원이 된다.
- 과일(특히 포도)에 많이 들어 있다.

03
유지(중성지방)는 3분자의 지방산과 1분자의 글리세린(글리세롤)이 결합되어 만들어진 에스테르, 즉 트리글리세리드이다.

04
분자 내에 이중결합이 있다.
- 올레산 – 이중결합 1개
- 리놀레산 – 이중결합 2개
- 리놀렌산 – 이중결합 3개
- 아라키돈산 – 이중결합 4개

05
콜레스테롤(Chollesterol)
- 동물성 스테롤로 뇌, 골수, 신경계, 담즙, 혈액 등에 많다.
- 지방대사, 해독, 보호, 조절 등의 중요한 생리작용을 한다.
- 성호르몬과 부신 피질 호르몬의 성분으로서 중요하다.
- 혈관 내부에 축적되어 신진대사 방해요소가 되기도 한다.
- 자외선에 의해 비타민 D_3가 된다. 식물성 기름과 함께 섭취하는 것이 좋다.

정답 | 01 ① 02 ④ 03 ③ 04 ④ 05 ②

06 아래 식품의 100g당 성분분석표에서 이 식품 100g을 섭취하였을 때의 총열량은?

탄수화물	단백질	지방	알코올
30g	10g	9g	5g

① 165kcal　② 195kcal
③ 236kcal　④ 276kcal

07 알코올과 유기산의 열량산출기준(1g당)을 나열한 것은?

① 4kcal, 4kcal　② 4kcal, 9kcal
③ 7kcal, 3kcal　④ 7kcal, 7kcal

08 액체상태의 기름을 고체상태의 기름으로 경화시키는 과정에서 생성되는 지방산은?

① 트랜스지방산　② 리놀렌산
③ 리놀레산　④ 아라키돈산

09 노인의 경우 필수지방산의 흡수를 위하여 다음 중 어떤 종류의 기름을 섭취하는 것이 좋은가?

① 콩기름　② 닭기름
③ 돼지기름　④ 쇠기름

10 글리코겐(Glycogen)에 대한 설명으로 틀린 것은?

① 동물성 전분이라고도 한다.
② 아밀로펙틴(Amylopectin)과 구조가 유사하나 가지가 많고 사슬의 길이가 짧다.
③ α-1,4결합과 α-1,6결합으로 되어 있다.
④ 전분과 같이 물에 녹지 않고 호화와 노화현상이 나타난다.

해설

06
(30g×4kcal)+(10g×4kcal)+(9g×9kcal)+(5g×7kcal) = 276kcal

08
경화된 유지를 트랜스지방이라고 하고 트랜스지방을 특징짓는 지방산을 트랜스지방산이라고 한다.

09
필수지방산(비타민 F)의 특징
- 체내에서 합성되지 않아 음식물에서 섭취해야 하는 지방산이다.
- 성장을 촉진시키고 피부 건강을 유지시키며 혈액내의 콜레스테롤 양을 저하시킨다.
- 종류에는 리놀레산, 리놀렌산, 아라키돈산이 있다.

10
전분과 달리 호화와 노화현상이 나타나지 않는다.

06 ④　07 ③　08 ①　09 ①　10 ④

11 밀가루의 질소함량이 2.1%일 때 조단백질의 함량은 약 얼마인가?(단, 소맥분은 중등질 · 수득률(93~83%) 또는 그 이하를 기준으로 한다)

① 12% ② 18%
③ 20% ④ 25%

12 영양소 흡수에 대한 설명으로 틀린 것은?

① 칼슘 흡수는 비타민 D에 의해 증가된다.
② 철분 흡수는 비타민 C에 의해 증가된다.
③ 과량의 아연 섭취는 구리의 흡수를 감소시킨다.
④ 과량의 칼슘 섭취는 철분 흡수를 도와준다.

13 식품에 함유되어 있는 칼슘을 기준으로 꽁치 80g을 청어로 대치하려고 한다면 필요한 청어의 양은 약 얼마인가?(단, 100g 기준 꽁치의 칼슘함량은 86mg, 청어는 93mg이다)

① 52g ② 68g
③ 74g ④ 86g

14 비타민, 무기질, 호르몬에 대한 설명 중 틀린 것은?

① 비타민은 호르몬과 같이 유기물질이며, 호르몬의 원료로도 이용된다.
② 호르몬은 체내 합성이 되나, 무기질과 비타민은 대부분 합성되지 않으므로 식품으로 섭취를 해야 한다.
③ 비타민, 무기질, 호르몬은 소량으로 체내에서 생리조절작용을 한다.
④ 비타민은 체내에서 일어나는 수천가지의 화학반응을 직접 수행하며 조절하는 작용을 한다.

15 인체 내에서 물의 기능이 아닌 것은?

① 영양소와 노폐물을 운반한다.
② 에너지를 공급한다.
③ 대사과정을 촉매한다.
④ 체온을 조절한다.

해설

11
① 조단백질의 함량 = 질소함량×질소계수
② 2.1%×5.7 = 11.97%

12
철분의 흡수를 저해하는 인자에는 인산, 탄산, 탄닌산, 수산(옥살산), 피틴산 등이 있다.

13
① 80g에 함유된 칼슘함량 = 80g × 86mg ÷ 100g = 68.8g
② 청어의 중량 = 68.8g × 93mg ÷ 86mg = 74.4g

14
비타민은 체내에서 일어나는 수천가지의 화학반응을 수행하는 보조적 조절작용을 한다.

15
물은 조절소이고 열량소는 탄수화물, 단백질, 지방이다.

정답 | 11 ① 12 ④ 13 ③ 14 ④ 15 ②

16 **다음 항목 중 비타민과의 연결이 잘못된 것은?**

① 비타민 A – 야맹증 – 버터, 녹황색채소, 간유
② 비타민 B_1 – 각기병 – 쌀겨, 돼지고기, 난황
③ 비타민 C – 괴혈병 – 채소, 과일
④ 비타민 D – 탈모증 – 연어, 간유, 난황

17 **19세 이상 성인의 한국인 영양섭취기준(2010년)에 의한 에너지 적정비율로 틀린 것은?**

① 필수지방산 2%
② 단백질 30~40%
③ 지방 20%
④ 탄수화물 55~70%

해설

16
비타민 D – 구루병, 골연화증, 골다공증

17
단백질은 10~20% 정도가 에너지 적정 비율이다.

16 ④ 17 ②

소화 흡수

01 소화작용의 분류

(1) **기계적 소화작용** : 이로 씹어 부수거나 위와 소장의 연동작용

(2) **화학적 소화작용** : 소화액에 있는 소화효소의 작용을 받아 소화시키는 작용

(3) **발효작용** : 소장의 하부에서 대장에 이르는 곳까지 세균류가 분해하는 작용

02 소화흡수율

영양소의 소화 흡수 정도를 나타내는 지표이다. 일정 기간 동안 흡수된 식품 속의 영양성분과 대변 속의 영양성분의 차이로, 섭취량에 대한 이용량을 백분율로 나타낸 값이다.

(1) **소화흡수율(%)** = $\frac{\text{섭취식품 속의 각 성분} - \text{대변 속의 배설 성분}}{\text{섭취식품 속의 각 성분}} \times 100$

(2) **열량영양소의 소화흡수율** : 탄수화물 98%, 지방 95%, 단백질 92%

(3) **기초 대사량(Basal Metabolic Rate)**

① 인간이 생명을 유지하는 데 필요한 최소한의 에너지량을 말한다.

② 예를 들어 체온 유지나 호흡, 심장 박동 등 기초적인 생명 활동을 위한 신진대사에 쓰이는 에너지의 양으로 보통 휴식 상태 또는 움직이지 않고 가만히 있을 때 기초 대사량만큼의 에너지가 소모된다.

③ 기초 대사량은 개인의 신진대사 조직량이나 근육의 양 등 신체적인 요소에 따라 차이가 난다.

- 단백질 효율(Protein Efficiency Ratio : PER)이란, 어린 동물의 체중이 증가하는 양에 따라 단백질의 영양가를 판단하는 방법으로 단백질의 질을 측정하는 방법이다.
- 기초 대사량(BMR)과 관계가 깊은 신체조직은 체지방량, 근육의 양, 신진대사 조직량 등이다.

03 소화효소

1 효소의 물리적·화학적 특징

(1) 음식물의 소화를 돕는 작용을 가진 단백질의 일종이다.

(2) 소화액에 들어 있다.

(3) 열에 약하고 최적 pH를 가진다. 즉, pH(수소이온농도)에 영향을 받는다.

(4) 한 가지 효소는 한 가지 물질만을 분해한다(기질에 대한 특이성이 있다).

(5) 온도에 따라 작용 능력에 큰 차이가 있다(일반적으로 온도가 높아질수록 작용능력이 커지지만 고온이 되면 능력이 없어진다).

(6) 효소는 활성을 위해 온도, pH, 수분 이외에 특정 금속이온을 요구하기도 한다.

2 소화효소의 종류

(1) **탄수화물 분해효소** : 아밀라아제, 수크라아제, 말타아제, 락타아제 등

(2) **지방 분해효소** : 리파아제, 스테압신

(3) **단백질 분해효소** : 펩신, 트립신, 에렙신, 펩티다아제, 레닌

04 소화 과정

음식물로 섭취된 고분자 유기화합물이 소화효소의 작용을 받아 흡수 가능한 저분자 유기화합물로 분해되는 과정이다.

작용부위	효소명	분비선(소재)	기질	작용(생성물질)
구강	프티알닌(타액 아밀라아제)	타액선(타액)	가열전분	덱스트린, 맥아당
위	펩신 리파아제 레닌	위선(위액)	단백질 지방 우유	프로테오스, 펩톤 지방산과 글리세롤 (미약), 카세인 응고
췌장(이자), 소장	트립신	췌장(췌액)	단백질 펩톤	프로테오스 폴리펩티드
	키모트립신	–	펩톤	폴리펩티드
	엔테로키나제	장액	–	트립신의 부활작용
	펩티다아제	췌액, 장액	펩티드	디펩티드
	디펩티다아제	–	디펩티드	아미노산
	아밀롭신(췌 아밀라아제)	췌장(췌액)	전분, 글리코겐, 덱스트린	맥아당
	수크라아제 또는 인버타아제	장액	자당	포도당 · 과당
	말타아제	장액	맥아당	포도당
	락타아제	유아의 장액	유당	포도당 · 갈락토오스
	스테압신(췌 리파아제)	췌장(췌액)	지방	지방산 · 글리세롤
	리파아제	장액	지방	지방산 · 글리세롤

05 각 소화효소들의 특징

1 펩신(Pepsin)

① pH 2.0인 위액 속에 존재하는 단백질 분해효소이다.

② pH 2의 산성용액에서 분해가 잘 이루어진다.

2 트립신(Trypsin)

① 췌장에서 효소 전구체 트립시노겐으로 생성된다.

② 탄산수소나트륨이 다량 함유되어 있어 pH 8.5인 약알칼리성을 띠는 소화액인 췌액의 한 성분으로 분비되고 십이지장에서 단백질을 가수분해하는 필수적인 물질이다.

③ 아르기닌(Arginine) 등 염기성 아미노산의 카르복실기(−COOH)에서 만들어진 펩티드(Peptide) 결합을 가수분해한다.

3 락타아제(Lactase)

① 보통 소장에서 분비되며, pH 7.0~8.0인 장액의 한 성분이다.

② 유당을 포도당과 갈락토오스(Galactose)로 분해하는 역할을 한다.

③ 소화액 중 락타아제의 결여는 유당불내증의 원인이 된다.

- 유당불내증 : 우유 중에 있는 유당을 소화하지 못하기 때문에 오는 증상
- 요구르트는 유당이 유산균에 의하여 발효가 되어 유산을 형성하므로 유당불내증이 있는 사람에게 적합한 식품이다.

4 리파아제(Lipase)

① 지방분해 효소로 췌장에서 분비되는 췌액(이자액)의 한 성분이다.

② 단순지질을 지방산과 글리세롤로 가수분해하는 역할을 한다.

5 말타아제(Maltase)

① 장에서 분비되는 장액의 한 성분이다.

② 맥아당(엿당)을 2분자의 포도당으로 분해하는 역할을 한다.

6 수크라아제(Sucrase)

① 소장에서 분비되는 장액의 한 성분이다.

② 설탕을 포도당과 과당으로 분해하는 역할을 한다.

7 아밀롭신(Amylopsin)

① 췌장에서 분비되는 췌액(이자액)의 한 성분으로 아밀라아제이다.

② 전분, 글리코겐 등의 글루코오스(포도당)로 구성된 다당류를 말토오스(맥아당), 덱스트린 등으로 가수분해하는 반응을 촉매하는 효소이다.

8 프티알린(Ptyalin)

① 침 속에 들어 있는 아밀라아제로 아밀라아제와 구별하기 위해 프티알린이라 한다.

② 녹말을 덱스트린과 엿당(맥아당, 말토오스) 등의 간단한 당류로 분해한다.

06 영양소의 흡수와 에너지 대사

1 영양소의 흡수

(1) **수용성 영양소** : 소장의 모세혈관 → 간문맥 → 간 → 간정맥 → 심장

(2) **지용성 영양소** : 소장의 림프관 → 가슴관 → 쇄골하정맥 → 심장

(3) **영양소의 흡수원리** : 영양소는 소장에서 농도경사에 의한 흡수와 에너지가 사용되는 능동수송에 의한 흡수의 원리로 이루어진다. 소장구조도 효율적인 흡수를 위해 융털구조라는 특수한 구조로 되어 있다.

(4) **담즙(Bile Juice)**

① 약알칼리성으로 글리코콜린산(Glycocholic acid)이 주성분이며, 쓸개염(Bile salt), 빌리루빈(Bilirubin)과 콜레스테롤(Cholesterol) 등이 복합된 것이다.

② 일명 쓸개즙이며 소화효소는 아니지만 지방(Lipid)을 미세하게 쪼개는 유화작용을 한다.

③ 이자에서 분비되는 프로리파아제(Pro-lipase)를 리파아제(Lipase)로 활성화시켜 지방질의 분해와 흡수에 중요한 역할을 한다.

④ 위장이나 창자에 음식이 있을 때, 즉 소화작용을 할 때만 콜레시스토키닌에 의하여 자극받아 분비된다.

⑤ 간세포에서 분비되어 쓸개주머니(담낭)에 저장되었다가 농축되어 샘창자 제2부로 분비된다.

(5) 소장은 융털구조라는 특수한 구조로 이루어져 효율적인 소화와 흡수가 되도록 한다.

2 에너지 대사

인체 내에서 일어나고 있는 에너지의 방출, 전환, 저장 및 이용의 모든 과정을 에너지 대사라고 말한다. 에너지 대사과정에서 인체가 필요로 하는 총 에너지는 기초 대사량(60~70%), 활동 대사량(20~40%), 특이동적 대사량(5~10%) 등 세 가지 요소의 합으로 이루어진다.

(1) **기초 대사량**

생명유지에 꼭 필요한 최소의 에너지 대사량으로, 체온유지나 호흡, 심장박동 등의 무의식적 활동에 필요한 열량이다. 기초 대사량이 높은 경우는 다음과 같다.

① 여성보다 남성이 기초 대사량이 높다.

② 기온이나 체온이 높을 때 기초 대사량이 높다.

③ 근육량이 많을 때 기초 대사량이 높다.

④ 체표면적이 클 때 기초 대사량이 높다.

⑤ 신장이 클 때 기초 대사량이 높다.

⑥ 나이가 적을수록 기초 대사량이 높다.

(2) 활동 대사량

일상생활에서 운동이나 노동 등 활동을 하면서 소모되는 에너지 대사량이다.

(3) 특이동적 대사량

식품자체의 소화, 흡수, 대사를 위해 사용되는 에너지 소비량으로 특이동적 대사량 기준 당질은 섭취 시 6%, 지질은 4%, 단백질은 30%가 열(에너지)로 소비된다. 이는 균형적인 식사를 할 경우 영양소의 소화, 흡수, 대사를 위한 특이동적 대사량은 기초 대사량과 활동 대사량을 합산한 수치의 10%에 해당된다. 그리고 이를 식품의 열생산효과(TEF)라고도 한다.

(4) 1일 총 에너지 소요량 계산

① 특이동적 대사량 = (기초 대사량+활동 대사량)÷10

② 1일 총 에너지 소요량 = 1일 기초 대사량+활동 대사량+특이동적 대사량

예제

기초 대사량 1,800Kcal, 활동 대사량 300Kcal인 경우 1일 총 에너지 소요량은?

풀이

① 특이동적 대사량 = (기초 대사량+활동 대사량)÷10
(1,800Kcal+300Kcal)÷10 = 210Kcal

② 1일 총 에너지 소요량 = 기초 대사량+활동 대사량+특이동적 대사량
1,800Kcal + 300Kcal + 210Kcal = 2,310Kcal

(5) 에너지 권장량

① 1일 에너지 권장량

성인 남자	성인 여자	청소년 남자	청소년 여자
2,500kcal	2,000kcal	2,600kcal	2,100kcal

② 성인이 필요로 하는 총 에너지 소모량을 구성하는 영양소의 적정 비율은 탄수화물 : 65%, 지방 : 20%, 단백질 : 15%이다.

③ 에너지원 영양소의 1g당 칼로리(에너지, 열량)

탄수화물	지방	단백질	알코올	유기산
4kcal	9kcal	4kcal	7kcal	3kcal

칼로리 계산법 : [(탄수화물의 양+단백질의 양)×4kcal]+(지방의 양×9kcal)

제 2 장 미리보는 출제예상문제

01 단백질 효율(PER)은 무엇을 측정하는 것인가?

① 단백질의 질
② 단백질의 열량
③ 단백질의 양
④ 아미노산 구성

02 기초 대사량(BMR)은 신체조직 중 무엇과 가장 관계가 깊은가?

① 혈액량
② 피하 지방량
③ 체지방량
④ 골격량

03 소화작용의 연결 중 바르게 된 것은?

① 침 – 아밀라아제(Amylase) – 단백질
② 위액 – 펩신(Pepsin) – 맥아당
③ 췌액 – 말타아제(Maltase) – 지방
④ 소장 – 말타아제(Maltase) – 맥아당

04 유당불내증의 원인으로 옳은 것은?

① 우유 섭취량의 절대적인 부족
② 소화액 중 락타아제의 결여
③ 대사과정 중 비타민 B군의 부족
④ 선천적 대사장애

05 유당불내증이 있는 사람에게 적합한 식품은?

① 우유　② 크림소스
③ 요구르트　④ 크림스프

해 설

01
단백질 효율(Protein Efficiency Ratio ; PER) : 어린 동물의 체중이 증가하는 양에 따라 단백질의 영양가를 판단하는 방법으로 단백질의 질을 측정하는 방법이다.

02
BMR과 관계가 깊은 신체조직은 체지방량, 근육의 양, 신진대사 조직량 등이다.

03
- 위액 – 펩신 – 단백질
- 췌액 – 트립신 – 단백질
- 소장 – 말타아제 – 맥아당
- 침 – 아밀롭신 – 전분

04
유당불내증 : 우유 중에 있는 유당을 소화하지 못하기 때문에 오는 증상이므로 유당을 가수분해하는 소화효소를 찾으면 된다.

05
유당이 유산균에 의하여 발효가 되어 유산을 형성한 요구르트는 유당불내증이 있는 사람에게 적합한 식품이다.

정답 | 01 ① 02 ③ 03 ④ 04 ② 05 ③

06 췌장에서 생성되는 지방 분해효소는?

① 트립신
② 아밀라아제
③ 펩신
④ 리파아제

07 당질 분해효소는?

① 스테압신
② 트립신
③ 아밀롭신
④ 펩신

해 설

06

췌장에서의 소화
- 췌액의 아밀라제에 의해 녹말이 맥아당으로 분해된다.
- 췌액의 스테압신에 의해 지방이 지방산과 글리세롤로 가수분해된다.
- 췌액의 트립신은 단백질을 폴리펩티드로 분해하고 일부는 아미노산으로 분해된다.

07

- 스테압신 : 지방 분해효소
- 트립신, 펩신 : 단백질 분해효소
- 아밀롭신 : 당질 분해효소(췌액)

06 ④ 07 ③

제 4 편 단원별 적중예상문제

01 한 개의 무게가 50g인 과자가 있다. 이 과자 100g 중에 탄수화물 70g, 단백질 5g, 지방 15g, 무기질 4g, 물 6g이 들어있다면 이 과자 10개를 먹을 때 얼마의 열량을 낼 수 있는가?

① 1,230kcal ② 2,175kcal
③ 2,750kcal ④ 1,800kcal

02 장점막을 통하여 흡수된 지방질에 관한 설명 중 틀린 것은?

① 복합 지방질을 합성하는 데 쓰인다.
② 과잉의 지방질은 지방조직에 저장된다.
③ 발생하는 에너지는 탄수화물이나 단백질보다 적어 비효율적이다.
④ 콜레스테롤을 합성하는 데 쓰인다.

03 하루 2,000kcal를 섭취해야 하는 성인 여성의 경우, 이상적인 지질(지방) 섭취량은 약 몇 g인가?

① 10~20g ② 33~55g
③ 75~100g ④ 150~175g

04 한국인 영양섭취기준에 의한 단백질의 에너지 적정비율은?

① 55~70% ② 15~25%
③ 4~8% ④ 7~20%

05 체내에서 단백질의 역할과 가장 거리가 먼 것은?

① 항체 형성
② 체조직의 구성
③ 대사작용의 조절
④ 체성분의 중성 유지

해 설

01
{(70×4kcal)+(5×4kcal)+(15×9kcal)}×(50g×10개÷100g) = 2,175kcal

02
발생하는 에너지는 탄수화물이나 단백질 보다 많다.

03
① 1일 총열량의 20% 정도를 지질(지방)로 섭취해야 한다.
② 지질 1g은 9kcal의 열량을 낸다.
③ 2,000kcal×0.2÷9=44.4g
∴ 33~55g이 정답이다.

05
- 단백질의 기능
  - 근육, 피부, 머리카락 등 체조직을 구성한다.
  - 체내에서 에너지 공급이 부족하면 에너지 공급을 한다(1g당 4kcal 방출). 항체를 형성한다.
  - 체내 수분함량 조절, 조직내 삼투압 조정, 체내에서 생성된 산성물질 · 염기성 물질을 중화하여 pH(수소이온 농도)의 급격한 변동을 막는 완충작용을 한다.
- 대사작용을 조절하는 조절영양소에는 무기질, 물, 비타민 등이 있다.

정답 | 01 ② 02 ③ 03 ② 04 ④ 05 ③

06 탄수화물의 분해효소가 아닌 것은?

① 셀룰라아제(Cellulase)
② 이눌라아제(Inulase)
③ 아밀라아제(Amylase)
④ 프로테아제(Protease)

07 다음 무기질 중에서 혈액응고, 효소작용, 막의 부과작용에 필요한 것은?

① 요오드 ② 나트륨
③ 마그네슘 ④ 칼슘

08 다음 무기질의 작용을 나타낸 말이 아닌 것은?

① 인체의 구성 성분
② 체액의 삼투압 조절
③ 혈액응고 작용
④ 에너지를 낸다.

09 다음은 비타민에 관한 설명이다. 틀린 것은?

① 체내에서 생성되지 않으므로 외부로부터 섭취해야 한다.
② 비타민 B군, 니아신은 보효소를 형성하여 활성부를 이룬다.
③ 체내에서 비타민 A가 되는 물질(카로틴)을 프로비타민 A라 한다.
④ 에르고스테롤을 프로비타민 B라 한다.

10 비타민의 특성 또는 기능인 것은?

① 많은 양이 필요하다.
② 인체 내에서 조절물질로 사용된다.
③ 에너지로 사용된다.
④ 일반적으로 인체 내에서 합성된다.

해설

06
프로테아제는 단백질 분해효소이다.

07
칼슘의 기능
- 효소활성화, 혈액응고에 필수적, 근육 수축, 신경흥분전도, 심장박동
- 뮤코다당, 뮤코단백질의 주요 구성 성분
- 세포막을 통한 활성물질의 반출

08
무기질의 기능
- 골격 및 치아 구성
- 근육, 신경조직 구성
- 티록신 구성, 인슐린 합성
- 삼투압 조절
- 조혈작용, 혈액응고 작용 즉, 구성 조절영양소이다.

09
에르고스테롤은 프로비타민 D_2라 한다.

10
비타민의 특성과 기능
- 체내에 극히 미량 함유되어 있다.
- 3대 영양소의 대사에 조효소 역할을 한다.
- 체내에서 합성되지 않는다.
- 부족하면 영양장애가 일어난다.
- 신체기능을 조절한다.

06 ④ 07 ④ 08 ④ 09 ④ 10 ②

11 **다음 비타민의 결핍 증상이 잘못 짝지어진 것은?**

① 비타민 B_1 – 각기병, 신경염
② 비타민 C – 괴혈병
③ 비타민 B_2 – 야맹증
④ 니아신 – 펠라그라

12 **소화란 어떠한 과정인가?**

① 물을 흡수하여 팽윤하는 과정이다.
② 열에 의하여 변성되는 과정이다.
③ 여러 영양소를 흡수하기 쉬운 형태로 변화시키는 과정이다.
④ 지방을 생합성하는 과정이다.

13 **다음 중 잘못 짝지어진 것은?**

① 단백질 – 펩신
② 단백질 – 아밀로펙틴
③ 지방질 – 리파아제
④ 당질 – 아밀라아제

해설

11
• 비타민 B_2 – 구순구각염, 설염
• 비타민 A – 야맹증

12
화학적 소화작용 : 침, 위액, 이자액, 장액에 의한 가수분해 작용을 말한다.

13
아밀로펙틴은 전분을 구성하는 다량의 포도당들이 배열된 구조이다.

정답 | 11 ③ 12 ③ 13 ②

Part 05

식품위생학

제 1 장 식품의 위생

01 식품위생의 개요

1 식품위생의 정의

W.H.O에서는 식품위생이란 식품의 생육, 생산, 제조로부터 최종적으로 사람에게 섭취되기까지의 모든 단계에 있어서 식품의 완전 무결성, 안정성, 건전성을 확보하기 위해 필요한 모든 수단이라고 표현했다.

2 식품위생의 대상범위

(1) 식품, 식품 첨가물, 기구, 용기와 포장을 대상범위로 한다.

(2) 모든 음식물(식품)을 말하나 의약으로 섭취하는 것은 예외로 한다.

3 식품위생의 목적

(1) 식품으로 인한 위생상의 위해사고 방지

(2) 국민보건의 향상과 증진에 이바지 함

(3) 식품영양의 질적 향상 도모

02 식품의 변질

1 변질의 종류

(1) **부패(Putrefaction)** : 단백질 식품에 혐기성 세균이 증식한 생물학적 요인에 의해 분해되어 악취와 유해물질(페놀, 황화수소, 아민류, 암모니아 등)을 생성하는 현상이다.

(2) **변패(Deterioration)** : 탄수화물, 지방 식품이 미생물의 분해작용으로 냄새나 맛이 변화하는 현상이다.

(3) **발효(Fermentation)** : 식품에 미생물이 번식하여 식품의 성질이 변화를 일으키는 현상이다. 그러나 그 변화가 인체에 유익할 경우, 즉 식용이 가능한 경우를 말한다. 예를 들면 빵, 술, 간장, 된장 등이 모두 발효를 이용한 식품들이다.

(4) 산패(Rancidity)

① 지방의 산화 등에 의해 악취나 변색이 일어나는 현상이다.

② 미생물의 분해작용으로 인한 식품의 변질이 일어나는 현상은 아니다.

- 분변오염지표균
  - 대장균 : 일반적으로 분변오염의 대표적인 균으로 식품을 오염시키는 다른 균들의 오염정도를 측정하는 지표로 사용되지만 냉동에서는 쉽게 사멸된다.
  - 장구균 : 대장균과 함께 분변에서 발견되는 균으로 대장균보다 균수는 적지만 냉동에서도 오래 견딘다. 그래서 냉동식품의 오염지표균으로 사용된다.
- 휘발성 염기질소로 단백질의 부패정도를 측정하는 지표로 사용한다.
- 단백질의 부패생성물에는 황화수소, 아민류, 암모니아, 페놀, 메르캅탄 등이 있다.
- 유지의 산패 정도를 나타내는 값에는 산가, 아세틸가, 과산화물가 등이 있다.
- 단백질의 부패 진행의 순서 : 단백질 → 메타프로테인 → 프로테오스 → 펩톤 → 폴리펩타이드 → 펩타이드(펩티드) → 아미노산 → 아민류, 황화수소, 암모니아, 페놀, 메르캅탄
- 부패세균의 부패 진행과정
  - 초기에 호기성 세균이 식품의 표면에 오염되어 증식하므로 표면의 광택이 손실되었다가 변색, 퇴색 순으로 진행된다.
  - 중기에 호기성 세균이 증식하면서 분비하는 효소에 의해 식품 성분의 변화를 가져온다.
  - 후기에 혐기성 세균이나 혹은 통성 혐기성 세균이 식품 내부 깊이 침입하여 부패가 완성된다.

2 식품의 변질에 영향을 미치는 인자(미생물의 증식조건)

(1) 영양소

① **무기염류** : P(인), S(황)을 다량 필요로 하며, 세포 구성 성분과 조절작용에 필요한 영양소이다.

② **탄소원** : 포도당, 유기산, 알코올, 지방산에서 주로 섭취하며 에너지원으로 이용되는 영양소이다.

③ **질소원** : 단백질을 구성하는 기본 단위인 아미노산을 통해 질소원을 얻는다. 세포 구성 성분에 필요한 영양소이다.

④ **비타민 B군** : 세포 내에서 합성되지 않아 세포 외에서 흡수하여야 하며, 미량 필요하다. 주로 발육에 필요한 영양소이다.

(2) 수분

① 수분은 미생물의 몸체를 구성하는 주성분이며, 생리기능을 조절하는 데 필요한 성분이다.

② 미생물의 증식을 촉진하는 식품의 수분함량은 60~65%이다.

③ 미생물의 증식을 억제하는 식품의 수분함량은 13~15%이다.

④ 식품 중에 존재하는 수분의 형태는 크게 자유수(Free Water)와 결합수(Bound Water) 2가지로 나누어진다. 자유수는 다른 말로 유리수라고도 한다.

⑤ 자유수(유리수)

염류(Salts), 당류(Sugars), 수용성 단백질 등을 용해하는 용매(Solvent)로서 작용하는 물을 말한다.

- **자유수의 특징**
  - ㉠ 용매로서 작용한다.
  - ㉡ 끓는점, 어는점, 녹는점이 기본적인 물의 물리적 특성을 나타낸다.
  - ㉢ 비중은 4℃에서 최고이다.
  - ㉣ 표면장력이 크다.
  - ㉤ 점성이 크다.
  - ㉥ 생명활동에 이용도가 높다.

⑥ 결합수

식품 중의 탄수화물이나 단백질 분자들과 수소결합에 의하여 밀접하게 결합되어 있는 물이다. 일부 유리수는 결합수가 될 수 있으며, 자유수와 결합수의 관계는 가역적이며, 다른 성분이나 온도 등에 의하여 영향을 받는다.

- **결합수의 특징**
  - ㉠ 용질에 대한 용매로 작용하지 않는다.
  - ㉡ 0℃ 이하에서도 잘 얼지 않으며, 100℃ 이상에서도 끓지 않는다.
  - ㉢ 보통의 물보다 밀도가 크다.
  - ㉣ 식품을 압착하여도 제거되지 않는다.
  - ㉤ 미생물의 생육에 이용되지 못한다.

⑦ 수분활성도(Water Activity)

식품은 공기 중의 수분과 식품 내의 수분과 균형을 이루고자 한다. 어떤 임의의 온도에 있어서 그 식품의 수증기압에 대한 같은 온도에 있어서 순수한 물의 수증기압의 비율로 정의 된다. 즉 수분활성도는 1을 넘지 않으며, 수분활성도(Aw)가 큰 식품일수록 미생물 번식이 쉬우며 저장성이 나쁘다. 수분활성도가 높다는 것은 자유수가 결합수보다 많다는 것을 의미한다고 볼 수 있다.

(3) 온도

① **저온균** : 최적 온도는 10~15℃

② **중온균** : 최적 온도는 20~40℃

③ **고온균** : 최적 온도는 50~70℃

(4) pH(수소이온 농도)

pH 4~6(산성)	효모, 곰팡이의 증식에 최적이다.
pH 6.5~7.5(약산성에서 중성)	일반 세균의 증식에 최적이다.
pH 8.0~8.6(알칼리성)	콜레라균의 증식에 최적이다.

(5) 산소

① **호기성 균** : 산소가 존재하는 상태에서만 증식하는 균

② **혐기성 균** : 산소가 있으면 생육에 지장을 받고 없어야 증식되는 균

③ **통성 혐기성 균** : 산소가 있어도 이용하지 않는, 산소가 있거나 없어도 증식 가능한 균

(6) 삼투압

① 설탕, 식염에 의한 삼투압은 세균 증식에 영향을 끼친다.

② 일반 세균은 3% 식염에서 증식이 억제된다.

③ 호염 세균은 3%의 식염에서 증식한다.

④ 내염성 세균은 8~10% 식염에서도 증식한다.

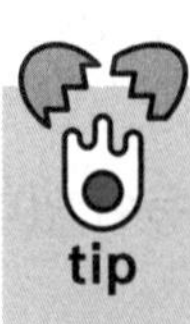

- 압력(기압)은 미생물 증식에 직접적인 영향을 미치지 않는다.
- 당장법은 50% 이상의 설탕액에 저장하여 삼투압에 의해 일반 세균과 부패세균의 생육, 번식을 억제시키는 방법이다.
- 미생물의 번식조건(증식조건, 환경요인)은 다음과 같다.
  영양소, 수분, 온도, pH(수소이온농도), 산소, 삼투압 등이 있다.

03 미생물

1 미생물의 종류

(1) 세균류(Bacteria)

① 세균류의 형태

㉠ 구균 : 공모양으로 생긴 균을 총칭하는 것으로 종류에는 단구균, 쌍구균, 사련구균, 팔련구균, 연쇄상구균, 포도상구균 등이 있다.

㉡ 나선균 : 나사모양의 나선 형태와 입체적인 S형 균을 총칭한다.

㉢ 간균 : 약간 긴 구형의 균을 가리키는 것으로 종류에는 결핵균 등이 있다.

② 종류 : 락토바실루스속, 바실루스속, 비브리오속 외에 여러 종류가 있다.

(2) 곰팡이(Mold)

① 분류학상 진균류에 속하는 것으로 사상균이라고도 한다.

② 무성 포자나 유성 포자가 있고 식품변패의 원인이 되기도 한다.

③ 술, 된장, 간장 등 양조에 이용되는 누룩곰팡이처럼 유용한 것도 있다.

④ 과일과 채소의 부패에 관여하는 대표적인 미생물군이다.

(3) 효모(Yeast)

① 단세포의 진균으로 구형, 난형, 타원형 등 여러 형태를 한 미생물이다.

② 세균보다 크기가 크다.

③ 출아에 의하여 무성생식법으로 번식하며 비운동성이다.

(4) 바이러스(Virus)

① 미생물 중에서 가장 작은 것으로, 살아있는 세포에서만 증식한다.

② 형태와 크기가 일정치 않고, 순수 배양이 불가능하다.

③ 바이러스는 물리 · 화학적으로 안정하여 일반 환경에서 증식은 하지 못하나 생존이 가능하다.

④ 종류에는 천연두, 인플루엔자, 일본 뇌염, 광견병, 간염, 소아마비(폴리오) 등이 있다.

(5) 리케차(Rickettsia)

① 세균과 바이러스의 중간 크기에 속한다.

② 구형, 간형 등의 형태를 가지고 있다.

③ 종류에는 발진열, 발진티푸스 등이 있다.

(6) 비브리오(Vibrio)속

① 무아포, 혐기성 간균이다.

② 종류에는 콜레라균, 장염 비브리오균 등이 있다.

(7) 락토바실러스(Lactobacillus)속

① 간균으로 당류를 발효시켜 젖산을 생성하므로 젖산균이라고도 한다.

② 젖산(유산) 음료의 발효균으로 이용된다.

(8) 바실러스(Bacillus)속

① 호기성 간균으로, 아포를 형성하며 열 저항성이 강하다.

② 토양 등 자연계에 널리 분포하며, 전분과 단백질 분해작용을 갖는 부패세균이다.

③ 빵의 점조성 원인이 되는 로프균(바실러스 서브틸러스, bacillus subtilis)이 이에 속한다.

- 제1급 법정감염병의 정의와 종류
  - 생물테러감염병 또는 치명률이 높거나 집단 발생의 우려가 커서 발생 또는 유행 즉시 신고하여야 하고, 음압격리와 같은 높은 수준의 격리가 필요한 감염병이다.
  - 종류에는 에볼라바이러스병, 마버그열, 라싸열, 크리미안콩고출혈열, 남아메리카출혈열, 리프트밸리열, 두창, 페스트, 탄저, 보툴리눔독소증, 야토병, 신종감염병증후군, 중증급성호흡기증후군(SARS), 중동호흡기증후군(MERS), 동물인플루엔자 인체감염증, 신종인플루엔자, 디프테리아 등이 있다.
- 곰팡이 독의 종류 : 파툴린, 아플라톡신, 오크라톡신, 시트리닌, 맥각 중독, 황변미 중독, 마이코톡신
- 미생물의 증식 방법
  - 세균은 거의 모두가 분열법으로 증식을 하고 식품의 부패와 발효 모두에 관여한다.
  - 효모는 대부분이 출아법으로 증식을 하고 주로 빵이나 술의 제조에 이용된다.
  - 곰팡이는 주로 포자에 의하여 그 수를 늘리며 빵, 밥 등의 부패에 관여한다.
  - 바이러스는 기생생활을 하면서 유전정보를 복사하여 증식을 하고 발효식품 제조 시 생산균주를 오염시킨다.
- 로프균(바실러스 서브틸러스)
  - 제과 · 제빵 작업 중 99℃의 제품 내부온도에서도 생존할 수 있다.
  - 내열성이 강하고 치사율이 높다.
  - 산에 약하여 pH 5.5의 약산성에도 모두 사멸한다.

04 살균

1 소독, 멸균, 방부의 차이점

(1) 소독(Disinfection)이란

병원균을 대상으로 병원 미생물을 죽이거나 병원 미생물의 병원성을 약화시켜 감염을 없애는 일이다. 그러므로 비병원균은 살아 있는 상태이다.

(2) 멸균(Sterilization)이란

병원 미생물 뿐 아니라 모든 미생물을 사멸시켜 완전한 무균상태가 되도록 하는 일을 말한다.

(3) 방부(Aseptic)란

식품의 성상에 가능한 한 영향을 주지 않고 그 속에 함유되어 있는 세균의 성장과 증식을 저지시켜 부패와 발효를 억제시키는 것을 말한다.

2 물리적 살균소독방법(조리시설의 위생관리)

(1) 열을 이용한 방법

① 자비소독 : 기구, 용기, 식기, 조리기구 등의 살균, 소독에 이용, 100℃(비등상태)에서 30분 이상 끓여야 한다. 열탕의 온도를 일정하게 유지, 일명 열탕소독법이다.

② 증기소독 : 증기발생 장치로 세척할 조리대나 기구에 생증기를 뿜어 살균한다.

③ 간헐(間歇)멸균법 : 아포(포자)를 죽이는 효과적인 방법이며, 보통의 압력 하에 100℃의 증기 속에서 1일 1회 20~30분 정도의 가열을 2~3일간 되풀이하는 멸균법이다.

(2) 자외선을 이용하는 방법

① 자외선원으로 저압수은등은 2,537A°의 자외선을 방사하는 장치로 자외선 살균등이라 한다.

② 조리실에서는 물이나 공기, 용액의 살균, 도마, 조리기구의 표면살균에 이용된다.

- 자외선 살균의 이점 및 단점
  - 살균효과가 크다.
  - 균에 내성을 주지 않는다.
  - 사용이 간편하다.
  - 표면 투과성이 없어 표면살균에만 이용된다.
  - 거의 모든 균종에 대해 유효하다.
  - 조사 후 피조사물의 변화가 작다.

3 화학적 살균소독방법

(1) **염소** : 상수원(수돗물) 소독에 이용되며 자극성 금속의 부식성이 있다. 이로 인하여 트리할로메탄이라는 발암성 물질이 발생할 수 있다.

(2) **차아염소산나트륨** : 음료수, 기구, 설비소독에 이용된다.

(3) **석탄산(페놀)용액** : 손, 의류, 오물, 기구 등의 소독에 이용되며 순수하고 살균이 안정되어 다른 소독제의 살균력 표시기준으로 쓰인다.

(4) **역성비누** : 원액을 200~400배 희석하여 손, 식품, 기구 등에 사용하며 무독성이고 살균력이 강하다. 일종의 양이온계면활성제이다.

(5) **과산화수소** : 3% 수용액을 피부, 상처소독에 사용한다.

(6) **알코올** : 70% 수용액을 금속, 유리, 기구, 손소독에 사용한다.

(7) 크레졸 비누액 : 50% 비누액에 1~3% 수용액을 섞어 오물소독, 손소독 등에 사용한다. 피부 자극은 비교적 약하지만 소독력은 석탄산보다 강하며 냄새도 강하다.

(8) 포르말린 : 30~40% 수용액을 오물소독에 이용한다.

제 1 장 미리보는 출제예상문제

01 부패세균의 부패 진행과정을 순서대로 설명한 것 중 잘못된 것은?

① 초기에 호기성 세균이 표면에 오염되어 증식한다.
② 호기성 세균이 증식하면서 분비하는 효소에 의해 식품 성분의 변화를 가져온다.
③ 부패에 관여하는 세균은 대개 한 가지 종류이다.
④ 혐기성 세균이 식품 내부 깊이 침입하여 부패가 완성된다.

02 미생물이 작용하여 식품을 흑변시켰다. 다음 중 흑변 물질과 가장 관계 깊은 것은?

① 암모니아 ② 메탄
③ 황화수소 ④ 아민

03 아미노산의 분해생성물은?

① 탄수화물 ② 암모니아
③ 글루코오스 ④ 지방산

04 식품의 부패 초기에 나타나는 현상으로 가장 알맞은 것은?

① 아민, 암모니아 생성
② 알코올, 에스테르 냄새
③ 광택소실, 변색, 퇴색
④ 산패, 자극취

05 미생물 없이 발생되는 식품의 변화는 무엇인가?

① 발효 ② 산패
③ 부패 ④ 변패

해 설

01
부패에는 호기성, 혐기성, 통성 혐기성 등 여러 미생물이 관여한다.

02
양파의 향기 성분인 황화수소가 식품을 흑변시킨다.

03
아미노산의 분해생성물은 암모니아다.

04
식품의 부패 초기에는 광택이 소실되었다가 변색, 퇴색 순으로 부패가 이루어진다.

05
산패 : 지방이 산화 등에 의해 악취, 변색이 일어나는 현상

정답 | 01 ③ 02 ③ 03 ② 04 ③ 05 ②

06 부패의 화학적 판정시 이용되는 지표물질은?

① 염산 ② 주석산
③ 염기성 암모니아 ④ 살리실산

07 다음 중 부패 진행의 순서로 옳은 것은?

① 아미노산 – 펩타이드 – 펩톤 – 아민, 황화수소, 암모니아
② 아민 – 펩톤 – 아미노산 – 펩타이드, 황화수소, 암모니아
③ 펩톤 – 펩타이드 – 아미노산 – 아민, 황화수소, 암모니아
④ 황화수소 – 아미노산 – 아민 – 펩타이드, 펩톤, 암모니아

08 미생물에 의해 주로 단백질이 변화되어 악취, 유해물질을 생성하는 현상은?

① 발효(Fermentation)
② 부패(Putrefaction)
③ 변패(Deterioration)
④ 산패(Rancidity)

09 식품의 부패에 관여하는 인자가 아닌 것은?

① 대기압 ② 온도
③ 습도 ④ 산소

10 부패 미생물이 번식할 수 있는 최저 수분활성도(Aw)의 순서가 맞는 것은?

① 세균 〉 곰팡이 〉 효모
② 세균 〉 효모 〉 곰팡이
③ 효모 〉 곰팡이 〉 세균
④ 효모 〉 세균 〉 곰팡이

해 설

06
단백질이 미생물에 의하여 변질되는 것을 부패라고 하는데 유해물질로 페놀, 아민류, 황화수소, 염기성 암모니아 등을 생성한다.

07
부패과정 : 단백질 – 펩톤 – 폴리펩타이드 – 펩타이드 – 아미노산 – 황화수소가스 생성

08
부패 : 단백질 식품에 혐기성 세균이 증식한 생물학적 요인에 의하여 분해되어 악취와 유해물질 등(아민류, 암모니아, 페놀, 황화수소 등)을 생성하는 현상이다.

09
변질에 영향을 주는 요인 : 온도, 수분 함량, 습도, 산소, 열

10
수분활성도(Aw)
- 세균 : 0.8Aw
- 효모 : 0.75Aw
- 곰팡이 : 0.7Aw

06 ③ 07 ③ 08 ② 09 ① 10 ②

11 미생물의 감염을 감소시키기 위한 작업장 위생의 내용과 거리가 먼 것은?

① 소독액으로 벽, 바닥 천정을 세척한다.
② 빵 상자, 수송차량, 매장 진열대는 항상 온도를 높게 관리한다.
③ 깨끗하고 뚜껑이 있는 재료통을 사용한다.
④ 적절한 환기와 조명시설이 된 저장실에 재료를 보관한다.

12 아포(포자)를 사멸시키는 가장 효과적인 방법은?

① 150~160℃에서 30분간 건열 멸균한다.
② 1일 1회, 100℃에서 20~30분간 습열 가열을 3일간 계속한다.
③ 100℃ 끓는 물에서 30분간 가열한다.
④ 70% 에틸알코올로 멸균한다.

13 자외선 살균의 장점이 아닌 것은?

① 살균 효과가 크다.
② 조사 후 피조사물의 변화가 작다.
③ 표면 투과성이 좋다.
④ 거의 모든 균종에 대해 유효하다.

14 곰팡이류에 의한 식중독의 원인은?

① 주톡신(Zootoxin)
② 마이코톡신(Mycotoxin)
③ 피토톡신(Phytotoxin)
④ 엔테로톡신(Enterotoxin)

15 염소로 소독한 수돗물에서 발생할 수 있는 발암성 물질은?

① 니트로소아민
② 아플라톡신
③ 트리할로메탄
④ 벤조피렌

해설

11
대부분의 미생물들은 중온균(25~37℃)이기 때문에 빵 상자, 수송차량, 매장 진열대의 온도를 높게 유지하면 미생물의 감염이 커진다.

13
표면 투과성이 나쁘다.

정답 | 11 ② 12 ② 13 ③ 14 ② 15 ③

16 식품을 가공하는 작업장에 손세척 설비를 설치하고자 한다. 이때 손세척 설비와 함께 비치하여야 하는 물품으로서 적합하지 않은 것은?

① 손톱솔
② 물비누 디스펜서
③ 소독용액
④ 면수건

17 소독이란 다음 중 어느 것을 뜻하는가?

① 모든 미생물을 전부 사멸시키는 것
② 물리 또는 화학적 방법으로 병원체를 파괴시키는 것
③ 병원성 미생물을 죽여서 감염의 위험성을 제거하는 것
④ 오염된 물질을 깨끗이 닦아 내는 것

18 소독력이 매우 강한 일종의 표면활성제로서 공장의 소독, 종업원의 손을 소독할 때나 용기 및 기구의 소독제로 알맞은 것은?

① 석탄산액
② 과산화수소
③ 역성비누
④ 크레졸

해 설

16
여러 사람이 면수건을 사용하면 면수건이 전염의 매개가 된다.

17
소독 : 미생물 중에서 병원균만을 사멸하여 감염 위험성을 제거하는 것을 말한다.

18
역성비누(양성비누)
- 경수나 산에서는 안정적이나 강알칼리에서는 불안정하다.
- 음성비누(중성세제나 알칼리성 비누)와 병용하면 살균력을 잃게 되므로 혼용을 금지한다.

16 ④ 17 ③ 18 ③

제 2 장 기생충과 식중독

01 채소를 통해 감염되는 기생충

(1) 요충 : 직장 내에서 기생하는 성충이 항문 주위에 산란, 경구(입)를 통해 침입한다.

(2) 회충 : 채소를 통한 경구 감염, 인분을 비료로 사용하는 나라에서 감염률이 높다.

(3) 구충(십이지장충) : 경구(입)를 통해 감염되거나 경피(피부)를 통해 침입된다.

(4) 편충 : 특히 맹장에 기생하며, 빈혈과 신경증을 유발시키고, 설사증도 일으킨다.

(5) 동양모양선충(동양털회충) : 위, 십이지장, 소장에 기생한다.

02 어패류를 통해 감염되는 기생충

(1) 간디스토마(간흡충) : 제1중간숙주는 왜우렁이, 제2중간숙주는 민물고기(잉어, 참붕어, 피래미, 모래무지)

(2) 폐디스토마(폐흡충) : 제1중간숙주는 다슬기, 제2중간숙주는 민물 가재, 게

(3) 요꼬가와흡충(횡천흡충) : 제1중간숙주는 다슬기, 제2중간숙주는 민물고기(은어)

(4) 광절열두조충(긴촌충) : 제1중간숙주는 물벼룩, 제2중간숙주는 농어, 연어, 숭어(담수어, 반담수어) 등이 있다.

03 육류를 통해 감염되는 기생충

(1) 선모충 : 쥐 → 돼지고기로부터 감염이 일어난다.

(2) 무구조충(민촌충, 소고기촌충) : 소고기를 생식하는 지역에서 감염이 일어난다.

(3) 유구조충(갈고리촌충), 톡소플라스마 : 돼지고기를 생식하는 지역에서 감염이 일어난다.

04 기생충의 감염 예방

(1) 외출 후 귀가하면 손을 꼭 닦는다.

(2) 야채는 0.2~0.3% 농도의 중성세제에 세척하거나 흐르는 물에 세척하면 90% 이상의 충란이 제거된다.

(3) 어패류와 육류는 생식을 삼가고 익혀서 먹도록 한다.

05 식중독의 정의

식중독(Food poisoning)이란 어떤 음식물을 먹은 사람들이 열을 동반하거나, 열을 동반하지 않으면서 구토, 식욕부진, 설사, 복통 등을 나타내는 경우이다.

구분	경구감염병(소화기계 감염병)	세균성 식중독
필요한 균량	소량의 균이라도 숙주 체내에서 증식하여 발병한다.	대량의 생균 또는 증식과정에서 생성된 독소에 의해서 발병한다.
감염	원인병원균에 의해 오염된 물질에 의한 2차 감염이 있다.	종말감염이며 원인식품에 의해서만 감염해 발병한다. 2차 감염이 거의 없다.
잠복기	일반적으로 길다.	경구감염병에 비해 짧다.
면역	면역이 성립되는 것이 많다.	면역성이 없다.

- 경구감염병의 종류

  장티푸스, 유행성 간염, 콜레라, 세균성 이질, 파라티푸스, 디프테리아, 성홍열, 급성 회백수염

- 식중독 발생 시 대책
  - 식중독이 의심되면 환자의 상태를 메모하고 즉시 진단을 받는다.
  - 관할 보건소에 신고한다.
  - 추정 원인 식품을 수거하여 검사기관에 보낸다.

- 노로바이러스 식중독
  - 바이러스성 식중독의 한 종류이다.
  - 오염음식물을 섭취하거나 감염자와 접촉하면 감염된다.
  - 잠복기 : 24~28시간
  - 지속시간 : 1~2일 정도
  - 발병률 : 40~70% 발병
  - 주요 증상 : 급성장염을 일으키거나 설사, 탈수, 복통, 구토 등이 있다.
  - 발생 시 대책 : 환자가 접촉한 타월이나 구토물 등은 바로 세탁하거나 제거하여야 한다.
  - 완치되어도 바이러스를 방출하므로 개인위생을 철저히 관리한다.
  - 단일 나선구조 RNA 바이러스이다.

06 세균성 식중독

1 감염형 식중독 : 식중독의 원인이 직접 세균에 의하여 발생하는 중독을 말한다.

(1) 살모넬라(Salmonella)균 식중독

① 아이싱, 버터크림, 머랭, 어육류, 튀김 등 모든 식품(특히 육류) 등에 오염 가능성이 크다.

② 쥐와 바퀴벌레 같은 곤충류에 의해서 발생될 수 있으므로 달걀, 우유 등의 재료와는 밀접한 관계가 있다.

③ 살모넬라균은 열에 약하여 저온 살균(62~65℃에서 30분 가열)으로도 충분히 사멸되기 때문에 조리 식품에 2차 오염이 없다면 살모넬라에 의한 식중독은 발생되지 않는다.

④ 오염식품 섭취 후 잠복기는 보통 8~48시간이며, 균종에 따라 다양하다.

⑤ 급성 위장염을 일으켜 발열(38~40℃)이 나타나며, 1주일 이내 회복이 된다.

⑥ 균이 인간의 생체 내로 침입되면 장내에서 독소가 생긴다.

(2) 장염 비브리오(Vibrio)균 식중독

① 여름철에 어류, 패류, 해조류 등에 의해서 감염된다.

② 구토, 상복부의 복통, 발열, 설사 등을 일으킨다.

③ 소금을 좋아하는 호염성균으로 해수(염분 3.0%)에서 잘 생육한다.

④ 일반적으로 냉장하거나 맑은 물로 씻으면 장염비브리오균은 죽어버린다.

(3) 병원성 대장균 식중독

① 사람 및 동물의 대장에 서식하는 세균 중 하나로, 가장 먼저 발견된 장내세균이다.

② 환자나 보균자의 분변 등에 의해서 감염된다.

③ 설사, 식욕부진, 구토, 복통, 두통, 치사율이 거의 없다.

④ 유당(젖당)을 분해한다.

⑤ 그람음성균이며 무아포 간균이다. 병원성 독소형 대장균 O-157 등이 대표적이다.

⑥ 호기성 또는 통성 혐기성이며 분변오염의 지표가 된다.

⑦ 대장균 O-157이 베로톡신(Verotoxin)을 생성하여 대장점막에 궤양을 유발하는 것도 있다.

2 독소형 식중독 : 식중독의 원인이 직접 세균이 분비하는 독소에 의하여 발생하는 중독을 말한다.

(1) 포도상구균 식중독

① 화농에 있는 황색 포도상구균에 의하여 식중독이 일어난다.

② 황색 포도상구균은 열에 약하나 이 균이 체외로 분비하는 독소는 내열성이 강해 일반 가열 조리법(즉, 100℃에서 1시간 가열해도 파괴되지 않음)으로 식중독을 예방하기 어렵다.
③ 독소는 엔테로톡신이며, 구토, 복통, 설사증상이 나타난다.
④ 크림빵, 김밥, 도시락, 찹쌀떡이 주원인 식품이며, 봄 · 가을철에 많이 발생한다.
⑤ 조리사의 화농병소와 관련이 있고 잠복기는 평균 3시간이다.

(2) 보툴리누스균 식중독(클로스트리디움 보툴리늄 식중독)

① 병조림, 통조림, 소시지, 훈제품 등의 원재료에서 발아 · 증식하여 독소를 생산한다.
② 위의 식품을 섭취하게 되면 발병하며, 신경독(신경증상) 증상을 일으킨다.
③ 독소는 뉴로톡신이다.
④ 클로스트리디움 보툴리늄균이라고도 하며 혐기성 간균이다.
⑤ 균은 비교적 내열성이 강하여 100℃에서 6시간 정도의 가열시 겨우 살균된다.
⑥ 독소 뉴로톡신은 80℃에서 30분 정도 가열로 파괴된다.
⑦ 증상은 구토 및 설사, 호흡곤란, 사망, 시력저하, 동공확대, 신경마비가 일어난다.
⑧ 세균성 식중독 중 일반적으로 치사율이 가장 높다.
⑨ 내열성 포자를 형성한다.

(3) 웰치(Welchii)균 식중독

① 사람의 분변이나 토양에 분포하며 심한 설사, 복통의 식중독을 일으킨다.
② 웰치균은 열에 강하며 아포는 100℃에서 4시간 가열해도 살아남는다.
③ 독소는 엔테로톡신이다.

07 자연독 식중독

1 식물성 식중독

(1) 독버섯 : 무스카린

(2) 감자

① 독성분 : 솔라닌
② 부위 : 발아 부위와 녹색 부위에 존재

(3) 기타 식물성 자연독

① 정제가 불순한 면실유(목화씨) : 고시폴

② 독미나리 : 시큐톡신

③ 청매, 은행, 살구씨 : 아미그달린(청산배당체가 함유됨)

④ 독보리 : 테물린

⑤ 땅콩 : 플라톡신

⑥ 수수 : 두린

⑦ 고사리 : 브렉큰 펀 톡신

2 동물성 식중독

(1) 복어

① 독성분 : 신경을 마비시키는 신경독인 테트로도톡신(Tetrodotoxin)

② 독성분이 많은 부위 : 장기와 특히, 산란기 직전의 난소와 고환

③ 독성분은 열에 대한 저항성이 크며, 치사율이 높다.

(2) 모시조개, 굴, 바지락 : 베네루핀

(3) 섭조개, 대합 : 삭시톡신

08 화학성 식중독

1 허가되지 않은 유해 첨가물질들

(1) 유해 방부제 : 붕산, 포름알데히드(포르말린), 우로트로핀(Urotropin), 승홍($HgCl_2$)

(2) 유해 인공착색료 : 아우라민(황색 합성색소), 로다민 B(핑크색 합성색소)

(3) 유해 표백제 : 삼염화질소-밀가루, 롱가리트-감자, 연근, 우엉 등에 사용되는 일이 있다. 아황산과 다량의 포름알데히드가 잔류하여 독성을 나타낸다.

(4) 유해 감미료 : 사이클라메이트, 둘신, 페릴라틴, 에틸렌글리콜, 사이클라민산나트륨

(5) 메틸알코올(메탄올) : 주류의 대용으로 사용하며 많은 중독사고를 일으킨다. 중독 시 두통, 현기증, 구토, 설사 등과 시신경 염증을 유발시켜 실명의 원인이 된다.

- 포름알데히드(Formaldehyde) : 유해 방부제이며, 합성 플라스틱류에서 발생할 수 있는 화학적 식중독 물질이다.

2 중금속이 일으키는 식중독 증상

(1) 납(Pb)

① 도료, 안료, 농약 등에서 오염되거나 수도관의 납관에서 수산화납이 생성되어 발병한다.

② 적혈구의 혈색소 감소, 체중감소 및 신장장애, 칼슘대사 이상과 호흡장애를 유발한다.

(2) 수은(Hg) : 미나마타병

① 유기 수은에 오염된 해산물 섭취로 발병한다.

② 구토, 복통, 설사, 위장 장애, 전신 경련 등을 일으킨다.

(3) 카드뮴(Cd) : 이타이이타이병

① 카드뮴 공장폐수에 오염된 음료수, 오염된 농작물을 식용해서 발병한다.

② 신장 장애, 골연화증 등을 일으킨다.

(4) 비소(As)

① 밀가루 등으로 오인하고 섭취하여 발병한다.

② 구토, 위통, 경련 등을 일으키는 급성 중독과 습진성 피부질환을 일으킨다.

(5) 주석(Sn)

통조림관 내면의 도금 재료로 이용되며, 내용물에 질산은이 존재하면 용출된다. 중독되면 구토, 설사, 복통, 권태감 등 증상을 일으킨다.

(6) 아연(Zn)

기기와 기구의 도금, 합금 재료로 쓰이며, 산성 식품에 의해 아연염이 된다. 또 가열하면 산화아연이 되고, 위 속에서는 염화아연이 되어 중독을 일으킨다. 중독되면 복통, 구토, 설사, 경련 등 증상을 일으킨다.

- 유해금속과 식품용기의 관계
  - 주석 – 통조림관 내면의 도금재료
  - 구리 – 놋그릇
  - 카드뮴 – 법랑
  - 납 – 도자기, 통조림관 내면
- ADI(acceptable daily intake, 일일섭취허용량) : 환경오염이나 음식물 섭취로 하루 동안 먹어도 몸에는 해롭지 않은 양을 나타내는 수치이다.
- 육류나 생선은 숯불 위에 올려서 150~200℃의 직화로 강하게 구우면 다환 방향족 탄화수소와 헤테로고리아민인 발암물질을 가장 많이 생성한다.

09 감염병

1 감염병 발생의 3대 요소

(1) **병원체(병인)** : 질병 발생의 직접적인 원인이 되는 요소

(2) **환경** : 질병 발생 분포과정에서 병인과 숙주 간의 맥 역할을 하거나 양자의 조건에 영향을 주는 요소

(3) **인간(숙주)** : 병원체의 침범을 받을 경우 그에 대한 반응은 사람에 따라 다르게 나타난다. 즉, 인종, 유전인자, 연령, 성별, 직업, 결혼 상태 및 면역 여부에 따라 다른 수준의 감수성을 보인다.

2 감염병의 발생과정 6단계

(1) **병원체** : 병의 원인이 되는 미생물로 세균, 리케차, 바이러스, 원생동물 등이 있다.

(2) **병원소** : 병원체가 증식하고 생존을 계속하면서 인간에게 전파될 수 있는 상태로 저장되는 장소이다. 건강보균자, 감염된 가축, 토양 등이다.

(3) **병원소로부터의 탈출** : 호흡기, 대변, 소변 등을 통해 탈출한다.

(4) **병원체의 전파** : 사람에서 사람으로 전파되는 직접 전파와 물, 식품 등을 통한 간접 전파가 있다.

(5) **새로운 숙주에의 침입** : 소화기, 호흡기, 피부점막을 통해 침입한다.

(6) **숙주의 감수성과 면역** : 병원체에 대한 감수성이 강하거나 면역이 없는 경우에 감염된다.

3 경구감염병(소화기계 감염병)의 종류와 특징

경구감염병은 식품, 손, 물, 곤충(파리, 바퀴벌레), 식기류 등에 의해 미량의 세균이 입을 통하여 (경구감염) 체내로 침입하는 소화기계 감염병이다.

(1) 장티푸스

① 경구감염으로 환자, 보균자와의 직접 접촉과 식품을 매개로 한 간접 접촉으로 발병한다.
② 두통, 오한, 40℃ 전후의 고열, 백혈구의 감소 등을 일으킨다.

(2) 파라티푸스

① 장티푸스와 감염원 및 감염 경로가 같다.
② 증상이 장티푸스와 유사하나, 경과가 짧고 증상이 가벼우며 치사율도 낮다.

(3) 콜레라

① 빠른 전염속도로 인해 제1군 법정감염병으로 지정되어 있고 여름철에 가장 많이 발생한다. 환자의 분변, 구토물에 균이 배출되어 해수, 음료수, 식품, 특히 어패류를 오염시키고 경구적으로 감염된다.

② 쌀뜨물 같은 변을 하루에 10~30회 배설하고 구토, 갈증, 피부건조, 체온저하 등을 일으킨다.

③ 잠복기는 보통 1~3일 정도이며, 사망 원인은 대부분 탈수증이다.

④ 항구와 공항에서의 철저한 검역이 필요하며, 발견 시 항생제를 투여하여 완치시킬 수 있다.

(4) 세균성 이질

① 환자, 보균자의 변에 의해 오염된 물, 우유, 식품, 파리가 가장 큰 매개체이다.

② 오한, 발열, 구토, 설사, 하복통 등을 일으킨다.

③ 세균성이질이 유행할 때는 깨끗한 수돗물, 정수기로 처리한 수돗물, 끓인 수돗물 이외에는 식수나 조리수로 사용하지 않는다.

(5) 디프테리아

① 환자, 보균자의 비, 인후부의 분비물에 의한 비말감염과 오염된 식품을 통하여 경구적으로 감염된다.

② 편도선 이상, 발열, 심장 장애, 호흡 곤란 등을 일으킨다.

디프테리아는 피부로도 감염되므로 경피감염병에도 속한다.

(6) 성홍열

① 환자, 보균자와의 직접 접촉, 이들의 분비물에 오염된 식품을 통하여 경구적으로 감염된다.

② 발열, 두통, 인후통, 발진 등을 일으킨다.

(7) 급성 회백수염(소아마비, 폴리오)

① 환자, 불현성 감염자의 분변 혹은 인후 분비물에 바이러스가 포함되어 배출되고, 오염된 식품을 통해 경구감염, 비말감염된다.

② 구토, 두통, 위장 증세, 뇌증상, 근육통, 사지마비를 일으킨다.

③ 처음에는 감기증상으로 시작하여 열이 내릴 때 사지마비가 시작된다.

④ 감염되기 쉬운 연령은 1~2세, 잠복기는 7~12일 정도이다.
⑤ 소아의 척수신경계를 손상하여 영구적인 마비를 일으킨다.
⑥ 병원체가 바이러스이며 가장 적절한 예방법은 예방접종이다.

(8) 유행성 간염

① 병원체인 유행성 간염 바이러스가 환자와 보균자의 혈액, 침, 대변, 소변 등 모든 체액에서 발견되고 감염원인 환자와 보균자 분변을 통한 경구감염, 손에 의한 식품의 오염, 물의 오염 등으로 감염된다.
② 발열, 두통, 복통, 식욕 부진, 황달 등을 일으킨다.
③ 잠복기가 20~25일로 경구감염병 중에서 가장 길다.

(9) 감염성 설사증

① 감염원은 환자의 분변이며 식품이나 음료수를 거쳐 경구감염되고, 바이러스는 환자의 분변에만 배설되고 바이러스가 함유된 수양변은 미량으로도 감염을 시킨다.
② 복부 팽만감, 메스꺼움, 구갈, 심한 수양성 설사 등을 일으킨다.

(10) 천열

① 환자, 보균자 또는 쥐의 배설물이 감염원이고 이것에 의해서 식품, 음료수에 오염된 후 경구적으로 감염시킨다.
② 39~40℃의 열이 수일 사이를 두고 오르내리는 특수한 발열증상이 생기며, 발진이 국소 또는 전신에 생기고 2~3일 후 없어진다.

tip

분류	경구감염병(소화기계 감염병)
세균성 감염	세균성 이질, 장티푸스, 파라티푸스, 콜레라, 성홍열, 디프테리아
바이러스성 감염	유행성 간염, 감염성 설사증, 폴리오(급성회백수염, 소아마비), 천열, 홍역
원충성 감염	아메바성 이질

4 인수공통감염병의 종류와 특징

인수공통감염병은 인간과 척추동물 사이에 자연적으로 전파되는 질병으로 같은 병원체에 의해 똑같이 발생하는 감염병을 말한다. 병원체가 존재하는 식육, 우유의 섭취, 감염 동물, 분비물에 접촉, 2차 오염된 음식물을 먹을 때 감염될 수 있다. 원래는 동물의 질병으로서 사람에게 2차 감염되는 것이지만, 반대로 동물이 사람으로부터 감염되는 것도 있다.

(1) 탄저병

① 사람의 탄저는 주로 가축 및 축산물로부터 감염되며 감염 부위에 따라 피부, 장, 폐탄저가 된다.

② 침입 부위에 홍반점이 생기며, 종창, 수포, 가피도 생긴다. 기도를 통하여 감염되는 폐탄저는 급성폐렴을 일으켜 폐혈증이 된다.

③ 원인균은 바실러스 안트라시스(Bacillus anthracis)이며 수육을 조리하지 않고 섭취하였거나 피부상처 부위로 감염되기 쉽다.

④ 원인균이 내열성 포자를 형성하기 때문에 병든 가축의 사체를 처리할 경우 반드시 소각처리해야 한다.

⑤ 원인균은 급성감염병을 일으키는 병원체로 생물학전이나 생물테러에 사용될 수 있는 위험성이 높은 병원체이다.

(2) 파상열(브루셀라증)

① 병에 걸린 동물의 젖, 유제품이나 고기를 통해 경구적으로 감염된다.

② 결핵, 말라리아와 유사하며 38~40℃의 고열이 나는데 발열현상이 2~3주 동안 일정한 간격을 두고 나타나기 때문에 파상열이라 한다.

③ 산양, 양, 돼지, 소에게 감염되면 유산을 일으킨다.

(3) 결핵

① 병에 걸린 동물의 젖(우유)을 통해 경구적으로 감염시킨다.

② 정기적인 투베르쿨린반응 검사를 실시하여 감염된 소를 조기에 발견하여 조치하고, 사람이 음성인 경우는 BCG접종을 한다. 식품을 충분히 가열하여 섭취한다.

(4) 야토병

① 동물은 이, 진드기, 벼룩에 의해 전파되고, 사람은 병에 걸린 토끼고기, 모피에 의해 피부, 점막에 균이 침입되거나 경구적으로 감염된다.

② 오한, 전율이 나면서 발열한다. 균이 침입된 부위에 농포가 생기고 궤양이 되고 임파선이 붓는다.

(5) 돈단독

① 돼지 등 가축의 장기나 고기를 다룰 때 피부의 창상으로 균이 침입하거나 경구감염되기도 한다.

② 돼지의 예방접종에는 약독생균 백신이 사용되며 치료제로서 항생물질이 효과적이다.

(6) Q열

① 병원균이 존재하는 동물의 생젖을 마시거나 병에 걸린 동물의 조직이나 배설물에 접촉하면 감염된다.

② 우유 살균, 흡혈곤충 박멸, 감염 동물의 조기발견, 치료제 클로람페니콜 사용 등이 있다.

(7) 리스테리아증

① 병에 감염된 동물과 접촉하거나 오염된 식육, 유제품 등을 섭취하여 감염된다.

② 주로 냉동된 육류에서 발생하고 저온에서도 생존력이 강하고 수막염이나 임신부의 자궁 내 패혈증을 일으킨다.

- 불안전 살균우유로 감염되는 병에는 결핵, Q열, 파상열(브루셀라증) 등이 있다.
- 사스, 메르스, 코로나19는 인수공통감염병으로 바이러스성 질병이다.

5 감염병 발생 시 대책

(1) 식중독과 마찬가지로 의사는 진단 즉시 행정기관(관할 시 · 군 보건소장)에 신고한다.

(2) 행정기관에서는 역학조사와 함께 환자와 보균자를 격리하고, 접촉자에 대한 진단과 검변을 실시한다.

(3) 환자나 보균자의 배설물, 오염물의 소독 등 방역조치를 취한다.

(4) 추정 원인식품을 수거하여 검사기관에 보낸다.

6 감염병의 예방대책

(1) 경구감염병의 예방대책 중 숙주(보균자)에 대한 예방대책

① 건강유지와 저항력의 향상에 노력하여 숙주의 감수성을 낮춘다.

② 의식전환 운동, 계몽활동, 위생교육 등을 정기적으로 실시한다.

③ 백신이 개발된 감염병은 반드시 예방접종을 실시한다.

④ 예방접종은 경구감염병의 종류에 따라 3회 실시하기도 한다.

⑤ 환자가 발생하면 접촉자의 대변을 검사하고 보균자를 관리한다.

(2) 경구감염병의 예방대책 중 병원체(병인)에 대한 예방대책

① 식품을 냉동보관한다.

② 보균자의 식품취급을 금한다.

③ 감염원이나 오염물을 소독한다.

④ 환자 및 보균자의 발견과 격리시킨다.

⑤ 오염이 의심되는 추정 원인식품은 수거하여 검사기관에 보낸다.

(3) 경구감염병의 예방대책 중 환경에 대한 예방대책

① 음료수를 위생적으로 보관한다.

② 식품취급자의 개인위생을 관리한다.

③ 일반 및 유흥음식점에서 일하는 사람들은 1년에 한 번씩 건강검진을 받아야 한다.

(4) 인수공통감염병의 예방대책

① 우유의 멸균처리를 철저히 한다.

② 병에 걸린(이환) 동물의 고기는 폐기처분한다.

③ 가축의 예방접종을 실시한다.

④ 외국으로부터 유입되는 가축은 항구나 공항 등에서 검역을 철저히 한다.

10 HACCP(해썹)

1 HACCP의 정의 : 식품 위해요소 중점관리기준(식약청)

식품의 원료관리, 제조, 가공, 조리 및 유통의 모든 과정에서 위해한 물질이 식품에 혼입되거나 식품이 오염되는 것을 방지하기 위하여 각 공정을 중점적으로 관리하는 기준으로서 식품안전에 영향을 줄 수 있는 위해요소(HA : Hazard Analysis)를 사전에 확인하여 예방하고 과학적으로 평가하여 관리하는 체계를 말한다. 만약 식품을 제조하는 과정 중에 문제가 발생하면 HACCP의 기준에 따라 즉시 이를 교정하는 조치를 취해야 한다.

- HACCP = HA(Hazard Analysis)+CCP(Critical Control Point)
  - HA(Hazard Analysis) 위해요소 분석 : 원재료와 제조공정에서 발생 가능한 생물학적, 화학적, 물리적 위해요소를 분석하여 방지하는 제도를 말한다.
  - CCP(Critical Control Point) 중요 관리지점 : 식품 및 축산물 안전관리인증기준에서 HACCP을 적용하여 위해요소를 예방 · 제어하거나 허용 수준 이하로 감소시켜 당해 식품의 안전성을 확보할 수 있는 중요한 단계 · 과정 또는 공정을 일컫는 용어이다.
- HACCP(해썹) 위해요소 분석 시 기준 3가지는 다음과 같다.
  - 물리적 위해요소
  - 화학적 위해요소
  - 생물학적 위해요소

- 다음 HACCP(해썹) 중에서 물리적 위해요소를 적으시오.
  원료와 제품에 내재하면서 인체의 건강을 해할 우려가 있는 인자 중에서 돌조각, 유리조각, 쇳조각, 플라스틱 조각, 머리카락, 금속조각, 비닐, 노끈 등의 이물질이 이에 해당된다.
- 다음 HACCP(해썹) 중에서 화학적 위해요소를 적으시오.
  제품에 내재하면서 인체의 건강을 해할 우려가 있는 중금속, 농약, 항생물질, 사용기준 초과 또는 사용금지 된 식품 첨가물이 이에 해당된다.
- 다음 HACCP(해썹) 중에서 생물학적 위해요소를 적으시오.
  원 · 부자재 공정에 내재하면서 인체의 건강을 해할 우려가 있는 황색포도상구균, 살모넬라균, 병원성 대장균 등의 식중독균이 이에 해당된다.

2 HACCP의 12절차와 7원칙

단계	절차
HACCP 준비단계	1. HACCP팀 구성
	⇩
	2. 제품설명서 작성
	⇩
	3. 용도 확인
	⇩
	4. 공정 흐름도 작성
	⇩
	5. 공정 흐름도 현장 확인
	⇩
HACCP 실천단계	6. (1원칙) : 위해분석
	⇩
	7. (2원칙) : CCP(중요 관리지점)의 설정
	⇩
	8. (3원칙) : 한계기준 설정
	⇩
	9. (4원칙) : 모니터링 방법 설정
	⇩
	10. (5원칙) : 개선조치 설정
	⇩
HACCP 관리단계	11. (6원칙) : 검증방법 설정
	⇩
	12. (7원칙) : 기록의 유지관리

(1) 제1절차 : HACCP팀(전문가팀)의 구성

제품에 대하여 전문적인 지식과 기술을 가진 사람으로서 참여하는 팀으로 편성하며 다음의 작업을 총괄한다.

(2) 제2절차 : 제품(원재료 포함)에 관한 기술

제품에 대한 명칭 및 종류, 원재료, 그 특성, 포장 형태 등을 분류한다.

(3) 제3절차 : 용도 확인(사용자에 대한 기술)

최종 사용자 또는 소비자가 기대하는 그 제품의 용도를 근거로 하여야 한다.

(4) 제4절차 : 제조 공정 흐름도

시설의 도면 및 표준작업 절차서의 작성을 말한다.

(5) 제5절차 : 공정 흐름도 현장 확인

현장에서 각 제조공정에서의 조작 및 조작시간이 공정 흐름도와 일치하는가의 확인이 필요한 경우 공정 흐름도를 부착하는 것이 좋다.

(6) 제6절차(제1원칙) : 위해분석(HA : Hazard Analysis)

식품의 원재료 및 공정에 대하여 발생할 가능성이 있는 위해 또는 위해 원인물질을 리스트화하여 그 발생요인 및 발생을 방지하기 위한 조치를 명확히 하기 위해 각각의 공정별로 실시하여야 한다.

(7) 제7절차(제2원칙) : 중요 관리점(CCP : Critical Control Point) 확인

논리적으로 타당한 접근을 제공하는 결정도(Decision tree)를 사용하여 설정한다.

(8) 제8절차(제3원칙) : 한계기준(CL : Critical Limit)의 설정

한계기준은 되도록 즉시 결과 판정이 가능한 수단을 사용한다.

(9) 제9절차(제4원칙) : 모니터링(Monitoring)방법의 설정

모니터링은 관리상황을 적절히 평가할 수 있고, 필요한 경우 개선조치를 취할 수 있는 지정된 사람에 의해 수행되어야 한다.

(10) 제10절차(제5원칙) : 개선조치(Corrective Action)의 설정

CCP(중요 관리지점)가 한계기준에서 벗어난 경우 이에 대처하기 위해 각 CCP에 대한 개선조치가 설정되어야 한다.

(11) 제11절차(제6원칙) : 검증(Verification)방법의 설정

HACCP 시스템이 계획대로 수행되고 있는지 여부를 평가하기 위해 위해원인 물질에 대한 검사 등을 포함하는 검증방법을 설정한다.

(12) 제12절차(제7원칙) : 기록(Record)의 유지관리

기록을 유지하고 문서화 절차를 확립한다.

- 식품업체(제과제빵업계)에 HACCP 도입의 효과
  - 자주적 위생관리체계의 구축
  - 위생적이고 안전한 식품의 제조
  - 위생관리 집중화 및 효율성 도모
  - 경제적 이익 도모
  - 회사의 이미지 제고와 신뢰성 향상

제 2 장 미리보는 출제예상문제

01 세균성 식중독의 특징으로 가장 맞는 것은?

① 2차 감염이 빈번하다.
② 잠복기는 일반적으로 길다.
③ 감염성이 거의 없다.
④ 극소량의 섭취균량으로도 발생 가능하다.

02 마이코톡신(Mycotoxin)의 특징을 바르게 설명한 것은?

① 원인식은 지방이 많은 육류이다.
② 항생물질로 치료된다.
③ 약제에 의한 치료효과가 크다.
④ 곰팡이가 생성한 독소이다.

03 식품 중의 대장균을 위생학적으로 중요하게 다루는 주된 이유는?

① 식중독균이기 때문에
② 분변세균의 오염지침이기 때문에
③ 부패균이기 때문에
④ 대장염을 일으키기 때문에

04 감염병 발생과정 6단계가 바르게 연결된 것은?

① 병원소 → 병원체 → 전파 → 탈출 → 숙주감염 → 숙주침입
② 병원체 → 병원소 → 탈출 → 전파 → 숙주침입 → 숙주감염
③ 숙주감염 → 숙주침입 → 병원체 → 병원소 → 전파 → 탈출
④ 숙주침입 → 숙주감염 → 병원소 → 병원체 → 탈출 → 전파

05 식중독균 중 잠복기가 가장 짧은 균은?

① 포도상구균 ② 보툴리누스균
③ 장염 비브리오균 ④ 살모넬라균

해설

01
경구감염병과 비교한 세균성 식중독의 특성
- 2차 감염이 거의 없다.
- 잠복기가 일반적으로 짧다.
- 대량의 생균에 의해서 발병한다.

02
곰팡이 독의 종류에는 파툴린, 아플라톡신, 오크라톡신, 시트리닌, 맥각 중독, 황변미 중독 등이 있다.

03
대장균은 분변세균 오염지침이기에 위생학적으로 중요시 한다.

05
- 포도상구균 식중독은 잠복기가 평균 3시간으로 가장 짧다.
- 유행성 간염은 잠복기가 20~25일로 가장 길다.

정답 | 01 ③ 02 ④ 03 ② 04 ② 05 ①

06 포도상구균에 의한 식중독 예방책으로 가장 부적당한 것은?

① 조리장을 깨끗이 한다.
② 섭취 전에 60℃ 정도로 가열한다.
③ 멸균된 기구를 사용한다.
④ 화농성 질환자의 조리업무를 금한다.

07 황색포도상구균이 생성하는 엔테로톡신에 대한 설명으로 옳은 것은?

① NaCl 10% 이상에서도 독소생산이 활발하다.
② 사람의 분변을 거쳐 식품에 오염되는 세균 감염형 식중독이다.
③ 항원특이성에 따라 A, B형 두 가지가 있다.
④ 100℃에서 1시간 가열하여도 파괴되지 않는다.

08 뉴로톡신(Neurotoxin)이란 균체의 독소를 생산하는 식중독 균은?

① 보툴리누스균 ② 포도상구균
③ 병원성 대장균 ④ 장염 비브리오균

09 일반적으로 냉장하거나 맑은 물로 씻으면 죽어버리는 세균성 식중독균은?

① 장염 비브리오균 ② 보툴리누스균
③ 노로바이러스 ④ 황색포도상구균

10 살모넬라균 식중독에 대한 설명으로 틀린 것은?

① 가열 살균으로 예방이 가능하다.
② 발병시기는 8~48시간 정도이며, 균종에 따라 다양하다.
③ 균이 생체 내로 침입되면 장내에서 독소가 생기지 않는다.
④ 아이싱, 버터크림, 머랭 등에 오염 가능성이 있다.

해설

06
- 황색 포도상구균의 장관독인 엔테로톡신은 내열성이 있어 열에 쉽게 파괴되지 않는다.
- 장관독이란 가늘고 긴 창자에서 발병하는 독소라는 뜻이다.

07
화농성 질병이 있는 사람이 만든 제품을 먹고 발생하는 독소형 식중독이다.

08
신경독인 뉴로톡신(Neurotoxin)은 신경 마비, 시력 장애, 동공 확대, 치사율 64~68%로 식중독 중 치사율이 가장 높다.

09
장염비브리오균은 어류, 패류, 해조류 등에 의하여 주로 여름에 감염된다.

10
살모넬라균은 장내에서 독소를 생성시킨다.

정답 | 06 ② 07 ④ 08 ① 09 ① 10 ③

11 정제가 불충분한 기름 중에 남아 식중독을 일으키는 물질인 고시폴(Gossypol)은 어느 기름에서 유래하는가?

① 피마자유 ② 콩기름
③ 면실유 ④ 미강유

12 병원성 대장균(O-157:H7)이 만들어 내는 독소는?

① 베로 독소 ② 보툴리늄 독소
③ 무스카린 독소 ④ 다이옥신

13 자연독 식중독과 그 독성물질을 잘못 연결한 것은?

① 무스카린 - 버섯중독
② 베네루핀 - 모시조개중독
③ 솔라닌 - 맥각중독
④ 은행 - 아미그달린

14 식품 중에 자연적으로 생성되는 천연 유독성분에 대한 설명이 잘못된 것은?

① 아몬드, 살구씨, 복숭아씨 등에는 아미그달린이라는 천연의 유독성분이 존재한다.
② 천연 유독성분 중에는 사람에게 발암성, 돌연변이, 기형 유발성, 알레르기성, 영양장애 및 급성중독을 일으키는 것들이 있다.
③ 유독성분의 생성량은 동 · 식물체가 생육하는 계절과 환경 등에 따라 영향을 받는다.
④ 천연의 유독성분들은 모두 열에 불안정하여 100℃로 가열하면 독성이 분해되므로 인체에 무해하다.

15 복어독에 대한 설명으로 틀린 것은?

① 열에 대한 저항성이 크다.
② 대표적인 동물성 독이지만 치사율은 낮다.
③ 복어독은 신경을 마비시키는 신경독이다.
④ 유독성분은 테트로도톡신(Tetrodotoxin)이다.

해설

11
목화씨에서 추출하는 기름인 면실유에서 유래한다.

13
솔라닌 : 감자싹, 에르고톡신 : 맥각

14
천연의 유독성분 중 일부는 100℃로 가열해도 독성이 제거되지 않는 것이 있다. 예를 들면 복어독인 테트로도톡신이 있다.

15
복어독은 동물성 독으로 치사율이 높다.

11 ③ 12 ① 13 ③ 14 ④ 15 ②

16 메틸알코올의 중독 증상이 아닌 것은?

① 두통 ② 구토
③ 실명 ④ 환각

17 일본에서 공장폐수로 인해 오염된 식품을 섭취하고 이타이이타이(Itai itai)병이 발생하여 식품공해를 일으킨 예가 있다. 이와 관계되는 유해성 금속화합물은?

① 카드뮴(Cd) ② 수은(Hg)
③ 납(Pb) ④ 비소(As)

18 감염병의 발생요인이 아닌 것은?

① 감염경로 ② 감염원
③ 숙주 감수성 ④ 계절

19 다음 중 경구감염병이 아닌 것은?

① 콜레라 ② 이질
③ 발진티푸스 ④ 유행성 간염

20 다음 보기에서 설명하는 감염병의 가장 적절한 예방법은?

> ① 처음에는 감기증상으로 시작해 열이 내릴 때 사지마비가 시작됨
> ② 감염되기 쉬운 연령은 1~2세, 잠복기는 7~12일
> ③ 소아의 척수신경계를 손상하여 영구적인 마비를 일으킴

① 예방접종
② 항생제 투여
③ 음식물의 오염방지
④ 쥐, 진드기, 바퀴벌레 박멸

21 식품 등을 통해 감염되는 경구감염병의 특징과 거리가 먼 것은?

① 원인 미생물은 세균, 바이러스 등이다.
② 미량의 균량에서도 감염을 일으킨다.
③ 2차 감염이 빈번하게 일어난다.
④ 화학물질이 원인이 된다.

해설

16
메틸알코올(Methyl alcohol)의 중독증상 : 시신경장애(실명 원인), 두통, 현기증, 호흡장애

17
카드뮴(Cd)
① 각종 식기, 기구, 용기에 도금되어 있는 카드뮴이 용출되어 중독
② 카드뮴 공장폐수에 오염된 음료수, 오염된 농작물을 식용
- 수은(Hg) : 미나마타병
- 납(Pb) : 빈혈, 피로, 소화기 장애
- 비소(As) : 경련, 피부발진, 탈모

18
감염병의 발생요인은 감염경로, 감염원, 숙주 감수성이다.

19
- 경구감염병에는 장티푸스, 파라티푸스, 콜레라, 이질, 디프테리아, 유행성 간염, 성홍열이 있다.
- 발진티푸스는 머릿니에 의해 감염되는 경피감염병이다.

20
급성회백수염(소아마비, 폴리오)은 병원체가 바이러스이며 가장 적절한 예방법은 예방접종이다.

21
- 경구감염병이란 병원체가 입을 통해 소화기로 침입하여 일어나는 감염이다.
- 화학물질이 원인이 되는 병은 화학성 식중독이다.

정답 | 16 ④ 17 ① 18 ④ 19 ③ 20 ① 21 ④

22 수인성 경구감염병의 일반적인 특징으로 틀린 것은?

① 치명율이 자연독 식중독보다 낮다.
② 잠복기가 세균성 식중독보다 길다.
③ 2차 감염으로 인한 환자 발생이 세균성 식중독보다 많다.
④ 음식물, 손, 식기, 물 등을 통하여 다량의 균으로 감염된다.

23 투베르쿨린(Tuberculin) 반응검사 및 X선 촬영으로 감염여부를 조기에 알 수 있는 인축공통감염병은?

① 결핵 ② 탄저
③ 야토병 ④ 돈단독

24 인축공통감염병으로만 짝지어진 것은?

① 콜레라, 장티푸스
② 탄저, 리스테리아증
③ 결핵, 유행성 간염
④ 홍역, 브루셀라증

25 유지를 보관하는 방법으로 가장 바람직한 것은?

① 알루미늄 그릇에 담아 어두운 곳에 보관한다.
② 비닐에 담아 어두운 곳에 보관한다.
③ 밀폐용기에 담아 냉장고에 보관한다.
④ 상자에 담아 실온에 둔다.

26 육류 조리 시 다환 방향족 탄화수소와 헤테로고리아민이 가장 많이 생성되는 조리 방법은?

① 물에 넣어서 삶는다.
② 찜통에 넣고 수증기로 찐다.
③ 팬에 올려서 표면만 익게 가볍게 굽는다.
④ 숯불 위에 올려서 직화로 강하게 굽는다.

해설

22
음식물, 손, 식기, 물 등을 통하여 미량의 균으로 감염된다.

23
인축공통감염병은 사람과 동물이 같은 병원체에 의하여 발생하는 질병을 말한다.
- 세균성 : 탄저, 브루셀라증, 야토병, 결핵, 돼지단독증, 리스테리아증
- 리켓차성 : Q열

24
인축공통감염병은 같은 병원체에 의해 사람과 가축에게 똑같이 발생하는 감염병을 말한다. 종류에는 탄저병, 파상열(브루셀라병), 결핵, 야토병, 돈단독, Q열, 리스테리아증이 있다.
- 탄저 : 소, 말, 양
- 리스테리아증 : 소, 양, 돼지

25
유지는 냉장 보관해야 한다.

26
조리 시 150~200℃의 직화로 강하게 구우면 헤테로고리아민인 발암물질이 생성된다.

22 ④ 23 ① 24 ② 25 ③ 26 ④

27 **HACCP에 대한 설명으로 틀린 것은?**

① 식품제조업체에 종사하는 모든 사람에 의해 작업이 위생적으로 관리된다.

② 위해요소분석을 실시하여 식품 오염을 방지하는 제도이다.

③ 중요관리점은 위해요소를 예방, 제거 또는 허용수준으로 감소시킬 수 있는 공정이나 단계를 중점 관리하는 것이다.

④ 식품을 제조하는 과정 중에 문제가 발생하면 사후에 이를 교정한다.

28 **HACCP의 12절차 중 위해요소를 예방, 제거 또는 허용 가능한 수준까지 감소시킬 수 있는 최종 단계 또는 공정은?**

① 중요관리점(CCP) 결정

② 위해요소 분석

③ 개선조치방법 수립

④ 중요관리점(CCP) 모니터링체계 확립

해설

27

식품을 제조하는 과정 중에 문제가 발생하면 즉시 이를 교정한다.

정답 | 27 ④ 28 ①

제 3 장 식품 첨가물

01 식품 첨가물의 정의

식품을 제조, 가공 또는 보존함에 있어 식품에 첨가, 혼합, 침윤, 기타 방법으로 사용되는 물질이 식품 첨가물이다. 식품 첨가물의 규격과 사용기준은 식품의약품안전처장이 정한다.

1 식품 첨가물

① 식품의 조리 가공에 있어 상품적, 영양적, 위생적 가치를 향상시킬 목적으로 식품에 의도적으로 미량 첨가시키는 물질이다.
② 식품을 제조, 가공 또는 보존함에 있어 식품에 첨가, 혼합, 침윤, 기타 방법으로 사용하는 물질이다.
③ 자연의 동식물에서 추출한 천연물질이든 인간이 만들어낸 합성물질이든 식품 첨가물의 규격과 사용기준은 식품의약품안전처장이 정한다.
④ 천연품과 화학적 합성품이 있으며 허용된 것은 사용가능한 식품과 사용기준이 정해져 있다.

2 식품 첨가물의 조건

① 미량으로도 효과가 클 것
② 독성이 없거나 극히 적을 것
③ 사용하기 간편하고 경제적일 것
④ 변질 미생물에 대한 증식억제 효과가 클 것
⑤ 무미, 무취이고 자극성이 없을 것
⑥ 공기, 빛, 열에 대한 안정성이 있을 것
⑦ pH에 의한 영향을 받지 않을 것

02 식품 첨가물의 종류 및 용도

1 방부제(보존료)

① 미생물의 번식으로 인한 부패나 변질을 방지하고 화학적인 변화를 억제하며 보존성을 높이고 영양가 및 신선도를 유지하기 위해 사용한다. 식품의 성분과 반응하여 성분을 변화시켜선 안 된다.

② 종류에는 데하이드로초산(치즈, 버터, 마가린), 프로피온산 칼슘(빵류), 프로피온산 나트륨(빵류, 과자류), 안식향산(간장, 청량음료), 소르브산(팥앙금류, 잼, 케첩, 식육가공물) 등이 있다.

③ 프로피온산류는 빵의 부패의 원인이 되는 곰팡이나 부패균에 유효하고 빵의 발효에 필요한 효모에는 작용하지 않는다. 이런 특성으로 인해 빵이나 양과자, 자연치즈의 보존료로 쓰인다.

④ 데히드로초산나트륨은 산형 보존료이기 때문에 pH에 의해 효력은 변화하지만 비교적 해리되기 쉬워 중성부근이라도 어느 정도의 효력을 기대할 수 있고, 치즈, 버터, 마가린에만 사용이 허용된 보존료이다.

2 살균제

① 미생물을 단시간 내에 사멸시키기 위한 목적으로 사용한다.

② 종류에는 표백분, 차아염소산나트륨 등이 있다.

3 산화방지제(항산화제)

① 유지의 산패에 의한 이미, 이취, 식품의 변색 및 퇴색 등의 방지를 위해 사용한다.

② 종류에는 BHT(Butylated Hydroxy Toluene), BHA(Butylated Hydroxy Anisole), 비타민 E(토코페롤), 프로필갈레이드(PG), 에르소르브산, 세사몰 등이 있다.

4 표백제

① 식품을 가공, 제조할 때 색소 퇴색, 착색으로 인한 품질저하를 막기 위하여 미리 색소를 파괴시킴으로써 완성된 식품의 색을 아름답게 하기 위하여 사용한다.

② 종류에는 과산화수소, 무수 아황산, 아황산나트륨 등이 있다.

5 밀가루 개량제

① 밀가루의 표백과 숙성기간을 단축시키고, 제빵 효과의 저해물질을 파괴시켜 품질을 개량하는 데 사용한다.

② 종류에는 과황산암모늄, 브롬산칼륨, 과산화벤조일, 이산화염소, 염소 등이 있다.

6 호료(증점제)

① 식품에 점착성 증가, 유화 안정성, 선도 유지, 형체 보존에 도움을 주며, 점착성을 줌으로써 촉감을 좋게 하기 위하여 사용한다.

② 종류에는 카세인, 메틸셀룰로오스, 알긴산나트륨 등이 있다.

7 착향료

① 후각신경을 자극함으로써 특유한 방향을 느끼게 하여 식욕을 증진시킬 목적으로 사용한다.

② 종류에는 C-멘톨, 계피알데히드, 벤질 알콜, 바닐린 등이 있다.

8 발색제

① 착색료에 의해 착색되는 것이 아니고 식품 중에 존재하는 유색물질과 결합하여 그 색을 안정화하거나 선명하게 또는 발색되게 하는 물질이다.

② 식품의 관능을 만족시키기 위해 첨가하는 물질이다.

③ 종류에는 햄에 사용하는 질산나트륨 등이 있다.

9 착색료

① 인공적으로 착색시켜 천연색을 보완 · 미화하여, 식품의 매력을 높여 소비자의 기호를 끌기 위하여 사용되는 물질이다.

② 종류에는 캐러멜, β-카로틴 등이 있다.

10 산미료

식품을 가공 · 조리할 때 식품에 적합한 산미를 붙이고, 미각에 청량감과 상쾌한 자극을 주기 위하여 사용되는 첨가물이다.

⊙ 산미료의 종류와 신맛에 따른 분류

① 구연산 : 부드럽고 상쾌한 신맛

② 젖산, DL-주석산 : 떫은맛이 곁들인 신맛

③ 글루타민산 : 감칠맛이 곁들인 신맛

④ 호박산 : 신맛보다는 시원한 감칠맛을 가진 유기산

11 영양강화제

① 식품에 영양소를 강화할 목적으로 사용되는 식품 첨가물이다.

② 조리, 제조, 가공 또는 보존 중에 파괴되기도 하고 식품의 종류에 따라 함유되어 있지 않거나 부족한 영양소를 첨가하여 영양가를 높여준다.

③ 종류에는 비타민류, 무기염류, 아미노산류 등이 있다.

12 유화제

① 물과 기름처럼 서로 혼합되지 않는 두 종류의 액체를 혼합할 때, 분리되지 않고 분산시키는 기능을 갖는 물질을 유화제 또는 계면활성제라고 한다.

㉠ 계면활성제는 친수성 그룹과 친유성 그룹을 함께 지니고 있다.

㉡ 친수성 그룹에는 극성기를, 친유성 그룹에는 비극성기를 가지고 있다.

㉢ 친수성-친유성 균형(HLB)은 계면활성제 분자 중의 친수성 부분의 %를 5로 나눈 수치이다.

- HLB값이 1~3이면 소포제로 쓰인다.
- HLB값이 3~4이면 드라이클리닝 세제로 쓰인다.
- HLB값이 4~8이면 유화제(기름 속에 물 분산)로 쓰인다.
- HLB값이 7~9이면 침윤제로 쓰인다.
- HLB값이 8~18이면 유화제(물속에 기름 분산)로 쓰인다.
- HLB값이 13~15이면 세탁용 세제로 쓰인다.
- HLB값이 15~18이면 가용화(물속에 기름 분산)로 쓰인다.

② HLB 값이 9 이하이면 친유성으로 기름 중에 물을 분산시키고, 또 분산된 입자가 다시 응집되지 않도록 안정화시키는 작용을 한다. 버터, 마가린에 사용한다.

③ HLB 값이 11 이상이면 친수성으로 물 중에 기름을 분산시키고, 또 분산된 입자가 다시 응집되지 않도록 안정화시키는 작용을 한다. 생크림, 마요네즈에 사용한다.

④ 식품에 사용할 수 있는 유화제의 종류는 지정되어 있다.

⑤ 표면장력을 변화시켜 빵과 과자의 부피를 크게 하고 조직을 부드럽게 하며 노화를 지연시키기 위해 사용하기도 한다.

⑥ 레시틴

㉠ 지질의 대사에 관여하고 뇌신경, 간, 노른자, 콩기름 등에 많이 있다.

㉡ 콜린, 인산, 글리세린, 지방산을 포함하고 있는 인지질의 하나이다.

㉢ 식품을 제조할 때 천연유화제로 사용된다.

㉣ 레시틴(Lecithin)의 어원은 그리스어의 노른자(Lecithos)에서 유래하였다.

⑦ 종류에는 대두 인지질, 글리세린, 레시틴, 모노-디-글리세리드, 폴리소르베이트 20, 자당지방산에스테르, 글리세린지방산에스테르 등이 있다.

13 품질개량제

① 햄, 소시지 등 식육 훈제품류에 결착성을 높여 씹을 때 식감을 향상시킨다.

② 변질, 변색을 방지하게 하는 효과를 주는 첨가물이다.

③ 종류에는 피로인산나트륨, 폴리인산나트륨 등이 있다.

14 피막제

① 과일이나 채소류 표면에 피막을 만들어 호흡작용을 적당히 제한하고, 수분의 증발을 방지할 목적으로 사용한다.

② 종류에는 몰포린 지방산염, 초산 비닐수지 등이 있다.

15 소포제

① 식품 제조공정 중 생긴 거품을 없애기 위해 첨가하는 것이다.

② 종류에는 규소수지(실리콘 수지) 1종이 있다.

16 용제

식품 속의 첨가물이 골고루 혼합되게 하기 위하여 사용한다.

17 추출제

일종의 용매로서 천연식물에서 어떤 성분을 용해, 용출하기 위해 사용된다.

18 이형제

① 빵의 제조과정에서 빵 반죽을 분할기에서 분할할 때나 구울 때 달라붙지 않게 하고, 모양을 그대로 유지하기 위하여 사용한다.

② 종류에는 유동 파라핀 오일이 있다.

19 팽창제

① 빵, 과자 등을 부풀려 모양을 갖추게 할 목적으로 사용한다.

② 반죽 중에서 가스가 발생하여 제품에 독특한 다공성의 세포구조를 부여한다.

③ 화학적 팽창제는 가열에 의해서 발생되는 유리탄산가스나 암모니아가스만으로 팽창하는 것이다.

④ 천연팽창제는 효모(이스트)가 대표적이다.
⑤ 종류에는 명반, 소명반, 탄산수소나트륨(중조, 소다), 염화암모늄, 탄산수소암모늄, 탄산마그네슘, 베이킹파우더 등이 있다.

20 감미료

① 식품의 조리, 가공 시 단맛을 내기 위해 사용한다.
② 인공감미료를 쓰는 이유는 설탕보다 값이 싸고, 당뇨병 환자나 비만 환자 등을 위해 무열량 감미료가 필요하기 때문이다.
③ 종류에는 사카린나트륨, 아스파탐 등이 있다.
④ 아스파탐은 흰색의 결정성 분말이며 냄새는 없고, 일반적으로 단맛이 설탕의 200배 정도 되는 아미노산으로 구성된 식품 감미료이다.

제 3 장 미리보는 출제예상문제

01 식품 등의 표시기준에 의거하여 같은 종류의 식품군에 해당하지 않는 식품유형은?

① 빵류 ② 떡류
③ 만두류 ④ 과자류

02 식품 첨가물에 의한 식중독 원인이 아닌 것은?

① 허용되지 않은 첨가물의 사용
② 불순한 첨가물의 사용
③ 허용된 첨가물의 과다사용
④ 독성물질을 식품에 고의로 첨가

03 식품 제조 용기에 대한 일반적인 설명으로 옳은 것은?

① 법랑제품은 내열성이 강하다.
② 유리제품은 건열과 충격에 강하다.
③ 스테인리스 스틸은 알루미늄보다 열전도율이 낮다.
④ 고무제품은 색소와 형광표백제가 용출되기 쉽다.

04 다음 첨가물 중 합성보존료가 아닌 것은?

① 데히드로초산
② 소르빈산
③ 차아염소산나트륨
④ 프로피온산나트륨

05 빵류(2.5g/kg 이하), 자연치즈(3.0g/kg 이하)등에 합성보존료로 사용되는 식품 첨가물은?

① 프로피온산 ② 안식향산
③ 소르빈산 ④ 데히드로초산나트륨

정답 | 01 ④ 02 ④ 03 ③ 04 ③ 05 ①

해설

01
빵류, 떡류, 만두류는 곡류군이고 과자류는 지방군류이다.

02
독성물질을 식품에 고의로 첨가하는 행위는 불특정 다수를 대상으로 하는 범법 행위이다.

04
- 차아염소산나트륨은 식품의 부패원인균이나 병원균을 사멸시키기 위한 살균제다.
- 데히드로초산을 데하이드로초산이라고도 한다.

06 식용유의 산화방지에 사용되는 것은?

① 비타민 E ② 비타민 A
③ 니코틴산 ④ 비타민 K

07 밀가루 개량제가 아닌 것은?

① 염소 ② 과산화벤조일
③ 염화칼슘 ④ 이산화염소

08 제분된 밀가루의 표백과 숙성에 이용되는 첨가물은?

① 증점제 ② 밀가루 개량제
③ 유화제 ④ 팽창제

09 식품의 관능을 만족시키기 위해 첨가하는 물질은?

① 강화제 ② 보존제
③ 발색제 ④ 이형제

10 제빵용 밀가루의 질을 판단하는 시험 중 침강(sedimentation) 시험에 사용하는 것은?

① 황산 ② 염산
③ 초산 ④ 젖산

11 식품에 영양강화를 목적으로 첨가하는 물질로 지정된 강화제가 아닌 것은?

① 비타민류 ② 아미노산류
③ 칼슘화합물 ④ 규소화합물

12 물과 기름 같이 서로 잘 혼합되지 않는 두 종류의 액체를 혼합할 때 사용하는 물질을 유화제라 한다. 다음 중 천연유화제는?

① 구연산 ② 고시폴
③ 레시틴 ④ 세사몰

해설

06

- 산화방지제를 일명 항산화제라고도 한다.
- 비타민 E를 토코페롤이라고도 한다.

07

밀가루 개량제는 밀가루의 표백과 숙성 기간을 단축시키고, 제빵 효과의 저해물질을 파괴시켜 분질을 개량하는 것, 과산화벤조일, 과황산암모늄, 브롬산칼륨, 염소, 이산화염소가 있다.

08

밀가루 개량제는 밀가루의 표백과 숙성 기간을 단축시키고, 제빵효과의 저해물질을 파괴시켜 분질을 개량하는 것을 말한다.

09

- 발색제는 식품의 관능을 만족시키기 위해 사용하는 물질이다.
- 발색제는 식품 중에 존재하는 유색 물질과 결합하여 그 색을 안전화하거나 선명하게 하는 물질이다.

10

침강(sedimentation)은 단백질의 팽윤 시험으로 젖산(유산)을 사용해서 밀가루·물의 현탁액 침강 높이를 측정한다. 이때 침강 높이가 55mm 이상이면 제빵 적성이 양호하지만, 20mm 이하이면 불량이다.

11

식품의 영양강화 목적으로 사용되는 강화제로는 비타민류, 아미노산류, 무기염류가 사용된다.

12

대두인지질, 달걀 노른자에는 천연 유화제인 레시틴이 들어 있다.

정답 | 06 ① 07 ③ 08 ② 09 ③ 10 ④ 11 ④ 12 ③

13 표면장력을 변화시켜 빵과 과자의 부피와 조직을 개선하고 노화를 지연시키기 위해 사용하는 것은?

① 감미료 ② 산화방지제
③ 팽창제 ④ 계면활성제

14 빵의 제조과정에서 빵 반죽을 분할기에서 분할할 때나 구울 때 달라붙지 않게 하고 모양을 그대로 유지하기 위하여 사용되는 첨가물은?

① 프로필렌 글리콜 ② 유동 파라핀
③ 카세인 ④ 대두인지질

15 이형제를 가장 잘 설명한 것은?

① 가수분해에 사용된 산제의 중화에 사용되는 첨가물이다.
② 제과 · 제빵 시 구울 때 형틀에서 제품의 분리를 용이하게 하는 첨가물이다.
③ 거품을 소멸, 억제하기 위해 사용하는 첨가물이다.
④ 원료가 덩어리지는 것을 방지하기 위해 사용하는 첨가물이다.

16 빵의 제조과정에서 빵반죽을 분할기에 분할할 때 달라붙지 않게 하는 첨가물은?

① 호료 ② 피막제
③ 용제 ④ 이형제

17 빵, 과자 제조 시에 첨가하는 팽창제가 아닌 것은?

① 암모늄명반
② 프로피온산나트륨
③ 탄산수소나트륨
④ 염화암모늄

해설

13
계면활성제 : 빵 속을 부드럽게 하고 수분 보유도를 높이므로 노화를 지연한다.

14
유동 파라핀은 이형제이다.

15
이형제는 빵의 제조 과정에서 빵 반죽을 분할기에서 분할할 때나 구울 때 달라붙지 않게 하고, 모양을 그대로 유지하기 위하여 사용하는 것이다.

16
이형제로 사용되는 첨가물에는 유동 파라핀 오일이 있다.

17
프로피온산나트륨은 빵류와 과자류에 미생물의 번식으로 식품의 변질을 방지하기 위해 사용하는 방부제(보존료)이다.

13 ④ 14 ② 15 ② 16 ④ 17 ②

18 백색의 결정으로 물에 잘 녹고, 감미도는 설탕의 250배로 청량 음료수, 과자류, 절임류 등에 사용되었으나 만성중독인 혈액 독을 일으켜 우리나라에서는 1966년 11월부터 사용이 금지된 인공 감미료는?

① 둘신
② 사이클라메이트
③ 에틸렌글리콜
④ 파라-니트로-오르토-톨루이딘

해 설

18
둘신은 백색 분말 또는 무색의 침상결정체로 된 인공감미료로 감미도는 설탕의 250배이다.

정답 | 18 ①

제 5 편 단원별 적중예상문제

01 단백질 식품이 미생물의 분해작용에 의하여 형태, 색택, 경도, 맛 등의 본래의 성질을 잃고 악취를 발생하거나 독물을 생성하여 먹을 수 없게 되는 현상은?

① 변패 ② 산패
③ 부패 ④ 발효

02 세균성 식중독에 대한 설명 중 틀린 것은?

① 살모넬라균 식중독의 주요 증상으로 발열이 나타난다.
② 장염 비브리오균은 바닷물에서 잘 서식한다.
③ 식품을 가열, 조리한 후 바로 섭취하면 황색 포도상구균 식중독은 발생하지 않는다.
④ 보툴리누스 식중독은 신경증상을 나타낸다.

03 세균성 식중독과 비교하여 볼 때 경구감염병의 특징으로 볼 수 없는 것은?

① 적은 양의 균으로도 질병을 일으킬 수 있다.
② 2차 감염이 된다.
③ 잠복기가 비교적 짧다.
④ 면역이 잘 된다.

04 해수(海水)세균의 일종으로 식염농도 3%에서 잘 생육하며 어패류를 생식할 경우 중독 발생이 쉬운 균은?

① 보툴리누스(Botulinus)균
② 장염 비브리오(Vibrio)균
③ 웰치(Welchii)균
④ 살모넬라(Salmonella)균

해설

01
부패란 단백질이 미생물의 작용에 의해 악취를 내며 분해되는 현상이다.

02
황색포도상구균이 생성하는 엔테로톡신은 100℃에서 1시간 가열하여도 파괴되지 않는다.

03
경구감염병의 잠복기는 일반적으로 길다.

04
장염 비브리오균(Vibrio) 식중독 : 여름철에 어류, 패류, 해조류 등에 부착해서 감염된다.

정답 | 01 ③ 02 ③ 03 ③ 04 ②

05 **포도상구균과 가장 관계가 깊은 것은?**

① 식품 중의 녹색 곰팡이
② 조개에 의한 식중독
③ 식품취급자의 화농성 질환
④ 해산물의 식중독

06 **세균이 분비한 독소에 의해 감염을 일으키는 것은?**

① 감염형 세균성 식중독
② 독소형 세균성 식중독
③ 화학성 식중독
④ 진균독 식중독

07 **테트로도톡신은 다음 어느 식중독의 원인 물질인가?**

① 조개 식중독 ② 버섯 식중독
③ 복어 식중독 ④ 감자 식중독

08 **식기나 기구의 오용으로 구토, 경련, 설사, 골연화증의 증상을 일으키며 이타이이타이병의 원인이 되는 유해성 금속 물질은?**

① 비소(As) ② 아연(Zn)
③ 카드뮴(Cd) ④ 수은(Hg)

09 **경구감염병에 대한 다음 설명 중 잘못된 것은?**

① 2차 감염이 일어난다.
② 미량의 균량으로도 감염을 일으킨다.
③ 장티푸스는 세균에 의하여 발생한다.
④ 이질, 콜레라는 바이러스에 의하여 발생한다.

10 **다음 첨가물 중 합성보존료가 아닌 것은?**

① 데히드로초산
② 소르빈산
③ 차아염소산나트륨
④ 프로피온산나트륨

해 설

05
- 포도상구균 식중독 : 식품취급자의 화농에 황색 포도상구균이 있으며, 포도상구균 자체는 열에 약하나 이 균이 체외로 분비하는 엔테로톡신에 의하여 발생한다.
- 화농이란 외상을 입은 피부나 각종 장기 등에 농(고름)이 생기는 것을 말한다.

06
독소형 세균성 식중독균의 종류에는 포도상구균, 보툴리누스균, 웰치균 등이 있다.

07
복어의 난소, 간, 피부, 장, 육질부에 많다.

08
- 비소(As) : 밀가루와 비슷하여 식품에 혼입되는 경우가 많으며 구토, 위통, 경련 등을 일으키는 급성 중독과 피부 발진, 간종창, 탈모 등을 일으키는 만성 중독이 있다.
- 아연(Zn) : 기구의 합금, 도금 재료로 쓰이며, 산성 식품에 의해 아연염이 된다. 또는 가열하면 산화아연이 되고, 위 속에서는 염화아연이 되어 중독을 일으킨다.
- 수은(Hg) : 먹이 연쇄 등을 통해 식품에 이행되며 미나마타병의 원인 물질이다.

09
이질, 콜레라는 세균류다.

10
- 보존료에는 데히드로초산, 데히드로초산나트륨, 소르빈산, 소르빈산칼륨, 안식향산, 안식향산나트륨, 프로피온산나트륨이 있다.
- 차아염소산나트륨은 살균제이다.

정답 | 05 ③ 06 ② 07 ③ 08 ③ 09 ④ 10 ③

11 **일명 점착제로서 식품의 점착성을 증가시켜 미각을 증진시키는 효과를 갖는 첨가물은?**

① 팽창제 ② 호료
③ 용제 ④ 유화제

12 **독성시험방법 중 식품 또는 특정성분이 노출된 집단의 50%를 치사시킬 수 있는 유해물질의 양을 나타내는 용어는?**

① LD_{50} ② LC_{50}
③ TD_{50} ④ ADI

해 설

11
호료 : 식품에 점착성 증가, 유화 안정성, 선도 유지, 형체 보존에 도움을 주며, 점착성을 줌으로써 촉감을 좋게 하기 위하여 식품에 첨가하는 것이다.

12
LD_{50} : Lethal Dose 50% 약물 독성 치사량 단위이다.

11 ② 12 ①

Part 06 실전모의고사

제 1 회 제과기능장 필기 실전모의고사

제과기능장 필기시험

제과기능장 필기 실전모의고사	품목코드	시험시간	문제지형별	수험번호	성 명
	2011	1시간	B		

01 유화 쇼트닝 60%를 사용하는 옐로우 레이어 케이크를 초콜릿 32%를 사용하는 초콜릿 케이크로 바꾸려 한다. 옐로우 레이어 케이크의 유화 쇼트닝은 얼마가 되는 것이 좋은가?

① 48% ② 54%
③ 60% ④ 66%

해설 | 비터 초콜릿 중의 코코아 버터가 3/8 차지하며, 코코아 버터의 양에서 쇼트닝의 양은 1/2이다. 초콜릿 32% 중 코코아 버터는 32×3÷8=12%이며, 그 중에서 쇼트닝의 양은 1/2이므로 12÷2=6%이다. 따라서 초콜릿 케이크를 만들 때 사용된 유화 쇼트닝의 양은 60−6=54%이다.

02 스펀지 케이크 제조 시 달걀을 600g 사용하는 원래 배합을 변경하여 유화제를 24g 사용하고자 한다. 이때 필요한 달걀의 양은?

① 720g ② 600g
③ 576g ④ 480g

해설 | 유화제를 사용하는 스펀지 케이크일 경우
① 유화제의 4배에 해당하는 물의 양 = 24×4 = 96g
② 유화제의 양 = 24g
③ 조절한 달걀의 양 = 원래 사용한 달걀의 양−(유화제의 4배에 해당하는 물의 양+유화제의 양)
④ 조절한 달걀의 양 = 600−(96+24) = 480g

03 고율배합 케이크용 밀가루의 가장 적당한 pH는?

① 약 4.0 ② 약 5.2
③ 약 8.8 ④ 약 9.2

해설 | 고율배합이란 설탕의 양을 밀가루의 양보다 더 많이 사용하는 배합을 가리킨다. 고율배합 케이크용 밀가루의 적당한 pH는 약5.2이다.

04 일반 스펀지 케이크(Sponge cake)의 적당한 pH는?

① 5.5−5.8 ② 6.0−6.2
③ 7.3−7.6 ④ 8.9−9.2

해설 | 일반 스펀지 케이크(Sponge Cake)의 적당한 pH는 7.3~7.6으로 중성이다.

05 퍼프 페이스트리 제조 시 굽는 동안 유지가 흘러나오는 이유가 아닌 것은?

① 밀어 펴기가 부적절하여서
② 강한 밀가루를 사용하여서
③ 과도한 밀어 펴기를 하여서
④ 오븐 온도가 너무 낮아서

해설 | 굽는 동안 유지가 흘러나오는 이유
- 밀어 펴기를 잘못했다.
- 박력분을 썼다.
- 오븐의 온도가 지나치게 높거나 낮았다.
- 오래된 반죽을 사용했다.

06 손으로 만드는 케이크 도넛이 튀김 중에 유지를 많이 흡수하는 이유가 아닌 것은?

① 생지 온도가 높다.
② 믹싱이 부족하다.
③ 튀김기름 온도가 낮다.
④ 튀김 시간이 길다.

해설 |
도넛에 기름이 많은 이유(케이크 도넛의 흡유율이 높은 이유)
- 고율배합(설탕, 유지의 사용량이 많은)이다.
- 베이킹파우더 사용량이 많았다.

• 튀김 온도가 낮았다.
• 튀김 시간이 길었다.
• 수분이 많은 부드러운 반죽(묽은반죽)이다.
• 지친반죽이나 어린반죽을 썼다.

07 **옐로우 레이어 케이크 제조 시 밀가루 100%, 설탕 100%, 쇼트닝 100% 사용 시 달걀 사용량은 어느 정도인가?(단, 우유는 사용하지 않는다)**

① 55% ② 75%
③ 92% ④ 110%

해설 | 달걀 사용량 = 쇼트닝×1.1 = 100%×1.1 = 110%

08 **초콜릿 케이크 제조 시 속색을 진하게 하기 위한 조치는?**

① 유지의 사용량을 증가한다.
② 설탕의 사용량을 증가한다.
③ 달걀의 사용량을 증가한다.
④ 탄산수소나트륨의 사용량을 증가한다.

해설 | 초콜릿 케이크 반죽의 pH를 pH 8.8~9로 조절하면 열반응을 촉진시켜 속색을 진하게 만들 수 있다. 이때 pH를 높이는 재료로 중조(탄산수소나트륨)를 사용한다.

09 **엔젤 푸드 케이크 제조 시 흰자에 넣어 튼튼한 머랭을 만드는 재료와 거리가 먼 것은?**

① 주석산칼륨 ② 과일즙
③ 소금 ④ 수산화나트륨

해설 | 신선한 흰자는 pH가 알칼리에 속하므로 산성재료를 넣어서 중성 쪽으로 유도해야 튼튼한 머랭을 만들 수 있다. 수산화나트륨은 알칼리성 재료이다.

10 **엔젤 푸드 케이크의 배합표 작성 시 재료의 사용범위가 틀린 것은?**

① 박력분 100%
② 흰자 40~50%
③ 설탕 30~42%
④ 주석산 크림 0.5~0.625%

해설 | 박력분의 재료 사용범위는 15~18%이다.

11 **엔젤 푸드 케이크를 만들 때 가장 알맞은 반죽 방법은?**

① 노른자와 흰자에 설탕을 반씩 넣고 거품을 올린다.
② 흰자에 설탕을 전부 넣고 거품을 내기 시작한다.
③ 흰자 무게의 60~70% 설탕을 거품과정 중에 넣는다.
④ 중탕법으로 흰자의 거품을 올린다.

해설 |
① 설탕의 사용량을 결정한다.
② 설탕 = 100-(흰자+밀가루+주석산 크림+소금의 양)
③ 전체 설탕량에서 머랭을 만들 때에는 2/3(60~70%)를 정백당(설탕)의 형태로 넣고, 밀가루와 함께 넣을 때는 1/3을 분설탕의 형태로 넣는다.

12 **파이껍질(Pie crust) 배합에 관한 설명 중 맞는 것은?**

① 파이 반죽의 온도는 약간 높은 편이 좋다(28℃ 정도).
② 반죽을 부드럽게 하기 위해 액체유를 쓰는 것이 좋다.
③ 반죽은 배합 후 바로 사용하여야 한다.
④ 급수 사용량은 비교적 적게 하는 편이 좋다.

해설 |
① 파이 반죽의 온도는 약간 낮은 편이 좋다(18℃ 정도).
② 반죽을 바삭하게 만들기 위하여 고체유를 쓰는 것이 좋다.
③ 반죽은 배합 후 냉장휴지를 한 다음 사용하여야 한다.

13 반죽형 쿠키를 만들 때 퍼짐이 결핍되는 경우는?

① 반죽이 알칼리성인 경우
② 믹싱이 지나친 경우
③ 오븐 온도가 너무 낮은 경우
④ 설탕 입자가 너무 고운 경우

해설 | 퍼짐이 결핍되는 경우
- 된 반죽이다.
- 유지가 너무 적었다.
- 체 친 가루를 넣고 믹싱을 너무 많이 했다.
- 산성 반죽이다.
- 설탕을 적게 사용했다.
- 굽기 온도가 너무 높았다.
- 설탕의 입자가 작다.

14 밀가루 100%(= 600g)와 달걀 150%를 사용하는 시폰 케이크에서 흰자의 사용량은?

① 300g ② 600g
③ 900g ④ 1,200g

해설 | 달걀의 흰자와 노른자의 비는 2:1이다. 흰자의 사용량 = 달걀 사용량 150%×2/3 = 100%

15 마지팬을 만들 때 필요한 기본 재료가 아닌 것은?

① 아몬드 ② 물
③ 전분 ④ 설탕

해설 | 마지팬은 설탕과 아몬드를 갈아 만든 페이스트로 일반적인 구성성분은 아몬드 분말, 설탕, 물(혹은 달걀 흰자)이다.

16 다음과 같은 배합표에 의한 제품중량 900g의 식빵 1,200개의 주문을 받았다. 중량 미달 제품의 발생을 염려하여 910g의 제품을 만들기로 하였다면 소요되는 소맥분은 얼마인가?(단, 발효손실 2%, 소성손실 12%만 고려하며 불량품은 없는 것으로 본다. 또한 소맥분 1kg 미만은 1kg으로 계산한다)

재료명	강력분	이스트	설탕	쇼트닝	소금	이스트푸드	분유	물
배합률	100%	2%	4%	4%	2%	0.1%	2%	61.9%

① 536kg ② 720kg
③ 942kg ④ 1080kg

해설 |
① 제품의 총 무게 = 제품 1개의 중량 910g×식빵 1,200개 = 1,092kg
② 총 분할 무게 = 1,092kg÷{1−(12÷100)} = 1,240.9kg
③ 반죽의 총 무게 = 1,240.9kg÷{1−(2÷100)} = 1,266.3kg
④ 밀가루의 무게 = (반죽의 총 무게×밀가루의 비율)÷총 배합률
⑤ 밀가루의 무게= (1,266.3kg×100%)÷176% = 719.45kg = 720kg

17 제빵 시 적량보다 많은 설탕을 사용하였을 때 결과 중 잘못된 것은?

① 이스트 사용량을 증가시키지 않는 한 부피가 작다.
② 설탕 사용량이 많을수록 색상이 검다.
③ 껍질이 두껍고 거칠다.
④ 세포의 파괴로 회색 또는 황갈색의 속색을 나타낸다.

해설 | 제빵 시 설탕이 정량보다 많은 경우
- 부피는 작다.
- 껍질색은 어두운 적갈색
- 반죽의 특성은 발효가 느리고 팬의 흐름성이 많다.
- 외형의 균형은 윗부분이 완만하고, 모서리가 각이 지고, 찢어짐이 작다.
- 껍질의 특성은 두껍고 질기며 거칠다.
- 기공은 발효가 제대로 되면 세포는 좋아진다.
- 속색은 발효만 잘 시키면 좋은 색이 난다.
- 향은 정상적으로 발효가 되면 좋다.
- 맛은 달다.

18 일반 스트레이트법 식빵을 비상 스트레이트법 식빵으로 만들 때 필수적인 조치사항이 아닌 것은?

① 반죽온도를 30℃로 높임
② 설탕량 1% 증가
③ 발효속도 증가(이스트를 2배로 증가)
④ 수분흡수율 1% 증가

해설 | 비상 스트레이트법 필수 조치사항
- 반죽시간을 20~30% 증가시킨다.
- 설탕 사용량을 1% 감소시킨다.
- 1차 발효시간을 15~30분 감소시킨다.
- 반죽온도를 30℃로 높인다.
- 이스트 사용량을 2배 증가시킨다.
- 물 사용량을 1% 증가시킨다.

19 다른 조건은 같으며 아래의 보기와 같은 사항에 관한 변동만 있을 때 같은 시간 내에 제빵을 위해서 이스트를 다소 증가시켜 사용하지 않아도 되는 것은?

① 생지 온도를 낮게 올릴 때
② 밀가루의 숙성이 충분히 되었을 때
③ 생지를 굳게 준비할 때
④ 글루텐이 강할 때

해설 | 이스트를 다소 증가시켜 사용하는 경우
- 미숙성 밀가루를 사용할 때
- 물이 알칼리성일 때
- 글루텐의 질이 좋은 밀가루를 사용할 때
- 생지를 굳게 준비할 때
- 생지 온도를 낮게 올릴 때

20 노타임 반죽법에 대한 일반적인 설명으로 틀린 것은?

① 환원제를 사용하므로 믹싱시간을 25% 정도 증가시킨다.
② 산화제를 사용하므로 발효시간을 단축한다.
③ 산화제는 –SH 결합을 –S–S– 결합으로 하여 글루텐을 강화한다.
④ 1차 발효시간을 단축시키는 방법으로 사용한다.

해설 | 환원제를 사용하여 밀가루 단백질 사이의 –S–S– 결합을 –SH 결합으로 환원시켜 글루텐을 약화하며 믹싱시간을 25%정도 단축시킨다.

21 이스트의 사용량을 감소하는 것이 좋은 경우는?

① 반죽온도가 낮은 경우
② 손 작업량이 많은 경우
③ 우유 사용량이 많은 경우
④ 설탕 사용량이 많은 경우

해설 | 이스트의 사용량을 감소 혹은 다소 감소하는 경우
- 발효시간을 지연시킬 때
- 천연 효모와 병용할 때
- 수작업 공정이 많을 때
- 실온이 높을 때
- 작업량이 많을 때

22 스펀지&도우법으로 빵을 만들 때 스펀지 발효 시 온도와 pH의 변화에 대한 설명으로 맞는 항목은?

① 온도와 pH가 동시에 상승한다.
② 온도와 pH가 동시에 하강한다.
③ 온도는 하강하고 pH는 상승한다.
④ 온도는 상승하고 pH는 하강한다.

해설 | 이스트가 당을 산화시키면서 열을 발생시키므로 반죽의 온도는 올라가고, 산화의 분해산물로 이산화탄소, 유기산이 발생하므로 반죽의 pH는 떨어진다.

23 2차 발효의 가장 큰 목적은?

① 단백질과 전분의 변화
② 제품의 원하는 부피
③ 보유가스 빼기
④ 탄력의 완화

해설 | 2차 발효는 제품에 원하는 질감과 식감을 부여하는 것이다. 제품의 질감과 식감은 완제품의 부피와 밀접한 관계가 있다.

24 다음 중 2차 발효실(Proofing room)의 가장 좋은 조건은?

① 온도 20~25℃, 관계습도 85~90%
② 온도 33~43℃, 관계습도 75~90%
③ 온도 55~60℃, 관계습도 75~80%
④ 온도 65~70℃, 관계습도 85~95%

해설 | 2차 발효는 성형과정을 거치는 동안 불완전한 상태의 반죽을 온도 32~43℃, 상대습도 75~95%의 발효실에 넣어 숙성시켜 좋은 외형과 식감의 제품을 얻기 위하여 제품부피의 70~80%까지 부풀리는 작업으로 발효의 최종 단계이다.

25 제빵 시 굽기 과정에서 일어날 수 있는 변화가 아닌 것은?

① 단백질과 전분의 변화
② 캐러멜화 반응
③ 수분 제거
④ 단백질 강화

해설 | 반죽의 내부온도가 74℃를 넘으면 밀가루 단백질에 함유되어 있던 물이 전분으로 이동하면서 단백질은 부스러진다. 즉, 단백질은 탄력성을 잃게 된다.

26 식빵을 제조하는 데 있어서 필수 재료가 아닌 것은?

① 밀가루 ② 물
③ 이스트 ④ 설탕

해설 | 식빵이란 식사용 빵을 가리키며 기본 재료(필수 재료)는 밀가루, 물, 이스트, 소금 등이다.

27 렛 다운 단계(Let Down Stage)까지 믹싱해도 좋은 제품은?

① 데니시 페이스트리
② 잉글리시 머핀
③ 불란서 빵
④ 식빵

해설 | 렛 다운 단계(Let Down Stage)는 반죽에 흐름성을 부여하고자 할 때까지 믹싱하는 단계로 햄버거 빵과 잉글리시 머핀이 이에 속한다.

28 완제품 빵의 pH가 다음과 같을 때 정상적인 발효로 볼 수 있는 것은?

① pH 4.5 ② pH 5.0
③ pH 5.7 ④ pH 6.7

해설 |

완제품 식빵의 pH	반죽의 발효상태
pH 6.0	어린 반죽(발효 부족)으로 제조된 식빵
pH 5.7	정상 반죽으로 제조된 식빵
pH 5.0	지친 반죽(발효 과다)으로 제조된 식빵

29 포장을 완벽하게 하더라도 빵 제품에 노화가 일어나는 주요한 원인은?

① 빵 내부의 부위별로 수분이 이동
② 빵 표면에서 밖으로 수분이 증발
③ 향의 강도가 서서히 감소
④ 전분의 퇴화가 진행

해설 | 알파 전분(익힌 전분)의 퇴화(전분의 β화)로 인하여 빵 포장을 완벽하게 하더라도 빵 제품에 노화가 일어난다.

30 빵의 노화가 가장 빨리 일어나는 온도의 범위는?

① −18℃ 이하 ② −7~10℃
③ 13~20℃ ④ 22~27℃

해설 | 노화대란 노화의 최적 상태를 가리키며, 수분함량은 30~60%, 저장온도는 −7~10℃이다.

31 **밀가루 전분의 중요 구조인 아밀로펙틴(Amylopectin)에 대한 설명으로 틀린 것은?**

① 측쇄가 있으며 측쇄의 포도당 단위는 α-1,6결합으로 연결되어 있다.

② α-아밀라아제에 의하여 덱스트린(호정)으로 바뀐다.

③ 보통 백 만 이상의 분자량을 가지고 있다.

④ 보통 곡물에는 아밀로펙틴이 17~28% 정도 들어 있다.

해설 | 아밀로펙틴의 특징

① 분자량은 많다.

② 포도당 결합 형태는 α-1,4(직쇄상 구조)와 α-1,6(측쇄상 구조)이다.

③ 요오드 용액 반응은 적자색 반응을 한다.

④ 호화와 노화가 느리다.

⑤ 보통 곡물에는 아밀로오스가 17~28%정도 함유되어 있다.

32 **효소에 대한 설명으로 틀린 것은?**

① 알파 아밀라아제(α-amylase)는 당화효소이다.

② 말타아제(Maltase)는 맥아당을 2개의 포도당으로 분해한다.

③ 리파아제(Lipase)는 지방을 분해하는 효소이다.

④ 펩신(Pepsin)은 단백질을 분해하는 효소이다.

해설 |

- 알파 아밀라아제(α-amylase)는 액화효소이다.
- 베타 아밀라아제(β-amylase)는 당화효소이다.

33 **밀가루의 회분함량에 대한 설명 중 틀린 것은?**

① 밀가루의 정제도를 표시하기도 한다.

② 제분율이 높을수록 회분함량이 높다.

③ 같은 제분율일 때 연질소맥은 경질소맥에 비해 회분함량이 낮다.

④ 회분함량이 많으면 밀가루의 색이 희어진다.

해설 | 회분함량이 많으면 밀가루의 색이 회색이 된다.

34 **100g의 밀가루에서 50g의 젖은 글루텐이 만들어졌다. 이 밀가루는?**

① 초박력분

② 박력분

③ 중력분

④ 강력분

해설 | 젖은 글루텐 반죽과 밀가루 글루텐 양 계산하기

① 젖은 글루텐(%) = (젖은 글루텐 반죽의 중량÷밀가루 중량×100)

② 젖은 글루텐(%) = (50g÷100g)×100 = 50%

③ 건조 글루텐(밀가루 글루텐 양%) = 젖은 글루텐(%)÷3

④ 건조 글루텐(밀가루 글루텐 양%) = 50%÷3 = 16.6%

⑤ 밀가루 글루텐의 함량이 16.6%이므로 강력분이다.

35 **다음 당류 중 상대적 감미도가 가장 낮은 것은?**

① 유당　　② 과당

③ 자당　　④ 포도당

해설 |

상대적 감미도는 과당이 가장 높고, 유당이 가장 낮다.

36 **튀김기름에 들어 있는 유리지방산에 대한 설명으로 틀린 것은?**

① 유지의 가수분해에 의하여 생성된다.

② 유리지방산이 많아지면 튀김기름에 거품이 잘 생긴다.

③ 유리지방산이 많아지면 튀김기름의 발연점이 낮아진다.

④ 유리지방산은 튀김기름의 유화력을 높인다.

해설 | 유리지방산은 튀김기름의 산화를 촉진하여 산패를 가속화한다.

37 **생크림 숙성 온도와 시간으로 가장 적당한 것은?**

① −2~0℃에서 5시간 정도

② 3~5℃에서 8시간 정도

③ 8~10℃에서 18시간 정도

④ 15~20℃에서 24시간 정도

해설 | 생크림에는 제조의 최종 단계에서 반드시 에이징(숙성)이라고 하는 조작이 행해진다. 생크림의 숙성이란 생크림을 3~5℃에서 8시간 정도 보존해서 유지방에 들어 있는 유지의 배열을 가장 안정한 형태로 변하게 하는 공정이다.

38 **케이크 제품 제조에 있어 달걀의 결합제 기능을 이용한 항목은?**

① 스펀지 케이크 제조

② 초콜릿 케이크 제조

③ 커스터드 크림 제조

④ 머랭 제조

해설 | 커스터드 크림은 우유, 달걀, 설탕을 한데 섞고, 안정제로 옥수수 전분이나 박력분을 넣어 끓인 크림이다. 여기서 달걀은 크림을 걸쭉하게 하는 농후화제, 크림에 점성을 부여하는 결합제의 역할을 한다.

39 **제빵용 활성 건조효모를 물에 풀어서 사용할 때 물 온도로 가장 적당한 것은?**

① 10℃ ② 25℃

③ 40℃ ④ 55℃

해설 | 제빵용 활성 건조효모를 사용하는 방법은 40~45℃의 물을 이스트 양 기준으로 4~5배 준비하여 용해시킨 후 5~10분간 수화시켜 사용한다.

40 **어떤 베이킹 파우더 17kg 중 전분이 40%이고, 중화가(中和價)가 104일 때 산 작용제는 얼마나 들어 있는가?**

① 4kg ② 5kg

③ 10kg ④ 17kg

해설 |

① 전분의 양을 구한다. 17kg×0.4 = 6.8kg

② 탄산수소나트륨(중조, 소다)의 양과 산염제(산 작용제)의 양의 합을 구한다.
17kg−6.8kg = 10.2kg

③ 산염제(산 작용제)의 양을 구한다.
10.2kg = 산염제 100:중조 104의 비율이다.
그러므로 10.2kg = x+1.04x이다.

④ 10.2kg÷2.04 = x, x = 5kg

41 **어떤 제빵공장의 급수가 경수이기 때문에 발효가 지연되고 있다. 이 문제를 해결하는 조치로 틀린 항목은?**

① 배합에 이스트 사용량을 증가시킨다.

② 맥아 첨가 등의 방법으로 효소를 공급한다.

③ 이스트 푸드의 양을 감소시킨다.

④ 소금의 양을 소량 증가시킨다.

해설 | 경수 시 조치사항

- 이스트 사용량을 증가시키거나 발효시간을 연장시킨다.
- 맥아를 첨가하고 효소를 공급하며 발효를 촉진시킨다.
- 이스트 푸드, 소금과 무기질(광물질)을 감소시킨다.
- 반죽에 넣는 물의 양을 증가시킨다.

42 **건포도를 전처리(Conditioning)하여 사용할 때 필요한 27℃ 물의 사용량은?**

① 건포도 중량의 12%

② 건포도 중량의 25%

③ 건포도 중량의 50%

④ 건포도 중량과 동량

해설 |

- 27℃의 물에 담갔다가 바로 체로 걸러 물기를 제거하고 뚜껑을 덮어 4시간 정도 방치한다.
- 건포도 무게의 12% 정도의 27℃가 되는 물에 버무려 4시간 방치하면서 중간에 한 번 섞어준다.

43 **다음의 안정제 중 동물에서 추출되는 것은?**

① 한천　　② 젤라틴

③ 펙틴　　④ 구아검

해설 | 동물의 연골에 있는 콜라겐에서 추출하는 동물성 단백질인 안정제는 젤라틴이다.

44 **밀가루의 반죽 성향을 측정하기 위해서 사용하는 기기(Instrument)들 중 전분의 점성을 측정할 수 있는 것은?**

① 믹소그래프(Mixograph)

② 패리노그래프(Farinograph)

③ 아밀로그래프(Amylograph)

④ 익스텐소그래프(Extensograph)

해설 | 아밀로그래프(Amylograph)는 온도 변화에 따라 전분의 점도에 미치는 밀가루 속의 알파-아밀라아제나 혹은 맥아의 액화효과를 측정하는 기계이다.

45 **휘핑크림의 취급과 사용에 관한 설명 중 틀린 것은?**

① 휘핑크림의 유통 과정 및 보관에서 항상 5℃를 넘지 않도록 해야 한다.

② 냉각된 휘핑크림의 운송도중 강한 진탕에 의해 기계적 충격을 주게 되면 휘핑성을 저하시킨다.

③ 냉각을 충분히 시켜서 5℃ 이상을 넘지 않는 한도 내에선 오래 휘핑할수록 부피가 커진다.

④ 높은 온도에서 보관하거나 취급하게 되면 포말이 이루어지더라도 조직이 연약하고, 유청 분리가 심하게 나타날 염려가 있다.

해설 | 휘핑크림은 적절하게 교반하여 크림의 체적을 4배 이하로 유지시킨다. 4배 이상으로 증가시키면 상품성이 없어진다.

46 **포도상구균에 의한 식중독에 대한 설명으로 틀린 것은?**

① 화농성 질환을 가지고 있는 조리자가 조리한 식품에서 발생하기 쉽다.

② 독소형 식중독으로 독소는 열에 의해 쉽게 파괴되지 않는다.

③ 독소는 엔테로톡신(Enterotoxin)이라는 장관독이다.

④ 잠복기가 느리고 식중독 중 치사율이 가장 높다.

해설 | 잠복기는 평균 3시간이며 치사율은 낮다.

47 **마이코톡신(Mycotoxin)의 특징을 바르게 설명한 것은?**

① 곰팡이가 생성한 독소에 의한다.

② 원인식은 지방이 많은 육류이다.

③ 항생물질로 치료된다.

④ 약제에 의한 치료효과가 크다.

해설 | 곰팡이 독의 종류 : 파툴린, 아플라톡신, 오크라톡신, 시트리닌, 맥각 중독, 황변미 중독, 마이코톡신 등이다.

48 **합성 플라스틱류에서 발생하는 화학적 식중독 물질은?**

① 포름알데히드(Formaldehyde)

② 둘신(Dulcin)

③ 베타나프톨(β-naphthol)

④ 겔티아나바이올렛(Gertiana violet)

해설 | 포름알데히드는 유해 방부제이며, 합성 플라스틱류에서 발생할 수 있는 화학적 식중독 물질이다.

49 **자외선 살균의 이점이 아닌 것은?**

① 살균효과가 크다.

② 균에 내성을 주지 않는다.

③ 표면 투과성이 좋다.

④ 사용이 간편하다.

해설 | 자외선 살균은 표면 투과성이 없어 조리실에서는 물이나 공기, 용액의 살균, 도마, 조리기구의 표면 살균에만 이용된다.

50 **사람의 손, 조리기구, 식기류의 소독제로 적당한 것은?**

① 포름알데히드(Formaldehyde)

② 메틸알코올(Methyl alcohol)

③ 승홍(Corrosive sublimate)

④ 역성비누(Invert soap)

해설 | 역성비누(Invert soap)는 원액을 200~400배로 희석하여 손, 식품, 기구 등에 사용하며 무독성이고 살균력이 강하다. 일종의 양이온 계면활성제이다.

51 **다음 중 체내의 수분의 기능이 아닌 것은?**

① 신경의 자극전달

② 영양소와 노폐물의 운반

③ 체온조절

④ 충격에 대한 보호

해설 | 체내의 수분의 기능

- 영양소의 용매로서 체내 화학반응의 촉매 역할을 한다.
- 삼투압을 조절하여 체액을 정상으로 유지시킨다.
- 영양소의 노폐물을 운반한다.
- 체온을 조절한다.
- 체내 분비액의 주요 성분이다.
- 외부의 자극으로부터 내장 기관을 보호한다.

52 **담즙(Bile juice)에 대한 사항 중 옳지 않은 것은?**

① 담즙 분비는 콜레시스토키닌에 의하여 자극받는다.

② 담즙은 지방질을 섭취할 때 가장 많이 분비된다.

③ 담즙의 주작용은 유화작용이다.

④ 담즙은 약알칼리성으로 Glycocholic acid가 주성분이다.

해설 | 담즙(Bile juice)은 약알칼리성으로 글리코콜린산(Glycocholic acid)이 주성분이며, 쓸개염(Bile Salt), 빌리루빈(Bilirubin)과 콜레스테롤(Cholesterol) 등이 복합된 것으로 소화효소는 아니지만 지방(Lipid)을 미세하게 쪼개는 유화작용을 함으로써 이자에서 분비되는 프로리파아제(Pro-lipase)를 리파아제(Lipase)로 활성시켜 지방질의 분해와 흡수에 중요한 역할을 한다. 위장이나 창자에 음식이 있을 때 즉, 소화작용을 할 때만 콜레시스토키닌에 의하여 자극받아 분비된다.

53 **기초대사율(Basal Metabolic Rate)은 신체 조직 중 무엇과 가장 관계가 깊은가?**

① 혈액의 양

② 피하지방의 양

③ 근육의 양

④ 골격의 양

해설 | 기초 대사량이란 인간이 생명을 유지하는 데 필요한 최소한의 에너지량을 말한다. 예를 들어 체온 유지나 호흡, 심장 박동 등 기초적인 생명 활동을 위한 신진대사에 쓰이는 에너지의 양으로 보통 휴식 상태 또는 움직이지 않고 가만히 있을 때 기초 대사량만큼의 에너지가 소모된다. 기초 대사량은 개인의 신진대사 조직량(체조직)이나 근육의 양, 체지방의 양 등 신체적인 요소에 따라 차이가 난다.

54 **다음과 같은 직업을 가진 사람 중 비타민 D 결핍증이 걸리기 쉬운 사람은?**

① 광부 ② 농부

③ 사무원 ④ 건축노동자

해설 | 비타민 D는 전구체로서 에르고스테롤과 7-디하이드로 콜레스테롤이 있으며, 자외선에 의하여 에르고스테롤은 비타민 D_2로, 7-디하이드로 콜레스테롤은 비타민 D_3로 변한다. 그래서 피부에 자외선을 쪼이면 비타민 D가 만들어지는데 햇빛을 잘 못 받는 광부들은 비타민 D 결핍증에 걸리기 쉽다. 비타민 D가 결핍이 되면 뼈의 주성분이 되는 칼슘과 인의 화합물인 인산칼슘이 정상적으로 침착되지 않아 어린이에게는 구루병, 어른에게는 골다공증 또는 골연화증 증세가 생기기 때문에 항구루병 비타민이라고도 한다.

55 전밀빵, 호밀빵, 잡곡빵 등에는 껍질 함량이 높은 경우가 많다. 껍질이 많은 가루로 만든 빵을 흰빵보다 건강빵이라고 하는 이유는 무엇인가?

① 흰빵보다 칼로리가 높기 때문이다.
② 흰빵보다 소화 흡수가 잘되기 때문이다.
③ 흰빵보다 섬유질과 무기질이 많기 때문이다.
④ 흰빵보다 완전 단백질이 많기 때문이다.

해설 | 곡류의 껍질에는 비타민, 무기질, 섬유질이 많기 때문에 건강빵이라고 한다.

56 햄버거 빵 생산에 있어서 다음과 같은 기계설비의 생산능력이 문제된다면 어느 기계 설비를 기준으로 생산능력(작업량)을 정해야 하는가?(단, 발효손실 등 공정 중 손실 및 불량품 발생은 없고, 기계설비능력은 각각 100% 활용할 수 있는 것으로 봄)

① 믹서
② 분할기
③ 오븐
④ 세 기계설비의 평균치

해설 | 오븐은 공장 설비 중 제품의 생산능력을 나타내는 기준으로 오븐의 제품생산능력은 오븐 내 매입 철판 수로 계산한다.

57 식빵제조 라인을 설치할 때 분할기와 연속적으로 붙어 있지 않아도 좋은 것은?

① 믹서(Mixer)
② 환목기(Rounder)
③ 중간 발효기(Over Head Proofer)
④ 성형기(Moulder)

해설 | 분할기(Divider)는 정형공정에 속하는 기계로서 정형공정기계의 배열순서는 분할기(Divider) → 환목기(Rounder) → 중간 발효기(Over Head Proofer) → 성형기(Moulder) 순이다.

58 어느 제빵회사 A라인의 지난 달 생산실적이 다음과 같을 때 노동분배율은 얼마인가?

외부가치 = 7,000만 원
생산가치 = 3,000만 원
인건비 = 1,500만 원
감가상각비 = 300만 원
제조이익 = 1,200만 원
생산액 = 1억 원
부서인원 = 50명

① 12%　　② 30%
③ 50%　　④ 70%

해설 |
노동분배율 = 인건비÷부가가치(생산가치)×100이다.
그러므로 1,500만 원÷3,000만 원×100 = 50%

59 제조원가 중의 제조경비 항목에 속하지 않는 것은?

① 작업기계의 감가상각비
② 동력비
③ 작업자의 복리후생비
④ 판촉비

해설 | 제조원가에는 직접비와 제조 간접비가 있다. 판촉비는 총원가에 들어가는 항목이다.

60 **매일 작업을 가장 정상적으로 진행하기 위한 4대 원리에 들어가지 않는 항목은?**

① 작업 방법과 기계 설비를 분석하여 최선의 방법을 선택한다.

② 선정한 작업에 가장 알맞은 사람을 선택한다.

③ 경영자와 작업자 간에 협조적 관계가 확립되는 합리적 급여제도를 선택한다.

④ 사무 자동화를 단계별로 발전시켜서 원가 절감의 기법을 선택한다.

해설 | 생산 자동화를 단계별로 발전시켜서 원가 절감의 기법을 선택한다.

정답						제1회 실전모의고사			
01	②	02	④	03	②	04	③	05	②
06	①	07	④	08	④	09	④	10	①
11	③	12	④	13	④	14	②	15	③
16	②	17	④	18	②	19	②	20	①
21	②	22	④	23	②	24	②	25	④
26	④	27	②	28	③	29	④	30	②
31	④	32	①	33	④	34	④	35	①
36	④	37	②	38	③	39	③	40	②
41	④	42	①	43	②	44	③	45	③
46	④	47	①	48	①	49	③	50	④
51	①	52	②	53	③	54	①	55	③
56	③	57	①	58	③	59	④	60	④

제 2 회 제과기능장 필기 실전모의고사

제과기능장 필기시험

제과기능장 필기 실전모의고사	품목코드 2011	시험시간 1시간	문제지형별 B	수험번호	성 명

01 화이트 레이어 케이크에서 설탕 120%, 유화 쇼트닝 50%를 사용한 경우 분유 사용량은?

① 5.85% ② 6.85%
③ 7.85% ④ 8.85%

해설 |
① 흰자 = 쇼트닝×1.43
② 우유 = 설탕+30−흰자
③ 분유 = 우유×0.1
④ 흰자 = 50×1.43 = 71.5
⑤ 우유 = 120+30−71.5 = 78.5
⑥ 분유 = 78.5×0.1 = 7.85%

02 도넛 설탕의 발한(Sweating)현상을 제거하는 방법으로 틀린 것은?

① 도넛에 묻히는 설탕량을 증가시킨다.
② 충분히 냉각시킨다.
③ 냉각 중 환기를 많이 시킨다.
④ 튀김시간을 감소시킨다.

해설 | 도넛 설탕의 발한(Sweating)현상을 제거하는 방법
- 설탕 사용량을 늘리거나 튀김시간을 늘린다.
- 충분히 식히고 나서 아이싱을 한다.
- 도넛을 튀길 때 설탕 점착력이 높은 스테아린을 첨가한 튀김기름을 사용한다.
- 도넛의 수분함량을 21~25%로 한다.

03 다음은 크림법(Creaming method)에 대한 설명이다. 맞는 것은?

① 먼저 설탕과 달걀을 혼합하여 공기를 혼입시키는 방법이다.
② 소맥분과 쇼트닝을 먼저 혼합하는 방법이다.
③ 먼저 설탕과 쇼트닝을 혼합하여 공기를 혼입시키는 방법이다.
④ 먼저 소맥분, 설탕, 쇼트닝을 넣고 혼합하는 방법이다.

해설 | 크림법
유지에 설탕을 넣고 균일하게 혼합한 후 달걀을 나누어 넣으면서 부드러운 크림상태로 만든 다음 밀가루와 베이킹파우더를 혼합하여 체에 쳐서 넣고 가볍게 섞는다.

04 다음 제품 중 팽창 형태가 근본적으로 다른 것은?

① 옐로우 레이어 케이크
② 머핀 케이크
③ 스펀지 케이크
④ 과일 케이크

해설 | 스펀지 케이크는 공기를 매개체로 팽창시키는 물리적 팽창 형태의 제품이며, 나머지 제품은 화학팽창제를 매개체로 팽창시키는 화학적 팽창 형태의 제품이다.

05 젤리 롤 케이크를 말 때 표면이 터지는 것을 방지하기 위해서 사용할 수 있는 방법은?

① 설탕의 일부를 물엿으로 대체한다.
② 팽창제 사용을 증가한다.
③ 흰자를 더 첨가한다.
④ 밀가루의 양을 증가한다.

해설 |
① 설탕의 일부는 물엿과 시럽으로 대치한다.
② 배합에 덱스트린을 사용하여 점착성을 증가시키면 터짐이 방지된다.
③ 팽창이 과도한 경우 팽창제 사용을 감소하거나 믹싱 상태를 조절한다.

④ 노른자 비율이 높은 경우도 부서지기 쉬우므로 노른자를 줄이고 전란을 증가시킨다.
⑤ 굽기 중 너무 건조시키면 말기를 할 때 부러지기 때문에 오버 베이킹을 하지 않는다.
⑥ 밑불이 너무 강하지 않도록 하여 굽는다.
⑦ 반죽의 비중이 너무 높지 않게 믹싱을 한다.
⑧ 반죽온도가 낮으면 굽는 시간이 길어지므로 온도가 너무 낮지 않도록 한다.
⑨ 배합에 글리세린을 첨가해 제품에 유연성을 부여한다.

06 엔젤 푸드 케이크의 배합률이 밀가루 = 15%, 주석산 크림 = 0.5%, 흰자 = 45%일 때 머랭 제조 시에 넣는 1단계의 설탕량으로 적정한 항목은?

① 8% ② 13%
③ 26% ④ 39%

해설 |
① 설탕의 사용량을 결정한다.
② 설탕 = 100-(흰자+밀가루+주석산 크림+소금의 양)
③ 설탕 = 100-(45+15+0.5+0.5) = 39%
④ 전체 설탕량에서 머랭을 만들 때에는 2/3를 정백당의 형태로 넣고, 밀가루와 함께 넣을 때는 1/3을 분설탕의 형태로 넣는다.
⑤ 머랭에 넣는 1단계의 설탕량 = 39×2/3 = 26%

07 퍼프 페이스트리(Puff pastry) 제조 시 반죽에 들어가는 유지 함량이 적고 충전용 유지(Roll-in margarine)가 많을수록 어떤 경향이 되는가?

① 부피가 커진다.
② 제품이 부드럽다.
③ 밀어 펴기가 용이하다.
④ 오븐 팽창이 적다.

해설 | 유지는 본 반죽에 넣는 것과 충전용으로 나누는데 충전용이 많을수록 결이 분명해지고 부피도 커진다. 그러나 밀어 펴기가 어려워진다.

08 생크림 제품을 만들기 위해 생크림을 준비하고자 한다. 그 처리가 바르게 된 것은?

① 거품을 낼 때 크림의 온도는 따뜻해야 한다.
② 크림은 최대한으로 거품을 올려야 분리현상이 없다.
③ 일단 거품을 올린 휘핑크림은 실온에 두어도 된다.
④ 휘핑크림은 냉장보관 중 얼었으면 얼지 않은 것과 혼합하여 다시 거품을 올려 사용한다.

해설 | 생크림은 보관이나 작업 시 생크림 온도는 3~7℃ 가 좋다. 그래서 휘핑크림은 냉장보관 중 얼었으면 얼지 않은 것과 혼합하여 다시 거품을 올려 사용하는 것이 좋다.

09 과자반죽 제조 시 pH 5.0의 산성 반죽과 비교하여 pH 8.0의 알칼리성 반죽의 특성으로 맞는 것은?

① 부피가 작다.
② 풍미가 약하다.
③ 기공이 닫혀 있다.
④ 겉껍질 색상이 진하다.

해설 |
pH 8.0의 알칼리성 반죽의 특성
- 기공이 거칠다.
- 껍질색과 속색이 어둡다.
- 향이 강하다.
- 맛은 소다 맛이 난다.
- 부피가 정상보다 크다.

10 팬에 사용되는 이형유(Pan oils)에 대한 설명으로 틀린 것은?

① 보통 식물성 기름과 미네랄 오일로 구성된다.
② 보통 반죽 무게의 0.1~0.2%를 사용한다.
③ 과량으로 사용하면 바닥 껍질색이 어두워지고 두꺼워진다.

④ 사용되는 식물성 기름은 불포화도가 높을수록 좋다.

해설 | 식물성 기름도 포화지방산과 불포화지방산이 혼합되어 구성되어 있다. 이때 불포화도가 높으면 영양학적으로는 좋으나 발연점이 낮아진다. 그러나 포화도가 높으면 발연점이 높아야 하는 튀김기름과 이형유(Pan oils)에는 적합하다.

11 **일반적인 케이크의 굽기에 관한 사항 중 틀린 것은?**

① 고율배합일수록 낮은 온도에서 오래 굽는다.

② 저율배합일수록 높은 온도에서 빨리 굽는다.

③ 반죽량이 많을수록 낮은 온도에서 굽는다.

④ 반죽량이 적을수록 수분 손실을 줄이기 위하여 오버 베이킹한다.

해설 | 오버 베이킹이란 낮은 온도에서 장시간 굽는 것을 뜻하므로, 반죽량이 적을수록 수분 손실을 줄이기 위하여 언더 베이킹해야 한다.

12 **반죽형 케이크의 부드러운 성질에 가장 크게 영향을 미치는 것은 어느 것인가?**

① 달걀 함량

② 수분 함량

③ 원료 혼합속도

④ 쇼트닝과 설탕 함량

해설 | 반죽형 반죽 케이크는 유지와 설탕의 사용량을 늘리면 늘릴수록 완제품의 질감을 부드럽게 한다.

13 **전란과 달걀 노른자를 이용하여 스펀지 케이크 반죽을 거품낼 때 공기를 포집하여 유지시키는 역할을 하는 성분으로 맞는 것은?**

① 달걀 노른자 ② 달걀 흰자

③ 전란 ④ 달걀 고형분

해설 |

• 달걀흰자의 단백질은 공기를 포집하여 팽창시킨다.

• 달걀노른자의 단백질과 레시틴은 공기를 포집하여 유지시킨다.

14 **케이크 제조에서 균일성과 품질을 조절하는 데 사용하는 중요한 3가지 요소로 맞는 것은?**

① 밀가루, 설탕, 쇼트닝

② 혼합 방법, 혼합 시간, 혼합기의 종류

③ 반죽의 온도, 반죽의 비중, 반죽의 산도

④ 굽기 시간, 굽기 온도, 오븐의 종류

해설 | 케이크 제조에서 반죽의 완료점의 기준인 반죽의 온도, 반죽의 비중, 반죽의 산도를 일정하게 유지하는 것은 케이크 제품의 균일성과 품질을 조절하는 데 중요한 3가지 요소이다.

15 **도넛 튀김기를 완전하게 세척하기 위해서는 가성용액을 사용해야 한다. 세척이 끝난 후에는 가성용액 성분을 완전히 제거하기 위하여 반복하여 씻어내게 되는데 이때 가성용액을 중화시키기 위하여 사용하는 물질은?**

① 식초 ② 비누

③ 중조 ④ 밀가루

해설 | 양잿물 수용액을 말하며 강한 알칼리성이므로 산성인 식초로 중화시켜야 한다.

16 **제빵에 있어서 소금 사용량에 관한 설명 중 잘못된 것은?**

① 식빵에는 보통 2% 정도 사용된다.

② 앙금빵에 넣는 소금량은 앙금의 0.3% 정도이다.

③ 사용하는 배합수가 연수일 경우에는 다소 소금의 사용량을 높이는 것이 좋다.

④ 과자빵에 설탕 사용량을 증가시키면 그에 따라 소금량을 증가시키는 것이 좋다.

해설 | 과자빵에 사용하는 소금의 사용량은 사용범위 안에서 설탕의 사용량과 무관하게 정한다.

17 일반적으로 반죽 시 탈지분유 1% 증가에 물 1%를 추가하는 경향이 있다. 이와 같은 관계는 분유 몇 %까지가 유효한가?

① 1% ② 2%
③ 6% ④ 10%

해설 | 빵을 만들 때 빵 반죽의 흡수율을 증가시키는 분유의 사용범위는 4~6%이다.

18 다음 제품 중 일반적으로 가장 빠른 믹싱단계에서 믹싱을 완료해도 좋은 것은?

① 데니시 페이스트리
② 식빵
③ 잉글리시 머핀
④ 불란서빵

해설 | 데니시 페이스트리 제품은 일반적으로 1단계인 픽업 단계에서 믹싱을 완료한다.

19 빵의 노화를 지연시키는 조치가 아닌 것은?

① 냉장 온도에 보관한다.
② 단백질의 양과 질이 높은 양질의 밀가루를 사용한다.
③ 적절한 유화제를 사용한다.
④ 적정한 제조 공정을 지켜 생산한다.

해설 | 냉장 온도는 빵의 노화가 진행되는 최적의 상태이다.

20 분할기를 사용하여 빵반죽을 분할할 때 분할량을 조정한 후 시간이 지체될수록 단위 개체는 어떻게 되는가?

① 부피가 커진다.
② 부피가 작아진다.
③ 무게가 감소된다.
④ 무게가 증가된다.

해설 | 분할기의 정해진 용적에 맞추어 부피를 기준으로 한 분할방식으로 기계분할하는 경우에는 이스트의 가스발생에 의한 부피 증가와 반죽의 탄력성과 저항성 증가 때문에 시간이 지체될수록 단위 개체의 반죽 무게는 감소된다.

21 스펀지법에서 일반적으로 스펀지 발효는 약 4시간이다. 이때 발생하는 현상으로 맞는 것은?

① 반죽의 신장성과 탄력성이 증가하여 부피가 커진다.
② 활발한 이스트의 증식으로 탄산가스가 감소하여 반죽이 약해진다.
③ 밀가루에 있는 당이 분해되어 알코올 및 각종 유기산이 형성된다.
④ 발효가 진행됨에 따라 온도와 pH가 같이 상승한다.

해설 | 스펀지 발효 시 발생하는 현상
- 반죽의 신장성은 증가하고 탄력성은 감소하면서 부피가 커진다.
- 활발한 이스트의 증식으로 탄산가스가 증가하여 반죽이 팽창한다.
- 밀가루에 있는 당이 분해되어 에틸알코올 및 각종 유기산이 형성된다.
- 발효가 진행됨에 따라 온도가 올라가고 pH는 내려간다.

22 대량생산 공장에서 반죽을 밀어 펼 때 2단계 롤러를 사용한다. 두 롤러 사이의 간격 조절로 알맞은 것은?

① 2단계 롤러는 1단계 롤러의 1/2 간격으로 유지한다.
② 2단계 롤러는 1단계 롤러의 1/3 간격으로 유지한다.
③ 2단계 롤러는 1단계 롤러의 1/4 간격으로 유지한다.
④ 1단계, 2단계 롤러를 같은 간격으로 조절한다.

해설 | 반죽을 밀어 펴는 2단계 롤러의 일반적인 간격조절방식은 1단계와 2단계의 롤러 간격을 1에서 1/2로 조절하는 방식이다.

23 빵의 냉각에 대한 설명 중 틀린 것은?

① 빵 속의 온도(품온)는 30℃, 수분함량은 30%까지 냉각 후 포장한다.
② 냉각 중 내부의 수분이 외부로 이동하여 껍질이 부드러워진다.
③ 냉각 중 수분손실로 2% 정도의 무게 감소가 일어난다.
④ 슬라이스를 용이하게 하고 보존 중 미생물 번식을 최대한 억제하기 위함이다.

해설 | 빵 속의 온도(품온)는 35~40℃, 수분함량은 38%까지 냉각 후 포장한다.

24 호밀빵 제조 시 주의사항으로 틀린 것은?

① 호밀은 글루텐을 형성하는 단백질 함량이 많아 밀가루에 비하여 발효시간이 길다.
② 호밀분이 증가할수록 흡수율을 증가시키고 반죽온도를 낮춘다.
③ 오븐 온도가 높을 때 얇게 커팅하고 낮을 때 깊게 커팅한다.
④ 굽기 중 표면이 갈라지는 것은 발효 과다와 찬 오븐에서 구운 과발효 반죽이다.

해설 | 호밀은 글루텐을 형성하는 단백질 함량이 적어 밀가루에 비하여 발효시간이 짧다.

25 과자빵의 옆면 허리가 낮은 이유로 적합하지 않은 것은?

① 이스트 사용량이 적거나 반죽을 지나치게 믹싱하였다.
② 발효(숙성)가 덜 된 반죽을 그대로 사용하였다.
③ 성형할 때 지나치게 눌렀거나 2차 발효시간이 길었다.
④ 오븐의 온도가 높았다.

해설 | 과자빵의 옆면 허리가 낮은 이유
- 오븐의 아랫불 온도가 낮았다.
- 오븐의 온도가 낮았다.
- 이스트의 사용량이 적었다.
- 반죽을 지나치게 믹싱하였다.
- 발효(숙성)가 덜 된 반죽을 그대로 사용하였다.
- 성형할 때 지나치게 눌렀다.
- 2차 발효시간이 길었다.

26 팬에 사용하는 기름의 조건으로 맞지 않는 것은?

① 굽기 중 연기가 나지 않아야 한다.
② 발연점이 210℃ 이상이 되는 기름을 사용해야 한다.
③ 산패가 되기 쉬운 지방산이 없어야 한다.
④ 보통 반죽무게의 1~2%를 사용한다.

해설 | 팬에 사용하는 기름은 보통 반죽무게의 0.1~0.2%를 사용한다.

27 풀먼 브레드의 굽기 손실은 몇 %인가?

① 5~7%
② 8~10%
③ 11~13%
④ 14~16%

해설 | 풀먼 브레드의 굽기 손실은 7~9% 정도이다.
※출제위원에 따라 결과 값이 약간씩 다르므로 근사 값을 선택해야 한다.

28 과자빵류에 속하는 커피 케이크의 분할 중량은?

① 30~60g
② 100~120g
③ 240~360g
④ 1,000~1,500g

해설 | 커피 케이크는 미국식 단과자빵으로 커피와 함께 먹는 빵의 이름이며, 분할 중량은 240~360g이다.

29 **하스(Hearth) 브레드를 제조 시 올바른 사항이 아닌 것은?**

① 수분 손실이 많다.
② 분할 중량이 작은 것은 2차 발효가 짧다.
③ 분할 중량이 큰 것은 2차 발효가 길다.
④ 수분 손실이 적다.

해설 | 하스(Hearth) 브레드는 제품 중에서 굽기 시 수분 손실이 가장 많은 제품이다.

30 **나선형 후크(Hook)가 내장되어 불란서빵과 같이 된 반죽이나 글루텐 형성능력이 다소 적은 밀가루로 빵을 만들 경우의 믹싱에 적당한 믹서는?**

① 버티컬 믹서(Vertical mixer)
② 수평 믹서(Horizontal mixer)
③ 스파이럴 믹서(Spiral mixer)
④ 믹서트론(Mixartron)

해설 | 스파이럴은 나선형이라는 의미로, 스파이럴 믹서는 된 반죽이나 글루텐 형성능력이 적은 밀가루로 빵을 만들 경우에 사용한다.

31 **당과 그 분해 효소에 관한 설명 중 옳은 것은?**

① 치마아제는 이스트가 가진 많은 효소가 모인 효소군으로 포도당과 과당을 분해하여 탄산가스와 알코올을 만든다.
② 자당은 말타아제에 의해 분해된다.
③ 맥아당은 인버타아제에 의해 분해된다.
④ 유당은 이스트 중의 효소에 의해 단당류로 분해된다.

해설 |
① 자당은 인버타아제(인베르타아제)에 의해 분해된다.
② 맥아당은 말타아제에 의해 분해된다.
③ 유당을 가수분해시킬 수 있는 락타아제는 이스트 중의 효소에 없다.

32 **효소에 관한 설명 중 틀리는 것은?**

① 효소는 생물체로부터 만들어진다.
② 효소는 대체로 자기 자신은 변화 없이 유기물을 분해한다.
③ 효소는 용액 속에서만 작용한다.
④ 효소가 작용하기 위해서는 산소가 필요하다.

해설 | 효소가 아니라 효모가 작용하기 위해서 산소가 필요하다.

33 **밀가루를 표백하는 이유가 아닌 것은?**

① 제품의 색상을 개량함
② 밀가루의 수화를 좋게 함
③ 캐러멜화를 촉진함
④ 밀가루, 설탕, 유지와의 결합을 좋게 함

해설 | 밀가루를 표백하는 이유
- 제품의 색상을 개량한다.
- 밀가루의 수화를 좋게 한다.
- 밀가루, 설탕, 유지와의 결합을 좋게 한다.

34 **밀가루의 글루텐은 어느 성분에 해당되는가?**

① 단백질 ② 탄수화물
③ 지질 ④ 무기질

해설 | 밀가루의 글루텐은 밀 단백질 중 글리아딘과 글루테닌이 만든다.

35 **당류의 주 역할이 아닌 것은?**

① 감미 증가
② 캐러멜화 작용
③ 케이크 형태 유지
④ 노화 방지

해설 | 케이크의 형태를 유지하는 구조형성 역할을 하는 재료에는 단백질을 함유한 밀가루, 달걀, 우유, 분유 등이 있다. 당류는 케이크의 식감을 부드럽게 하고 유연하게 하는 연화작용의 역할에 관여한다.

36 **지방의 산화를 가속화시키는 요인과 거리가 먼 것은?**

① 이중결합수
② 온도
③ 효모
④ 산소

해설 | 지방의 산화를 가속화시키는 요인에는 온도, 수분, 산소, 이물질, 이중결합수, 금속(구리와 철) 등이다.

37 **제빵에서 분유의 기능과 가장 거리가 먼 것은?**

① 믹싱 내구력을 높인다.
② 흡수율을 증가시킨다.
③ 보존성을 증가시킨다.
④ 발효 내구성을 증가시킨다.

해설 | 여기서의 보존성이란 미생물의 번식으로 인한 부패나 변질을 방지하고 화학적인 변화를 억제하며 보존성을 높이고 영양가 및 신선도를 유지하기 위해 사용하는 방부제의 화학적 성질을 의미한다.

38 **공립법으로 제조 시 달걀의 기포력을 증가시키고자 할 때 가장 효과적인 방법은?**

① pH를 저하
② 설탕 첨가
③ 우유 첨가
④ 신선란 사용

해설 | 달걀 흰자의 기포성을 좋게 하는 재료에는 주석산 크림, 레몬즙, 식초, 과일즙 등의 pH를 저하시키는 산성재료와 소금 등이다.

39 **밀가루 색상을 판별하는 방법이 아닌 것은?**

① 페카 시험법
② 분광 분석기 이용방법
③ pH 미터기 이용방법
④ 여과지 이용방법

해설 |
① 페카 시험법 : 껍질의 혼입 정도와 표백 정도를 알 수 있는 시험법이다.
② 분광 분석기 이용방법 : 분광 분석기로 측정하여 밀가루 색을 판정한다.
③ 여과지 이용방법 : 광학기구를 이용하여 밀가루의 색을 실험하는 방법이다.

40 **이스트 푸드의 성분 중 이스트의 직접적인 영양원이 되는 것은?**

① 칼슘염 ② 염화나트륨
③ 암모늄염 ④ 소맥분

해설 | 이스트에 부족한 질소를 공급하기 위하여 염화암모늄, 황산암모늄, 인산암모늄 등이 사용된다.

41 **당밀을 발효시켜 만든 술은?**

① 위스키 ② 럼주
③ 포도주 ④ 청주

해설 | 사탕수수를 압착하여 원액을 추출한 후 원액을 원심 분리하여 원당을 분리하고, 정제하는 과정에서 얻어지는 부산물이 당밀이다. 이 당밀을 발효시켜 만든 술이 제과에서 많이 사용하는 럼주이다.

42 **이스트 활동의 최적온도로 가장 알맞은 것은?**

① 28℃ ② 32℃
③ 45℃ ④ 60℃

해설 | 38℃가 이스트의 왕성한 활동으로 가스 발생력이 최고이지만 여기서는 32℃가 정답이 된다.

43 **다음 중 화학 팽창제가 아닌 것은?**

① 베이킹파우더
② 탄산수소나트륨
③ 효모
④ 염화암모늄

해설 | 효모는 생물학적 팽창방법의 매개체인 식물에 속하는 미생물이다.

44 수분활성도가 큰 식품일 때의 미생물의 번식 및 저장성을 맞게 설명한 것은?

① 미생물 번식이 쉬우며 저장성이 좋다.
② 미생물 번식이 쉬우며 저장성이 나쁘다.
③ 미생물 번식이 어려우며 저장성도 나쁘다.
④ 수분활성도와 미생물의 번식 및 저장성은 상관없다.

해설 | 식품의 수분이 존재하는 형태는 결합수와 자유수(유리수)가 있다. 여기서 식품의 보존성, 미생물의 생육과 밀접한 관계를 갖고 있는 수분의 존재 형태는 유리수이고 유리수의 비율을 수분활성도(Aw)라고 표현한다. 수분활성도가 큰 식품일수록 미생물 번식이 쉬우며 저장성이 나쁘다.

45 다음 중 안정제의 종류가 다른 것은?

① 한천 ② 펙틴
③ 젤라틴 ④ 카라기난

해설 | 젤라틴만 동물성 단백질의 안정제이고 나머지는 탄수화물 안정제이다.

46 살모넬라균 식중독에 관한 설명 중 잘못된 것은?

① 아이싱, 버터크림, 머랭 등에 오염 가능성이 크다.
② 달걀, 우유 등의 재료와는 큰 관계가 없다.
③ 잠복기는 보통 12~24시간이다.
④ 가열 살균으로 예방이 가능하다.

해설 | 쥐와 바퀴벌레 같은 곤충류에 의해서 발생될 수 있으므로 달걀, 우유 등의 재료와는 밀접한 관계가 있다.

47 일반적으로 잠복기가 가장 긴 식중독은?

① 화학물질에 의한 식중독
② 포도상구균 식중독
③ 감염형 세균성 식중독
④ 보툴리누스균 식중독

해설 | 감염형 세균성 식중독은 식중독의 원인이 직접 세균에 의하여 발생하는 중독이므로 감염 후 식중독을 일으키는 세균이 체내에서 병을 일으킬 수 있는 개체수만큼 증식하는 데 상대적으로 긴 잠복기가 필요하다.

48 곰팡이류에 의한 식중독의 원인은?

① 주톡신(Zootoxin)
② 마이코톡신(Mycotoxin)
③ 피토톡신(Phytotoxin)
④ 엔테로톡신(Enterotoxin)

해설 | 곰팡이 독의 종류
파툴린, 아플라톡신, 오크라톡신, 시트리닌, 맥각 중독, 황변미 중독, 마이코톡신 등이다.

49 소독(Disinfection)을 가장 잘 설명한 것은?

① 미생물을 사멸시키는 것
② 미생물의 증식을 억제하여 부패의 진행을 완전히 중단시키는 것
③ 미생물이 시설물에 부착하지 않도록 청결하게 하는 것
④ 미생물을 죽이거나 약화시켜 감염력을 없애는 것

해설 | 소독은 감염병의 감염을 방지할 목적으로 병원성 미생물을 멸살 혹은 약화시켜 감염을 없애는 것으로 비병원성 미생물의 멸살에 대하여는 별로 문제시 하지 않는다.

50 제과회사에서 작업 전후에 손을 씻거나 작업대, 기구 등을 소독하는 데 사용하는 소독용 알코올의 농도로 가장 적합한 것은?

① 30% ② 50%
③ 70% ④ 100%

해설 | 70% 알코올 수용액이 작업 전후 금속, 유리, 기구, 도구, 손소독 등에 적합하다.

51 **인체 내에서 수분의 기능과 거리가 먼 것은?**

① 체온조절
② 노폐물의 운반
③ 영양소의 운반
④ 신경자극의 전달

해설 | 신경자극의 전달은 대부분 무기질이 하는 기능이다.

52 **노년기에 체표면적당 기초대사가 저하되는 이유는?**

① 골격양의 감소
② 지방조직량의 감소
③ 멜라닌 색소의 침착
④ 대사조직량의 감소

해설 | 기초 대사량이란 인간이 생명을 유지하는 데 필요한 최소한의 에너지량을 말한다. 예를 들어 체온 유지나 호흡, 심장 박동 등 기초적인 생명 활동을 위한 신진대사에 쓰이는 에너지의 양으로 보통 휴식 상태 또는 움직이지 않고 가만히 있을 때 기초 대사량만큼의 에너지가 소모된다. 기초 대사량은 개인의 신진대사 조직량이나 근육의 양, 체지방의 양 등 신체적인 요소에 따라 차이가 난다.

53 **다음 중 필수 아미노산이 아닌 것은?**

① 글리신(Glycine)
② 이소류신(Isoleucine)
③ 메티오닌(Methionine)
④ 트립토판(Tryptophan)

해설 | 필수 아미노산의 종류에는 이소류신, 류신, 리신, 메티오닌, 페닐알라닌, 트레오닌, 트립토판, 발린, 히스티딘 등이 있다.

54 **우리 국민이 많이 섭취하는 탄수화물의 대사와 가장 관계가 깊은 비타민은?**

① 비타민 A
② 비타민 B
③ 비타민 C
④ 비타민 D

해설 | 비타민 B(티아민)는 탄수화물(당질)대사의 조효소 비타민이다.

55 **일반적으로 아기는 생후 몇 개월부터 철분을 외부로부터 섭취해야 하는가?**

① 생후 1개월
② 생후 4개월
③ 생후 8개월
④ 생후 10개월

해설 | 아기는 생후 4~6개월 이후부터는 철분을 외부로부터 섭취해야 하는데 철분의 보충은 곡류보다는 육류를 통해 흡수하는 게 좋으며, 식사 때마다 고기, 생선, 두부 중 한 가지 이상을 충분히 섭취해야 한다. 또한 사과, 감, 귤, 감자를 많이 먹어야 한다.

56 **작업 계획서를 작성하는 데 있어서 꼭 고려해야 할 사항과 가장 거리가 먼 것은?**

① 생산품종과 생산량
② 제품공급 일시(日時) 및 도착지
③ 작업인원
④ 제품완료시간

해설 | 제품공급 일시(日時) 및 도착지는 배송부서에서 작성하는 작업 계획서의 항목이며 다른 3가지는 생산관리부서에서 작성하는 작업 계획서의 항목이다.

57 **후라이(튀김) 작업도중 후라이 냄비 내의 기름에 불이 붙기 시작했다. 다음 조치 중 가장 부적당한 것은?**

① 물을 붓는다.
② 열원을 끈다.
③ 냄비에 뚜껑을 덮는다.
④ 기름에 야채를 넣는다.

해설 | 후라이 냄비 내의 기름에 불이 붙기 시작했을 때 물을 부으면 물에 기름이 뜨면서 불이 더욱 번진다.

58 완제품의 수분 손실은 포장의 유무, 저장기간, 계절 등 요인에 의해 영향을 받는다. 우리나라의 경우, 같은 제품을 포장하지 않았을 때 5일 후의 수분감량이 다음과 같다면 다음 중 봄, 여름, 가을, 겨울 중 겨울에 해당되는 항목은?

① 8.50%

② 10.24%

③ 11.35%

④ 12.40%

해설 | 겨울에는 날씨가 춥고 매우 건조하므로 완제품의 5일 후의 수분감량이 가장 크다.

59 생산부서의 인원에 대하여 다음과 같은 조치를 해야 된다고 제안했다면 어떤 경우에 해당하는가?

㉠ 전문가 초청 교육훈련 ㉡ 현장에서 기술개선 지도 ㉢ 제과학교 등 교육기관에 연수 기회 부여 ㉣ 사내 연구회 등 참여로 자기계발 유도

① 작업자의 부주의로 불량률을 증가시킨 경우

② 작업지시를 철저히 지키지 않은 경우

③ 작업환경(기계 등 가공조건)에 적응하지 못하는 경우

④ 기술수준이 낮아 작업에 익숙하지 않은 경우

해설 | 원가를 절감하는 방법 중에 작업관리를 개선하여 불량률을 감소시켜 원가절감을 할 수 있다. 작업관리 개선항목 중에서 예문의 조치는 기술 수준 향상과 숙련도 제고이다.

60 어느 제과점에서 앙금을 만들어 사용하는 데 앙금제조기의 1회 용량이 60kg이고, 앙금의 원재료비는 kg당 800원이다. 1회를 만드는 데 1인이 1.5시간 걸리며 1인의 1시간당 인건비는 8,000원이다(상여와 복리후생비 포함). 이것의 130%를 사내가공단가(광열비, 소모품, 기타 경비를 가산)로 할 때 얼마 이내의 가격이면 주문하여 사용해도 좋은가?

① 1,540원　　② 1,300원

③ 1,430원　　④ 1,600원

해설 |

① 앙금 1kg당 소요된 공임 = 1인의 1시간당 인건비는 8,000원×1회를 만드는 데 1인 1.5시간÷앙금제조기의 1회 용량이 60kg = 8,000원×1.5시간÷60kg = 200원

② 앙금의 원재료비는 kg당 800원

③ 주문 가능한 가격 = (앙금의 원재료비+앙금 1kg당 소요된 공임)×사내가공단가 130% = (200원+800원)×1.3 = 1,300원

정답　제2회 실전모의고사

01	③	02	④	03	③	04	③	05	①
06	③	07	①	08	④	09	④	10	④
11	④	12	④	13	①	14	③	15	①
16	④	17	③	18	①	19	①	20	③
21	③	22	①	23	①	24	①	25	④
26	④	27	②	28	③	29	④	30	③
31	①	32	④	33	③	34	①	35	③
36	③	37	③	38	①	39	③	40	③
41	②	42	②	43	③	44	②	45	③
46	②	47	③	48	②	49	④	50	③
51	④	52	④	53	①	54	②	55	②
56	②	57	①	58	④	59	④	60	②

제 3 회 제과기능장 필기 실전모의고사

제과기능장 필기시험

제과기능장 필기 실전모의고사	품목코드	시험시간	문제지형별	수험번호	성 명
	2011	1시간	B		

01 옐로우 레이어 케이크에서 55%의 유화 쇼트닝을 사용하여 좋은 결과를 가진 배합률에 초콜릿 32%를 넣어 초콜릿 케이크를 만들려 한다. 원래의 유화 쇼트닝은 얼마로 조정해야 하는가?

① 43% ② 49%
③ 55% ④ 61%

해설 | 비터 초콜릿 중의 코코아 버터가 3/8 차지하며, 코코아 버터의 양에서 쇼트닝의 양은 1/2이다. 초콜릿 32% 중 코코아 버터는 32×3÷8 = 12%며 그 중에서 쇼트닝의 양은 1/2이므로 12÷2 = 6%이다. 따라서, 초콜릿 케이크를 만들 때 사용된 유화 쇼트닝의 양은 55−6 = 49%이다.

02 다른 조건이 동일할 때 초콜릿의 색깔이 가장 진하게 나타나는 pH는?

① 5 ② 6
③ 7 ④ 8

해설 | 초콜릿 케이크 반죽의 pH를 pH 8.8~9로 조절하면 열반응을 촉진시켜 속색을 진하게 만들 수 있다. 이때 pH를 높이는 재료로 중조(탄산수소나트륨)를 사용한다.

03 파운드 케이크를 만들 때 윗면이 터지는 원인을 잘못 설명한 것은?

① 반죽 내에 수분이 충분한 경우
② 반죽 내의 설탕입자가 용해되지 않은 경우
③ 팬에 넣은 후 굽기까지 장시간을 방치한 경우
④ 오븐 내에서 껍질 형성이 너무 빠른 경우

해설 |
구울 때 윗면이 터지는 원인
- 설탕이 다 녹지 않음
- 높은 온도에서 구워 껍질이 빨리 생김
- 반죽의 수분 부족
- 패닝 후 바로 굽지 않아 반죽의 거죽이 마름

04 난백의 기포성을 이용해 케이크를 만드는 데 거품의 안정성을 위해 첨가하는 것으로 가장 좋은 것은?

① 난황 ② 레몬즙
③ 설탕 ④ 소금

해설 | 달걀흰자의 포집성(즉, 거품의 안정성)을 좋게 하는 재료에는 설탕과 산성 재료이다. 이 2가지 재료 중에서 더 좋은 것은 설탕이다.

05 과일 파이를 만들 때 과일 충전물이 끓어 넘치는 이유가 될 수 있는 것은?

① 과일 충전물의 온도가 낮은 경우
② 과일 충전물에 설탕이 너무 적은 경우
③ 껍질에 구멍을 뚫어 놓은 경우
④ 바닥 껍질이 너무 두꺼운 경우

해설 | 과일 충전물이 끓어 넘치는 이유
- 껍질에 수분이 많았다.
- 위 · 아래 껍질을 잘 붙이지 않았다.
- 껍질에 구멍을 뚫지 않았다.
- 오븐의 온도가 낮다.
- 충전물의 온도가 높다.
- 바닥 껍질이 얇다.
- 천연산이 많이 든 과일을 썼다.
- 과일 충전물에 설탕이 너무 적었다.

06 **커스터드 크림을 엉기게 하는 가장 중요한 재료는?**

① 전분 ② 설탕
③ 달걀 ④ 우유

해설 | 커스터드 크림은 우유, 달걀, 설탕을 한데 섞고, 안정제로 옥수수 전분이나 박력분을 넣어 끓인 크림이다. 여기서 커스타드 크림에 점성을 부여하는 재료는 달걀, 전분이지만 정답은 전분으로 출제됨

07 **엔젤 푸드 케이크에서 가장 부드러운 조직의 제품을 만들려고 할 때 혼합 방법으로 맞는 것은?**

① 달걀흰자에 주석산 크림을 넣은 다음 젖은 피크까지 혼합한 후 밀가루와 설탕을 넣고 혼합한다.
② 달걀흰자에 레몬즙을 넣은 후 젖은 피크까지 혼합한 후 밀가루와 설탕을 넣고 혼합한다.
③ 달걀흰자와 설탕을 첨가하여 건조피크까지 혼합한 후 밀가루와 주석산 크림을 넣고 혼합한다.
④ 달걀흰자를 젖은 피크까지 혼합한 다음 설탕을 넣고 중간피크까지 혼합한 후 밀가루와 주석산 크림을 넣고 혼합한다.

해설 |
- 산 전처리법의 제조공정은 흰자에 주석산 크림과 소금을 넣고 제조하는 방법으로 튼튼하고 탄력이 있는 제품을 만들 때 사용한다.
- 산 후처리법의 제조공정은 주석산 크림과 소금을 분당, 밀가루와 함께 체에 쳐서 넣고 제조하는 방법으로 부드러운 조직의 제품을 만들려고 할 때 사용한다.

08 **비중컵의 무게가 100g이고 비중컵과 물의 무게가 180g일 때 동일한 비중컵에 들어가는 반죽의 무게가 80g이었다면 반죽의 비중은 얼마인가?**

① 1.25 ② 1.0
③ 0.8 ④ 0.44

해설 | 비중 = 동일한 비중컵에 들어가는 반죽의 무게 ÷(비중컵과 물의 무게–컵 무게) = 80g÷(180g–100g) = 1.0

09 **반죽팬의 부피가 820cm³일 때 이 팬에 들어갈 반죽량이 가장 적은 제품은?(단, 파운드 케이크의 비용적은 2.40cm³/g, 레이어 케이크의 비용적은 2.96cm³/g, 식빵의 비용적은 3.36cm³/g, 스펀지 케이크의 비용적은 5.0cm³/g이라고 간주한다)**

① 파운드 케이크
② 레이어 케이크
③ 식빵
④ 스펀지 케이크

해설 | 비용적이란 반죽 1g을 구웠을 때 틀을 차지하는 부피를 의미하므로 비용적이 클수록 크기가 같은 팬에 적은 양의 반죽을 넣어도 같은 크기의 부피를 얻을 수 있다.

10 **퍼프 페이스트리(Puff pastry)에 관한 설명 중 틀린 것은?**

① 퍼프 페이스트리는 반죽 층 사이에 녹은 지방이 포집한 수분에 의하여 팽창한다.
② 가소성의 폭이 좁은 유지를 사용하면 부피가 감소한다.
③ 적층공정(Lamination)은 보통 3겹 접기를 한 후 20~30분 휴지시킨 다음 다시 늘리기를 한다.
④ 퍼프 페이스트리 반죽의 파치(Scrap pieces)를 재사용하고자 할 때는 새로운 반죽과 처음부터 혼합하여 사용한다.

해설 | 파치(Scrap pieces)는 다른 반죽 속에 넣어 새로 밀어 펴거나 '나폴레옹'과 '뿔(Horn)' 제품과 같이 얇게 미는 제품에 사용한다. 지나치게 작업한 파치를 다른 반죽 위에 놓아서 밀면 전체가 단단해지고 바람직하지 못한 결이 생기고 부피도 작아진다.

11 **케이크의 굽기 온도가 너무 높았을 때 나타나는 일반적인 현상으로 틀린 것은?**

① 지장성이 나쁘다.
② 껍질 색상이 너무 진하다.
③ 부피가 작다.
④ 기공이 크고 거칠다.

해설 |
완제품의 기공이 크고(열리고) 조직이 거친 원인
- 표백하지 않은 박력분을 썼다.
- 재료들이 고루 섞이지 않았다.
- 오븐의 온도가 낮았다.
- 화학 팽창제의 사용량이 많았다.

12 **케이크 도넛을 튀길 때 튀김 유지의 수위가 너무 깊어 발생하는 현상으로 맞는 것은?**

① 유지 흡수가 억제된다.
② 도넛의 부피가 크다.
③ 도넛의 흐름성이 증가된다.
④ 도넛이 떠오르면서 뒤집어지기 어렵게 된다.

해설 | 튀김 기름의 깊이가 너무 깊으면 온도를 올리는데 시간이 많이 걸리므로 열량이 많이 들고 도넛이 떠오르는 시간이 길어져 동그랗게 팽창하므로 뒤집어지기 어렵게 된다.

13 **주석산 크림은 달걀흰자의 알칼리성에 대한 강하제로서 역할을 한다. 또한 이와 같은 역할 이외에 주석산 크림은 흰자의 거품과 케이크에 각각 어떠한 영향을 미치는가?**

① 색상과 체적의 증가
② 산도와 체적의 증가
③ 산도와 백도의 증가
④ 색상과 안정성의 증가

해설 | 주석산 크림은 흰자의 구조와 내구성을 강화시키고, 흰자의 산도를 높여 케이크의 속색을 희게 한다(백도를 증가시킨다).

14 **반죽형 케이크 제조 시 반죽의 되기(수분함량)에 따라 제품의 품질에 큰 영향을 미친다. 반죽의 수분 함량이 정상보다 많은 경우에 반죽의 비중, 부피 및 풍미에 미치는 영향으로 맞는 것은?**

① 비중 증가, 부피 감소, 풍미 감소
② 비중 증가, 부피 증가, 풍미 증가
③ 비중 감소, 부피 증가, 풍미 증가
④ 비중 감소, 부피 감소, 풍미 감소

해설 | 반죽의 수분 함량이 정상보다 많으면 유지의 공기 포집능력을 약화시켜 비중이 증가하고 비중이 증가하면 부피가 감소한다. 많은 양의 물은 재료의 풍미를 희석시켜 풍미는 감소한다.

15 **로터리 몰더로 찍어 내는 샌드위치 쿠키의 밴드 오븐 조작으로 가장 틀린 것은?**

① 오븐 입구에서는 93℃의 낮은 온도로 굽기 시작한다.
② 오븐의 중간 구획에서는 177℃가 되도록 온도를 증가시킨다.
③ 오븐 출구에서는 다시 온도를 93℃로 낮추어 굽는다.
④ 오븐 출구의 댐퍼는 완전하게 열어 필요한 양의 수분을 제거한다.

해설 | 밴드 오븐(Band oven)
카본 스틸이나 스테인리스 스틸로 만든 밴드를 구움대로 사용하여, 그 위에 직접 반죽을 늘어놓고 터널 속을 수평으로 움직이면서 굽는 방식의 오븐. 반죽을 넣는 문과 구워져 나오는 문이 서로 다르다. 원래 밴드 오븐은 비스킷용(얇은 쿠키, 크래커를 뜻한다)으로 개발된 것으로서 응용범위가 넓다.

16 **빵 반죽의 흡수에 영향을 주는 요인을 설명한 항목 중 틀린 것은?**

① 설탕을 5% 증가시키면 흡수율을 1% 정도 감소시킨다.

② 탈지분유를 1% 증가시키면 흡수율을 1% 정도 증가시킨다.

③ 연수(단물) 대신 경수(센물)를 사용할 때 흡수율을 1% 정도 감소시킨다.

④ 반죽 온도가 5℃ 정도 높아지면 흡수율을 3% 정도 감소시킨다.

해설 | 경수(센물) 대신 연수(단물)를 사용할 때 흡수율을 2% 정도 감소시킨다.

17 **스펀지법 제빵에 있어서 한 배합의 스펀지 온도가 낮아서 발효가 부족한 상태였다. 이 스펀지의 도우(Dough) 믹싱을 위한 조치 중 틀린 것은?**

① 도우(Dough) 온도를 정상 시보다 높게 한다.

② 배합수의 온도를 정상 시보다 높게 한다.

③ 플로어 타임(Floor time)을 길게 한다.

④ 이스트 푸드 양을 추가한다.

해설 | 이스트의 가스 발생력에 활력을 주는 요인에는 여러 가지가 있는데 이스트 푸드는 이스트에 황산암모늄, 염화암모늄, 인산암모늄으로 영양소인 질소를 공급하여 가스 발생력에 활력을 준다. 그러나 이스트 푸드는 1차 반죽인 스펀지에서 추가한다.

18 **스펀지 발효 시 pH와 온도의 변화는?**

① 온도와 pH가 동시에 상승한다.

② 온도는 상승하고 pH는 떨어진다.

③ 온도는 떨어지고 pH는 상승한다.

④ 온도와 pH가 동시에 떨어진다.

해설 | 이스트가 당을 산화시키면서 열을 발생시키므로 반죽의 온도는 올라가고, 산화의 분해산물로 이산화탄소, 유기산이 발생하므로 반죽의 pH는 떨어진다.

19 **언더 베이킹(Under baking)에 대한 설명으로 맞는 것은?**

① 낮은 온도의 오븐에서 굽는 것이다.

② 구운 제품의 윗부분이 평평해지는 경향이 있다.

③ 제품에 남는 수분이 적다.

④ 속이 불안정하여 주저앉기 쉽다.

해설 | 언더 베이킹(Under baking)

- 높은 온도의 오븐에서 굽는 것이다.
- 구운 제품의 윗부분이 터지는 경향이 있다.
- 제품에 남는 수분이 많다.
- 속이 불안정하여 주저앉기 쉽다.

20 **토스트 식빵과 비교하여 샌드위치 식빵을 만들 때 적용될 수 있는 내용은?**

① 발효를 증가시킨다.

② 설탕을 증가시킨다.

③ 이스트를 증가시킨다.

④ 이스트 푸드를 증가시킨다.

해설 | 토스트 식빵은 그릴에 한번 구운 후 샌드위치를 만들고, 샌드위치 식빵은 그릴에 구우면 설탕 함량이 많아 타기 때문에 굽지 않고 샌드위치를 만든다.

21 **식빵의 외피의 색이 지나치게 진한 이유가 되지 못하는 것은?**

① 당류 또는 탈지분유가 과량 사용된 경우

② 반죽이 미발효 시

③ 오븐 조작이 적절치 못한 경우

④ 식염 사용량이 부족한 경우

해설 | 식빵의 외피의 색이 지나치게 진한 이유

- 과다한 설탕 사용량
- 높은 오븐 온도
- 2차 발효실의 습도가 높음
- 과도한 굽기
- 오븐의 윗 온도가 높음
- 지나친 믹싱
- 1차 발효시간 부족
- 과다한 분유 사용량
- 소금 사용량이 많음

22 **연속식 제빵법에서 고속 회전에 의하여 글루텐을 발달시키는 장치를 무엇이라 하는가?**

① 예비혼합기(Premixer)
② 디벨로퍼(Developer)
③ 분할기(Divider)
④ 열교환기(Heat Exchanger)

해설 | 디벨로퍼(Developer)
3~4기압 하에서 30~60분간 반죽을 발전시켜 분할기로 직접 연결시킨다. 디벨로퍼에서 숙성시키는 동안 공기 중의 산소가 결핍되므로 고속 회전에 의한 기계적 교반과 산화제에 의하여 반죽을 형성시킨다.

23 **빵 반죽 제조에 관한 설명으로 틀린 것은?**

① 스트레이트법은 15~20분, 스펀지법의 스펀지는 4~6분 믹싱한다.
② 글루텐 발전으로 탄산가스를 포집하여 부피를 형성하게 하기 위함이다.
③ 유지는 클린업 단계에서 투입하여 수화를 돕는다.
④ 스펀지 반죽은 탄력성과 신장성이 발달되어 본 반죽 시간을 단축한다.

해설 | 스트레이트법으로 제조한 반죽은 1차 발효 후 반죽에 탄력성과 신장성이 발달된다. 그러나 스펀지법으로 제조한 스펀지 반죽은 스펀지 발효를 진행하는 동안 반죽의 신장성은 발달되지만 탄력성은 발달되지 않는다. 왜냐하면 스펀지 반죽의 발효 완료점은 반죽 중앙이 오목하게 들어가는 현상(드롭 ; Drop)이 생길 때까지 하기 때문이다.

24 **중간 발효(Overhead proofer)에 대한 설명 중 틀린 것은?**

① 중간 발효실의 온도는 27~29℃, 습도는 75%를 유지한다.
② 믹싱이 과도한 반죽은 중간 발효를 짧게, 믹싱이 부족한 반죽은 중간 발효를 길게 준다.
③ 반죽은 초기에 부드럽고 유연하나 말기에는 건조하고 광택이나 윤기가 없어진다.
④ 온도가 높으면 짧게, 온도가 낮으면 길게 준다.

해설 | 믹싱이 과도한 반죽은 1차 발효를 짧게, 믹싱이 부족한 반죽은 1차 발효를 길게 준다.

25 **구워 낸 빵을 포장하여 보관 중 일어나는 노화에 대한 설명 중 틀린 것은?**

① 노화는 미생물에 의한 부패를 포함한 물리 · 화학적 변화로 먹기에 부적합한 현상을 말한다.
② 노화는 오븐에서 나온 즉시 일어나기 시작하며 냉장온도에서 빠르게 진행된다.
③ 노화를 지연시키기 위하여 유화제, 유지, 설탕 등의 첨가물을 사용한다.
④ 전분이 열을 받으면 α-전분으로 되고 냉각 중 β-전분으로 변화된다.

해설 | 노화는 부패와는 다른 개념이다.

26 **건포도 식빵 제조 시 주의사항으로 틀린 것은?**

① 건포도는 믹싱 마지막 단계에 투입하여 깨지는 것을 방지한다.
② 건포도에 의한 밀가루의 글루텐 희석작용으로 분할중량을 20~25% 증가시킨다.
③ 건포도 전처리는 27℃의 물에 담근 후 물을 즉시 배수하고 4시간 동안 정치시킨다.
④ 건포도에 의한 분할중량이 많으므로 굽기 온도를 높여 빨리 구워 낸다.

해설 | 건포도에 의한 분할중량이 많으므로 굽기 온도를 낮추어 길게 구워 낸다.

27 과자빵 제조 시 설명으로 틀린 것은?

① 앙금빵은 믹싱을 탄력성이 최대가 되도록 한다.

② 소보루빵은 2차 발효를 약간 짧게 하여 모양이 유지되도록 한다.

③ 버터크림은 설탕을 사용하여 씹히는 촉감을 가지도록 한다.

④ 커스터드 크림은 농후화제로 달걀노른자를 사용한다.

해설 | 버터크림은 설탕시럽 혹은 분당을 사용하여 부드러운 촉감을 가지도록 한다.

28 윗면의 가로가 21cm, 세로가 9.5cm, 아래면의 가로가 19cm, 세로가 8.5cm이고 높이가 10cm인 식빵 팬에 알맞은 반죽무게는?(단, 식빵 팬의 비용적은 3.36cm³이고, 소수 첫째 자리에서 반올림한다)

① 536g ② 546g

③ 556g ④ 566g

해설 |

① 반죽무게 = 용적÷비용적

② {(윗면의 가로 21cm+아래면의 가로 19cm)÷2}×{(윗면의 세로 9.5cm+아래면의 세로 8.5cm)÷2}×높이 10cm÷식빵팬의 비용적 3.36cm³/g

③ 20×9×10÷3.36 = 535.7g

29 스트레이트법의 장점이 아닌 것은?

① 발효공정이 짧으며, 공정이 단순해 알기 쉽다.

② 재료의 풍미가 살아 있다.

③ 빵의 조직이 힘이 있어 씹는 맛이 좋다.

④ 발효시간이 짧기 때문에 수화가 불충분해 빵의 경화가 빠르다.

해설 | 발효시간이 짧기 때문에 수화가 불충분해 빵의 경화가 빠른 것은 스트레이트법의 단점이다.

30 냉동반죽법을 이용한 2차 발효와 굽기에 대한 사항 중 맞지 않는 것은?

① 스트레이트법보다 2차 발효를 5~10% 감소시킨다.

② 스트레이트법보다 굽는 온도를 5~10℃ 감소시킨다.

③ 스트레이트법보다 어린 반죽으로 굽는다.

④ 스트레이트법보다 굽는 온도를 5~10℃ 증가시킨다.

해설 | 스트레이트법보다 2차 발효를 5~10% 감소시킨 어린 반죽상태로 굽기 때문에 굽는 온도를 5~10℃ 감소시킨다.

31 발효제품인 식빵에 사용한 자당(Sucrose) 100g을 발효성 탄수화물을 기준으로 하면 고형질이 91%인 포도당 몇 g과 같은가?

① 91g ② 100g

③ 105g ④ 115g

해설 |

자당(Sucrose) 100g을 발효성 탄수화물을 기준으로 함수포도당으로 대체하는 계산공식

① 자당 100g에 물 5.26g을 넣고 가수분해하면 105.26g의 무수포도당이 생성된다.

② 함수포도당은 고형질 91%에 물 9%로 구성되어 있으므로 무수포도당 105.26g을 고형질의 비율로 놓고 여기에 물 9%를 더하면 함수포도당 115.67g(=105.26÷0.91)이 된다.

③ 그러므로 자당 100g은 함수포도당 115g이 된다.

32 소맥분 개량제와 관련된 설명 중 가장 잘못된 것은?

① 소맥분은 저장 중 공기 중의 산소에 의해 산화되어 서서히 표백과 숙성이 일어난다.

② 소맥분 개량제를 소맥분에 첨가하는 것은 장기간 저장할 수 있게 하기 위함이다.

③ 제분 직후의 소맥분은 양질의 빵을 만드는데 방해가 되는 물질이 함유되어 있다.

④ 소맥분 개량제를 소맥분에 너무 많은 양을 첨가하면 글루텐 신축성이 감소된다.

해설 | 소맥분 개량제를 소맥분에 첨가하는 것은 밀가루의 제빵 적성을 좋게 하기 위함이다.

33 밀가루 선택 시 중요한 요인이 아닌 것은?

① 분산성 ② 흡수력

③ 색 ④ 균일

해설 | 밀가루의 선택기준

- 밀가루 품질의 안정성(균일성)
- 빵 만들기에 적합한 2차 가공 적성
- 흡수량이 많을 것
- 밀가루의 색을 보고 등급을 파악함
- 단백질의 양과 질이 좋은 것

34 자당에 관한 설명 중 틀리는 것은?

① 포도당보다 잠열이 낮다.

② 빵 제조 시 밀가루의 인버타아제에 의해 과당과 포도당으로 분해된다.

③ 자당 한 분자는 과당 한 분자와 포도당 한 분자 중 물 한 분자가 제거되어 결합된 것이다.

④ 빵 제조에 사용된 자당은 제품의 노화를 지연시키는 작용도 한다.

해설 | 빵 제조 시 이스트의 인버타아제에 의해 과당과 포도당으로 분해된다.

35 유지의 유리지방산에 대한 설명으로 알맞은 것은?

① 거품생성을 방지하는 물질이다.

② 유지의 발연점을 높게 한다.

③ 유화제의 주성분이다.

④ 가수분해 생성물이다.

해설 | 유지를 고온으로 계속 가열하며 지방에서 지방산이 떨어져 나와 유리지방산이 많아져 발연점이 낮아진다. 유리지방산은 지방을 효소로 가수분해하는 과정에서도 생성되며 많이 생성되면 기름에 거품이 일어난다.

36 유화제에 대한 설명으로 잘못된 것은?

① 서로 혼합이 잘되지 않는 2종류의 액체 또는 고체를 액체에 분산시키는 기능을 가진 물질을 말한다.

② 유화제는 분산된 입자가 다시 응집하지 않도록 안정화시키는 작용이 있다.

③ 유화제는 물과 기름의 경계면에 작용하고 있는 힘(계면장력)을 높게 하여 물 중에 기름을 분산시키거나 기름 중에 물을 분산시킨다.

④ 유화제는 일반적으로 소량으로 효과가 있고, 필요 이상 첨가하면 오히려 제품에 악영향을 준다.

해설 | 유화제는 물과 기름의 경계면에 작용하고 있는 힘(계면장력)을 낮게 하여 물 중에 기름을 분산시키거나 기름 중에 물을 분산시킨다.

37 제빵에 4~6% 탈지분유를 사용할 때의 기능이 아닌 것은?

① 믹싱 내구성을 높인다.

② 흡수율을 증가시킨다.

③ 유당에 의한 껍질색은 여리다.

④ 완충 작용에 의해 발효 내구성을 높인다.

해설 | 유당은 굽기 시 열반응을 일으켜서 껍질색을 진하게 한다.

38 흰자 420g을 얻으려면, 껍질 포함 60g짜리 달걀 약 몇 개를 준비해야 되는가?

① 8개 ② 12개

③ 24개 ④ 70개

해설 |

흰자 420g÷(껍질 포함 60g짜리 달걀×0.6) = 11.6개

39 **제빵용 이스트와 관련된 설명 중 가장 틀린 항목은?**

① 가장 보편적인 생식 방법은 출아법이다.

② 이스트의 생 세포는 63℃ 근처에서, 포자는 약 69℃에서 사멸한다.

③ 활성 건조효모를 낮은 온도의 물로 수화시키면 글루타티온이 침출되어 반죽이 약화되기 쉽다.

④ 불활성 건조효모의 고형질은 압착 이스트의 3배가 되지만 압착 이스트 대신 약 40~50%를 사용하여야 같은 발효력을 가지게 된다.

해설 | 활성 건조효모의 고형질은 압착 이스트의 3배가 되지만 압착 이스트 대신 약 40~50%를 사용하여야 같은 발효력을 가지게 된다.

40 **다음 화학 물질 중 탄산가스를 발생시키지 않는 것은?**

① 중조(Baking soda)

② 글루코노델타락톤(G.D.L;Glucono-delta-lactone)

③ 베이킹파우더(Baking powder)

④ 암모니움카보네이트(Ammonium-carbonate)

해설 | 글루코노델타락톤(G.D.L ; Glucono-delta-lactone)는 두부의 응고제 역할과 김치 발효 지연 효과가 있다.

41 **제빵에 적당한 물의 경도는?**

① 60ppm 이하

② 60~120ppm 미만

③ 120~180ppm 미만

④ 180 ppm 이상

해설 | 제빵에 적당한 물은 아경수(120~180ppm 미만)이며, 약산성의 물(pH 5.2~5.6)이다.

42 **과일 충전물의 농후화제 사용 목적이 아닌 것은?**

① 충전물을 조릴 때 호화를 느리게 하고 연하게 한다.

② 충전물에 좋은 광택 제공, 과일에 들어있는 산의 작용을 상쇄한다.

③ 과일의 색과 향을 조절한다.

④ 과일 충전물이 냉각되었을 때 적정 농도를 유지한다.

해설 | 과일 충전물의 농후화제로는 옥수수 전분을 많이 사용하며 충전물을 조릴 때 호화를 빠르게 하고 진하게 한다.

43 **젤라틴에 대한 설명 중 틀린 것은?**

① 동물의 결체조직을 원료로 한다.

② 중탕에 용해시킨다.

③ 산 용액 중에서 가열하면 화학적 분해가 일어난다.

④ 용액 중의 설탕은 젤 조직을 약화시킨다.

해설 | 설탕은 용액 중의 젤라틴에 의해 형성된 젤 조직을 유연하게 할뿐 약화시키지는 않는다.

44 **식빵을 믹싱할 때 밀가루, 물, 소금 등의 재료가 표준보다 많고 적음을 알아내는 기계는?**

① 패리노그래프(Farinograph)

② 아밀로그래프(Amylograph)

③ 익스텐소그래프(Extensograph)

④ 믹서트론(Mixotron)

해설 | 믹서트론
재료계량 및 혼합시간의 오판 등 사람의 잘못으로 일어나는 사항과 계량기의 부정확 또는 믹서의 작동 부실 등 기계의 잘못을 계속적으로 확인하는 기계이다.

45 **산소가 없는 곳에서는 원래 환원제이지만 일반적인 빵 믹싱과정에서는 산화제로 작용하기 때문에 빵 제조에 사용하는 것은?**

① 아조디카본아미드
② 주석산수소칼륨
③ 비타민 C
④ 인산알루미늄나트륨

해설 | 프랑스에서는 제빵개량제가 사용이 금지되어 있으므로 프랑스 바게트 제조 시에는 비타민 C와 맥아로 그 기능을 대신한다.

46 **식중독 발생의 원인 식품으로 식중독 발생 이 가장 높은 것은?**

① 육류 ② 채소류
③ 과자류 ④ 버섯류

해설 | 각 연도별 식중독 원인의 식품별 비율을 보면 육류 및 그 가공식품이 20~50%로 가장 높은 비중을 차지하고 있으며 다음이 어패류 및 가공품으로 12~33%를 점하여 이 두 식품군이 우리나라 식중독 발생의 주된 원인이 되고 있다.

47 **경구감염병 중 원생동물에 의한 질병은?**

① 장티푸스
② 감염성 설사증
③ 유행성 간염
④ 아메바성이질

해설 | 원생동물(원충성 감염)에는 아메바성이질이 있다.

48 **다음 중 유해인공 감미료로 식중독의 원인이 되는 것은?**

① 사이클라메이트(Cyclamate)
② 페놀(Phenol)
③ 마이코톡신(Mycotoxin)
④ 겐티아나바이올렛(Gertiana violet)

해설 | 유해인공 감미료의 종류 : 사이클라메이트, 둘신, 페릴라틴, 에틸렌글리콜, 사이클라민산나트륨

49 **식빵의 변질 및 부패와 가장 관련이 큰 것은?**

① 곰팡이 ② 효모
③ 리케치아 ④ 맥아

해설 | 빵에 생기는 곰팡이 중에는 붉은빵곰팡이, 누룩곰팡이, 털곰팡이, 검은빵곰팡이 등이 있다.

50 **미생물이 식품에 오염되어 생육할 때 필요한 조건과 관계가 가장 먼 것은?**

① 적당한 온도 ② 수분
③ 영양소 ④ 식품의 색

해설 | 미생물이 식품에 오염되어 생육할 때 필요한 조건에는 영양소, 수분, 온도, pH, 산소, 삼투압 등이다.

51 **인체 내에서 셀룰로오스(Cellulose)를 분해시키지 못하는 이유는?**

① 인슐린이 부족하기 때문
② 분해효소가 없기 때문
③ 아미노산이 부족하기 때문
④ 열량이 부족하기 때문

해설 | 인체 내에는 셀룰로오스(Cellulose)를 분해시킬 수 있는 셀룰라아제가 없다.

52 **글리코겐(Glycogen)으로 저장하고 남은 탄수화물은 체내에서 어떻게 되는가?**

① 지방으로 전환되어 저장된다.
② 혈당으로 혈액에 저장된다.
③ 모두 변과 함께 체외로 배설된다.
④ 모두 뇨와 함께 체외로 배설된다.

해설 | 다량의 포도당을 섭취하면 글리코겐(Glycogen)으로 저장되거나 지방으로 전환되어 저장된다.

53 다음 중 열량소만으로 구성된 것은?

① 당질, 단백질, 무기질
② 당질, 지방질, 무기질
③ 당질, 단백질, 지방질
④ 단백질, 지방질, 비타민

해설 | 탄수화물(당질), 지방(지질, 지방질), 단백질 등이 열량영양소이다.

54 다음 자연식품의 단백질 중 단백가가 100인 것은?

① 달걀 ② 우유
③ 소고기 ④ 밀

해설 | 달걀(100), 소고기(83), 우유(78), 밀가루(52)

55 칼슘 흡수를 저해시키는 물질은?

① 아스코르빈산 ② 구연산
③ 유당 ④ 옥살산

해설 | 칼슘 흡수를 방해하는 인자는 시금치에 함유된 옥살산(수산)이다.

56 데니시 페이스트리, 불란서빵, 데커레이션 케이크 등 수작업을 하거나 가공도가 높은 제품에 대한 일반적인 특성으로 틀린 항목은?

① 품질이 좋다.
② 가격이 높다.
③ 수량이 적다.
④ 원재료비 비율이 높다.

해설 | 수작업을 하거나 가공도가 높은 제품은 원재료비 비율이 낮아 부가가치(생산가치)가 높다.

57 데니시 페이스트리 5,000개를 2시간 내에 정형하려고 한다. 1,000개를 정형하는 데 3.2시간/인이 소요된다. 이 생산라인에 몇 명을 배정해야 하는가?(단, 여유율은 무시)

① 4명 ② 8명
③ 10명 ④ 12명

해설 |
① 1시간/인의 생산량 = 1000개÷3.2시간/인 = 312.5개/시간
② 2시간/인의 생산량 = 312.5개/시간×2시간 = 625
③ 생산라인에 필요한 인원 = 5000개÷625개 = 8명

58 팥앙금 60kg을 만드는 데 1사람이 1.5시간을 작업해야 하며 1시간당 임금이 4,000원이다. 팥앙금 1kg 원재료 단가는 1,000원이고 여기에 공임을 합한 것의 130%를 사내 가공단가로 한다면 얼마가 되는가?

① 1,100원 ② 1,300원
③ 1,430원 ④ 1,625원

해설 |
① 앙금 1kg당 소요된 공임 = 1인의 1시간당 인건비 4,000원×팥앙금 60kg을 만드는 데 1인이 작업하는 시간 1.5시간÷1사람이 1.5시간을 작업한 용량 60kg = 4,000원×1.5시간÷60kg = 100원
② 팥앙금 1kg 원재료 단가는 1,000원
③ 가능한 가격 = (앙금의 원재료비+앙금 1kg당 소요된 공임)×사내가공단가 130% = (100원+1000원×1.3 = 1,430원

59 원 · 부재료비의 130%를 제조원가로 관리하고 판매비 및 일반관리비를 판매가의 40%로 관리하는 제과점에서 원 · 부재료비가 1,500원, 판매가가 4,000원인 제품의 경우, 이익은 얼마인가?(단, 다른 변수는 고려하지 않는다.)

① 450원 ② 550원
③ 600원 ④ 650원

해설 |
① 제조원가 = 원 · 부재료비×1.3 = 1,500×1.3 = 1,950
② 판매비 및 일반관리비 = 판매가×0.4 = 4,000×0.4 = 1,600
③ 이익 = 판매가-제조원가-판매비 및 일반관리비 = 4,000-1,950-1,600 = 450원

60 제과점의 원가를 절감하기 위한 방법의 하나로 제조 시에 생기는 불량률을 줄이고자 불량의 원인을 점검하고 이를 해결하는 조치 중 직접 관계가 적은 항목은?

① 작업자의 부주의를 점검하고 수정
② 기술 수준이 낮거나 작업에 익숙하지 않으면 교육훈련을 실시하여 개선
③ 작업 여건에 문제가 있으면 작업을 표준화 하고 기계가 정상 작동하도록 보수
④ 생산계획의 단계에서 생산소요시간과 공정시간을 단축

해설 | 작업 관리를 통한 불량률 개선을 위한 항목은 ① 작업자 태도의 점검, ② 기술수준 향상과 숙련도 제고, ③ 작업 여건의 개선 등이다.

응용문제 연습하기

데니시 페이스트리 1,000개를 생산인원 1명이 만드는 데 4시간이 소요되었다면 1,800개를 생산인원 4명이 만들면 몇 분이 소요되는가?

풀이

① 1명이 1,800개를 생산하는 데 걸리는 시간은 240분 : 1,000개 = x분 : 1,8000개이므로 240분×1,800개-1,000개 = 432분
② 4명이 1,800개를 생산하는 데 걸리는 시간은 432분÷4인 = 108분

원형팬의 용적 $2.4cm^3$당 1g의 반죽을 넣으려 한다. 안의 치수로 팬의 직경이 10cm, 높이가 4cm라면 약 얼마의 반죽을 분할해 넣는가?

풀이

반죽의 분할 중량 = 용적÷비용적
(5×5×3.14×4)÷2.4 = 130.8g

정답								제3회 실전모의고사	
01	②	02	④	03	①	04	③	05	②
06	①	07	④	08	②	09	④	10	④
11	④	12	④	13	③	14	①	15	③
16	③	17	④	18	②	19	④	20	②
21	④	22	②	23	④	24	②	25	①
26	④	27	③	28	①	29	④	30	④
31	④	32	②	33	①	34	②	35	④
36	③	37	③	38	②	39	④	40	②
41	③	42	①	43	④	44	④	45	③
46	①	47	④	48	①	49	①	50	④
51	②	52	①	53	③	54	①	55	④
56	④	57	②	58	③	59	①	60	④

제 4 회 제과기능장 필기 실전모의고사

제과기능장 필기시험

제과기능장 필기 실전모의고사	품목코드 2011	시험시간 1시간	문제지형별 B	수험번호	성 명

01 밀가루 100%(600g), 유화 쇼트닝 55%를 사용하는 옐로우 레이어 케이크를 화이트 레이어 케이크로 바꿀 때 껍질 포함 60g짜리 달걀은 몇 개를 준비해야 하는가?(단, 소수 이하는 올림하여 정수로 함)

① 7개 ② 9개

③ 14개 ④ 17개

해설 |

흰자를 사용하므로 흰자를 구하는 공식은 쇼트닝×1.43

흰자 = 55×1.43 = 78.65%

밀가루 100%가 600g이므로 대비 6배를 사용하므로 흰자 = 78.65×6 = 472g

달걀의 구성은 껍질 10%, 흰자 60%, 노른자 30%이다.

껍질 포함 60g의 흰자는 60×0.6 = 36g, 472÷ 36 = 13.11 ∴ 14개

02 젤리 롤 케이크(Jelly roll cake)를 말 때 겉면이 잘 터지는 경우에 조치할 사항으로 틀린 것은?

① 설탕 일부를 물엿으로 대치한다.

② 팽창을 다소 증가시킨다.

③ 덱스트린의 점착성을 이용한다.

④ 노른자 비율을 감소하고 전란을 증가한다.

해설 |

① 설탕의 일부는 물엿과 시럽으로 대치한다.

② 배합에 덱스트린을 사용하여 점착성을 증가시키면 터짐이 방지된다.

③ 팽창이 과도한 경우 팽창제 사용을 감소하거나 믹싱 상태를 조절한다.

④ 노른자 비율이 높은 경우에도 부서지기 쉬우므로 노른자를 줄이고 전란을 증가시킨다.

⑤ 굽기 중 너무 건조시키면 말기를 할 때 부러지기 때문에 오버 베이킹을 하지 않는다.

⑥ 밑불이 너무 강하지 않도록 하여 굽는다.

⑦ 반죽의 비중이 너무 높지 않게 믹싱을 한다.

⑧ 반죽온도가 낮으면 굽는 시간이 길어지므로 온도가 너무 낮지 않도록 한다.

⑨ 배합에 글리세린을 첨가해 제품에 유연성을 부여한다.

03 도넛에 묻힌 설탕이나 글레이즈가 발한(發汗) 현상을 나타낼 때 점검해야 되는 사항이 아닌 것은?

① 설탕이나 글레이즈가 잃어버린 수분

② 냉각 시간, 온도, 환기의 상태

③ 튀김 시간과 온도의 상태

④ 도넛에 붙은 설탕 또는 글레이즈의 양

해설 | 점검해야 되는 사항(대책)

① 설탕과 글레이즈의 사용량을 늘린다.

② 충분히 식히고 나서 아이싱한다.

③ 튀김시간을 늘린다.

④ 도넛을 튀길 때 설탕 점착력이 높은 스테아린(Stearin)을 첨가한 튀김기름을 사용한다.

⑤ 도넛의 수분함량을 21~25%로 한다.

04 쇼트닝 사용량이 60%인 옐로우 레이어 케이크 배합률에 비터 초콜릿을 32% 사용하여 초콜릿 케이크를 만들 때 원래의 쇼트닝은 얼마가 되어야 하는가?

① 48% ② 54%

③ 60% ④ 66%

해설 | 비터 초콜릿 중의 코코아 버터가 3/8 차지하며, 코코아 버터의 양에서 쇼트닝의 양은 1/2이다. 초콜릿

32% 중 코코아 버터는 32×3÷8 = 12%며 그중에서 쇼트닝의 양은 1/2이므로 12÷2 = 6%이다.
그래서 초콜릿 케이크를 만들 때 사용된 쇼트닝의 양은 60–6 = 54%이다.

05 엔젤 푸드 케이크를 만들 때 산 사전처리법에 대한 설명으로 틀린 항목은?

① 흰자에 주석산 크림과 소금을 넣고 젖은 피크의 머랭을 만든다.
② 설탕을 넣으면서 건조 피크의 머랭을 만든다.
③ 밀가루와 분당을 넣고 균일하게 섞는다.
④ 균일하게 물칠을 한 팬에 반죽을 넣고 굽는다.

해설 | 산 사전처리법의 제조공정
① 흰자에 주석산 크림과 소금을 넣고 젖은 피크의 머랭을 만든다.
② 전체 설탕의 2/3를 2~3회 나누어 넣고 85%정도(미디엄 피크)의 머랭을 만든다.
③ 분당(슈거 파우더, 분설탕)과 밀가루를 체에 쳐 넣고 가볍게 섞는다.

06 정상적인 조건하에서 밀가루 = 100%, 유지 = 100%, 물 = 50%, 소금 = 1%의 배합률로 퍼프 페이스트리를 만들 때 다음의 경우에 가장 부피가 양호한 것은?

① 반죽용 : 충전용 유지의 비율 = 10 : 90
② 반죽용 : 충전용 유지의 비율 = 20 : 80
③ 반죽용 : 충전용 유지의 비율 = 30 : 70
④ 반죽용 : 충전용 유지의 비율 = 40 : 60

해설 | 기본 배합률에 있는 유지는 본 반죽에 넣는 것과 충전용으로 나누는데 충전용이 많을수록 결이 분명해지고 부피도 커진다. 그러나 밀어 펴기가 어려워진다. 반면, 본 반죽에 넣는 유지를 증가시킬수록 밀어 펴기는 쉽고 제품의 식감은 부드럽게 되지만 결이 나빠지고 부피가 줄게 되므로 50% 미만으로 사용한다.

07 버터 스펀지 케이크를 출고했는데 저장성이 나쁘다는 판매측의 의견이 나왔다. 이때 제조자로서 점검할 사항과 가장 거리가 먼 것은?(단, 저장성은 빨리 건조되어 거칠어지는 것을 의미한다)

① 오버 베이킹(Over baking)은 아닌가?
② 설탕과 쇼트닝의 함량은 적지 않은가?
③ 언더 베이킹(Under baking)은 아닌가?
④ 제품에 함유된 수분 함량이 적지 않은가?

해설 | 언더 베이킹은 높은 온도에서 짧은 시간 굽는 방식으로 완제품에 수분이 많이 포함되어 있어 제품이 빨리 건조되지 않는다.

08 쇼트닝과 베이킹파우더를 사용한 반죽형 케이크의 반죽온도가 정상(18~24℃)보다 높을 때(35℃ 이상) 일어나는 현상으로 틀린 것은?

① 비중이 높다.
② 겉껍질 색상이 밝다.
③ 제품의 부피가 작다.
④ 기공이 크고 열린다.

해설 | 반죽형 반죽의 온도가 높으면 유지가 용해되어 반죽 속에 혼입되는 공기의 양이 적어져 비중이 높아진다. 그래서 완제품의 기공이 작아져 조직은 조밀해지고 부피는 작다. 그리고 식감은 나쁘다. 반죽의 온도가 높아지면 설탕의 용해도가 높아져 완제품의 겉껍질 색상이 밝아진다.

09 케이크 도넛을 튀긴 후 포장하는 동안 당의(Sugar coating)나 제품이 깨지지 않고 포장되기에 가장 알맞은 냉각 온도는?

① 27~29℃
② 32~35℃
③ 38~43℃
④ 49~52℃

해설 | 포장 냉각온도는 32~35℃로 이보다 낮으면 당의(Sugar coating)가 깨지기 쉽다.

10 **반죽형 케이크에서 말하는 배합비의 균형(Formula balance)은 어떤 원료들 사이의 관계를 나타내는 용어인가?**

① 젖은 원료와 건조 원료

② 구조강화 원료와 구조약화 원료

③ 설탕과 쇼트닝의 양

④ 액체 함량과 고형분 함량

해설 | 배합비의 균형(Formula balance)은 구조강화 원료(재료 즉, 단백질을 함유하고 있는 재료인 밀가루, 분유, 달걀 등을 가리킨다)와 구조약화 원료(연화재료 즉, 단백질의 결합에 의한 글루텐 형성을 방해하는 설탕, 유지, 베이킹파우더, 노른자 등을 가리킨다)들 사이의 관계를 나타내는 용어이다.

11 **페이스트리 제품은 수분을 많이 함유하고 있는 내용물을 사용하면 구운 후 빠르게 바삭거리는 성질을 잃어버린다. 이런 현상을 방지하기 위한 방법과 관련이 적은 것은?**

① 수분 활성도가 작은 내용물을 사용한다.

② 내용물은 물을 적게 사용하고 설탕을 많이 사용한다.

③ 물 대신 내용물 되기를 조절하는 데 식물성 기름을 사용한다.

④ 과일 내용물들은 페이스트리를 굽기 전에 페이스트리에 충전시킨다.

해설 | 보통 수분이 있는 과일류를 내용물로 사용할 경우 충전물로 사용하지 않고 제품 윗면에 장식용(Topping)으로 사용한다.

12 **아이싱은 기본적으로 설탕–물의 시스템으로 구성되며 여기에 아이싱의 풍미와 기능을 높이기 위하여 여러 가지 재료를 혼합한다. 다음 중 아이싱의 기능을 증진시키기 위하여 첨가하는 원료가 아닌 것은?**

① 향료　　② 물엿

③ 유지　　④ 안정제

해설 | 단순 아이싱은 분설탕, 물, 물엿과 향료를 섞고 43℃로 데워 만든 되직한 페이스트 형태의 것으로 경우에 따라 소량의 유지를 첨가하는 것도 있다. 아이싱의 끈적거림을 방지하는 조치로 젤라틴, 식물성 검같은 안정제를 사용한다. 여기서 향료는 아이싱의 기능적 목적이 아니라 풍미향상의 목적으로 사용한다.

13 **케이크 배합에서 분유대신 분유 대체제를 사용하려 할 때 가장 중요하게 고려해야 될 사항은?**

① 가격　　② 기능성

③ 단백질 함량　　④ 유당 함량

해설 | 분유는 케이크에서 껍질색 개선, 수분보유력에 의한 노화지연작용, 구조형성작용, 밀크 향 증진, 맛 증진 등의 기능을 하므로 분유대신 분유 대체제를 사용하려할 때는 분유가 케이크에서 하는 기능성을 우선적으로 고려해야 한다.

14 **스냅스(Snaps) 쿠키, 쇼트 브레드(Short bread) 쿠키와 같은 제품의 성형방법으로 옳은 것은?**

① 반죽이 가소성을 가지고 있으므로 밀어 펴서 정형하는 쿠키로 반죽완료 후 휴지를 주고 두께를 균일하게 밀어 피는 것이 중요하다.

② 반죽이 묽어서 짤주머니나 주입기를 사용하여 짜서 굽는 쿠키로 굽기 중 퍼지는 정도를 감안하여 간격을 일정하게 유지시키는 것이 중요하다.

③ 철판에 올려놓은 틀에 부어 굽는 쿠키로 틀에 그림이나 글자가 있어 찍히게 되며, 제품이 얇고 바삭바삭한 특징이 있다.

④ 흰자와 설탕으로 거품을 올려 만드는 거품형 쿠키로 보통 아몬드와 다른 견과를 사용하며 밀가루를 사용하지 않는 제품이 많다.

해설 | ①는 밀어 펴서 정형하는 쿠키, ②는 짜는 형태의 쿠키, ③는 판에 등사하는 쿠키, ④는 마카롱 쿠키이다.

15 시폰 케이크에 관한 설명 중 옳지 않은 것은?

① 엔젤 푸드 케이크의 가벼움과 우아함, 반죽형 케이크의 감칠맛이 조합된 케이크로 별립법으로 제조한다.

② 부피, 가벼움, 내상은 달걀흰자의 믹싱 시 온도에 의해 좌우되며 최종비중은 0.4~0.5가 적당하다.

③ 설탕보다는 분당을 사용하는 것이 좋으며, 연화제로 작용하는 유지는 녹인 버터나 경화유를 사용하는 것이 풍미에 좋다.

④ 기름기가 없는 물칠한 팬에 패닝하며, 오븐에서 꺼내어 즉시 팬을 뒤집어 냉각시킨다.

해설 | 시폰 케이크는 흰자에 설탕을 넣어 머랭을 만든 후 기타 재료와 혼합하는 제품이므로 머랭을 만들기 위해서는 분당보다 설탕을 사용하는 것이 좋으며, 연화제로 작용하는 유지는 버터나 경화유인 쇼트닝, 마가린보다는 액상유(일반 식용유)를 사용하는 것이 완제품에 부드러움을 부여한다.

16 일반 스펀지/도우에서 스펀지에 35%, 도우에 28%의 물을 사용했다면 이것을 비상 스펀지/도우로 바꿀 때 스펀지에 들어갈 물은 얼마가 되는가?

① 62% ② 64%

③ 65% ④ 67%

해설 | 사용할 물의 양에 1%를 증가시켜 전부 스펀지에 첨가한다.

17 비상반죽법에서 발효속도를 증가시키기 위한 여러 가지 조치 중 틀린 것은?

① 이스트(효모) 사용량을 2배로 증가시킨다.

② 반죽 온도를 30℃로 상승시킨다.

③ 소금 사용량을 다소 감소시킨다.

④ 분유 사용량을 증가시킨다.

해설 | 비상반죽법에서 발효속도를 증가시키기 위한 조치에는 필수조치와 선택적조치가 있으며, 여러 가지 조치 중 분유 사용량은 감소시킨다.

18 믹싱(Mixing)의 목적을 설명한 내용 중 잘못된 것은?(단, 이스트 발효 빵 반죽)

① 모든 원료를 균일하게 혼합하기 위함이다.

② 맥분 등 건조 재료를 완전히 수화(수분 흡수)시키는 데 있다.

③ 반죽의 pH를 적당한 정도로 맞추기 위해서이다.

④ 가스 보유력이나 기계성에 알맞도록 글루텐을 결합시키기 위해서이다.

해설 | 반죽의 pH를 pH 5.5 정도로 맞추는 것은 재료의 선도로 조절한다.

19 반죽의 물리적인 특성 중에서 외부의 힘에 의하여 변형을 받고 있는 물체가 원래의 상태로 돌아가려는 성질을 말한 것은?

① 점성 ② 탄성

③ 점탄성 ④ 경점성

해설 | 믹싱을 통해서 반죽에 부여하고자 하는 물리적 성질에는 탄력성(탄성), 점탄성, 신장성, 흐름성, 가소성 등이 있다. 여러 물리적인 특성 중에서 외부의 힘에 의하여 변형을 받고 있는 물체가 원래의 상태로 돌아가려는 성질은 탄성이다.

20 밀가루 식빵과 비교하여 옥수수 식빵을 제조할 때의 조치로 맞는 것은?

① 믹싱시간을 증가시킨다.
② 이스트 양을 증가시킨다.
③ 발효시간을 증가시킨다.
④ 활성 글루텐 양을 증가시킨다.

해설 | 옥수수가루에는 밀가루에 있는 글루텐을 구성하는 단백질인 글리아딘과 글루테닌이 없어 반죽구조가 약하므로 이를 대체하기 위해 활성 글루텐을 첨가한다.

21 노화를 지연하기 위하여 다음과 같은 방법을 취했다. 제과 · 제빵 제품에서 그 처리가 잘못된 것은?

① 당과 유지를 많이 넣었다.
② 유화제를 사용했다.
③ 제품의 수분함량을 높게 했다.
④ 냉장고에 장시간 보관했다.

해설 | 건조한 냉장고에 완제품을 보관하면 수분함량이 낮아져 노화가 빨리 이루어진다.

22 가동률 제고와 판매현장에서 직접 구워 팔 수 있는 신선도 제고 등의 장점 때문에 냉동 반죽의 사용이 증가되고 있다. 냉동 반죽을 만들기 위한 재료에 대한 설명 중 잘못된 것은?

① 밀가루는 단백질의 질이 좋은 것을 사용한다.
② 냉동, 해동 등 장시간의 작업을 필요로 하므로 이스트 사용량을 감소시킨다.
③ 흡수량은 일반 반죽과 유사하나 다소 되게 하는 것이 바람직하다.
④ 적정량의 산화제를 사용한다.

해설 | 냉동하는 동안 반죽 내 이스트가 사멸할 수 있으므로 이스트 사용량을 50% 더 증가한다.

23 식빵의 굽기 중 발생되는 현상으로 잘못된 것은?

① 전분의 호화로 소화되기는 쉬우나 미생물에 의한 부패가 빨라진다.
② 온도가 상승하면 효소 작용이 활발해지고 가스가 팽창하여 휘발된다.
③ 캐러멜화반응, 마이야르반응에 의한 갈변으로 표피색이 형성된다.
④ 내부 온도가 70℃까지 이스트 활성이 강해져 부피팽창에 기여한다.

해설 | 이스트는 60℃에서 사멸하기 시작하여 63℃에서 포자까지 사멸한다.

24 불란서빵 제조 시의 설명으로 틀린 것은?

① 식빵보다 급수를 줄여 팬 흐름성(Pan flow)을 방지함으로써 모양이 유지되도록 한다.
② 내부에 큰 기공이 불규칙하게 있는 것은 좋지 않은 제품으로 롤러의 간격을 좁힌다.
③ 2차 발효실 온도 30~33℃, 습도 75~80%에서 발효한다.
④ 어린 반죽과 이산화탄소 가스발생이 많은 반죽은 표면 자르기 할 때 깊게 자른다.

해설 | 불란서빵은 내부에 벌집처럼 큰 기공이 불규칙하게 있어야 한다.

25 섬유소빵 제조 시 주의사항으로 틀린 것은?

① 섬유소를 많이 사용하면 글루텐 희석작용이 있어 글루텐을 사용하여야 한다.
② 밀가루에 비하여 흡수율이 높아 많은 양의 물이 요구된다.
③ 유지는 식빵보다 많은 양을 사용하여 윤활작용을 하도록 한다.

④ 스펀지/도우법에서 섬유소는 스펀지에 첨가하고 도우는 약간 오버 믹싱한다.

해설 | 섬유소빵은 건강빵으로 칼로리를 낮게 하여야 하므로 유지 사용량을 줄인다.

26 **제과 · 제빵용 기기에 대한 용도를 잘못 설명한 것은?**

① 도우디바이더는 반죽을 분할하고 둥글리기 하는 것으로 소프트 롤이나 하드 롤에 이용한다.

② 자동 성형기는 여러 가지 내용물을 반죽에 자동으로 주입하는 기계이다.

③ 도우컨디셔너는 냉동반죽을 해동 · 발효하는 데 이용하며 자동으로 온도, 습도 및 시간조절이 가능하다.

④ 데크 오븐, 회전식 오븐, 터널 오븐 중 회전식 오븐이 한 번에 가장 많은 양의 제품을 구울 수 있다.

해설 | 데크 오븐(Deck oven), 회전식 오븐(Rotary oven), 터널 오븐(Tunnel oven) 등이 있으며, 데크 오븐은 고정형으로 가스로 하는 것과 전기로 하는 것이 있다. 윗 불과 아랫 불을 조절할 수 있어 소프트빵이나 단과자빵을 굽는 데 용이하다. 회전식 오븐은 오븐 안에 여러 개의 선반이 있어 팬을 선반에 올려놓으면 선반이 회전하면서 빵이 구워진다. 터널 오븐은 오븐의 길이가 30~50m이며, 입구에서 팬을 넣으면 내부에 회전하는 롤러가 있어 컨베어 식으로 이동하여 출구로 나온다. 한 번 에 가장 많이 구울 수 있는 오븐은 터널 오븐이다.

27 **2차 발효의 목적을 설명한 것으로 맞지 않는 것은?**

① 성형공정을 거치면서 가스가 빠진 반죽을 다시 부풀리게 한다.

② 가스발생으로 반죽의 탄성을 회복하게 한다.

③ 글루텐의 신장성과 탄력성을 높여 팽창을 도모하게 한다.

④ 온도와 습도를 조절하여 이스트의 활력을 촉진시킨다.

해설 | 가스발생으로 생성된 이산화탄소, 유기산, 에틸알코올이 글루텐에 작용한 결과 반죽의 신장성을 증가시킨다.

28 **데니시 페이스트리 제조 과정 중 냉장휴지를 시키는 이유로서 맞지 않는 것은?**

① 밀가루가 수화(水化)하여 글루텐을 안정시키기 위해

② 반죽과 유지의 되기를 같게 하기 위하여

③ 밀어 펴기를 쉽게 하기 위하여

④ 굽기 손실을 최소화하기 위하여

해설 | 굽기 손실을 최소화하려면 오버 베이킹이 되지 않도록 주의한다.

29 **빵의 냉각에 대한 설명 중 맞지 않는 것은?**

① 빵의 냉각온도는 35~40.5℃이다.

② 냉각조건은 과다한 수분손실을 막아야 한다.

③ 냉각된 빵은 수분 함량이 38%를 초과하지 않아야 한다.

④ 수분 손실은 보통 20%를 평균으로 한다.

해설 | 빵을 냉각하는 동안 수분이 증발하여 무게가 감소하는 손실률은 보통 2%를 평균으로 한다.

30 **소보로빵 제조 시 토핑용 반죽은 무슨 법으로 만드는가?**

① 1단계법　　② 크림법

③ 블렌딩법　　④ 설탕/물법

해설 |

① 1단계법은 유지에 모든 재료를 넣어 반죽하는 방법
② 크림법은 유지에 설탕을 먼저 넣어 반죽하는 방법
③ 블렌딩법은 유지에 밀가루를 먼저 넣어 반죽하는 방법
④ 설탕/물법은 유지에 설탕물(비율은 2:1로 만든 용액)을 넣어 반죽하는 방법

31 밀의 제분율이 낮을수록 밀가루 내에 함량 이 높아지는 성분은?

① 회분 ② 전분
③ 섬유소 ④ 지방

해설 |
① 제분수율(제분율)은 밀을 제분하여 밀가루를 만들 때 밀에 대한 밀가루의 양을 %로 나타낸 것이다.
② 밀의 제분수율(제분율)이 증가할수록 회분, 비타민, 섬유소, 단백질 함량이 증가한다.
③ 밀의 제분수율(제분율)이 낮을수록 전분 함량이 증가한다.

32 당류 중에서 유당에 대한 설명으로 틀린 것은?

① 감미도가 가장 낮다.
② 이당류이다.
③ 이스트에 의해 발효가 된다.
④ 동물의 젖에 존재한다.

해설 | 유당은 동물성 당류로 단세포 생물인 이스트에 의해 발효되지 않는다.

33 버터크림용의 유지 중 공기 포집력이 적어 크림성이 가장 낮은 것은?

① 채종유
② 쇼트닝
③ 버터
④ 마가린

해설 | 버터크림용으로 사용되는 유지는 실온에서 고체 유지로 공기 포집력이 높은 버터, 마가린, 쇼트닝을 사용한다.

34 액체유의 경화에 사용되는 원소는?

① 산소 ② 탄소
③ 질소 ④ 수소

해설 | 불포화지방산의 이중결합에 니켈을 촉매로 수소를 첨가시켜 지방의 불포화도를 감소시킨다. 이러한 유지의 수소 첨가를 경화라 한다.

35 생크림 숙성온도와 시간으로 가장 적당한 것은?

① −2~0℃에서 5시간 정도
② 3~5℃에서 8시간 정도
③ 8~10℃에서 18시간 정도
④ 15~20℃에서 24시간 정도

해설 | 생크림의 숙성이란 3~5℃에서 8시간 정도 보존해서 유지방에 들어 있는 유지의 배열을 가장 안정한 형태로 변하게 하는 공정이다.

36 다음은 달걀의 주요한 기능들이다. 커스터드 크림 제조 시 달걀의 기능은?

① 팽창제의 역할
② 노화지연제의 역할
③ 저장성 증대의 역할
④ 결합제의 역할

해설 | 커스터드 크림 제조 시 달걀은 크림을 걸쭉하게 하는 농후화제와 크림에 점성을 부여하는 결합제의 역할을 한다.

37 베이킹파우더에 들어 있지 않은 성분은?

① 분당 ② 중조
③ 산작용제 ④ 전분

해설 | 베이킹파우더는 중조(탄산수소나트륨, 소다)가 이산화탄소 가스를 발생시키는 기본이 되고 여기에 산성제를 첨가하여 중화가를 맞추며, 완충제로 전분을 첨가한 팽창제이다.

38 제빵제조 시 경수와 연수에 대한 설명 중 틀린 것은?

① 경수를 사용할 경우 효모의 발육을 억제시킨다.
② 연수를 사용할 경우 효모의 발육을 촉진시킨다.
③ 경수는 발효를 지연시킨다.
④ 연수는 글루텐을 경화시킨다.

해설 | 연수는 반죽의 글루텐을 연화시켜 부드럽게 한다.

39 과일 충전물의 농후화제인 전분의 사용량 중 틀린 것은?

① 시럽 중의 설탕 100%에 대하여 28.5% 정도 사용한다.
② 시럽 중의 물 100%에 대하여 8~11% 정도 사용한다.
③ 옥수수 전분은 타피오카를 1:1의 비율로 혼합한다.
④ 설탕을 함유한 시럽에 대하여 6~10% 정도 사용한다.

해설 | 옥수수 전분은 타피오카를 3:1의 비율로 혼합한다.

40 다음 중 젤리화에서 펙틴, 산, 당의 비율이 가장 적당한 것은?

	펙틴	산(pH)	당
①	1%	3.2~3.5	65~68%
②	5%	3	40%
③	7%	10	60~61%
④	8%	2.1~2.5	55%

해설 | 젤리, 잼, 마멀레이드 등은 과실 중에 펙틴 1~1.5%, pH 3.2~3.5, 당 65~68%가 일정한 농도와 비율로 이루고 있을 때 젤리화가 된다.

41 밀가루 전분의 점도 및 아밀라아제 활성을 측정하는 기구는?

① 패리노그래프
② 아밀로그래프
③ 익스텐소그래프
④ 페카칼라테스트

해설 | 온도 변화에 따라 전분의 점도에 미치는 밀가루 속의 알파-아밀라아제 및 맥아의 액화효과를 측정하는 기계이다.

42 식품 첨가물로서 사용되는 산미료를 신맛에 따라 분류한 것이 잘못된 것은?

① 부드럽고 상쾌한 신맛 – 구연산
② 떫은맛이 곁들인 신맛 – 젖산, DL–주석산
③ 감칠맛이 곁들인 신맛 – 글루타민산
④ 쓴맛이 곁들인 신맛 – 호박산

해설 | 유기산인 호박산은 단순한 신맛보다는 시원한 감칠맛을 낸다.

43 단백질의 기본 구성단위는?

① 글루텐　② 아미노산
③ 포도당　④ 글루테닌

해설 | 단백질을 구성하는 기본 단위는 염기성의 아미노 그룹과 산성의 카르복실기 그룹을 함유하는 유기산으로 이루어진 아미노산이다.

44 밀가루의 색을 지배하는 요소가 아닌 것은?

① 입자크기　② 껍질입자
③ 카로틴 색소물질　④ 표백

해설 | 표백이란 밀가루 내배유에 함유되어 있는 색소물질로 인한 크림색을 탈색하는 것이다.

45 이스트 파우더에 대해 맞게 설명한 것은?

① 일반적으로 중조라고 한다.
② 이산화탄소와 물을 발생시킨다.
③ 베이킹파우더와 비교할 때 위로 팽창시킨다.
④ 이산화탄소와 암모니아가스를 발생시킨다.

해설 | 여기서 이야기하는 이스트 파우더는 이스파타를 의미하며 암모니아계의 합성팽창제이다. 일반적으로 탄산수소나트륨에 염화암모늄을 1:0.2~0.3의 비율로 혼합하고 산성제와 전분을 적절히 배합하여 만든다.
※ 이스파타의 가스발생과정 : $NH_4Cl + NaHCO_3 \rightarrow NH_3$(암모니아가스)↑ $+ CO_2$(이산화탄소가스)↑ $+ NaCl + H_2O$

46 **세균성 식중독 및 그 원인 세균에 대한 설명으로 틀리는 항목은?**

① 포도상구균에 의한 식중독은 엔테로톡신(Enterotoxin)에 의해서 일어난다.

② 살모넬라 식중독은 포도상구균에 의한 감염형이다.

③ 보툴리누스 식중독은 신경독인 뉴로톡신(Neurotoxin)에 의하여 일어난다.

④ 장염비브리오 식중독은 호염성 세균인 비브리오에 의한 것으로 어패류 생식이 주된 원인이다.

해설 | 살모넬라 식중독은 살모넬라균에 의한 감염형 식중독이다.

47 **정제가 불충분한 면실유에서 식중독을 유발할 수 있는 물질은?**

① 리신

② 아플라톡신

③ 솔라닌

④ 고시폴

해설 | 고시폴은 면실유의 독성분이며 정제가 덜된 면실유에서 볼 수 있다.

48 **식품에 있는 아포(포자)를 죽이는 가장 효과적인 방법은?**

① 150~160℃에서 30분간 건열멸균한다.

② 1일 1회, 100℃에서 20분간 습열가열을 3일간 계속한다.

③ 100℃ 끓는 물에서 30분간 가열한다.

④ 70% 에틸알코올로 멸균한다.

해설 | 아포를 죽이는 효과적인 방법인 간헐(間歇)멸균법은 보통의 압력하에 100℃의 증기 속에서 1일 1회 20~30분 정도의 가열을 2~3일간 되풀이하는 멸균법이다.

49 **소독(Disinfection)의 개념을 가장 잘 설명한 것은?**

① 병원 미생물을 죽이거나 병원성을 약화시키는 것

② 병원성 미생물만을 완전히 사멸시키는 것

③ 병원성, 비병원성 미생물을 완전히 죽이는 것

④ 100℃로 끓이는 것

해설 | 소독은 감염병의 감염을 방지할 목적으로 병원성 미생물을 멸살 혹은 약화시켜 감염을 없애는 것으로 비병원성 미생물의 멸살에 대하여는 별로 문제 시 하지 않는다. 이에 반에 살균은 병원성과 비병원성 미생물을 불문하고 미생물을 멸살하는 것으로서, 살균 후는 완전한 무균 상태가 된다.

50 **햄을 제조할 때 색상을 좋게 하기 위하여 발색제를 사용하고자 한다. 어느 것을 사용하면 되는가?**

① 차아염소산나트륨

② 아황산나트륨

③ 탄산수소나트륨

④ 질산나트륨

해설 | 발색제는 착색료에 의해 착색되는 것이 아니고 식품 중에 존재하는 유색물질과 결합하여 그 색을 안정화하거나 선명하게 또는 발색되게 하는 물질이다.

51 **밀가루에 설탕(자당)과 우유를 넣고 빵을 만들어 먹었을 때 소장에서 흡수될 수 있는 단당류의 종류를 가장 잘 나타낸 것은?**

① 포도당

② 포도당, 과당

③ 과당, 갈락토오스

④ 포도당, 과당, 갈락토오스

해설 |

- 이당류인 자당은 단당류인 포도당과 과당으로 구성되어 있다.

• 이당류인 유당은 단당류인 포도당과 갈락토오스로 구성되어 있다.

52 콜레스테롤(Cholesterol)에 대한 설명 중 맞는 것은?

① 지방의 대사조절
② 성장촉진 인자
③ 항피부염 인자
④ 당의 대사조절

해설 |
콜레스테롤(Cholesterol)의 영양학적 기능
① 신경조직과 뇌조직을 구성한다.
② 담즙산, 성호르몬, 부신피질 호르몬 등의 주성분이다.
③ 지방의 대사조절에 관여한다.
④ 자외선 의해 비타민 D로 전환된다.
⑤ 과잉 섭취하면 고혈압, 동맥경화를 야기한다.

53 열량을 내는 영양소로만 이루어진 것은?

① 당질, 단백질, 무기질
② 당질, 지질, 비타민
③ 당질, 단백질, 지질
④ 단백질, 지질, 물

해설 | 영양소는 체내 기능에 따라 열량영양소, 구성영양소, 조절영양소로 나눈다.

54 철(Fe)의 흡수에 대한 설명이 옳은 것은?

① 위산분비가 저하되면 흡수가 증가된다.
② 탄닌이 존재하면 흡수가 증가된다.
③ 피틴산이나 옥살산은 흡수를 방해한다.
④ 시트르산 등 유기산은 흡수를 방해한다.

해설 |
① 인산, 탄산, 탄닌산, 수산(옥살산), 피틴산 등은 철의 흡수를 저해시킨다.
② 산성용액, 비타민 C, 유기산(Citrate, Lactate, Pyruvate, Succinate) 등은 철의 흡수를 촉진시킨다.

55 비타민 E의 함량이 가장 높은 식품은?

① 녹차
② 해바라기씨유
③ 미강유
④ 대두유

해설 | 비타민 E 함량이 높은 식품에는 곡류의 배아유, 면실유, 난황, 버터, 우유, 해바라기씨유 등이 있다.

56 제빵 회사에서 연간 생산 계획을 작성하는 데 기초 자료로 활용되는 다음 항목 중 기본적인 요소라기보다 구체적인 요소가 되는 것은?

① 과거의 생산 실적(제품별, 월별 등)
② 공정별 소요인원과 실제인원의 차이
③ 제품의 수요 예측자료
④ 과거의 계획과 실적의 차이 분석표

해설 |
연간 생산 계획을 작성하는 데 필요한 구체적인 요소
① 사용공수, 출근인원, 출근율, 잔업공수 등을 분석하여 유효노동량의 적정성을 판단한다.
② 불량개수(금액), 손실개수(금액), 불량률 등의 원인을 조사하여 조치를 취한다.
③ 노동생산성이 낮은 경우의 공정을 점검, 개선하여 생산성 향상을 위한 조치를 한다.

57 공장도가 400원인 빵을 생산하는 공장의 1일 고정비가 500,000원이고, 빵 1개당 변동비가 200원이라면 하루에 몇 개를 만들어야 손익분기점 물량이 되겠는가?

① 1,000개 이상
② 1,500개 이상
③ 2,000개 이상
④ 2,500개 이상

해설 |
① 손익분기점(판매량) = 1일 고정비를 충족하는 빵 개수÷{1−(변동비÷빵 1개당 매출액(판매가격)}
② (500,000÷400)÷{1−(200÷400)} = 2,500개

58 제빵공장에서 빵을 굽기 위해 8시간의 작업시간 동안 오븐을 가동하여 다음과 같은 결과를 얻었다. 이 때 오븐의 종합효율(설비종합효율)은 얼마인가?(단, 비가동시간 : 2시간, 작업수량 : 8,000개, 설비능력 : 10,000개, 불량수량 : 200개)

① 68.24% ② 78.24%
③ 88.24% ④ 98.24%

해설 |
① 종합효율(설비종합효율) = (시간가동률×성능가동률×완성품률×100)
② 시간가동률은 (8시간−2시간)/8시간×100% = 75%
③ 성능가동률은 10,000÷8×6 = 7,500(6시간동안 생산능력) 그러나 6시간동안의 생산량 8,000개를 생산했으므로 8,000÷7,500×100% = 106.66, 약 107%
④ 양품률은 {1−(200개÷ 8,000개)}×100% = 97.5%
따라서 시간가동률 : 75%, 성능가동률 : 107%, 양품률 : 97.5%이므로
종합효율(설비종합효율) = 0.75×1.07×0.975×100 = 78.24%이다.

59 제품의 특성을 대중성과 특수성으로 나눌 때 대중성 제품과 비교한 특수성 제품에 대한 설명으로 맞지 않은 항목은?

① 품질이 양호하다.
② 가격이 높다.
③ 수량이 적다.
④ 원재료비율이 높다.

해설 | 특수성 제품은 원가 마진이 높아 원재료비율은 상대적으로 낮다.

60 다음 "제과 · 제빵 기술인은 제과 · 제빵에 관한 원재료, 부자재, 작업방법과 공정, 기계, 도구 등에 대한 광범위한 지식을 가지고 기술혁신의 시대에 적응하여 신기술 개발을 해야 한다."는 말은 인력의 교육훈련을 강조한 것으로 어떤 지식을 나타내는 말인가?

① 업무의 지식
② 직책의 지식
③ 기능의 지식
④ 작업개선의 지식

해설 | 기술혁신의 시대에 적응하여 신기술 개발을 위해서는 제과제빵에 관한 광범위한 업무지식을 습득하여야 한다.

응용문제 연습하기

10kg의 베이킹파우더에 28%의 전분이 들어있고 중화가가 80이라면 중조의 함량은?

풀이

- 베이킹파우더는 전분, 산염제, 탄산수소나트륨 등으로 이루어져 있다.
  전분의 양 $10kg \times \frac{20}{100} = 2.8kg$, 산염제의 양 = xkg
  중화가가 80이므로 탄산수소나트륨(중조, 소다)의 양 = $0.8x + \chi$
  $1.8x = 7.2kg \quad \chi = 7.2kg \div 1.8 \quad \therefore \chi = 4.0kg$
  산염제가 4.0kg이므로 탄산수소나트륨(중조)은 3.2kg이다.
- 중화가란 산염제 100을 중화시키는 데 필요한 탄산수소나트륨의 양을 가리킨다.

정답 제4회 실전모의고사

01	③	02	②	03	①	04	②	05	②
06	①	07	③	08	④	09	②	10	②
11	④	12	①	13	②	14	①	15	③
16	②	17	④	18	③	19	②	20	④
21	④	22	②	23	④	24	②	25	③
26	④	27	②	28	④	29	④	30	②
31	②	32	③	33	①	34	④	35	②
36	④	37	①	38	④	39	③	40	①
41	②	42	④	43	②	44	④	45	④
46	②	47	④	48	②	49	①	50	④
51	④	52	①	53	③	54	③	55	②
56	②	57	④	58	②	59	④	60	①

제 5 회 제과기능장 필기 실전모의고사

제과기능장 필기시험

제과기능장 필기 실전모의고사	품목코드 2011	시험시간 1시간	문제지형별 B	수험번호	성 명

01 스펀지 케이크를 만들 때 전란을 20㎏ 감소하고 물과 밀가루를 더 넣으려면 물은 얼마 정도를 넣어야 하는가?

① 10kg ② 15kg
③ 20kg ④ 25kg

해설 | 달걀 사용량을 1% 감소시킬 때 밀가루 사용량을 0.25% 추가하고, 물 사용량을 0.75% 추가한다. 그러므로 20kg×0.75% = 15kg

02 베이킹파우더 5%를 사용하는 옐로우 레이어 케이크 배합률에 천연코코아 20%를 사용하는 데블스 푸드 케이크를 제조하려 할 때 실제 사용해야 하는 베이킹파우더의 양은?

① 0.8% ② 1.4%
③ 3.6% ④ 5.8%

해설 |

① 중조 사용량 = 천연코코아 사용량×7% = 20%×0.07 = 1.4%
② 실제 사용해야 하는 베이킹파우더의 양 = 원래 사용하던 베이킹파우더의 양-(중조 사용량×3) = 5%-(1.4%×3) = 0.8%

03 팬 용적과 반죽무게에 관하여 설명한 것 중 틀린 것은?

① 파운드 케이크 반죽 1g당 팬 용적은 2.40 cm³
② 레이어 케이크 반죽 1g당 팬 용적은 2.96 cm³
③ 엔젤 푸드 케이크 반죽 1g당 팬 용적은 4.71 cm³
④ 스펀지 케이크 반죽 1g당 팬 용적은 4.08 cm³

해설 | 스펀지 케이크 반죽 1g당 팬 용적은 5.08cm³이다.

04 다음의 제품 중 양질의 결과를 얻기 위해 반죽의 pH가 가장 높아야(알칼리성이어야) 하는 것은?

① 엔젤 푸드 케이크
② 스펀지 케이크
③ 데블스 푸드 케이크
④ 파운드 케이크

해설 | 데블스 푸드 케이크와 초콜릿 케이크 반죽의 pH를 8.8~9로 조절하면 열반응을 촉진시켜 속색을 진하게 만들 수 있다. 이때 pH를 높이는 재료로 중조(탄산수소나트륨)를 사용한다.

05 다음은 도넛의 어떤 결점을 점검하기 위하여 조사한 것이다. 주된 결점은?

항목	튀김 시간	믹싱 시간	반죽 중 수분	설탕 사용량
장단, 다소	길다	짧다	많다	많다

① 도넛의 흡유가 과도한 결점
② 도넛의 흡유가 적은 결점
③ 도넛의 팽창이 과도한 결점
④ 도넛의 형태가 균일하지 않는 결점

해설 |

도넛에 기름이 많다(케이크 도넛의 흡유율이 높다).

- 고율배합(설탕, 유지의 사용량이 많은)이다.
- 베이킹파우더 사용량이 많았다.

- 튀김온도가 낮았다.
- 튀김시간이 길었다.
- 수분이 많은 부드러운 반죽(묽은 반죽)이다.
- 지친반죽이나 어린반죽을 썼다.

06 **파운드 케이크를 만드는데 밀가루와 설탕 사용량이 일정하다면 달걀과 다른 재료의 연결 관계가 맞는 것은?**

① 달걀 증가 → 소금 감소
② 달걀 증가 → 쇼트닝 감소
③ 달걀 증가 → 베이킹파우더 감소
④ 달걀 증가 → 우유 증가

해설 | 달걀과 다른 재료의 연결 관계
① 달걀 증가 → 소금 증가
② 달걀 증가 → 쇼트닝 증가
③ 달걀 증가 → 베이킹파우더 감소
④ 달걀 증가 → 우유 감소

07 **화이트 레이어 케이크에서 주석산 크림을 사용하는 이유가 아닌 것은?**

① 흰자를 강력하게 한다.
② 흰자의 알칼리를 중화한다.
③ 완제품의 색상을 희게 한다.
④ 오븐에서의 팽창을 크게 한다.

해설 |
- 주석산 크림은 달걀흰자의 알칼리성에 대한 강하제로서 역할을 한다.
- 주석산 크림은 흰자의 구조와 내구성을 강화시키고, 흰자의 산도를 높여 케이크의 속색을 희게 한다(백도를 증가시킨다).

08 **엔젤 푸드 케이크를 산 사전처리법으로 만드는 공정 중 틀린 항목은?**

① 흰자에 소금과 주석산 크림을 넣어 젖은 피크(Wet peak)까지 거품을 올린다.
② 사용할 설탕의 약 2/3를 투입하고 중간 피크(Medium peak)까지 거품을 올린다.
③ 나머지 설탕과 체질한 밀가루를 넣고 가볍게 혼합한다.
④ 기름칠을 균일하게 한 팬에 짜는 주머니를 사용하여 분할한다.

해설 | 분무를 한 팬에 짜는 주머니를 사용하여 분할한다.

09 **거품형 케이크의 종류가 아닌 것은?**

① 스펀지 케이크(Sponge Cake)
② 파운드 케이크(Pound Cake)
③ 엔젤푸드 케이크(Angel Food Cake)
④ 시폰 케이크(Chiffon Cake)

해설 | 파운드 케이크(Pound cake)는 반죽형 케이크의 한 종류이다.

10 **젤리 롤을 말 때 표면이 터지는 결점을 보완하는 방법이 아닌 것은?**

① 설탕의 일부를 물엿으로 대치
② 덱스트린의 점착성을 이용
③ 팽창제 사용량 감소
④ 노른자 사용량 증가

해설 |
① 설탕의 일부는 물엿과 시럽으로 대치한다.
② 배합에 덱스트린을 사용하여 점착성을 증가시키면 터짐이 방지된다.
③ 팽창이 과도한 경우 팽창제 사용을 감소하거나 믹싱 상태를 조절한다.
④ 노른자 비율이 높은 경우에도 부서지기 쉬우므로 노른자를 줄이고 전란을 증가시킨다.
⑤ 굽기 중 너무 건조시키면 말기를 할 때 부러지기 때문에 오버 베이킹을 하지 않는다.
⑥ 밑불이 너무 강하지 않도록 하여 굽는다.
⑦ 반죽의 비중이 너무 높지 않게 믹싱을 한다.
⑧ 반죽온도가 낮으면 굽는 시간이 길어지므로 온도가 너무 낮지 않도록 한다.
⑨ 배합에 글리세린을 첨가해 제품에 유연성을 부여한다.

11 파이(Pie) 제조 시 휴지의 목적이 아닌 것은?

① 심한 수축을 방지하기 위하여
② 풍미를 좋게 하기 위하여
③ 글루텐을 부드럽게 하기 위하여
④ 재료의 수화(水化)를 돕기 위하여

해설 |
파이(pie) 제조 시 휴지의 목적
- 전 재료의 수화 기회를 준다.
- 유지와 반죽의 굳은 정도를 같게 한다.
- 반죽을 연화 및 이완시킨다.
- 끈적거림을 방지하여 작업성을 좋게 한다.

12 쿠키에 대한 설명 중 맞는 것은?

① 쿠키 배합의 설탕 입자가 굵으면 반죽의 퍼짐성이 좋다.
② 쿠키에 쓰이는 맥분은 강력분이 좋다.
③ 쿠키 배합은 가능한 적은 양의 쇼트닝이나 마가린을 사용함이 좋다.
④ 쿠키는 구운 후 잠시 동안 혹은 장기간 구운 철판에 그대로 두는 게 품질에 좋다.

해설 |
쿠키의 퍼짐을 좋게 하는 방법
- 팽창제를 사용한다.
- 입자가 큰 설탕을 사용한다.
- 알칼리 재료의 사용량을 늘린다.
- 오븐의 온도를 낮게 한다.

13 퍼프 페이스트리에 관하여 올바르게 설명한 것은?

① 이스트의 양을 알맞게 넣어야 좋은 제품이 나온다.
② 2차 발효실의 온도를 약간 낮춘다.
③ 굽기 과정에서 팽창을 이룬다.
④ 2차 발효는 약간 짧게 한다.

해설 | 퍼프의 팽창유형은 유지에 함유된 수분이 증기로 변하여 증기압을 일으켜 팽창시키는 증기압 팽창이므로 굽기 과정에서 팽창을 이룬다.

14 폰던트(Fondant ; 퐁당) 크림을 만들기 위하여 시럽을 끓이는 가장 적당한 온도는?

① 80~90℃ ② 113~117℃
③ 219~224℃ ④ 225~232℃

해설 | 폰던트(Fondant ; 퐁당) 크림은 설탕 100에 대하여 물 30을 넣고 114~118℃로 끓인 뒤 다시 희부연 상태로 재결정화시킨 것으로 38~44℃에서 사용한다.

15 시폰형 시폰 케이크 제조 시 식용유의 투입 단계로 가장 알맞은 것은?

① 노른자에 투입
② 밀가루에 투입
③ 머랭 1/3을 혼합한 후에 투입
④ 반죽의 마지막 단계에 투입

해설 |
시폰법 제조공정(블렌딩법과 머랭법을 함께 사용하는 제법)
① 노른자에 식용유를 넣고 섞은 다음, 설탕(A)과 건조 재료를 함께 체에 쳐서 넣고 균일하게 섞는다.
② ①에 물을 붓고 설탕을 용해시키면서 매끄러운 반죽 상태를 만든다. – 블렌딩법
③ 따로 흰자에 설탕(B)을 조금씩 나누어 넣으면서 머랭을 만든다. – 머랭법
④ ②에 ③을 3번에 나누어 넣으면서 가볍게 섞어 반죽 비중을 0.4~0.5로 맞춘다.
⑤ 기름기가 없는 팬에 분무를 하거나 물칠을 하고 팬 부피의 60% 정도 패닝한다.
⑥ 굽기 후 오븐에서 꺼내어 즉시 시폰 팬을 뒤집어 냉각시킨다.

16 제빵 시 흡수율에 영향을 주는 요인에 대한 설명으로 틀린 것은?(단, 일반적인 범위 내에서)

① 반죽온도 5℃ 상승에 따라 흡수율은 3% 감소한다.
② 탈지분유 사용량을 증가시키면 흡수율도 증가한다.
③ 설탕이 5%씩 증가함에 따라 흡수율은 1%씩 감소한다.
④ 경수는 흡수율이 낮고, 연수는 흡수율이 높다.

해설 | 경수(센물) 대신 연수(단물)를 사용할 때 흡수율을 2% 정도 감소시킨다.

17 **후염법에 대한 설명 중 잘못된 것은?**

① 방법이 간단하고 편리하다.

② 믹싱시간을 10~20% 줄일 수 있다.

③ 급수량을 1% 정도 늘릴 수 있다.

④ 에너지를 절약할 수 있다.

해설 | 후염법은 소금을 믹싱 초기에 넣는 것이 아니라 클린업 단계 직후에 넣는 방법이므로 작업이 번거롭다.

18 **다음과 같은 조건에서 빵을 만들려고 한다. 반죽의 희망온도를 26℃로 맞추고자 할 때 얼음 사용량은?**

실내 온도 = 25℃, 밀가루 온도 = 22℃, 수돗물 온도 = 20℃, 반죽 결과온도 = 33℃, 반죽 희망온도 = 26℃, 물 사용량 = 1,000g

① 90g ② 140g

③ 210g ④ 350g

해설 |

① 마찰계수 = (반죽 결과온도×3)−(밀가루 온도+실내 온도+ 수돗물 온도) = (33 ×3)−(22+25+20) = 32

② 계산된 물 온도 = (반죽 희망온도×3)−(밀가루 온도+실내 온도+마찰계수) = (26×3)−(22+25+32) = −1

③ 얼음 사용량 = 물 사용량×(수돗물 온도−계산된 물 온도)÷(80+수돗물 온도) = 1000×{20−(−1)}÷(80+20) = 210g

19 **일반 식빵의 물 흡수량이 63%이라면 같은 밀가루로 팬을 사용하지 않는 불란서빵을 만들 때 가수량으로 가장 적당한 것은?**

① 60% ② 63%

③ 65% ④ 67%

해설 | 바게트는 하스 브레드이므로 반죽의 탄력성을 최대로 만들어야 한다. 그래서 일반 식빵보다 수분함량(가수율)을 줄인다.

20 **빵에서 일어나는 전분의 노화와 관련된 설명 중 틀린 것은?**

① 껍질이 질겨지고 특유의 방향을 잃는다.

② 빵 속이 건조하고 거칠게 된다.

③ 곰팡이나 세균과 같은 미생물이 발생한다.

④ 수분의 이동 이외에도 전분의 퇴화에 의해서도 노화가 일어난다.

해설 | 빵에 곰팡이나 세균과 같은 미생물이 발생하면 빵의 부패라고 한다.

21 **스펀지/도우법에서 스펀지 반죽의 밀가루 양을 변화시킬 때 발생하는 현상으로 틀린 것은?**

① 스펀지 밀가루 양을 증가시키면 강한 향의 제품을 얻을 수 있다.

② 스펀지 밀가루 양을 증가시키면 발효 내구성이 좋아지고 도우 반죽온도 조절이 쉽다.

③ 스펀지 밀가루 양을 증가시키면 도우 반죽시간이 짧아진다.

④ 스펀지 밀가루 양을 증가시키면 반죽의 신장성과 오븐 스프링이 좋아진다.

해설 |

스펀지 반죽의 밀가루 양을 증가시킬 때 발생하는 현상

- 해면성(스펀지성)이 커진다.
- 본 반죽(도우) 믹싱시간이 감소된다.
- 본 발효 시간이 감소된다.
- 발효 향이 풍부해진다.
- 발효 내구성이 좋아진다.
- 반죽의 신장성과 오븐 스프링이 좋아진다.

22 **식빵 제조 시 패닝에 대한 설명 중 틀린 것은?**

① 팬의 부피를 알면 분할중량을 구할 수 있다.

② 팬의 바닥에 구멍이 있는 것을 사용한다.

③ 팬의 온도는 반죽온도보다 낮게 유지하여 과발효되는 것을 방지한다.

④ 팬 기름은 발연점이 높고 자동 산패에 안정성이 있어야 한다.

해설 | 팬의 온도는 32℃로 발효가 진행되고 있는 반죽 온도와 같게 유지하여 발효를 일정하게 관리한다.

23 **2차 발효에 대한 설명 중 틀린 것은?**

① 일반적인 2차 발효실의 온도는 35~ 40℃, 습도는 85~95% 정도이다.

② 발효는 분할된 반죽 크기의 2.5배까지 팽창시킨다.

③ 발효가 과다하면 껍질색이 진해지고 산미나 산취가 강해진다.

④ 습도가 낮으면 굽기 중 표피가 터지거나 껍질색이 좋지 않다.

해설 | 발효가 과다하면 껍질색이 연해지고 산미나 산취가 강해진다.

24 **르방(Levain)을 사용하여 빵을 제조하였을 때 좋은 점이 아닌 것은?**

① 빵의 노화를 지연시켜 준다.

② 빵의 풍미를 증가시킨다.

③ 빵의 부피와 색이 좋아진다.

④ 빵을 구울 때 시간이 길어진다.

해설 | 르방(Levain)을 사용하여 빵을 제조하였을 때 반죽에 축적된 산의 함유량이 많아져 빵을 굽는 시간이 길어지는 것은 단점이 된다.

25 **어린 반죽에 대한 설명으로 맞지 않는 것은?**

① 껍질색이 밝다.

② 예리한 모서리

③ 껍질이 질기다.

④ 두꺼운 세포벽

해설 | 어린 반죽에는 발효로 이용되지 않은 잔당이 많아 껍질색이 진하다.

26 **냉동반죽법을 이용 믹싱할 때의 사항 중 맞지 않는 것은?**

① 좋은 품질의 밀가루를 사용하여야 한다.

② 수화율을 2~3% 정도 줄여야 한다.

③ 개량제를 필수적으로 사용하여야 한다.

④ 반죽온도를 2~3℃ 정도 높여야 한다.

해설 | 냉동반죽법의 반죽온도는 20℃로 맞춘다.

27 **건포도 식빵 제조에 대한 설명으로 틀린 것은?**

① 반죽을 완전히 발전시킨 후 건포도를 첨가한다.

② 건포도를 전처리 후 클린업 단계에 첨가한다.

③ 충분한 가스빼기를 한 후 밀어 펴기 한다.

④ 건포도량이 많아질수록 팬에 대한 반죽의 비율을 높인다.

해설 | 건포도를 전처리 후 최종 단계 직후에 첨가한다.

28 **소프트 롤 제조 시 팬 흐름성을 돕기 위해 첨가하는 단백질 분해 효소는?**

① 이눌라아제(Inulase)

② 셀룰라아제(Cellulase)

③ 리파아제(Lipase)

④ 프로테아제(Protease)

해설 |

① 이눌린(과당의 결합체)을 가수분해하는 이눌라아제
② 셀룰로오스(섬유소)를 가수분해하는 셀룰라아제
③ 지방을 가수분해하는 리파아제
④ 단백질을 가수분해하는 프로테아제

29 오븐에서 굽기 중 전자기파가 구울 제품에 흡수되어 열로 바뀌는 열전달 방식은?

① 전도 ② 복사
③ 대류 ④ 승화

해설 | 굽기에 의한 반죽의 착색 방식에는 복사, 전도, 대류 등이 있으며, 복사는 빵의 윗면에, 전도는 빵의 밑면에, 대류는 빵의 옆면에 착색을 유도한다. 전자기파는 복사에 의해 착색을 유도한다.

30 하스 브레드에 속하는 호밀빵의 제조공정 시 주의점이 아닌 것은?

① 반죽은 흰 식빵보다 덜 발전시킨다.
② 호밀가루를 많이 쓸수록 반죽 온도를 낮춘다.
③ 흰 식빵 반죽보다 발효시간을 줄인다.
④ 증기를 넣어 오버 베이킹을 한다.

해설 | 하스 브레드는 일반적으로 저율배합이므로 언더 베이킹(높은 온도에서 굽기)을 한다.

31 아밀라아제가 분해하는 기질이 되는 것은?

① 단백질 ② 전분
③ 지방 ④ 설탕

해설 |
① 단백질을 가수분해하는 효소는 프로테아제이다.
② 전분을 가수분해하는 효소는 아밀라아제이다.
③ 지방을 가수분해하는 효소는 리파아제이다.
④ 설탕을 가수분해하는 효소는 인베르타아제이다.

32 밀가루의 회분함량에 대한 설명 중 틀린 것은?

① 밀가루의 정제도를 표시하기도 한다.
② 제분율이 높을수록 회분함량이 높다.
③ 같은 제분율일 때 연질소맥은 경질소맥에 비해 회분함량이 낮다.
④ 회분함량이 많으면 밀가루의 색이 희어진다.

해설 | 회분함량이 많으면 밀가루의 색은 회색이 된다.

33 설탕류의 상대적 감미도가 높은 순서로 되어 있는 것은?

① 과당 → 전화당 → 설탕 → 포도당
② 과당 → 설탕 → 전화당 → 포도당
③ 과당 → 맥아당 → 포도당 → 설탕
④ 과당 → 설탕 → 유당 → 포도당

해설 | 과당(175) 〉 전화당(130) 〉 자당(100) 〉 포도당(75) 〉 맥아당(32), 갈락토오스(32) 〉 유당(16)

34 지방의 가소성이 특히 중요시 되는 제품은?

① 식빵
② 크림빵
③ 조리빵
④ 데니시 페이스트리

해설 | 유지(지방)의 여러 물리적 특성 중 가소성이란 유지가 상온에서 고체 모양을 유지하는 성질로 퍼프 페이스트리, 데니시 페이스트리, 파이 등에 특히 중요시 된다.

35 생이스트는 사용하기 전 물에 용해하여 사용하는 것이 좋다. 이에 대한 설명 중 맞는 것은?

① 이스트를 60℃ 물에 10~15분간 두었다 사용한다.
② 동결된 이스트는 해동시키지 않고 사용한다.
③ 이스트는 설탕, 이스트 푸드 등과 함께 용해하여 사용함이 좋다.
④ 이스트를 잘게 부수어 16~21℃ 물에 넣어 균일하게 용해하여 사용한다.

해설 | 생이스트는 잘게 부수어 그대로 사용하거나 30℃ 정도의 생이스트 양 기준으로 4~5배의 물을 준비하여 용해시킨 후 사용하면 좀 더 빠른 생이스트의 활성을 기대할 수 있다. 그러나 이 문제에서는 이스트를 잘게 부수어 16~21℃ 물에 넣어 균일하게 용해하여 사용하는 방법이 다른 항목의 방법에 비해서는 가장 생이스트를 활성화시킬 수 있다.

36 **이스트가 가지는 효소가 아닌 것은?**

① 아밀라아제(Amylase)
② 인버타아제(Invertase)
③ 말타아제(Maltase)
④ 치마아제(Zymase)

해설 | 이스트가 가지고 있는 효소에는 말타아제, 인베르타아제(인버타아제), 치마아제(찌마아제), 프로테아제, 리파아제 등이 있다.

37 **다음은 베이킹파우더(B.P ; Baking Powder)의 원료이다. 이중 중조와 가장 낮은 온도에서 반응하는 것은?**

① 중주석산칼륨
② 제1인산칼슘
③ 산성피로인산나트륨
④ 소명반

해설 | 위의 항목에서 제시된 산작용제의 화학반응 속도를 빠른 순서부터 나타내면, 중주석산칼륨 → 제1 인산칼슘 → 산성피로인산나트륨 → 소명반이다.

38 **재료계량 및 믹싱시간의 오판 등 사람의 잘못으로 일어나는 사항과 계량기의 부정확 또는 믹서의 작동 부실 등 기계의 잘못을 계속적으로 확인하여 수정할 수 있도록 하는 소형의 핀(PIN) 반죽기는?**

① 알베오그래프(Alveograph)
② 아밀로그래프(Amylograph)
③ 믹소그래프(Mixograph)
④ 익스텐소그래프(Extensograph)

해설 |
- 믹서트론(일명 : 믹소그래프)
  식빵을 믹싱할 때 밀가루, 물, 소금 등의 재료가 표준보다 많고 적음을 알아내는 기계이며, 혼합 시간의 오판 등 사람의 잘못으로 일어나는 사항과 계량기의 부정확 또는 믹서의 작동 부실 등 기계의 잘못을 계속적으로 확인하는 기계이다.
- 시험 문제지를 기준으로 문제를 정리하였습니다.

39 **빵의 노화를 지연시킬 수 있는 것과 거리가 먼 것은?**

① 이스트 푸드
② 설탕
③ 스테아릴젖산나트륨
④ 마가린

해설 |
- 이스트 푸드는 물 조절제, 반죽 조절제, pH 조절제, 이스트 조절제 기능을 갖고 있으나, 빵의 노화를 지연시키는 기능은 없다.
- 스테아릴젖산나트륨(Sodium stearoyl lactylate)은 빵과 같이 구워 만드는 제품의 기포제, 유화제 등으로 사용된다. 유화제 기능을 하는 식품 첨가물은 빵의 노화를 지연시킨다.

40 **우유의 구성성분으로 맞지 않는 것은?**

① 레시틴
② 락트알부민
③ 회분
④ 아비딘

해설 |
- 아비딘은 난백(달걀흰자)에 존재하는 비오틴과 특이적으로 결합하는 염기성 당단백질이며, '비오틴과 탐욕적으로(Avidly) 결합하는 것'에서 명칭이 유래했다.
- 회분은 우유의 무기질을 가리키는 또 다른 명칭이다.

41 **분말달걀을 제조할 때 설탕 10% 정도를 첨가하는 이유는?**

① 수분을 증발시키기 위해서
② 제품을 바삭바삭하게 하기 위해서
③ 거품 형성능력을 개선하기 위해서
④ 응고하는 것을 방지하기 위해서

해설 | 거품형성 또는 공기 포집 특성을 개선하기 위하여 달걀을 건조하기 전에 탄수화물을 첨가하는데 설탕은 10% 정도 첨가한다.

42 제빵반죽에서 이스트의 역할은?

① 글루텐의 숙성 및 향을 생성한다.
② 부패를 개선하여 노화를 지연시킨다.
③ 반죽을 굳게 한다.
④ 제품을 부드럽게 한다.

해설 | 이스트는 반죽 팽창, 반죽 숙성, 향 생성 등의 기능을 한다.

43 카카오 박을 200mesh 정도의 고운 분말로 만든 제품은?

① 버터 초콜릿
② 밀크 초콜릿
③ 코코아
④ 커버추어

해설 | 코코아 분말은 코코아 버터를 만들고 남은 박(Press cake)을 200mesh 정도의 고운 분말로 분쇄한 것이다.

44 향신료 중 겨자의 주성분은?

① 차비신
② 시니그린
③ 디펜텐
④ 오레가노

해설 | 겨자즙의 주성분인 겨자는 갓의 종자이다. 겨자의 매운맛과 방향은 씨 안에 들어 있는 이소티오시아네이트(Isothiocyanate)란 성분에 기인한다. 이 성분은 겨자씨 안에 들어 있는 시니그린과 시날빈과 같은 유황 배당체에 미로시나아제라는 효소가 작용해서 만들어지는 것이다.

45 다음 중 안정제의 종류가 다른 것은?

① 한천 ② 펙틴
③ 젤라틴 ④ 카라기난

해설 | 젤라틴은 동물의 결체조직에 있는 콜라겐에서 추출하는 유일한 동물성 단백질인 안정제이다.

46 화농성 질환의 작업자가 작업에 종사할 때 발생할 수 있는 식중독은?

① 알레르기(Allergy)성 식중독
② 포도상구균(Staphylococcus) 식중독
③ 살모넬라(Salmonella) 식중독
④ 보툴리누스(Botulinus) 식중독

해설 | 화농에 있는 황색 포도상구균에 의하여 식중독이 일어난다. 황색 포도상구균은 열에 약하나 이 균이 체외로 분비하는 독소인 엔테로톡신은 내열성이 강해 일반 가열조리법으로 식중독을 예방하기 어렵다.

47 불량한 식품용 기계, 용기, 식기에서 용출되어 이타이이타이병을 일으키고 갱년기 이후 여성의 골연화증을 일으키는 유해 금속은?

① 수은(Hg) ② 카드뮴(Cd)
③ 아연(Zn) ④ 주석(Sn)

해설 |
① 수은은 미나마타병을 일으킨다.
② 카드뮴은 이타이이타이병을 일으킨다.
③ 아연은 복통, 구토, 설사, 경련 등을 일으킨다.
④ 주석은 구토, 설사, 복통, 권태감 등을 일으킨다.

48 빵에 생기는 실 모양의 점질물(Ropy bread)에 대한 설명으로 틀리는 항목은?

① 빵 속에 끈적끈적한 실 모양의 점질물은 바실러스 메센테리쿠스(Bacillus Mesentericus)가 만든 것이다.
② 빵의 단백질과 전분을 분해하는 효소를 분비해서 멜론 냄새를 낸다.
③ 습기가 많고 온도가 높은 여름철에 제조 관리가 철저하지 않으면 감염되기 쉽다.
④ 빵을 굽는 동안 내부 온도가 99℃에 도달하면 이 세균의 세포 및 포자가 모두 사멸하기 때문에 굽기에 유의해야 한다.

해설 | 멜론 비슷한 냄새와 함께 갈색으로 변색된 후 점성과 균사를 수반하는 빵의 변질현상을 일으키는 로

프균의 한 종류인 바실러스 메센테리쿠스(Bacillus Mesentericus)는 밀가루와 효모를 배지로 존재한다. 구워도 사멸하지 않고 로프 포자를 형성하고 굽기 과정을 생존하여 발아할 수 있으며, 성장을 한다.

49 미생물의 생육조건이 아닌 것은?

① 온도 ② 자외선
③ 수분 ④ 영양

해설 | 미생물 증식에 영향을 미치는 요인에는 수분, 영양소, 온도, 공기량, pH, 식염농도, 당농도 등 여러 가지가 있다.

50 오래된 과일이나 채소 통조림에서 식중독을 일으키는 원인 물질은?

① 아연 ② 주석
③ 카드뮴 ④ 철분

해설 | 주석(Sn)
통조림관 내면의 도금 재료로 이용되며, 내용물에 질산은이 존재하면 용출된다. 중독되면 구토, 설사, 복통, 권태감 등 증상을 일으킨다.

51 파이나 도넛을 구성하는 주 영양소는 어떤 기능을 하는가?

① 구성소 ② 열량소
③ 조절소 ④ 보전소

해설 | 파이와 도넛에는 많은 지방이 함유되어 있는데, 지방은 에너지원으로 이용되는 영양소로 열량영양소이다.

52 초유를 신생아에게 먹여야 하는 이유 중 가장 중요한 것은?

① 초유는 면역체의 함량이 많기 때문에
② 초유는 필수아미노산의 함량이 많기 때문에
③ 초유는 유당의 함량이 많기 때문에
④ 초유는 무기질 함량이 많기 때문에

해설 | 초유는 보통 출산 후 24~48시간 내에 나온다. 초유에는 사람에게 꼭 필요한 성장요소와 면역기능을 높여주는 성분이 많이 함유되어 있다. 좀 더 구체적으로 그 기능을 보면 성장발육촉진, 근육증가, 콜레스테롤 감소, 배변활동, 단백질과 비타민 A 공급 등을 한다.

53 단백질이 인체 내에서 소화되었을 때 최종적으로 생산되는 대사 산물은?

① 지방산
② 아미노산
③ 글리세린
④ 포도당

해설 | 3대 영양소가 인체 내에서 소화되었을 때 최종적으로 생산되는 대사산물을 보면, 지방은 지방산과 글리세린을, 단백질은 아미노산을, 그리고 탄수화물은 포도당, 과당, 갈락토오스를 생산한다.

54 시아노코발아민(Cyanocobalamine ; Vitamin B_{12})의 주된 생리작용은?

① 철분의 산화
② 적혈구의 생성
③ 지방의 합성
④ 콜라겐의 합성

해설 | 시아노코발아민은 적혈구를 생성하기 때문에 항빈혈 비타민이라고 한다.

55 노인의 골다공증 예방에 가장 좋은 식품은?

① 우유 ② 빵
③ 버터 ④ 과일

해설 | 우유에 함유된 무기질(회분) 중에서 1/4을 차지하는 칼슘과 인은 골격(뼈)을 형성하는 기본 무기질로, 어린이의 성장 발달에 필수적인 영양소이자, 노인의 골다공증 예방에 가장 좋은 식품이다.

56 **단팥빵 위에 묻힌 퐁당(Fondant) 크림이 여름철 유통기간 중에 잘 녹는 현상인 발한을 일으켜 포장지에 묻어 효과가 줄어들고 있다. 이에 대한 조치 방안으로 잘못된 것은?**

① 퐁당 크림을 만들 때 많은 물을 넣고 오랫동안 끓인다(수분 25% 정도).

② 표면에 더 많은 퐁당 크림을 묻힌다.

③ 빵을 충분히 냉각시킨다.

④ 퐁당 크림에 흡수제로 전분을 넣는다.

해설 | 완제품에 발한현상이 생기면 퐁당 크림에 흡수제로 전분을 넣거나 안정제를 넣어야 하기 때문에 많은 물을 넣는 것은 적절치 않다.

57 **빵 제조 공정표에서 손실(Loss) 또는 불량 제품의 양을 기재할 필요가 없는 항목은?**

① 분할이 끝난 후

② 성형이 끝난 후

③ 오븐에 넣은 후

④ 포장이 끝난 후

해설 | 오븐에 넣은 후가 아니라 오븐에서 꺼낸 후 빵 제조 공정표에 손실(Loss) 또는 불량제품 양을 기재 한다.

58 **어느 생산부서가 계획적인 생산을 하기 위하여 당월의 인원을 배정하는데 다음의 항목을 연관시켜 볼 때 기초적으로 고려해야 할 사항이 아닌 것은?**

① 생산물량(금액)

② 목표노동생산성(원/인)

③ 당월 작업일수(일/월)

④ 계절지수(X/12)

해설 | 계절지수(X/12)는 당월의 생산인원을 배정하는 데 기초자료로 사용하는 것이 아니라 생산량 계획을 수립하는 데 필요한 참고자료이다.

59 **제조기구의 설치와 복잡한 공정을 거치는 제품은 외부로부터 구매하는 것이 유리할 수도 있다. 아래와 같은 조건일 때 kg당 납품가격은 얼마 이하면 되는가?**

팥앙금 60kg의 제조시간 = 1.5시간/인 팥앙금 재료비 = 2,200원/kg 앙금 kg당 인건비 = 5,000원/시/인 사내가공단가 = 재료비와 인건비의 110% 납품을 받을 가격 = 사내가공단가의 120%

① 2,805원　　② 2,904원

③ 3,069원　　④ 3,127원

해설 |

① 앙금 1kg당 소요된 공임 = 1인의 1시간당 인건비는 5,000원×팥앙금 60kg을 만드는 데 1인이 작업하는 시간은 1.5시간÷1사람이 1.5시간을 작업한 용량은 60kg = 5,000원×1.5시간÷60kg = 125원

② 팥앙금 1kg 원재료 단가는 2,200원

③ 사내가공단가 = (앙금의 원재료비+앙금 1kg당 소요된 공임×사내가공단가는 110% = (2,200원+125원×1.1 = 2,557.5원

④ 납품을 받을 가격 = 사내가공단가의 120% = 2,557.5원×1.2 = 3,069원

60 **어느 부서에서는 어떤 제품을 만드는 데 믹싱 = 15분, 정형 = 15분, 굽기 = 25분, 냉장보관 = 40분, 가공과 마무리 = 20분, 포장 = 10분이 걸리는 데 연속작업이 가능하다면, 오전 8시에 첫 번째 믹싱을 시작하면 10번째의 포장이 끝나는 시각은?**

① 10시 5분

② 11시 30분

③ 12시 20분

④ 13시 15분

해설 |

① 어떤 제품을 만드는 데 걸리는 총 제조시간 = 15분+15분+25분+40분+20분+10분 = 125분

② 오전 8시에 첫 번째 믹싱을 시작하여 10번째 믹싱이 끝나는 시각 = 믹싱 시작 시간은 오전 8시+(믹싱 15

분×9번째) = 8+(135÷60) = 10시간 15분

③ 오전 8시에 첫 번째 믹싱을 시작하여 10번째 포장이 끝나는 시각 = 10시간 15분+125분 = 10시간 15분+(125분÷60) = 10시간 15분+2시간 5분 = 12시 20분

응용문제 연습하기

엔젤 푸드 케이크 제조 시 주석산 크림을 넣으면 얻는 효과를 기술하시오.

풀이

① 흰자 거품의 산도를 증가시켜 흰자의 알칼리성에 대한 완충작용을 한다.
② 엔젤 푸드 케이크의 흰색을 더욱 하얗게 만든다.
③ 더욱 안정된 머랭 거품구조를 만든다.
④ 오븐 열을 더 효과적으로 침투하도록 하여 흰자 단백질이 열변성하도록 한다.

햄버거 번의 질소를 켄달법으로 정량하였더니 20g이었다. 햄버거 번의 단백질 열량은 얼마인가?

풀이

햄버거 번의 질소량 20g×밀가루 단백질의 질소계수 5.7×단백질 1g의 열량 4kal = 456kcal

데블스 푸드 케이크에 중조(탄산수소나트륨, 소다)를 투입함으로써 얻을 수 있는 효과를 기술하시오.

풀이

① 반죽의 pH를 높일 수 있다.
② 반죽을 알칼리성 쪽으로 조절한다.
③ 데블스 푸드 케이크의 향을 강하게 하고 색을 진하게 한다.
④ 데블스 푸드 케이크의 맛을 좋게 한다.
⑤ 데블스 푸드 케이크의 pH를 pH 8.5~9.2로 만든다.

정답								제5회 실전모의고사	
01	②	02	①	03	④	04	③	05	①
06	③	07	④	08	④	09	②	10	④
11	②	12	①	13	③	14	②	15	①
16	④	17	①	18	③	19	①	20	③
21	②	22	③	23	③	24	④	25	①
26	④	27	②	28	④	29	②	30	④
31	②	32	④	33	①	34	④	35	④
36	①	37	①	38	③	39	①	40	④
41	③	42	①	43	③	44	②	45	③
46	②	47	②	48	④	49	②	50	②
51	②	52	①	53	②	54	②	55	①
56	①	57	③	58	④	59	③	60	③

제 6 회 제과기능장 필기 실전모의고사

제과기능장 필기시험

제과기능장 필기 실전모의고사	품목코드 2011	시험시간 1시간	문제지형별 B	수험번호	성 명

01 일반적으로 케이크 반죽온도가 낮은 경우에 대한 설명으로 맞는 것은?

① 기공이 열려 속이 거칠다.

② 큰 기포가 남아 있기 쉽다.

③ 같은 증기압을 발달시키는 데 굽기 시간이 길어진다.

④ 제품 부피가 큰 편이다.

해설 | 일반적으로 거품형 반죽 케이크에서는 반죽온도가 높은 경우 완제품의 부피가 큰 편이며, 기공이 열려 속(조직)이 거칠고, 큰 기포가 남아 있기 쉽다. 그리고 같은 증기압을 발달시키는 데 굽기 시간이 짧아진다.

02 전형적인 파운드 케이크에서 밀가루와 설탕을 고정하고 쇼트닝을 증가시킬 때 다른 재료의 변화에 대한 설명으로 잘못된 것은?

① 달걀을 증가시킨다.

② 우유를 감소시킨다.

③ 베이킹파우더를 증가시킨다.

④ 소금을 증가시킨다.

해설 | 유지 사용량의 증가(팽창력 증가, 연화력 증가) → 달걀 사용량의 증가(팽창력 증가, 구조력 증가) → 우유 사용량의 감소(수분 함유량의 균형) → 베이킹파우더 사용량의 감소(팽창의 균형) → 소금 사용량의 증가(맛의 증진)

03 젤리 롤 케이크를 말 때 표피가 터지는 현상에 가장 큰 영향을 주는 원인은?

① 설탕의 일부를 물엿으로 대치하였다.

② 덱스트린을 넣어 점착성을 증가시켰다.

③ 믹싱과 팽창제 조정으로 전체 팽창을 감소시켰다.

④ 낮은 온도의 오븐에서 오래 구웠다.

해설 | 표면이 터지는 것을 방지하는 방법

① 설탕의 일부는 물엿과 시럽으로 대치한다.

② 배합에 덱스트린을 사용하여 점착성을 증가시키면 터짐이 방지된다.

③ 팽창이 과도한 경우 팽창제 사용을 감소하거나 믹싱 상태를 조절한다.

④ 노른자 비율이 높은 경우에도 부서지기 쉬우므로 노른자를 줄이고 전란을 증가시킨다.

⑤ 굽기 중 너무 건조시키면 말기를 할 때 부러지기 때문에 오버 베이킹을 하지 않는다.

⑥ 밑불이 너무 강하지 않도록 하여 굽는다.

⑦ 반죽의 비중이 너무 높지 않게 믹싱을 한다.

⑧ 반죽온도가 낮으면 굽는 시간이 길어지므로 온도가 너무 낮지 않도록 한다.

⑨ 배합에 글리세린을 첨가해 제품에 유연성을 부여한다.

04 다음과 같은 사항을 점검했다면 반죽형 쿠키의 어떤 결점을 찾아내기 위한 것인가?

> ⓐ 믹싱이 지나친가?
> ⓑ 너무 고운 입자의 설탕을 사용했는가?
> ⓒ 반죽이 너무 산성인가?
> ⓓ 오븐 온도가 높지 않은가?

① 딱딱한 쿠키

② 팬에 눌어붙는 쿠키

③ 퍼짐이 적은 쿠키

④ 퍼짐이 과도한 쿠키

해설 | 퍼짐이 결핍되는 경우
- 된 반죽이다.
- 유지가 너무 적었다.
- 체 친 가루를 넣고 믹싱을 너무 많이 했다.
- 산성 반죽이다.
- 설탕을 적게 사용했다.
- 굽기 온도가 너무 높았다.
- 설탕의 입자가 작다.

05 **다음의 페이스트리 제조방법 중 페이스트리의 부피를 가장 크게 증가시킬 수 있는 제조방법은 무엇인가?**

① 롤인 유지를 100% 사용하고 3겹 접기를 5회 실시한다.

② 롤인 유지를 75% 사용하고 3겹 접기를 5회 실시한다.

③ 롤인 유지를 50% 사용하고 3겹 접기를 5회 실시한다.

④ 롤인 유지를 50% 사용하고 3겹 접기를 7회 실시한다.

해설 | 유지는 본 반죽에 넣는 것과 충전용으로 나누는데 충전용이 많을수록 결이 분명해지고 부피도 커진다.

06 **아이싱에 사용되는 안정제 중 감귤 껍질 등에서 추출되는 것으로 비교적 낮은 농도의 설탕과 약산성 조건에서 칼슘을 포함하고 있는 물에 의하여 젤화되는 성질이 있는 것은?**

① 카르복시 메틸 셀룰로오스(CMC)

② 로커스트빈검(메뚜기콩검)

③ 고 메톡실 펙틴

④ 저 메톡실 펙틴

해설 |
- 고 메톡실 펙틴(High Methoxyl Pectin) : 펙틴의 메톡실기 함량(메틸에스테르 비율)이 7% 이상의 펙틴(보통 9.5~11%)을 말한다. 일정비율의 산, 당과 물이 존재하면(예 : 고 메톡실 펙틴 1.5%, 산(레몬즙) 3.05%, 자당(설탕) 50%) 젤리화가 일어나기 때문에 이것을 이용하여 과실젤리, 잼이 제조된다.
- 저 메톡실 펙틴(Low-methoxyl Pectin) : 펙틴 중 분자 내의 Methoxyl(-CH_3O) 함량이 7%보다 낮은 것을 저 메톡실 펙틴이라고 한다. 칼슘 등의 다가금속이온을 첨가함으로써 펙틴분자 사이의 Carboxyl에 가교를 형성하여 젤화한다. 우유와 같이 칼슘이 많은 것으로서는 당을 첨가하지 않거나 혹은 낮은 농도의 설탕과 약산성 조건에서 젤리를 제조할 수가 있다.

07 **튀김기에서 열을 튀김 유지로 전달하는 데 사용하는 여러 가지 히터 중 비교적 사용하는 유지량이 적으며 신속하게 유지를 교체할 수 있고 세척이 쉬운 시스템은 무엇인가?**

① 바닥 히터(Bottom heaters)를 사용하는 튀김기

② 전기 관형 히터(Tubular heaters)를 사용하는 튀김기

③ 대기압 버너를 이용하는 튀김기

④ 프리믹스 버너를 이용하는 튀김기

해설 |

바닥 히터(Bottom heaters)를 사용하는 튀김기의 장점
- 비교적 사용하는 튀김기름의 양이 적다.
- 튀김기름을 180~190℃로 빠르게 예열시킨다.
- 튀김기름 내의 반죽 부스러기를 제거하기가 용이하다.
- 신속하게 유지를 교체할 수 있고 세척이 쉽다.
- 튀김 후 산소와의 접촉과 이물질이 들어가는 것을 막기 위해 튀김기에 뚜껑이 있다.

08 **유지 사용량이 90%이고 물 사용량이 20%인 파운드 케이크에 비터(Bitter) 초콜릿을 24% 추가 사용하였을 때 유지 사용량 및 물 사용량으로 가장 알맞은 것은?**

① 유지 66%, 물 32%

② 유지 66%, 물 43%

③ 유지 86%, 물 32%

④ 유지 86%, 물 43%

해설 |
- 비터 초콜릿 중의 코코아 버터가 3/8 차지하며, 코코아 버터의 양에서 유지의 양은 1/2이다. 초콜릿 24% 중 코코아 버터는 24×3÷8 = 9%며 그 중에서 쇼트닝의 양은 1/2이므로 9÷2 = 4.5%이다. 그래서 초콜

릿 케이크를 만들 때 사용된 유지의 양은 90-4.5 = 85.5%이다.

- 비터 초콜릿 중의 코코아 분말이 5/8 차지한다. 초콜릿 24% 중 코코아 분말은 24×5÷8 = 15%이다. 그래서 초콜릿 케이크를 만들 때 사용되는 물의 양 = (코코아 분말×반죽형 반죽에서 코코아 분말이 수분을 흡수하는 양)+원래 사용한 물의 양 = (15%×1.5배)+20% = 42.5%

09 다음 제법 중 비중을 맞추기가 비교적 용이한 제법은?

① 크림법
② 블렌딩법
③ 설탕/물법
④ 따로 일으킴법

해설 | 블렌딩법의 제조공정과 특징
① 쇼트닝에 의해 밀가루가 코팅될 때까지 섞는다.
② 건조재료와 일부 액체재료를 이미 예정된 믹싱 시간동안 혼합한다.
③ 나머지 액체재료를 서서히 넣고 나머지 시간동안 혼합한다.
④ 향을 투입한다.
⑤ 이미 예정된 믹싱 시간동안만 혼합하면 되기 때문에 비중을 맞추기가 비교적 용이한 제법이다.

10 반죽형 케이크의 중심부가 올라온 경우의 원인으로 알맞은 것은?

① 설탕 사용량이 많다.
② 쇼트닝 사용량이 많다.
③ 달걀의 사용량이 많다.
④ 오븐 온도가 강하다.

해설 | 너무 높은 온도에서 구우면 반죽형 케이크의 중심부가 설익고 부풀어 오르면서 갈라지고 조직이 거칠며 주저앉기 쉽다.

11 케이크 도넛 완제품의 일반적인 유지함량으로 가장 알맞은 것은?

① 20~25% ② 30~35%
③ 40~45% ④ 50~55%

해설 | 케이크 도넛 완제품의 일반적인 유지함량은 20~25%이고, 수분함량은 21~25%이다.

12 카스텔라에 곰팡이의 발육방지를 위해 충전하는 가스로 알맞은 것은?

① 질소와 탄산가스
② 산소와 탄산가스
③ 질소와 염소가스
④ 산소와 염소가스

해설 | 카스텔라에는 곰팡이의 발육방지를 위해 땅콩, 아몬드에는 지방산화 방지를 하고 곰팡이의 발육방지 면에서 질소와 탄산가스가 사용되고 있다.

13 설탕/물법 반죽 시 시럽의 당도로 가장 알맞은 것은?

① 45.7% ② 50%
③ 66.7% ④ 80%

해설 | 설탕/물 반죽법은 유지에 설탕물 시럽을 넣는데 이때 설탕물 시럽의 비율은 설탕 100%에 물 50%이다. 당도 = 용질÷(용질+용매)×100 = 100÷(100+50)×100 = 66.66%

14 카스텔라 제조 시 휘젓기를 하는 이유로 가장 알맞지 않은 것은?

① 굽기 시간을 단축한다.
② 제품의 표면을 고르게 한다.
③ 제품의 수평을 고르게 한다.
④ 제품의 식감을 부드럽게 한다.

해설 |
카스텔라 제조 시 굽기 과정에서 휘젓기를 하는 이유
- 반죽의 온도를 일정하게 한다.
- 완제품의 내상을 균일하게 한다.
- 제품의 표면을 고르게 한다.
- 제품의 수평을 고르게 한다.
- 굽기 시간을 단축한다.

15 시폰 케이크를 만드는 일반적인 방법을 설명한 항목 중 틀린 것은?

① 체로 친 밀가루와 베이킹파우더에 건조재료를 넣고 잘 섞으며, 식용유와 노른자를 혼합하여 여기에 넣고 물을 조금씩 넣으면서 매끄러운 반죽을 만든다.

② 다른 용기에 흰자와 주석산 크림을 넣고 60% 정도로 기포한 후 설탕을 넣어가면서 85% 정도의 머랭을 만든다.

③ 제조한 머랭을 2~3회로 나누어 매끄럽게 반죽한 것에 넣으면서 균일하게 혼합하되 지나치지 않도록 한다.

④ 균일하고 얇게 기름칠을 한 시폰팬에 적정량을 넣고 굽기를 한다. 분할량이 많으면 상대적으로 저온에서 장시간 굽는다.

해설 | 반죽을 구울 때 달라붙지 않게 하고 모양을 그대로 유지하기 위하여 사용하는 재료를 가리켜 이형제라고 한다. 이형제로 물을 사용하는 제품에 시폰 케이크와 엔젤 푸드 케이크가 있다.

16 식빵의 총 배합률이 180%이고, 발효손실 2%, 굽기손실 12%인 경우 완제품 중량 500g짜리 식빵 40개를 만들려면 밀가루는 얼마가 있어야 하는가?(단, 10g 이하는 올림)

① 10,900g

② 11,900g

③ 12,900g

④ 13,900g

해설 |

① 제품의 총 무게 = 500g×40개 = 20,000g

② 반죽의 총 무게 = 20,000g÷{1−(12÷100)}÷{1−(2÷100)} = 23,191.09g

③ 밀가루의 무게 = 23,191.09g×100%÷180% = 12,883.94g

④ 10g 이하는 올림이므로 12,900g이다.

17 식빵 제조 시 스트레이트법을 노타임(NO Time Dough)법으로 바꿀 때 조치할 사항이 아닌 것은?

① 산화제와 환원제를 함께 사용한다.

② 이스트 사용량을 증가한다.

③ 설탕 사용량을 감소한다.

④ 믹싱시간을 증가한다.

해설 | 노타임(NO Time Dough)법은 정반대의 화학작용을 하는 화학첨가제인 산화제와 환원제를 함께 사용하지만 반죽 속에서 두 물질의 화학반응시간을 조절하여 믹싱시간과 1차 발효시간을 단축시킨다.

18 빵 제조 시 일반 스트레이트법을 비상반죽법(Emergency dough)으로 변경시켜야 할 필수적인 조치가 아닌 것은?

① 이스트 사용량을 2배로 증가시킨다.

② 반죽 온도를 30℃로 올린다.

③ 설탕 사용량을 1% 증가시킨다.

④ 가수량을 1% 증가시킨다.

해설 |

비상 스트레이트법으로 변경 시 필수조치사항

- 반죽시간을 20~30% 증가시킨다.
- 설탕 사용량을 1% 감소시킨다.
- 1차 발효시간을 줄인다.
- 반죽온도를 30℃로 한다.
- 이스트 사용량을 2배로 증가시킨다.
- 물 사용량을 1% 증가시킨다.

19 1차 발효가 부족한 스펀지 반죽이 있다. 이것을 보완하기 위한 조치 중 불합리한 것은?

① 이스트 증가

② 믹싱시간 증가

③ 소금 증가

④ 플로어 타임 증가

해설 | 본 반죽에서 소금의 사용량을 증가시키면 삼투압에 의해서 이스트의 활력이 저하된다.

20 어린 스펀지로 본 반죽을 하면 정상 스펀지로 한 반죽과 비교하여 본 반죽 발효시간은 어떻게 되는가?

① 짧아진다.
② 같다.
③ 길어진다.
④ 짧아지기도 하고 길어지기도 한다.

해설 | 어린 스펀지 반죽은 발효가 부족하므로 본 반죽에서 발효를 길게 시켜야 정상적인 발효반죽을 만들 수 있다.

21 분할무게 600g인 식빵을 구울 때 팬의 간격이 2.4cm 정도 떨어지면 좋은 결과가 나온다. 분할무게 500g인 식빵의 팬 간격으로 가장 적당한 것은?

① 1.8cm ② 2.4cm
③ 3.0cm ④ 4.0cm

해설 | 이 문제는 계산문제가 아니라 식빵의 분할무게와 식빵을 구울 때 팬의 간격이 비례 관계임을 확인하는 문제이다. 즉 식빵의 분할무게가 크면 클수록 식빵을 구울 때 팬의 간격은 멀어지고 식빵의 분할무게가 작으면 작을수록 식빵을 구울 때 팬의 간격은 가까워진다.

22 빵, 과자 제품을 너무 낮은 온도로 냉각시킨 후 포장했을 때의 결과로 맞는 것은?

① 제품을 썰 때 문제가 생긴다.
② 껍질이 너무 건조하게 된다.
③ 포장지에 수분이 응축된다.
④ 곰팡이 발생이 빠르다.

해설 | • 빵, 과자 제품을 너무 낮은 온도로 냉각시킨 후 포장하면 껍질이 너무 건조하게 되며, 노화가 빨라져 보존성이 나빠지며, 향미가 저하된다.
• 빵, 과자 제품을 너무 높은 온도로 냉각시킨 후 포장하면 제품을 썰 때 문제가 생기며, 포장지에 수분이 응축되며, 곰팡이가 빨리 발생한다.

23 스트레이트법으로 식빵 제조 시 가장 먼저 수행될 공정에 필요한 것은?

① 믹서 ② 분할기
③ 라운더 ④ 중간 발효기

해설 | 식빵 제조공정 순서 : 믹서 → 1차 발효기 → 분할기 → 라운더 → 중간 발효기 → 정형기 → 2차발효기 → 오븐기

24 불란서빵 제조에 대한 설명 중 틀린 것은?

① 글루텐을 완전히 발달시킨다.
② 굽기 전 오븐 속에 증기를 넣는 것이 좋다.
③ 오븐 속에 증기량이 많으면 오븐 스프링은 좋으나 대각선 칼질에 따른 터짐이 부족하다.
④ 대각선을 그을 때 반죽이 주저앉으면 2차 발효가 지나친 것이다.

해설 | 불란서빵 반죽은 발전 단계까지 믹싱한다. 믹싱을 일반 빵에 비해서 적게 하는 이유는 팬에서의 흐름을 막고 모양을 좋게 하기 위해서이다.

25 액체발효법으로 빵을 만들 때 액종의 발효점을 가장 정확하게 찾을 수 있는 방법은?

① 발효로 생긴 신 냄새의 정도
② 액종의 발효시간
③ 윗면 표면에 생긴 거품 상태
④ 정확한 pH의 측정

해설 | 액종의 발효 완료점은 pH로 확인하며, pH 4.2~5.0이 최적인 상태이다.

26 식빵을 제조한 후 며칠이 경과하면 제품 속 질의 변화는 단단해진다. 수분의 이동이 미치는 결과이기도 하지만 중요한 또 다른 변화는?

① 단백질의 변화
② 전분의 변화
③ 설탕의 변화
④ 지방의 변화

해설 | 빵의 노화는 빵 껍질의 변화, 풍미저하, 내부조직의 수분보유 상태를 변화시켜 제품의 속질이 단단해지는 것으로 α-전분(익힌 전분)이 β-전분(생전분)으로 변화하는 전분의 변화가 주요한 원인이다.

27 높은 부피(High loaf volume)의 결점 원인이 아닌 것은?

① 2차 발효가 초과되었을 경우
② 소금사용이 과다했을 경우
③ 분할 무게를 초과했을 경우
④ 오븐이 너무 차가웠을 경우

해설 | 소금의 사용량이 과다하면 삼투압에 의해서 이스트의 활력이 저하되어 완제품의 부피가 작아진다.

28 식빵제품의 노화(Staling)를 지연시키는 방법 중 틀린 것은?

① 양질의 재료 사용과 공정의 정확성
② 고급 지방산의 유화제를 사용
③ 방습 포장지로 포장
④ 운반도중이나 판매될 때까지 냉장고에 보관

해설 |
빵의 노화를 지연시킬 수 있는 방법
- 반죽에 알파-아밀라아제를 첨가한다.
- 저장 온도를 -18℃ 이하 또는 35℃로 유지한다.
- 모노-디 글리세리드 계통의 유화제를 사용한다.
- 물의 사용량을 높여 반죽의 수분함량을 증가시킨다.
- 탈지분유와 달걀에 의한 단백질 함량을 증가시킨다.
- 당류와 유지류의 함량을 증가시킨다.

29 반죽온도가 낮게 되었을 때의 조치사항이 아닌 것은?

① 약간 높은 온도의 발효실에 넣어 놓는다.
② 발효시간을 연장한 뒤 분할한다.
③ 중간 발효를 길게 가진 뒤 성형한다.
④ 발효실의 습도를 증가시킨다.

해설 | 발효실의 습도는 상대습도로 발효실에 설정한 온도에서 최대 포화수증기압에 대한 실제 수증기압의 비를 백분율로 나타낸 값이다. 그래서 아무리 습도를 올려도 온도가 올라가는 것은 아니다.

30 반죽 배합 시 원료의 혼합 및 분산을 주목적으로 저속 회전 속도로 진행되는 과정을 지칭하는 용어는 무엇인가?

① 픽업 단계(Pick up stage)
② 클린업 단계(Clean up stage)
③ 발전 단계(Development stage)
④ 렛 다운 단계(Let Down stage)

해설 | 픽업 단계(Pick up stage)
- 밀가루와 원재료에 물을 첨가하여 대충 혼합 및 분산을 하는 단계이다.
- 반죽이 끈기가 없이 끈적거리는 상태이다.
- 믹서는 저속으로 사용한다.

31 유지의 경화(Hardening)란?

① 유지의 저온처리를 말한다.
② 불포화지방산에 수소를 첨가하는 것이다.
③ 유지의 불순물을 제거하는 것을 말한다.
④ 착색물질을 제거하는 것을 말한다.

해설 | 유지의 경화(Hardening)란 불포화지방산의 이중결합에 니켈을 촉매로 수소를 첨가시켜 지방의 불포화도를 감소시키는 것이다.

32 같은 호밀로 제분한 백색 호밀가루의 회분이 0.55~0.65%, 단백질이 6~9%가 되었다면 흑색 호밀가루의 회분과 단백질 함량은 어떻게 되겠는가?

① 회분과 단백질 함량이 모두 증가한다.
② 회분은 증가하고 단백질은 감소한다.
③ 회분은 감소하고 단백질은 증가한다.
④ 회분과 단백질 함량이 모두 감소한다.

해설 | 호밀가루는 제분율에 따라 백색, 중간색, 흑색 호밀가루로 분류되는데, 흑색 호밀가루에 회분과 단백질 함량이 모두 증가한다.

33 물 1ℓ 중에 다음과 같은 당이 같은 중량 용해되어 있을 때 삼투압이 가장 높은 것은?

① 유당 ② 과당
③ 설탕 ④ 맥아당

해설 | 당은 감미도가 높으면 용해도가 높고, 용해도가 높으면 삼투압이 높아진다.

34 유지가 산화하면 과산화물이 생성되어 산패가 된다. 이를 방지하거나 지연시키는 천연 항산화제는?

① 비타민 E ② 비타민 C
③ 리보플라빈 ④ 니아신

해설 | 항산화제(산화방지제)의 종류에는 비타민 E(토코페롤), PG(프로필갈레이트), BHA, NDGA, BHT, 구아검 등이 있다.

35 매일 사용하는 생이스트(압착효모)는 다음 중 어느 온도에서 저장하는 것이 가장 현실 적인가?

① −18℃ 이하의 냉동고에 보관
② 냉장온도에 보관
③ 실내온도에 보관
④ 43℃ 이상에서 보관

해설 | 생이스트의 현실적인 보관온도는 0~5℃의 냉장온도이다.

36 어떤 베이킹파우더 10kg 중에 전분이 28%이고, 중화가가 80인 경우에 탄산수소나트륨은 얼마나 들어 있는가?

① 2.8kg ② 3.2kg
③ 4.0kg ④ 7.2kg

해설 |
① 전분의 양을 구한다. 10kg×0.28 = 2.8kg
② 탄산수소나트륨(중조, 소다)의 양과 산염제(산작용제)의 양의 합을 구함. 10kg−2.8kg = 7.2kg
③ 산염제(산작용제)의 양을 구함
7.2kg = 산염제 100 : 중조 80의 비율. 그러므로 7.2kg = x+0.8x, x = 4kg
④ 탄산수소나트륨(중조, 소다)의 양을 구한다.
7.2kg−4kg = 3.2kg

37 제빵에 사용할 물이 심한 경수(센물)일 때 조치할 사항이 아닌 것은?

① 이스트 사용량 증가
② 효소 활성 맥아 사용
③ 이스트 푸드 사용량 감소
④ 소금 사용량 증가

해설 |
제빵에 사용할 물이 심한 경수(센물)일 때 조치할 사항
- 이스트 사용량을 증가한다.
- 효소인 활성 맥아를 사용한다.
- 이스트 푸드 사용량을 감소한다.
- 소금 사용량을 감소한다.

38 경수의 작용으로 알맞은 것은?

① 글루텐을 질기게 하고, 발효를 저해한다.
② 글루텐을 연하게 하고, 발효를 촉진한다.
③ 글루텐을 질기게 하고, 발효를 촉진한다.
④ 글루텐을 연하게 하고, 발효를 저해한다.

해설 | 경수를 반죽에 사용했을 때 나타나는 현상
- 반죽이 되어지므로 반죽에 넣는 물의 양이 증가한다.
- 반죽의 글루텐을 경화시켜 질기게 한다.
- 믹싱, 발효시간이 길어진다.
- 반죽을 잡아당기면 늘어나지 않으려는 탄력성이 증가한다.

39 밀가루 반죽의 신장성을 측정하는 방법은?

① 아밀로그래프
② 패리노그래프
③ 점도측정법
④ 익스텐소그래프

해설 | 익스텐소그래프(Extensograph)의 익스텐드(Extend)란 '잡아당기다'라는 뜻으로 반죽을 양쪽에서 잡아당겨 반죽의 신장성을 측정하는 기기이다.

40 제과 · 제빵재료인 아몬드(Almond)에 대한 설명이 바르게 된 것은?

① 슬라이스(Sliced) 아몬드 – 속껍질을 벗겨 잘게 다져서 부순 상태
② 천연(Natural) 아몬드 – 갈색의 얇은 속껍질이 붙어 있는 상태
③ 슬리버드(Slivered) 아몬드 – 세로로 길고 가늘게 썬 상태
④ 다진(Diceed) 아몬드 – 고운 가루형태로 마쇄한 상태

해설 | 아몬드는 스위트와 비터 2종류가 있는데, 보통의 아몬드는 스위트 아몬드를 가리킨다. 통째로 사용하는 블랜치 아몬드, 얇게 자른 슬라이스 아몬드, 잘게 다진 다이스(Diceed) 아몬드, 가루로 만든 파우더 아몬드 등 여러 형태로 가공하여 사용한다.

41 무당연유와 가당연유의 차이점이 아닌 것은?

① 설탕첨가 유무
② 균질화 유무
③ 가열멸균 유무
④ 지방산첨가 유무

해설 |

- 가당연유는 우유를 약 1/3 정도로 농축하고 설탕을 40~50% 용해시켜서 미생물이 증식할 수 없도록 만든 연유이다. 고농도의 설탕에 의한 방부성으로 실온에서 장기간 보존할 수 있고 개봉 후에도 비교적 오래 저장할 수 있다.
- 무당연유는 보존성이 없으므로 깡통에 채워 밀봉한 후 가열 살균한 것이다. 원료우유로서는 내열성이 특히 강한 것을 사용한다. 표준화를 행한 원료우유는 100℃에 가까운 온도에서 가열하는데, 이 온도는 연유의 응고방지에 효과가 있다. 가열이 끝난 것은 감압 솥에 넣어 60x 이하에서 비중 1.05~1.07(50x)이 될 때까지 농축한다. 농축 후 균질화를 행한다. 이 조작은 우유의 지방 입자를 1μm 이하로 만들어 지방질의 분리를 막기 위한 것이다.

42 우유의 구성성분이 맞지 않는 것은?

① 레시틴 ② 락트알부민
③ 회분 ④ 아비딘

해설 |

- 아비딘은 난백(달걀흰자)에 존재하는 비오틴과 특이적으로 결합하는 염기성 당단백질이다. '비오틴과 탐욕적으로(Avidly) 결합하는 것'에서 명칭이 유래했다.
- 회분은 우유의 무기질을 가리키는 또 다른 명칭이다.

43 유리수(Free water)의 특징은?

① 용질에 대해 용매로 작용하지 않는다.
② 100℃ 이상으로 가열하여도 수증기압이 제거되지 않는다.
③ 끓는점과 녹는점이 매우 높다.
④ 식품에서 미생물의 번식에 이용되지 못한다.

해설 |

자유수(유리수, Free water)의 특징

- 용매로서 작용한다.
- 끓는점과 융점이 높으며 비열이 크다.
- 비중은 4℃에서 최고이다.
- 표면장력이 크다.
- 점성이 크다.
- 생명활동에 이용도가 높다.

44 다음 중 증류주인 것은?

① 매실주
② 맥주
③ 포도주(와인)
④ 브랜디

해설 | 브랜디(Brandy)라는 명칭은 브랜디와인(Brandy Wine)의 줄임말이며, 브랜디와인은 네덜란드어로 '불에 태운 포도주(Burnt Wine)'를 뜻하는 '브란데베인(Brandewijn)'에서 유래한 것으로, 브랜디는 넓게는 과실에서 양조 · 증류된 술이지만, 보통 단순히 브랜디라고 하면 포도주를 증류한 술을 가리킨다.

45 향신료의 기능이 아닌 것은?

① 고유한 향을 부여한다.
② 비린내를 억제한다.
③ 식욕을 증진시킨다.
④ 감미를 증가시킨다.

해설 | 제품을 만들 때 향신료의 기능
- 지질의 산화 방지를 통하여 불쾌한 냄새를 막는다.
- 주재료와 어울려 풍미를 향상시킨다.
- 부패균과 곰팡이의 발생 및 증식 억제로 제품의 보존성을 높여준다.
- 제품에 식욕을 불러일으키는 맛과 색을 부여한다.

46 냉동식품에 대한 분변오염지표가 되는 식중독균은?

① 대장균
② 장구균
③ 보툴리누스균
④ 장염비브리오균

해설 |
- 대장균 : 일반적으로 분변오염의 대표적인 균이지만 냉동에서는 쉽게 사멸된다.
- 장구균 : 대장균과 함께 분변에서 발견되는 균으로 대장균보다 균수는 적지만 냉동에서도 오래 견딘다. 그래서 냉동식품의 오염지표균이다.

47 식품제조 용기에 관한 설명으로 옳은 것은?

① 법랑제품은 내열성이 강하다.
② 유리제품은 건열과 충격에 강하다.
③ 스테인리스스틸은 알루미늄보다 열전도율이 낮다.
④ 고무제품은 색소와 형광표백제가 용출되기 쉽다.

해설 | 식품제조 용기의 종류 및 장단점
- 알루미늄 냄비는 열전도가 잘되고 가벼우며 녹이 슬지 않아 사용하기에 편리하다. 알루미늄은 가공하기가 쉬우므로 디자인이 우수한 제품이 많다. 음식에 물기가 없어지면 냄비 바닥이 타서 상하기 쉽다.
- 법랑냄비는 철판으로 된 본체에 백토(白土)를 입힌 것이다. 아름다운 빛깔에 여러 가지 무늬를 넣을 수 있다. 씻기 쉬우며, 빛깔이 퇴색하지 않고, 보온성도 좋다.
- 스테인리스스틸 냄비는 광택이 나며 녹이 슬지 않는다. 깨끗이 씻기 쉬우며 오래 사용할 수 있다. 열전도율이 낮고 음식이 잘 타는 단점이 있다. 무겁고 가격이 비싼 것도 흠이다.
- 유리 냄비는 최근 보급되기 시작한 것으로 깨끗하고 아름다운 것이 특징이지만, 열전도가 나쁘고 깨지기 쉬우므로 냄비 재질로서는 적합하지 않다.

48 교차오염을 방지하기 위한 올바른 대책은?

① 생원료와 조리된 식품을 동시에 취급하지 않는다.
② 동일한 종업원이 하루 일과 중 여러 개의 작업을 수행한다.
③ 소독된 컵과 접시를 행주로 깨끗이 닦아낸다.
④ 찬 음식의 홀딩에 사용된 얼음이 녹아서 생긴 물은 재사용한다.

해설 | 식자재 교차오염 방지법
- 원재료와 완성품을 구분하여 보관한다.
- 바닥과 벽으로부터 일정 거리를 띄워서 보관한다.
- 뚜껑이 있는 청결한 용기에 덮개를 덮어서 보관한다.
- 식자재와 비식자재를 구분하여 창고에 보관한다.
- 동일한 종업원이 하루 일과 중 여러 개의 작업을 수행하지 않는다.

49 1968년 일본에서 발생한 미강유 중독사고를 통하여 알게 된 사실은?

① 비소의 유독성
② PCB의 유독성
③ 유기수은의 유독성
④ 트리할로메탄의 유독성

해설 | 미강유 중독사고
가공된 미강유를 먹은 사람들이 색소침착, 발진, 종기 등의 증상을 나타내는 괴질이 1968년 10월 일본의 규슈 중심으로 112명이 사망한 사고는 조사결과 PCB(Poly Chlorinated Biphenyl)의 중독으로 판명되었다.

50 인축공통감염병에 해당되는 것은?

① 장티푸스 ② 콜레라
③ 파상열 ④ 세균성 이질

해설 | 인수공통감염병의 종류에는 탄저병, 파상열(브루셀라증), 결핵, 야토병, 돈단독, Q열, 리스테리아증 등이 있다.

51 식빵을 먹었을 때 가장 많이 공급받을 수 있는 영양소는?

① 단백질 ② 지질
③ 당질 ④ 비타민

해설 | 식빵을 만들 때 밀가루가 가장 많이 들어가며 밀가루 성분 중에서 가장 많은 성분은 당질(탄수화물)이다.

52 콜레스테롤(Cholesterol)에 대한 설명으로 틀린 것은?

① 고등동물의 뇌, 척추, 담즙산, 성호르몬 등에 분포되어 있다.
② 정상적인 사람에는 혈액 100ml당 200 mg 정도가 함유되어 있다.
③ 자외선을 받으면 비타민 D_2로 전환되기도 한다.
④ 고농도인 경우 동맥경화증의 원인이 된다.

해설 | 콜레스테롤(Cholesterol)

- 사람의 담석에서 처음 분리되었는데 그리스어로 Chole는 담즙, Steroes는 고체라는 의미가 있어 콜레스테롤이라는 이름이 붙었다.
- 신경조직과 뇌조직을 구성한다.
- 담즙산, 성호르몬, 부신피질 호르몬 등의 주성분으로 지방의 대사를 조절한다.
- 동물성 식품에 많이 들어있는 동물성 스테롤이다.
- 과잉 섭취하면 고혈압, 동맥경화를 야기한다.
- 자외선을 받으면 비타민 D_3로 전환되기도 한다.

53 다음은 비타민의 결핍 시 일어나는 결핍증을 짝지은 것이다. 틀리게 짝지어진 것은?

① 비타민 A – 야맹증
② 비타민 B_1 – 각기병
③ 비타민 D – 곱추병
④ 비타민 K – 탈모증

해설 |

- 비타민 K–혈액응고지연
- 탈모의 원인은 다양하다. 대머리의 발생에는 유전적 원인과 남성 호르몬인 안드로겐(Androgen)이 중요한 인자로 생각되고 있으며, 여성형 탈모에서도 일부는 남성형 탈모와 같은 경로로 일어나는 것으로 추정되고 있으나 임상적으로 그 양상에 차이가 있다. 원형 탈모증은 자가 면역 질환으로 생각되고 있다. 휴지기 탈모증은 내분비 질환, 영양 결핍, 약물 사용, 출산, 발열, 수술 등의 심한 신체적, 정신적 스트레스 후 발생하는 일시적인 탈모로 모발의 일부가 생장 기간을 다 채우지 못하고 휴지기 상태로 이행하여 탈락되어 발생한다.

54 무기질의 영양상 주 기능이 아닌 것은?

① 열량급원
② 몸의 경조직 성분
③ 체액의 완충작용
④ 효소의 작용을 촉진

해설 |

- 무기질은 구성영양소이며 조절영양소이다.
- 열량영양소에는 탄수화물, 단백질, 지방 등이 있다.

55 알부민(Albumin)에 대한 설명 중 맞지 않는 것은?

① 혈청 단백질이다.
② 아미노산만으로 구성된 단순단백질이다.
③ 난황, 육류에 다량 포함되어 있다.
④ 새로운 조직을 형성하기 위하여 단백질이 필요할 때 제일 먼저 공급해주는 단백질의 제 1급원이다.

해설 | 대표적인 것으로 난백에 함유되는 알부민, 우유 중의 락토알부민(Lactoalbumin), 근육의 미오겐(Myogen), 혈액 중의 혈청알부민(Serum Albumin), 밀이나 보리 중에 함유되는 류코신(Leucosin), 완두나 종자 중의 레구멜(Legumelin), 피마자 종자 중의 리신(Ricin) 등이 있다.

56 제조현장에서 발생하는 가공손실(Loss)이나 불량품은 원가에 많은 영향을 미친다. 이 불량률을 최소화하기 위한 원인 규명과 대책으로 부적당한 것은?

① 작업자의 부주의 – 철저한 작업지시 또는 타인에 의한 점검 실시

② 기술수준의 부족 – 교육훈련 강화

③ 가공조건의 불량 – 인시(人時)당 생산성 향상

④ 가공 설비의 문제 – 정기적인 점검 실시

해설 | 불량률 감소를 위한 작업관리

- 작업자 태도의 점검 : 작업 표준이나 작업 지시 등의 내용기준을 설정하여 수시로 점검한다.
- 기술수준의 향상과 숙련도 제고 : 적정 기술 보유자를 필요공정에 배치하거나 교육기관을 통해 교육을 실시한다.
- 작업 여건의 개선 : 작업 표준화를 실시하고 작업장의 정리, 정돈과 적정 조명을 설치한다.

57 파운드 케이크 400개를 만드는 데 5명이 8시간 작업을 하였다. 500개를 생산하려면 몇 시간의 연장 근무가 필요한가?(단, 연장 근무 시에는 80%의 능률로 본다)

① 2시간 ② 2시간 30분

③ 3시간 ④ 3시간 30분

해설 |

① 1시간당 파운드 케이크 생산량 = 400개÷8시간 = 50개

② 연장이 필요한 파운드 케이크의 생산량 = 500개–400개 = 100개

③ 연장 근무 시 80%의 능률에 따른 1시간당 파운드 케이크 생산량 = 50개×0.8 = 40개

④ 연장 근무 시 100개의 파운드 케이크를 생산하는 데 필요한 시간 = 100개÷40개 = 2.5시간

⑤ 그러므로 2.5는 2시간 30분이다.

58 22kg짜리 밀가루 10포대를 사용하는 믹서로 한 반죽을 믹싱하여 600g씩 분할하는 식빵을 640개 생산했다면 총 배합률이 180%인 경우 분할 시까지 총 재료에 대한 수율은 얼마인가?

① 39.60% ② 93.89%

③ 96.97% ④ 100.00%

해설 |

① 믹서로 만든 한 반죽의 총 재료의 무게
= (22kg×10포대)×180%÷100 = 396kg

② 분할 시까지 총 재료 = 600g×640개÷1,000 = 384kg

③ 분할 시까지 총 재료에 대한 수율
= 384kg÷396kg×100 = 96.969%

④ 그러므로 96.969%는 96.97%이다.

59 제빵공장의 작업지시서에 명시한 다음 항목 중 매일 점검하지 않아도 되는 것은?

① 생산량

② 작업인원

③ 원재료 사용금액

④ 불량 개수

해설 |

제빵공장의 일일 작업지시서를 통한 생산통제 항목

- 작업진도관리 : 어떤 작업이 어디까지 진행되었는가를 조사한다.
- 현품관리 : 불량품의 발생을 보고하고 서식 등에 물건의 움직임을 기록하여 파악한다.
- 생산계획과 생산실적 비교 검토
- 여력관리 : 생산계획을 세울 때에는 직장별 또는 개별 부하(작업량)와 작업능력의 균형이 잡힐 수 있도록 일정을 세운다.
- 생산보고 : 작업지시서에 의한 작업 진행 결과를 확인하기 위하여 매일 생산 실적 보고를 한다.

60 **액체 발효법을 이용하여 계속적으로 빵을 제조하는 방법인 연속식 제빵법(Continuous dough mixing system)에서 분할기로 직접 연결되어 패닝을 하는 장치는?**

① 열교환기(Heat exchanger)

② 예비혼합기(Premixer)

③ 디벨로퍼(Developer)

④ 제2차 발효실(Proofer)

해설 | 디벨로퍼(Developer)는 3~4기압에서 고속으로 회전하면서 반죽에 글루텐을 형성한다. 그리고 난 후 직접 연결되어 있는 분할기로 즉시 보낸다.

정답								제6회 실전모의고사	
01	③	02	③	03	④	04	③	05	①
06	④	07	①	08	④	09	②	10	④
11	①	12	①	13	③	14	④	15	④
16	③	17	④	18	③	19	③	20	③
21	①	22	②	23	①	24	①	25	④
26	②	27	②	28	④	29	④	30	①
31	②	32	①	33	②	34	①	35	②
36	②	37	④	38	①	39	④	40	③
41	④	42	④	43	③	44	④	45	④
46	②	47	③	48	①	49	②	50	③
51	③	52	③	53	④	54	①	55	③
56	③	57	②	58	③	59	③	60	③

제 7 회 제과기능장 필기 실전모의고사

제과기능장 필기시험

제과기능장 필기 실전모의고사	품목코드 2011	시험시간 1시간	문제지형별 B	수험번호	성 명

01 케이크 도넛을 튀긴 후 포장하는 동안 당의(Sugar coating)나 제품이 깨지지 않고 포장되기에 가장 알맞은 냉각 온도는?

① 27~29℃

② 32~35℃

③ 38~43℃

④ 49~52℃

해설 | 포장 냉각온도는 32~35℃로 이보다 낮으면 당의(Sugar coating)가 깨지기 쉽다.

02 엔젤 푸드 케이크 배합률 작성에 대한 설명 중 올바른 것은?

① 밀가루 사용량을 결정한 후 흰자와 설탕 양을 결정한다.

② 주석산 크림과 소금양의 합은 3%이어야 한다.

③ 설탕 중 2/3는 분당, 1/3은 입상형 설탕을 사용한다.

④ 흰자 사용량이 많으면 주석산 크림 양을 증가시킨다.

해설 | 엔젤 푸드 케이크의 배합률 작성공식

① 흰자 사용량을 결정하는 기준은 고수분 케이크를 희망하는 경우 사용량을 증가시킨다.

② 주석산 크림 사용량을 결정하는데 흰자가 많으면 이것도 증가시킨다.

③ 주석산 크림+소금 = 1%가 되어야 한다.

④ 설탕 중 2/3는 입상형 설탕으로 나머지 1/3은 분당을 사용한다.

03 반죽형 케이크 반죽온도가 제품에 미치는 영향을 잘못 설명한 것은?

① 반죽온도가 높으면 점도가 낮아져 공기 포집이 빠르다.

② 설탕을 많이 사용하는 고율배합은 반죽온도를 낮춘다.

③ 반죽온도가 낮으면 굽기 중 윗면이 터진다.

④ 반죽온도가 높으면 조직이 거칠고 노화가 빨라진다.

해설 | 반죽온도가 낮으면 유지가 응고되어 반죽 속에 혼입되는 공기의 양이 적어져 비중이 높아진다.

04 스펀지 케이크 제조 시 버터를 넣는 시기와 이유 및 첨가 시 버터의 온도로 맞는 것은?

① 달걀 거품 1/2 형성 후, 거품 제거 방지, 30~40℃

② 믹싱 마지막 단계, 거품 제거 방지, 30~40℃

③ 달걀 거품 1/2 형성 후, 부드러움 제공, 40~60℃

④ 믹싱 마지막 단계, 부드러움 제공, 40~60℃

해설 | 건조 재료를 넣고 균일하게 섞은 후 중탕한 유지를 넣으며, 부드러운 완제품을 만들고, 유지의 종류에 따라 다르지만 버터는 40~60℃ 정도로 녹여 사용한다.

05 튀김 용기로 가장 부적합한 것은?

① 범랑 ② 동그릇
③ 스테인리스
④ 수유식 후라이어

해설 | 튀김기름을 산화시키는 요인인 금속에는 구리(동)와 철이 있다.

06 초콜릿의 보관온도 및 습도로 가장 알맞은 것은?

① 0~℃, 20%
② 15~0℃, 40%
③ 25~0℃, 60%
④ 35~0℃, 30%

해설 | 초콜릿의 보관온도가 25℃로 상승하면 초콜릿의 결정구조가 불안정해져 표면에 지방질의 흰 반점이 생긴다. 습도가 높으면 초콜릿에 함유되어 있는 설탕이 표면으로 용출되어 흰 반점이 생긴다. 이러한 흰 반점을 Bloom이라고 한다.

07 반죽 제조법 중 설탕/물법에 관한 설명으로 옳지 않은 것은?

① 유화제 사용이 따로 필요 없는 방법이다.
② 공기 포집력이 좋아 베이킹파우더 사용량을 10% 줄일 수 있다.
③ 양질의 제품생산, 운반의 편리성, 계량의 용이성 등의 장점이 있다.
④ 믹싱 중 스크래핑(Scraping)을 줄일 수 있어 작업공정이 간편하다.

해설 | 유지에 설탕/물이 가장 먼저 투입되므로 유화제를 사용해야 한다.

08 과일 파이를 만들 때 과일 충전물이 끓어 넘치는 이유가 될 수 있는 것은?

① 과일 충전물의 온도가 낮은 경우
② 과일 충전물에 설탕이 너무 적은 경우
③ 껍질에 구멍을 뚫어 놓은 경우
④ 바닥 껍질이 너무 두꺼운 경우

해설 |
과일 충전물이 끓어 넘치는 이유
- 껍질에 수분이 많았다.
- 위 · 아래 껍질을 잘 붙이지 않았다.
- 껍질에 구멍을 뚫지 않았다.
- 오븐의 온도가 낮다.
- 충전물의 온도가 높다.
- 바닥 껍질이 얇다.
- 천연산이 많이 든 과일을 썼다.
- 과일 충전물에 설탕이 너무 적었다.

09 버터크림 제조 시 설탕을 시럽 형태로 끓여서 사용하는 방법을 택한다면 시럽의 온도를 몇 도로 하는 것이 가장 일반적인가?

① 107℃(실 상태)
② 116℃(소프트 볼 상태)
③ 124℃(하드 볼 상태)
④ 138℃(소프트 크랙 상태)

해설 | 버터크림 제조법
유지를 크림 상태로 만든 뒤 설탕(100), 물(25~30), 물엿, 주석산 크림 등을 114~118℃로 끓여서 식힌 시럽을 조금씩 넣으면서 계속 젓는다. 마지막에 연유, 술, 향료를 넣고 고르게 섞는다.

10 슈 껍질 제조에 관한 설명으로 틀린 것은?

① 반죽은 25~30℃에서 보관하며 사용한다.
② 탄산수소암모늄은 반죽 마지막에 넣는다.
③ 반죽에 설탕을 첨가하면 팽창이 증가된다.
④ 굽기 초기에는 아랫 불을 강하게 한다.

해설 | 반죽에 설탕을 첨가하면 반죽 속에 있는 수분의 비점이 높아져 강한 증기압을 발생시키지 못하기 때문에 팽창이 증가하지 않는다.

11 케이크 반죽의 믹싱 목적이 아닌 것은?

① 건조 재료의 수화
② 밀가루 글루텐 발전
③ 공기의 고른 분산
④ 재료의 균질한 혼합

해설 | 밀가루 글루텐의 생성과 발전은 빵 반죽의 믹싱 목적이다.

12 케이크 도넛의 흡유율에 관한 설명 중 옳지 않은 것은?

① 고율배합이 저율배합보다 흡유율이 높다.
② 베이킹파우더 사용량이 적으면 흡유율이 높아진다.
③ 튀김온도가 높으면 흡유율은 감소한다.
④ 수분이 많은 부드러운 반죽일수록 흡유율이 증가한다.

해설 | 베이킹파우더 사용량이 많으면 완제품의 기공이 커져 흡유율이 높아진다.

13 다음 과자 반죽 중 반죽시간 및 휴지시간을 짧게 해야 하는 것으로 알맞은 것은?

① 지효성 베이킹파우더의 사용
② 주석산칼륨을 포함하는 베이킹파우더의 사용
③ 피로인산을 포함하는 베이킹파우더의 사용
④ 이중 작용 베이킹파우더의 사용

해설 | 주석산칼륨을 포함하는 베이킹파우더는 속효성의 특성을 지닌 화학팽창제이므로 반죽시간 및 휴지시간을 짧게 해야 한다.

14 일정한 조건하에서 스펀지 케이크를 217℃ 에서 23분간 구웠더니 제품의 수분이 32.3%로 되었다. 제품의 수분이 32.9%가 된 경우의 굽기 온도로 가장 적당한 것은?

① 175℃ ② 190℃
③ 204℃ ④ 225℃

해설 | 언더 베이킹(높은 온도에서 단시간 굽기)은 완제품의 수분함량을 증가시킨다.

15 케이크 반죽을 패닝할 때 고려되어야 할 사항으로 관계가 가장 적은 것은?

① 틀의 부피
② 반죽의 비중
③ 제품의 비용적
④ 반죽의 온도

해설 | 패닝이란 제시된 팬에 적정량의 반죽을 넣는 공정으로 틀의 부피, 제품의 특성에 따른 반죽의 비용적, 반죽의 공기혼입 정도에 따른 반죽의 비중 등을 고려하여 패닝량을 결정한다.

16 제빵 시 빵 반죽이 최대의 신장성을 갖는 믹싱 단계는?

① 클린업 단계
② 픽업 단계
③ 최종 단계
④ 브레이크 다운 단계

해설 | 반죽의 믹싱 단계별 반죽의 특성
① 픽업 단계 : 재료들이 대충 혼합되는 제1단계
② 클린업 단계 : 글루텐이 형성되기 시작하는 제2단계
③ 발전 단계 : 글루텐이 최대의 탄력성이 생성되는 제3단계
④ 최종 단계 : 탄력성과 신장성이 최대인 제4단계
⑤ 렛 다운 단계 : 흐름성(퍼짐성)이 최대인 제5단계
⑥ 브레이크 다운 단계 : 반죽이 푸석거리고 생기를 잃은 제6단계

17 반죽에서 온도 상승에 영향을 주는 기타 요인은 밀가루, 물, 쇼트닝 등과 같은 각 재료의 비열이다. 물질의 비열은 그 물질 1파운드의 온도 몇 ℃를 변화시키는 데 필요한 열량인가?

① 0.8℃ ② 1.3℃
③ 1.8℃ ④ 2.3℃

해설 | 일반적으로 물질의 비열은 단위중량 kg당 1℃ 상승시키는 데 필요한 열량이라고 정의한다. 혹은 다음과 같이 물질의 비열은 그 물질 1파운드(453g 정도)의 온도를 1.8℃ 변화시키는 데 필요한 열량으로도 나타낸다.

18 하스 브레드(Hearth bread)에 대한 설명 중 적합하지 못한 것은?

① 틴(Tin) 브레드는 하스 브레드에 대응하는 명칭이다.
② 구울 때에 직접 굽는 빵을 말한다.
③ 틴 브레드보다 대량 생산하기에 적합하다.
④ 프랑스빵, 호밀빵 등 서구식 식빵이 여기에 속한다.

해설 |
틴 브레드가 대량 생산하기에 적합한 패닝 방법이다.

19 몰더(Moulder)의 역할에 대한 설명 중 틀린 것은?

① 반죽이 몰더를 통과하여 얇게 되면서 가스빼기가 되고 균일한 내상이 된다.
② 몰더 통과 시 가스 빼기가 불충분하면 제품의 내상이 어둡고 균질한 기공 형성이 안 된다.
③ 몰더 통과 시 반죽이 찢어지는 원인은 푸루퍼 통과시간이 짧거나 몰더 간격이 너무 얇을 때이다.
④ 몰더의 역할은 실제로 가스빼기보다는 정형을 쉽게 하도록 눌러주는 것이다.

해설 | 몰더(Moulder)로 밀어 펴기 작업공정 역할은 반죽의 가스를 빼고 균일한 내상을 만드는 것이다.

20 빵 굽기 과정에서 빵 반죽 온도가 49℃에 도달할 때 일어나는 현상은?

① 이산화탄소 가스의 용해도가 감소하기 시작한다.
② 이스트의 생세포가 사멸한다.
③ 알파-아밀라아제의 활성이 감소하기 시작한다.
④ 반죽 중의 알코올이 증발하기 시작한다.

해설 | 49℃부터 가스압 증가, 이산화탄소(탄산가스) 가스가 기화하면서 오븐 스프링이 일어난다.

21 제빵에서 밀가루 대비 4~6%의 탈지분유를 사용하면 발효내구성이 증가되는데 이것은 다음의 어떤 작용에 의한 것이라고 생각되는가?

① 완충작용
② 캐러멜화 작용
③ 단백질 보완작용
④ 흡수율 증가작용

해설 | pH의 완충작용으로 빵 반죽의 믹싱 내구성과 발효 내구성을 높인다.

22 식빵의 노화지연 방법에 대한 설명으로 틀린 것은?

① 0℃ 전후에서 제품을 보관한다.
② 적절한 유화제를 사용한다.
③ 양질의 재료를 사용한다.
④ 좋은 방습포장재를 사용한다.

해설 | 노화 최적 상태인 저장온도는 -7~10℃이다.

23 스펀지/도법에서 스펀지에 밀가루 사용 비율을 높일 때의 현상으로 틀린 것은?

① 해면성(스펀지성)이 커진다.
② 본 반죽 믹싱시간이 감소된다.
③ 본 발효 시간이 증가된다.
④ 발효 향이 풍부해진다.

해설 |
스펀지에 밀가루 사용 비율을 높일 때의 현상
- 해면성(스펀지성)이 커진다.
- 본 반죽(도우) 믹싱시간이 감소된다.
- 본 발효 시간이 감소된다.
- 발효 향이 풍부해진다.
- 발효 내구성이 좋아진다.
- 반죽의 신장성과 오븐 스프링이 좋아진다.

24 데니시 페이스트리 제조에 관해 잘못 설명된 것은?

① 일반적으로 데니시 페이스트리의 반죽 혼합은 빵의 믹싱 시간보다 길게 한다.
② 반죽 온도는 빵 반죽보다 낮게 한다.
③ 믹싱 시간은 믹서의 성능, 밀가루의 성질, 반죽의 배합 등에 따라 달리해야 한다.
④ 일반적으로 스트레이트법으로 제조된다.

해설 | 데니시 페이스트리의 믹싱 완료점은 반죽을 밀어 펴는 방법에 따라 달라진다. 예를 들어 파이 롤러를 사용하여 밀어 펴는 경우에는 믹싱 완료점을 픽업 단계로 정하고, 손으로 밀어 펴는 경우에는 믹싱 완료점을 발전 단계로 정한다.

25 건포도 식빵 제조 시 일반 식빵 제조에 비하여 주의해야 할 것이 아닌 것은?

① 일반 식빵에 비해 분할중량을 20~25% 정도 줄인다.
② 건포도를 섞는 시기는 반죽을 완전히 발전시킨 후에 넣어야 한다.
③ 둥글리기할 때 내용물(건포도)이 반죽 내부에 고르게 분포하도록 처리한다.
④ 밀어 펴기 공정에서 내용물(건포도)의 형태를 유지할 수 있도록 조금 느슨하게 밀기를 한다.

해설 | 건포도 함량에 따라 다르지만 일반 식빵에 비해 분할중량을 20~25% 정도 늘린다.

26 냉동반죽의 해동 방법으로 옳지 않은 것은?

① 완만 해동은 최대 빙결정 생성대 통과 시간이 비교적 길다.
② 실온에서 자연 해동 시 온도, 습도 조절에 유의하여야 한다.
③ 해동 방법 중 소량의 반죽인 경우 전자레인지에 의한 방법은 해동이 빠르고 균일하다.
④ 성형반죽의 해동 시 다른 반죽보다 고온에서 습도를 낮추어야 한다.

해설 | 성형반죽도 해동 시 다른 반죽과 똑같이 실온에서 자연 해동한다.

27 식빵의 체적이 지나치게 큰 이유와 가장 거리가 먼 것은?

① 식염의 사용량이 약간 과도하게 되었을 경우
② 생지 발효가 약간 과도하게 되었을 경우
③ 오븐 온도가 낮았을 경우
④ 2차 발효가 지나치게 되었을 경우

해설 | 식염의 사용량이 부족하게 되었을 경우 삼투압에 의한 영향을 적게 받아 이스트의 활력이 증진된다. 이스트의 활력이 증진되면 가스 발생량이 늘어나 식빵의 체적이 지나치게 커진다.

28 빵 반죽 시 후염법을 사용하는 이유가 아닌 것은?

① 수화촉진
② 반죽부피 증가
③ 반죽온도 감소
④ 반죽시간 감소

해설 | 빵 반죽 시 클린업 단계 직후에 소금을 첨가하면, 반죽시간이 감소하여 마찰열이 적게 발생하므로 반죽온도 감소의 효과가 있다. 또 글루텐을 질기게 하지 않으므로 수화를 촉진하고 흡수율을 증가시킨다.

29 **우유를 함유하고 있는 빵 반죽과 함유하지 않은 반죽을 같은 조건에서 굽기를 한다면 제품의 색 변화는 어떠한가?**

① 우유를 함유하지 않은 제품이 색이 진하다.
② 우유를 함유한 제품이 색이 진하다.
③ 같은 색을 가진다.
④ 우유와 제품의 색은 관계가 없다.

해설 | 우유에는 유당이 들어 있으므로 우유를 함유한 제품이 색이 진하다.

30 **작업자의 실수로 인하여 소금을 넣지 않고 식빵을 반죽하여 구워 냈다. 이 중 소금을 넣지 않아 일어나는 현상이 아닌 것은?**

① 표피색이 옅다.
② 내상이 거칠고 발효가 빠르다.
③ 반죽이 힘이 없다.
④ 내상이 조밀하고 표피색이 진하다.

해설 | 소금을 넣지 않은 식빵의 내상은 거칠고 표피색은 옅다.

31 **잼에서의 설탕은 감미(단맛) 이외에 여러 가지 기능을 나타내는데, 다음 중 그 기능이 아닌 것은?**

① 미생물에 대한 방부 역할
② 선명한 색과 광택
③ 적당한 촉감을 주고 굳기를 형성
④ 잼의 냉각 시간을 단축

해설 | 설탕이 함유된 용액의 빙점(氷點)에 도달하는 시간은 길어지며 빙점(氷點)은 내려가고, 융점(融點)에 도달하는 시간은 길어지며 융점(融點)은 올라가고, 비점(沸點)에 도달하는 시간은 길어지며 비점(沸點)도 올라간다. 그러므로 잼의 냉각 시간은 길어진다.

32 **초콜릿의 블룸(Blooming) 현상에 대한 설명 중 틀린 것은?**

① 제조방법의 결함으로 인해 발생한다.
② 저장 유통과정 중에 발생한다.
③ 높은 온도에서 보관할 때 발생한다.
④ 가공 중 영양강화에 의해 발생한다.

해설 | 초콜릿의 블룸(Blooming) 현상은 제조과정의 지방 블룸과 저장 유통과정의 설탕 블룸이 있다.

33 **리큐르(Liqueur)는 다음 중 어디에 속하는가?**

① 혼성주　　② 증류주
③ 양조주　　④ 가양주

해설 | 혼성주(리큐르)는 증류주를 기본으로 하여 정제당을 넣고 과일 등의 추출물로 향미를 낸 것으로 대부분 알코올 농도가 높다.

34 **카라기난의 종류가 아닌 것은?**

① 카파형(K)　　② 이오다형(L)
③ 람다형(λ)　　④ 알파형(α)

해설 | 홍조류의 Irish Moss로부터 열수추출로 얻어지는 다당류 형태의 검류. 기본구조는 Galactose Polymer로, κ-carrageenan, λ-carrageenan, ι-carrageenan 등 3형으로 대별된다. 모두 Galactose 잔기로 이루어지고 있지만, 황산기의 결합상태 및 결합수가 다르고 그 구조는 같다. 젤리화제, 약품이나 화장품의 안정제, 분산제로 사용되고 있다.

35 **이스트의 신선도 유지는 제빵과정이나 제품질에 큰 영향을 미친다. 장기 저장의 경우 가장 적합한 온도 범위는?**

① 2~4℃　　② 10~20℃
③ 30~40℃　　④ 50~60℃

해설 | 이스트 전용 냉장고를 구비할 수 없는 업계의 현실을 고려하여 다른 제빵 재료와 함께 보관할 수 있는 냉장고 온도(0~5℃)가 현실적인 생이스트 보관 온도이다.

36 케이크 제품 제조에 있어 달걀의 결합제 기능을 이용한 항목은?

① 스펀지 케이크 제조
② 초콜릿 케이크 제조
③ 커스터드 크림 제조
④ 머랭 제조

해설 | 커스터드 크림은 우유, 달걀, 설탕을 한데 섞고, 안정제로 옥수수 전분이나 박력분을 넣어 끓인 크림이다. 여기서 달걀은 크림을 걸쭉하게 하는 농후화제, 크림에 점성을 부여하는 결합제의 역할을 한다.

37 다음 중 화학 팽창제가 아닌 것은?

① 베이킹 파우더
② 탄산수소나트륨
③ 효모
④ 염화암모늄

해설 | 효모는 생물학적 팽창제이다.

38 밀가루 50g에서 젖은 글루텐 18g을 얻었다면 이 밀가루의 단백질은 얼마로 보는가?

① 7% ② 9%
③ 12% ④ 14%

해설 | 젖은 글루텐 반죽과 밀가루 글루텐 양 계산하기
① 젖은 글루텐(%) = (젖은 글루텐 반죽의 중량÷밀가루 중량)×100
② 젖은 글루텐(%) = (18g÷50g)×100 = 36%
③ 건조 글루텐(밀가루 글루텐 양%) = 젖은 글루텐(%)÷3
④ 건조 글루텐(밀가루 글루텐 양%) = 36%÷3 = 12%

39 밀가루의 물리적인 제빵적성을 측정하는 패리노그래프로 알 수 없는 항목은?

① 밀가루의 흡수율
② 믹싱 내구성
③ 반죽의 신장성
④ 적정한 믹싱 시간

해설 | 반죽의 신장성은 익스텐시그래프로 측정할 수 있다.

40 다음 중 견과류가 아닌 것은?

① 헤이즐넛
② 코코넛
③ 피스타치오
④ 시나몬

해설 | 계피(시나몬)는 녹나무과의 상록수 껍질로 만든다.

41 제품을 만들 때 향신료의 사용 목적으로 적당하지 않는 것은?

① 지질의 산화 방지
② 부패균의 증식 억제
③ 효모의 기능 강화
④ 곰팡이 발생 억제

해설 |
향신료의 사용 목적
- 불쾌한 냄새를 막는다.
- 풍미를 향상시킨다.
- 제품의 보존성을 높여준다.
- 제품에 식욕을 불러일으킨다.

42 시유의 균질화의 목적이 아닌 것은?

① 점도의 향상
② 우유조직의 연화
③ 소화기능 향상
④ 커드장력(Curd tension)을 증가시키기 위해

해설 |
시유의 균질화의 목적
① 지방구 미세화
② 지방의 크림화 방지
③ 점도를 향상시켜 지방 분리를 방지함
④ 커드장력을 낮추면 우유조직이 연화되어 소화기능이 향상됨

43 버터와 마가린이 근본적으로 구별되는 성분은 어느 것인가?

① 지방 ② 소금
③ 수분 ④ 비타민

해설 | 버터와 마가린이 근본적으로 구별되는 성분은 지방이며 지방을 구분 짓는 성분은 지방산의 종류이다.

44 제빵에서 적정량을 사용할 때 프로테아제의 효과가 아닌 것은?

① 반죽이 신장성을 갖는다.
② 기공과 조직 개선
③ 반죽 다루기와 기계적성을 좋게 한다.
④ 믹싱타임을 늘린다.

해설 | 반죽을 구성하는 글루텐을 연화시켜 믹싱타임을 줄인다.

45 어떤 제빵공장의 급수가 경수이기 때문에 발효가 지연되고 있다. 이 문제를 해결하는 조치로 틀린 항목은?

① 배합에 이스트 사용량을 증가시킨다.
② 맥아 첨가 등의 방법으로 효소를 공급한다.
③ 이스트 푸드의 양을 감소시킨다.
④ 소금의 양을 소량 증가시킨다.

해설 | 소금도 이스트 푸드와 같은 미네랄이기 때문에 미네랄이 많이 함유된 경수를 사용할 때는 소금의 양을 감소시킨다.

46 복어독을 예방하기 위한 방법으로 가장 적절한 것은?

① 겨울철에는 독이 없으므로 겨울철에만 먹는다.
② 수컷은 독이 없으므로 수컷만 식용으로 한다.
③ 복어의 알, 생식선, 간, 내장을 제거하고 조리한다.
④ 식초를 조금 가하고 100℃에서 30분 이상 끓인다.

해설 | 복어의 알, 생식선, 간, 내장 등에 테트로도톡신이 많으므로 제거하고 조리한다.

47 경구 감염병과 관계있는 것은?

① 셀레우스균
② 이질균
③ 유산균
④ 비브리오균

해설 | 경구 감염병의 종류
장티푸스, 파라티푸스, 콜레라, 세균성이질, 디프테리아, 성홍열, 급성 회백수염, 유행성 간염, 감염성 설사증, 천열 등이 있다.

48 다른 보존료와는 달리 중성부근의 pH에서도 비교적 효력이 높고, 치즈, 버터, 마가린에만 사용이 허용된 보존료는?

① 소르빈산
② 데히드로초산
③ 안식향산나트륨
④ 파라옥시안식향산부틸

해설 | 데히드로초산(일명, 디하이드로초산)이 pH에서도 비교적 효력이 높고, 치즈, 버터, 마가린에만 사용이 허용된 보존료이다.

49 합성 플라스틱류에서 발생할 수 있는 화학적 식중독 물질은?

① 포름알데히드(Formaldehyde)
② 둘신(Dulcin)
③ 베타나프톨(β-naphthol)
④ 겔티아나바이올렛(Gertiana violet)

해설 | 포름알데히드는 유해 방부제이며, 합성 플라스틱류에서 발생할 수 있는 화학적 식중독 물질이다.

50 **우리나라 식품위생행정의 가장 중요한 목적은?**

① 유해 식품을 섭취함으로써 발생되는 위해사고의 방지
② 식품의 안정적이고 원활한 공급
③ 영양학적으로 우수한 식품의 공급
④ 식품영업자에 대한 영업지도와 감독

해설 | 식품위생행정의 중요한 목적은 식품으로 인한 위생상의 위해사고 방지와 국민보건의 향상과 증진에 이바지하는 것이다.

51 **노동 시 대사와 관계가 깊은 것은?**

① 염화칼슘(CaCl)
② 염화칼륨(KCl)
③ 염화마그네슘($MgCl_2$)
④ 염화나트륨(NaCl)

해설 | 노동 시 땀으로 배출되는 것은 염화나트륨(소금)이다.

52 **비타민에 대한 설명으로 틀린 것은?**

① 비타민 A는 지용성 비타민으로 결핍되면 야맹증 증세가 나타난다.
② 비타민 E는 지용성 비타민으로 비타민 A와 C의 항산화 작용과 지질 산화 방지의 기능을 가지고 있다.
③ 비타민 B_2는 수용성 비타민으로 결핍되면 사지 말초의 마비를 수반하는 각기병 증세가 나타난다.
④ 비타민 C는 수용성 비타민으로 결핍되면 구순염 증세가 나타난다.

해설 |

- 비타민 C는 수용성 비타민으로 결핍되면 괴혈병, 저항력 감소가 일어난다.
- 비타민 B_2는 수용성 비타민으로 결핍되면 구순염 증세가 나타난다.

53 **오메가 – 3지방산이 가장 많이 함유된 유지식품은?**

① 생선기름과 콩기름
② 옥수수기름과 들기름
③ 콩기름과 옥수수기름
④ 들기름과 생선기름

해설 |

- 식물성 식품과 생선류 등에 다량 함유된 불포화 지방산은 오메가-3계(-3)와 오메가-6계(-6) 지방산을 함유하고 있으며, 오메가-3와 오메가-6 지방산은 체내에서 합성되지 않고 반드시 식품의 섭취를 통하여 공급받아야 하는 영양소이기에 필수지방산이라고 한다.
- 들기름과 생선기름은 오메가-3 지방산이 풍부한데 알레르기 질환을 예방하고 눈의 기능을 향상시키는 작용을 한다.

54 **체내에서 수분의 기능이 아닌 것은?**

① 신경의 자극전달
② 체내 영양소와 노폐물의 운반
③ 체온조절 작용
④ 충격에 대한 보호

해설 | 체내에서 수분의 기능

- 영양소의 용매로서 체내 화학반응의 촉매 역할을 한다.
- 삼투압을 조절하여 체액을 정상으로 유지시킨다.
- 영양소의 노폐물을 운반한다.
- 체온을 조절한다.
- 체내 분비액의 주요 성분이다.
- 외부의 자극으로부터 내장 기관을 보호한다.

55 **어느 단백질 식품을 섭취한 결과, 음식물 중의 질소량이 13g, 대변 중의 질소량이 0.7g, 소변 중의 질소량이 4g으로 나타났을 때 이 식품의 생물가(B.V)는 약 얼마인가?**

① 25 ② 36
③ 67 ④ 92

해설 |

① 생물가(Biological Value, B.V)는 실험동물이 체내에 흡수된 질소량과 체내에 유지된 질소량의 비율을 말한다.

② 생물가 = 체내에 보유된 질소량÷체내에 흡수된 질소량×100
③ 체내에 흡수된 질소량 = 섭취된 질소량–단백질 식품을 섭취할 때 대변 중의 질소량
④ 체내에 흡수된 질소량 = 13–0.7 = 12.3
⑤ 체내에 보유된 질소량 = 흡수된 질소량–단백질 식품을 섭취할 때 소변 중의 질소량
⑥ 체내에 보유된 질소량 = 12.3–4 = 8.3
⑦ 생물가 = 8.3(보유된 질소량)÷12.3(흡수된 질소량)×100 = 67

56 생산액을 구성하는 요소를 다음과 같이 나누었다. 생산가치(生産價値)란 다음 중 어느 항목으로 구성되어 있는가?

㉠ 원재료비	㉡ 부자재비
㉢ 가스, 전력비 등	㉣ 생산 인건비
㉤ 감가상각비	㉥ 생산이익

① ㉠ + ㉡ + ㉢
② ㉡ + ㉢ + ㉣
③ ㉢ + ㉣ + ㉤
④ ㉣ + ㉤ + ㉥

해설 | 노동생산성을 측정하는 방법의 하나인 가격으로 측정하는 경우는 생산된 물건의 가격으로 하는 것과 생산 인건비나 감가상각비를 뺀 부가가치 금액으로 하는 경우가 있다. 이럴 때 필요한 항목에는 생산 인건비, 감가상각비, 법인세공제 전 생산이익, 금융비용, 임차료, 조세공과금 등이다.

57 어느 제과점의 당월 생산액 목표 = 350,000,000원, 노동생산성 목표 = 35,000원/시/인, 당월 작업일 = 25일, 1일 작업시간 = 8시간, 현재 배정인원 = 40명 일 때 몇 명을 추가로 충원해야 목표를 달성할 수 있는가?

① 충원할 필요가 없다.
② 5명
③ 10명
④ 15명

해설 | 월간 고용수준은 (당월 생산액 목표÷노동생산성 목표)÷(작업일수×1일 작업시간) = (350,000,000÷35,000)÷(25×8) = 50–40 = 10명

58 다음 생산 계획 중 제품계획에 속하지 않는 것은?

① 외주구매 계획
② 신제품 개발
③ 제품개발 계획
④ 제품구성 계획

해설 | 외주구매란 흔히 아웃소싱이라 말하며 여러 가지 이유로 자체 생산하기 힘든 제품을 전문생산업체에 생산의뢰를 하고 필요한 시점에 납품을 받는 것이다.

59 일반적으로 빵 제조공정 중 "플로어 타임(Floor time)"은 다음의 어느 공정과 어느 공정 사이에 있는가?

① 둥글리기(Rounding)와 정형(Moulding)
② 팬에 넣기(Paning)와 굽기(Baking)
③ 본 반죽 믹싱(Dough mixing)과 분할(Dividing)
④ 정형(Moulding)과 냉동(Frozen)

해설 | 플로어 타임은 스펀지 도우법의 본 반죽 믹싱이 끝나고 분할공정 사이에 있는 공정으로 보통 실온에서 진행된다.

60 균일한 제품을 반복 생산하며 작업을 간편하게 하기 위해 제품별로 작업 표준서를 작성하여 활용하는 것이 좋다. 다음 항목 중 전형적인 아이스박스 쿠키와 관계가 없는 것은?

① 믹싱작업
② 정형작업
③ 냉동보관과 해동
④ 2차 발효관리

해설 | 아이스박스 쿠키는 제과제품이므로 2차 발효관리 공정이 필요 없다.

정답								제7회 실전모의고사	
01	②	02	④	03	①	04	④	05	②
06	②	07	①	08	②	09	②	10	③
11	②	12	②	13	②	14	④	15	④
16	③	17	③	18	③	19	④	20	①
21	①	22	①	23	③	24	①	25	①
26	④	27	①	28	②	29	②	30	④
31	④	32	④	33	①	34	④	35	①
36	③	37	③	38	③	39	③	40	④
41	③	42	④	43	①	44	④	45	④
46	③	47	②	48	②	49	①	50	①
51	④	52	④	53	④	54	①	55	③
56	④	57	③	58	①	59	③	60	④

제 8 회 제과기능장 필기 실전모의고사

제과기능장 필기시험				수험번호	성 명
제과기능장 필기 실전모의고사	품목코드 2011	시험시간 1시간	문제지형별 B		

01 스펀지 케이크 제조 시 제품의 건조 방지를 위해서 전화당 같은 보습제의 사용범위로 가장 알맞은 것은?

① 5~10% ② 15~25%

③ 30~50% ④ 55~100%

해설 |
- 10~15%의 전화당 사용 시 제과의 설탕 결정석출이 방지된다.
- 15~25%의 전화당 사용 시 스펀지 케이크 완제품의 건조 방지를 하는 보습제 역할을 한다.

02 다음 케이크 혼합 방법 중 반죽형 케이크와 거품형 케이크에서 공통적으로 사용될 수 있는 방법은?

① 크림법 ② 단단계법

③ 블랜딩법 ④ 공립법

해설 | 단단계법은 노동력과 생산시간을 절약할 수 있는 방법으로 전제조건으로 믹서의 힘이 좋아야 하며, 유화제와 화학 팽창제를 사용해야 한다.

03 다음 중 제과용 믹서로 부적합한 것은?

① 핸드 믹서

② 에어 믹서

③ 버티컬 믹서

④ 스파이럴 믹서

해설 | 스파이럴 믹서(Spiral mixer)
나선형 후크(Hook)가 내장되어 불란서빵과 같이 된 반죽이나 글루텐 형성능력이 다소 적은 밀가루로 빵을 만들 경우의 믹싱에 적당한 제빵용 믹서이다.

04 기본적인 데코레이션 아이싱에 포함되지 않는 것은?

① 로열 아이싱

② 버터크림 아이싱

③ 퐁당

④ 초콜릿 퍼지 아이싱

해설 | 퍼지(Fudge)
설탕, 버터, 우유로 만든 아주 부드러운 캔디류를 가리키며 일반적으로 초콜릿 넣기 때문에 초콜릿 퍼지라 하며 충전용 크림으로 많이 사용한다.

05 설탕 사용량이 90%인 후르츠 케이크 제조 시, 풍미 향상을 위하여 당밀을 15% 사용하였을 경우 설탕 사용량으로 알맞은 것은?

① 101% ② 91%

③ 81% ④ 71%

해설 | 당밀에는 다양한 종류가 있으며 종류에 따라 당 함 량이 달라진다. 그러나 보통 당밀의 당 함량이 60% 전 · 후이다. 따라서 조절한 설탕 사용량 = 90%−(15% ×0.6) = 81%

06 아이싱의 끈적거리는 결점을 방지하는 조치로 틀린 사항은?

① 아이싱의 배합에 최소의 액체를 사용한다.

② 아이싱이 굳으면 중탕의 방법으로 40℃ 전후로 가온하여 사용한다.

③ 굳은 아이싱을 가온하는 것만으로 여리게 되지 않으면 소량의 물을 넣고 다시 중탕으로 가온하여 사용한다.

④ 젤라틴, 검(Gum)류와 같은 안정제를 사용하거나 전분이나 밀가루와 같은 흡수제를 사용한다.

해설 | 굳은 아이싱을 가온하는 것만으로 여리게 되지 않으면 소량의 물을 넣고 다시 중탕으로 가온하여 사용하는 이 방법은 굳은 아이싱을 풀어 주는 조치이다.

07 **페이스트리 반죽을 성형하는 동안 반죽이 수축되는 것을 방지하기 위하여 사용하는 방법이 아닌 것은?**

① 두 번째 단계보다 처음 단계에서 반죽 늘리기 작업을 많이 해준다.

② 성형 전 반죽이 수축하지 않도록 충분한 휴지시간을 준다.

③ 반죽에 L-시스테인을 30ppm 정도 첨가해 준다.

④ 반죽을 혼합할 때 충분하게 오버믹스해 준다.

해설 | 페이스트리 반죽은 손으로 밀어 펴기 할 때와 파이 롤러로 밀어 펴기 할 때와 반죽을 만드는 배합정도는 다르지만 반죽을 혼합할 때 충분하게 오버믹스해 주면 반죽에 탄력이 많이 생겨 수축현상이 생긴다.

08 **도넛 제품이 과도하게 흡유를 하는 문제가 발생되었다. 원인을 점검하는 항목으로 틀린 것은?**

① 도넛 반죽에 수분이 많지 않은가

② 튀김 시간이 길지 않은가

③ 믹싱 시간이 길지 않은가

④ 튀김 온도가 낮지 않은가

해설 | 믹싱 시간이 길어지면 도넛 반죽 제품의 모양과 형태를 유지하는 구조력이 강해져 기름흡수가 줄어든다.

09 **쿠베르튀르 초콜릿 안에 들어 있는 카카오 버터의 융점과 가장 안정된 형태 및 피복이 끝난 후 저장 온도로 알맞은 것은?**

① 23~25℃, 알파(α)형, 15~18℃

② 23~25℃, 감마(γ)형, 20~25℃

③ 33~35℃, 베타(β)형, 15~18℃

④ 33~35℃, 알파(α)형, 20~25℃

해설 | 사용 전 쿠베르튀르 초콜릿(대형 판 초콜릿)은 반드시 38~40℃로 처음 용해한 후 27~29℃로 냉각시켰다가 30~35℃로 두 번째 용해시키는 템퍼링을 통해 카카오 버터를 베타(β)형의 미세한 결정으로 만들어 매끈한 광택의 초콜릿을 만든다. 만든 초콜릿은 온도 15~18℃, 습도 40~50%에서 보관한다.

10 **반죽형 케이크 제조 시 반죽의 되기(수분함량)에 따라 제품의 품질에 큰 영향을 미친다. 반죽의 수분 함량이 정상보다 많은 경우에 반죽의 비중, 부피 및 풍미에 미치는 영향으로 맞는 것은?**

① 비중 증가, 부피 감소, 풍미 감소

② 비중 증가, 부피 증가, 풍미 증가

③ 비중 감소, 부피 증가, 풍미 증가

④ 비중 감소, 부피 감소, 풍미 감소

해설 | 반죽의 수분 함량이 정상보다 많으면 유지의 공기 포집능력을 약화시켜 비중이 증가하고 비중이 증가하면 부피가 감소한다. 많은 양의 물은 재료의 풍미를 희석시켜 풍미는 감소한다.

11 **설탕과 달걀 혼합물의 온도는 스펀지 케이크 체적에 커다란 영향을 미친다. 다음 중 스펀지 케이크의 체적이 가장 클 것으로 예측되는 설탕과 달걀 혼합물의 온도는?**

① 4~10℃ ② 21~24℃

③ 30~38℃ ④ 45~54℃

해설 | 달걀의 기포성과 포집성이 모두 좋은 반죽온도는 30℃이다. 그래서 반죽온도가 30~38℃일 때 스펀지 케이크의 체적이 가장 클 것으로 예측된다.

12 시폰 케이크에 대한 설명으로 틀린 것은?

① 식물성유보다 버터나 경화유가 알맞다.
② 분당보다는 입상형 설탕이 바람직하다.
③ 달걀흰자의 비중은 0.18~0.25로 맞춘다.
④ 달걀 노른자 반죽을 머랭에 섞는다.

해설 | 시폰 케이크는 질감에 부드러움을 표현하기 위하여 버터나 경화유보다는 식물성유가 더 알맞다.

13 스펀지 케이크 제조 시 달걀 600g을 사용하는 원래 배합을 변경하여 유화제 24g을 사용하고자 한다. 이 때 필요한 달걀양은?

① 720g　② 600g
③ 576g　④ 480g

해설 | 유화제를 사용하는 스펀지 케이크일 경우
① 유화제의 4배에 해당하는 물의 양 = 24×4 = 96g
② 유화제의 양 = 24g
③ 조절한 달걀의 양 = 원래 사용한 달걀의 양-(유화제의 4배에 해당하는 물의 양+유화제의 양)
④ 조절한 달걀의 양 = 600-(96+24) = 480g

14 케이크 반죽의 패닝에 대한 설명으로 옳지 않은 것은?

① 엔젤 푸드 케이크, 시폰 케이크는 팬에 물을 고르게 칠한 후 패닝한다.
② 분할중량은 유채씨를 이용하여 팬의 부피를 구한 다음 비중으로 나눈다.
③ 각 제품은 비중에 따라 비용적이 달라지므로 분할중량을 다르게 한다.
④ 비중이 낮은 반죽은 g당 팬을 차지하는 부피가 커진다.

해설 | 분할중량은 제시된 팬을 자를 이용하여 크기를 측정하고 계산하여 용적(부피)를 구한 다음 비용적으로 나누어 값을 산출한다.

15 스펀지 케이크를 굽고 난 후 중앙이 올라온 형태가 되었다. 원인이 아닌 것은?

① 달걀량이 적고 설탕량이 많다.
② 오븐온도가 너무 높다.
③ 분할중량이 적거나, 팬의 깊이가 낮다.
④ 오버 믹싱하여 반죽이 되다.

해설 | 케이크 배합에 설탕량이 많아지면 반죽에 흐름성이라는 물리적 성질을 부여하여 반죽을 퍼지게 하므로 케이크의 중앙부분이 올라오기는 힘들다.

16 미국식 영양 강화 빵은 일반 빵에 주로 무엇을 첨가하여 만드는 것인가?

① 라이신 등 필수아미노산이 고루 함유된 단백질
② 비타민 B군과 무기질
③ 저콜레스테롤 지방
④ 부족한 식이섬유

해설 | 밀가루에 넣는 영양강화제는 비타민 B군과 무기질 등으로 제분하는 과정에서 손실된 영양소를 보강해 주는 것이다. 이러한 밀가루로 만든 빵을 영양 강화 빵이라고 한다.

17 냉동 빵 제품에서 반죽 시 수분의 양을 줄이는 가장 중요한 이유는?

① 반죽시간 감소
② 발효 증가
③ 이스트 활동 촉진
④ 형태 유지

해설 | 반죽 시 수분의 양을 줄이는 이유는 이스트의 냉해를 막고 빵의 형태를 유지하기 위함이다.

18 **포장된 식품의 품질변화 요인에 대한 설명으로 부적당한 것은?**

① 우선적으로 식품 자체성분의 변화가 없어야 한다.

② 포장 재료의 선택 시 각 포장재의 특징을 살펴본 후 선택해야 제품의 특성이 유지된다.

③ 일단 포장된 제품의 품질은 저장조건에 따라 영향을 받지 않는다.

④ 기구나 용기 포장이 위생상 불량할 때 이것에 식품이 접촉되므로 여러 가지 영향을 미치게 된다.

해설 | 일단 포장된 제품이라도 저장조건에 따라 영향을 많이 받는다.

19 **스트레이트법을 노타임 반죽법으로 변경할 때의 조치사항으로 맞지 않는 것은?**

① 물 사용량을 약 2% 줄인다.

② 설탕 사용량을 1% 증가시킨다.

③ 이스트 사용량을 0.5~1% 증가시킨다.

④ 산화제를 30~50ppm 사용한다.

해설 | 설탕 사용량을 1% 감소시킨다.

20 **언더 베이킹(Under baking)에 대한 설명으로 틀린 항목은?**

① 낮은 온도의 오븐에서 구울 때의 대표적인 현상이다.

② 완제품에 많은 수분이 남아 있게 된다.

③ 제품의 윗면 중앙이 올라오고 가운데가 터지기 쉽다.

④ 속이 익지 않아 가라앉는 경우가 있다.

해설 | 언더 베이킹(Under baking)이란 높은 온도에서 짧은 시간 오븐에서 구울 때의 대표적인 현상이다.

21 **정상적인 생산조건에서 분할기의 최적 분할속도는 분당 몇 회전인가?**

① 8~10회전

② 12~16회전

③ 18~20회전

④ 22~26회전

해설 | 기계 분할 시 분할속도는 통상 12~16회/분으로 한다. 너무 속도가 빠르면 기계 마모가 증가하고, 느리면 반죽의 글루텐이 파괴된다.

22 **하스브레드 제조 시 재료 사용에 대한 설명으로 잘못된 것은?**

① 불란서빵 제조 시 팬을 사용하면 정상적인 물을 사용하여도 된다.

② 이스트 푸드 중의 산화제는 글루텐을 강하게 하므로 소량 사용한다.

③ 비엔나빵이나 이탈리안빵은 설탕, 쇼트닝, 분유, 달걀 등을 식빵 수준으로 사용한다.

④ 맥아는 껍질색 개선, 풍미개선, 부피증가 등에 도움을 준다.

해설 | 비엔나빵이나 이탈리안빵의 종류에 따라서는 설탕, 쇼트닝, 분유, 달걀 등을 식빵 수준 혹은 그 이상도 사용하지만 대게는 식빵보다도 적게 사용한다.

23 **일반적인 빵을 만들 때 2차 발효실의 습도가 낮았을 경우에 대한 설명으로 틀린 항목은?**

① 반죽 표면에서 수분이 증발되어 껍질이 마르기 쉽다.

② 제품 껍질에 수포가 형성되기 쉽다.

③ 껍질색이 불균일하게 되기 쉽다.

④ 팽창이 저해되어 부피가 작아지기 쉽다.

해설 | 2차 발효실의 습도가 높았을 경우에 제품 껍질에 수포가 형성되기 쉽다.

24 **반죽을 냉동, 냉장, 해동, 2차 발효를 프로그래밍에 의하여 자동적으로 조절하는 기계는?**

① 도우 컨디셔너(Dough conditioner)
② 자동 분할기(Automatic divider)
③ 라운더(Rounder)
④ 정형기(Moulder)

해설 | 도우 컨디셔너(Dough conditioner)
반죽을 냉동, 냉장, 해동, 2차 발효를 프로그래밍에 의하여 자동적으로 조절할 수 있으므로 작업성을 혁신적으로 향상시킬 수 있는 기계이다.

25 **동일한 조건에서 발효시간을 달리했을 때 완제품 식빵 pH가 다음과 같았다면 2차 발효시간이 가장 길었던 것은?**

① pH 5.49 ② pH 5.40
③ pH 5.31 ④ pH 5.13

해설 | 완제품 식빵의 pH와 반죽의 발효상태

완제품 식빵의 pH	반죽의 발효상태
pH 6.0	어린 반죽(발효 부족)으로 제조된 식빵
pH 5.7	정상 반죽으로 제조된 식빵
pH 5.0	지친 반죽(발효 과다)으로 제조된 식빵

26 **빵 제조 시 반죽온도에 대한 설명으로 틀린 것은?**

① 반죽기에 따라 마찰열이 서로 달라 마찰 계수를 구해야 한다.
② 단백질 함량이 많은 밀가루는 반죽 시 반죽온도가 높아진다.
③ 많이 사용하는 재료가 반죽온도에 영향을 미친다.
④ 반죽온도가 높으면 발효가 빨라져 양질의 제품을 만들 수 있다.

해설 |
- 단백질 함량이 많은 밀가루는 반죽 시 믹싱시간을 늘려 반죽온도가 높아진다.
- 반죽온도는 제품의 종류와 반죽 제조법에 따라 적정한 온도가 있으며 그 온도를 맞추어야 양질의 제품을 만들 수 있다.

27 **옥수수 분말을 첨가하여 제조하는 옥수수 식빵의 제조공정으로 적절한 항목은?**

① 배합 단계에서 반죽 종료 시 반죽온도는 30~32℃가 적당하다.
② 분할량이 식빵에 비해 10~15% 많으므로 충분한 굽기를 하여 주저앉지 않도록 한다.
③ 옥수수가루는 성형 단계에서 내용물로 넣어준다.
④ 일반 식빵에 비해 2차 발효시간을 줄인다.

해설 |
- 배합 단계에서 반죽 종료 시 반죽온도는 27℃가 적당하다.
- 옥수수가루는 배합 단계에서 다른 가루재료와 함께 넣어준다.
- 일반 식빵에 비해 2차 발효시간을 늘린다.

28 **다음은 제빵에 있어 흡수에 영향을 주는 요인들이다. 서로의 관계 연결이 잘못된 것은?**

① 설탕 5% 증가 – 흡수율 1% 감소
② 탈지분유 1% 증가 – 흡수율 0.75% 증가
③ 연수 사용 – 흡수율 증가
④ 반죽온도 5℃ 증가 – 흡수율 3% 감소

해설 | 경수사용 시에 흡수율이 증가한다.

29 **구워진 빵을 급격히 냉각시켰을 때의 발생된 문제점은?**

① 빵이 질겨진다.
② 노화가 빠르다.
③ 쉽게 변질된다.
④ 습기가 남아 있다.

해설 | 구워진 빵을 급격히 냉각시키면 수분 증발이 많아져 노화가 빨라진다.

30 오븐에서 구워 나온 빵의 껍질의 수분 함량으로 가장 적당한 것은?

① 6%　　② 12%
③ 18%　　④ 24%

해설 | 갓 구워낸 빵은 빵 속의 온도가 97~99℃이고, 수분 함량은 껍질이 12%, 빵 속이 45%이다.

31 우유에 관한 설명 중 잘못된 것은?

① 우유의 비중은 1.025~1.035 정도이다.
② 우유를 구성하고 있는 단백질 중 가장 많은 것은 카제인이다.
③ 우유 구성 성분인 유당은 두 분자의 포도당으로 되어 있다.
④ 우유는 비타민 A, B의 좋은 공급원이다.

해설 | 우유 구성 성분인 유당은 한 분자의 포도당과 한 분자의 갈락토오스로 되어 있다.

32 베이킹파우더 10kg 중에 전분이 34%이고, 중화가가 120인 경우 산 작용제의 무게는?

① 1kg　　② 3kg
③ 5kg　　④ 8kg

해설 |
① 전분의 양을 구한다. 10kg×0.34 = 3.4kg
② 탄산수소나트륨의 양과 산성제의 양의 합을 구한다.
10kg−3.4kg = 6.6kg
③ 산염제의 양을 구한다.
6.6kg = 산염제 100 : 중조 120의 비율이다. 그러므로 6.6kg = x+1.2x, 6.6÷2.2 = 3kg
④ 탄산수소나트륨의 양을 구한다.
6.6kg−3kg = 3.6kg

33 달걀흰자의 기포력을 안정화시키는 것과 가장 관계가 깊은 것은?

① 버터　　② 설탕
③ 난황　　④ 우유

해설 | 달걀흰자의 포집성(안정성)을 좋게 하는 재료는 설탕과 산성재료이다.

34 비터 초콜릿의 주요 성분은?

① 버터　　② 카카오 분말
③ 설탕　　④ 우유

해설 | 비터 초콜릿은 쓴 초콜릿이라는 뜻으로 카카오 버터 37.5%, 카카오 분말(혹은 코코아 분말) 62.5%, 유화제 0.2~0.8% 정도 함유되어 있다.

35 제과 · 제빵에 여러 면으로 사용되고 있는 계면활성제에 대한 설명으로 틀린 것은?

① 친수성 그룹과 친유성 그룹을 함께 지니고 있다.
② 친수성 그룹에는 극성기를, 친유성 그룹에는 비극성기를 가지고 있다.
③ 친수성-친유성 균형(HLB)이란 계면활성제 분자중의 친수성 부분의 %를 5로 나눈 수치이다.
④ 친수성-친유성 균형이 9 이하이면 물에 잘 녹는다.

해설 | HLB값이 4~8이면 친유성 유화제(기름 속에 물 분산)로 쓰인다.

36 육두구과 교목의 열매를 건조시켜 만든 것은?

① 계피　　② 바닐라
③ 넛맥　　④ 생강

해설 | 육두구과 교목의 열매를 건조시켜 만든 향신료에 넛맥와 메이스 2가지가 있다.

37 이스트에 들어 있는 효소가 아닌 것은?

① 인버타아제(Invertase)
② 말타아제(Maltase)
③ 리파아제(Lipase)
④ 락타아제(Lactase)

해설 | 락타아제는 유당을 가수분해하는 효소로 이스트에는 없다.

38 어떤 밀가루의 흡수율이 평상시보다 감소되었다. 우선적으로 점검해야 할 사항과 가장 거리가 먼 것은?

① 이스트 푸드 사용량
② 반죽 시간
③ 밀가루의 숙성정도
④ 분유 사용량

해설 |
밀가루의 흡수율에 영향을 미치는 요인
- 단백질의 양과 질
- 손상 전분의 함량
- 설탕, 분유, 소금의 사용량
- 경수의 물을 사용한 경우
- 반죽의 온도와 믹싱 시간

39 물을 연화시키는 방법이 아닌 것은?

① 음이온 교환법
② 증류법
③ 여과법
④ 석회 · 소다법

해설 |
① 물을 연화시킨다는 것은 물속에 함유되어 있는 칼슘과 마그네슘의 양을 없애거나 줄이는 것이다.
② 음이온 교환법 : 교환 수지에 산을 직접 흡착시켜 물을 연화시키는 방법이다.
③ 양온 교환법 : 나트륨비석과 수소비석을 사용하여 물을 연화시키는 방법이다.
④ 증류법 : 물을 끓여 연화시키는 방법이다.
⑤ 석회 · 소다법 : 석회 · 소다와 반응시켜 물을 연화시키는 방법이다.
⑥ 여과란 단순히 물에 들어 있는 불순물을 제거하는 것을 말한다.

40 설탕에 물을 붓고 식초 몇 방울을 넣은 후 끓이면 감미가 높아진 전화당 시럽이 된다. 전화당에 대한 설명 중 틀린 것은?

① 포도당과 과당이 혼합된 이당류이다.
② 설탕을 분해해서 만들 수 있다.
③ 포도당과 과당의 비율은 각각 50%씩이다.
④ 물에 전화당이 용해된 제품을 전화당 시럽이라 한다.

해설 | 포도당과 과당이 단순 혼합된 단당류이다.

41 제빵용 밀가루의 질을 판단하는 간단한 시험으로 침강시험(Sedimentation test)을 할 때 사용하는 산은 어느 것인가?

① 황산 ② 염산
③ 초산 ④ 젖산

해설 | 밀도가 큰 콜로이드입자가 중력이나 원심력의 작용을 받아 그 작용방향으로 이동하는 현상인 침강을 이용하여 밀과 밀가루의 제빵 적성을 판정하는 실험(밀가루의 침강 실험법)에서 글루텐의 질과 양을 수치로 나타낸다. 100메시로 부순 밀알 또는 밀가루에 젖산(乳酸)액을 더하고 눈금 있는 실린더에 넣고 일정시간이 지난 뒤 가라앉은 밀가루의 높이를 확인한다.

42 안정제의 사용목적은?

① 아이싱의 끈적거림 방지
② 흡수제로 호화지연 효과
③ 파이 충전물의 유화제
④ 머랭의 수분배출 촉진

해설 | 안정제의 사용목적
- 아이싱이 부서지는 것과 끈적거리는 것을 방지
- 흡수제로 노화지연 효과
- 파이 충전물을 걸쭉하게 만드는 효과
- 머랭 거품의 안정화 효과

43 아밀로오스(Amylose)에 대한 설명으로 틀린 것은?

① 포도당이 α-1,4 결합으로 연결되어 있다.
② 요오드와 반응하여 특유한 청색반응을 나타낸다.
③ 전분에는 아밀로펙틴(Amylopectin)보다 아밀로오스(Amylose)의 함량이 더 높다.
④ 아밀로오스(Amylose)의 함량이 많을수록 노화의 속도가 빠르다.

해설 | 전분에는 아밀로오스(Amylose)보다 아밀로펙틴(Aamylopectin)의 함량이 더 높다.

44 리큐르의 이름과 원료가 다르게 연결된 것은?

① 큐라소(Curacao) – 오렌지 껍질
② 칼루아(Kahlua) – 커피
③ 슬로우진(Sloe Gin) – 카카오빈
④ 아마렛토(Amaretto) – 살구씨

해설 | 슬로우진(Sloe Gin) – 야생 자두

45 거친 설탕 입자를 마쇄한 제품은?

① 과립당 ② 커피당
③ 빙당 ④ 분당

해설 | 마쇄(Grinding, 磨碎)
- 갈거나 찧어서 죽이나 가루로 만드는 것이다.
- 생물체로부터 병원균의 분리 또는 생리활성 물질을 추출하기 위하여 생체조직을 미세하게 분쇄하는 조작이다.

46 식품의 위생적 취급방법에 대한 설명 중 틀린 것은?

① 생식품은 오염되지 않도록 조리된 식품과 분리하여 냉장고에 저장하여야 한다.
② 냉동된 식품은 영양분의 손실을 줄이기 위하여 가급적 실온에서 서서히 해동시킨다.
③ 익히지 않는 육류를 취급한 도마와 칼은 세척 후 반드시 소독한다.
④ 전처리 후 바로 조리하지 않을 식재료는 냉장고에 보관하여야 한다.

해설 | 냉동된 식품은 영양분의 손실을 줄이기 위하여 가급적 냉장온도에서 서서히 해동시킨다.

47 수인성 경구감염병의 특징은?

① 치명률이 자연독 식중독보다 높다.
② 잠복기가 세균성 식중독보다 짧다.
③ 2차 감염으로 인한 환자 발생이 세균성 식중독보다 적다.
④ 음식물, 손, 식기, 물 등을 통하여 미량의 균으로 감염된다.

해설 | 수인성 경구감염병의 특징
물(특히 음료수)에 의하여 감염을 일으키므로 수인성이며, 물에 의한 수인성 경구감염병은 함께 물을 먹는 많은 사람이 일시에 발생하여, 폭발적으로 유행이 된다. 왜냐하면 소량의 균이라도 체내에서 기하급수적으로 증식하기 때문이다. 수인성 경구감염병은 장마나 홍수 뒤에 발병 위험이 높다.

48 환경오염으로 인한 공해병과 유독물질의 예이다. 바르게 연결된 것은?

① 흑피증 – 납
② 안면창백증 – 카드뮴
③ 미나마타병 – 수은
④ 이타이이타이병 – 비소

해설 |
① 흑피증 : 전신 또는 상당한 범위의 피부가 색소 침착에 의하여 갈색, 흑갈색, 자회색을 띠는 증세로 다양한 이유가 있지만 일반적으로 자외선의 영향으로 일어난다.
② 안면창백증 : 다양한 이유가 있어 한 가지로 정의하기가 매우 어렵다.
③ 미나마타병 : 수은
④ 이타이이타이병 : 카드뮴

49 세균성 식중독의 원인균이 아닌 것은?

① 살모넬라균
② 장티푸스균
③ 황색포도상구균
④ 장염 비브리오균

해설 | 장티푸스균은 경구감염병을 일으키는 원인균이다.

50 양조과정에서 생성될 수 있으며 다량으로 섭취하면 실명의 원인이 되는 화학물질은?

① 비소화합물
② 메탄올
③ 사에틸납
④ 포르말린

해설 | 메틸알코올(메탄올)
주류의 대용으로 사용하며 많은 중독 사고를 일으킨다. 중독 시 두통, 현기증, 구토, 설사 등과 시신경에 염증을 유발시켜 실명의 원인이 된다.

51 단백질 대사산물인 암모니아는 어떤 형태로 체외로 배출되는가?

① 담즙
② 요소
③ 아미노산
④ 글루타민

해설 | 단백질은 펩톤 → 폴리펩타이드 → 펩타이드 → 아미노산 → 암모니아 순서로 분해된다. 그런데 암모니아는 독성을 가지고 있어 몸 속에 오랫동안 머물면 해로운 물질이다. 그래서 체내의 간에서 오르니틴회로를 통해 암모니아를 요소로 전환시키고, 이를 배설기관에 보내 얼마간 저장되었다가 체외로 배출한다.

52 기초 대사량을 증가시키는 조건이 아닌 것은?

① 갑상선기능항진증
② 근육량 증가
③ 겨울
④ 나이 증가

해설 | 기초 대사량의 정의와 증가시키는 조건
- 기초 대사량이란 체온 유지나 호흡, 심장 박동 등 기초적인 생명 활동을 위한 신진대사에 쓰이는 최소한의 에너지량을 말한다.
- 기초 대사량은 ① 개인의 신진대사 조직량이나 근육의 양 등 신체적인 요소 ② 겨울에 체온을 유지 ③ 갑상선의 기능이 병적으로 증가하여 호르몬이 과다하게 분비되는 갑상선기능항진증이라는 질병으로 땀을 많이 흘리며, 맥박이 빨라지면 증가한다.

53 과당이 포도당으로 전환되는 체내조직은?

① 간 ② 근육
③ 신장 ④ 소장

해설 | 설탕이 든 음식을 먹으면 소장에서 수크라아제에 의해 포도당과 과당으로 분해가 되고 흡수가 되면, 포도당은 간을 통과하여 말초 조직으로 가서 에너지원으로 사용이 되는 반면, 흡수한 과당의 2/3는 간에서 분해되어 지방산으로 전환되거나 과당의 1/3은 포도당으로 전환된다.

54 다음과 같은 직업을 가진 사람 중 비타민 D 결핍증이 걸리기 쉬운 사람은?

① 광부 ② 농부
③ 사무원 ④ 건축노동자

해설 | 비타민 D는 전구체로서 에르고스테롤과 7-디하이드로 콜레스테롤이 있으며, 자외선에 의하여 에르고스테롤은 비타민 D_2로, 7-디하이드로 콜레스테롤은 비타민 D_3로 변한다. 그래서 피부에 자외선을 쪼이면 비타민 D가 만들어지는데 햇빛을 잘 못 받는 광부들은 비타민 D 결핍증에 걸리기 쉽다.

55 셀레늄(Se)에 대한 설명으로 옳은 것은?

① 인슐린호르몬(Insulin hormone)의 구성성분이다.
② 헤모글로빈(Hemoglobin)의 구성성분이다.
③ 글루터치온 과산화효소(Glutathione peroxidase)의 구성성분이다.
④ 카탈라아제(Catalase)의 구성성분이다.

해설 | 셀레늄(Se)은 항산화제를 대표하는 영양성분이며 세포막의 손상을 방지하는 항산화 효소인 글루터치온 과산화효소(Glutathione peroxidase)의 중요 구성인자이다. 비타민 E와 함께 항산화작용을 하며 식품 중의 셀레늄은 대부분 아미노산이 메티오닌과 시스테인의 유도체에 결합되어 흡수되며 약 80%는 소장에서 흡수된다.

56 **생산계획의 내용에는 실행예산을 뒷받침하는 계획목표가 있다. 이 목표를 세우는 데 필요한 기준이 되는 요소로 틀린 것은?**

① 노동 분배율
② 원재료율
③ 1인당 이익
④ 가치 생산성

해설 | 실행예산의 종류
노동 생산성, 가치 생산성, 노동 분배율, 1인당 이익 등이다.

57 **데크레이션 케이크를 만드는 공정이 다음과 같고 연속작업을 할 때 통상적으로 인원 배정이 가장 적어도 되는 공정은?**

> 스펀지 믹싱 → 팬에 넣기 → 굽기 → 냉각 → 샌드와 아이싱 → 데크레이션 → 포장

① 스펀지 믹싱
② 굽기
③ 냉각
④ 아이싱과 데커레이션

해설 | 냉각은 자연적으로 혹은 기계적으로 장시간 방치하면서 작업이 진행되므로 인원 배정이 적어도 되는 공정이다.

58 **4명이 근무하는 부서의 1일 고정비 분배액이 800,000원인데, 판매가가 개당 800원인 제품의 변동비가 개당 400원이라면 손익분기물량은 몇 개인가?**

① 1,000개 ② 1,500개
③ 2,000개 ④ 2,500개

해설 | 판매수량에 의한 손익분기점을 구하는 방법
① 손익분기점(판매수량) = 1일 고정비를 충족하는 빵 개수÷{1-(변동비÷빵 1개당 매출액(판매 가격)}
② (800,000÷800)÷{1-(400÷800)} = 2,000개

59 **정상적으로 식빵을 제조할 경우 분당 200개씩 생산하는 공장에 주문이 밀려 20%의 작업량을 늘렸더니 불량이 15% 증가하여 8시간 동안 평소보다 132개가 추가 발생하였다. 평소의 불량 개수와 불량률은?(단, 소수점 2자리로 할 것)**

① 733개, 0.92% ② 880개, 0.76%
③ 733개, 0.76% ④ 880개, 0.92%

해설 |
① 8시간 제조한 식빵의 개수 = (60분×8시간×200개) = 96,000개
② 불량이 15% 증가하여 8시간 동안 평소보다 132개가 추가 발생 = x×0.15 = 132개
③ 8시간 제조한 식빵의 개수에서 생기는 평소 불량 개수 = 132개÷0.15 = 880개
④ 8시간 제조한 식빵의 개수에서 생기는 평소 불량률 = 880개÷96,000개×100% = 0.9166%

60 **우리나라 제조물 책임법(PL법)에서 정하고 있는 결함의 종류가 아닌 것은?**

① 제조상의 결함
② 설계상의 결함
③ 유통상의 결함
④ 표시상의 결함

해설 | 제조물 결함의 분류
① 설계상의 결함 : 제조물의 설계단계에서 안정성을 충분히 배려하지 않았기 때문에 제품의 안전성이 결여된 경우로서 그 설계에 의해 제조된 제품은 모두 결함이 있는 것으로 간주한다.
② 제조상의 결함 : 제조과정에서의 부주의로 인해서 제품의 설계사양이나 제조방법에 따르지 않고 제품이 제조되어서 안전성이 결여된 경우를 말하며, 이러한 결함은 제품의 제조, 관리단계에서의 인적, 기술적 부주의에 기인한다.
③ 경고 또는 지시상의 결함 : 소비자가 사용 또는 취급상의 일정한 주의를 하지 않거나 부적당한 사용을 한 경우 등에 발생할 수 있는 위험에 대비한 적절한 주의나 경고를 하지 않은 경우를 말하는 것으로서 제조자는 그 제조물의 사용에서 발생할 수 있는 위험에 대한 경고를 하여야 한다.

정답								제8회 실전모의고사	
01	②	02	②	03	④	04	④	05	③
06	③	07	④	08	③	09	③	10	①
11	③	12	①	13	④	14	②	15	①
16	②	17	④	18	③	19	②	20	①
21	②	22	③	23	②	24	①	25	④
26	④	27	②	28	③	29	②	30	②
31	③	32	②	33	②	34	②	35	④
36	③	37	④	38	①	39	③	40	①
41	④	42	①	43	③	44	③	45	④
46	②	47	④	48	③	49	②	50	②
51	②	52	④	53	①	54	①	55	③
56	②	57	③	58	③	59	④	60	③

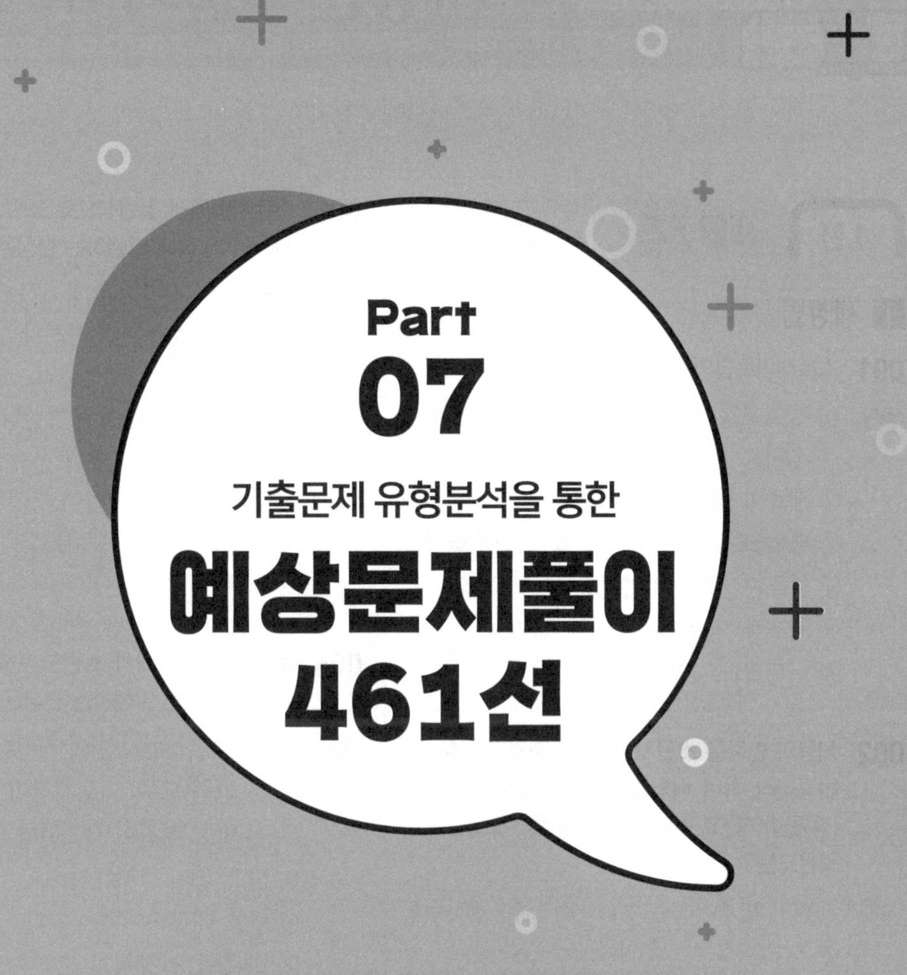

▶ 시험 직전 최종 정리 때 사용하세요.

▶ 이론편 순서대로 편집되어 있으니 이해가 되지 않는 내용은 이론편을 참고하여 복습하시기 바랍니다.

기출문제 유형분석을 통한

예상문제풀이 461선

1편 제빵이론

1 제빵법

001 스트레이트법의 장점은?

풀이 ① 발효공정이 짧으며, 공정이 단순해 알기 쉽다.
② 재료의 풍미가 살아 있다.
③ 빵의 조직이 힘이 있어 씹는 맛이 좋다.
④ 발효손실을 줄일 수 있다.
⑤ 제조장, 제조 장비가 간단하다.
⑥ 노동력과 시간이 절약된다.

002 처음의 반죽을 스펀지 반죽, 나중의 반죽을 본 반죽이라 하여 배합을 두 번하므로 스펀지법(중종법)이라고 한다. 스펀지 반죽온도와 본 반죽온도는?

풀이 스펀지 반죽온도는 24℃ 전 · 후, 본 반죽온도는 27℃ 전 · 후이다.

003 스펀지법에서 스펀지 반죽에 사용하는 기본 재료(일반 재료)의 종류는?

풀이 스펀지 반죽의 기본 재료는 밀가루, 생이스트, 이스트 푸드, 물 등이다.

004 스펀지&도우법으로 빵을 만들 때 스펀지 발효 시 온도와 pH의 변화는 어떻게 진행되는가?

풀이 이스트가 당을 산화시키면서 열을 발생시키므로 반죽의 온도는 올라가고, 산화의 분해 산물로 이산화탄소, 유기산이 발생하므로 반죽의 pH는 떨어진다.

005 스펀지법에서 일반적으로 스펀지 발효는 약 4시간이다. 이때 발생하는 현상은?

풀이 ① 반죽의 신장성은 증가하고 탄력성은 감소하면서 부피가 커진다.
② 활발한 이스트의 증식으로 탄산가스가 증가하여 반죽이 팽창한다.
③ 밀가루에 있는 당이 분해되어 에틸알코올 및 각종 유기산이 형성된다.
④ 발효가 진행됨에 따라 온도가 올라가고 pH는 내려간다.

006 스펀지/도우법에서 스펀지 반죽의 밀가루 양을 증가시키면 발생하는 현상은?

풀이 ① 해면성(스펀지성)이 커진다.
② 본 반죽(도우) 믹싱시간이 감소된다.
③ 본 발효 시간이 감소된다.
④ 발효 향이 풍부해진다.
⑤ 발효 내구성이 좋아진다.
⑥ 반죽의 신장성과 오븐 스프링이 좋아진다.

007 액종법의 특징은?

풀이 스펀지 도우법의 스펀지 발효에서 생기는 결함(공장의 공간을 많이 필요로 함)을 없애기 위하여 만들어진 제조법으로 완충제로 분유를 사용하기 때문에 ADMI(아드미)법 이라고도 한다.

008 액체발효법으로 빵을 만들 때 액종의 발효점을 가장 정확하게 찾을 수 있는 방법은?

풀이 액종의 발효 완료점은 pH로 확인하며, pH 4.2~5.0이 최적인 상태이다.

009 이스트, 이스트 푸드, 물, 설탕, 분유 등을 섞어 2~3시간 발효시킨 액종을 만들어 사용하는 스펀지 도우법의 변형인 액체발효법과 비슷한 반죽법은?

풀이 연속식 제빵법

010 연속식 제빵법의 특징은?

풀이 ① 액체 발효법을 이용하여 연속적으로 제품을 생산한다.
② 3~4기압의 디벨로퍼로 반죽을 제조하기 때문에 많은 양의 산화제가 필요하다.
③ 발효 손실 감소, 인력 감소 등의 이점이 있다.
④ 자동화 시설을 갖추기 위해 설비공간의 면적이 감소한다.

011 연속식 제빵법에서 사용하는 이 장치는 3~4기압 하에서 30~60분간 반죽을 발전시켜 1차 발효를 거치지 않고 분할기로 직접 보내며, 반죽을 발전, 숙성시키는 동안 공기 중의 산소가 결핍되므로 고속 회전에 의한 기계적 교반과 산화제에 의한 반죽의 글루텐을 발달시킨다. 이 장치의 이름은?

풀이 디벨로퍼(Developer)

012 연속식 제빵법의 장점은?

풀이 ① 발효손실 감소
② 설비 감소, 설비공간과 설비면적 감소
③ 노동력 1/3로 감소

013 스트레이트법을 노타임 반죽법으로 변경 시 조치사항은?

풀이 ① 물 사용량을 1~2% 정도 줄임
② 설탕 사용량을 1% 감소
③ 이스트 사용량을 0.5~1% 증가
④ 브롬산칼륨, 요오드칼륨, 아스코르빈산(비타민 C)을 산화제로 사용
⑤ L-시스테인을 환원제로 사용
⑥ 반죽온도를 30~32℃로 함

014 비상 스트레이트법의 필수조치사항은?

풀이 ① 반죽시간을 20~30% 증가
② 설탕 사용량을 1% 감소
③ 1차 발효시간을 줄인다.
④ 반죽온도를 30℃로 한다.
⑤ 이스트 사용량을 2배로 증가
⑥ 물 사용량을 1% 증가

015 비상반죽법의 특징은?

풀이 갑작스런 주문에 빠르게 대처할 때 표준 스트레이트법 또는 스펀지법을 변형시킨 방법으로 공정 중 발효를 촉진시켜 전체 공정 시간을 단축하는 방법

016 비상반죽법의 장점은?

풀이 제조 시간과 노동력이 가장 덜 드는 제빵법이다.

017 일반 스펀지/도우에서 스펀지에 35%, 도우에 28%의 물을 사용했다면 이것을 비상 스펀지/도우로 바꿀 때 스펀지에 들어갈 물은 얼마가 되는가?

풀이 사용할 물의 양에 1%를 증가시켜 64%를 전부 스펀지에 첨가한다.

018 냉동 빵 제품에서 반죽 시 수분의 양을 줄이는 이유는?

풀이 이스트의 냉해를 막고 빵의 형태를 유지하기 위함이다.

019 가동률 제고와 판매현장에서 직접 구워 팔 수 있는 신선도 제고 등의 장점 때문에 냉동 반죽의 사용이 증가되고 있다. 일반 반죽과 비교하여 냉동반죽을 만들기 위한 밀가루 단백질의 양과 질, 이스트의 사용량, 흡수량, 산화제의 사용량 등은 어떻게 변화하는가?

풀이 ① 밀가루 단백질의 양은 많고, 질은 좋은 것을 사용한다.

② 냉동, 해동 등 장시간의 작업을 필요로 하므로 이스트의 사용량을 50% 더 증가한다.
③ 흡수량은 다소 되게 하는 것이 바람직하다.
④ 산화제를 증가하여 사용한다.

020 냉동저장 시 이스트가 죽음으로써 발생하는 글루타치온의 특징은?

풀이 가루 단백질들이 엉기어 만들어진 글루텐에 환원제 작용을 한다.

021 냉동반죽을 해동시키는 방법은?

풀이 냉장고(5~10℃)에서 15~16시간 완만하게 해동시키거나 도우 컨디셔너, 리타드에서 해동을 시킨다.

022 냉동반죽 해동에 필요한 기기는?

풀이 냉장고, 도우 컨디셔너, 리타드

023 르방(Levain)을 사용하여 빵을 제조하였을 때 좋은 점은?

풀이 ① 빵의 노화를 지연시켜 준다.
② 빵의 풍미를 증가시킨다.
③ 빵의 부피와 색이 좋아진다.
④ 이스트의 사용량을 줄일 수 있다.
⑤ 빵의 소화흡수가 잘된다.
⑥ 반죽에 축적되는 유기산의 함유량이 많아져 빵을 굽는 시간이 길어지는 단점이 있다.

2 제빵 순서

024 이스트 발효 빵 제조공정에서 믹싱(Mixing) 의 목적은?

풀이 ① 모든 원료를 균일하게 혼합한다.
② 밀가루 등 건조 재료를 완전히 수화(수분 흡수)시킨다.
③ 반죽에 산소를 공급하여 이스트의 활력과 반죽의 산화를 시킨다.
④ 가스 보유력이나 기계성에 알맞도록 글루텐을 결합시킨다.

025 믹싱을 통해서 반죽에 부여하고자 하는 물리적 성질에는 탄력성(탄성), 점탄성, 신장성, 흐름성, 가소성 등이 있다. 반죽에 부여하는 여러 물리적인 특성 중에서 외부의 힘에 의하여 변형을 받고 있는 물체가 원래의 상태로 돌아가려는 성질을 말한 것은?

풀이 물체가 원래의 상태로 돌아가려는 성질은 탄성이다.

026 반죽 배합 시 원료의 혼합 및 분산을 주목적으로 저속 회전 속도로 진행되는 과정을 무슨 단계라고 하는가?

풀이 픽업 단계(Pick Up Stage)

027 반죽 단계 중 글루텐이 생기는 단계는?

풀이 반죽이 한 덩어리가 되고 믹싱볼이 깨끗해지는 클린업 단계

028 일반적으로 가장 빠른 믹싱단계에서 믹싱을 완료해도 좋은 제품은?

풀이 데니시 페이스트리 제품은 일반적으로 1단계인 픽업 단계에서 믹싱을 완료한다.

029 제빵 시 빵 반죽이 최대의 신장성을 갖는 믹싱 단계는?

풀이 최종 단계

030 렛 다운 단계까지 믹싱하는 빵은?

풀이 햄버거빵, 잉글리시 머핀

031 후염법의 특징 및 장점은?

풀이 ① 후염법은 소금을 믹싱 초기에 넣는 것이 아니라 클린업 단계 직후에 넣는 방법이다.

② 믹싱시간을 10~20% 줄일 수 있다.

③ 급수량을 1% 정도 늘일 수 있다. 즉 흡수율이 증가한다는 뜻이다.

④ 믹싱시간을 줄일 수 있으므로 에너지를 절약할 수 있다.

⑤ 소금을 믹싱 중간에 투입하므로 작업이 번거롭다.

032 글루텐이 결합한 형태의 종류는?

풀이 –S–S– 결합, 이온 결합, 수소 결합, 물분자 사이의 수소 결합

033 밀가루의 흡수율에 영향을 미치는 요인은?

풀이 ① 단백질의 양과 질

② 손상 전분의 함량

③ 설탕, 분유, 소금의 사용량

⑤ 반죽의 온도와 믹싱 시간

034 반죽의 흡수율에 영향을 미치는 요소들이다. 요소들의 변화에 따른 물 흡수의 증감률은 어떻게 되는가?

> 가. 반죽온도가 5℃가 상승하면 물 흡수율은?
> 나. 5℃가 하락하면 물 흡수율은?
> 다. 설탕 5% 증가 시 반죽의 물 흡수율은?
> 라. 손상 전분 1% 증가에 반죽의 물 흡수율은?
> 마. 분유 1% 증가에 반죽의 물 흡수율은?
> 바. 경수(센물) 대신 연수(단물)를 사용할 때 흡수율은?

풀이 ① 반죽온도가 5℃가 상승하면 물 흡수율이 3% 감소한다.

② 5℃가 하락하면 물 흡수율이 3% 증가한다.

③ 설탕 5% 증가 시 반죽의 물 흡수율은 1% 감소된다.

④ 손상 전분 1% 증가에 반죽의 물 흡수율은 2% 증가된다.

⑤ 분유 1% 증가에 반죽의 물 흡수율은 0.75~1% 증가된다.

⑥ 경수(센물) 대신 연수(단물)를 사용할 때 흡수율을 2% 정도 감소시킨다.

035 제빵 시 스트레이트법에서 마찰계수를 계산하는 공식은?

풀이 마찰계수 = (결과 반죽온도×3)–(실내 온도+밀가루 온도+수돗물 온도)

036 마찰계수를 먼저 계산한 후에 사용할 물의 온도를 계산하는 공식은?

풀이 ① 마찰계수 = (결과 반죽온도×3)–(실내 온도+밀가루 온도+수돗물 온도)

② 사용할 물 온도 = (희망 반죽온도×3)–(실내 온도+밀가루 온도+마찰계수)

037 제빵반죽의 얼음 사용량 계산하는 공식은?

풀이 얼음 사용량 = $\dfrac{\text{사용할물량}\times(\text{수돗물 온도} - \text{사용할 물 온도})}{80 + \text{수돗물 온도}}$

038 반죽에서 온도 상승에 영향을 주는 기타 요인은 밀가루, 물, 쇼트닝 등과 같은 각 재료의 비열이다. 물질의 비열은 그 물질 1파운드의 온도를 몇 ℃ 변화시키는 데 필요한 열량인가?

풀이 일반적으로 물질의 비열은 단위중량 kg당 1℃ 상승시키는 데 필요한 열량이라고 정의한다. 혹은 다음과 같이 물질의 비열은 그 물질 1파운드(453g 정도)의 온도를 1.8℃ 변화시키는 데 필요한 열량으로도 나타낸다.

039 다음과 같은 조건에서 빵을 만들려고 한다. 반죽의 희망온도를 26℃로 맞추고자 할 때 얼음 사용량은?

실내 온도 = 25℃	밀가루 온도 = 22℃
수돗물 온도 = 20℃	반죽 결과온도 = 33℃
희망온도 = 26℃	물 사용량 = 1,000g

풀이 ① 마찰계수 = (반죽 결과온도×3)−(밀가루 온도+실내 온도+수돗물 온도) = (33×3)−(22+25+20) = 32

② 계산된 물 온도 = (반죽 희망온도×3)−(밀가루 온도+실내 온도+마찰계수) = (26×3)−(22+25+32) = −1

③ 얼음 사용량 = 물 사용량×(수돗물 온도−계산된 물 온도)÷(80+수돗물 온도) = 1000×{20−(−1)}÷(80+20) = 210g

040 반죽온도가 희망하는 반죽온도보다 낮게 되었을 때 가능한 조치는?

풀이 ① 약간 높은 온도의 발효실에 넣어 놓는다.

② 발효시간을 연장한 뒤 분할한다.

③ 중간 발효를 길게 가진 뒤 성형한다.

041 반죽의 온도에 영향을 주는 변수는?

풀이 ① 실내 온도(작업장 온도)

② 재료의 온도(빵에는 많은 재료가 사용되나 밀가루와 물이 사용량이 많으므로 변수 값으로 삼음)

③ 마찰열(반죽의 양과 믹싱 속도 등이 마찰 열에 영향을 미침)

④ 훅 온도는 반죽 온도에 영향을 미치기는 하나 변수 값으로 산정하지 않는다.

042 밀가루 속의 알파−아밀라아제나 혹은 맥아의 액화효과를 측정하는 기계는?

풀이 아밀로그래프(Amylograph)

043 밀가루의 반죽 성향을 측정하기 위해서 사용하는 기기(Instrument)들 중 전분의 점성을 측정할 수 있는 것은?

풀이 아밀로그래프(Amylograph)는 온도 변화에 따라 전분의 점도에 미치는 밀가루 속의 알파−아밀라아제나 혹은 맥아의 액화효과를 측정하는 기계이다.

044 밀가루 글루텐의 흡수율과 밀가루 반죽의 점탄성을 나타내는 그래프는?

풀이 패리노그래프(Farinograph)

045 반죽의 신장성을 알아보는 그래프는?

풀이 익스텐시그래프(Extensigraph)

046 패리노그래프를 그렸을 때 믹싱시간이 짧은 경우 보안법은?

풀이 글루텐을 강화시킬 수 있는 조치를 취한다.

047 패리노그래프로 측정할 수 있는 항목은?

풀이 고속 믹서 내에서 일어나는 물리적 성질을 기록하여 글루텐의 흡수율, 글루텐의 질, 반죽의 내구성, 믹싱시간, 점탄성 등을 측정

048 익스텐시그래프의 특징은?

풀이 일정한 굳기를 가진 반죽의 신장도 및 신장 저항력을 측정하여 자동 기록함으로써 반죽의 점탄성을 파악하고, 밀가루 중의 효소나 산화제, 환원제의 영향을 자세히 알 수 있는 그래프이다.

049 밀가루의 물리적 특성과 제빵적정을 나타내는 기계 3가지는?

풀이 아밀로그래프, 패리노그래프, 익스텐시그래프

050 식빵을 믹싱할 때 밀가루, 물, 소금 등의 재료가 표준보다 많고 적음을 알아내는 기계는?

풀이 믹서트론(Mixotron)

재료계량 및 혼합시간의 오판 등 사람의 잘못으로 일어나는 사항과 계량기의 부정확 또는 믹서의 작동 부실 등 기계의 잘못을 계속적으로 확인하는 기계이다.

051 발효(즉, 가스 발생력)에 영향을 미치는 요인은?

풀이 이스트의 양과 질, 발효성 탄수화물, 반죽온도, 반죽의 산도, 소금

052 **가스 보유력에 영향을 미치는 요인은?**

풀이 밀가루 단백질의 양과 질, 쇼트닝(유지)의 양, 산도, 산화제, 유제품 등 여러 가지가 있다.

053 **글루테닌과 글리아딘이 물과 믹싱에 의해 형성하는 단백질 복합체는?**

풀이 글루텐

054 **발효시간이 길어졌을 때 반죽무게가 줄어드는 이유는?**

풀이 ① 반죽 속의 수분이 증발

② 탄수화물이 탄산가스로 산화되어 휘발

③ 탄수화물이 에틸알코올로 산화되어 휘발

055 **완제품의 무게 200g짜리 식빵 100개를 만들려고 한다. 1차 발효손실 2%, 굽기손실 12%, 전체 배합률이 181.8%일 때 밀가루의 양은?**

풀이 ① 제품의 총 무게 = 200g × 100개 = 20kg

② 반죽의 총 무게 = 20kg ÷ {1−(12 ÷ 100)} ÷ {1−(2 ÷ 100)} = 23.19kg

③ 밀가루의 무게 = 23.19kg × 100% ÷ 181.8% = 12.75kg

056 **완제품의 중량이 900g인 식빵 1,200개의 주문을 받았다. 중량 미달 제품의 발생을 염려하여 910g의 제품을 만들기로 하였다면 소요되는 소맥분은 얼마인가? (단, 발효손실 2%, 소성손실 12%만 고려하며 불량품은 없는 것으로 본다. 총 배합률은 176%이다. 또한 소맥분 1kg 미만은 1kg으로 계산한다.)**

풀이 ① 제품의 총 무게 = 제품 1개의 중량 910g × 식빵 1,200개 ÷ 1,000 = 1,092kg

② 총 분할무게 = 1,092kg ÷ {1−(12 ÷ 100)} = 1,240.9kg

③ 반죽의 총 무게 = 1,240.9kg ÷ {1−(2 ÷ 100)} = 1,266.3kg

④ 밀가루의 무게 = (반죽의 총 무게 × 밀가루의 비율) ÷ 총 배합률

⑤ 밀가루의 무게 = (1,266.3kg × 100%) ÷ 176% = 719.45kg = 720kg

057 **정상적인 생산조건에서 분할기의 최적 분할속도는 분당 몇 회전인가?**

풀이 기계 분할 시 분할속도는 통상 12~16회분으로 한다. 너무 속도가 빠르면 기계 마모가 증가하고, 느리면 반죽의 글루텐이 파괴된다.

058 **둥글리기 후 작업의 효과(둥글리기의 목적)는?**

풀이 ① 가스를 균일하게 분산하여 반죽의 기공을 고르게 조절한다.

② 가스를 보유할 수 있는 반죽구조를 만들어 준다.

③ 반죽의 절단면은 점착성을 가지므로 이것을 안으로 넣어 표면에 막을 만들어 점착성을 적게 한다.

④ 분할로 흐트러진 글루텐의 구조와 방향을 정돈한다.

⑤ 분할된 반죽을 성형하기 적절한 상태로 만든다.

059 **중간 발효를 하는 목적은?**

풀이 ① 반죽의 신장성을 증가시켜 정형과정에서의 밀어 펴기를 쉽게 함

② 가스 발생으로 반죽의 유연성을 회복

③ 성형할 때 끈적거리지 않게 반죽표면에 얇은 막을 형성

④ 분할과 둥글리기를 하는 과정에서 손상된 글루텐 구조를 재정돈

060 **제빵성형기에서 성형한 반죽이 아령 모양이 되었다. 무엇이 문제인가?**

풀이 제빵성형기의 압력이 강했다.

061 **정형공정 순서(넓은 의미의 정형을 뜻함)는?**

풀이 분할 → 둥글리기 → 중간 발효 → 정형 → 패닝→ 2차 발효

062 팬에 사용되는 이형유(Pan oils)의 특징은?

풀이 ① 포화도가 높은 보통 식물성 기름과 미네랄 오일로 구성된다.
② 보통 반죽 무게의 0.1~0.2%를 사용한다.
③ 과량으로 사용하면 바닥 껍질색이 어두워지고 두꺼워진다.

063 패닝할 때 팬의 온도는?

풀이 32℃

064 산형 식빵과 풀먼 식빵의 비용적은?

풀이 산형 식빵 : 3.2~3.4 ㎤/g, 풀먼 식빵 : 3.3~4.0㎤/g

065 윗면의 가로가 21cm, 세로가 9.5cm, 아래면의 가로가 19cm, 세로가 8.5cm이고 높이가 10cm인 식빵 팬에 알맞은 반죽 무게는?(단, 식빵 팬의 비용적은 3.36cm³이다.)

풀이 ① 반죽무게 = 용적÷비용적
② {(윗면의 가로가 21cm+아래면의 가로가 19cm)÷2}×{(윗면의 세로가 9.5cm+아래면의 세로가 8.5cm)÷2}×높이가 10cm÷식빵 팬의 비용적은 3.36cm³/g
③ 20×9×10÷3.36 = 535.7g

066 좋은 외형의 완제품을 얻기에 적당한 2차 발효실의 온도와 습도 범위는?

풀이 온도는 32~40℃, 상대습도는 85~95%이다.

067 2차 발효의 가장 큰 목적은?

풀이 완제품의 부피를 원하는 크기로 만드는 것이다.

068 2차 발효의 목적은?

풀이 ① 성형공정을 거치면서 가스가 빠진 반죽을 다시 부풀리게 하여 완제품의 부피를 원하는 크기로 만드는 것이다.
② 가스발생으로 반죽의 탄성을 회복하게 한다.
③ 가스발생으로 생성된 이산화탄소, 유기산, 에틸알코올이 글루텐에 작용한 결과 반죽의 신장성을 증가시킨다.
④ 온도와 습도를 조절하여 이스트의 활력을 촉진시킨다.

069 2차 발효실(Proofing room)의 적절한 온도와 상대습도는?

풀이 2차 발효는 성형과정을 거치는 동안 불완전한 상태의 반죽을 온도 32~43℃, 상대습도 75~95%의 발효실에 넣어 숙성시켜 좋은 외형과 식감의 제품을 얻기 위하여 제품부피의 70~80%까지 부풀리는 작업으로 발효의 최종 단계이다.

070 2차 발효실의 습도가 가장 높은 제품과 가장 낮은 제품은?

풀이 습도가 가장 높은 제품은 햄버거빵과 잉글리시 머핀, 습도가 가장 낮은 제품은 바게트, 하드 롤, 빵 도넛이다.

071 2차 발효 시 습도가 낮을 때 빵에 일어나는 현상은?

풀이 ① 반죽에 껍질형성이 빠르게 일어남
② 오븐에 넣었을 때 팽창이 저해됨
③ 껍질색이 불균일하게 되기 쉬움
④ 얼룩이 생기기 쉬우며 광택이 부족
⑤ 제품의 윗면이 터지거나 갈라짐

072 빵을 구웠을 때 위가 터지거나 갈라지는 이유는?

풀이 2차 발효 시 발효실의 습도가 낮아 반죽이 건조했을 때 빵을 구우면 완제품이 위가 터지거나 갈라진다.

073 굽기를 하는 목적은?

풀이 ① 껍질에 구운 색을 내어 맛과 향을 향상시킴

② 이스트의 가스 발생력을 막으며 각종 효소의 작용도 불활성화시킴
③ 전분을 α화하여 소화가 잘되는 빵을 만듦
④ 발효에 의해 생긴 탄산가스를 열 팽창시켜 빵의 부피를 갖추게 함

074 식빵 굽기 시 오븐 스프링이 발생하는 데 걸리는 기간은?

풀이 처음 굽기 시간의 25~30%는 오븐 팽창 시간임

075 빵 굽기 과정에서 빵 반죽 온도가 49℃에 도달할 때 일어나는 현상은?

풀이 49℃에 도달하면 이산화탄소 가스가 기화하면서 이산화탄소 가스의 용해도가 감소한다. 가스가 기화하면 가스압이 증가하여 오븐 스프링이 일어난다.

076 빵 굽기 과정 중 전분입자의 호화 온도는?

풀이 전분입자는 54℃에서 팽윤하기 시작함

077 빵 굽기 시 단백질이 열변성 되는 온도는?

풀이 오븐 온도가 74℃를 넘으면 단백질이 굳기 시작함

078 빵 굽기 시 빵 속 최대 상승온도는?

풀이 97~99℃로 100℃를 넘지 않는다.

079 굽기 시 오븐 안에서 일어나는 반죽의 변화는?

풀이 ① 오븐 스프링과 오븐 라이즈에 의한 오븐 팽창
② 전분의 호화
③ 단백질의 열변성
④ 효모와 효소의 불활성
⑤ 향의 생성

080 굽기 도중에 생기는 물리적, 화학적 반응은?

풀이 ① 반죽표면에 얇은 막을 형성한다.
② 반죽 안의 물에 용해되어 있던 가스가 유리되어 기화한다.
③ 반죽 안에 포함된 에틸알코올과 탄산가스가 휘발한다.
④ 전분의 호화와 단백질의 열변성이 일어난다.
⑤ 메일라드 반응과 캐러멜화 반응에 의하여 껍질에 착색이 일어난다.

081 굽기에 의한 반죽의 착색 방식에는 복사, 전도, 대류 등이 있으며, 복사는 빵의 윗면에, 전도는 빵의 밑면에, 대류는 빵의 옆면에 착색을 유도한다. 광파 오븐에서 굽기 중 전자기파가 구울 제품에 흡수되어 열로 바뀌는 열전달 방식은?

풀이 복사

082 정상적인 발효일 때 완제품 빵의 pH는?

풀이

완제품 식빵의 pH	반죽의 발효상태
pH 6.0	어린 반죽(발효 부족)으로 제조된 식빵
pH 5.7	정상 반죽으로 제조된 식빵
pH 5.0	지친 반죽(발효 과다)으로 제조된 식빵

083 빵 냉각이란 무엇인가?

풀이 갓 구워낸 빵은 빵 속의 온도가 97~99℃이고 수분 함량은 껍질에 12%, 빵 속에 45%를 유지하는데, 이를 식혀 빵 속의 온도는 35~40℃로, 수분 함량은 껍질에 27%, 빵 속에 38%로 낮추는 것을 냉각이라고 한다.

084 오븐에서 구워 나온 빵의 껍질의 수분 함량은?

풀이 수분 함량은 껍질에 12%, 빵 속에 45%이다.

085 빵을 냉각하는 종류는?

풀이 ① 자연냉각
② 터널식 냉각
③ 공기조절식 냉각

086 구워진 빵을 급격히 냉각시켰을 때의 발생된 문제점은?

풀이 구워진 빵을 급격히 냉각시키면 수분 증발이 많아져 노화가 빨라진다.

087 식빵을 냉각하는 제일 빠른 방법은?

풀이 90분간 냉각을 시키는 공기조절식 냉각(에어콘디션식 냉각)이 제일 빠르다.

088 빵을 포장할 때 적당한 실내 습도는?

풀이 80~85%가 적당

089 식빵의 포장온도는?

풀이 빵 속의 온도가 35~40℃일 때 적당

090 빵, 과자 제품을 너무 낮은 온도로 냉각시킨 후 포장했을 때의 결과는?

풀이 껍질이 너무 건조하게 되며, 노화가 빨라져 보존성이 나빠지며, 향미가 저하된다.

091 빵과 과자 제품을 너무 높은 온도로 냉각시킨 후 포장했을 때의 결과는?

풀이 제품을 썰 때 문제가 생기며, 포장지에 수분이 응축되며, 곰팡이가 빨리 발생한다.

092 빵의 포장 재료가 갖추어야 할 조건은?

풀이 ① 방수성이 있고 통기성이 없어야 한다.
② 포장재의 가소제나 안정제 등의 유해물질이 용출되어 식품에 전이되어서는 안 된다.
③ 단가가 낮고 포장에 의하여 제품이 변형되지 않아야 한다.
④ 용기와 포장지의 유해물질이 없는 것을 선택하여야 한다.
⑤ 포장했을 때 상품의 가치를 높일 수 있어야 한다.
⑥ 세균, 곰팡이가 발생하는 오염포장이 되어서는 안 된다.

093 포장을 완벽하게 하더라도 빵 제품에 노화가 일어나는 주요한 원인은?

풀이 알파 전분(익힌 전분)의 퇴화(전분의 β化)로 인하여 빵 포장을 완벽하게 하더라도 빵 제품에 노화가 일어난다.

094 식빵을 제조한 후 며칠이 경과하면 제품 속질이 단단하게 변화한다. 수분의 이동이 미치는 결과이기도 하지만 중요한 또 다른 변화의 이유는 무엇인가?

풀이 빵의 노화는 빵 껍질의 변화, 풍미저하, 내부조직의 수분보유 상태를 변화시켜 제품의 속질이 단단해지는 것으로 α-전분(익힌 전분)이 β-전분(생 전분)으로 변화하는 전분의 변화가 주요한 원인이다.

095 빵의 껍질과 속이 노화하면 어떤 특징을 갖게 되는가?

풀이 ① 빵의 표피는 눅눅해지고 질겨진다.
② 빵 속은 건조해지고 탄력을 잃으며 향미가 떨어진다.

096 빵의 노화가 가장 빨리 일어나는 온도 범위와 수분함량은?

풀이 노화대란 노화의 최적 상태를 가리키며, 수분 함량 : 30~60%, 저장온도 : −7~10℃이다.

097 빵의 노화를 지연시킬 수 있는 방법에는 어떠한 것이 있는가?

풀이 ① 반죽에 알파-아밀라아제를 첨가한다.
② 저장 온도를 −18℃ 이하 또는 35℃로 유지한다.
③ 모노-디 글리세리드 계통의 유화제를 사용한다.
④ 물의 사용량을 높여 반죽의 수분함량을 증가시킨다.
⑤ 탈지분유와 달걀에 의한 단백질 함량을 증가시킨다.

⑥ 당류와 유지류의 함량을 증가시킨다.

098 제빵 생산현장에서 정형공정, 포장공정, 데커레이션 공정 등의 적합한 조도는?

풀이 500lux가 적합하다.

099 작업장 방충, 방서용 금속망의 적당한 그물 크기는?

풀이 30X(mesh)가 적당하다.

100 제품회전율을 계산하는 공식은?

풀이 제품회전율 = (매출액 ÷ 평균재고액) × 100

3 제품별 제빵법

101 산소가 없는 곳에서는 원래 환원제이지만 일반적인 빵 믹싱과정에서는 산화제로 작용하기 때문에 빵 제조에 사용하는 것은?

풀이 비타민 C이다. 프랑스에서는 제빵개량제가 사용이 금지되어 있으므로 프랑스 바게트 제조 시에는 비타민 C와 맥아로 그 기능을 대신한다.

102 ppm의 단위 정의는?

풀이 ppm은 part per million의 약자로 1/1,000,000이다.

103 바게트에서 비타민 C를 10ppm을 사용했다. 밀가루 1,000g을 기준으로 넣어야 하는 비타민 C의 g을 계산하는 방법은?

풀이 바게트에서 비타민 C는 10~15ppm정도를 사용함 / 밀가루 1,000g 사용한다.
10~15ppm(바게트에 사용한 비타민 C의 양) × 1,000g(밀가루 무게) / 1,000,000(ppm의 수) 방식으로 계산하여 비타민 C의 양은 0.01~0.015g이다.

104 일반 식빵의 물 흡수량이 63%이라면, 같은 밀가루로 팬을 사용하지 않는 불란서 빵을 만들 때의 가수량으로 약 60% 정도가 적당한 이유는?

풀이 바게트는 하스 브레드이므로 반죽의 탄력성을 최대로 만들어야 한다. 그래서 일반 식빵보다 급수를 줄여 팬 흐름성(Pan flow)을 방지함으로써 모양이 유지되도록 한다.

105 바게트 제조 시 2차 발효실의 습도는?

풀이 상대습도는 75~80%이다.

106 과자빵류에 속하는 커피 케이크의 분할 중량은?

풀이 커피 케이크는 미국식 단과자 빵으로 커피와 함께 먹는 빵의 이름이며, 분할 중량은 240~360g이다.

107 데니시 페이스트리 반죽의 적정 온도는?

풀이 18~22℃가 적정 온도이다.

108 건포도를 전처리(Conditioning)하여 사용할 때 필요한 27℃ 물은 건포도 중량의 몇 %정도인가?

풀이 건포도를 전처리하여 사용할 때 필요한 물은 건포도 중량의 12% 정도인 27℃의 물이다.

109 건포도 식빵 제조 시 건포도의 투입 시기는?

풀이 믹싱 마지막 단계인 최종 단계에서 전처리한 건포도를 넣고 으깨지지 않도록 고루 혼합한다.

110 건포도 식빵 제조 시 주의사항은?

풀이 ① 건포도 전처리 1안은 사용하고자 하는 건포도를 27℃의 물에 담근 후 물을 즉시 배수하고 4시간 동안 정치시킨 후 사용한다.
② 건포도 전처리 2안은 사용하고자 하는 건포도 중량의 12% 정도 되는 27℃의 물을 건포도에 투입하고 4시간 동안 정치시킨 후 사용한다.

③ 건포도는 믹싱 마지막 단계에 투입하여 깨지는 것을 방지한다.

④ 건포도에 의한 밀가루의 글루텐 희석작용으로 분할중량을 20~25% 증가시킨다.

⑤ 반죽을 밀어 펴기 할 때 건포도가 으깨지지 않도록 가볍게 밀어 편다.

⑥ 건포도에 의한 분할중량이 많으므로 굽기 온도를 낮추어 길게 구워낸다.

111 **밀가루 식빵에 비하여 옥수수 식빵을 제조할 때 믹싱시간, 이스트 양, 발효시간, 활성 글루텐의 양 등은 어떻게 변화하는가?**

풀이 ① 믹싱시간이 감소한다.

② 이스트 양이 감소한다.

③ 발효시간이 감소한다.

④ 활성 글루텐 양이 증가한다.

112 **페이스트리 반죽을 밀어 펴서 접을 때 생기는 겹의 수를 계산하는 방법은?**

풀이 반죽과 유지의 층(반죽의 층은 페이스트리의 겹이 된다.)

접기 횟수	반죽의 층	유지의 층	층의 합계
1	3	2	5
2	9	6	15
3	27	18	45
4	81	54	135
5	243	162	405

113 **데니시 페이스트리 제조 과정 중 냉장휴지를 시키는 이유는?**

풀이 ① 밀가루가 수화(水化)하여 글루텐을 안정시키기 위하여

② 반죽과 유지의 되기를 같게 하기 위하여

③ 밀어 펴기를 쉽게 하기 위하여

4 제품 평가

114 **어린반죽의 특성은?**

풀이 ① 위, 옆, 아랫면이 모두 검다.

② 기공이 거칠고 두꺼운 세포를 만든다.

③ 찢어짐과 터짐이 아주 적다.

④ 부피가 작다.

⑤ 예리한 모서리와 매끄럽고 유리 같은 옆면을 만든다.

⑥ 껍질색이 어두운 적갈색이다.

115 **설탕은 빵과 과자에 들어가 공통적인 기능을 하기도 하지만 개별적인 기능을 하기도 한다. 제빵에서의 설탕의 기능은?**

풀이 설탕은 제빵 시 발효성 탄수화물을 공급한다.

116 **제빵 시 설탕이 정량보다 많은 경우 완제품에 나타나는 결과는?**

풀이 ① 부피는 작다.

② 껍질색은 어두운 적갈색

③ 반죽의 특성은 발효가 느리고 팬의 흐름성이 많다.

④ 외형의 균형은 윗부분이 완만하고, 모서리가 각이 지고, 찢어짐이 작다.

⑤ 껍질의 특성은 두껍고 질기고 거칠다.

⑥ 기공은 발효가 제대로 되면 세포는 좋아진다.

⑦ 속색은 발효만 잘 시키면 좋은 색이 난다.

⑧ 향은 정상적으로 발효가 되면 좋다.

⑨ 맛은 달다.

117 **작업자의 실수로 인하여 소금을 넣지 않고 식빵을 반죽하여 구워 냈다. 소금을 넣지 않아 일어나는 현상은?**

풀이 ① 표피색이 엷다.

② 내상이 거칠고 발효가 빠르다.

③ 반죽이 힘이 없다.

118 식빵 제조 시 가스 보유력에 좋은 유지의 적절한 함량 비율은?

풀이 유지를 3~4% 첨가 시 가스 보유력에는 좋은 효과가 생긴다.

119 제빵에서 유지의 기능은?

풀이 완제품 빵의 부피, 껍질색, 외형의 균형, 껍질의 특성, 기공, 속색, 향, 맛 등에 영향을 미친다.

120 일반적으로 반죽 시 탈지분유 1% 증가에 물 1%를 추가하는 경향이 있다. 이와 같은 관계는 분유 몇 %까지가 유효한가?

풀이 6%이다.

121 우유를 함유하고 있는 빵 반죽과 함유하지 않은 반죽을 같은 조건에서 굽기를 한다면 제품의 색변화는 어떠한가?

풀이 우유에는 유당이 들어있으므로 우유를 함유한 제품이 색이 진하다.

122 강력분A의 수분함량이 13%, 흡수율이 60%이고 강력분B의 수분함량이 12.5%, 흡수율이 62.5%일 때 강력분A의 수분함량을 강력분B의 수분함량과 동일하게 12.5%로 조절하면 흡수율은 얼마가 되는가?(소수 둘째자리까지 계산)

	고형질(%)	수분(%)	흡수율(%)	전체 수분(%)
조절 전 강력분A	13	87	60	73
조절 후 강력분A	12.5	87.5	x	TW

풀이 ① $TW \times 87 = 73 \times 87.5 \rightarrow TW = (73 \times 87.5) \div 87 = 73.42$

② 흡수율$(x) = 73.42 - 12.5 = 60.92\%$

123 입고 시 수분 14%인 밀가루의 적정 흡수율이 62%였다. 이 밀가루가 저장 중에 수분이 12%로 감소되었다면 새로운 흡수율은 얼마가 되겠는가?(소수 둘째자리까지 계산)

	고형질(%)	수분(%)	흡수율(%)	전체 수분(%)
입고 시 밀가루	86	14	62	76
저장 중 밀가루	88	12	x	TW

풀이 ① $TW \times 86 = 76 \times 88 \rightarrow TW = (76 \times 88) \div 86 = 77.77$

② 흡수율$(x) = 77.76 - 12 = 65.77\%$

124 연간 매출액이 2억 원인 제과점에서 인건비 지출액이 연간 3,200만 원이다. 1,200만 원짜리 기계를 신규 구입하여 인건비를 매출액에 대해 1% 줄인다면 기계 구입비는 몇 년 뒤에 모두 상환되는가?(단, 감가상각 등의 기타 조건은 없는 것으로 가정한다.)

풀이 ① 매출액에 대한 1%의 인건비 = 2억 × 0.01 = 200만 원

② 기계 구입비 상환년수 = 1,200만 원 ÷ 200만 원 = 6년

125 생산라인에 다음과 같은 인원을 배치하려고 할 때 교육, 휴가 등을 감안하여 11%의 여유인원을 유지하려면 몇 명이 충원되어야 하는가?

반죽	팬 담당	성형	발효실, 오븐	오븐 출구	포장	작업 반장
3	1	3	2	2	6	1

풀이 ① 충원인원 = 총 생산인원 × 여유인원율

② $18 \times 0.11 = 1.98$ 그러므로 2명

2편 제과이론

1 과자의 개요

126 화학적 팽창방법의 매개체인 화학 팽창제의 종류는?

풀이 탄산수소나트륨(소다, 중조), 이스파타(암모늄 계열의 팽창제), 베이킹파우더 등

127 스펀지 케이크의 팽창 형태는?

풀이 스펀지 케이크는 공기를 매개체로 팽창시키는 물리적 팽창 형태의 제품이며, 나머지 제품은 화학팽창제를 매개체로 팽창시키는 화학적 팽창 형태의 제품이다.

128 케이크 제조에 적합한 밀가루의 단백질 함량, 회분 함량, pH는?

풀이 단백질 함량이 7~9%, 회분 함량이 0.4% 이하, pH 5.2인 박력분을 사용한다.

129 제과 반죽에서 작용하는 물리 · 화학적인 설탕의 역할(기능)은?

풀이 ① 제품에 향을 부여
② 캐러멜화 작용으로 껍질을 착색
③ 제품의 식감을 부드럽게 하는 연화작용을 함
④ 제품의 노화를 지연시켜 신선도를 유지
⑤ 과자 반죽에 흐름작용 일으킴
⑥ 흐름작용으로 퍼짐률을 조절할 수 있음
⑦ 쿠키에 딱딱 부러지며 잘리는 절단성을 부여

130 유지는 빵과 과자에 들어가 공통적인 기능을 하기도 하지만 개별적인 기능을 하기도 한다. 제과 시 유지의 역할은?

풀이 크림성, 쇼트닝성, 안정성, 신장성, 가소성, 신선도 유지, 연화작용 등

131 나선형 훅이 내장되어 있어 프랑스빵, 독일빵, 토스트 브레드 같이 된 반죽이나 글루텐 형성 능력이 다소 떨어지는 밀가루로 빵을 만들 때 적합한 믹서는?

풀이 스파이럴 믹서(나선형 믹서)

132 공장 설비 중 제품의 생산능력을 나타내는 기준이 되는 기기는?

풀이 오븐

133 작업장의 효율적인 이용, 생산성 향상, 제품의 질 향상, 열의 균일성, 습을 보유하는 능력 등 다양한 이유로 여러 기종의 오븐이 만들어졌다. 데크 오븐(Deck oven), 회전식 오븐(Rotary oven), 터널 오븐(Tunnel oven), 밴드 오븐 (Band oven) 등 기종에 따른 특징은?

풀이 ① 데크 오븐(Deck oven) : 고정형으로 가스식과 전기식이 있음. 윗불과 아랫불을 조절할 수 있어 소프트 빵이나 단과자빵을 굽는 데 용이하다.
② 회전식 오븐(Rotary oven) : 오븐 안에 여러 개의 선반이 있어 펜을 선반에 올려놓으면 선반이 회전하면서 빵이 구워진다.
③ 터널 오븐(Tunnel oven) : 오븐의 길이가 30~50m되며 입구에서 펜을 넣으면 내부에 회전하는 롤러가 있어 컨베이어 벨트로 이동하여 출구로 나옴. 한 번에 가장 많은 반죽을 구울 수 있다.
④ 밴드 오븐(Band oven) : 카본 스틸이나 스테인리스 스틸로 만든 밴드를 구움대로 사용하여, 그 위에 직접 반죽을 늘어놓고 터널 속을 수평으로 움직이면서 굽는 방식의 오븐. 반죽을 넣는 문과 구워져 나오는 문이 서로 다르다. 원래 밴드 오븐은 비스킷용(얇은 쿠키 · 크래커를 뜻한다)으로 개발된 것으로서 응용범위가 넓다.

134 **바닥 히터(Bottom heaters)를 사용하는 튀김기의 장점은?**

풀이 ① 비교적 사용하는 튀김기름의 양이 적다.
② 튀김기름을 180~190℃로 빠르게 예열시킨다.
③ 튀김기름 내의 반죽 부스러기를 제거하기가 용이하다.
④ 신속하게 유지를 교체할 수 있고 세척이 쉽다.
⑤ 튀김 후 산소와의 접촉과 이물질이 들어가는 것을 막기 위해 튀김기에 뚜껑이 있다.

135 **튀김 용기로 부적합한 금속재질은?**

풀이 구리(동)와 철은 튀김기름을 산화시키는 금속이다.

136 **소규모 주방설비 중 작업의 효율성을 높이기 위한 작업 테이블의 위치로 가장 적당한 것은?**

풀이 작업 테이블은 작업이 시작하는 곳이자 끝나는 곳이므로 주방의 중앙에 위치해야 한다.

137 **제빵 전용 기계의 종류는?**

풀이 라운더(Rounder), 도우 컨디셔너(Dough conditioner), 발효기(Fermentation room) 등

138 **반죽을 냉동, 냉장, 해동, 2차 발효를 프로그래밍에 의하여 자동적으로 조절하는 기계는?**

풀이 도 컨디셔너(Dough conditioner) : 반죽을 냉동, 냉장, 해동, 2차 발효를 프로그래밍에 의하여 자동적으로 조절할 수 있으므로 작업성을 혁신적으로 향상시킬 수 있는 기계이다.

2 과자 반죽의 종류

139 **반죽형 케이크에서 말하는 배합비의 균형(Formula balance)은 어떤 원료들 사이의 관계를 나타내는 용어인가?**

풀이 배합비의 균형(Formula balance)은 구조강화 원료(재료 즉, 단백질을 함유하고 있는 재료인 밀가루, 분유, 달걀 등을 가리킨다)와 구조약화 원료(연화재료 즉, 단백질의 결합에 의한 글루텐 형성을 방해하는 설탕, 유지, 베이킹파우더, 노른자 등을 가리킨다)들 사이의 관계를 나타내는 용어이다.

140 **반죽형 반죽으로 만드는 제품의 종류는?**

풀이 레이어 케이크류, 파운드 케이크, 머핀 케이크, 과일 케이크, 마들렌, 바움쿠엔 등

141 **반죽형 케이크의 부드러운 성질에 가장 크게 영향을 미치는 재료는?**

풀이 반죽형 반죽 케이크는 유지와 설탕의 사용량을 늘리면 늘릴수록 완제품의 질감을 부드럽게 한다.

142 **반죽형 케이크 제조 시 반죽의 되기(수분 함량)에 따라 제품의 품질에 큰 영향을 미친다. 반죽의 수분 함량이 정상보다 많은 경우에 반죽의 비중, 부피 및 풍미에 미치는 영향은?**

풀이 반죽의 수분 함량이 정상보다 많으면 유지의 공기포집능력을 약화시켜 비중이 증가하고 비중이 증가하면 부피가 감소한다. 많은 양의 물은 재료의 풍미를 희석시켜 풍미는 감소한다.

143 **반죽형 반죽을 만드는 제법 중에서 유지와 설탕을 먼저 믹싱하여 유지에 미세한 틈을 만들고, 그 틈사이로 작은 공기를 혼입시켜 완제품의 부피를 커지게 하는 방법은?**

풀이 크림법

144 **크림법(Creaming method)의 제조공정 순서는?**

풀이 유지에 설탕을 넣고 균일하게 혼합한 후 달걀을 나누어 넣으면서 부드러운 크림 상태로 만든 다음 밀가루와 베이킹파우더를 혼합하여 체에 쳐서 넣고 가볍게 섞는다.

145 **반죽형 반죽을 만드는 제법 중에서 블렌딩법은 완제품의 질감에 부드러움을 부여한다. 블렌딩법의 반죽 제조공정의 특징은?**

풀이 유지에 밀가루를 먼저 넣고 믹싱한다.

146 **반죽형 반죽 제조법 중 설탕물법의 장점 및 특징은?**

풀이 ① 유지에 설탕/물이 가장 먼저 투입되므로 유화제를 사용한다.

② 공기 포집력이 좋아 베이킹파우더 사용량을 10% 줄일 수 있다.

③ 양질의 제품생산, 운반의 편리성, 계량의 용이성 등의 장점이 있다.

④ 믹싱 중 스크래핑(Scraping)을 줄일 수 있어 작업공정이 간편하다.

147 **케이크 반죽 제조법 중 반죽형 케이크와 거품형 케이크에서 공통적으로 사용될 수 있는 방법은?**

풀이 단단계법(일단계법)이다. 단단계법(일단계법)은 노동력과 생산시간을 절약할 수 있는 방법으로 전제조건으로 믹서의 힘이 좋아야 하며, 유화제와 화학팽창제를 사용해야 한다.

148 **화학적 팽창방법과 밀가루, 유지, 달걀, 설탕 등을 기본 재료로 반죽을 만드는 반죽형 반죽 케이크 제품의 종류는?**

풀이 과일 케이크, 머핀 케이크, 파운드 케이크, 레이어 케이크 등

149 **물리적 팽창방법과 밀가루, 달걀, 설탕, 소금 등을 기본 재료로 반죽을 만드는 거품형 반죽 케이크 제품의 종류는?**

풀이 스펀지 케이크, 롤 케이크, 카스테라, 오믈렛, 엔젤 푸드 케이크 등

150 **해면조직을 갖고 있는 스펀지 케이크 반죽을 만드는 공립법 순서는?**

풀이 ① 달걀을 풀어준다.

② 설탕, 소금을 넣고 균일하게 혼합한다.

③ 휘핑을 해서 반죽 속에 거품을 혼입시킨다.

④ 체 친 가루재료들을 넣고 가볍게 섞는다.

⑤ 중탕한 용해 버터를 넣고 가볍게 섞는다.

151 **스펀지 케이크의 식감은 가벼우나 질감은 질기다. 질긴 질감을 완화하기 위하여 유지를 넣은 버터 스펀지 케이크 반죽제조(일명 제노와즈법)에서 버터의 중탕온도는?**

풀이 유지(버터)의 중탕온도는 50~70℃이다.

152 **버터 스펀지 케이크 반죽제조(일명 제노와즈법)에서 용해 버터를 넣으면 완제품의 질감은 부드러워지나 제품의 모양과 형태를 유지하는 구조력이 약화된다. 이를 주의하면서 어느 때 용해 버터를 투입하는 것이 좋은가?**

풀이 용해 버터는 반죽 마지막 단계에 넣어 가볍게 섞는다.

153 **머랭을 만들 때 달걀 흰자의 포집성(안정성)을 좋게 하는 재료는?**

풀이 설탕과 산성재료

154 **설탕과 달걀 혼합물의 온도는 스펀지 케이크 체적에 커다란 영향을 미친다. 달걀의 기포성과 포집성이 모두 좋아 스펀지 케이크의 체적이 가장 클 것으로 예측되는 설탕과 달걀 혼합물의 온도는?**

풀이 달걀의 기포성과 포집성이 모두 좋은 반죽온도는 30℃이다. 그래서 반죽온도가 30~

38℃일 때 스펀지 케이크의 체적이 가장 크다.

155 시폰형 반죽인 시폰 케이크 제조 시 식용유의 투입단계는?

풀이 노른자에 식용유를 넣고 섞은 다음, 설탕(A)과 건조 재료를 함께 체에 쳐서 넣고 균일하게 섞는다.

156 시폰형 반죽인 시폰 케이크를 만드는 일반적인 방법을 설명하시오.

풀이 시폰법 제조공정(블렌딩법과 머랭법을 함께 사용하는 제법)

① 노른자에 식용유를 넣고 섞은 다음, 설탕(A)과 건조 재료를 함께 체에 쳐서 넣고 균일하게 섞는다.

② ①에 물을 붓고 설탕을 용해시키면서 매끄러운 반죽상태를 만든다. – 블렌딩법

③ 따로 흰자에 설탕(B)를 조금씩 나누어 넣으면서 머랭을 만든다. – 머랭법

④ ②에 ③을 3번에 나누어 넣으면서 가볍게 섞어 반죽비중을 0.4~0.5로 맞춘다.

⑤ 기름기가 없는 팬에 분무를 하거나 물칠을 하고 팬 부피의 60% 정도를 패닝한다.

⑥ 굽기 후 오븐에서 꺼내어 즉시 시폰 팬을 뒤집어 냉각시킨다.

3 제과순서

157 각 재료의 함량에 따른 맛을 연상하기가 좋아 실험실, 교육기관과 작은 베이커리에서 많이 사용하는 베이커스 퍼센티지(Baker's %) 배합표에서 백분율의 기준은?

풀이 밀가루를 백분율의 기준으로 삼는다.

158 케이크 반죽의 믹싱 목적은?

풀이 ① 재료의 균질한 혼합

② 건조 재료의 수화

③ 공기의 혼입과 고른 분산

159 고율배합과 저율배합의 반죽상태 비교

풀이

현상	고율배합	저율배합
믹싱 중 공기혼입 정도	많다	적다
반죽의 비중	낮다	높다
화학팽창제 사용량	줄인다	늘린다
굽기온도	낮다	높다

160 케이크 제조에서 균일성과 품질을 조절하는 데 사용하는 중요한 3가지 요소는?

풀이 케이크 제조에서 반죽의 완료점의 기준인 반죽의 온도, 반죽의 비중, 반죽의 산도를 일정하게 유지하는 것은 케이크 제품의 균일성과 품질을 조절하는 데 중요한 3가지 요소이다.

161 일반적으로 케이크 반죽온도가 높은 경우 완제품의 기공, 조직, 부피, 기포의 크기, 굽는 시간 등에 미치는 결과는?

풀이 시험에서 말하는 일반적인 케이크는 거품형 반죽 케이크이다. 거품형 반죽 케이크에서 반죽온도가 높은 경우 완제품의 기공이 열려 속(조직)이 거칠고, 부피가 큰 편이며, 큰 기포가 남아 있기 쉽다. 그리고 같은 증기압을 발달시키는데 굽기 시간이 짧아진다.

162 반죽형 케이크의 반죽온도가 정상(18~24℃)보다 높을 때(35℃ 이상) 일어나는 현상은?

풀이 ① 비중이 높다.

② 겉껍질 색상이 밝다.

③ 제품의 부피가 작다.

④ 기공이 작다.

⑤ 조직이 조밀하다.

163 제과반죽의 마찰계수를 계산하는 공식은?

풀이 마찰계수 = (결과 반죽온도×6)-(실내 온도+밀가루 온도+설탕 온도+쇼트닝 온도+달걀 온도+수돗물 온도)

164 제과반죽의 사용할 물의 온도를 계산하는 공식은?

풀이 사용할 물 온도 = (희망 반죽온도×6)-(실내 온도+밀가루 온도+설탕 온도+쇼트닝 온도+달걀 온도+마찰계수)

165 제과반죽의 얼음 사용량을 계산하는 공식은?

풀이 얼음 사용량 = $\dfrac{\text{사용할물량}\times(\text{수돗물 온도} - \text{사용할 물 온도})}{80 + \text{수돗물 온도}}$

166 비중 측정 시 필요한 변수의 무게 값은?

풀이 ① 전자저울 사용 시 : 물 무게와 반죽 무게의 값만 필요하다.

② 부등비 접시저울 사용 시 : 물 무게, 반죽 무게, 컵 무게 등이 필요하다.

167 롤 케이크, 스펀지 케이크, 파운드 케이크, 레이어 케이크 등의 제품 중에서 반죽에 혼입된 공기의 양이 많아 비중이 가장 낮은 제품은?

풀이 롤 케이크

168 제과반죽에 혼입된 공기의 양을 물의 비례 값으로 나타낸 비중 계산공식은?

풀이 ① 비중(전자저울 사용 시) = $\dfrac{\text{같은 부피의 반죽무게}}{\text{같은 부피의 물무게}}$

② 비중(부등비 접시저울 사용 시) = $\dfrac{(\text{반죽무게} - \text{컵무게})}{(\text{물무게} - \text{컵무게})}$

169 비중컵의 무게가 100g이고 비중컵과 물의 무게가 180g일 때 동일한 비중컵에 들어가는 반죽의 무게가 80g이었다면 반죽의 비중은 얼마인가?

풀이 비중 = 동일한 비중컵에 들어가는 반죽의 무게÷(비중컵과 물의 무게-컵무게) = 80g÷(180g-100g) = 1.0

170 거품형 반죽 케이크와 반죽형 반죽 케이크 중에서 비중이 더 낮은 것은?

풀이 거품형 반죽 케이크가 반죽형 반죽 케이크보다 비중이 낮다.

※ 비중은 제과반죽의 종류와 배합률에서 달걀의 비율과 유지의 비율에 의하여 결정되므로 이를 고려하여 제시된 제품들 중에서 비중이 가장 낮은 제품을 찾는다.

171 박력분, 우유, 베이킹파우더, 흰자의 pH(산도)는?

풀이 박력분 pH 5.2, 우유 pH 6.6, 베이킹파우더 pH 7.2, 흰자 pH 8.8

172 일반 스펀지 케이크(Sponge cake)의 적당한 pH는?

풀이 일반 스펀지 케이크(Sponge cake)의 적당한 pH는 7.3~7.6인 중성이다.

173 pH가 가장 낮은(즉 산도가 가장 높은 케이크) 제품은?

풀이 엔젤 푸드 케이크와 과일 케이크의 pH가 가장 낮다.

174 pH가 가장 높은(즉 산도가 가장 낮은 케이크) 제품은?

풀이 데블스 푸드 케이크와 초콜릿 케이크가 pH가 가장 높다.

175 초콜릿 케이크 제조 시 속색을 진하게 하기 위한 조치는?

풀이 초콜릿 케이크 반죽의 pH를 pH 8.8~9로

조절하면 열반응을 촉진시켜 속색을 진하게 만들 수 있다. 이때 pH를 높이는 재료로 중조(탄산수소나트륨)의 사용량을 증가한다.

176 제과 반죽의 산도가 지나치게 산성이면 완제품의 기공, 껍질색, 향, 맛, 부피 등에 어떠한 영향을 미치는가?

풀이 완제품에 너무 고운 기공, 여린 껍질색, 연한 향, 톡 쏘는 신맛, 빈약한 제품의 부피 등의 영향을 미친다.

177 과자반죽 제조 시 pH 5.0의 산성 반죽과 비교하여 pH 8.0의 알칼리성 반죽의 특성은?

풀이 ① 기공이 거칠다.
② 껍질색과 속색이 어둡다.
③ 향이 강하다.
④ 맛은 소다 맛이 난다.
⑤ 부피가 정상보다 크다.

178 가열하면 탄산나트륨(NaCO)을 반죽에 생성시켜 반죽을 알칼리성으로 만들고 당의 열반응을 촉진시켜 만쥬, 만두, 찜 케이크를 누렇게 변하게 하는 알칼리성 pH 조절제는?

풀이 중조(베이킹 소다, 소다, 탄산수소나트륨)

179 어느 미지의 팬에 빵, 과자 반죽을 패닝하고자 할 때 적절한 반죽무게를 계산하는 공식은?

풀이 반죽무게 = 틀 부피 ÷ 비용적

180 반죽 1g당 굽는데 필요한 팬의 부피를 비용적이라고 한다. 비용적이 가장 작은 제품은?

풀이 파운드 케이크

181 비용적은 반죽에 혼입된 공기의 양인 비중, 혼입된 공기를 포집한 단백질의 물리적 상태, 화학 팽창제 사용량 등이 비용적을 결정한다. 비용적이 가장 큰 제품은?

풀이 스펀지 케이크

182 같은 용적에 같은 반죽량을 넣었을 때 가장 적게 부풀어 오르는 제품은?

풀이 파운드 케이크(비용적이 작기 때문이다)

183 파운드 케이크 반죽, 레이어 케이크 반죽, 엔젤 푸드 케이크 반죽, 스펀지 케이크 반죽 등의 반죽 1g당 팬 용적은?

풀이 ① 파운드 케이크 반죽 1g당 팬 용적은 2.40 cm^3
② 레이어 케이크 반죽 1g당 팬 용적은 2.96 cm^3
③ 엔젤 푸드 케이크 반죽 1g당 팬 용적은 4.71cm^3
④ 스펀지 케이크 반죽 1g당 팬 용적은 5.08 cm^3

184 케이크 반죽을 패닝하기 위하여 분할중량을 산출하는 방법은?

풀이 분할중량은 제시된 팬을 자를 이용하여 크기를 측정하고 계산하여 용적(부피)를 구한 다음 비용적으로 나누어 분할중량의 값을 산출한다.

185 오버 베이킹에 의한 완제품에 나타나는 특징은?

풀이 너무 낮은 온도에서 오래 구워서 윗면이 평평하고 조직이 부드러우나 수분의 손실이 큼. 따라서 굽기 후 완제품의 노화가 빨리 진행된다.

186 언더 베이킹에 의한 완제품에 나타나는 특징은?

풀이 너무 높은 온도에서 단시간 구워서 속이 설익고 중심부분이 부풀어 오르면서 갈라지고 조직이 거칠며 주저앉기 쉽다.

187 케이크의 굽는 시간은 변함이 없고 단지 굽기 온도가 너무 높았을 때 나타나는 일반적인 현상은?

풀이 ① 저장성이 나쁘다.
② 껍질 색상이 너무 진하다.

③ 부피가 작다.

④ 기공이 작고 조밀하다.

188 케이크 도넛을 튀길 때 튀김 유지의 수위가 너무 깊어 발생하는 현상은?

풀이 튀김 기름의 깊이가 너무 깊으면 온도를 올리는 데 시간이 많이 걸리므로 열량이 많이 들고 도넛이 떠오르는 시간이 길어져 동그랗게 팽창하므로 뒤집어지기 어렵게 된다.

189 튀김기름을 산화시키는 요인에는 어떤 것이 있는가?

풀이 온도(열), 수분(물), 공기(산소), 이물질, 금속(구리와 철), 이중결합수 등이 있다.

190 도넛 완제품 내부의 수분이 밖으로 베어나오는 발한의 대책에는 어떤 방법 등이 있는가?

풀이 ① 도넛 위에 뿌리는 설탕 사용량을 늘린다.

② 도넛을 40℃ 전 · 후로 식히고 나서 설탕 아이싱을 한다.

③ 튀김시간을 늘려 도넛의 수분함량을 줄인다.

④ 설탕 접착력이 좋은 튀김기름을 사용한다.

⑤ 도넛의 수분함량을 21~25%로 만든다.

191 질은 아이싱(즉, 끈적거리는 아이싱)을 보완할 때 넣는 것은?

풀이 ① 젤라틴, 한천, 로커스트 빈검, 카라야 검 같은 안정제를 사용

② 전분, 밀가루 같은 흡수제를 사용

192 굳은 아이싱을 풀어주는 방법은?

풀이 ① 아이싱에 최소의 액체를 사용하여 중탕으로 가온한다.

② 중탕으로 가열하여 35~43℃로 데워 쓴다.

③ 굳은 아이싱을 데우는 정도로 안 되면 시럽을 푼다.

193 냉과를 만들 때 사용하거나 또는 케이크 위에 장식으로 얹어 토치를 사용하여 강한 불에 구워 착색하는 제품을 만들 때 사용하는 이탈리안 머랭 제조법은?

풀이 ① 볼에 흰자와 설탕(흰자량의 20%)을 넣고 거품을 낸다.

② 흰자에 사용하고 남은 설탕 100%에 물 30% 넣고 114~118℃로 끓인다.

③ ①에 ②를 부어가면서 휘핑을 하여 이탈리안 머랭을 만든다.

194 설탕 100에 대하여 물 30을 넣고 114~118℃로 끓인 뒤 다시 희부연 상태로 설탕을 재 결정화 시킨 것으로 38~44℃에서 사용하는 제품은?

풀이 퐁당

195 퐁당은 설탕 100%에 물 30%를 넣고 끓여 소프트 볼 상태의 시럽을 만들어 재 결정화시킨 것으로 시럽의 온도가 중요하다. 시럽의 적정 온도는?

풀이 114~118℃

196 버터크림 제조 시 설탕을 시럽 형태로 끓여서 사용하는 방법을 택한다면 시럽의 온도를 몇 도로 하는 것이 일반적인가?

풀이 버터크림 제조법 : 유지를 크림 상태로 만든 뒤 설탕(100), 물(25~30), 물엿, 주석산 크림 등을 114~118℃로 끓여서 식힌 시럽을 조금씩 넣으면서 계속 젓는다. 마지막에 연유, 술, 향료를 넣고 고르게 섞는다.

197 커스터드 크림은 우유, 달걀, 설탕을 한데 섞고, 안정제로 옥수수 전분이나 박력분을 넣어 끓인 크림이다. 여기서 달걀의 기능은 무엇인가?

풀이 크림을 걸쭉하게 하는 농후화제 기능을 한다.

198 제과 제품 제조에 있어 달걀의 결합제 기능을 이용한 것은?

풀이 커스터드 크림은 우유, 달걀, 설탕을 한데

섞고, 안정제로 옥수수 전분이나 박력분을 넣어 끓인 크림이다. 여기서 달걀은 크림을 걸쭉하게 하는 농후화제, 크림에 점성을 부여하는 결합제의 역할을 한다.

199 우유의 지방함량이 35~40% 정도의 진한 생크림을 휘핑하여 거품을 일으킬 때 생크림의 온도는?

풀이 작업 시 제품온도는 3~7℃이다.

200 생크림 숙성온도와 시간으로 가장 적당한 것은?

풀이 생크림의 숙성이란 불안정한 유지방의 배열을 안정화하기 위하여 생크림에는 제조의 최종 단계에서 반드시 에이징(숙성)이라고 하는 조작이 행해진다. 이것은 생크림을 3~5℃에서 8시간 정도 보존해서 유지방에 들어 있는 유지의 배열을 가장 안정한 형태로 변하게 하는 공정이다.

201 유지를 크림 상태로 만든 뒤 식힌 시럽, 연유, 술, 향료 등을 넣고 고르게 섞은 버터크림에 적합한 향료의 타입은?

풀이 에센스 타입

202 완제품이 소비자의 욕구를 충족시킬 수 있는 상품으로서의 가치와 상태를 평가하는 항목 중 평가 시 가장 중요하게 여기는 항목은?

풀이 맛

203 카스텔라에 곰팡이의 발육방지를 위해 충전하는 가스는?

풀이 질소와 탄산가스가 사용되고 있다.

4 제품별 제과법

204 기본 재료가 밀가루, 설탕, 달걀, 버터 등 4가지를 각각 1파운드씩 같은 양을 넣어 만든 것에서 유래한 파운드 케이크 제조 시 사용하는 유지의 필요한 물리적 성질은?

풀이 크림성과 유화성이 좋은 유지를 사용해야 한다.

205 전형적인 파운드 케이크에서 밀가루와 설탕을 고정하고 쇼트닝을 증가시킬 때 다른 재료(소금, 달걀, 베이킹파우더, 우유) 와의 증감 관계는?

가. 쇼트닝 증가 → 소금(감소 혹은 증가)
나. 쇼트닝 증가 → 달걀(감소 혹은 증가)
다. 쇼트닝 증가 → 베이킹파우더(감소 혹은 증가)
라. 쇼트닝 증가 → 우유(감소 혹은 증가)

풀이 쇼트닝과 다른 재료의 연결 관계

① 쇼트닝 증가 → 소금 증가(맛의 증진)
② 쇼트닝 증가 → 달걀 증가(팽창력 증가, 구조력 증가)
③ 쇼트닝 증가 → 베이킹파우더 감소(팽창의 균형)
④ 쇼트닝 증가 → 우유 감소(수분 함유량의 균형)

206 파운드 케이크를 만드는 데 밀가루와 설탕 사용량이 일정하다면 달걀의 사용량 증가 시 다른 재료(소금, 쇼트닝, 베이킹 파우더, 우유)와의 증감 관계는?

가. 달걀 증가 → 소금(감소 혹은 증가)
나. 달걀 증가 → 쇼트닝(감소 혹은 증가)
다. 달걀 증가 → 베이킹파우더(감소 혹은 증가)
라. 달걀 증가 → 우유(감소 혹은 증가)

풀이 달걀과 다른 재료의 연결 관계

① 달걀 증가 → 소금 증가(맛의 증진)
② 달걀 증가 → 쇼트닝 증가(팽창력 증가, 연화력 증가)
③ 달걀 증가 → 베이킹파우더 감소(팽창의 균형)
④ 달걀 증가 → 우유 감소(수분 함유량의 균형)

207 유지 사용량이 90%이고 물 사용량이 20%인 파운드 케이크에 비터(Bitter) 초콜릿을 24% 추가 사용하였을 때 유지와 물 사용량은?

풀이 ① 비터 초콜릿 중의 코코아 버터가 3/8 차지하며, 코코아 버터의 양에서 유지의 양은 1/2이다.

초콜릿 24% 중 코코아 버터는 24×3÷8 = 9%이며 그 중에서 쇼트닝의 양은 1/2이므로 9÷2 = 4.5%이다. 그래서 초콜릿 케이크를 만들 때 사용된 유지의 양은 90%−4.5% = 85.5%이다.

② 비터 초콜릿 중의 코코아 분말이 5/8 차지한다. 초콜릿 24% 중 코코아 분말은 24×5÷8 = 15%이다. 그래서 초콜릿 케이크를 만들 때 사용되는 물의 양 = 코코아 분말×반죽형 반죽에서 코코아 분말이 수분을 흡수하는 양+원래 사용한 물의 양 = 15%×1.5배 = 22.5%+20% = 42.5%

208 제시된 팬에 적절한 반죽량을 넣는 방법은 2가지가 있다. 반죽의 중량을 계량하여 넣는 방법과 팬의 부피를 기준으로 넣는 방법 등이다. 파운드 팬의 부피를 기준으로한 적절한 파운드 케이크 반죽 패닝량은?

풀이 틀 높이의 70% 정도만 채운다.

209 파운드 케이크 반죽을 구울 때 윗면이 자연적으로 터지는 원인은?

풀이 ① 설탕이 다 녹지 않았다.

② 높은 온도에서 구워 껍질이 빨리 생겼다.

③ 반죽의 수분이 부족했다.

④ 패닝 후 바로 굽지 않아 반죽의 거죽이 말랐다.

210 옐로우 레이어 케이크의 배합표를 작성할 때 쇼트닝에 대한 전란의 사용량을 구하는 공식은?

풀이 달걀(전란) = 쇼트닝×1.1

211 옐로우 레이어 케이크에 코코아 분말을 넣어 만든 데블스 푸드 케이크 배합 중 달걀과 우유의 사용량을 계산하는 공식은?

풀이 ① 달걀 = 쇼트닝×1.1

② 우유 = 설탕+30+(코코아 분말×1.5)−달걀

212 옐로우 레이어 케이크에 초콜릿을 넣어 만든 초콜릿 케이크를 제조하고자 유화 쇼트닝이 60%인 옐로우 레이어 케이크에 초콜릿 32% 넣었을 때 조절한 유화 쇼트닝 사용량은?

풀이 ① 초콜릿 중에서 카카오 버터의 양은 32%×0.375 = 12%

② 카카오 버터 중에서 쇼트닝의 양은 12%÷2 = 6%

③ 조절한 유화 쇼트닝의 양은 60%−6% = 54%

213 베이킹파우더 6%를 사용하는 옐로우 레이어 케이크 배합률에 천연코코아 20%를 사용하는 데블스 푸드 케이크를 제조하려 할 때 실제 사용해야 하는 베이킹파우더의 양은?

풀이 ① 중조 사용량 = 천연코코아 사용량×7% = 20%×0.07 = 1.4%

② 실제 사용해야 하는 베이킹파우더의 양 = 원래 사용하던 베이킹파우더의 양 − (중조 사용량×3) = 6%−(1.4%×3) = 1.8%

214 화이트 레이어 케이크에서 설탕 120%, 유화 쇼트닝 50%를 사용한 경우 분유 사용량은?

풀이 ① 흰자 = 쇼트닝×1.43

② 우유 = 설탕+30−흰자

③ 분유 = 우유×0.1

④ 흰자 = 50×1.43 = 71.5

⑤ 우유 = 120+30−71.5 = 78.5

⑥ 분유 = 78.5×0.1 = 7.85%

215 **레이어 케이크 같은 반죽형 반죽 케이크 제조 시 일반적으로 유화제는 쇼트닝의 몇 %에 해당하는 양을 첨가하는가?**

풀이 유화제 처리가 안 된 쇼트닝을 쓸 경우 쇼트닝의 6~8%에 해당하는 유화제를 첨가한다.

216 **스펀지 케이크 제조 시 달걀을 줄이면 재료 단가를 줄일 수 있다. 달걀을 20% 줄이면 물은 몇 % 증가시켜야 하는가?**

풀이 달걀 사용량 1% 감소시킬 때의 물 사용량은 0.75% 추가한다.

$\therefore$ 20%×0.75 = 15%

217 **스펀지 케이크를 변형시켜 만든 소프트 롤 케이크를 말기를 할 때 표면의 터짐을 방지하는 방법은?**

풀이 ① 설탕의 일부는 물엿과 시럽으로 대치한다.

② 배합에 덱스트린을 사용하여 점착성을 증가시키면 터짐이 방지된다.

③ 팽창이 과도한 경우 팽창제 사용을 감소하거나 믹싱상태를 조절한다.

④ 노른자 비율이 높은 경우에도 부서지기 쉬우므로 노른자를 줄이고 전란을 증가시킨다.

⑤ 굽기 중 너무 건조시키면 말기를 할 때 부러지기 때문에 오버 베이킹을 하지 않는다.

⑥ 밑불이 너무 강하지 않도록 하여 굽는다.

⑦ 반죽의 비중이 너무 높지 않게 믹싱을 한다.

⑧ 반죽온도가 낮으면 굽는 시간이 길어지므로 온도가 너무 낮지 않도록 한다.

⑨ 배합에 글리세린을 첨가해 제품에 유연성을 부여한다.

218 **카스테라 제조 시 굽기 과정에서 휘젓기를 하는 이유는?**

풀이 ① 반죽의 온도를 일정하게 한다.

② 완제품의 내상을 균일하게 한다.

③ 제품의 표면을 고르게 한다.

④ 제품의 수평을 고르게 한다.

⑤ 굽기 시간을 단축한다.

219 **거품형 반죽 중에서 달걀의 흰자를 사용하여 만든 머랭 반죽과 이를 이용한 엔젤 푸드 케이크에서 흰자의 기능?**

풀이 단백질을 함유하고 있는 흰자는 밀가루와 함께 구조형성 작용을 하여 제품의 모양과 형태를 유지시켜주며, 엔젤 푸드 케이크의 색상적 특징인 흰색을 부여한다.

220 **엔젤 푸드 케이크 제조 시 흰자에 넣어 튼튼한 머랭을 만드는 재료는?**

풀이 신선한 흰자는 pH가 알칼리에 속하므로 산성재료를 넣어서 중성 쪽으로 와야 튼튼한 머랭을 만들 수 있다. 예를 들면 주석산칼륨, 과일즙, 소금 등을 넣으면 효과가 있다.

221 **주석산 크림은 달걀 흰자의 알칼리성에 대한 강하제로서 역할을 한다. 또한 이와 같은 역할 이외에 주석산 크림은 흰자의 거품과 케이크에 각각 어떠한 영향을 미치는가?**

풀이 주석산 크림은 흰자의 구조와 내구성을 강화시키고, 흰자의 산도를 높여 케이크의 속색을 희게 한다(백도를 증가시킨다).

222 **엔젤 푸드 케이크의 배합표 작성 시 박력분, 흰자, 설탕, 주석산 크림, 소금 등 재료의 사용범위는?**

풀이 박력분 : 15~18%, 흰자 : 40~50%, 설탕 : 30~42%, 주석산 크림 : 0.5~0.625%, 소금 : 0.375~0.5%

223 **엔젤 푸드 케이크를 만들 때 설탕의 사용량 결정과 사용 방법은?**

풀이 ① 설탕의 사용량을 결정한다.

② 설탕 = 100−(흰자+밀가루+주석산 크림+ 소금의 양)

③ 전체 설탕량에서 머랭을 만들 때에는 2/3(60~70%)를 정백당(설탕)의 형태로 넣고, 밀가루와 함께 넣을 때는 1/3을 분설탕의 형태로 넣는다.

224 엔젤 푸드 케이크의 배합률이 밀가루는 15%, 주석산 크림은 0.5%, 흰자는 45%일 때 머랭 제조 시에 넣는 1단계의 설탕의 사용량은?

풀이 ① 설탕의 사용량을 결정한다.

② 설탕 = 100−(흰자+밀가루+주석산 크림+소금의 양)

③ 설탕 = 100−(45+15+0.5+0.5) = 39%

④ 전체 설탕량에서 머랭을 만들 때에는 2/3를 정백당의 형태로 넣고, 밀가루와 함께 넣을 때는 1/3을 분설탕의 형태로 넣는다.

⑤ 머랭에 넣는 1단계의 설탕의 사용량 = 39×2/3 = 26%

225 엔젤 푸드 케이크를 만들 때 산 사전처리 법의 제조공정 순서는?

풀이 산 사전처리법의 제조공정

① 흰자에 주석산 크림과 소금을 넣고 젖은 피크의 머랭을 만든다.

② 전체 설탕의 2/3를 2~3회 나누어 넣고 85% 정도(미디엄 피크)의 머랭을 만든다.

③ 분당(슈거 파우더, 분설탕)과 밀가루를 체에 쳐 넣고 가볍게 섞는다.

226 반죽을 구울 때 달라붙지 않게 하고 모양을 그대로 유지하기 위하여 사용하는 재료를 가리켜 이형제라고 한다. 이형제로 물을 사용하는 제품 2가지는?

풀이 시폰 케이크와 엔젤 푸드 케이크이다.

227 배합표에 완제품의 껍질 착색에 관여하는 설탕, 분유, 달걀 등이 없거나 적으면 굽기 시 온도를 높게 설정한다. 굽기 시 온도를 가장 높게 설정해서 구워야 하는 제품은?

풀이 퍼프 페이스트리

228 퍼프 페이스트리(Puff pastry) 제조 시 반죽에 들어가는 유지 함량이 적고 충전용 유지(Roll-in margarine)가 많을수록 어떤 경향이 되는가?

풀이 유지는 본 반죽에 넣는 것과 충전용으로 나누는데 충전용이 많을수록 결이 분명해지고 부피도 커진다. 그러나 밀어 펴기가 어려워진다.

229 퍼프 페이스트리는 밀가루 반죽에 유지를 넣고 굽는 동안 유지층 사이에서 발생하는 증기압에 의해 들떠 부풀게 된다. 이때 퍼프 페이스트리의 충전용 유지는 어떠한 물리적 기능을 가져야 하는가?

풀이 충전용 유지는 가소성 범위가 넓어야 한다. 그래야 완제품에 분명한 층상구조를 만든다.

230 퍼프 페이스트리 반죽을 밀대로 밀거나 재단할 때 수축이 일어나는 이유는?

풀이 반죽을 냉장고에서 적절하게 휴지시켜 연화 및 이완시키지 않았기 때문이다.

231 퍼프 페이스트리 반죽을 냉장휴지 시키는 목적은?

풀이 ① 밀가루가 수화를 완전히 하여 글루텐을 안정시킨다.

② 반죽을 연화 및 이완시켜 밀어 펴기를 용이하게 한다.

③ 믹싱과 밀어 펴기로 손상된 글루텐을 재정돈 시킨다.

④ 반죽과 유지의 되기를 같게 하여 층을 분명하게 한다.

⑤ 정형을 하기 위해 반죽 절단 시 수축을 방지한다.

232 퍼프 페이스트리 정형 시 주의사항은?

풀이 ① 반죽을 균일하게 밀어 펴고, 과도한 밀어 펴기는 하지 않도록 한다.

② 잘 드는 칼을 이용해 원하는 모양으로 자른다.
③ 정형 후 굽기 전 반죽이 건조하지 않게 주의하면서 30분 이상 휴지시킨다.
④ 달걀물칠을 너무 많이 하지 않는다.
⑤ 파치를 너무 많이 사용하지 않는다.
⑥ 성형한 반죽을 장시간 보관하려면 냉동하는 것이 좋다.

233 퍼프 페이스트리 반죽의 냉장휴지 후 완료점을 확인하는 방법은?

풀이 반죽의 휴지가 종료되었을 때 손으로 살짝 누르면 누른 자국이 남아 있다.

234 퍼프 페이스트리 제조 시 굽는 동안 유지가 흘러나오는 이유는?

풀이 ① 밀어 펴기를 잘못했다.
② 박력분을 썼다.
③ 오븐의 온도가 지나치게 높거나 낮았다.
④ 오래된 반죽을 사용했다.

235 충전용 유지를 반죽 속에 넣고 밀어 펴서 접는 형식으로 만드는 것은 퍼프 페이스 트리, 데니시 페이스트리, 프렌치 파이 등이 있다. 그렇다면 아메리칸 파이(애플파 이, 쇼트 페이스트리)를 만드는 방법은?

풀이 충전용 유지를 반죽 속에 입자형태로 넣고 밀어 펴서 정형한다.

236 사과 파이의 반죽온도는 18℃ 이하를 유지해야 한다. 여름(30℃)에 반죽을 할 경우 적절한 물 온도를 구하는 방법은?

풀이 사과 파이 반죽온도는 18℃ 이하이어야 하므로 물 온도는 이를 감안하여 조절해야 한다.

237 파이(Pie) 제조 시 휴지의 목적은?

풀이 ① 전 재료의 수화 기회를 준다.
② 유지와 반죽의 굳은 정도를 같게 한다.
③ 반죽을 연화 및 이완시켜 글루텐을 부드럽게 만든다.
④ 반죽을 연화 및 이완시켜 심한 수축을 방지한다.
⑤ 끈적거림을 방지하여 작업성을 좋게 한다.

238 과일 충전물의 농후화제 사용 목적은?

풀이 ① 충전물을 조릴 때 호화를 빠르게 하고 진하게 한다.
② 충전물에 좋은 광택 제공, 과일에 들어있는 산의 작용을 상쇄한다.
③ 과일의 색을 선명하게 하고 향을 조절한다.
④ 과일 충전물이 냉각되었을 때 적정 농도를 유지한다.

239 파이의 충전물이 끓어 넘치는 이유

풀이 ① 껍질에 수분이 많았다.
② 위, 아래 껍질을 잘 붙이지 않았다.
③ 껍질에 구멍을 뚫지 않았다.
④ 오븐의 온도가 낮다.
⑤ 충전물의 온도가 높다.
⑥ 바닥 껍질이 얇다.
⑦ 천연산이 많이 든 과일을 썼다.

240 도넛이 식기 전에 도넛 글레이즈를 몇 ℃로 데워 토핑을 하는 것이 좋은가?

풀이 49℃ 전 · 후에서 사용

241 도넛 설탕 아이싱을 사용할 때의 온도로 적합한 것은?

풀이 40℃ 전 · 후에서 사용

242 도넛 아이싱으로 사용되는 퐁당의 사용온도는?

풀이 40℃ 전 · 후 정도로 가온하여 사용

243 케이크 도넛의 튀김 후 완제품의 수분함량은?

풀이 도넛의 수분함량은 21~25%이다.

244 도넛을 튀겼을 때 색상이 고르지 않은 이유는?

풀이 ① 재료가 고루 섞이지 않았다.
② 튀김기름의 온도가 달랐다.
③ 탄 튀김가루가 붙었다.
④ 어린 반죽 또는 지친 반죽으로 만들었다.
⑤ 덧가루가 많이 묻었다.
⑥ 작업대, 정형 기구에 설탕이나 다른 가루가 묻었다.

245 도넛의 흡유율을 높이는 경우는?

풀이 ① 고율배합(설탕, 유지의 사용량이 많은)이다.
② 베이킹파우더 사용량이 많았다.
③ 튀김온도가 낮았다.
④ 튀김시간이 길었다.
⑤ 수분이 많은 부드러운 반죽(묽은 반죽)이다.
⑥ 지친반죽이나 어린반죽을 썼다.

246 케이크 도넛 완제품의 일반적인 유지함량과 수분함량은?

풀이 케이크 도넛 완제품의 일반적인 유지함량은 20~25%이고, 수분함량은 21~25%이다.

247 도넛 설탕의 발한(Sweating)현상을 제거하는 방법은?

풀이 ① 설탕 사용량을 늘리거나 튀김시간을 늘린다.
② 충분히 식히고 나서 아이싱을 한다.
③ 도넛을 튀길 때 설탕 점착력이 높은 스테아린을 첨가한 튀김기름을 사용한다.
④ 도넛의 수분함량을 21~25%로 한다.

248 쿠키의 퍼짐성을 좋게 하는 조치는?

풀이 ① 팽창제를 사용
② 입자가 큰 설탕을 사용
③ 알칼리 재료의 사용량을 늘림
④ 오븐 온도를 낮춤

249 쿠키의 퍼짐이 심한 이유는?

풀이 ① 묽은 반죽이다.
② 유지가 너무 많았다.
③ 과도한 팽창제 사용했다.
④ 알칼리성 반죽이다.
⑤ 설탕을 많이 사용했다.
⑥ 굽기 온도가 낮았다.
⑦ 설탕입자가 컸다.

250 쿠키가 퍼짐(Spread)이 적은 이유는?

풀이 ① 된 반죽이다.
② 유지가 너무 적었다.
③ 믹싱을 많이 했다.
④ 산성 반죽이다.
⑤ 설탕을 적게 사용했다.
⑥ 굽기 온도가 높았다.
⑦ 설탕입자가 작다.

251 스냅스(Snaps) 쿠키, 쇼트 브레드 (Short Bread) 쿠키와 같은 제품의 성형방법은?

풀이 쿠키반죽이 유지에 의하여 가소성을 가지고 있어 밀대를 사용하여 밀어 펴서 성형기로 찍어내는 쿠키로 반죽완료 후 휴지를 주고 두께를 균일하게 밀어 피는 것이 중요하다.

252 쿠키 반죽 중 가장 묽은 상태로 철판에 올려놓는 틀에 흘려 넣어 굽는다. 그리고 틀에 그림이나 글자가 있어 찍히게 되며, 제품은 얇으며 바삭바삭한 것이 특징인 쿠키를 과자 반죽의 모양을 만드는 방법에 따른 분류방식으로 무엇이라 하는가?

풀이 판에 등사하는 쿠키

253 슈 제조공정은?

풀이 ① 물에 소금과 유지를 넣고 센 불에서 끓인다.

② 밀가루를 넣고 완전히 호화가 될 때까지 젓는다.
③ 달걀을 나누어 넣으면서 매끈하고 윤기가 나는 반죽을 만든다.
④ 평철판 위에 충분한 간격을 유지하며 일정한 크기로 짠다.
⑤ 분무나 침지를 한다.
⑥ 초기에는 아래 불을 높여 굽다가 표피가 거북이 등처럼 되고 밝은 색깔이 나면 아래 불을 줄이고 위 불을 높여 굽는다.
⑦ 찬 공기가 들어가면 슈가 주저앉게 되므로 팽창과정 중에 오븐 문을 여닫지 않도록 한다.

254 굽기 시 반죽의 팽창이 매우 크기 때문에 패닝 시 간격을 충분히 확보해야 하는 제과제품은?

풀이 슈를 구울 때 반죽간의 간격이 너무 좁으면 또한 팽창이 일어나지 않는다.

255 무스나 바바루아를 만들 때 제품의 모양과 형태를 유지시켜 주는 안정제는?

풀이 동물의 껍질이나 연골 속에 있는 콜라겐에서 추출하는 동물성 단백질인 젤라틴이다.

256 100% 물에 설탕을 50% 용해시켰을 때 당도를 계산하는 방법은?

풀이 ① 용질÷(용매+용질)×100 = 당도
② 50÷(100+50)×100 = 33.3%

257 달걀의 열변성에 의한 농후화 작용을 이용한 푸딩의 경도를 조절하는 재료는?

풀이 달걀

258 커스터드 푸딩 제조 시 설탕과 달걀의 비율과 우유와 소금의 혼합 비율은?

풀이 설탕과 달걀의 비율은 1:2이고, 우유와 소금의 비율은 100:1

3편 재료과학

1 기초과학

259 당류 7개의 상대적 감미도 순은?

풀이 과당(175) 〉 전화당(130) 〉 자당(100) 〉 포도당 (75) 〉 맥아당(32), 갈락토오스(32) 〉 유당(16)

260 당류 중 상대적 감미도가 가장 낮은 것과 높은 것은?

풀이 상대적 감미도는 과당이 가장 높고, 유당이 가장 낮다.

261 당류 중에서 유당의 특징은?

풀이 ① 유당은 동물성 당류로 단세포 생물인 이스트에 의해 발효되지 않는다.
② 감미도가 가장 낮다.
③ 이당류이다.
④ 동물의 젖에 존재한다.

262 이당류를 가수분해하면 생성되는 단당류 2분자의 종류는?

풀이 ① 자당을 가수분해하면 포도당과 과당을 생성한다.
② 맥아당을 가수분해하면 포도당과 포도당을 생성한다.
③ 유당을 가수분해하면 포도당과 갈락토오스를 생성한다.

263 아밀로오스의 특징은?

풀이 ① 분자량은 적다.
② 포도당 결합 형태는 α-1,4의 직쇄상 구조이다.
③ 요오드 용액 반응은 청색 반응을 한다.
④ 호화와 노화가 빠르다.

264 **아밀로펙틴의 특징은?**

풀이 ① 분자량은 많다.

② 포도당 결합 형태는 α-1,4(직쇄상 구조)와 α-1,6(측쇄상 구조)이다.

③ 요오드 용액 반응은 적자색 반응을 한다.

④ 호화와 노화가 느리다.

265 **밀가루 전분을 구성하는 포도당 결합 형태의 비율은?**

풀이 아밀로펙틴은 72~83% 정도, 아밀로오스는 17~28% 정도 함유되어 있다.

266 **전분 노화대의 범위는?**

풀이 노화대란 노화의 최적 상태를 가리키며, 수분함량 : 30~60%, 저장온도 : -7~10℃이다.

267 **노화의 정의는?**

풀이 빵의 노화는 빵 껍질의 변화, 풍미저하, 내부조직의 수분보유 상태를 변화시키는 것으로 α-전분(익힌 전분)이 β-전분(생 전분)으로 변화하는데, 이것을 노화라고 한다.

268 **지방의 구조**

풀이 지방은 지방산 3분자와 글리세린 1분자로 구성되어 있다.

269 **레시틴의 특징은?**

풀이 지질의 분류상 복합지방에 속하며 난황(달걀노른자), 콩, 간 등에 많이 함유돼 있으며 천연 유화제로 쓰인다.

270 **유지의 융점 혹은 발연점을 결정하는 원소는?**

풀이 먼저 탄소의 수가 적은 것 탄소의 수가 같으면 수소의 수가 적은 유지가 융점(발연점)이 가장 낮다. 예를 들어 $C_7H_{33}COOH$, $C_7H_{32}COOH$, $C_7H_{30}COOH$, $C_7H_{29}COOH$ 등이 있다면 이 지방 중에서 융점이 가장 낮은 화학식은 $C_7H_{29}COOH$ 된다.

271 **지방을 구성하는 지방산의 특징은?**

풀이 ① 한 개의 카르복실기(-COOH)를 가진 탄화수소 사슬의 지방족 화합물

② 지방 전체의 94%~96%를 구성

③ 횡으로 연결된 탄소를 축으로 해서 수소와 카르복실기(-COOH)가 붙어 있음

④ 천연 식용 유지의 탄소수는 거의가 짝수

⑤ 횡으로 연결된 탄소와 탄소 사이의 이중결합 유무에 따라 지방산이 나뉨

272 **불포화지방산과 포화지방산의 차이는?**

풀이 횡으로 연결된 탄소와 탄소 사이에 전자가 2개이면 이중결합으로 불포화지방산이고, 전자가 1개이면 단일결합으로 포화지방산이다.

273 **대표적인 불포화지방산과 포화지방산의 종류는?**

풀이 ① 불포화지방산의 종류에는 올레산, 리놀레산, 리놀렌산, 아라키돈산이 있다.

② 포화지방산의 종류에는 뷰티르산, 카프르산, 미리스트산, 스테아르산, 팔미트산이 있다.

274 **글리세린의 특성은?**

풀이 ① 3개의 수산기(-OH)를 가지고 있어 글리세롤이라고도 함

② 무색, 무취, 감미를 가진 시럽형태의 액체

③ 물보다 비중이 크므로 글리세린은 물에 가라앉음

④ 지방을 가수분해하여 얻을 수 있음

⑤ 수분 보유력이 커서 식품의 보습제로 이용됨

⑥ 물-기름 유탄액에 대한 안정기능이 있어 유화제로 사용됨

⑦ 향미제의 용매로 이용됨

275 단백질의 기본 구성단위는?

풀이 단백질을 구성하는 기본 단위는 염기성의 아미노 그룹과 산성의 카르복실기 그룹을 함유하는 유기산으로 이루어진 아미노산이다.

276 밀가루의 글루텐은 어느 성분에 해당되는가?

풀이 밀가루의 글루텐은 밀의 성분 중 단백질에 속하며 여러 단백질 중 단순단백질인 글리아딘과 글루테닌으로 만들어 진다.

277 효소의 특성은?

풀이 ① 단백질로 구성된 효소는 유기화학 반응의 촉매 역할을 한다.
② 효소는 온도, pH, 수분 등의 영향을 받는다.
③ 효소가 손상되지 않는 온도범위 내에서 매 10℃ 상승마다 활성은 약 2배가 된다.
④ 효소 활성의 최적 온도범위를 지나면 활성이 떨어지기 시작한다.

278 이당류 탄수화물을 분해하는 효소와 분해 산물은?

풀이 ① 맥아당은 말타아제에 의하여 가수분해되어 포도당과 포도당을 생성
② 자당은 인베르타아제에 의하여 가수분해 되어 포도당과 과당을 생성
③ 유당은 락타아제에 의하여 가수분해 되어 포도당과 갈락토오스를 생성

279 전분을 가수분해하는 효소는?

풀이 아밀라아제(일명 디아스타아제)

280 아밀라아제가 분해하는 기질은?

풀이 전분

281 탄수화물 산화효소인 치마아제의 기능은?

풀이 발효 시 과당과 포도당을 이산화탄소(탄산가스)와 에틸알코올로 만드는 효소이다.

282 유지(지방)를 가수분해하는 효소는?

풀이 리파아제와 스테압신이 있다.

283 프로테아제의 특징은?

풀이 단백질을 펩톤, 폴리펩티드, 펩티드, 아미노산 등으로 가수분해하는 효소

284 제빵에서 적정량을 사용할 때 프로테아제의 효과는?

풀이 ① 반죽을 구성하는 글루텐을 연화시켜 믹싱타임을 줄인다.
② 반죽이 신장성을 갖는다.
③ 기공과 조직을 개선한다.
④ 반죽 다루기와 기계적성을 좋게 한다.

285 알파 아밀라아제와 베타 아밀라아제의 차이는?

풀이 ① 알파-아밀라아제(액화효소, 내부 아밀라아제) : 전분을 덱스트린 단위로 잘라 액화시키는 효소이다.
② 베타-아밀라아제(당화효소, 외부 아밀라아제) : 잘려진 전분을 맥아당 단위로 자르는 효소이다.

2 재료과학

286 밀의 구조를 이루는 배유의 특징은?

풀이 ① 밀의 83%를 차지하며 내배유와 외배유로 구분한다.
② 내배유 부위를 분말화한 것이 밀가루이다.
③ 제빵적성에 알맞은 글리아딘과 글루테닌이 거의 같은 양으로 들어 있다.

287 밀을 제분하는 공정순서는?

풀이 밀 저장소 → 제품통제 → 분리기 → 흡출기 → 디스크 분리기 → 스카우러 → 자석분리기→ 세척, 돌 고르기→템퍼링→ 혼합 엔톨레터 → 제1차 파쇄 → 제1차 체질 →

정선기 → 리듀싱롤 → 제2차 체질 → 정선 → 표백 → 저장 → 영양강화 → 포장

288 빵 제품별 적합한 밀가루 분류 기준은?

풀이

밀가루 제품유형	밀가루 분류 기준인 단백질 함량(%)	용도
강력분	11.5~13.0%	빵용(식빵, 과자빵)
중력분	9.1~10.0%	우동, 면류
박력분	7~9%	과자용(케이크, 과자)
듀럼분	11.0~12.5%	스파게티, 마카로니

289 밀가루에 함유되어 있는 효소는?

풀이 제빵에 중요한 영향을 미치는 효소는 전분을 분해하는 아밀라아제와 단백질을 분해하는 프로테아제가 있다.

290 밀가루 구성성분의 특징은?

풀이 ① 단백질 : 밀가루로 빵을 만들 때 품질을 좌우하는 중요한 지표

② 탄수화물 : 밀가루 함량의 70%를 차지하는 전분과 덱스트린, 셀룰로오스, 당류, 펜토산이 있다.

③ 지방 : 밀가루에는 1~2%가 포함되어 있다.

④ 회분 : 회분을 구성하는 성분은 무기질임. 주로 껍질에 많으며 함유량에 따라 정제 정도를 알 수 있다.

⑤ 수분 : 밀가루에 함유되어 있는 수분함량은 10~14% 정도이다.

⑥ 효소 : 밀가루에는 다양한 효소가 함유되어 있다.

291 밀가루 회분함량의 특징은?

풀이 ① 회분함량이 많으면 밀가루의 색이 회색이 된다.

② 밀가루의 정제도를 표시하기도 한다.

③ 제분율이 높을수록 회분함량이 높다.

④ 같은 제분율일 때 연질소맥은 경질소맥에 비해 회분함량이 낮다.

292 밀의 제분율이 낮을수록 밀가루 내에 함량이 높아지는 성분은?

풀이 ① 제분수율(제분율)은 밀을 제분하여 밀가루를 만들 때 밀에 대한 밀가루의 양을 %로 나타낸 것이다.

② 밀의 제분수율(제분율)이 증가할수록 회분, 비타민, 섬유소, 단백질 함량이 증가한다.

③ 밀의 제분수율(제분율)이 낮을수록 전분 함량이 증가한다.

293 밀가루의 색을 지배하는 요소는?

풀이 입자크기, 껍질입자, 카로틴 색소물질 등이다.

294 밀가루 색상을 판별하는 방법은?

풀이 ① 페카 시험법 : 껍질의 혼입 정도와 표백 정도를 알 수 있는 시험법이다.

② 분광 분석기 이용방법 : 분광 분석기로 측정하여 밀가루 색을 판정한다.

③ 여과지 이용방법 : 광학기구를 이용하여 밀가루의 색을 실험하는 방법이다.

295 밀가루를 표백하는 이유는?

풀이 ① 제품의 색상을 개량한다.

② 밀가루의 수화를 좋게 한다.

③ 밀가루, 설탕, 유지와의 결합을 좋게 한다.

296 미국식 영양강화빵은 일반 빵에 주로 무엇을 첨가하여 만드는 것인가?

풀이 밀가루에 넣는 영양 강화제는 비타민 B군과 무기질 등으로 제분하는 과정에서 손실된 영양소를 보강해 주는 것이다. 이러한 밀가루로 만든 빵을 영양강화빵이라고 한다.

297 밀가루 선택 시 기준은?

풀이 ① 밀가루 품질의 안정성(균일성)
② 빵 만들기에 적합한 2차 가공 적성
③ 흡수량이 많을 것
④ 밀가루의 색을 보고 등급을 파악함
⑤ 단백질의 양과 질이 좋은 것

298 100g의 밀가루에서 50g의 젖은 글루텐이 만들어졌다. 이 밀가루의 종류는?

풀이 젖은 글루텐 반죽과 밀가루 글루텐 양을 계산하는 방법
① 젖은 글루텐(%) = (젖은 글루텐 반죽의 중량÷밀가루 중량)×100
② 젖은 글루텐(%) = (50g÷100g)×100=50%
③ 건조 글루텐(밀가루 글루텐 양%) = 젖은 글루텐(%)÷3
④ 건조 글루텐(밀가루 글루텐 양%) = 50%÷3 = 16.6%
⑤ 밀가루 글루텐의 함량이 16.6%이므로 강력분이다.

299 같은 호밀로 제분한 백색 호밀가루의 회분이 0.55~0.65%, 단백질이 6~9%가 되었다면 흑색 호밀가루의 회분과 단백질 함량은 어떻게 되겠는가?

풀이 호밀가루는 제분율에 따라 백색, 중간색, 흑색 호밀가루로 분류되는데 흑색 호밀가루에 회분과 단백질 함량이 모두 증가한다.

300 제빵반죽에서 이스트의 역할은?

풀이 이스트는 반죽 팽창, 반죽 숙성, 향 생성 등의 기능을 한다.

301 제빵 팽창제가 발생시키는 가스의 형태는?

풀이 제빵 팽창제는 이스트이며, 이스트는 탄산가스(이산화탄소)와 에틸알코올을 발생시킨다.

302 제빵용 효모의 영문명은?

풀이 Saccharomyces cerevisiae

303 이스트에 없는 분해효소

풀이 전분을 분해하는 효소 아밀라아제, 유당을 분해하는 락타아제, 섬유소를 분해하는 셀룰라아제 등이 없다.

304 이스트가 가지는 효소는?

풀이 이스트가 가지고 있는 효소에는 말타아제, 인베르타아제(인버타아제), 치마아제(찌마아제), 프로테아제, 리파아제 등이 있다.

305 이스트를 다소 증가시켜 사용하는 경우는?

풀이 ① 미숙성 밀가루를 사용할 때
② 물이 알칼리성일 때
③ 글루텐의 질이 좋은 밀가루를 사용할 때
④ 생지를 굳게 준비할 때
⑤ 생지 온도를 낮게 올릴 때

306 이스트의 사용량을 감소 혹은 다소 감소하는 경우는?

풀이 ① 발효시간을 지연시킬 때
② 천연 효모와 병용할 때
③ 수작업 공정이 많을 때
④ 실온이 높을 때
⑤ 작업량이 많을 때

307 압착효모의 최적 보관온도와 기간은?

풀이 −1℃가 이스트도 얼지 않으면서 정상적인 일관성도 잃지 않는 가장 적합한 온도인 것으로 나타났으며 보관기간은 3개월까지 가능하다. 그러나 업계의 현실을 고려하여 다른 제빵 재료와 함께 보관할 수 있는 냉장고 온도(0~5℃)가 현실적인 생이스트 보관 온도이다.

308 **매일 사용하는 생이스트(압착효모)는 다음 중 어느 온도에서 저장하는 것이 가장 현실적인가?**

풀이 생이스트의 현실적인 보관온도는 0~5℃의 냉장온도이다.

309 **생이스트는 사용하기 전 물에 용해하여 사용하는 것이 좋다. 어떻게 사용하는 것이 좋은가?**

풀이 생이스트는 잘게 부수어 그대로 사용하거나 30℃ 정도의 생이스트 양 기준으로 4~5배의 물을 준비하여 용해시킨 후 사용하면 좀 더 빠른 생이스트의 활성을 기대할 수 있다. 그러나 이 문제에서는 이스트를 잘게 부수어 16~21℃ 물에 넣어 균일하게 용해하여 사용하는 방법이 다른 항목의 방법에 비해서는 가장 생이스트를 활성화시킬 수 있다.

310 **제빵용 활성 건조효모를 물에 풀어서 사용할 때 물 온도는 몇 도인가?**

풀이 제빵용 활성 건조효모를 사용하는 방법은 40~45℃의 물을 이스트 양 기준으로 4~5배 준비하여 용해시킨 후 5~10분간 수화시켜 사용한다.

311 **달걀 부위별 수분함량은?**

풀이

달걀 부위별	전란	노른자 (난황)	흰자 (난백)
고형분	25%	50%	12%
수분	75%	50%	88%

312 **달걀의 구성 비율은?**

풀이 껍질 : 노른자 : 흰자 = 10% : 30% : 60%

313 **달걀흰자가 360g 필요하다고 할 때 전체 무게 60g짜리 달걀이 몇 개 정도 필요한가?**

풀이 $360 \div \{60 \times (60 \div 100)\} = 10$개

314 **밀가루 100%(600g)와 달걀 150%를 사용하는 시퐁 케이크에서 흰자의 사용량은?**

풀이 달걀의 흰자와 노른자의 비는 2:1이다. 흰자의 사용량 = 달걀 사용량 150%×2/3 = 100%

315 **달걀을 소금물에 넣었을 때 신선한 달걀의 위치는?**

풀이 바닥에 수평으로 누워있을 때 신선한 달걀이다.

316 **생달걀 15kg을 분말달걀로 대치하는 경우는?(단 생달걀의 수분함량은 72%이고, 분말달걀의 수분함량은 4%이다.)**

풀이 ① 생달걀의 고형분을 구한다.
$15 \times \{(100-72)\} \div 100 = 4.2$kg
② 생달걀의 고형분 함량을 분말달걀의 고형분 함량으로 생각하며 비율은 96%(분말달걀의 고형분은 4.2kg)로 놓음. 그러므로 분말달걀 96%일 때 4.2kg이면 100%일 때 xg임. 이를 계산식으로 나타내면 4.2kg×100%÷96%=4.38kg이다.

317 **분말달걀을 제조할 때 설탕 10% 정도를 첨가하는 이유는?**

풀이 거품형성 또는 공기 포집 특성을 개선하기 위하여 달걀을 건조하기 전에 탄수화물을 첨가하는데 설탕은 10% 정도 첨가한다.

318 **제빵에 좋은 물의 경도와 pH는?**

풀이 물의 경도는 아경수(121~180ppm), pH는 약산성(pH 5.2~5.6)이다.

319 **물을 연화시키는 방법에는 어떤 것들이 있는가?**

풀이 물을 연화시킨다는 것은 물속에 함유되어 있는 칼슘과 마그네슘의 양을 없애거나 줄이는 것이다.
① 음이온 교환법 : 교환 수지에 산을 직접 흡착시켜 물을 연화시키는 방법이다.
② 양온 교환법 : 나트륨비석과 수소비석을 사용하여 물을 연화시키는 방법이다.

③ 증류법 : 물을 끓여 연화시키는 방법이다.
④ 석회 · 소다법 : 석회 · 소다와 반응시켜 물을 연화시키는 방법이다.

320 빵을 만들 때 물의 경도에 따른 조치나 반죽에 부여하는 특징은?

풀이 ① 연수 시 조치사항
㉠ 반죽이 부드럽고 끈적거리므로 2% 정도의 흡수율을 낮춤
㉡ 가스 보유력이 적으므로 이스트 푸드와 소금을 증가시킴
㉢ 가스 보유력이 떨어지므로 발효시간을 단축시킴
② 경수 시 조치사항
㉠ 이스트 사용량을 증가시키거나 발효시간을 연장시킴
㉡ 맥아 첨가와 효소 공급으로 발효를 촉진시킴
㉢ 이스트 푸드, 소금과 무기질(광물질)을 감소시킴
㉣ 반죽에 넣는 물의 양을 증가시킴

321 경수를 반죽에 사용했을 때 나타나는 현상은?

풀이 ① 반죽이 되어지므로 반죽에 넣는 물의 양이 증가한다.
② 반죽의 글루텐을 경화시켜 질기게 한다.
③ 믹싱, 발효시간이 길어진다.
④ 반죽을 잡아당기면 늘어나지 않으려는 탄력성이 증가한다.

322 식염(소금)이 빵 반죽의 물성 및 발효에 미치는 영향은?

풀이 ① 점착성을 방지하고 저항성과 신장성 등의 물리적 특성을 빵 반죽에 부여한다.
② 잡균의 번식을 억제하는 방부효과가 있다.
③ 빵 내부를 누렇게 만든다.
④ 껍질색을 조절하여 빵의 외피색이 갈색이 되는 것을 돕는다.
⑤ 설탕의 감미와 작용하여 풍미를 증가시키고 맛을 조절한다.
⑥ 글루텐 막을 얇게 하여 빵 내부의 기공을 좋게 하고 빵의 외피를 바삭하게 한다.
⑦ 글루텐을 강화시켜 반죽은 견고해지고 제품은 탄력을 갖게 된다.
⑧ 삼투압에 의하여 이스트의 활력에 영향을 미치므로 소금의 양은 빵 반죽의 발효 진행 속도와 밀접한 상관관계를 갖는다.
⑨ 반죽의 물 흡수율을 감소시키므로 믹싱 시 클린업 단계 이후 넣으면 반죽의 물 흡수율을 증가시켜 제품의 저장성을 높인다.

323 거친 설탕 입자를 마쇄한 제품은?

풀이 분당

324 전화당의 특징은?

풀이 ① 설탕을 산이나 효소로 처리하여 제조할 수 있다.
② 설탕을 가수 분해시켜 생긴 포도당과 과당의 혼합물이다.
③ 단당류의 단순한 혼합물이므로 갈색화 반응이 빠르다.
④ 설탕의 1.3배의 감미를 갖는다.
⑤ 전화당은 시럽의 형태로 존재하기 때문에 고체당으로 만들기 어렵다.
⑥ 설탕에 소량의 전화당을 혼합하면 설탕의 용해도를 높일 수 있다.
⑦ 10~15%의 전화당 사용 시 제과의 설탕 결정석출이 방지된다.
⑧ 15~25%의 전화당 사용 시 스펀지 케이크 완제품의 건조 방지를 하는 보습제 역할을 한다.

325 당밀의 특징은?

풀이 ① 사탕수수에서 원액을 채취한 후 원심분리통으로 원심 분리하여 원당과 함께 생

산하는 제1 분산물이다.

② 제빵 시 특유의 단맛과 풍미를 내는 데 사용하기도 한다.

③ 럼주를 만드는 데 사용한다.

326 설탕 사용량이 90%인 후르츠 케이크 제조 시, 풍미 향상을 위하여 당밀을 15% 사용하였을 경우 설탕 사용량으로 알맞은 것은?

풀이 당밀에는 다양한 종류가 있으며 종류에 따라 당 함량이 달라진다. 그러나 보통 당밀의 당 함량이 60% 전 · 후이다. 조절한 설탕 사용량 = 90%−(15%×0.6) = 81%

327 식물성 유지 추출과정의 순서는?

풀이 원료 – 정선 – 파쇄 – 가열 – 추출 – 정제 – 제품의 공정과정

328 버터의 수분함량과 지방함량은?

풀이 수분함량 : 14~17%, 우유지방함량 : 80~85%

329 버터와 마가린이 근본적으로 구별되는 성분은 무엇인가?

풀이 버터와 마가린이 근본적으로 구별되는 성분은 지방이며 지방을 구분 짓는 성분은 지방산의 종류이다.

330 튀김기름의 적정한 유리지방산의 함량은?

풀이 유리지방산이 0.1% 이상이 되면 발연현상이 일어난다.

331 기름의 산패를 촉진시키는 원인은?

풀이 공기(산소), 물(수분), 이물질, 온도(반복가열), 금속(구리와 철)

332 지방의 산화를 가속화시키는 요인은?

풀이 지방의 산화를 가속화시키는 요인에는 온도, 수분, 산소, 이물질, 이중결합수, 금속(구리와 철) 등이다.

333 유지가 산화하면 과산화물이 생성되어 산패가 된다. 이를 방지하거나 지연시키는 천연 항산화제는?

풀이 항산화제(산화방지제)의 종류에는 비타민 E(토코페롤), PG(프로필갈레이트), BHA, NDGA, BHT, 구아검 등이 있다.

334 유지의 경화(Hardening)란?

풀이 유지의 경화(Hardening)란 불포화지방산의 이중결합에 니켈을 촉매로 수소를 첨가시켜 지방의 불포화도를 감소시키는 것이다.

335 액체유의 경화에 사용되는 원소는?

풀이 불포화지방산의 이중결합에 니켈을 촉매로 수소를 첨가시켜 지방의 불포화도를 감소시킨다. 이러한 유지의 수소 첨가를 경화라 한다.

336 도넛 튀김용 유지로 발연점이 높아 적합한 것은?

풀이 면실유(목화씨 기름)

337 튀김기름이 갖추어야 할 요건은?

풀이 ① 발연점이 높아야 한다.

② 산패에 대한 안정성이 있어야 한다.

③ 산가가 낮아야 한다.

④ 여름철에는 융점이 높고, 겨울철에는 융점이 낮아야 한다.

⑤ 거품이나 검(점성) 형성에 대한 저항성이 있어야 한다.

338 지방의 가소성이 특히 중요시 되는 제품은?

풀이 유지(지방)의 여러 물리적 특성 중 가소성이란 유지가 상온에서 고체 모양을 유지하는 성질로 퍼프 페이스트리, 데니시 페이스트리, 파이 등에 특히 중요시 된다.

339 **120g짜리 컵에 물 250L, 우유 254L 담았다면 우유의 비중은?**

풀이 (컵무게 포함 우유 무게)÷(컵무게 포함 물 무게) = 우유의 비중

(254−120)÷(250−120) = 1.03

340 **우유에 가장 많이 함유되어 있는 단백질의 특징은?**

풀이 카세인은 열에 응고되지 않으나 산과 레닌 효소에 의해서 응고됨

341 **우유 속에 함유되어 있는 카세인 함유량의 %는?**

풀이 카세인은 우유 속에 약 3% 함유되어 있으면서 우유에 함유된 모든 단백질의 약 80%를 차지

342 **우유에 함유되어 있는 단백질 중 13~20% 정도 차지하며 열에 응고되는 단백질의 종류는?**

풀이 락토알부민, 락토글로블린

343 **시유의 탄수화물 중 함량이 가장 많은 것은?**

풀이 유당

344 **시유에 대한 특징은?**

풀이 음용하기 위해 가공된 액상우유로 시장에서 파는 Market milk를 가리킴

345 **시유의 균질화의 목적은?**

풀이 ① 지방구를 미세화한다.

② 지방의 크림화 방지한다.

③ 점도를 향상시켜 지방 분리를 방지한다.

④ 커드장력을 낮추면 우유조직이 연화되어 소화기능이 향상된다.

346 **제빵 시 우유의 기능은?**

풀이 ① 우유 단백질에 의해 믹싱내구력을 향상

② 발효 시 완충작용으로 반죽의 pH가 급격히 떨어지는 것을 막음

③ 겉껍질 색깔을 강하게 함

④ 보수력이 있어서 노화를 지연

⑤ 영양을 강화

⑥ 이스트에 의해 생성된 향을 착향

⑦ 맛을 향상

347 **무당연유와 가당연유의 차이점은?**

풀이 설탕첨가 유무, 균질화 유무, 가열멸균 유무 등이다.

348 **제빵에서 밀가루 대비 4~6%의 탈지분유를 사용하면 발효내구성이 증가되는데 이것은 어떤 작용에 의한 것인가?**

풀이 pH의 완충작용으로 빵 반죽의 믹싱내구성과 발효내구성을 높인다.

349 **제빵에서 분유의 기능은?**

풀이 ① 믹싱 내구력을 높인다.

② 흡수율을 증가시킨다.

③ 발효 내구성을 증가시킨다.

350 **이스트 푸드가 만들어진 목적은?**

풀이 제빵용으로 사용할 물의 경도를 조절할 목적으로 개발되었음

351 **이스트 푸드의 성분 중 이스트의 직접적인 영양원이 되는 것은?**

풀이 이스트에 부족한 질소를 공급하기 위하여 염화암모늄, 황산암모늄, 인산암모늄 등이 사용된다.

352 **계면활성제의 역할은?**

풀이 ① 반죽의 기계내성을 향상시킴

② 유지를 분산

③ 제품의 조직과 부피를 개선

④ 노화를 지연

353 초콜릿에 사용하는 유화제의 종류는?

풀이 모노-디 글리세리드, 레시틴, 아실락테이트, SSL 등을 사용한다.

354 제과제빵 시 정확한 계량을 요하는 재료는?

풀이 화학 팽창제인 베이킹파우더, 중조, 이스파타 등

355 베이킹파우더에 들어 있는 성분은?

풀이 베이킹파우더는 중조(탄산수소나트륨, 소다)가 이산화탄소 가스를 발생시키는 기본이 되고 여기에 산성제를 첨가하여 중화가를 맞추며, 완충제로 전분을 첨가한 팽창제이다.

356 베이킹파우더(B.P ; Baking powder)를 구성하는 산작용제(산염제) 중 중조와 가장 낮은 온도에서 가장 빨리 반응하는 것은?

풀이 산작용제의 화학반응 속도를 빠른 순서부터 나타내면, 중주석산칼륨 → 제1인산칼슘 → 산성피로인산나트륨 → 소명반

357 베이킹파우더 10g의 중량에 10% 전분을 포함하고 있으면, 중화가 80일 때 탄산수소나트륨의 양은?(중화가란 산염제(산작용제) 100을 중화시키는 데 필요한 중조의 양)

풀이 ① 전분의 양을 구함. 10g×0.1 = 1g

② 탄산수소나트륨(중조, 소다)의 양과 산염제(산작용제)의 양의 합을 구함. 10g−1g = 9g

③ 산염제(산작용제)의 양을 구함

9g = 산염제 100 : 중조 80의 비율임. 그러므로 9 = x+0.8x, x = 5g

④ 탄산수소나트륨(중조, 소다)의 양을 구함. 9−5 = 4g

358 이스트 파우더의 특징은?

풀이 기능장 시험에서 이야기하는 이스트 파우더는 이스파타를 의미하며 암모니아계의 합성 팽창제이다. 일반적으로 탄산수소나트륨에 염화암모늄을 1:0.2~0.3의 비율로 혼합하고 산성제와 전분을 적절히 배합하여 만든다. 이스파타의 가스발생과정은 $NH_4Cl+NaHCO_3 \rightarrow NH_3$(암모니아가스)↑ $+CO_2$(이산화탄소가스)↑ $+NaCl+H_2O$이다.

359 안정제의 사용목적은?

풀이 ① 아이싱이 부서지는 것과 끈적거리는 것을 방지

② 흡수제로 노화지연 효과

③ 파이 충전물을 걸쭉하게 만드는 효과

④ 머랭 거품의 안정화 효과

360 동물의 연골에서 나오는 안정제는?

풀이 젤라틴

361 젤라틴의 추출성분은?

풀이 콜라겐

362 한천, 알긴산, 펙틴, 젤라틴의 기능은?

풀이 물과 기름, 기포 등의 불완전한 상태를 안정된 구조로 바꾸어 주는 안정제의 기능을 함

363 펙틴의 특징은?

풀이 ① 메톡실기 7% 이상의 펙틴에 당과 산이 가해져야 젤리나 잼이 만들어진다.

② 당분 60~65%, 펙틴 1.0~1.5%, pH 3.2의 산이 되면 젤리가 형성된다.

364 구아검, 로커스트 빈검, 카라야검, 아라비 아검 등 검류의 특징은?

풀이 ① 유화제, 안정제, 점착제 등으로 사용된다.

② 냉수에 용해되는 친수성 물질이다.

③ 낮은 온도에도 높은 점성을 나타낸다.

④ 탄수화물로 구성된다.

365 제품을 만들 때 향신료의 기능은?

풀이 ① 지질의 산화 방지를 통하여 불쾌한 냄새를 막는다.
② 주재료와 어울려 풍미를 향상시킨다.
③ 부패균과 곰팡이의 발생 및 증식 억제로 제품의 보존성을 높여준다.
④ 제품에 식욕을 불러일으키는 맛과 색을 부여한다.

366 육두구과 교목의 열매를 건조시켜 만든 것은?

풀이 육두구과 교목의 열매를 건조시켜 만든 향신료에 넛맥과 메이스 2가지가 있다.

367 계피의 특징은?

풀이 식물의 열매에서 채취하지 않고 껍질에서 채취하는 향신료이다.

368 향신료 중 겨자의 주성분은?

풀이 겨자의 주성분은 시니그린이다. 겨자즙의 주성분인 겨자는 갓의 종자이다. 겨자의 매운맛과 방향은 씨 안에 들어있는 이소티오시아네이트(Isothiocyanate)란 성분에 기인한다. 이 성분은 겨자씨 안에 들어있는 시니그린과 시날빈과 같은 유황 배당체에 미로시나아제라는 효소가 작용해서 만들어지는 것이다.

369 증류주를 기본으로 하여 정제당을 넣고 과일 등의 추출물로 향미를 낸 것으로 대부분 알코올 농도가 높은 술은?

풀이 혼성주(리큐르)

370 오렌지 계열의 리큐르 종류는?

풀이 그랑마니에르, 쿠앵트로, 큐라소 등

371 체리 계열의 리큐르 종류는?

풀이 마라스키노

372 네덜란드어로 '불에 태운 포도주(Burnt wine)'를 뜻하는 브란데베인(Brandewijn)에서 유래한 증류주는?

풀이 브랜디는 넓게는 과실에서 양조 · 증류된 술이지만, 보통 단순히 브랜디라고 하면 포도주를 증류한 술을 가리킨다.

373 비터 초콜릿의 구성 성분들은?

풀이 비터 초콜릿은 쓴 초콜릿이라는 뜻으로 카카오 버터 37.5%, 카카오 분말(혹은 코코아 분말) 62.5%, 유화제 0.2~0.8% 정도가 함유되어 있다.

374 마지팬을 만들 때 필요한 기본 재료는?

풀이 마지팬은 설탕과 아몬드를 갈아 만든 페이스트로 기본 재료는 아몬드 분말, 설탕, 물이다.

375 초콜릿에 함유된 코코아 버터(카카오 버터)의 양을 계산하는 공식은?

풀이 초콜릿의 양×0.375 = 코코아 버터의 양

376 코코아 분말의 특징은?

풀이 카카오 매스를 압착하여 카카오 버터와 카카오 박으로 분리하여, 카카오 박을 분말로 만든 것이 코코아 분말이다.

377 카카오 박을 200메시(Mesh) 정도의 고운 분말로 만든 제품은?

풀이 코코아 분말은 코코아 버터를 만들고 남은 박(Press cake)을 200메시(Mesh) 정도의 고운 분말로 분쇄한 것이다.

378 비터 초콜릿의 특징은?

풀이 다른 성분이 포함되어 있지 않아 카카오 빈 특유의 쓴 맛이 그대로 살아있다. 일명, 카카오 매스 혹은 카카오 페이스트라고도 한다.

379 **초콜릿 템퍼링의 효과는?**

풀이 초콜릿은 사용 전에 반드시 템퍼링을 거쳐 카카오 버터를 β형의 미세한 결정으로 만들어 매끈한 광택이 나도록 해야 초콜릿의 구용성이 좋아진다.

380 **쿠베르튀르 초콜릿 안에 들어 있는 카카오 버터의 융점과 가장 안정된 지방의 결정형태 및 피복이 끝난 후 저장 온도로 알맞은 것은?**

풀이 카카오버터의 융점 : 33~35℃, 가장 안정된 지방의 결정형태 : 베타(β)형, 피복이 끝난 후 저장 온도 : 15~18℃

381 **초콜릿의 블룸(Bloom)현상의 특징은?**

풀이 템퍼링이 잘못되면 카카오 버터에 의한 지방 블룸이 생기고, 보관이 잘못되면 설탕에 의한 슈가 블룸이 생김

382 **아래와 같은 조성의 다크 초콜릿으로 코팅하는 데코레이션 케이크를 제조할 때, 일반적인 이 초콜릿 5kg, 한 상자 중에 카카오 버터는 얼마나 들어있는가?**

재료	설탕	유화제	바닐라향
구성비(%)	35.0	0.6	0.4

풀이 ① 비터 초콜릿의 비율
= 100−(35.0+0.6+04) = 64%

② 카카오 버터의 비율 = 비터 초콜릿의 비율 × 0.375 = 64×0.375 = 24%

③ 5kg의 다크 초콜릿에 함유된 카카오 버터의 양 = 5×0.24 = 1.2kg

383 **보관 시 습도가 가장 낮아야 하는 제품은?**

풀이 초콜릿은 습도가 높은 보관으로 슈가 블룸이 생길 수 있다.

384 **초콜릿의 보관온도 및 습도로 가장 알맞은 것은?**

풀이 온도 15~18℃, 습도 40~50%이다.

4편 영양학

1 영양소의 종류와 기능

385 **영양소의 열량을 계산하는 방법은?**

풀이 3대 열량영양소의 g당 Kcal는 탄수화물 1g당 4Kcal, 지방 1g당 9Kcal, 단백질 1g당 4Kcal이다.

386 **각각 10g씩 탄수화물, 단백질과 지방의 양이 주어지면서 열량을 계산하는 공식은?**

풀이 (탄수화물 10g×4Kcal)+(지방10g×9Kcal)+(단백질 10g×4Kcal) = 170Kcal

387 **쌀을 주식으로 하는 민족이 섭취하는 영양소의 종류는?**

풀이 탄수화물

388 **섬유소를 완전하게 가수분해하면 생성되는 당의 종류는?**

풀이 포도당

389 **글리코겐(Glycogen)으로 저장하고 남은 탄수화물은 체내에서 어떻게 되는가?**

풀이 다량의 포도당을 섭취하면 글리코겐(Glycogen)으로 저장되거나 지방으로 전환되어 저장된다.

390 **콜레스테롤(Cholesterol)의 특징은?**

풀이 ① 사람의 담석에서 처음 분리되었는데 그리스어로 Chole는 담즙, Steroes는 고체라는 의미가 있어 콜레스테롤이라는 이름이 붙었다.

② 신경조직과 뇌조직을 구성한다.

③ 담즙산, 성호르몬, 부신피질 호르몬 등의 주성분으로 지방의 대사를 조절한다.

④ 동물성 식품에 많이 들어있는 동물성 스테롤이다.

⑤ 과잉 섭취하면 고혈압, 동맥경화를 야기한다.

⑥ 자외선을 받으면 비타민 D_3로 전환되기도 한다.

391 불포화지방산 중 이중결합 수가 가장 많은 것은?

풀이 아라키돈산

392 빵 100g에 함유되어 있는 지방 5%의 열량을 계산하는 공식은?

풀이 (100g×0.05)×9 = 45Kcal

393 단백질을 구성하는 아미노산의 특징은?

풀이 ① 단백질을 구성하는 기본 단위이다.

② 단백질을 가수분해하면 알파 아미노산이 된다.

③ 아미노($-NH_2$) 그룹과 카르복실기(-COOH) 그룹을 함유하는 유기산이다.

④ 1개의 아미노 그룹과 1개의 카르복실기 그룹을 가지면 중성 아미노산이 된다.

⑤ 1개의 아미노 그룹과 2개의 카르복실기 그룹을 가지면 약산성 아미노산이 된다.

⑥ 2개의 아미노 그룹과 1개의 카르복실기 그룹을 가지면 약염기성 아미노산이 된다.

394 필수아미노산의 종류는?

풀이 이소류신, 류신, 리신, 메티오닌, 페닐알라닌, 트레오닌, 트립토판, 발린, 히스티딘

395 필수아미노산의 영양학적 가치는?

풀이 ① 체내 합성이 안 되므로 음식물에서 섭취해야 한다.

② 체조직의 구성과 성장 발육에 반드시 필요하다.

③ 동물성 단백질에 많이 함유되었다.

396 자연식품의 단백질 중 단백가가 100인 것은?

풀이 달걀(100), 소고기(83), 우유(78), 밀가루(52)이다.

397 단백질 섭취량이 1kg당 1.13g일 때 66kg당 섭취한 단백질 열량 계산하는 공식은?

풀이 1.13g×66kg×4Kcal = 298.32Kcal

398 무기질의 종류는?

풀이 칼슘, 인, 마그네슘, 황, 아연, 요오드, 나트륨, 염소, 칼륨, 철, 구리, 코발트

399 칼슘의 흡수에 관여하는 비타민의 종류는?

풀이 비타민 D는 칼슘과 인의 흡수력을 증강한다.

400 칼슘 흡수를 저해시키는 물질은?

풀이 칼슘 흡수를 방해하는 인자는 시금치에 함유된 옥살산(수산)이다.

401 갑상선에 이상(즉, 갑상선종)을 일으키는 무기질은?

풀이 요오드

402 비타민의 영양학적 특성은?

풀이 ① 탄수화물, 지방, 단백질의 대사에 조효소 역할을 한다.

② 반드시 음식물에서 섭취해야만 한다.

③ 에너지를 발생하거나 체조직을 구성하는 물질이 되지는 않는다.

④ 신체 기능을 조절하는 조절영양소이다.

403 수용성 비타민의 종류는?

풀이 비타민 B_1(티아민), 비타민 B_2(리보플라빈), 나이신, 비타민 C(아스코르빈산), 비타민 P(바이오플라보노이드) 외 다양한 비타민 B군

404 지용성 비타민의 종류는?

풀이 비타민 A(레티놀), 비타민 D(칼시페롤), 비타민 E(토코페롤), 비타민 K(필로퀴논), 비타민 F(리놀릭산)

405 **지방에 항산화 작용을 하는 비타민은?**

풀이 비타민 E(토코페롤)

406 **간유에 함유되어 있는 비타민은?**

풀이 비타민 A(레티놀)

407 **우리 국민이 많이 섭취하는 탄수화물의 대사와 가장 관계가 깊은 비타민은?**

풀이 비타민 B_1(티아민)은 탄수화물(당질) 대사의 조효소 비타민이다.

408 **시아노코발아민(Cyanocobalamine ; Vitamin B_{12})의 주된 생리작용은?**

풀이 적혈구의 생성이며, 시아노코발아민(Cyanocobalamine ; Vitamin B_{12})은 적혈구를 생성하기 때문에 항빈혈 비타민이라고 한다.

409 **체내에서 수분의 기능은?**

풀이 ① 영양소의 용매로서 체내 화학반응의 촉매 역할을 한다.
② 삼투압을 조절하여 체액을 정상으로 유지시킨다.
③ 영양소의 노폐물을 운반한다.
④ 체온을 조절한다.
⑤ 체내 분비액의 주요 성분이다.
⑥ 외부의 자극으로부터 내장 기관을 보호한다.

5편 식품위생학

1 식품의 위생

410 **식빵의 변질 및 부패와 가장 관련이 큰 것은?**

풀이 곰팡이이며, 빵에 생기는 곰팡이 중에는 붉은빵곰팡이, 누룩곰팡이, 털곰팡이, 검은빵곰팡이 등이 있다.

411 **자유수(유리수, Free water)의 특징은?**

풀이 ① 용매로써 작용한다.
② 끓는점과 융점이 높으며 비열이 크다.
③ 비중은 4℃에서 최고이다.
④ 표면장력이 크다.
⑤ 점성이 크다.
⑥ 생명활동에 이용도가 높다.

412 **식품에서 대장균의 검출이 중요한 이유는?**

풀이 대장균은 식품을 오염시키는 다른 균들의 오염정도를 측정하는 지표로 사용된다.

413 **설탕이 미생물을 억제하는 방식은?**

풀이 삼투압에 의해서 세균 증식에 영향을 끼친다.

414 **당장법에서 설탕의 비율은?**

풀이 당장법은 설탕을 50% 이상을 넣어 만든 설탕액에 식품을 저장하여, 삼투압에 의해 일반 세균과 부패세균의 생육 · 번식을 억제시키는 방법이다.

415 **마이코톡신(Mycotoxin)의 특징은?**

풀이 곰팡이가 생성한 독소로 종류에는 파툴린, 아플라톡신, 오크라톡신, 시트리닌, 맥각중독, 황변미 중독, 마이코톡신 등이 있다.

416 **제1급 법정감염병의 정의와 종류**

① 생물테러감염병 또는 치명률이 높거나 집단 발생의 우려가 커서 발생 또는 유행 즉시 신고하여야 하고, 음압격리와 같은 높은 수준의 격리가 필요한 감염병이다.
② 종류에는 에볼라바이러스병, 마버그열, 라싸열, 크리미안콩고출혈열, 남아메리카출혈열, 리프트밸리열, 두창, 페스트, 탄저, 보툴리눔독소증, 야토병, 신종감염병증후군, 중증급성호흡기증후군(SARS), 중동호흡기증후군(MERS), 동

물인플루엔자 인체감염증, 신종인플루엔자, 디프테리아 등이 있다.

417 소독(Disinfection)란?

풀이 소독은 감염병의 감염을 방지할 목적으로 병원성 미생물을 멸살하거나 약화시켜 감염을 없애는 것으로 비병원성 미생물의 멸살에 대하여는 별로 문제시하지 않는다.

418 자외선 살균의 특징은?

풀이 ① 자외선 살균으로 조리실에서는 물이나, 공기, 용액의 살균, 도마, 조리기구의 표면 투과성이 없어 표면살균에만 이용된다.
② 살균효과가 크다.
③ 균에 내성을 주지 않는다.
④ 사용이 간편하다.

419 제과회사에서 작업 전후에 손을 씻거나 작업대, 기구 등을 소독하는 데 사용하는 소독용 알코올의 농도로 가장 적합한 것은?

풀이 70% 알코올 수용액을 사용한다.

2 기생충과 식중독

420 회충의 감염경로는?

풀이 채소를 통해 경구감염되며 인분을 비료로 사용하는 나라에서 감염률이 높다.

421 경구감염병과 세균성 식중독의 차이는?

풀이

구분	경구감염병	세균성 식중독
필요한 균량	소량의 균이라도 숙주 체내에서 증식하여 발병	대량의 생균 또는 증식과정에서 생성된 독소에 의해서 발생
감염	원인병원균에 의해 오염된 물질에 의한 2차 감염이 있음	종말감염이며 원인식품에 의해서만 감염되어 발병하고 2차 감염이 없음
잠복기	일반적으로 김	경구감염병에 비해 짧음
면역	면역이 성립되는 것이 많음	면역성이 없음

422 세균성 식중독의 종류는?

풀이 ① 감염형 식중독 : 살모넬라균 식중독, 장염 비브리오균 식중독, 병원성 대장균 식중독 등
② 독소형 식중독 : 포도상구균 식중독, 보툴리누스균 식중독, 웰치균 식중독 등

423 세균성 식중독균을 예방할 수 있는 온도와 시간은?

풀이 ① 비교적 열에 강한 세균인 황색 포도상구균은 80℃에서 30분간 가열하면 사멸되지만 황색 포도상구균에 의해 생산된 장독소(Enterotoxin)는 100℃에서 30분간 가열해도 파괴되지 않는다.
② 웰치균은 열에 강하며 아포는 100℃에서 4시간 가열해도 살아남는다.
③ 살모넬라균은 열에 약하여 저온 살균(62~65℃에서 30분 가열)으로도 충분히 사멸되기 때문에 조리 식품에 2차 오염이 없다면 살모넬라에 의한 식중독은 발생되지 않는다.
④ 보툴리누스균은 내열성이 강하여 100℃에서 6시간 정도의 가열 시 겨우 살균된다.
⑤ 장염 비브리오균은 열에 약하여 60℃에서 15분, 100℃에서 수분 내로 사멸된다.

424 살모넬라균 식중독이 일으키는 증상의 이름은?

풀이 급성 위장염

425 장염 비브리오균의 특징은?

풀이 해수세균의 일종으로 식염농도 3%에서 잘 생육하며 어패류를 생식할 경우 중독될 수 있는 균이다.

426 **포도상구균이 생산하는 독소는?**

풀이 장독소인 엔테로톡신(Enterotoxin)이다.

427 **음식을 먹기 전에 가열하여도 식중독 예방이 가장 어려운 균은?**

풀이 황색 포도상구균과 독소, 보툴리누스균과 독소, 웰치균과 독소

428 **포도상구균 식중독의 특징은?**

풀이 ① 화농성 질병이 있는 사람이 만든 제품을 먹고 발생할 수 있는 식중독이다.
② 크림빵과 슈크림 같은 주원인 식품에 의해 걸리는 식중독이다.
③ 잠복기가 평균 3시간으로 매우 짧다.

429 **보툴리누스균 식중독의 특징은?**

풀이 ① 독소는 뉴로톡신이다.
② 균은 비교적 내열성이 강하여 100℃에서 6시간 정도의 가열 시 겨우 살균된다.
③ 증상은 구토 및 설사, 호흡곤란, 시력저하, 동공확대, 신경마비가 발생한다.
④ 세균성 식중독 중 일반적으로 치사율이 가장 높다.

430 **자연독 식중독인 조개의 독소는?**

풀이 ① 모시조개, 굴, 바지락 : 베네루핀
② 섭조개, 대합 : 삭시톡신

431 **합성 플라스틱류에서 발생하는 화학적 식중독 물질은?**

풀이 포름알데히드는 유해 방부제이며, 합성 플라스틱류에서 발생할 수 있는 화학적 식중독 물질이다.

432 **유해한 인공착색료는?**

풀이 아우라민(황색 합성색소), 로다민 B(핑크색 합성색소)

433 **유해인공 감미료는?**

풀이 시클라메이트, 둘신, 페릴라틴. 에틸렌글리콜, 사이클라민산나트륨

434 **양조과정에서 생성될 수 있으며 다량으로 섭취하면 실명의 원인이 되는 화학물질은?**

풀이 메틸알코올(메탄올)
주류의 대용으로 사용하며 많은 중독 사고를 일으킨다. 중독 시 두통, 현기증, 구토, 설사 등과 시신경 염증을 유발시켜 실명의 원인이 된다.

435 **수은이 일으키는 화학성 식중독의 증상은?**

풀이 미나마타병

436 **카드뮴이 일으키는 화학성 식중독의 증상은?**

풀이 이타이이타이병

437 **감염성이 적은 식중독의 종류는?**

풀이 화학성 식중독

438 **ADI란?**

풀이 환경오염이나 음식물 섭취로 하루 동안 먹어도 몸에는 해롭지 않은 양을 나타내는 수치이다.

439 **오래된 과일이나 채소 통조림에서 식중독을 일으키는 원인 물질은?**

풀이 주석(Sn)
통조림관 내면의 도금 재료로 이용되며, 내용물에 질산은이 존재하면 용출된다. 중독되면 구토, 설사, 복통, 권태감 등 증상을 일으킨다.

440 **중금속이 일으키는 식중독 증상은?**

풀이 ① 납 : 적혈구의 혈색소 감소, 체중감소 및 신장장애, 칼슘대이상과 호흡장애를 유발한다.

② 수은 : 구토, 복통, 설사, 위장 장애, 전신 경련 등을 일으킨다.

③ 카드뮴 : 신장 장애, 골연화증 등을 일으킨다.

④ 비소 : 구토, 위통, 경련 등을 일으키는 급성 중독과 습진성 피부질환을 일으킨다.

441 수인성 경구감염병의 특징은?

풀이 물(특히 음료수)에 의하여 감염을 일으키므로 수인성이며, 물에 의한 수인성 경구감염병은 함께 물을 먹는 많은 사람이 일시에 발생하여, 폭발적으로 유행이 된다. 왜냐하면 소량의 균이라도 체내에서 기하급수적으로 증식하기 때문이다. 수인성 경구감염병은 장마나 홍수 뒤에 발병 위험이 높다.

442 경구감염병의 종류는?

풀이 장티푸스, 파라티푸스, 콜레라, 세균성이질, 디프테리아, 성홍열, 급성 회백수염, 유해성 간염, 감염성 설사증, 천열

443 1세부터 2세, 5세, 10세의 아이가 바이러스성 감염에 의해 발생할 수도 있는 신경손상마비에 관련된 폴리오(소아마비, 급성 회백수염)의 예방법은?

풀이 적절한 예방법은 예방접종이다.

444 마시는 물(음료수)에 의한 제1군 법정감 염병은?

풀이 콜레라

445 인수공통감염병의 종류는?

풀이 탄저병, 파상열(브루셀라증), 결핵, 야토병, 돈단독, Q열, 리스테리아증

446 산양, 양, 돼지, 소 등의 유산을 유발하는 인수공통감염병은?

풀이 파상열(브루셀라증)

447 결핵이 감염될 수 있는 경로는?

풀이 병에 걸린 동물의 젖을 통해 경구적으로 감염된다.

448 바이러스성 인축공통전염병의 종류는?

풀이 ① 세균성인 것 : 탄저, 결핵, 브루셀라병(파상열), 리스테리아증, 야토병, 돈단독 등

② 바이러스성인 것 : 광견병(공수병), 일본뇌염, 뉴캐슬병, 황열 등

③ 리케차성인 것 : Q열, 발진열, 로키산홍반열 등

449 식품업체(제과제빵업계)에 HACCP 도입의 효과는?

풀이 ① 자주적 위생관리체계의 구축

② 위생적이고 안전한 식품의 제조

③ 위생관리 집중화 및 효율성 도모

④ 경제적 이익 도모

⑤ 회사의 이미지 제고와 신뢰성 향상

450 HACCP 적용의 7가지 원칙

풀이 ① 위해분석

② 중요 관리점 확인

③ 한계기준 설정

④ 모니터링 방법의 설정

⑤ 개선조치의 설정

⑥ 검증방법의 설정

⑦ 기록의 유지관리

3 식품 첨가물

451 식품 첨가물 규격과 사용기준은 누가 정하는가?

풀이 식품의약품안전처장

452 식품 첨가물의 조건은?

풀이 ① 미량으로도 효과가 클 것

② 독성이 없거나 극히 적을 것

③ 사용하기 간편하고 경제적일 것
④ 변질 미생물에 대한 증식억제 효과가 클 것
⑤ 무미, 무취이고 자극성이 없을 것
⑥ 공기, 빛, 열에 대한 안정성이 있을 것
⑦ pH에 의한 영향을 받지 않을 것

453 식자재의 2차오염을 일으키는 교차오염 방지법은?

풀이 ① 원재료와 완성품을 구분하여 보관
② 바닥과 벽으로부터 일정 거리를 띄워서 보관
③ 뚜껑이 있는 청결한 용기에 덮개를 덮어서 보관
④ 식자재와 비식자재를 구분하여 창고에 보관
⑤ 동일한 종업원이 하루 일과 중 여러 개의 작업을 수행하지 않음

454 밀가루를 부패시키는 미생물(곰팡이)은?

풀이 아플라톡신을 생성하는 아스퍼길러스종의 곰팡이(Aspergillus flavus)

455 아스파탐의 특징은?

풀이 아스파르산과 페닐알라닌 2종류의 아미노산으로 이루어졌으며 설탕의 200배인 인공감미료

456 화학 감미료의 종류는?

풀이 사카린나트륨, 아스파탐

457 방사선 강하물 중에 식품위생상 가장 문제가 되는 핵종은?

풀이 Sr^{90}(스트론튬 90), Cs^{137}(세슘 137)

458 파상풍의 특징은?

풀이 파상풍은 녹이 슨 불결한 곳에서 상처를 입은 후 상처 부위에서 증식한 파상풍균(Clostridium tetani)이 번식과 함께 생산해내는 신경 독소가 신경 세포에 작용하여 근육의 경련성 마비와 몸이 쑤시고 아픔을 동반한 근육수축을 일으키는 감염성 질환이다.

459 당뇨병과 관련된 호르몬의 특징은?

풀이 당뇨병은 혈액의 혈당을 구성하는 포도당이 많을 경우 이를 감소시키는 인슐린이 부족해서 오는 병이다. 글루카곤은 혈당을 올리는 호르몬으로 인슐린과는 서로 반대되는 작용을 한다.

460 타르색소의 특징은?

풀이 타르색소는 석탄에서 얻은 콜타르로부터 제조된 것으로서, 그 종류가 매우 많은데 그 중에서 비교적 독성이 적은 것만이 식용색소로 지정되어 있다.

색소는 일광이나 열에 의해서 변화되는 것과 산과 알칼리에 의하여 변화되는 것이 있기 때문에 그 성질을 참작하여 식품에 따라 적당한 색소를 선택할 필요가 있다.

① 기능 : 소비욕구 충족을 위해 색을 내게 하는 화학물질이다.
② 사용 식품 : 치즈, 버터, 아이스크림, 과자류, 청량음료, 캔디, 소시지, 통조림, 푸딩
③ 부작용 : 천식, 간, 혈액, 콩팥 장애, 발암성

461 광우병의 특징은?

풀이 감염병은 동종간 혹은 이종간의 접촉으로 감염병의 매개체가 경피(피부를 통해)와 경구(입을 통해)를 통해 감염을 시킨다. 그러나 광우병은 인간이 의도적으로 초식동물인 소에게 동물사료를 먹이므로 광우병의 원인 물질인 Prion(프리온)에 소가 감염되고, 이렇게 감염된 소를 인간이 섭취하면서 발생하는 병이다. 광우병은 동종간의 접촉에 의한 감염성은 없다.

MASTER 제과기능장
필기 실기 이론대비

발 행 일 2024년 6월 1일 개정4판 1쇄 인쇄
2024년 6월 10일 개정4판 1쇄 발행

저 자 김창석

발 행 처 

발 행 인 李尙原
신고번호 제 300-2007-143호
주 소 서울시 종로구 율곡로13길 21
공 급 처 (02) 765-4787, 1566-5937
전 화 (02) 745-0311~3
팩 스 (02) 743-2688, 02) 741-3231
홈페이지 www.crownbook.co.kr
I S B N 978-89-406-4831-5 / 13590

특별판매정가 35,000원

이 도서의 문의를 편집부(02-6430-7028)로 연락주시면 친절하게 응답해 드립니다.